国外计算机科学教材系列

密码学原理与实践
（第三版）

Cryptography Theory and Practice
Third Edition

［加］ Douglas R. Stinson 著

冯登国 等译

U0282685

電子工業出版社.
Publishing House of Electronics Industry
北京·**BEIJING**

内 容 简 介

本书是密码学领域的经典著作，被世界上的多所大学用做指定教科书。本书在第二版的基础上增加了7章内容，不仅包括一些典型的密码算法，而且还包括一些典型的密码协议和密码应用。全书共分 14 章，从古典密码学开始，继而介绍了 Shannon 信息论在密码学中的应用，然后进入现代密码学部分，先后介绍了分组密码的一般原理、数据加密标准(DES)和高级加密标准(AES)、Hash 函数和MAC算法、公钥密码算法和数字签名、伪随机数生成器、身份识别方案、密钥分配和密钥协商协议、秘密共享方案，同时也关注了密码应用与实践方面的一些进展，包括公开密钥基础设施、组播安全和版权保护等。在内容的选择上，全书既突出了广泛性，又注重对要点的深入探讨。书中每一章后都附有大量的习题，这既利于读者对书中内容的总结和应用，又是对兴趣、思维和智力的挑战。

本书适合于作为计算机科学、数学等相关学科的密码学课程的教材或教学参考书，同时也是密码学研究的必备参考书。

Cryptography: Theory and Practice, Third Edition, Douglas R. Stinson, ISBN: 1-58488-508-4

Copyright © 2006 by Taylor & Francis Group, LLC

Authorized translation from the English language edition published by CRC Press，part of Taylor & Francis Group LLC., All rights reserved.

本书英文版由 Taylor & Francis Group 出版集团旗下的 Chapman & Hall/CRC 出版，并经其授权翻译出版，版权所有，侵权必究。

Publishing House of Electronics Industry is authorized to publish and distribute exclusively the Chinese (Simplified Characters) language edition. This edition is authorized for sale throughout Mainland of China. No part of the publication may be reproduced or distributed by any means, or stored in a database or retrieval system, without the prior written permission of the publisher.

本书中文简体版专有出版权由 Taylor & Francis Group, LLC 授予电子工业出版社，并限在中国大陆出版发行。未经出版者书面许可，不得以任何方式复制或发行本书的任何部分。

本书封底贴有 Taylor & Francis 公司防伪标签，无标签者不得销售。

版权贸易合同登记号　图字：01-2009-2867

图书在版编目(CIP)数据

密码学原理与实践：第 3 版/(加)斯廷森(Stinson, D. R.)著；冯登国等译. —北京：电子工业出版社，2016.1
(国外计算机科学教材系列)

书名原文：Cryptography: Theory and Practice, Third Edition

ISBN 978-7-121-27971-3

Ⅰ. ①密⋯　Ⅱ. ①斯⋯②冯⋯　Ⅲ. ①密码－高等学校－教材 Ⅳ. ①TN918.1

中国版本图书馆 CIP 数据核字(2015)第 317892 号

策划编辑：马　岚
责任编辑：李秦华
印　　刷：北京七彩京通数码快印有限公司
装　　订：北京七彩京通数码快印有限公司
出版发行：电子工业出版社
　　　　　北京市海淀区万寿路 173 信箱　邮编　100036
开　　本：787×1092　1/16　印张：29　字数：742 千字
版　　次：2003 年 2 月第 1 版(原著第 2 版)
　　　　　2016 年 1 月第 2 版(原著第 3 版)
印　　次：2025 年 1 月第 10 次印刷
定　　价：69.00 元

凡所购买电子工业出版社图书有缺损问题，请向购买书店调换。若书店售缺，请与本社发行部联系，联系及邮购电话：(010)88254888，88258888。

质量投诉请发邮件至 zlts@phei.com.cn，盗版侵权举报请发邮件至 dbqq@phei.com.cn。

本书咨询联系方式：classic-series-info@phei.com.cn。

译 者 序

2002 年我组织相关专家翻译了 Douglas R. Stinson 所著的《密码学原理与实践》一书的第二版，本书翻译出版后在国内密码学界产生了很大的影响，反应很好。凭我自己的学习经验，要掌握好一门课程，必须精读一两本好书，我认为本书是值得精读的一本。2008 年年初，电子工业出版社委托我翻译 Douglas R. Stinson 所著的《密码学原理与实践》一书的第三版，我通读了一遍本书，发现本书的前7章与第二版的几乎一样，只有细微差异，但新增加了7章内容，这些内容都很基础也很新颖，我受益匪浅，于是我花了大量时间翻译了本书，以供密码学爱好者参考。

本书是一本很有特色的教科书，具体表现在以下 6 个方面：

1. 表述清楚。书中所描述的问题浅显易懂，如分组密码的差分分析和线性分析本是很难描述的问题，本书中以代替置换网络(SPN)作为数学模型表述得很清楚。

2. 论证严谨。书中对很多密码问题如唯一解距离、Hash 函数的延拓准则等进行了严格的数学证明，有一种美感。

3. 内容新颖。书中从可证明安全的角度对很多密码问题特别是公钥密码问题进行了清楚的论述，使用了谕示器(Oracle)这一术语，通过阅读本书可使读者能够掌握这一术语的灵魂。书中对一些最新领域，如组播安全、数字版权保护等也做了相应的介绍。

4. 选材精良。书中选择一些典型的、相对成熟的素材进行重点介绍，对一些正在发展的方向或需要大量篇幅介绍的内容以综述或解释的方式进行处理，特别适合于各种层次的教学使用。

5. 覆盖面广。几乎覆盖了密码学的所有核心领域以及部分前沿内容，通过阅读本书可以了解密码学的全貌。

6. 习题丰富。书中布置了大量的习题，通过演练这些习题可以熟练掌握密码学的基本技巧。

本书在翻译过程中，得到了很多老师的协助，张斌副研究员协助翻译了第 8 章、徐静副教授协助翻译了第 9 章、张振峰副研究员协助翻译了第 10 章、陈华副研究员协助翻译了第 11 章、张立武副研究员协助翻译了第 12 章、林东岱研究员协助翻译了第 13 章、赵险峰副研究员协助翻译了第 14 章，全书由我统一统稿。没有他们的鼎力相助，本书决不会这么快问世，在此对他们表示衷心的感谢。

本书的出版得到了国家 973 项目(编号：2007CB311202)和国家自然科学基金(编号：60673083)的支持，在此表示感谢。

冯登国
2008 年夏于北京

前　　言

本书的第一版出版于 1995 年，共包含 13 章内容。第一版的编写目标是编写一本关于密码学所有核心领域以及部分前沿内容的通用教材。在编写过程中，我尽力使本书的内容能够适应密码学相关各种课程的要求，使其可用于数学、计算机和各工程专业的大学生和研究生课程。

本书的第二版出版于 2002 年，内容集中于更适合在课程中介绍的密码学核心领域的内容。与第一版相反，第二版只包含 7 章。我当时的目的是编写一本随身手册，包含第一版各章节更新后的内容，也有介绍新内容的章节。

然而，在撰写第三版时，我改变了计划，决定编写一本扩充内容的第三版。第三版内容的广度和范围更类似于第一版，不过大部分内容都经过完全重写。这个版本适当更新了第二版 7 章中的内容，并新加入了另外 7 章的内容。下面是这本《密码学原理与实践》第三版总共 14 章的简要大纲：

- 第 1 章对简单的"经典"密码体制做了基本的介绍。这一章也介绍了本书中使用的基本数学知识。
- 第 2 章介绍了 Shannon 对密码学研究的主要内容。包括完善保密性和熵的概念，以及信息论在密码学中的应用。
- 第 3 章关注的是分组密码。使用了代替置换网络(SPN)作为数学模型来介绍现代分组密码设计和分析的很多概念，包括差分和线性分析，并侧重于介绍基本原理。使用两个典型的分组密码(DES 和 AES)来阐述这些基本原理。
- 第 4 章统一介绍了带密钥和不带密钥的 Hash 函数，以及它们在构造消息认证码方面的应用，侧重于数学分析和安全性验证。本章还包括了安全 Hash 算法(SHA)的介绍。
- 第 5 章是关于 RSA 密码体制，以及大量数论背景知识的介绍，如素性检测和因子分解。
- 第 6 章讨论了公钥密码体制，如基于离散对数问题的 ElGamal 密码体制。另外还有一些关于计算离散对数、椭圆曲线和 Diffie-Hellman 问题的内容。
- 第 7 章介绍的是数字签名方案。介绍了很多具体方案，如数字签名算法(DSA)，还包括了一些特殊类型的签名方案，如不可否认、fail-stop 签名方案等。
- 第 8 章包含了密码学中的伪随机比特生成器。本章基于第一版的相关章节。
- 第 9 章是关于身份识别(实体认证)。本章第一部分讨论了从简单的密码本原(primitive)，如数字签名方案或消息认证码构造的方案。第二部分在第一版内容的基础上介绍了特殊目的的"零知识"方案。
- 第 10 章和第 11 章讨论了各种不同的密钥建立方法。第 10 章是关于密钥分配，第 11 章介绍了密钥协商协议。这两章的内容比第一版内容丰富了很多(第二版不包含密钥建立的内容)。这两章比以前更加侧重于安全模型和证明。

- 第 12 章对公钥基础设施(PKI)做了总体的介绍,同时也讨论了与 PKI 拥有同样作用的基于身份的密码学。这是一个全新的章节。
- 第 13 章的主题是秘密共享方案。本章内容基于第一版的相应章节。
- 第 14 章是一个全新的章节,讨论了组播安全。包括广播加密和版权保护。

下面是本书所有版本的特点:

- 所有需要相应数学背景知识的地方都有很及时的介绍。
- 对密码体制非正式的描述都附带伪代码。
- 使用了很多例子来阐述本书中大多数的算法。
- 各算法和密码体制的数学基础都有很严格、很仔细的解释。
- 本书包含了很多习题,其中一些相当具有挑战性。

我相信这些特点使得本书用于课堂讲授和自学都更加有用。

在本书中,尽量按照符合逻辑的、自然的顺序安排书中的内容。有时读者有可能为了集中了解后面的某一内容而跳过前面的章节。不过有几章的内容确实非常依赖前面的章节。下面是一些重要的依赖关系:

- 第 9 章使用了第 4 章(消息认证码)和第 7 章的内容(数字签名方案)。
- 第 13 章的 13.3.2 节使用了第 2 章关于熵的结论。
- 第 14 章使用了第 10 章(密钥预分配)和第 13 章(秘密共享)的内容。

还有很多地方,前面章节介绍的数学工具会用到后面的章节里,但是应该不会造成课堂讲授的困难。

决定介绍多少数学基础知识,是编写任何一本密码学书籍最困难的事情之一。密码学是一个涉及面广的学科,需要若干数学领域的知识,如数论、群环域理论、线性代数、概率论和信息论。同样也需要熟悉计算复杂度、算法和 NP 问题。在我看来,数学知识不够是很多学生在刚开始学习密码学时遇到困难的原因。

本书中尽量介绍遇到的数学背景知识,在大多数时候,都会详细介绍用到的数学工具。但是如果读者对基本的线性代数和模运算有一定了解的话,是非常有帮助的。

很多人指出了第二版和第三版草稿中的错误,并对加入的新内容的选择和内容的广度提出了有用的建议。特别要感谢 Carlisle Adams,Eike Best,Dameng Deng,Shuhong Gao,K.Gopalakrishnan,Pascal Junod,Torleiv Kløve,Jooyoung Lee,Vaclav Matyas,Michael Monagan,James Muir,Phil Rose,Tamir Tassa 和 Rebecca Wright。与往常一样,希望大家能够用勘误表的方式通知我,我会把它们放在一个网页上。

Douglas R. Stinson
于加拿大安大略省滑铁卢市

目　录

第1章 古典密码学

本章主要对密码学和密码分析做一简要介绍,并给出一些简单的古典密码体制,以及对这些体制的破译方法。同时,本章对本书中要用到的各种数学知识也做了介绍。

1.1 几个简单的密码体制

密码学的基本目的是使得两个在不安全信道中通信的人,通常称为 Alice 和 Bob,以一种使他们的敌手 Oscar 不能明白和理解通信内容的方式进行通信。这样的不安全信道在实际中是普遍存在的,例如电话线或计算机网络。Alice 发送给 Bob 的信息,通常称为明文(plaintext),例如英文单词、数据或符号。Alice 使用预先商量好的密钥(key)对明文进行加密,加密过的明文称为密文(ciphertext),Alice 将密文通过信道发送给 Bob。对于敌手 Oscar 来说,他可以窃听到信道中 Alice 发送的密文,但是却无法知道其所对应的明文;而对于接收者 Bob,由于知道密钥,可以对密文进行解密,从而获得明文。

上述观点可用数学方式描述为定义 1.1。

定义 1.1 一个密码体制是满足以下条件的五元组 $(\mathcal{P}, \mathcal{C}, \mathcal{K}, \mathcal{E}, \mathcal{D})$:

1. $\mathcal{P}$ 表示所有可能的明文组成的有限集。
2. $\mathcal{C}$ 表示所有可能的密文组成的有限集。
3. $\mathcal{K}$ 代表密钥空间,由所有可能的密钥组成的有限集。
4. 对每一个 $K \in \mathcal{K}$,都存在一个加密规则 $e_K \in \mathcal{E}$ 和相应的解密规则 $d_K \in \mathcal{D}$。并且对每对 $e_K : \mathcal{P} \to \mathcal{C}$,$d_K : \mathcal{C} \to \mathcal{P}$,满足条件:对每一个明文 $x \in \mathcal{P}$,均有 $d_K(e_K(x)) = x$。

定义 1.1 中,最关键的是性质 4。它主要保证了如果使用 e_K 对明文 x 进行加密,则可使用相应的 d_K 对密文进行解密,从而得到明文 x。

Alice 和 Bob 通过下列流程使用一个特定的密码体制。首先,他们随机选择一个密钥 $K \in \mathcal{K}$,这一步必须在安全的环境下进行,不能被敌手 Oscar 知道,例如,两人可在同一地点协商密钥,或者使用安全信道传输密钥。完成密钥协商后,假如 Alice 想通过不安全信道发送消息串给 Bob,不妨设此消息串为

$$x = x_1 x_2 \cdots x_n$$

n 为正整数,$x_i \in \mathcal{P}$,$i = 1, 2, \cdots, n$。对每一个 x_i,使用加密规则 e_K 对其进行加密,K 是预先协商好的密钥。Alice 计算 $y_i = e_K(x_i)$,$1 \leqslant i \leqslant n$。然后将密文串

$$y = y_1 y_2 \cdots y_n$$

通过信道发送给 Bob。当 Bob 接收到密文串 $y_1 y_2 \cdots y_n$ 时，他使用解密规则 d_K 对其进行解密，就可得到明文串 $x_1 x_2 \cdots x_n$。图 1.1 具体描述了这一加解密过程。

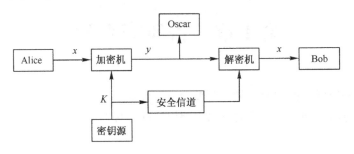

图 1.1　通信信道

显然，用来加密的加密函数 e_K 必须是一个单射函数(例如，一对一映射)，否则将给解密工作带来麻烦，例如，如果

$$y = e_K(x_1) = e_K(x_2)$$

且 $x_1 \neq x_2$，则 Bob 就无法判断 y 究竟该对应于 x_1 还是 x_2。如果 $\mathcal{P} = \mathcal{C}$，即明文空间等于密文空间，则具体的加密函数就是一个置换。这就是说，如果明文空间等于密文空间，则每个加密函数仅仅是对明文空间的元素的一个重新排列(置换)。

1.1.1　移位密码

本小节介绍移位密码(Shift Cipher)，其基础是数论中的模运算。这里首先给出一些模运算的基本定义。

定义 1.2　假设 a 和 b 均为整数，m 是一正整数。若 m 整除 $b - a$，则可将其表示为 $a \equiv b \pmod{m}$。式 $a \equiv b \pmod{m}$ 读作 "a 与 b 模 m 同余"，正整数 m 称为模数。

假如用 m 分别除 a 与 b，可得相应的商和余数，余数是在 0 与 $m-1$ 之间。即可将 a 与 b 分别表示为 $a = q_1 m + r_1$，$b = q_2 m + r_2$，$0 \leqslant r_1 \leqslant m-1$，$0 \leqslant r_2 \leqslant m-1$。这样，易看出 $a \equiv b \pmod{m}$ 当且仅当 $r_1 = r_2$。我们将用记号 $a \bmod m$ 来表示 a 除以 m 所得的余数。因此 $a \equiv b \pmod{m}$ 当且仅当 $a \bmod m = b \bmod m$。如果用 $a \bmod m$ 来代替 a，我们就说 a 被模 m 约化了。

我们给出两个例子，计算 $101 \bmod 7$，$101 = 7 \times 14 + 3$，因为 $0 \leqslant 3 \leqslant 6$，故 $101 \bmod 7 = 3$。再如计算 $(-101) \bmod 7$，因为 $-101 = 7 \times (-15) + 4$，故 $(-101) \bmod 7 = 4$。

注: 许多计算机编程语言定义 $a \bmod m$ 的取值在 $-m+1, \cdots, m-1$ 之间，并要求取值和 a 的正负号相同。在此定义下，$(-101) \bmod 7$ 应为 -3。但在这里，为了方便起见，我们要求 $a \bmod m$ 恒为一非负值。

我们现在定义模 m 上的算术运算：令 $\mathbb{Z}_m$ 表示集合 $\{0, 1, \cdots, m-1\}$，在其上定义两个运算，加法(+)和乘法(×)，其运算类似于普通的实数域上的加法和乘法，所不同的只是所得的值是取模以后的余数。

例如，在 $\mathbb{Z}_{16}$ 上计算 11×13，因为 $11\times13=143=8\times16+15$，故在 $\mathbb{Z}_{16}$ 上 $11\times13=15$。

以上定义的 $\mathbb{Z}_m$ 上的加法和乘法满足很多我们所熟知的运算法则，在此不加证明地列出这些法则：

1. 对加法运算封闭：对任意的 $a,b\in\mathbb{Z}_m$，有 $a+b\in\mathbb{Z}_m$
2. 加法运算满足交换律：对任意的 $a,b\in\mathbb{Z}_m$，有 $a+b=b+a$
3. 加法运算满足结合律：对任意的 $a,b,c\in\mathbb{Z}_m$，有 $(a+b)+c=a+(b+c)$
4. 0 是加法单位元：对任意的 $a\in\mathbb{Z}_m$，有 $a+0=0+a=a$
5. 任何元素存在加法逆元：a 的逆元为 $m-a$，因为 $a+(m-a)=(m-a)+a=0$
6. 对乘法运算封闭：对任意的 $a,b\in\mathbb{Z}_m$，有 $ab\in\mathbb{Z}_m$
7. 乘法运算满足交换律：对任意的 $a,b\in\mathbb{Z}_m$，有 $ab=ba$
8. 乘法运算满足结合律：对任意的 $a,b,c\in\mathbb{Z}_m$，有 $(ab)c=a(bc)$
9. 1 是乘法单位元：对任意的 $a\in\mathbb{Z}_m$，有 $a\times1=1\times a=a$
10. 乘法和加法之间存在分配律：对任意的 $a,b,c\in\mathbb{Z}_m$，有 $(a+b)c=(ac)+(bc)$，$a(b+c)=(ab)+(ac)$

性质 1、性质 3 至性质 5，说明 $\mathbb{Z}_m$ 关于其上定义的加法运算构成一个群；若再加上性质 2，则构成一个交换群(阿贝尔群)。

性质 1 至性质 10，说明 $\mathbb{Z}_m$ 是一个环。本书后面将碰到许多别的群和环，一些常见的环有，定义了普通加法和乘法的整数环 $\mathbb{Z}$，实数环 $\mathbb{R}$，复数环 $\mathbb{C}$。然而这些环均是无限环，本书中我们关心的环均是一些有限环。

由于在 $\mathbb{Z}_m$ 中存在加法逆，可以在 $\mathbb{Z}_m$ 中减去一个元素。定义 $\mathbb{Z}_m$ 中 $a-b$ 为 $(a-b)\bmod m$。即计算整数 $a-b$，然后对它进行模 m 约化。例如，为了在 $\mathbb{Z}_{31}$ 中计算 $11-18$，我们首先用 11 减去 18，得到 -7，然后计算 $(-7)\bmod31=24$。

密码体制 1.1 给出了移位密码。因为英文有 26 个字母，故其一般定义在 $\mathbb{Z}_{26}$ 上。很容易验证移位密码满足前面所定义的密码体制的条件，即对任意的 $x\in\mathbb{Z}_{26}$，都有 $d_K(e_K(x))=x$。

密码体制 1.1　移位密码

令 $\mathcal{P}=\mathcal{C}=\mathcal{K}=\mathbb{Z}_{26}$。对 $0\leqslant K\leqslant25$，任意 $x,y\in\mathbb{Z}_{26}$，定义

$$e_K(x)=(x+K)\bmod26$$

和

$$d_K(y)=(y-K)\bmod26$$

注：若取 $K=3$，则此密码体制通常叫作凯撒密码(Caesar Cipher)，因为它首先被儒勒·凯撒所使用。

使用移位密码可以用来加密普通的英文句子，但是首先必须建立英文字母和模 26 剩余之间的一一对应关系：如 $A\leftrightarrow0,B\leftrightarrow1,\cdots,Z\leftrightarrow25$。将其列表如下：

A	B	C	D	E	F	G	H	I	J	K	L	M
0	1	2	3	4	5	6	7	8	9	10	11	12

N	O	P	Q	R	S	T	U	V	W	X	Y	Z
13	14	15	16	17	18	19	20	21	22	23	24	25

下面给出一个实例。

例 1.1 假设移位密码的密钥为 $K = 11$，明文为

wewillmeetatmidnight

首先将明文中的字母对应于其相应的整数，得到如下数字串：

$$
\begin{array}{cccccccccc}
22 & 4 & 22 & 8 & 11 & 11 & 12 & 4 & 4 & 19 \\
0 & 19 & 12 & 8 & 3 & 13 & 8 & 6 & 7 & 19
\end{array}
$$

然后将每个数都与 11 相加，再对其和取模 26 运算，可得

$$
\begin{array}{cccccccccc}
7 & 15 & 7 & 19 & 22 & 22 & 23 & 15 & 15 & 4 \\
11 & 4 & 23 & 19 & 14 & 24 & 19 & 17 & 18 & 4
\end{array}
$$

最后，再将其转换为相应的字母串，即得密文

HPHTWWXPPELEXTOYTRSE

要对密文进行解密，只需执行相应的逆过程即可，Bob 首先将密文转换为数字，再用每个数减去 11 后取模 26 运算，最后将相应的数字再转换为字母可得明文。

> **注：** 以上例子中，我们使用小写字母来表示明文，而使用大写字母来表示密文，为了提高易读性，以下我们仍然遵循这种规则。

一个实用的加密体制，应该满足某些特性才行，显然以下两点必须满足：

1. 加密函数 e_K 和解密函数 d_K 都应该易于计算。
2. 对任何敌手来说，即使他获得了密文 y，也不可能由此确定出密钥 K 或明文 x。

第二点关于"安全"的要求，在这里有些模糊不清。在已知密文 y 的情形下，试图得到密钥 K 的过程，我们称其为密码分析(后面还有详细介绍)。注意到，如果 Oscar 能获得密钥 K，则他解密密文 y 即可得明文 x。因此，通过密文 y 计算密钥 K 至少和通过密文 y 计算明文一样困难。

移位密码(模26)是不安全的，显然可用密钥穷尽搜索方法来破译。因为密钥空间太小，只有26种可能的情况，可以穷举所有的可能密钥，得到我们所希望的有意义的明文来。我们给出一个例子。

例 1.2 设有如下密文串：

JBCRCLQRWCRVNBJENBWRWN

依次试验所有可能的解密密钥 $d_0, d_1, \cdots$，可得如下不同字母串：

jbcrclqrwcrvnbjenbwrwn

iabqbkpqvbqumaidmavqvm

```
hzapajopuaptlzhclzupul
gyzozinotzoskygbkytotk
fxynyhmnsynrjxfajxsnsj
ewxmxglmrxmqiweziwrmri
dvwlwfklqwlphvdyhvqlqh
cuvkvejkpvkogucxgupkpg
btujudijoujnftbwftojof
astitchintimesavesnine
```

至此，已可以得出有意义的明文"a stitch in time saves nine"，相应的密钥 $K=9$。

平均来看，使用上述方法计算明文只需试验 26/2＝13 次即可。

上面的例子表明，一个密码体制安全的必要条件是能抵抗穷尽密钥搜索攻击，普通的做法是使密钥空间必须足够大。但是，很大的密钥空间并不是保证密码体制安全的充分条件。

1.1.2 代换密码

另一个比较有名的古典密码体制是代换密码(Substitution Cipher)。这种密码体制已经使用了数百年。报纸上的数字猜谜游戏就是代换密码的一个典型例子。密码体制 1.2 给出了代换密码。

密码体制 1.2 代换密码

令 $\mathcal{P}=\mathcal{C}=\mathbb{Z}_{26}$。$\mathcal{K}$ 是由 26 个数字 $0,1\cdots,25$ 的所有可能的置换组成。对任意的置换 $\pi\in\mathcal{K}$，定义

$$e_{\pi}(x)=\pi(x)$$

和

$$d_{\pi}(y)=\pi^{-1}(y)$$

这里 π^{-1} 表示置换 π 的逆置换。

事实上，在代换密码的情形下，我们也可以认为 $\mathcal{P}$ 和 $\mathcal{C}$ 是 26 个英文字母。在移位密码中使用 $\mathbb{Z}_{26}$ 是因为加密和解密都是代数运算。但是在代换密码的情形下，可更简单地将加密和解密过程直接看做是一个字母表上的置换。

任取一置换 π，便可得到一加密函数，参见下表(同前，小写字母表示明文，大写字母表示密文)：

a	b	c	d	e	f	g	h	i	j	k	l	m
X	N	Y	A	H	P	O	G	Z	Q	W	B	T

n	o	p	q	r	s	t	u	v	w	x	y	z
S	F	L	R	C	V	M	U	E	K	J	D	I

按照上表应有 $e_{\pi}(\text{a})=\text{X}$，$e_{\pi}(\text{b})=\text{N}$，等等。解密函数是相应的逆置换。由下表给出：

A	B	C	D	E	F	G	H	I	J	K	L	M
d	l	r	y	v	o	h	e	z	x	w	p	t

N	O	P	Q	R	S	T	U	V	W	X	Y	Z
b	g	f	j	q	n	m	u	s	k	a	c	i

因此，$d_\pi(\mathrm{A}) = \mathrm{d}$，$d_\pi(\mathrm{B}) = 1$，等等。

作为一个练习，读者可以使用解密函数来解密下面的密文：

$$\mathrm{MGZVYZLGHCMHJMYXSSFMNHAHYCDLMHA}$$

代换密码的一个密钥刚好对应于 26 个英文字母的一种置换。所有可能的置换有 26! 种，这个数值超过了 4.0×10^{26}，是一个很大的数。因此，采用穷尽密钥搜索的攻击方法，即使使用计算机，也是计算上不可行的。但是，后面我们将看到，采用别的密码分析方法，代换密码可以很容易地被攻破。

1.1.3 仿射密码

从前面我们看到，移位密码是代换密码的一种特殊情形，其只包含了 26! 种置换中的 26 种特殊情况。另一个代换密码的特殊情形是所谓的仿射密码 (Affine Cipher)，下面予以描述。在仿射密码中，加密函数定义为

$$e(x) = (ax + b) \bmod 26$$

$a, b \in \mathbb{Z}_{26}$。因为这样的函数被称为仿射函数，所以也将这样的密码体制称为仿射密码（可以看出，当 $a = 1$ 时，其对应的正是移位密码）。

为了能对密文进行解密，必须保证所选用的仿射函数是一个单射函数。换句话说，对任意的 $y \in \mathbb{Z}_{26}$，如下同余方程

$$ax + b \equiv y \pmod{26}$$

有唯一解 x。上述同余方程等价于

$$ax \equiv y - b \pmod{26}$$

当 y 遍历 $\mathbb{Z}_{26}$ 时，显然 $y - b$ 亦遍历 $\mathbb{Z}_{26}$。故我们只需研究同余方程 $ax \equiv y \pmod{26}$ 即可（$y \in \mathbb{Z}_{26}$）。

我们断言，以上同余方程有唯一解的充分必要条件是 $\gcd(a, 26) = 1$（这里 gcd 表示最大公约数）。分析如下。首先，假设 $\gcd(a, 26) = d > 1$。则同余方程 $ax \equiv 0 \pmod{26}$ 至少有两个解，分别为 $x = 0$ 和 $x = 26/d$。在这种情况下，$e(x) = (ax + b) \bmod 26$ 不是一个单射函数，因此不能用来作为一个有效的加密函数。

例如，$\gcd(4, 26) = 2$，显然 $4x + 7$ 不是一个有效的加密函数：因为对任意的 $x \in \mathbb{Z}_{26}$，x 和 $x + 13$ 将被加密成相同的密文。

假设 $\gcd(a, 26) = 1$，若存在 x_1, x_2 使得

$$ax_1 \equiv ax_2 \pmod{26}$$

则有

$$a(x_1 - x_2) \equiv 0 (\mathrm{mod}\, 26)$$

应有

$$26 \mid a(x_1 - x_2)$$

我们可以使用整除的基本属性：若 $\gcd(a, b) = 1$ 和 $a \mid bc$ ，则 $a \mid c$ 。由于 $26 \mid (x_1 - x_2)$ 和 $\gcd(a, 26) = 1$ ，故有

$$26 \mid (x_1 - x_2)$$

这就意味着 $x_1 \equiv x_2 (\mathrm{mod}\, 26)$ 。

由上面的分析可以看出，若 $\gcd(a, 26) = 1$ ，则同余方程 $ax \equiv y (\mathrm{mod}\, 26)$ 至多只有一个解。因此，如果 x 遍历 $\mathbb{Z}_{26}$ ，则 ax 也相应地取遍 $\mathbb{Z}_{26}$ 的所有值，不会重复。这说明， $ax \equiv y (\mathrm{mod}\, 26)$ 有唯一的解 x 。

类似地可以证明如下结论。

定理 1.1　设 $a \in \mathbb{Z}_m$ ，对任意的 $b \in \mathbb{Z}_m$ ，同余方程 $ax \equiv b (\mathrm{mod}\, m)$ 有唯一解 $x \in \mathbb{Z}_m$ 的充分必要条件是 $\gcd(a, m) = 1$ 。

因为 $26 = 2 \times 13$ ，故所有的与 26 互素的数为 $a = 1, 3, 5, 7, 9, 11, 15, 17, 19, 21, 23, 25$ 。b 的取值可为 $\mathbb{Z}_{26}$ 中的任何数。因此仿射密码的密钥空间为 $12 \times 26 = 312$ （当然，这个密钥量太小，是很不安全的）。

下面我们考虑模是 m 的一般情形，首先给出数论中的一个概念。

定义 1.3　设 $a \geqslant 1, m \geqslant 2$ 且均为整数。如果 $\gcd(a, m) = 1$ ，则称 a 与 m 互素。$\mathbb{Z}_m$ 中所有与 m 互素的数的个数使用 $\phi(m)$ 来表示(这个函数称为欧拉函数)。

数论中的一个著名结果是用 m 的素数幂分解的形式给出了 $\phi(m)$ 的值(一个整数 p 称为素数，如果它没有除 1 和 p 之外的因子。任一整数 $m > 1$ 都可以用唯一的方式分解成素数幂的乘积。例如， $60 = 2^2 \times 3 \times 5$ 和 $98 = 2 \times 7^2$)。

下面的定理给出了 $\phi(m)$ 值的计算公式。

定理 1.2　假定

$$m = \prod_{i=1}^{n} p_i^{e_i}$$

这里 p_i 均为素数且互不相同， $e_i > 0, 1 \leqslant i \leqslant n$ 。则

$$\phi(m) = \prod_{i=1}^{n} (p_i^{e_i} - p_i^{e_i - 1})$$

由上面关于欧拉函数 $\phi(m)$ 值的计算公式可以推出，仿射密码的密钥空间的大小是 $m\phi(m)$ 。例如，如果 $m = 60$ ， $\phi(60) = 2 \times 2 \times 4 = 16$ ，那么此仿射密码的密钥空间的大小是 $60 \times 16 = 960$ 。

下面分析仿射密码在模为 26 情形下的解密过程。已知有 $\gcd(a, 26) = 1$ ，解密的过程就是解同余方程 $y \equiv ax + b (\mathrm{mod}\, 26)$ 。由前面的讨论，此同余方程在 $\mathbb{Z}_{26}$ 上只有唯一解，但是还需要有效的方法来具体找出这个解。下面给出具体的方法。

在此首先给出乘法逆的概念。

定义 1.4 设 $a \in \mathbb{Z}_m$，若存在 $a' \in \mathbb{Z}_m$，使得 $aa' \equiv a'a \equiv 1(\bmod m)$，则 a' 称为 a 在 $\mathbb{Z}_m$ 上的乘法逆，将其记为 $a^{-1} \bmod m$。在 m 是固定的情形下，也可将其简记为 a^{-1}。

类似于前面的讨论，可证明，a 在 $\mathbb{Z}_m$ 上存在乘法逆，当且仅当 $\gcd(a, m) = 1$，并且其逆如果存在，则必唯一。如果 p 为素数，则 $\mathbb{Z}_p$ 上任一非零元均有乘法逆存在，一个环如果满足这条性质，将其称为域。

在本书的后面章节，将详细给出求乘法逆的具体算法。但是，在 $\mathbb{Z}_{26}$ 的情形下，可以很容易找出与 26 互素的元的乘法逆来：

$$1^{-1} = 1 \qquad 3^{-1} = 9$$
$$5^{-1} = 21 \qquad 7^{-1} = 15$$
$$11^{-1} = 19 \qquad 17^{-1} = 23$$
$$25^{-1} = 25$$

以上式子可以很容易验证，例如，$7 \times 15 = 105 \equiv 1(\bmod 26)$，因此 $7^{-1} = 15$。

考虑同余方程 $y \equiv ax + b(\bmod 26)$。其等价于如下同余方程：

$$ax \equiv y - b(\bmod 26)$$

因为 $\gcd(a, 26) = 1$，故 a 在 $\mathbb{Z}_{26}$ 上存在乘法逆元 a^{-1}，在上式两边同乘以 a^{-1}，有

$$a^{-1}(ax) \equiv a^{-1}(y - b)(\bmod 26)$$

使用乘法结合律，有

$$a^{-1}(ax) \equiv (a^{-1}a)x \equiv 1x \equiv x(\bmod 26)$$

故有，$x = a^{-1}(y - b) \bmod 26$。因此相应的解密变换为

$$d(y) = a^{-1}(y - b) \bmod 26$$

密码体制 1.3 给出了完整的仿射密码体制。

密码体制 1.3　仿射密码

令 $\mathcal{P} = \mathcal{C} = \mathbb{Z}_{26}$，且

$$\mathcal{K} = \{(a, b) \in \mathbb{Z}_{26} \times \mathbb{Z}_{26} : \gcd(a, 26) = 1\}$$

对任意的 $K = (a, b) \in \mathcal{K}$，$x, y \in \mathbb{Z}_{26}$，定义

$$e_K(x) = (ax + b) \bmod 26$$

和

$$d_K(y) = a^{-1}(y - b) \bmod 26$$

下面给出一个小例子。

例 1.3 设密钥 $K = (7,3)$。上述已知 $7^{-1} \bmod 26 = 15$。加密函数为

$$e_K(x) = 7x + 3$$

相应的解密函数为

$$d_K(y) = 15(y-3) = 15y - 19$$

以上运算均是在 $\mathbb{Z}_{26}$ 上完成。下面来验证对任意的 $x \in \mathbb{Z}_{26}$，都有 $d_K(e_K(x)) = x$：

$$d_K(e_K(x)) = d_K(7x+3) = 15(7x+3) - 19 = x + 45 - 19 = x$$

使用上面的密钥，我们来加密明文 hot。首先转换字母 h,o,t 为对应的模 26 下的数，分别为 7, 14, 19。将其分别加密如下：

$$(7 \times 7 + 3) \bmod 26 = 52 \bmod 26 = 0$$

$$(7 \times 14 + 3) \bmod 26 = 101 \bmod 26 = 23$$

$$(7 \times 19 + 3) \bmod 26 = 136 \bmod 26 = 6$$

所以三个密文字符为 $0, 23, 6$，相应的密文应为 AXG。具体的解密变换留给读者完成。

1.1.4 维吉尼亚密码

在前面介绍的移位密码和代换密码中，一旦密钥被选定，则每个字母对应的数字都被加密变换成对应的唯一数字。这种密码体制我们一般称为单表代换密码。下面介绍的有名的维吉尼亚密码(Vigenère Cipher)是一种多表代换密码。其发明者是 16 世纪的法国人 Blaise de Vigenère。

密码体制 1.4 维吉尼亚密码

设 m 是一个正整数。定义 $\mathcal{P} = \mathcal{C} = \mathcal{K} = (\mathbb{Z}_{26})^m$。对任意的密钥 $K = (k_1, k_2, \cdots, k_m)$，定义

$$e_K(x_1, x_2, \cdots, x_m) = (x_1 + k_1, x_2 + k_2, \cdots, x_m + k_m)$$

和

$$d_K(y_1, y_2, \cdots y_m) = (y_1 - k_1, y_2 - k_2, \cdots, y_m - k_m)$$

以上所有的运算都是在 $\mathbb{Z}_{26}$ 上进行。

使用前面所述的方法，对应 $A \leftrightarrow 0, B \leftrightarrow 1, \cdots, Z \leftrightarrow 25$，则每个密钥 K 相当于一个长度为 m 的字母串，称为密钥字。维吉尼亚密码一次加密 m 个明文字母，下面给出一个小例子。

例 1.4 假设 $m = 6$，密钥字为 CIPHER，其对应于如下的数字串 $K = (2, 8, 15, 7, 4, 17)$。要加密的明文为：

$$\text{thiscryptosystemisnotsecure}$$

将明文串转化为对应的数字，每六个为一组，使用密钥字进行模 26 下的加密运算，如下所示：

19	7	8	18	2	17	24	15	19	14	18	24
2	8	15	7	4	17	2	8	15	7	4	17
21	15	23	25	6	8	0	23	8	21	22	15

18	19	4	12	8	18	13	14	19	18	4	2
2	8	15	7	4	17	2	8	15	7	4	17
20	1	19	19	12	9	15	22	8	25	8	19

20	17	4
2	8	15
22	25	19

则相应的密文为

VPXZGIAXIVWPUBTTMJPWIZITWZT

解密时，使用相同的密钥字，但应从密文中减去模26，而不是相加。

维吉尼亚密码的密钥空间大小为26^m，所以即使m的值很小，使用穷尽密钥搜索方法也需要很长的时间。例如，当$m=5$时，密钥空间大小超过1.1×10^7，这样的密钥量已经超出了使用手算进行穷尽搜索的能力范围(当然使用计算机另当别论)。

在一个具有密钥字长度为m的维吉尼亚密码中，一个字母可以被映射为m个字母中的某一个(假定密钥字包含m个不同的字母)。这样的一个密码体制称为多表代换密码体制。一般来说，多表代换密码比单表代换密码更为安全一些。

1.1.5 希尔密码

本节介绍另外一种多表代换密码——希尔密码(Hill Cipher)。这种密码体制是 Lester S. Hill 于 1929 年提出的。设m是一正整数，定义$\mathcal{P}=\mathcal{C}=(\mathbb{Z}_{26})^m$。希尔密码的主要思想是利用了我们熟知的线性变换的方法，不同的是这种变换是在$\mathbb{Z}_{26}$上进行的。

例如，设$m=2$，每个明文单元使用$x=(x_1,x_2)$来表示，同样密文单元使用$y=(y_1,y_2)$来表示。具体加密中，y_1,y_2将被表示为x_1,x_2的线性组合。例如：

$$y_1=(11x_1+3x_2)\bmod 26$$
$$y_2=(8x_1+7x_2)\bmod 26$$

使用矩阵，可将上式简写为

$$(y_1,y_2)=(x_1,x_2)\begin{pmatrix} 11 & 8 \\ 3 & 7 \end{pmatrix}$$

以上的运算都是在$\mathbb{Z}_{26}$上进行的。密钥$\boldsymbol{K}$一般取为一个$m\times m$的矩阵，记为$\boldsymbol{K}=(k_{i,j})$。对明文$x=(x_1,x_2,\cdots,x_m)\in\mathcal{P}$以及$\boldsymbol{K}\in\mathcal{K}$，按照如下方法来计算$y=e_K(x)=(y_1,y_2,\cdots,y_m)$：

$$(y_1,y_2,\cdots,y_m)=(x_1,x_2,\cdots,x_m)\begin{pmatrix} k_{1,1} & k_{1,2} & \cdots & k_{1,m} \\ k_{2,1} & k_{2,2} & \cdots & k_{2,m} \\ \vdots & \vdots & \ddots & \vdots \\ k_{m,1} & k_{m,2} & \cdots & k_{m,m} \end{pmatrix}$$

或者也可以使用矩阵形式，直接表示为$y=x\boldsymbol{K}$。

$\mathbb{Z}_{26}$从上面的加密变换可以看出，密文是通过对明文进行线性变换得出的。下面来考虑解密过程,也就是如何从y算出x。熟悉线性代数的读者可能很容易想到使用$\boldsymbol{K}$的逆矩阵$\boldsymbol{K}^{-1}$来进行解密变换。相应的明文应该为$x=y\boldsymbol{K}^{-1}$。

首先给出一些基本的线性代数的知识。设 $A = (a_{i,j})$ 是一个 $l \times m$ 矩阵，$B = (b_{j,k})$ 是一个 $m \times n$ 矩阵，则我们定义矩阵乘法 $AB = (c_{i,k})$ ($1 \leqslant i \leqslant l, 1 \leqslant k \leqslant n$) 为如下形式：

$$c_{i,k} = \sum_{j=1}^{m} a_{i,j} b_{j,k}$$

矩阵乘法满足结合律，即有 $(AB)C = A(BC)$，但是，一般不满足交换律，这就是说，在一般情形下，$AB = BA$ 并不成立。

在 $m \times m$ 矩阵中，有一个特殊矩阵，其主对角线的值为 1，其余均为 0，将其称为单位矩阵，记为 I_m。如 2×2 单位矩阵为如下形式：

$$I_2 = \begin{pmatrix} 1 & 0 \\ 0 & 1 \end{pmatrix}$$

单位矩阵 I_m 有如下性质：对任意的 $l \times m$ 矩阵 A，有 $AI_m = A$；对任意的 $m \times n$ 矩阵 B，有 $I_m B = B$。这也正是将其称为单位矩阵的原因。有了单位矩阵 I_m，$m \times m$ 矩阵 A 的逆矩阵 A^{-1}（如果存在）应满足 $AA^{-1} = A^{-1}A = I_m$，并且如果 A^{-1} 存在，其一定是唯一的。

有了上面的事实，我们很容易得到相应的解密函数。首先有 $y = xK$，两边同乘以 K^{-1}，有：

$$yK^{-1} = (xK)K^{-1} = x(KK^{-1}) = xI_m = x$$

对前面给出的密钥矩阵 K，容易得出其在 $\mathbb{Z}_{26}$ 上的逆矩阵如下：

$$\begin{pmatrix} 11 & 8 \\ 3 & 7 \end{pmatrix}^{-1} = \begin{pmatrix} 7 & 18 \\ 23 & 11 \end{pmatrix}$$

这是因为

$$\begin{pmatrix} 11 & 8 \\ 3 & 7 \end{pmatrix}\begin{pmatrix} 7 & 18 \\ 23 & 11 \end{pmatrix} = \begin{pmatrix} 11 \times 7 + 8 \times 23 & 11 \times 18 + 8 \times 11 \\ 3 \times 7 + 7 \times 23 & 3 \times 18 + 7 \times 11 \end{pmatrix}$$

$$= \begin{pmatrix} 261 & 286 \\ 182 & 131 \end{pmatrix}$$

$$= \begin{pmatrix} 1 & 0 \\ 0 & 1 \end{pmatrix}$$

（注意其中的算术运算都是模 26 的）。

下面给出一个具体应用希尔密码的实例。

例 1.5　假设密钥为：

$$K = \begin{pmatrix} 11 & 8 \\ 3 & 7 \end{pmatrix}$$

由前所述，其逆矩阵为：

$$K^{-1} = \begin{pmatrix} 7 & 18 \\ 23 & 11 \end{pmatrix}$$

设要加密的明文为 july。则可将明文划分为如下的两个加密单元: $(9, 20)$(对应于 ju)和$(11, 24)$

(对应于 ly)。分别对其进行加密变换如下:

$$(9, 20)\begin{pmatrix} 11 & 8 \\ 3 & 7 \end{pmatrix} = (99 + 60, 72 + 140) = (3, 4)$$

和

$$(11, 24)\begin{pmatrix} 11 & 8 \\ 3 & 7 \end{pmatrix} = (121 + 72, 88 + 168) = (11, 22)$$

因此，密文为 DELW。要解密密文，Bob 做如下的计算:

$$(3, 4)\begin{pmatrix} 7 & 18 \\ 23 & 11 \end{pmatrix} = (9, 20)$$

和

$$(11, 22)\begin{pmatrix} 7 & 18 \\ 23 & 11 \end{pmatrix} = (11, 24)$$

这样即可得所需的明文。

由前面的分析可以看出，如果密钥 K 可逆，则加解密可轻松地完成。事实上，K 可逆是完成解密的必要条件(此结论来自于基本的线性代数的知识，在此我们不给出证明)。因此，我们关心的主要问题就是矩阵 K 是否可逆。

可以确定，可逆的（方）阵取决于值的因素。

定义 1.5　设 $A = (a_{i,j})$ 是一个 $m \times m$ 矩阵。对 $1 \leqslant i \leqslant m$，$1 \leqslant j \leqslant m$，定义 $A_{i,j}$ 为从矩阵 A 中删除第 i 行第 j 列后的新矩阵。A 的行列式的值，一般记为 $\det A$，可如下递归计算: 当 $m = 1$ 时，$\det A = a_{1,1}$；当 $m > 1$ 时，

$$\det A = \sum_{j=1}^{m} (-1)^{i+j} a_{i,j} \det A_{i,j}$$

上式中 i 是任意的一个介于 1 与 m 之间的固定整数。

上面计算 $\det A$ 的值与选取哪一个具体的 i 值无关，要看出这一点不是很容易，但是我们可以证明此结论是正确的。为了后面使用方便，这里给出 2×2 和 3×3 矩阵的行列式值的计算方法:

如果 $A = (a_{i,j})$ 是一个 2×2 矩阵，则

$$\det A = a_{1,1} a_{2,2} - a_{1,2} a_{2,1}$$

如果 $A = (a_{i,j})$ 是一个 3×3 矩阵，则

$$\det A = a_{1,1} a_{2,2} a_{3,3} + a_{1,2} a_{2,3} a_{3,1} + a_{1,3} a_{2,1} a_{3,2} - (a_{1,1} a_{2,3} a_{3,2} + a_{1,2} a_{2,1} a_{3,3} + a_{1,3} a_{2,2} a_{3,1})$$

显然，对于较大的数 m，使用上面介绍的递归方法来计算行列式的值比较麻烦。一般计算行列式的值，我们可以使用"初等行变换"这一手段来进行，这方面可参阅相应的线性代数教科书。

关于行列式的值有两个重要的结论这里需要给出: 首先，$\det I_m = 1$；其次，$\det(AB) = \det A \times \det B$。

一个实矩阵 K 可逆当且仅当其所对应的行列式的值非零。但是，这里需要强调指出的是，解密工作需要的运算都是在 $\mathbb{Z}_{26}$ 上进行。此时的结论变为：矩阵 K 在模 26 情形下存在可逆矩阵的充分必要条件是 $\gcd(\det K, 26) = 1$。先证必要性，假设 K 可逆，其逆矩阵记为 K^{-1}，则

$$1 = \det I = \det(KK^{-1}) = \det K \det K^{-1}$$

显然，有 $\gcd(\det K, 26) = 1$。

充分性的证明稍微麻烦一点，首先给出一个利用伴随矩阵求逆的方法。定义新矩阵 K^*，其第 i 行第 j 列的取值为 $(-1)^{i+j} \det K_{ji}$（K_{ji} 是通过删除 K 的第 i 行和第 j 列后形成的矩阵）。K^* 称为矩阵 K 的伴随矩阵。关于伴随矩阵，我们不加证明地给出下面的定理：

定理 1.3 设 $K = (k_{i,j})$ 是一个定义在 $\mathbb{Z}_n$ 上的 $m \times m$ 矩阵。若 K 在 $\mathbb{Z}_n$ 上可逆，则有 $K^{-1} = (\det K)^{-1} K^*$，这里 K^* 为矩阵 K 的伴随矩阵。

> **注**：利用伴随矩阵可以计算矩阵的逆，但当矩阵维数很大时，实际计算是很麻烦的。一般还是使用矩阵的初等行变换来计算其逆。

对 2×2 矩阵，很容易从定理 1.3 得到如下推论：

推论 1.4 设矩阵

$$K = \begin{pmatrix} k_{1,1} & k_{1,2} \\ k_{2,1} & k_{2,2} \end{pmatrix}$$

是一个定义在 $\mathbb{Z}_n$ 上的矩阵。$\det K = k_{1,1}k_{2,2} - k_{1,2}k_{2,1}$ 是可逆的，则有：

$$K^{-1} = (\det K)^{-1} \begin{pmatrix} k_{2,2} & -k_{1,2} \\ -k_{2,1} & k_{1,1} \end{pmatrix}$$

我们考虑前面提到的例子。首先有：

$$\begin{aligned} \det \begin{pmatrix} 11 & 8 \\ 3 & 7 \end{pmatrix} &= (11 \times 7 - 8 \times 3) \bmod 26 \\ &= (77 - 24) \bmod 26 \\ &= 53 \bmod 26 \\ &= 1 \end{aligned}$$

显然，$1^{-1} \bmod 26 = 1$，故其逆矩阵为：

$$\begin{pmatrix} 11 & 8 \\ 3 & 7 \end{pmatrix}^{-1} = \begin{pmatrix} 7 & 18 \\ 23 & 11 \end{pmatrix}$$

这和前面的验证是一致的。

再给出一个 3×3 矩阵的例子。

例 1.6　设矩阵

$$K = \begin{pmatrix} 10 & 5 & 12 \\ 3 & 14 & 21 \\ 8 & 9 & 11 \end{pmatrix}$$

是定义在 $\mathbb{Z}_{26}$ 上的矩阵。易验证 $\det K = 7$ ，并且有 $7^{-1} \bmod 26 = 15$ 。相应的伴随矩阵

$$K^* = \begin{pmatrix} 17 & 1 & 15 \\ 5 & 14 & 8 \\ 19 & 2 & 21 \end{pmatrix}$$

故 K 的逆矩阵 K^{-1} 存在，且为：

$$K^{-1} = 15K^* = \begin{pmatrix} 21 & 15 & 17 \\ 23 & 2 & 16 \\ 25 & 4 & 3 \end{pmatrix}$$

如上所述，如果希尔加密明文乘以矩阵 K，则解密密文将除以矩阵 K^{-1}。密码体制1.5给出了 $\mathbb{Z}_{26}$ 上希尔密码的具体描述。

密码体制 1.5　希尔密码

设 $m \geqslant 2$ 为正整数，$\mathcal{P} = \mathcal{C} = (\mathbb{Z}_{26})^m$，且

$$\mathcal{K} = \{\text{定义在 } \mathbb{Z}_{26} \text{ 上的 } m \times m \text{ 可逆矩阵}\}$$

对任意的密钥 K，定义：

$$e_K(x) = xK$$

和

$$d_K(y) = yK^{-1}$$

以上运算都是在 $\mathbb{Z}_{26}$ 上进行的。

1.1.6　置换密码

前面讨论的密码体制都是代换密码：明文字母被不同的密文字母所代替。下面讨论的置换密码(Permutation Cipher)的特点是保持明文的所有字母不变，只是利用置换打乱了明文字母的位置和次序。

定义在有限集 X 上的一个置换是一个双射函数 $\pi : X \rightarrow X$。换句话说，π 既是单射，又是满射。即对任意的 $x \in X$，存在唯一的 $x' \in X$ 使得 $\pi(x') = x$。这样，可以定义置换 π 的逆置换 $\pi^{-1} : X \rightarrow X$：

$$\pi^{-1}(x) = x' \quad \text{当且仅当} \quad \pi(x') = x$$

则 π^{-1} 也是 X 上的一个置换。

密码体制 1.6 给出了置换密码的具体定义。置换密码的使用已经有了数百年的历史，最早在 1563 年就由 Giovanni Porta 给出了置换密码和代换密码的具体区别。

密码体制 1.6　置换密码

令 m 为一正整数。$\mathcal{P} = \mathcal{C} = (\mathbb{Z}_{26})^m$，$\mathcal{K}$ 是由所有定义在集合 $\{1, 2, \cdots, m\}$ 上的置换组成。对任意的密钥(即置换) π，定义：

$$e_\pi(x_1, x_2, \cdots, x_m) = (x_{\pi(1)}, x_{\pi(2)}, \cdots, x_{\pi(m)})$$

和

$$d_\pi(y_1, y_2, \cdots, y_m) = (y_{\pi^{-1}(1)}, y_{\pi^{-1}(2)}, \cdots, y_{\pi^{-1}(m)})$$

其中 π^{-1} 为置换 π 的逆置换。

对于代换密码，由于在加密和解密过程中没有执行代数运算，使用字母比使用模 26 剩余更方便一些。

下面给出一个具体的例子。

例 1.7　设 $m = 6$，密钥为如下的置换 π：

x	1	2	3	4	5	6
$\pi(x)$	3	5	1	6	4	2

注意到上表的第一行是关于 $x\,(1 \leqslant x \leqslant 6)$ 值的列表，第二行是其相应的置换 $\pi(x)$。逆置换 π^{-1} 可重新安排第二行的次序得出：

x	1	2	3	4	5	6
$\pi^{-1}(x)$	3	6	1	5	2	4

假设我们要加密的明文是：

shesellsseashellsbytheseashore

首先将明文字母分为每六个一组：

shesel|lsseas|hellsb|ythese|ashore

对每组的六个字母使用加密变换 π，则可得：

EESLSH|SALSES|LSHBLE|HSYEET|HRAEOS

因此，最后的密文如下：

EESLSHSALSESLSHBLEHSYEETHRAEOS

解密过程同加密过程一样，只不过使用的是逆置换 π^{-1}，在此不再给出。

事实上，置换密码是希尔密码的一种特殊情形，下面主要对这一点予以说明。给定集合 $\{1, 2, \cdots, m\}$ 的一个置换 π，可按如下方法定义一个置换 π 的关联置换矩阵 $K_\pi = (k_{i,j})_{m \times m}$：

$$k_{i,j} = \begin{cases} 1 & 若 i = \pi(j) \\ 0 & 其他 \end{cases}$$

(一个置换矩阵是指每行每列都恰好只有一个 1，其他都是 0 的矩阵。一个置换矩阵可以通过对单位矩阵进行行置换和列置换而得到)。

容易看出，使用矩阵 K_π 为密钥的希尔密码事实上等价于使用置换 π 为密钥的置换密码。并且还有 $K_\pi^{-1} = K_{\pi^{-1}}$，即 K_π 的逆矩阵是置换 π^{-1} 的关联置换矩阵。这说明二者的解密变换也是等价的。

对前面例子中的置换 π，其关联置换矩阵为：

$$K_\pi = \begin{pmatrix} 0 & 0 & 1 & 0 & 0 & 0 \\ 0 & 0 & 0 & 0 & 0 & 1 \\ 1 & 0 & 0 & 0 & 0 & 0 \\ 0 & 0 & 0 & 0 & 1 & 0 \\ 0 & 1 & 0 & 0 & 0 & 0 \\ 0 & 0 & 0 & 1 & 0 & 0 \end{pmatrix}$$

并且

$$K_\pi^{-1} = \begin{pmatrix} 0 & 0 & 1 & 0 & 0 & 0 \\ 0 & 0 & 0 & 0 & 1 & 0 \\ 1 & 0 & 0 & 0 & 0 & 0 \\ 0 & 0 & 0 & 0 & 0 & 1 \\ 0 & 0 & 0 & 1 & 0 & 0 \\ 0 & 1 & 0 & 0 & 0 & 0 \end{pmatrix}$$

很容易验证以上两矩阵的乘积恰为单位矩阵。

1.1.7　流密码

在前面研究的密码体制中，连续的明文元素是使用相同的密钥 K 来加密的，即密文串使用如下方法得到：

$$y = y_1 y_2 \cdots = e_K(x_1) e_K(x_2) \cdots$$

这种类型的密码体制通常称为分组密码(Block Cipher)。

另外一种被广泛使用的密码体制称为流密码(Stream Cipher)，其基本思想是产生一个密钥流 $z = z_1 z_2 \cdots$，然后使用它根据下述规则来加密明文串 $x = x_1 x_2 \cdots$：

$$y = y_1 y_2 \cdots = e_{z_1}(x_1) e_{z_2}(x_2) \cdots$$

最简单的流密码是其密钥流直接由初始密钥使用某种特定算法变换得来，密钥流和明文串是相互独立的。这种类型的流密码称为"同步"流密码，正式定义如下：

定义 1.6　同步流密码是一个六元组 $(\mathcal{P}, \mathcal{C}, \mathcal{K}, \mathcal{L}, \mathcal{E}, \mathcal{D})$ 和一个函数 g，并且满足如下条件：

1. $\mathcal{P}$ 是所有可能明文构成的有限集。
2. $\mathcal{C}$ 是所有可能密文构成的有限集。
3. 密钥空间 $\mathcal{K}$ 为一有限集，由所有可能密钥构成。
4. $\mathcal{L}$ 是一个称之为密钥流字母表的有限集。

5. g 是一个密钥流生成器。g 使用密钥 K 作为输入，产生无限长的密钥流 $z = z_1 z_2 \cdots$，这里 $z_i \in \mathcal{L}$，$i \geq 1$。

6. 对任意的 $z \in \mathcal{L}$，都有一个加密规则 $e_z \in \mathcal{E}$ 和相应的解密规则 $d_z \in \mathcal{D}$。并且对每个明文 $x \in \mathcal{P}$，$e_z : \mathcal{P} \to \mathcal{C}$ 和 $d_z : \mathcal{C} \to \mathcal{P}$ 是满足 $d_z(e_x(x)) = x$ 的函数。

我们利用前文提到的维吉尼亚密码对同步流密码的定义给出一个解释。假设 m 为维吉尼亚密码的密钥长度，定义 $\mathcal{K} = (\mathbb{Z}_{26})^m$，$\mathcal{P} = \mathcal{C} = \mathcal{L} = \mathbb{Z}_{26}$；定义 $e_z(x) = (x + z) \bmod 26$，$d_z(y) = (y - z) \bmod 26$。再定义密钥流 $z_1 z_2 \cdots$ 如下：

$$z_i = \begin{cases} k_i & \text{若} 1 \leq i \leq m \\ z_{i-m} & \text{若} i \geq m+1 \end{cases}$$

上式中 $K = (k_1, k_2, \cdots, k_m)$，这样利用 K 可产生密钥流如下：

$$k_1 k_2 \cdots k_m k_1 k_2 \cdots k_m k_1 k_2 \cdots$$

注：分组密码可看做是流密码的特殊情况，即对所有的 $i \geq 1$，密钥流为一常数 $z_i = K$。

如果对所有 $i \geq 1$ 的整数有 $z_{i+d} = z_i$，则称该流密码是具有周期 d 的周期流密码。如上面分析的密钥字长为 m 的维吉尼亚密码可看做是周期为 m 的流密码。

流密码通常以二元字符来表示，即 $\mathcal{P} = \mathcal{C} = \mathcal{L} = \mathbb{Z}_2$，此时加密解密刚好都可看做模 2 的加法：

$$e_z(x) = (x + z) \bmod 2$$

和

$$d_z(y) = (y + z) \bmod 2$$

如果认为 "0" 代表布尔值为 "假"，"1" 代表布尔值为 "真"，那么模 2 加法对应于异或运算。这样，加密和解密都可用硬件方式有效地实现。

下面给出另一个产生同步密钥流的方法。假设从 $(k_1, k_2, \cdots, k_n)$ 开始，并且 $z_i = k_i$，$1 \leq i \leq m$。利用次数为 m 的线性递归关系来产生密钥流：

$$z_{i+m} = \sum_{j=0}^{m-1} c_j z_{i+j} \bmod 2$$

这里 $i \geq 1$，$c_0, c_1, \cdots, c_{m-1} \in \mathbb{Z}_2$ 是确定的常数。

注：这个递归关系的次数为 m，是因为每一个项都依赖于前面 m 个项；又因为 z_{i+m} 是前面项的线性组合，故称其为线性的。注意，不失一般性，我们取 $c_0 = 1$，否则递归关系的次数将为 $m-1$。

这里密钥 K 由 $2m$ 个值 $k_1, k_2, \cdots, k_m, c_0, c_1, \cdots, c_{m-1}$ 组成。如果 $(k_1, k_2, \cdots, k_m) = (0, 0, \cdots, 0)$，则生成的密钥流全为零，当然这种情况是需要避免的，否则明文将与密文相同。另外，如果常数 $c_0, c_1, \cdots, c_{m-1}$ 选择适当的话，则任意非零初始向量 $(k_1, k_2, \cdots, k_m)$ 都将产生周期为 $2^m - 1$

的密钥流。这种利用"短"的密钥来产生较长的密钥流的方法，正是我们所期望的，后面将用实例说明具有短周期密钥流的维吉尼亚密码是很容易被攻破的。

下面给出一个具体例子。

例 1.8 设 $m=4$，密钥流按如下线性递归关系产生：

$$z_{i+4} = (z_i + z_{i+1}) \bmod 2 \qquad i \geqslant 1$$

如果密钥流的初始向量不为零，则我们将获得周期为 $2^4 - 1 = 15$ 的密钥流。例如，若初始向量为 $(1, 0, 0, 0)$，则可产生密钥流如下：

$$1 \ 0 \ 0 \ 0 \ 1 \ 0 \ 0 \ 1 \ 1 \ 0 \ 1 \ 0 \ 1 \ 1 \ 1 \ \cdots$$

任何一个非零的初始向量都将产生具有相同周期的密钥流序列。

这种密钥流产生方法的另外一个诱人之处在于密钥流能使用线性反馈移位寄存器(LFSR)以硬件的方式来有效地实现。使用具有 m 个级的移位寄存器，向量 $(k_1, k_2, \cdots k_m)$ 用来初始化移位寄存器，在每一个时间单元，自动完成下列运算：

1. k_1 抽出作为下一个密钥流比特
2. $k_2, k_3, \cdots, k_m$ 分别左移一个级
3. "新"的 k_m 值由下式"线性反馈"给出：

$$\sum_{j=0}^{m-1} c_j k_{j+1}$$

在任何一个给定的时间点，移位寄存器的 m 个级的内容是 m 个连续的密钥流元素，比如在时刻 i 时是 $z_i, z_{i+1}, \cdots, z_{i+m-1}$，在时刻 $i+1$ 时是 $z_{i+1}, z_{i+2}, \cdots, z_{i+m}$。

我们可以看出，线性反馈是通过抽取寄存器的某些级的内容和计算模 2 加法来进行的，图 1.2 给出了这个过程的一个解释，其对应的 LFSR 将产生例 1.8 中的密钥流。

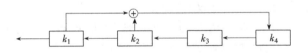

图 1.2　线性反馈移位寄存器

在流密码中，还有这样一种情况，密钥流 z_i 的产生不但与密钥 K 有关，而且还与明文元素 $(x_1, x_2, \cdots, x_{i-1})$ 或密文元素 $(y_1, y_2, \cdots, y_{i-1})$ 有关，这种类型的流密码称之为异步流密码。下面给出一个来源于维吉尼亚密码的异步流密码，称为自动密钥密码。称为"自动密钥"的原因是因为它使用明文来构造密钥流(除了最初的"原始密钥"外)。当然，由于仅有26个可能的密钥，自动密钥密码是不安全的。

密码体制 1.7　自动密钥密码

设 $\mathcal{P} = \mathcal{C} = \mathcal{K} = \mathcal{L} = \mathbb{Z}_{26}$，$z_1 = K$，定义 $z_i = x_{i-1}$，$i \geqslant 2$。对任意的 $0 \leqslant z \leqslant 25$，$x, y \in \mathbb{Z}_{26}$，定义

$$e_z(x) = (x + z) \bmod 26$$

和

$$d_z(y) = (y - z) \bmod 26$$

下面给出一个例子。

例 1.9 假设 $K = 8$，明文为：

rendezvous

首先将明文转换为整数序列：

17　4　13　3　4　25　21　14　20　18

相应的密钥流是：

8　17　4　13　3　4　25　21　14　20

将对应的元素相加，并通过模 26 约简：

25　21　17　16　7　3　20　9　8　12

字母形式的密文是：

ZVRQHDUJIM

解密时，Alice 首先转换密文字母为相应的数字串

25　21　17　16　7　3　20　9　8　12

然后计算

$$x_1 = d_8(25) = (25 - 8) \bmod 26 = 17$$

再计算

$$x_2 = d_{17}(21) = (21 - 17) \bmod 26 = 4$$

这样一直做下去，每次获得下一个明文字母，用它作为下一个密钥流元素。

下一节，主要针对我们前面提出的各种密码体制讨论一些密码分析方法。

1.2 密码分析

本节讨论一些密码分析技术，一般我们都假设敌手 Oscar 知道所使用的密码体制，这个假设通常称为 Kerckhoff 假设。当然，如果 Oscar 不知道所使用的密码体制，那么完成密码分析工作将更困难一些。但我们不应该把密码体制的安全性建立在敌手 Oscar 不知道所使用的密码体制这样一种不确定的假设上。因此，我们的目标是设计在 Kerckhoff 假设下安全的密码体制。

首先，我们想说明密码体制的不同攻击模型之间的区别。一个攻击模型确定了敌手进行攻击时所拥有的信息。最常见的几类攻击模型如下：

唯密文攻击（ciphertext only attack）：敌手只拥有密文串 y。

已知明文攻击（known plaintext attack）：敌手拥有明文串 x 及其对应的密文串 y。

选择明文攻击(chosen plaintext attack)：敌手可获得对加密机的临时访问权限，这样他能够选择一个明文串 x，并可获得相应的密文串 y。

选择密文攻击(chosen ciphertext attack)：敌手可获得对解密机的临时访问权限，这样他能够选择一个密文串 y，并可获得相应的明文串 x。

在上述任何一种模型下，敌手的目标就是确定正在使用的密钥。敌手被允许能够解密一个具体的目标密文串，进而，他能够解密使用同一密钥加密的任何其他密文串[①]。

我们首先考虑最弱类型的攻击，即唯密文攻击，这里假设明文是不包括标点符号及空格的普通英文文本(当然，如果待加密明文中有标点符号和空格，那么具体分析起来将更加困难)。

许多密码分析技术都利用了英文语言的统计特性。很多人都从众多小说、杂志和报纸上搜集统计过 26 个英文字母出现的相对频率，表 1.1 的统计数据是由 Beker 和 Piper 给出的。

在表 1.1 的基础上，Beker 和 Piper 把 26 个英文字母划分成如下 5 组：

1．E 的概率大约为 0.120。

2．T，A，O，I，N，S，H，R 的概率在 0.06 至 0.09 之间。

3．D，L 的概率大约为 0.04。

4．C，U，M，W，F，G，Y，P，B 的概率在 0.015 至 0.028 之间。

5．V，K，J，X，Q，Z 的概率小于 0.01。

另外，考虑两字母组或三字母组组成的固定序列也是很有用的。以下是 30 个最常见的两字母组(出现的频数递减)：TH, HE, IN, ER, AN, RE, ED, ON, ES, ST, EN, AT, TO, NT, HA, ND, OU, EA, NG, AS, OR, TI, IS, ET, IT, AR, TE, SE, HI 和 OF。12 个最常见的三字母组是(出现的频数递减)：THE, ING, AND, HER, ERE, ENT, THA, NTH, WAS, ETH, FOR 和 DTH。

表 1.1　26 个英文字母出现的概率

字　　母	概　　率	字　　母	概　　率
A	0.082	N	0.067
B	0.015	O	0.075
C	0.028	P	0.019
D	0.043	Q	0.001
E	0.127	R	0.060
F	0.022	S	0.063
G	0.020	T	0.091
H	0.061	U	0.028
I	0.070	V	0.010
J	0.002	W	0.023
K	0.008	X	0.001
L	0.040	Y	0.020
M	0.024	Z	0.001

[①] 乍一看选择密文攻击似乎有点不可思议。因为如果敌手只有一个感兴趣的密文串，那么在选择密文攻击下敌手明显能够解密密文串。然而，我们提出的敌手的目标通常是包括确定 Alice 和 Bob 之间使用的密钥，使得别的密文串也能够被解密。在这个意义下选择密文攻击是有意义的。

1.2.1 仿射密码的密码分析

让我们首先看一个如何利用统计数据来进行密码分析的简单例子：仿射密码的密码分析。假设 Oscar 已经截获到了下列密文。

例 1.10 利用仿射密码中获得如下密文：

FMXVEDKAPHFERBNDKRXRSREFMORUDSDKDVSHVUFEDKAPRKDLYEVLRHHRH

这条密文的频数分析参见表 1.2。

这里虽然只有 57 个密文字母，但它足以分析仿射密码，最大频数的密文字母是：R(8 次)，D(7 次)，E，H，K(各 5 次)，S，F，V(各 4 次)。首先，我们可以猜想 R 是 e 的加密而 D 是 t 的加密，因为 e 和 t 是两个出现频数最高的字母。以数字表达即为 $e_K(4)=17$ 和 $e_K(19)=3$，因为 $e_K(x)=ax+b$，这里 a 和 b 是未知的，所以我们有如下的关于两个未知数的线性方程组：

$$4a+b=17$$
$$19a+b=13$$

这个方程组有唯一解 $a=6, b=19$（在 $\mathbb{Z}_{26}$ 上），但这是一个不合法的密钥，因为 $\gcd(a, 26)=2>1$。所以我们的猜想肯定是不正确的。

我们再猜测 R 是 e 的加密，而 E 是 t 的加密，继续使用上述方法，可得到 $a=13$，这也是一个不合法的密钥。再试一种可能性：R 是 e 的加密，H 是 t 的加密，则有 $a=8$，这也是不合法的密钥。继续进行，我们猜测 R 是 e 的加密，K 是 t 的加密，这样可得到 $a=3, b=5$，首先它至少是一个合法的密钥，下一步工作就是检验密钥 $K=(3,5)$ 的正确性。如果我们能得到有意义的英文字母串，则可证实 $(3,5)$ 是有效的。

解密函数为 $d_K(y)=9y-19$，对密文进行解密有

algorithmsarequitegeneraldefinitionsofarithmeticprocesses

至此，我们已经确定了正确的密钥。

表 1.2 密文中出现的 26 个字母的频数统计

字　母	频　数	字　母	频　数
A	2	N	1
B	1	O	1
C	0	P	2
D	7	Q	0
E	5	R	8
F	4	S	3
G	0	T	0
H	5	U	2
I	0	V	4
J	0	W	0
K	5	X	2
L	2	Y	1
M	2	Z	0

1.2.2　代换密码的密码分析

下面我们来看一个更为复杂的情况：代换密码的密码分析。考虑如下密文：

例 1.11　利用代换密码获得如下密文：

```
YIFQFMZRWQFYVECFMDZPCVMRZWNMDZVEJBTXCDDUMJ
NDIFEFMDZCDMQZKCEYFCJMYRNCWJCSZREXCHZUNMXZ
NZUCDRJXYYSMRTMEYIFZWDYVZVYFZUMRZCRWNZDZJJ
XZWGCHSMRNMDHNCMFQCHZJMXJZWIEJYUCFWDJNZDIR
```

这条密文的频数分析由表 1.3 给出。

表 1.3　密文中出现的 26 个字母的频数统计

字　　母	频　　数	字　　母	频　　数
A	0	N	9
B	1	O	0
C	15	P	1
D	13	Q	4
E	7	R	10
F	11	S	3
G	1	T	2
H	4	U	5
I	5	V	5
J	11	W	8
K	1	X	6
L	0	Y	10
M	16	Z	20

因为 Z 出现的次数远高于任何其他密文字母，所以我们可以猜测 $d_K(Z) = e$，出现至少 10 次的其余的密文字母是 C, D, F, J, M, R, Y。我们希望这些字母对应的是 t, a, o, i, n, s, h, r 的一个子集的加密，但实际的频数变化很难看出它们之间的对应关系。

注意一下形如 –Z 或 Z– 的两字母组，因为已经假设 Z 解密成 e。我们发现出现这种类型的最一般的两字母组是 DZ 和 ZW(各出现 4 次)；NZ 和 ZU(各出现 3 次)；RZ, HZ, XZ, FZ, ZR, ZV, ZC, ZD 和 ZJ(各出现 2 次)，因为 ZW 出现 4 次而 WZ 一次也未出现，同时 W 比许多其它字母出现的次数少，所以我们可以假定 $d_K(W) = d$。又因为 DZ 出现 4 次而 ZD 出现 2 次，故可猜测 $d_K(D) \in \{r,s,t\}$，但具体是哪一个还不太清楚。

如前面的猜测，假设 $d_K(Z) = e, d_K(W) = d$，回过头再看看密文并注意到 ZRW 出现在密文的开始部分，RW 后面也出现过。因为 R 在密文中频繁地出现，而 nd 是一个常见的两字母组，所以我们可以视 $d_K(R) = n$ 作为可能的情况。

这样，我们就有如下的形式：

```
------end---------e----ned---e-----------
YIFQFMZRWQFYVECFMDZPCVMRZWNMDZVEJBTXCDDUMJ
```

```
--------e----e--------n--d---en---e----e
NDIFEFMDZCDMQZKCEYFCJMYRNCWJCSZREXCHZUNMXZ
```

```
-e---n------n------ed---e---e--ne-nd-e-e-
NZUCDRJXYYSMRTMEYIFZWDYVZVYFZUMRZCRWNZDZJJ
```

```
-ed-----n-----------e----ed-------d---e--n
XZWGCHSMRNMDHNCMFQCHZJMXJZWIEJYUCFWDJNZDIR
```

下一步我们可以试试 $d_K(\mathrm{N})=\mathrm{h}$，因为 NZ 是一个常见的两字母组而 ZN 不是一个常见的两字母组。如果这个猜测是正确的，则明文 ne-ndhe 很可能说明 $d_K(\mathrm{C})=\mathrm{a}$。结合这些假设，我们进一步又有：

```
------end----a---e-a--nedh--e-------a-----
YIFQFMZRWQFYVECFMDZPCVMRZWNMDZVEJBTXCDDUMJ
```

```
h-------ea---e-a---a---nhad-a-en--a-e-h--e
NDIFEFMDZCDMQZKCEYFCJMYRNCWJCSZREXCHZUNMXZ
```

```
he-a-n------n------ed---e---e--neandhe-e-
NZUCDRJXYYSMRTMEYIFZWDYVZVYFZUMRZCRWNZDZJJ
```

```
-ed-a---nh---ha---a-e---ed----a-d--he--n
XZWGCHSMRNMDHNCMFQCHZJMXJZWIEJYUCFWDJNZDIR
```

现在考虑出现次数次高的密文字母 M，由前面分析，密文段 RNM 解密成 nh-，这说明 h- 是一个词的开头，所以 M 很可能是一个元音，因为已经使用了 a 和 e，所以猜测 $d_K(\mathrm{M})=\mathrm{i}$ 或 o，因为 ai 是一个比 ao 出现次数更高的明文组，所以首先猜定 $d_K(\mathrm{M})=\mathrm{i}$，这样就有：

```
-----iend-----a-i-e-a-inedhi-e-------a---i
YIFQFMZRWQFYVECFMDZPCVMRZWNMDZVEJBTXCDDUMJ
```

```
h-----i-ea-i-e-a---a-i-nhad-a-en--a-e-hi-e
NDIFEFMDZCDMQZKCEYFCJMYRNCWJCSZREXCHZUNMXZ
```

```
he-a-n-----in-i----ed---e---e-ineandhe-e-
NZUCDRJXYYSMRTMEYIFZWDYVZVYFZUMRZCRWNZDZJJ
```

```
-ed-a--inhi--hai--a-e-i--ed----a-d--he--n
XZWGCHSMRNMDHNCMFQCHZJMXJZWIEJYUCFWDJNZDIR
```

下面需要确定明文 o 对应的密文。因为 o 是一个经常出现的字母，所以我们猜测相应的密文字母是 D, F, J, Y 中的一个。Y 似乎最有可能，否则将得到长串的元音字母，即从 CFM 或 CJM 中得到 aoi。因此，假设 $d_K(\mathrm{Y})=\mathrm{o}$。

剩下密文字母中三个最高频率的字母是 D, F, J，我们猜测它们以某种次序解密成 r, s, t，三字母 NMD 两次出现说明很可能 $d_K(\mathrm{D})=\mathrm{s}$，对应的明文三字母组为 his（这与前面假设 $d_K(\mathrm{D})\in\{\mathrm{r,s,t}\}$ 是一致的）。HNCMF 可能是 chair 的加密，它说明 $d_K(\mathrm{F})=\mathrm{r}$（同时 $d_K(\mathrm{H})=\mathrm{c}$），这样通过排除法有 $d_K(\mathrm{J})=\mathrm{t}$，现在我们有：

```
o-r-riend-ro--arise-a-inedhise--t---ass-it
YIFQFMZRWQFYVECFMDZPCVMRZWNMDZVEJBTXCDDUMJ
```

```
hs-r-riseasi-e-a-orationhadta-en--ace-hi-e
NDIFEFMDZCDMQZKCEYFCJMYRNCWJCSZREXCHZUNMXZ

he-asnt-oo-in-i-o-redso-e-ore-ineandhesett
NZUCDRJXYYSMRTMEYIFZWDYVZVYFZUMRZCRWNZDZJJ

-ed-ac-inhischair-aceti-ted--to-ardsthes-n
XZWGCHSMRNMDHNCMFQCHZJMXJZWIEJYUCFWDJNZDIR
```

有了上面的提示，就很容易确定出明文和例 1.11 中的密钥，解密明文如下：

Our friend from Paris examined his empty glass with surprise, as if evaporation had taken place while he wasn't looking. I poured some more wine and he settled back in his chair, face tilted up towards the sun.

1.2.3 维吉尼亚密码的密码分析

本节给出分析维吉尼亚密码的一些方法。首先必须确定密钥字的长度 m，这里我们介绍两种方法：Kasiski 测试法和重合指数法。

Kasiski 测试法是由 Friedrich Kasiski 于 1863 年给出了其描述，然而早在约 1854 年这一方法就由 Charles Babbage 首先发现。它主要是基于这样一个事实：两个相同的明文段将加密成相同的密文段，它们的位置间距假设为 δ，则 $\delta = 0 (\bmod m)$。反过来，如果在密文中观察到两个相同的长度至少为 3 的密文段，那么将给破译者带来很大方便，因为它们实际上对应了相同的明文串。

Kasiski 测试法的工作流程如下：搜索长度至少为 3 的相同的密文段，记下其离起始点的那个密文段的距离。假如得到如下几个距离 $\delta_1, \delta_2, \cdots$，那么，可以猜测 m 为这些 δ_i 的最大公因子的因子。

确定 m 值的进一步的方法是使用所谓的重合指数法，这种方法是由 William Friedman 于 1920 年提出的。

定义 1.7 设 $x = x_1 x_2 \cdots x x_n$ 是一条 n 个字母的串，x 的重合指数记为 $I_c(x)$，定义为 x 中两个随机元素相同的概率。

假设 $f_0, f_1, \cdots, f_{25}$ 分别表示 A, B, $\cdots$, Z 在 x 中出现的频数，共有 $\binom{n}{2}$ 种方法来选择 x 中的任两个元素(二项式系数 $\binom{n}{k} = n!/(k!(n-k)!)$ 表示从 n 个物体中取出 k 个物体的方式的个数)。对每个 $i, 0 \leqslant i \leqslant 25$，共有 $\binom{f_i}{2}$ 种方法使得所选的两个元素皆为 i，因此，有如下公式：

$$I_c(x) = \frac{\sum_{i=0}^{25} \binom{f_i}{2}}{\binom{n}{2}} = \frac{\sum_{i=0}^{25} f_i(f_i - 1)}{n(n-1)}$$

假设 x 是英语文本串，在表 1.1 中字母 A, B, $\cdots$, Z 出现的期望概率为 $p_0, p_1, \cdots, p_{25}$，那么我们期望

$$I_c(x) \approx \sum_{i=0}^{25} p_i^2 = 0.065$$

上式成立主要是因为两个随机元素都是 A 的概率为 p_0^2，两个随机元素都是 B 的概率为 p_1^2，等等。如果 x 是通过单表代换密码得来的，其分析原理相同。此时，各个概率将被置换，但量 $\sum_{i=0}^{25} p_i^2$ 将不会改变。

假设我们使用维吉尼亚密码加密的密文串为 $y = y_1 y_2 \cdots y_n$。将串 y 分割为 m 个长度相等的子串，分别为 $y_1, y_2, \cdots, y_m$，这样可以以列的形式写出密文，组成一个 $m \times (n/m)$ 矩阵。矩阵的每一行对应于子串 $y_i, 1 \leq i \leq m$。换言之，我们有如下形式：

$$y_1 = y_1 y_{m+1} y_{2m+1} \cdots$$
$$y_2 = y_2 y_{m+2} y_{2m+2} \cdots$$
$$\vdots \quad \vdots \quad \vdots$$
$$y_m = y_m y_{2m} y_{3m} \cdots$$

如果 $y_1, y_2, \cdots, y_m$ 按如上方法构造，则 m 实际上就是密钥字的长度，每一个 $I_c(y_i)$ 的值大约为 0.065。另外，如果 m 不是密钥字的长度，那么子串 y_i 看起来更为随机，因为它们是通过不同密钥以移位加密方式获得的。易知，对一个完全的随机串，其重合指数为：

$$I_c \approx 26 \left(\frac{1}{26} \right)^2 = \frac{1}{26} = 0.038$$

值 0.065 和 0.038 的差别是比较大的，按这种方法通常可以确定密钥字的长度(或者确信一个利用 Kasiski 测试法猜测的密钥字的长度)。

这里我们用一个例子来说明这两种技术。

例 1.12 利用维吉尼亚密码获得如下密文：

```
CHREEVOAHMAERATBIAXXWTNXBEEOPHBSBQMQEQERBW
RVXUOAKXAOSXXWEAHBWGJMMQMNKGRFVGXWTRZXWIAK
LXFPSKAUTEMNDCMGTSXMXBTUIADNGMGPSRELXNJELX
VRVPRTULHDNQWTWDTYGBPHXTFALJHASVBFXNGLLCHR
ZBWELEKMSJIKNBHWRJGNMGJSGLXFEYPHAGNRBIEQJT
AMRVLCRREMNDGLXRRIMGNSNRWCHRQHAEYEVTAQEBBI
PEEWEVKAKOEWADREMXMTBHHCHRTKDNVRZCHRCLQOHP
WQAIIWXNRMGWOIIFKEE
```

首先使用 Kasiski 测试法。在密文中，密文串 CHR 共出现在 5 个位置，起始位置分别为 1，166，236，276 和 286，其距离分别为 165，235，275 和 285。这三个整数的最大公约数为 5，故我们猜测密钥字的长度很可能是 5。

再使用重合指数法确认这一猜测。当 $m=1$ 时，重合指数为 0.045；当 $m=2$ 时，两个重合指数分别为 0.046 和 0.041；当 $m=3$ 时，分别为 0.043，0.050，0.047；当 $m=4$ 时，分别为 0.042，0.039，0.045，0.040；当 $m=5$ 时，分别为 0.063，0.068，0.069，0.061，0.072。这些值为密钥字的长度是 5 提供了强有力的证据。

现在假设 $m=5$，那么怎样来确定具体的密钥 $K = (k_1, k_2, \cdots, k_m)$ 呢？下面给出一个简单而有效的方法。令 $1 \leq i \leq m$，$f_0, f_1, \cdots, f_{25}$ 分别表示串 y_i 中字母 A, B, $\cdots$, Z 出现的频数。再令 $n' = n/m$ 表示串 y_i 的长度，则 26 个字母在 y_i 中的概率分布为：

$$\frac{f_0}{n'}, \frac{f_1}{n'}, \cdots, \frac{f_{25}}{n'}$$

考虑到子串 y_i 是由对应的待加密的明文子集中的字母移动 k_i 个位置所得的。因此，移位后的概率分布

$$\frac{f_{k_i}}{n'}, \cdots, \frac{f_{25+k_i}}{n'}$$

应该近似于表 1.1 中统计得出的概率分布 $p_0, p_1, \cdots, p_{25}$。上述公式中的下标运算为模 26 运算。

假设 $0 \leqslant g \leqslant 25$，定义数值

$$M_g = \sum_{i=0}^{25} \frac{p_i f_{i+g}}{n'} \tag{1.1}$$

如果 $g = k_i$，类似于前面重合指数的讨论，应该有

$$M_g \approx \sum_{i=0}^{25} p_i^2 = 0.065$$

如果 $g \neq k_i$，则 M_g 一般应该小于 0.065（证明参见练习）。对每个 $i, 1 \leqslant i \leqslant m$，期望使用这种方法确定 k_i 的正确值。

我们再回头考虑例 1.12。

例 1.12（续）　前面已经假设密钥字长是 5。下面对任意的 $1 \leqslant i \leqslant 5$，计算其对应的 M_g 的值。这些值在表 1.4 中列出。对每个 i，寻找其 M_g 值接近于 0.065 的那一个。这些 g 确定了相应的移位 $k_1, k_2, \cdots, k_5$。

由表 1.4 中的数据可知，密钥很可能是 $K = (9, 0, 13, 4, 19)$，对应的字母是 JANET。容易验证它是正确的，解密后的明文为：

The almond tree was in tentative blossom. The days were longer, often ending with magnificent evenings of corrugated pink skies. The hunting season was over, with hounds and guns put away for six months. The vineyards were busy again as the well-organized farmers treated their vines and the more lackadaisical neighbors hurried to do the pruning they should have done in November.

表 1.4　M_g 的值

i	$M_g(y_i)$的值								
1	0.035	0.031	0.036	0.037	0.035	0.039	0.028	0.028	0.048
	0.061	0.039	0.032	0.040	0.038	0.038	0.044	0.036	0.030
	0.042	0.043	0.036	0.033	0.049	0.043	0.041	0.036	
2	0.069	0.044	0.032	0.035	0.044	0.034	0.036	0.033	0.029
	0.031	0.042	0.045	0.040	0.045	0.046	0.042	0.037	0.032
	0.034	0.037	0.032	0.034	0.043	0.032	0.026	0.047	
3	0.048	0.029	0.042	0.043	0.044	0.034	0.038	0.035	0.032
	0.049	0.035	0.031	0.035	0.066	0.035	0.038	0.036	0.045
	0.027	0.035	0.034	0.034	0.036	0.035	0.046	0.040	

（续表）

i	$M_g(y_i)$的值								
4	0.045	0.032	0.033	0.038	0.060	0.034	0.034	0.034	0.050
	0.033	0.033	0.043	0.040	0.033	0.029	0.036	0.040	0.044
	0.037	0.050	0.034	0.034	0.039	0.044	0.038	0.035	
5	0.034	0.031	0.035	0.044	0.047	0.037	0.043	0.038	0.042
	0.037	0.033	0.032	0.036	0.037	0.036	0.045	0.032	0.029
	0.044	0.072	0.037	0.027	0.031	0.048	0.036	0.037	

1.2.4　希尔密码的密码分析

希尔密码采用唯密文攻击破译是很难的，但是如果采用已知明文攻击，则很容易破译希尔密码。假定敌手已经确定了正在使用的 m 值，至少有 m 个不同的明-密文对，设为

$$x_j = (x_{1,j}, x_{2,j}, \cdots, x_{m,j})$$

和

$$y_j = (y_{1,j}, y_{2,j}, \cdots, y_{m,j})$$

对任意的 $1 \leqslant j \leqslant m$，有 $y_j = e_K(x_j)$。如果我们定义两个 $m \times m$ 矩阵 $X = (x_{i,j})$ 和 $Y = (y_{i,j})$，则有矩阵方程 $Y = XK$，其中 $m \times m$ 矩阵 K 是未知密钥。假如矩阵 X 刚好是可逆的，则敌手 Oscar 可以轻松地计算出 $K = X^{-1}Y$，从而破译希尔密码(如果 X 不可逆，则必须重新选择 m 个明-密文对)。

下面给出一个小例子。

例 1.13　假设明文 friday 利用 $m = 2$ 的希尔密码加密，得到的密文为 PQCFKU。

首先我们有 $e_K(5, 17) = (15, 16), e_K(8, 3) = (2, 5), e_K(0, 24) = (10, 20)$。使用头两个明-密文对，可得到矩阵方程

$$\begin{pmatrix} 15 & 16 \\ 2 & 5 \end{pmatrix} = \begin{pmatrix} 5 & 17 \\ 8 & 3 \end{pmatrix} K$$

利用推论 1.4，容易计算

$$\begin{pmatrix} 5 & 17 \\ 8 & 3 \end{pmatrix}^{-1} = \begin{pmatrix} 9 & 1 \\ 2 & 15 \end{pmatrix}$$

因此

$$K = \begin{pmatrix} 9 & 1 \\ 2 & 15 \end{pmatrix} \begin{pmatrix} 15 & 16 \\ 2 & 5 \end{pmatrix} = \begin{pmatrix} 7 & 19 \\ 8 & 3 \end{pmatrix}$$

这个结果可以使用第三个明-密文对进行验证。

假如敌手不知道 m 的具体值，该如何攻击呢？假定 m 不是太大，他将简单地试 $m = 2, 3, \cdots$，直到找到密钥为止。如果猜测的 m 值不正确，则通过上述方法找到的 $m \times m$ 矩阵 K 通不过其余明-密文对的验证。使用这种方法，即使在不知道 m 值的情况下，也可以确定出 m 值。

1.2.5　LFSR 流密码的密码分析

在前面介绍的流密码中，密文是明文和密钥流的模 2 加，即 $y_i = (x_i + z_i) \bmod 2$。利用下列线性递归关系从初态 $(z_1, z_2, \cdots, z_m) = (k_1, k_2, \cdots, k_m)$ 产生密钥流：

$$z_{m+i} = \sum_{j=0}^{m-1} c_j z_{i+j} \bmod 2 \qquad i \geqslant 1$$

这里 $c_0, c_1, \cdots, c_{m-1} \in \mathbb{Z}_2$。

因为这个密码体制中所有运算都是线性的，同前面的希尔密码一样，它容易受到已知明文攻击。假定 Oscar 有了明文串 $x_1 x_2 \cdots x_n$ 和相应的密文串 $y_1 y_2 \cdots y_n$，那么他能计算密钥流比特 $z_i = (x_i + y_i) \bmod 2, 1 \leqslant i \leqslant n$。若 Oscar 再知道 m 的值，那么 Oscar 仅需要计算 $c_0, c_1, \cdots, c_{m-1}$ 的值就能重构整个密钥流。换句话说，他只需要确定 m 个未知的值。

现在已知，对任何 $i \geqslant 1$，我们有

$$z_{m+i} = \sum_{j=0}^{m-1} c_j z_{i+j} \bmod 2$$

它是 m 个未知数的线性方程。如果 $n \geqslant 2m$，就有 m 个未知数的 m 个线性方程，利用它就可以解出这 m 个未知数。

m 个线性方程可用矩阵形式表示为

$$(z_{m+1}, z_{m+2}, \cdots, z_{2m}) = (c_0, c_1, \cdots, c_{m-1}) \begin{pmatrix} z_1 & z_2 & \cdots & z_m \\ z_2 & z_3 & \cdots & z_{m+1} \\ \vdots & \vdots & \ddots & \vdots \\ z_m & z_{m+1} & \cdots & z_{2m-1} \end{pmatrix}$$

如果系数矩阵有逆(模 2)，则可解得

$$(c_0, c_1, \cdots, c_{m-1}) = (z_{m+1}, z_{m+2}, \cdots, z_{2m}) \begin{pmatrix} z_1 & z_2 & \cdots & z_m \\ z_2 & z_3 & \cdots & z_{m+1} \\ \vdots & \vdots & \ddots & \vdots \\ z_m & z_{m+1} & \cdots & z_{2m-1} \end{pmatrix}^{-1}$$

事实上，如果 m 是产生密钥流的递归次数，那么这个矩阵一定是可逆的(证明参见习题)。

这里我们给出一个例子。

例 1.14　假设 Oscar 得到密文串

$$1\,0\,1\,1\,0\,1\,0\,1\,1\,1\,1\,0\,0\,1\,0$$

和相应的明文串

$$0\,1\,1\,0\,0\,1\,1\,1\,1\,1\,1\,1\,0\,0\,0$$

那么他能计算出密钥流比特

$$1\,1\,0\,1\,0\,0\,1\,0\,0\,0\,0\,1\,0\,1\,0$$

假定 Oscar 也知道密钥流是使用 5 级 LFSR 产生的, 那么他利用前面 10 个比特就可以得到如下的矩阵等式

$$(0,1,0,0,0) = (c_0, c_1, c_2, c_3, c_4) \begin{pmatrix} 1 & 1 & 0 & 1 & 0 \\ 1 & 0 & 1 & 0 & 0 \\ 0 & 1 & 0 & 0 & 1 \\ 1 & 0 & 0 & 1 & 0 \\ 0 & 0 & 1 & 0 & 0 \end{pmatrix}$$

容易通过检查两个矩阵的模 2 乘等于单位阵的方式来验证

$$\begin{pmatrix} 1 & 1 & 0 & 1 & 0 \\ 1 & 0 & 1 & 0 & 0 \\ 0 & 1 & 0 & 0 & 1 \\ 1 & 0 & 0 & 1 & 0 \\ 0 & 0 & 1 & 0 & 0 \end{pmatrix}^{-1} = \begin{pmatrix} 0 & 1 & 0 & 0 & 1 \\ 1 & 0 & 0 & 1 & 0 \\ 0 & 0 & 0 & 0 & 1 \\ 0 & 1 & 0 & 1 & 1 \\ 1 & 0 & 1 & 1 & 0 \end{pmatrix}$$

这样就可求得

$$(c_0, c_1, c_2, c_3, c_4) = (0,1,0,0,0) \begin{pmatrix} 0 & 1 & 0 & 0 & 1 \\ 1 & 0 & 0 & 1 & 0 \\ 0 & 0 & 0 & 0 & 1 \\ 0 & 1 & 0 & 1 & 1 \\ 1 & 0 & 1 & 1 & 0 \end{pmatrix} = (1,0,0,1,0)$$

由此可知, 用来产生密钥流的递归公式为

$$z_{i+5} = (z_i + z_{i+3}) \bmod 2$$

1.3　注释与参考文献

有关古典密码学的许多资料在各种教科书和专著中都已经提到过, 例如, Bauer[9]的 *Decrypted Secrets, Methods and Maxims of Cryptology*；Beker 和 Piper[13]的 *Cipher Systems, The Protection of Communications*；Beutelspacher[32]的 *Cryptology*；Denning[109]的 *Cryptography and Data Security*；Kippenhahn[192]的 *Code Breaking, A history and Exploration*；Konheim[203] 的 *Cryptography, A Primer*；van der Lubbe[222]的 *Basic Methods of Cryptography*。

前面使用的关于英文字母的频率的统计数据引自 Beker 和 Piper[13]。

关于基础数论方面的知识可参考 Rosen[284]的 *Elementary Number Theory and its Applications* 一书。关于线性代数的知识可参考 Anton[4]的 *Elementary Linear Algebra* 一书。

Kahn[185]的 *The Codebreakers* 是一本关于密码学史的趣味性、知识性很强的读物；另外一本有关这方面的书可参阅 Singh[307]所著的 *The Code Book*。

习题

1.1　计算下列数值：

    (a)　$7503 \bmod 81$

    (b)　$(-7503) \bmod 81$

    (c)　$81 \bmod 7503$

    (d)　$(-81) \bmod 7503$

1.2　设 $a, m > 0$ ，且 $a \not\equiv 0 (\bmod m)$ 。证明

$$(-a) \bmod m = m - (a \bmod m)$$

1.3　证明 $a \bmod m = b \bmod m$ 当且仅当 $a \equiv b (\bmod m)$ 。

1.4　证明 $a \bmod m = a - \left\lfloor \dfrac{a}{m} \right\rfloor m$ ，这里 $\lfloor x \rfloor = \max\{y \in \mathbb{Z} : y \leqslant x\}$ 。

1.5　使用穷尽密钥搜索方法破译如下利用移位密码加密的密文

    BEEAKFYDJXUQYHYJIQRYHTYJIQFBQDUYJIIKFUHCQD

1.6　在一个密码体制中，如果一个加密函数 e_K 和一个解密函数 d_K 相同，我们将这样的密钥 K 称为对合密钥。试找出定义在 $\mathbb{Z}_{26}$ 上的移位密码的所有对合密钥。

1.7　确定下列定义在 $\mathbb{Z}_m$ 上的仿射密码的密钥量， $m = 30, 100$ 和 1225 。

1.8　找出下列 $\mathbb{Z}_m$ 上的所有可逆元， $m = 28, 33$ 和 35 。

1.9　设 $1 \leqslant a \leqslant 28$ ，利用反复试验的方法求出 $a^{-1} \bmod 29$ 的值。

1.10　已知 $K = (5, 21)$ 是定义在 $\mathbb{Z}_{29}$ 上的仿射密码的密钥。

    (a) 以 $d_K(y) = a'y + b'$ 的形式给出解密函数，这里 $a', b' \in \mathbb{Z}_{29}$ 。

    (b) 证明对任意的 $x \in \mathbb{Z}_{29}$ ，都有 $d_K(e_K(x)) = x$ 。

1.11　(a) 假设 $K = (a, b)$ 是定义在 $\mathbb{Z}_n$ 上的仿射密码的密钥。证明 K 是对合密钥当且仅当 $a^{-1} \bmod n = a$ 且 $b(a+1) \equiv 0 (\bmod n)$ 。

    (b) 确定出 $\mathbb{Z}_{15}$ 上的仿射密码的所有对合密钥。

    (c) 设 $n = pq$ ，这里 p, q 是不同的奇素数，证明定义在 $\mathbb{Z}_n$ 上的所有仿射密码的对合密钥量是 $n + p + q + 1$ 。

1.12　(a) 设 p 是素数，证明在 $\mathbb{Z}_p$ 上 2×2 可逆矩阵的数目是 $(p^2 - 1)(p^2 - p)$ 。

    提示：因为 p 是素数，所以 $\mathbb{Z}_p$ 是一个域，则在一个域中矩阵是可逆的，当且仅当它的行向量是线性无关的。

    (b) 设 p 是素数， $m \geqslant 2$ 是整数，给出 $\mathbb{Z}_p$ 上 $m \times m$ 可逆矩阵的数目的计算公式。

1.13　设 $n = 6, 9$ 和 26 ，问定义在 $\mathbb{Z}_n$ 上的 2×2 可逆矩阵有多少？

1.14　(a) 设 A 是 $\mathbb{Z}_{26}$ 上的矩阵且 $A = A^{-1}$ ，证明 $\det A \equiv \pm 1 (\bmod 26)$ 。

    (b) 利用推论 1.4 中的公式求出当 $m = 2$ 时定义在 $\mathbb{Z}_{26}$ 上的希尔密码的所有对合密钥。

1.15 求出下列定义在 $\mathbb{Z}_{26}$ 上的矩阵的逆：

(a) $\begin{pmatrix} 2 & 5 \\ 9 & 5 \end{pmatrix}$
(b) $\begin{pmatrix} 1 & 11 & 12 \\ 4 & 23 & 2 \\ 17 & 15 & 9 \end{pmatrix}$

1.16 (a)设下列的 π 是集合 $\{1, 2, \cdots, 8\}$ 上的置换：

x	1	2	3	4	5	6	7	8
$\pi(x)$	4	1	6	2	7	3	8	5

求出逆置换 π^{-1}。

(b)解密下列使用置换密码加密的密文，密钥是(a)中的置换 π

TGEEMNELNNTDROEOAAHDOETCSHAEIRLM

1.17 (a)证明在置换密码中，置换 π 是对合密钥当且仅当对任意的 $i, j \in \{1, 2, \cdots, m\}$，若 $\pi(i) = j$，则必有 $\pi(j) = i$。

(b)在置换密码中分别令 $m = 2, 3, 4, 5, 6$，试求出其对合密钥。

1.18 考虑下列定义在 $\mathbb{Z}_2$ 上的四级线性递归序列

$$z_{i+4} = (z_i + z_{i+1} + z_{i+2} + z_{i+3}) \bmod 2$$

$i \geq 0$。对其 16 种可能的初始向量 $(z_0, z_1, z_2, z_3) \in (\mathbb{Z}_2)^4$，分别求出其生成的密钥流的周期。

1.19 令递归关系式为：

$$z_{i+4} = (z_i + z_{i+3}) \bmod 2$$

$i \geq 0$。重新完成习题 1.18 中的问题。

1.20 假设我们使用下列方法构造一个同步流密码。令 $K \in \mathcal{K}$ 是密钥，$\mathcal{L}$ 是密钥流字母表，Σ 表示所有状态的有限集。首先，初始状态 $\sigma_0 \in \Sigma$ 由 K 按某种规则产生。对任意的 $i \geq 1$，状态 σ_i 由状态 σ_{i-1} 通过如下规则所决定：

$$\sigma_i = f(\sigma_{i-1}, K)$$

这里 $f: \Sigma \times \mathcal{K} \to \Sigma$。另外，对任意的 $i \geq 1$，密钥流元素 z_i 按如下规则计算：

$$z_i = g(\sigma_i, K)$$

这里 $g: \Sigma \times \mathcal{K} \to \mathcal{L}$。证明使用这种方法产生的密钥流的周期至多为 $|\Sigma|$。

1.21 以下给出的四段密文，第一个是由代换密码加密而成，第二个是由维吉尼亚密码加密而成，第三个是由仿射密码加密而成，最后一个不知其具体的密码体制，试从密文确定明文。要求给出清晰的分析过程，包括统计分析和你进行的计算。

(a)代换密码

EMGLOSUDCGDNCUSWYSFHNSFCYKDPUMLWGYICOXYSIPJCK

```
QPKUGKMGOLICGINCGACKSNISACYKZSCKXECJCKSHYSXCG
OIDPKZCNKSHICGIWYGKKGKGOLDSILKGOIUSIGLEDSPWZU
GFZCCNDGYYSFUSZCNXEOJNCGYEOWEUPXEZGACGNFGLKNS
ACIGOIYCKXCJUCIUZCFZCCNDGYYSFEUEKUZCSOCFZCCNC
IACZEJNCSHFZEJZEGMXCYHCJUMGKUCY
```

提示：F 解密为 w。

(b) 维吉尼亚密码

```
KCCPKBGUFDPHQTYAVINRRTMVGRKDNBVFDETDGILTXRGUD
DKOTFMBPVGEGLTGCKQRACQCWDNAWCRXIZAKFTLEWRPTYC
QKYVXCHKFTPONCQQRHJVAJUWETMCMSPKQDYHJVDAHCTRL
SVSKCGCZQQDZXGSFRLSWCWSJTBHAFSIASPRJAHKJRJUMV
GKMITZHFPDISPZLVLGWTFPLKKEBDPGCEBSHCTJRWXBAFS
PEZQNRWXCVYCGAONWDDKACKAWBBIKFTIOVKCGGHJVLNHI
FFSQESVYCLACNVRWBBIREPBBVFEXOSCDYGZWPFDTKFQIY
CWHJVLNHIQIBTKHJVNPIST
```

(c) 仿射密码

```
KQEREJEBCPPCJCRKIEACUZBKRVPKRBCIBQCARBJCVFCUP
KRIOFKPACUZQEPBKRXPEIIEABDKPBCPFCDCCAFIEABDKP
BCPFEQPKAZBKRHAIBKAPCCIBURCCDKDCCJCIDFUIXPAFF
ERBICZDFKABICBBENEFCUPJCVKABPCYDCCDPKBCOCPERK
IVKSCPICBRKIJPKABI
```

(d) 未知具体密码

```
BNVSNSIHQCEELSSKKYERIFJKXUMBGYKAMQLJTYAVFBKVT
DVBPVVRJYYLAOKYMPQSCGDLFSRLLPROYGESEBUUALRWXM
MASAZLGLEDFJBZAVVPXWICGJXASCBYEHOSNMULKCEAHTQ
OKMFLEBKFXLRRFDTZXCIWBJSICBGAWDVYDHAVFJXZIBKC
GJIWEAHTTOEWTUHKRQVVRGZBXYIREMMASCSPBHLHJMBLR
FFJELHWEYLWISTFVVYEJCMHYUYRUFSFMGESIGRLWALSWM
NUHSIMYYITCCQPZSICEHBCCMZFEGVJYOCDEMMPGHVAAUM
ELCMOEHVLTIPSUYILVGFLMVWDVYDBTHFRAYISYSGKVSUU
HYHGGCKTMBLRX
```

1.22 (a) 假设 $p_1, p_2, \cdots, p_n$ 和 $q_1, q_2, \cdots, q_n$ 均为概率分布且有 $p_1 \geqslant p_2 \geqslant \cdots \geqslant p_n$。令 q_1', $q_2', \cdots, q_n'$ 为 $q_1, q_2, \cdots, q_n$ 的任意置换，证明值

$$\sum_{i=1}^{n} p_i q_i'$$

当 $q_1' \geqslant q_2' \geqslant \cdots \geqslant q_n'$ 时取得最大值。

(b) 试用此结论解释式(1.1)。

1.23 假设明文

breathtaking

使用希尔密码被加密为

```
RUPOTENTOIFV
```

试确定加密密钥矩阵(矩阵维数 m 未知)。

1.24 仿射希尔密码是由希尔密码按照以下方式修改得来的:设 m 是正整数,定义 $\mathcal{P} = \mathcal{C} = (\mathbb{Z}_{26})^m$,密钥由 (L, b) 组成,这里 L 是定义在 $\mathbb{Z}_{26}$ 上的可逆矩阵,$b \in (\mathbb{Z}_{26})^m$。对任意的 $x = (x_1, x_2, \cdots, x_m) \in \mathcal{P}$ 和 $K = (L, b) \in \mathcal{K}$,定义 $y = e_K(x) = (y_1, y_2, \cdots, y_m)$ 是 $y = xL + b$。因此,若 $L = (l_{i,j})$,$b = (b_1, b_2, \cdots, b_m)$,则

$$(y_1, y_2, \cdots, y_m) = (x_1, x_2, \cdots, x_m) \begin{pmatrix} l_{1,1} & l_{1,2} & \cdots & l_{1,m} \\ l_{2,1} & l_{2,2} & \cdots & l_{2,m} \\ \vdots & \vdots & \ddots & \vdots \\ l_{m,1} & l_{m,2} & \cdots & l_{m,m} \end{pmatrix} + (b_1, b_2, \cdots, b_m)$$

假设敌手 Oscar 知道明文

```
adisplayedequation
```

被加密成以下密文

```
DSRMSIOPLXLJBZULLM
```

并且 Oscar 知道 $m = 3$。试求出密钥,要求给出详细过程。

1.25 我们先描述一下如何利用唯密文攻击来分析希尔密码。假定已知 $m = 2$。把密文分成两字母组的块。每一块是由明文块利用未知的加密矩阵加密所得。找出出现次数最多的密文块,假定它是在表 1.1 后面所列出的一个常见两字母组(例如,TH 或者 ST)。对于每个这样的猜测,使用在已知明文攻击中的计算过程,直到找出正确的加密矩阵为止。

利用这个方法来解密如下的密文例子

```
LMQETXYEAGTXCTUIEWNCTXLZEWUAISPZYVAPEWLMGQWYA
XFTCJMSQCADAGTXLMDXNXSNPJQSYVAPRIQSMHNOCVAXFV
```

1.26 我们先给出一个特殊的置换密码。设 m, n 为正整数,将明文写成一个 $m \times n$ 矩阵的形式,然后依次取矩阵的各列构成密文。例如,设 $m = 3, n = 4$,可将明文"cryptography"表示为以下形式:

```
cryp
togr
aphy
```

对应的密文就是"CTAROPYGHPRY"。

(a)在已知 m 和 n 的情形下,Bob 如何来解密密文。

(b)试解密通过上述方法获得的下列密文

```
MYAMRARUYIQTENCTORAHROYWDSOYEOUARRGDERNOGW
```

1.27 本习题的目的是为了证明 1.2.5 节中的 $m \times m$ 的相关系数矩阵的可逆性。此命题等价于在 $\mathbb{Z}_2$ 上的矩阵的行向量线性无关。

如前所述,假设递归关系具有如下形式:

$$z_{m+i} = \sum_{j=0}^{m-1} c_j z_{i+j} \bmod 2$$

初始向量为 $(z_1, z_2, \cdots, z_m)$。对任意的 $i \geq 1$，定义

$$v_i = (z_i, z_{i+1}, \cdots, z_{i+m-1})$$

注意到系数矩阵的各行就是向量 $v_1, v_2, \cdots, v_m$，因此我们的目标就是证明这 m 个向量是线性无关的。

证明下列结论：

(a) 对任意的 $i \geq 1$

$$v_{m+i} = \sum_{j=0}^{m-1} c_j v_{i+j} \bmod 2$$

(b) 令 h 是使得在 $\mathbb{Z}_2$ 上向量 $v_1, v_2, \cdots, v_h$ 线性相关的最小的值，则

$$v_h = \sum_{j=0}^{h-2} \alpha_j v_{j+1} \bmod 2$$

α_j 不全为零，显然 $h \leq m+1$，因为在 m 维向量空间中任意 $m+1$ 个向量必线性相关。

(c) 证明，对任意的 $i \geq 1$，密钥流必满足

$$z_{h-1+i} = \sum_{j=0}^{h-2} \alpha_j z_{j+i} \bmod 2$$

(d) 如果 $h \leq m$，那么满足线性递归关系式的密钥流的级数小于 m，这一点与它的级数为 m 相矛盾。故 $h = m+1$，从而矩阵必为可逆的。

1.28 利用穷举密钥搜索方法解密下列从自动密钥密码中获得的密文

MALVVMAFBHBUQPTSOXALTGVWWRG

1.29 下面给出一个由维吉尼亚密码改进的流密码。给定长度为 m 的密钥字 $(K_1, K_2, \cdots, K_m)$ 通过规则 $z_i = K_i (1 \leq i \leq m), z_{i+m} = (z_i + 1) \bmod 26 (i \geq 1)$ 来构造密钥流序列，换句话说，每次我们使用的密钥字都使用字母后续者的模26来替代。例如，如果SUMMER是密钥字，我们首先用SUMMER来加密第一个六字母组，对下一个六字母组，使用 TVNNFS，等等。

(a) 描述一下你怎样利用重合指数法来确定首次用来加密的密钥字的长度，然后找到它。

(b) 通过分析下列密文来测试你的方法

IYMYSILONRFNCQXQJEDSHBUIBCJUZBOLFQYSCHATPEQGQ
JEJNGNXZWHHGWFSUKULJQACZKKJOAAHGKEMTAFGMKVRDO
PXNEHEKZNKFSKIFRQVHHOVXINPHMRTJPYWQGJWPUUVKFP
OAWPMRKKQZWLQDYAZDRMLPBJKJOBWIWPSEPVVQMBCRYVC
RUZAAOUMBCHDAGDIEMSZFZHALIGKEMJJFPCIWKRMLMPIN
AYOFIREAOLDTHITDVRMSE

1.30 下面给出另一个流密码，其设计思想结合了"二战"中德国使用的"Enigma"密码体制的思想。假设 π 是一个定义在 $\mathbb{Z}_{26}$ 上的置换，密钥 $K \in \mathbb{Z}_{26}$。对任意的 $i \geqslant 1$，密钥流元素 $z_i \in \mathbb{Z}_{26}$ 按 $z_i = (K + i - 1) \bmod 26$ 产生。加密和解密使用置换 π 和对应的逆置换 π^{-1}：

$$e_z(x) = \pi(x) + z \bmod 26$$

和

$$d_z(y) = \pi^{-1}(y - z \bmod 26)$$

这里 $z \in \mathbb{Z}_{26}$。

假设 π 是定义在 $\mathbb{Z}_{26}$ 上的如下置换：

x	0	1	2	3	4	5	6	7	8	9	10	11	12
$\pi(x)$	23	13	24	0	7	15	14	6	25	16	22	1	19

x	13	14	15	16	17	18	19	20	21	22	23	24	25
$\pi(x)$	18	5	11	17	2	21	12	20	4	10	9	3	8

试用穷尽密钥搜索方法破译使用该密码体制加密的如下密文

WRTCNRLDSAFARWKXFTXCZRNHNYPDTZUUKMPLUSOXNEUDO
KLXRMCBKGRCCURR

第 2 章 Shannon 理论

2.1 引言

1949 年，Claude Shannon 在 *Bell Systems Technical Journal* 上发表了题为 "Communication Theory of Secrecy Systems" 的论文。这篇论文对密码学的研究产生了巨大的影响。在本章中，我们讨论了若干 Shannon 的思想。首先让我们看看几个评价密码体制安全性的不同方法。现在定义几个最常用的准则。

计算安全性（computational security）

这种度量涉及的是破译一个密码体制所做的计算上的努力。如果使用最好的算法破译一个密码体制至少需要 N 次操作，这里的 N 是一个特定的非常大的数字，我们可以定义这个密码体制是计算安全的。问题是没有一个已知的实际的密码体制在这个定义下可以被证明是安全的。实际中，人们经常通过几种特定的攻击类型来研究计算上的安全性，例如穷尽密钥搜索攻击。当然对一种类型的攻击是安全的，并不表示对其他类型的攻击也是安全的。

可证明安全性（provable security）

另外一种方法是通过归约的方式为安全性提供证据。换句话讲，如果可用某一具体的方法破译一个密码体制，那么就有可能有效地解决某一被认为困难的经过深入研究的数学问题。例如，可以证明这样一类命题：如果给定的整数 n 是不可分解的，那么给定的密码体制是安全的。我们称这种类型的密码体制是可证明安全的。但是必须注意的是，这种方法只是说明了安全和某一个问题是相关的，并没有完全证明是安全的。这和证明一个问题是 NP 完全的有些类似：证明给定的问题至少和任何其他的 NP 完全问题的难度是一样的，但是并没有完全证明这个问题的计算难度。

无条件安全性（unconditional security）

这种度量考虑的是对攻击者 Oscar 的计算量没有限制时的密码体制的安全性。即使提供了无限的计算资源，也是无法被攻破的，我们定义这种密码体制是无条件安全的。

在讨论密码体制的安全性的时候，我们同时也规定了正在考虑的攻击类型。例如，在第 1 章中，我们说移位密码、代换密码和维吉尼亚密码对唯密文攻击都不是计算上安全的（如果给定了足够长的密文）。

我们将在 2.3 节研究一个对唯密文攻击是无条件安全的密码体制。这个理论从数学上证明了：如果给定的密文足够短，某些密码体制是安全的。例如，可以证明，如果只有单个的明文用给定的密钥加密，移位密码和代换密码都将是无条件安全的。类似地，如果密钥用于加密一个单位的明文（由 m 个字母组成），使用密钥字长度为 m 的维吉尼亚密码是无条件安全的。

2.2　概率论基础

密码体制的无条件安全性当然不能用计算复杂性的观点来研究，因为我们允许计算时间是无限的。研究无条件安全性的合适框架是概率论。我们只需要概率论的基本事实；现在复习一下其主要内容。首先定义随机变量的概念。

定义 2.1　一个离散的随机变量，比方说 $\boldsymbol{X}$ [①]，由有限集合 X 和定义在 X 上的概率分布组成。我们用 $\Pr[\boldsymbol{X} = x]$ 表示随机变量 $\boldsymbol{X}$ 取 x 时的概率。如果随机变量是固定的，我们有时缩写成 $\Pr[x]$。对任意的 $x \in X$，有 $0 \leqslant \Pr[x] \leqslant 1$，并且

$$\sum_{x \in X} \Pr[x] = 1$$

举一个例子，我们可以把抛硬币看成是定义在集合 {heads, tails} 上的随机变量。相关的概率分布可以是 $\Pr[\text{heads}] = \Pr[\text{tails}] = 1/2$。

假设我们有定义在集合 X 上的随机变量 $\boldsymbol{X}$，$E \subseteq X$。$\boldsymbol{X}$ 在子集 E 上取值的概率可由下式计算：

$$\Pr[x \in E] = \sum_{x \in E} \Pr[x] \tag{2.1}$$

子集 E 通常称为事件。

例 2.1　假设随机抛一对骰子。我们可以用一个随机变量 $\boldsymbol{Z}$ 来刻画这个过程。这个随机变量定义在集合

$$Z = \{1, 2, 3, 4, 5, 6\} \times \{1, 2, 3, 4, 5, 6\}$$

上，并且对任意的 $(i, j) \in Z$，$\Pr[(i, j)] = 1/36$。考虑两个骰子的和。每一个可能的和都定义了一个事件，这些事件的概率可以通过式 (2.1) 计算出来。例如，要计算和为 4 的概率，相应的事件是

$$S_4 = \{(1, 3), (2, 2), (3, 1)\}$$

因此 $\Pr[S_4] = 3/36 = 1/12$。

所有和的概率都可以用类似的公式计算。如果用 S_j 表示和为 j 的事件，可以得到如下结果：$\Pr[S_2] = \Pr[S_{12}] = 1/36$，$\Pr[S_3] = \Pr[S_{11}] = 1/18$，$\Pr[S_4] = \Pr[S_{10}] = 1/12$，$\Pr[S_5] = \Pr[S_9] = 1/9$，$\Pr[S_6] = \Pr[S_8] = 5/36$，$\Pr[S_7] = 1/6$。

既然事件 $S_2, S_3, \cdots, S_{12}$ 是集合 S 的一个划分，我们可以把这对骰子和的值当成一个随机变量，概率分布是以上计算的结果。

下面考虑联合概率和条件概率的概念。

---

① 本书原英文版中用黑体表示"随机变量"，与集合意义不同。为与原英文版图书保持一致，此处未作修改——编者注。

定义 2.2 假设 **X** 和 **Y** 是分别定义在有限集合 X 和 Y 上的随机变量。联合概率 $\Pr[x, y]$ 是 X 取 x 并且 Y 取 y 的概率。条件概率 $\Pr[x \mid y]$ 表示 **Y** 取 y 时 **X** 取 x 的概率。如果对任意的 $x \in X$ 和 $y \in Y$，都有 $\Pr[x, y] = \Pr[x]\Pr[y]$，则称随机变量 **X** 和 **Y** 是统计独立的。

联合概率和条件概率可以通过下面的公式联系起来

$$\Pr[x, y] = \Pr[x \mid y]\Pr[y]$$

交换 x 和 y，我们有

$$\Pr[x, y] = \Pr[y \mid x]\Pr[x]$$

从这两个表达式，立即得到下面的结果，也就是 Bayes 定理。

定理 2.1(Bayes 定理) 如果 $\Pr[y] > 0$，那么

$$\Pr[x \mid y] = \frac{\Pr[x]\Pr[y \mid x]}{\Pr[y]}$$

推论 2.2 **X** 和 **Y** 是统计独立的随机变量，当且仅当对所有的 $x \in X$ 和 $y \in Y$，都有 $\Pr[x \mid y] = \Pr[x]$。

例2.2 假设我们随机地抛一对骰子。如同例 2.1 那样，考虑两个骰子的和，得到一个定义在集合 $X = \{2, 3, \cdots, 12\}$ 上的随机变量 **X**。进一步，假设随机变量 **Y**，当骰子的值相等时，取 D；不等时，取 N。我们有 $\Pr[D] = 1/6$，$\Pr[N] = 5/6$。

可以直接算出这些随机变量的联合概率和条件概率。例如，$\Pr[D|4] = 1/3$，$\Pr[4|D] = 1/6$，所以

$$\Pr[D \mid 4]\Pr[4] = \Pr[D]\Pr[4 \mid D]$$

符合 Bayes 定理。

2.3 完善保密性

这一节，我们假设 $(\mathcal{P}, \mathcal{C}, \mathcal{K}, \mathcal{E}, \mathcal{D})$ 是一个指定的密码体制，一个特定的密钥 $K \in \mathcal{K}$ 只用于一次加密。假设明文空间 $\mathcal{P}$ 存在一个概率分布。因此明文元素定义了一个随机变量，用 **x** 表示。$\Pr[\mathbf{x} = x]$ 表示明文 x 发生的先验概率。还假设 Alice 和 Bob 以某种固定的概率分布选取密钥 K (通常密钥是随机选取的，因此所有的密钥都是等概率的，但是这里不需要这样)。所以密钥也定义了一个随机变量，用 **K** 表示。$\Pr[\mathbf{K} = K]$ 表示密钥 K 发生的概率。回忆一下，密钥是在Alice知道明文之前选取的。因此，我们可以合理地假设密钥和明文是统计独立的随机变量。

$\mathcal{P}$ 和 $\mathcal{K}$ 的概率分布导出了 $\mathcal{C}$ 的概率分布。因此，同样可以把密文元素看成随机变量，用 **y** 表示。不难计算出密文 y 的概率 $\Pr[\mathbf{y} = y]$。对于密钥 $K \in \mathcal{K}$，定义

$$C(K) = \{e_K(x) : x \in \mathcal{P}\}$$

也就是说 $C(K)$ 代表密钥是 K 时所有可能的密文。对于任意的 $y \in \mathcal{C}$，我们有

$$\Pr[\mathbf{y} = y] = \sum_{\{K:y \in C(K)\}} \Pr[\mathbf{K} = K]\Pr[\mathbf{x} = d_K(y)]$$

同样可以观察到，对于任意的 $y \in C$ 和 $x \in \mathcal{P}$，可按以下方式计算条件概率 $\Pr[\mathbf{y} = y \,|\, \mathbf{x} = x]$（也就是给定明文 x，密文 y 的概率）

$$\Pr[\mathbf{y} = y \,|\, \mathbf{x} = x] = \sum_{\{K:x = d_K(y)\}} \Pr[\mathbf{K} = K]$$

现在可以用 Bayes 定理计算条件概率 $\Pr[\mathbf{x} = x \,|\, \mathbf{y} = y]$（也就是给定密文 y，明文 x 的概率）。计算公式如下：

$$\Pr[\mathbf{x} = x \,|\, \mathbf{y} = y] = \frac{\Pr[\mathbf{x} = x] \times \displaystyle\sum_{\{K:x = d_K(y)\}} \Pr[\mathbf{K} = K]}{\displaystyle\sum_{\{K:y \in C(K)\}} \Pr[\mathbf{K} = K]\Pr[\mathbf{x} = d_K(y)]}$$

注意到只要知道了概率分布任何人都可以完成这些计算。

我们给出一个例子，看看具体如何计算这些概率。

例 2.3 假设 $\mathcal{P} = \{a,b\}$ 满足 $\Pr[a] = 1/4$，$\Pr[b] = 3/4$。设 $\mathcal{K} = \{K_1, K_2, K_3\}$ 满足 $\Pr[K_1] = 1/2$，$\Pr[K_2] = \Pr[K_3] = 1/4$。设 $\mathcal{C} = \{1,2,3,4\}$，加密函数定义为 $e_{K_1}(a) = 1$，$e_{K_1}(b) = 2$；$e_{K_2}(a) = 2$，$e_{K_2}(b) = 3$；$e_{K_3}(a) = 3$，$e_{K_3}(b) = 4$。这个密码体制可以用如下加密矩阵表示：

	a	b
K_1	1	2
K_2	2	3
K_3	3	4

$\mathcal{C}$ 的概率分布计算如下：

$$\Pr[1] = \frac{1}{8}$$

$$\Pr[2] = \frac{3}{8} + \frac{1}{16} = \frac{7}{16}$$

$$\Pr[3] = \frac{3}{16} + \frac{1}{16} = \frac{1}{4}$$

$$\Pr[4] = \frac{3}{16}$$

现在计算给定密文后，明文空间上的条件概率分布为：

$$\Pr[a\,|\,1] = 1 \qquad \Pr[b\,|\,1] = 0$$

$$\Pr[a\,|\,2] = \frac{1}{7} \qquad \Pr[b\,|\,2] = \frac{6}{7}$$

$$\Pr[a\,|\,3] = \frac{1}{4} \qquad \Pr[b\,|\,3] = \frac{3}{4}$$

$$\Pr[a\,|\,4] = 0 \qquad \Pr[b\,|\,4] = 1$$

我们将要定义完善保密性的概念。通俗地讲，完善保密性就是说 Oscar 不能通过观察密文获得明文的任何信息。用概率分布的术语，精确的定义如下。

定义 2.3　一个密码体制具有完善保密性，如果对于任意的 $x \in \mathcal{P}$ 和 $y \in \mathcal{C}$，都有 $\Pr[x \mid y] = \Pr[x]$。也就是说，给定密文 y，明文 x 的后验概率等于明文 x 的先验概率。

在例 2.3 中，对于密文 $y = 3$ 满足完善保密性的特性，但是对于其他的密文不满足。

现在证明移位密码的完善保密性。从直觉上看这是很显然的。因为对于任意给定的密文 $y \in \mathbb{Z}_{26}$，任何 $n!$ 都可能是对应的明文。下面的定理用概率分布给出了正式的陈述和证明。

定理 2.3　假设移位密码的26个密钥都是以相同的概率 $1/26$ 使用的，则对于任意的明文概率分布，移位密码具有完善保密性。

证明　这里 $\mathcal{P} = \mathcal{C} = \mathcal{K} = \mathbb{Z}_{26}$，对于 $0 \leqslant K \leqslant 25$，加密函数 e_K 定义为 $e_K(x) = (x + K) \bmod 26 (x \in \mathbb{Z}_{26})$。首先，计算 $\mathcal{C}$ 的概率分布。假设 $y \in \mathbb{Z}_{26}$，则

$$
\begin{aligned}
\Pr[\mathbf{y} = y] &= \sum_{K \in \mathbb{Z}_{26}} \Pr[\mathbf{K} = K] \Pr[\mathbf{x} = d_K(y)] \\
&= \sum_{K \in \mathbb{Z}_{26}} \frac{1}{26} \Pr[\mathbf{x} = y - K] \\
&= \frac{1}{26} \sum_{K \in \mathbb{Z}_{26}} \Pr[\mathbf{x} = y - K]
\end{aligned}
$$

现在固定 y，值 $(y-K) \bmod 26$ 构成 $\mathbb{Z}_{26}$ 的一个置换。因此有

$$
\sum_{K \in \mathbb{Z}_{26}} \Pr[\mathbf{x} = y - K] = \sum_{x \in \mathbb{Z}_{26}} \Pr[\mathbf{x} = x] = 1
$$

从而，对于任意的 $y \in \mathbb{Z}_{26}$，有

$$
\Pr[y] = \frac{1}{26}
$$

接下来我们有，对于任意的 x, y

$$
\begin{aligned}
\Pr[y \mid x] &= \Pr[\mathbf{K} = (y - x) \bmod 26] \\
&= \frac{1}{26}
\end{aligned}
$$

(这是因为对于任意的 x, y，满足 $e_K(x) = y$ 的 K 是唯一的 $K = (y - x) \bmod 26$)。现在应用 Bayes 定理，很容易计算出

$$
\begin{aligned}
\Pr[x \mid y] &= \frac{\Pr[x] \Pr[y \mid x]}{\Pr[y]} \\
&= \frac{\Pr[x] \dfrac{1}{26}}{\dfrac{1}{26}} \\
&= \Pr[x]
\end{aligned}
$$

所以这个密码体制是完善保密的。

因此，如果新的随机密钥用来加密每个明文字母，则移位密码是"不可攻破的"。

下面考察一般的完善保密性。如果对某一 x_0，有 $\Pr[x_0] = 0$，则显然对所有的 $y \in \mathcal{C}$，都有 $\Pr[x_0 | y] = \Pr[x_0]$。因此，我们只需考虑 $\Pr[x] > 0$ 的那些明文 $x \in \mathcal{P}$。对这样的明文，我们注意到使用 Bayes 定理，条件"对于所有的 $y \in \mathcal{C}$，$\Pr[x | y] = \Pr[x]$"，等价于"对于所有的 $y \in \mathcal{C}$，$\Pr[y | x] = \Pr[y]$"。我们可以合理地假设对于所有的 $y \in \mathcal{C}$，$\Pr[y] > 0$（如果 $\Pr[y] = 0$，则密文 y 从不会使用，可以从 $\mathcal{C}$ 中去掉）。

对于任意固定的 $x \in \mathcal{P}$。对每个 $y \in \mathcal{C}$，我们有 $\Pr[y | x] = \Pr[y] > 0$。因此，对于每个 $y \in \mathcal{C}$，一定至少存在一个密钥 K 满足 $e_K(x) = y$。这样就有 $|\mathcal{K}| \geqslant |\mathcal{C}|$。在任意一个密码体制中，因为加密函数是单射，一定有 $|\mathcal{C}| \geqslant |\mathcal{P}|$。当 $|\mathcal{K}| = |\mathcal{C}| = |\mathcal{P}|$ 时，我们有一个关于什么时候取得完善保密性的很好的性质。这个性质最早是由 Shannon 提出来的。

定理 2.4　假设密码体制 $(\mathcal{P}, \mathcal{C}, \mathcal{K}, \mathcal{E}, \mathcal{D})$ 满足 $|\mathcal{K}| = |\mathcal{C}| = |\mathcal{P}|$。该密码体制是完善保密的，当且仅当每个密钥被使用的概率都是 $1/|\mathcal{K}|$，并且对于任意的 $x \in \mathcal{P}$ 和 $y \in \mathcal{C}$，存在唯一的密钥 K 使得 $e_K(x) = y$。

证明　假设给定的密码体制是完善保密的。由上面的观察可知，对于任意的 $x \in \mathcal{P}$ 和 $y \in \mathcal{C}$，一定至少存在一个密钥 K 满足 $e_K(x) = y$。因此有不等式：

$$|\mathcal{C}| = |\{e_K(x) : K \in \mathcal{K}\}|$$
$$\leqslant |\mathcal{K}|$$

但是我们假设 $|\mathcal{C}| = |\mathcal{K}|$。因此一定有

$$|\{e_K(x) : K \in \mathcal{K}\}| = |\mathcal{K}|$$

也就是说，不存在两个不同的密钥 K_1 和 K_2 使得 $e_{K_1}(x) = e_{K_2}(x) = y$。因此对于 $x \in \mathcal{P}$ 和 $y \in \mathcal{C}$，刚好存在一个密钥 K 使得 $e_K(x) = y$。

记 $n = |\mathcal{K}|$。设 $\mathcal{P} = \{x_i : 1 \leqslant i \leqslant n\}$ 并且固定一个密文 $y \in \mathcal{C}$。设密钥为 $K_1, K_2, \cdots, K_n$，并且 $e_{K_i}(x_i) = y$，$1 \leqslant i \leqslant n$。使用 Bayes 定理，我们有

$$\Pr[x_i | y] = \frac{\Pr[y | x_i] \Pr[x_i]}{\Pr[y]}$$

$$= \frac{\Pr[\mathbf{K} = K_i] \Pr[x_i]}{\Pr[y]}$$

考虑完善保密的条件 $\Pr[x_i | y] = \Pr[x_i]$。从这里，我们有 $\Pr[K_i] = \Pr[y]$，$1 \leqslant i \leqslant n$。也就是说所有的密钥都是等概率使用的（概率为 $\Pr[y]$）。但是密钥的数目为 $|\mathcal{K}|$，于是我们得到对任意的 $K \in \mathcal{K}$，$\Pr[K] = 1/|\mathcal{K}|$。

相反地，如果两个假设的条件是成立的。类似于定理 2.3 的证明，很容易推出，该密码体制是完善保密的。证明细节留给读者自己完成。

一个著名的具有完善保密性的密码体制是"一次一密"密码体制。这个体制最先由 Gilbert Vernam 于 1917 年用于报文消息的自动加密和解密。有意思的是"一次一密"很多年来被认

为是不可破的，但是一直都没有一个数学的证明，直到 30 年后 Shonnon 提出了完善保密性的概念之后才得到证明。"一次一密"密码体制的描述如下所述。

密码体制 2.1　一次一密

假设 $n \geqslant 1$ 是正整数，$\mathcal{P} = \mathcal{C} = \mathcal{K} = (\mathbb{Z}_2)^n$。对于 $K \in (\mathbb{Z}_2)^n$，定义 $e_K(x)$ 为 K 和 x 的模 2 的向量和(或者说是两个相关比特串的异或)。因此，如果 $x = (x_1, x_2, \cdots, x_n)$ 并且 $K = (K_1, K_2, \cdots, K_n)$，则

$$e_K(x) = (x_1 + K_1, \cdots, x_n + K_n) \bmod 2$$

解密与加密是一样的。如果 $y = (y_1, \cdots, y_n)$，则

$$d_K(y) = (y_1 + K_1, \cdots, y_n + K_n) \bmod 2$$

由定理 2.4，容易看出"一次一密"提供了完善保密性。这个密码体制的加密和解密都很容易，有一定的吸引力。Vernam 对此还申请了专利，希望会有广泛的商业用途。遗憾的是，"一次一密"存在一个较大的不利因素。$|\mathcal{K}| \geqslant |\mathcal{P}|$ 意味着秘密使用的密钥量必须至少和明文的数量一样多。例如，在"一次一密"密码体制中，我们要求用 n 比特的密钥加密 n 比特的明文。如果相同的密钥可以用于加密不同的消息，这就不是一个重要的问题，但是密码体制的无条件安全性是基于每个密钥仅用一次这样的一个事实。

例如，"一次一密"对已知明文攻击是很脆弱的，因为 K 可以通过异或比特串 x 和 $e_K(x)$ 得到。因此，新生成的密钥需要为将要发送的明文在安全的通道上传输。这就带来了一个严峻的密钥管理问题，因此限制了"一次一密"在商业上的应用。但是"一次一密"在要求无条件安全的军事和外交环境中有着很重要的应用。

在密码学的发展历史中，人们试图设计一个密钥可以加密相对长的明文的密码体制(也就是一个密钥可以用于加密许多消息)，并且仍然可以保持一定的计算安全性。这种类型的密码体制有数据加密标准(DES)和高级加密标准(AES)，我们将在下一章讨论。

2.4　熵

上一节，我们讨论了完善保密性的概念。我们将注意力限制在密钥只能用于一次加密的特殊情况下。现在看看用一个密钥加密多个消息会发生什么，并且还要看看给密码分析人员足够的时间，进行一次成功的唯密文攻击有多大的可能性。

研究这个问题的基本工具是熵(Entropy)。这个概念来自于 Shannon 于 1948 年创建的信息论。熵可以看做是对信息或不确定性的数学度量，是通过一个概率分布的函数来计算的。

假设离散的随机变量 $\mathbf{X}$ 根据特定的概率分布从有限集合 X 中取值。我们可以从按照这个概率分布的实验结果中得到什么信息？或者说，在实验发生之前，结果的不确定性是什么？这个性质称为 $\mathbf{X}$ 的熵，用 $H(\mathbf{X})$ 表示。

这些描述看起来还相当抽象，让我们看看更具体的例子。假设随机变量 $\mathbf{X}$ 代表掷硬币。如前面提到的那样，相关的概率分布是 $\Pr[\text{heads}] = \Pr[\text{tails}] = 1/2$。因为我们可以将 heads 编码为 1，将 tails 编码成 0，所以我们说一次掷硬币的信息或者熵是 1 比特是合理的。用同样

的方式，n 次独立的掷硬币的熵是 n 比特，因为 n 次投掷可以用长为 n 比特的比特串进行编码。

再看一个稍微复杂一点的例子。假设有一个随机变量 $\mathbf{X}$，取三种可能的值 x_1，x_2，x_3，概率分别为 1/2, 1/4, 1/4。对这三种结果最有效的编码是将 x_1 表示成 0，x_2 表示成 10，x_3 表示成 11。那么编码的平均比特长度是

$$\frac{1}{2}\times1+\frac{1}{4}\times2+\frac{1}{4}\times2=\frac{3}{2}$$

上面的例子说明以概率 2^{-n} 发生的事件可以编码成长度 n 的比特串。更一般地，我们可以想象以概率 p 发生的事件可以编码成长大约为 $-\mathrm{lb}\,p$ 的比特串。对于任意的概率分布为 p_1，$p_2,\cdots,p_n$ 的随机变量 $\mathbf{X}$，将 $-\mathrm{lb}\,p_i$ 的加权平均值作为对信息的度量。正式的定义如下所述。

定义 2.4　假设随机变量 $\mathbf{X}$ 在有限集合 X 上取值，则随机变量 $\mathbf{X}$ 的熵定义为

$$H(\mathbf{X})=-\sum_{x\in X}\Pr[x]\mathrm{lb}\Pr[x]$$

> **注：**注意到 $y=0$ 时 $\mathrm{lb}\,y$ 没有定义。因此熵有时定义为所有非零概率的相关和。但是因为 $\lim_{y\to0}y\,\mathrm{lb}\,y=0$，实际上对于某些 x 可以令 $\Pr[x]=0$。
>
> 同样地，我们注意到选择 2 作为指数的底也是任意的，选取其他的底仅仅改变了熵的常数因子。

如果 $|X|=n$ 并且对于所有的 $x\in X$，$\Pr[x]=1/n$，那么 $H(\mathbf{X})=\mathrm{lb}\,n$。同样地，容易观察到，对于任意的随机变量 $\mathbf{X}$，$H(\mathbf{X})\geqslant0$。$H(\mathbf{X})=0$ 当且仅当对于某个 $x_0\in X$，$\Pr[x_0]=1$，对于所有的 $x\neq x_0$，$\Pr[x]=0$。

让我们看看密码体制不同部分的熵。可以把密钥看成是在 $\mathcal{K}$ 上取值的随机变量 $\mathbf{K}$，因此可以计算熵 $H(\mathbf{K})$。同样地，可以分别计算同明文和密文相关的熵 $H(\mathbf{P})$ 和 $H(\mathbf{C})$。

作为示例，我们计算例 2.3 中的密码体制的熵。

例 2.3（续）　计算如下：

$$\begin{aligned}H(\mathbf{P})&=-\frac{1}{4}\mathrm{lb}\frac{1}{4}-\frac{3}{4}\mathrm{lb}\frac{3}{4}\\&=-\frac{1}{4}(-2)-\frac{3}{4}(\mathrm{lb}\,3-2)\\&=2-\frac{3}{4}(\mathrm{lb}\,3)\\&\approx0.81\end{aligned}$$

类似地，$H(\mathbf{K})=1.5$，$H(\mathbf{C})\approx1.85$。

2.4.1　Huffman 编码

这一节，我们简要地讨论熵和 Huffman 编码之间的联系。这一节的结果与熵在密码学中的应用没有什么关系，可以跳过去，不失连续性。但是这一节有助于理解熵的概念。

我们将通过根据特定的概率分布对随机事件进行编码来介绍熵。首先让这个想法更精确些。和以前一样，$\mathbf{X}$ 是一个在有限集合 X 上取值的随机变量，p 是相关的概率分布。

对 $\mathbf{X}$ 的编码是任何映射

$$f : X \to \{0,1\}^*$$

其中 $\{0,1\}^*$ 代表所有的 0 和 1 的有限串的集合。对一串有限的事件 $x_1 \cdots x_n$，$x_i \in X$，我们用一个明显的方式扩展编码 f，定义如下

$$f(x_1 \cdots x_n) = f(x_1) \| \cdots \| f(x_n)$$

其中 $\|$ 表示串的连接。这样，就可以将 f 看成映射

$$f : X^* \to \{0,1\}^*$$

现在假设串 $x_1 \cdots x_n$ 是由无记忆源生成的，串中的每一个 x_i 都按照 X 上特定的概率分布发生。也就是说，任意串 $x_1 \cdots x_n$ 的概率可以计算如下

$$\Pr[x_1 \cdots x_n] = \Pr[x_1] \times \cdots \times \Pr[x_n]$$

> **注**：因为源是无记忆的，串 $x_1 \cdots x_n$ 没有必要由不同的值组成。举一个简单的例子，考虑 n 次公平地掷硬币。如果我们用 1 表示正面(heads)，用 0 表示反面(tails)，每一个长为 n 的二进制串对应于 n 次掷硬币的序列。

现在，假设我们要使用映射 f 对串进行编码，以一种明确的方式编码是很重要的。因此要求 f 是单射的。

例 2.4　假设 $X = \{a, b, c, d\}$，考虑下列三种编码：

$$f(a) = 1 \qquad f(b) = 10 \qquad f(c) = 100 \qquad f(d) = 1000$$

$$g(a) = 0 \qquad g(b) = 10 \qquad g(c) = 110 \qquad g(d) = 111$$

$$h(a) = 0 \qquad h(b) = 01 \qquad h(c) = 10 \qquad h(d) = 11$$

可以看出，f 和 g 是单射的，但 h 不是。任何使用 f 的编码都可以从字母编码的尾部开始向后解码：每遇到一个 1，就预示一个当前字母的开始。

使用 g 的编码可以从头开始依次进行解码。一看到子串是 a，b，c 或者 d 的编码，就马上解码，并且去掉这个子串。例如，给定串 10101110，我们将 10 解码成 b，然后 10 解码成 b，接下来 111 解码成 d，最后 0 解码成 a。所以解码得到的字符串是 $bbda$。

h 不是单射的，一个例子就可以说明：

$$h(ac) = h(ba) = 010$$

考虑到解码的简单性，我们喜欢编码 g 胜于 f。这是因为 g 的解码可以从开头到结尾依次完成，不需要记忆。这种允许简单的按次序的解码性质称为无前缀特性［我们说 g 的解码是无前缀的，如果不存在两个元素 $x, y \in X$ 和 $z \in \{0,1\}^*$，满足 $g(x) = g(y) \| z$］。

讨论到目前为止还没有涉及熵。不用奇怪，熵和解码的效率有关。我们将与以前一样度量 f 的解码效率：$\mathbf{X}$ 的元素的编码的加权平均长度(用 $\ell(f)$ 表示)。因此我们有如下定义：

$$\ell(f) = \sum_{x \in X} \Pr[x] \,|\, f(x)\,|$$

其中 $|y|$ 表示串 y 的长度。

现在，我们的基本问题是找到一个单射编码 f，使得 $\ell(f)$ 最小。著名的 Huffman 算法达到了这个目标。另外，由 Huffman 算法得到的 f 解码是无前缀的，并且有

$$H(X) \leqslant \ell(f) \leqslant H(X)+1$$

因此，$\mathbf{X}$ 的熵值是对最佳单射编码的平均长度的精确估计。

我们不证明上述结果，但是会给出 Huffman 算法的简短的非正式的描述。Huffman 算法从集合 X 上的概率分布开始，每个元素的码字最初是空的。在每一个步骤中，两个概率最小的元素组合成一个元素，并以这两个概率的和作为新元素的概率。概率最小的元素赋值为 "0"，另一个元素赋值为 "1"。当只剩下一个元素时，每个 $x \in X$ 的编码可以通过从最后一个元素到最初的元素 x "回溯" 记录下得到的 0、1 序列而构造出来。

举个例子很容易说明这个算法。

例 2.5 假设 $X = \{a, b, c, d, e\}$ 有如下概率分布：$\Pr[a] = 0.05$，$\Pr[b] = 0.10$，$\Pr[c] = 0.12$，$\Pr[d] = 0.13$，$\Pr[e] = 0.60$。Huffman 算法按如下表格进行：

a	b	c	d	e
0.05	0.10	0.12	0.13	0.60
0	1			
0.15		0.12	0.13	0.60
		0	1	
0.15		0.25		0.60
0		1		
0.40				0.60
0				1
1.0				

可得到如下编码：

x	$f(x)$
a	000
b	001
c	010
d	011
e	1

因此，编码的平均长度是

$$\begin{aligned}
\ell(f) &= 0.05 \times 3 + 0.10 \times 3 + 0.12 \times 3 + 0.13 \times 3 + 0.60 \times 1 \\
&= 1.8
\end{aligned}$$

和熵比较：

$$H(\mathbf{X}) = 0.2161 + 0.3322 + 0.3671 + 0.3842 + 0.4422$$
$$= 1.7402$$

可以看出，编码的平均长度和熵十分接近。

2.5　熵的性质

这一节，我们证明一些和熵有关的基本结果。首先，叙述一个基本结果，称为 Jensen 不等式。这个不等式对我们很有用。Jensen 不等式涉及凸函数，下面给出定义。

定义 2.5　一个区间 I 上的实值函数 f 为凸函数，如果对任意的 $x, y \in I$ 满足

$$f\left(\frac{x+y}{2}\right) \geqslant \frac{f(x)+f(y)}{2}$$

称 f 是区间 I 上的严格凸函数，如果对任意的 $x, y \in I$，$x \neq y$ 满足

$$f\left(\frac{x+y}{2}\right) > \frac{f(x)+f(y)}{2}$$

下面是 Jensen 不等式，在此不给出证明。

定理 2.5（Jensen 不等式）　假设 f 是区间 I 上的连续的严格凸函数，且

$$\sum_{i=1}^{n} a_i = 1$$

其中 $a_i > 0$，$1 \leqslant i \leqslant n$。那么

$$\sum_{i=1}^{n} a_i f(x_i) \leqslant f\left(\sum_{i=1}^{n} a_i x_i\right)$$

其中 $x_i \in I$，$1 \leqslant i \leqslant n$。当且仅当 $x_1 = \cdots = x_n$ 等式成立。

我们现在继续给出几个熵的结果。下面的定理利用了函数 $\mathrm{lb}\, x$ 在区间 $(0, \infty)$ 上是严格凸的这一事实(事实上，对数函数的二阶导函数在 $(0, \infty)$ 上是负的，很容易就得到这个结论)。

定理 2.6　假设 $\mathbf{X}$ 是一个随机变量，概率分布为 $p_1, p_2, \cdots, p_n$，其中 $p_i > 0$，$1 \leqslant i \leqslant n$。那么 $H(\mathbf{X}) \leqslant \mathrm{lb}\, n$，当且仅当 $p_i = 1/n$，$1 \leqslant i \leqslant n$ 时等式成立。

证明　应用 Jensen 不等式，我们有如下结果：

$$H(\mathbf{X}) = -\sum_{i=1}^{n} p_i \mathrm{lb}\, p_i$$
$$= \sum_{i=1}^{n} p_i \mathrm{lb}\, \frac{1}{p_i}$$

$$\leqslant \text{lb} \sum_{i=n}^{n} \left(p_i \times \frac{1}{p_i} \right)$$

$$= \text{lb } n$$

等式成立当且仅当 $p_i = 1/n$，$1 \leqslant i \leqslant n$。

定理 2.7 $H(\mathbf{X}, \mathbf{Y}) \leqslant H(\mathbf{X}) + H(\mathbf{Y})$，当且仅当 $\mathbf{X}$ 和 $\mathbf{Y}$ 统计独立时等号成立。

证明 假设 $\mathbf{X}$ 取值 x_i，$1 \leqslant i \leqslant m$，$\mathbf{Y}$ 取值 y_j，$1 \leqslant j \leqslant n$。记 $p_i = \Pr[\mathbf{X} = x_i]$，$1 \leqslant i \leqslant m$；$q_j = \Pr[\mathbf{Y} = y_j]$，$1 \leqslant j \leqslant n$。记 $r_{ij} = \Pr[\mathbf{X} = x_i, \mathbf{Y} = y_j]$，$1 \leqslant i \leqslant m$，$1 \leqslant j \leqslant n$（这是联合概率分布）。

注意到

$$p_i = \sum_{j=1}^{n} r_{ij}$$

$(1 \leqslant i \leqslant m)$，且

$$q_j = \sum_{i=1}^{m} r_{ij}$$

$(1 \leqslant j \leqslant n)$。计算如下：

$$H(\mathbf{X}) + H(\mathbf{Y}) = -\left(\sum_{i=1}^{m} p_i \text{lb } p_i + \sum_{j=1}^{n} q_j \text{lb } q_j \right)$$

$$= -\left(\sum_{i=1}^{m} \sum_{j=1}^{n} r_{ij} \text{lb } p_i + \sum_{j=1}^{n} \sum_{i=1}^{m} r_{ij} \text{lb } q_j \right)$$

$$= -\sum_{i=1}^{m} \sum_{j=1}^{n} r_{ij} \text{lb } p_i q_j$$

另一方面

$$H(\mathbf{X}, \mathbf{Y}) = -\sum_{i=1}^{m} \sum_{j=1}^{n} r_{ij} \text{lb } r_{ij}$$

于是有：

$$H(\mathbf{X}, \mathbf{Y}) - H(\mathbf{X}) - H(\mathbf{Y}) = \sum_{i=1}^{m} \sum_{j=1}^{n} r_{ij} \text{lb } \frac{1}{r_{ij}} + \sum_{i=1}^{m} \sum_{j=1}^{n} r_{ij} \text{lb } p_i q_j$$

$$= \sum_{i=1}^{m} \sum_{j=1}^{n} r_{ij} \text{lb } \frac{p_i q_j}{r_{ij}}$$

$$\leqslant \text{lb} \sum_{i=1}^{m} \sum_{j=1}^{n} p_i q_j$$

$$= \text{lb } 1$$

$$= 0$$

（以上的计算使用了 Jensen 不等式，用到了 r_{ij} 是正实数并且和是 1 这一事实）。

我们同样可以得出什么时候使等式成立：此时存在常数 c 使得对于所有的 i,j，都有 $p_i q_j / r_{ij} = c$。利用事实

$$\sum_{j=1}^{n}\sum_{i=1}^{m} r_{ij} = \sum_{j=1}^{n}\sum_{i=1}^{m} p_i q_j = 1$$

于是有 $c = 1$。因此，等式成立当且仅当 $r_{ij} = p_i q_j$，也就是

$$\Pr[\mathbf{X} = x_i, \mathbf{Y} = y_j] = \Pr[\mathbf{X} = x_i]\Pr[\mathbf{Y} = y_j]$$

$1 \leqslant i \leqslant m$，$1 \leqslant j \leqslant n$。这说明 $\mathbf{X}$ 和 $\mathbf{Y}$ 是统计独立的。

接下来定义条件熵。

定义 2.6 假设 $\mathbf{X}$ 和 $\mathbf{Y}$ 是两个随机变量。对于 $\mathbf{Y}$ 的任何固定值 y，得到一个 $\mathbf{X}$ 上的(条件)概率分布；记相应的随机变量为 $\mathbf{X} \mid y$。显然

$$H(\mathbf{X} \mid y) = -\sum_{x} \Pr[x \mid y]\,\mathrm{lb}\,\Pr[x \mid y]$$

定义条件熵 $H(\mathbf{X} \mid \mathbf{Y})$ 为熵 $H(\mathbf{X} \mid y)$ 取遍所有的 y 的加权平均值。计算公式为

$$H(\mathbf{X} \mid \mathbf{Y}) = -\sum_{y}\sum_{x} \Pr[y]\Pr[x \mid y]\,\mathrm{lb}\,\Pr[x \mid y]$$

条件熵度量了 $\mathbf{Y}$ 揭示的 $\mathbf{X}$ 的平均信息量。

接下来的两个结果很容易得到，我们将其证明留作练习。

定理 2.8 $H(\mathbf{X}, \mathbf{Y}) \leqslant H(\mathbf{Y}) + H(\mathbf{X} \mid \mathbf{Y})$。

推论 2.9 $H(\mathbf{X} \mid \mathbf{Y}) \leqslant H(\mathbf{X})$，等式成立当且仅当 $\mathbf{X}$ 和 $\mathbf{Y}$ 统计独立。

2.6　伪密钥和唯一解距离

这一节，应用证明过的有关密码体制的熵的结果。首先，给出了密码体制的各组成部分的熵的基本关系。条件熵 $H(\mathbf{K} \mid \mathbf{C})$ 称为密钥含糊度，度量了给定密文下密钥的不确定性。

定理 2.10 设 $(\mathcal{P}, \mathcal{C}, \mathcal{K}, \mathcal{E}, \mathcal{D})$ 是一个密码体制，那么

$$H(\mathbf{K} \mid \mathbf{C}) = H(\mathbf{K}) + H(\mathbf{P}) - H(\mathbf{C})$$

证明 首先注意到 $H(\mathbf{K}, \mathbf{P}, \mathbf{C}) = H(\mathbf{C} \mid \mathbf{K}, \mathbf{P}) + H(\mathbf{K}, \mathbf{P})$。因为 $y = e_K(x)$，所以密钥和明文唯一决定密文。这说明 $H(\mathbf{C} \mid \mathbf{K}, \mathbf{P}) = 0$，因此 $H(\mathbf{K}, \mathbf{P}, \mathbf{C}) = H(\mathbf{K}, \mathbf{P})$。但是 $\mathbf{K}$ 和 $\mathbf{P}$ 是统计独立的，所以 $H(\mathbf{K}, \mathbf{P}) = H(\mathbf{K}) + H(\mathbf{P})$。因此

$$H(\mathbf{K}, \mathbf{P}, \mathbf{C}) = H(\mathbf{K}, \mathbf{P}) = H(\mathbf{K}) + H(\mathbf{P})$$

同样地，由于密钥和密文唯一决定明文(即 $x = d_K(y)$)，我们有 $H(\mathbf{P}|\mathbf{K}, \mathbf{C}) = 0$，因此有 $H(\mathbf{K}, \mathbf{P}, \mathbf{C}) = H(\mathbf{K}, \mathbf{C})$。

所以

$$\begin{aligned}
H(\mathbf{K}|\mathbf{C}) &= H(\mathbf{K}, \mathbf{C}) - H(\mathbf{C}) \\
&= H(\mathbf{K}, \mathbf{P}, \mathbf{C}) - H(\mathbf{C}) \\
&= H(\mathbf{K}) + H(\mathbf{P}) - H(\mathbf{C})
\end{aligned}$$

让我们回到例 2.3 解释这个结论。

例 2.3(续)　我们已经计算出 $H(\mathbf{P}) \approx 0.81$，$H(\mathbf{K}) \approx 1.5$，$H(\mathbf{C}) \approx 1.85$。由定理 2.10 可知，$H(\mathbf{K}|\mathbf{C}) \approx 1.5 + 0.81 - 1.85 \approx 0.46$。可以通过条件熵的定义直接验证。首先需要计算概率 $\Pr[\mathbf{K} = K_i | y = j]$，$1 \leqslant i \leqslant 3$，$1 \leqslant j \leqslant 4$。这可以使用 Bayes 定理完成，计算结果如下：

$$\begin{array}{lll}
\Pr[K_1|1] = 1 & \Pr[K_2|1] = 0 & \Pr[K_3|1] = 0 \\[2mm]
\Pr[K_1|2] = \dfrac{6}{7} & \Pr[K_2|2] = \dfrac{1}{7} & \Pr[K_3|2] = 0 \\[2mm]
\Pr[K_1|3] = 0 & \Pr[K_2|3] = \dfrac{3}{4} & \Pr[K_3|3] = \dfrac{1}{4} \\[2mm]
\Pr[K_1|4] = 0 & \Pr[K_2|4] = 0 & \Pr[K_3|4] = 1
\end{array}$$

所以

$$H(\mathbf{K}|\mathbf{C}) = \frac{1}{8} \times 0 + \frac{7}{16} \times 0.59 + \frac{1}{4} \times 0.81 + \frac{3}{16} \times 0 = 0.46$$

这与由定理 2.10 得到的结果相符合。

设 $(\mathcal{P}, \mathcal{C}, \mathcal{K}, \mathcal{E}, \mathcal{D})$ 是正在使用的密码体制，明文串为

$$x_1 x_2 \cdots x_n$$

用一个密钥加密，得到密文串为

$$y_1 y_2 \cdots y_n$$

密码分析的基本目的是确定密钥。我们考虑唯密文攻击，并且假设分析者 Oscar 拥有无限的计算资源。同时假定 Oscar 知道明文是某一自然语言，如英语。一般来说，Oscar 能排除某些密钥，但是许多可能的密钥存在，只有一个密钥是正确的。那些可能的但不正确的密钥称为伪密钥。

例如，假设 Oscar 获得密文串 WNAJW，这个密文串是使用移位密码得到的。容易知道，只有两个有意义的明文串，即 river 和 arena，分别对应于可能的加密密钥 $F(= 5)$ 和 $W(= 22)$。这两个密钥，一个是正确的密钥，一个是伪密钥(实际上，对长为5的移位密码的密文找到两个有意义的解密是有些困难的；读者可以寻找其他一些例子)。

我们的目的是推导伪密钥的期望数的下界。首先，定义自然语言 L 的熵(每字母)的含义，记为 H_L。H_L 应该是对有意义的明文串中的每个字母平均信息的度量(注意，一个随机的字

母串具有的熵(每字母)是 lb 26 ≈ 4.70)。作为 H_L 的"一阶"近似值，我们使用 $H(\mathbf{P})$。L 是英语的时候，我们使用表 1.1 给出的概率分布得到 $H(\mathbf{P}) \approx 4.19$。

当然，语言中相继的字母不是统计独立的，相继字母的相关性减少了熵。例如在英语中，字母"Q"总是跟着字母"U"。作为"二阶"近似值，我们计算所有两字母组的概率分布的熵，然后除以 2。一般地，定义 $\mathbf{P}^n$ 为所有 n 字母组的概率分布构成的随机变量。我们使用以下定义。

定义 2.7 假设 L 是自然语言，语言 L 的熵定义为

$$H_L = \lim_{n \to \infty} \frac{H(\mathbf{P}^n)}{n}$$

语言 L 的冗余度(redundancy)定义为

$$R_L = 1 - \frac{H_L}{\mathrm{lb}\,|\mathcal{P}|}$$

　　注：H_L 度量了语言 L 的每个字母的平均熵。一个随机语言具有熵 $\mathrm{lb}\,|\mathcal{P}|$。因此 R_L 度量了"多余字母"的比例，即冗余度。

在英语中，可以通过大量的两字母组的列表和它们的频率给出 $H(\mathbf{P}^2)$ 的估计。$H(\mathbf{P}^2)/2 \approx 3.90$ 就是这样得出的。可以继续对三字母组列表，等等，最后得到对 H_L 的估计。事实上，各种实验已经得出了一个经验性的结果：$1.0 \leqslant H_L \leqslant 1.5$。也就是说，英语的平均信息内容大概是每字母 1.5 比特。

使用 1.25 作为 H_L 的估计值时，冗余度大约为 0.75。这意味着英语有 75% 的冗余度！(这不是说可以任意地从英语文本中去掉 3/4 的字母，希望还可以阅读。而是说，对一个充分大的 n，可以找到一个 n 字母组的 Huffman 编码，将英语原文压缩到原来长度的 1/4)。

给定 $\mathcal{K}$ 和 $\mathcal{P}^n$ 的概率分布，我们可以定义导出的 $\mathcal{C}^n$ 上的概率分布，其中 $\mathcal{C}^n$ 是密文的 n 字母组(已经讨论过 $n = 1$ 时的情况)。定义 $\mathbf{P}^n$ 为代表明文 n 字母组的随机变量。类似地，定义 $\mathbf{C}^n$ 为代表密文 n 字母组的随机变量。

给定 $y \in \mathbf{C}^n$，定义

$$K(y) = \{K \in \mathcal{K} : \exists x \in \mathcal{P}^n \text{ 使得 } \Pr[x] > 0, e_K(x) = y\}$$

也就是说，$K(y)$ 是一个密钥的集合，在这些密钥下 y 是长为 n 的有意义的明文串的密文；或者说，$K(y)$ 是密文为 y 的可能密钥的集合。如果 y 是被观察的密文串，那么伪密钥的个数是 $|K(y)| - 1$，因为只有一个可能的密钥是正确的密钥。伪密钥的平均数目(在所有可能的长为 n 的密文串上)记为 $\bar{s}_n$，其值计算如下：

$$
\begin{aligned}
\bar{s}_n &= \sum_{y \in \mathcal{C}^n} \Pr[y] \big(|K(y)| - 1 \big) \\
&= \sum_{y \in \mathcal{C}^n} \Pr[y] |K(y)| - \sum_{y \in \mathcal{C}^n} \Pr[y] \\
&= \sum_{y \in \mathcal{C}^n} \Pr[y] |K(y)| - 1
\end{aligned}
$$

根据定理 2.10，我们有

$$H(\mathbf{K} \mid \mathbf{C}^n) = H(\mathbf{K}) + H(\mathbf{P}^n) - H(\mathbf{C}^n)$$

我们也用到了估计

$$H(\mathbf{P}^n) \approx nH_L = n(1 - R_L)\mathrm{lb}\,|\mathcal{P}|$$

其中 n 充分的大。当然

$$H(\mathbf{C}^n) \leqslant n\mathrm{lb}\,|\mathcal{C}|$$

如果 $|\mathcal{C}| = |\mathcal{P}|$，则有

$$H(\mathbf{K} \mid \mathbf{C}^n) \geqslant H(\mathbf{K}) - nR_L\mathrm{lb}\,|\mathcal{P}| \tag{2.2}$$

接下来，将 $H(\mathbf{K} \mid \mathbf{C}^n)$ 和伪密钥的个数 $\overline{s}_n$ 关联起来。计算如下：

$$
\begin{aligned}
H(\mathbf{K} \mid \mathbf{C}^n) &= \sum_{y \in \mathcal{C}^n} \Pr[y] H(\mathbf{K} \mid y) \\
&\leqslant \sum_{y \in \mathcal{C}^n} \Pr[y] \mathrm{lb}\,|K(y)| \\
&\leqslant \mathrm{lb} \sum_{y \in \mathcal{C}^n} \Pr[y] |K(y)| \\
&= \mathrm{lb}(\overline{s}_n + 1)
\end{aligned}
$$

其中我们对函数 $f(x) = \mathrm{lb}\,x$ 用到了 Jensen 不等式（参见定理 2.5）。因此得到不等式

$$H(\mathbf{K} \mid \mathbf{C}^n) \leqslant \mathrm{lb}(\overline{s}_n + 1) \tag{2.3}$$

将式 (2.2) 和式 (2.3) 结合起来，我们有

$$\mathrm{lb}(\overline{s}_n + 1) \geqslant H(\mathbf{K}) - nR_L\mathrm{lb}\,|\mathcal{P}|$$

考虑等概率选取密钥的情况（此时 $H(\mathbf{K})$ 取最大值），可得到如下结果。

定理 2.11　假设 $(\mathcal{P}, \mathcal{C}, \mathcal{K}, \mathcal{E}, \mathcal{D})$ 是一个密码体制，$|\mathcal{C}| = |\mathcal{P}|$ 并且密钥是等概率选取的。设 R_L 表示明文的自然语言的冗余度，那么给定一个充分长（长为 n）的密文串，伪密钥的期望数满足

$$\overline{s}_n \geqslant \frac{|\mathcal{K}|}{|\mathcal{P}|^{nR_L}} - 1$$

当 n 增加时，$|\mathcal{K}| / |\mathcal{P}|^{nR_L} - 1$ 以指数速度趋近零。同时注意到，如果 n 很小，$H(\mathbf{P}^n)/n$ 可能对 H_L 的估计不够好，此时上面的估计可能不精确。

还有一个概念需要定义。

定义 2.8　一个密码体制的唯一解距离定义为使得伪密钥的期望数等于零的 n 的值，记为 n_0，即在给定的足够的计算时间下分析者能唯一计算出密钥所需密文的平均量。

如果在定理 2.11 中令 $\overline{s}_n = 0$，解出 n，我们可以得到唯一解距离的一个近似估计，即

$$n_0 \approx \frac{\text{lb}|\mathcal{K}|}{R_L \text{lb}|\mathcal{P}|}$$

作为一个例子，考虑代换密码。在这种密码体制中$|\mathcal{P}|= 26$，$|\mathcal{K}|= 26!$。如果取 $R_L = 0.75$，就得到唯一解距离的估计为

$$n_0 \approx 88.4/(0.75 \times 4.7) \approx 25$$

这意味着，给定的密文串的长至少是 25 时，通常解密才是唯一的。

2.7　乘积密码体制

Shannon 在其1949年的论文中介绍的另一个新思想是通过"乘积"组合密码体制。这种思想在现代密码体制的设计中非常重要，比如 AES 的设计，我们将在下一章进行研究。

为简单起见，这一节中我们将注意力集中在 $\mathcal{C} = \mathcal{P}$ 的密码体制：这种类型的密码体制称为内嵌式密码体制(endomorphic cryptosystem)。设 $S_1 = (\mathcal{P}, \mathcal{P}, \mathcal{K}_1, \mathcal{E}_1, \mathcal{D}_1)$，$S_2 = (\mathcal{P}, \mathcal{P}, \mathcal{K}_2, \mathcal{E}_2, \mathcal{D}_2)$ 是两个具有相同明文空间(密文空间)的内嵌式密码体制。那么 S_1 和 S_2 的乘积密码体制 $S_1 \times S_2$ 定义为

$$(\mathcal{P}, \mathcal{P}, \mathcal{K}_1 \times \mathcal{K}_2, \mathcal{E}, \mathcal{D})$$

乘积密码体制的密钥形式是 $K = (K_1, K_2)$，其中 $K_1 \in \mathcal{K}_1$，$K_2 \in \mathcal{K}_2$。加密和解密的规则定义为：对于任意的 $K = (K_1, K_2)$，e_K 定义为

$$e_{(K_1, K_2)}(x) = e_{K_2}(e_{K_1}(x))$$

d_K 定义为

$$d_{(K_1, K_2)}(y) = d_{K_1}(d_{K_2}(y))$$

也就是说，我们首先用 e_{K_1} 加密 x，然后用 e_{K_2} 再加密一次得到的密文。解密是类似的，但是必须以相反的次序进行：

$$
\begin{aligned}
d_{(K_1, K_2)}(e_{(K_1, K_2)}(x)) &= d_{(K_1, K_2)}(e_{K_2}(e_{K_1}(x))) \\
&= d_{K_1}(d_{K_2}(e_{K_2}(e_{K_1}(x)))) \\
&= d_{K_1}(e_{K_1}(x)) \\
&= x
\end{aligned}
$$

密码体制有与密钥空间相关的概率分布，因此，需要定义密钥空间 $\mathcal{K}$ 的概率分布。很自然地定义为：

$$\Pr[(K_1, K_2)] = \Pr[K_1] \times \Pr[K_2]$$

换句话说，分别根据定义在 $\mathcal{K}_1$ 和 $\mathcal{K}_2$ 上的概率分布，独立地选取 K_1 和 K_2。

下面用一个简单的例子来说明乘积密码体制的定义。密码体制 2.2 是一个乘法密码（Multiplicative Cipher）。

密码体制 2.2　乘法密码

设 $\mathcal{P} = \mathcal{C} = \mathbb{Z}_{26}$，并且

$$\mathcal{K} = \{a \in \mathbb{Z}_{26} : \gcd(a, 26) = 1\}$$

对于 $a \in \mathcal{K}$，定义

$$e_a(x) = ax \bmod 26$$

和

$$d_a(y) = a^{-1} y \bmod 26$$

$(x, y \in \mathbb{Z}_{26})$。

假设 M 是乘法密码(密钥等概率选取)，S 是移位密码(密钥等概率选取)。很容易看出 $M \times S$ 也是仿射密码(同样，密钥等概率选取)。要说明 $S \times M$ 是密钥等概率选取的仿射密码要略微困难一些。

现在我们证明这个论断。移位密码的密钥是 $K \in \mathbb{Z}_{26}$，相应的加密规则是 $e_K(x) = (x + K) \bmod 26$。乘法密码的密钥是 $a \in \mathbb{Z}_{26}$，$\gcd(a, 26) = 1$；相应的加密规则是 $e_a(x) = ax \bmod 26$。因此，乘积密码 $M \times S$ 的密钥具有 (a, K) 的形式，并且

$$e_{(a,K)}(x) = (ax + K) \bmod 26$$

但是这就是仿射密码的定义。另外，仿射密码的密钥的概率是密钥 a 和 K 的概率乘积：$1/312 = 1/12 \times 1/26$。因此 $M \times S$ 是仿射密码。

现在考虑 $S \times M$。这个密码的密钥具有形式 (K, a)，并且

$$e_{(K,a)}(x) = a(x + K) \bmod 26 = (ax + aK) \bmod 26$$

这样乘积密码 $S \times M$ 的密钥 (K, a) 等同于仿射密码的密钥 (a, aK)。剩下要证明的是密钥在仿射密码中具有和在乘积密码 $S \times M$ 中相同的概率 $1/312$。注意到，$aK = K_1$ 当且仅当 $K = a^{-1} K_1$（$\gcd(a, 26) = 1$，故 a 对模 26 有乘积逆）。换句话说，仿射密码中的密钥 (a, K_1) 等同于乘积密码 $S \times M$ 中的密钥 $(a^{-1} K_1, a)$。这样我们就在两个密钥空间之间建立了一个双射。因为每个密钥都是等概率的，$S \times M$ 确实是仿射密码。

我们已经证明了 $M \times S = S \times M$，因此可以说密码体制 M 和 S 是可交换的。但是不是所有的密码体制都是可交换的，很容易找出反例。另外，乘积运算是可结合的：

$$(S_1 \times S_2) \times S_3 = S_1 \times (S_2 \times S_3)$$

如果将(内嵌式)密码体制和自己做乘积，我们得到密码体制 $S \times S$，记为 S^2。如果做 n 重乘积，得到的密码体制记为 S^n。

一个密码体制是幂等的，如果 $S^2 = S$。我们在第 1 章研究的许多密码体制都是幂等的。例如移位密码、代换密码、仿射密码、希尔密码、维吉尼亚密码和置换密码都是幂等的。当然如果一个密码体制是幂等的，使用乘积体制 S^2 就毫无意义，因为这需要多余的密钥但没有提供更高的安全性。

如果密码体制不是幂等的，那么多次迭代有可能提高安全性。这个思想在 DES 中使用过了，其中包括了16轮的迭代。但是，这种方法显然要求以非幂等的密码体制开始。一种构造简单的非幂等的密码体制的方法是对两个不同的(简单的)密码体制做乘积。

注：不难证明，如果 S_1 和 S_2 都是幂等的，并且是可交换的，则 $S_1 \times S_2$ 也是幂等的。证明如下：

$$(S_1 \times S_2) \times (S_1 \times S_2) = S_1 \times (S_2 \times S_1) \times S_2$$
$$= S_1 \times (S_1 \times S_2) \times S_2$$
$$= (S_1 \times S_1) \times (S_2 \times S_2)$$
$$= S_1 \times S_2$$

(注意，证明中用到了结合律)。

因此，如果 S_1 和 S_2 都是幂等的，我们要想使 $S_1 \times S_2$ 不是幂等的，则 S_1 和 S_2 一定是不可交换的。

2.6 节中的结果来自于 Beauchemin 和 Brassard[10]，他们对 Shannon 的早期结果做了一般化处理。

习题

2.1 参见例 2.2，计算所有的联合概率和条件概率 $\Pr[x, y]$，$\Pr[x \mid y]$ 和 $\Pr[y \mid x]$，其中 $x \in \{2, \cdots, 12\}$，$y \in \{D, N\}$。

2.2 设 n 是正整数。阶为 n 的拉丁方(Latin square)是 $n \times n$ 矩阵 L，n 个整数 $1, 2, \cdots, n$ 的每一个在 L 的每一行和每一列中恰好出现一次。下面是一个 3 阶拉丁方的例子：

1	2	3
3	1	2
2	3	1

给定任意一个阶为 n 的拉丁方 L，我们可以定义一个相关的密码体制。取 $\mathcal{P} = \mathcal{C} = \mathcal{K} = \{1, \cdots, n\}$。对于 $1 \leqslant i \leqslant n$，加密规则 e_i 定义为 $e_i(j) = L(i, j)$ (这样每一行都给出一个加密规则)。

证明，如果密钥是等概率的，拉丁方密码体制具有完善保密性。

2.3 (a) 证明仿射密码具有完善保密性，如果每个密钥的概率都是 1/312。

(b) 更一般地，假设在下面的集合上给定一个概率分布

$$\{a \in \mathbb{Z}_{26} : \gcd(a, 26) = 1\}$$

假设仿射密码的每个密钥 (a, b) 的概率是 $\Pr[a] / 26$。证明当这个概率分布定义在密钥空间上时，仿射密码具有完善保密性。

2.4 假设一个密码体制对一个特定的明文概率分布具有完善保密性，证明对任意的明文概率分布这个密码体制仍然具有完善保密性。

2.5 证明，如果一个密码体制具有完善保密性，并且 $|\mathcal{K}| = |\mathcal{C}| = |\mathcal{P}|$，则每个密文都是等概率的。

2.6 假设在"一次一密"密码体制中，密文 y 和 y' (两个二进制的 n 元数组)是使用同一个密钥 K，分别加密明文 x 和 x' 得到的。证明 $x + x' \equiv y + y' (\text{mod } 2)$。

2.7   (a)对 $n=3$ 的"一次一密"密码体制构造一个加密矩阵(如例 2.3 定义的那样)。

(b)设 n 是任一正整数,直接证明定义在 $(\mathbb{Z}_2)^n$ 上的"一次一密"密码体制的加密矩阵是定义在 $(\mathbb{Z}_2)^n$ 上的阶为 2^n 的拉丁方。

2.8   假设 X 是大小为 n 的集合,其中 $2^k \leqslant n < 2^{k+1}$,对于任意的 $x \in X$,$\Pr[x]=1/n$。

(a)找出一个 X 的无前缀的编码,设为 f,使得 $\ell(f)=k+2-2^{k+1}/n$。

提示:将 X 中的 $2^{k+1}-n$ 个元素编码成长为 k 的串,剩下的编码成长度为 $k+1$ 的串。

(b)对 $n=6$ 说明你的构造,并计算 $\ell(f)$ 和 $H(\mathbf{X})$。

2.9   假设 $X = \{a,b,c,d,e\}$ 有下列概率分布:$\Pr[a]=0.32$,$\Pr[b]=0.23$,$\Pr[c]=0.20$,$\Pr[d]=0.15$,$\Pr[e]=0.10$。使用 Huffman 算法找出无前缀的最佳编码。将这个编码的长度和 $H(\mathbf{X})$ 进行比较。

2.10 证明 $H(\mathbf{X},\mathbf{Y})=H(\mathbf{Y})+H(\mathbf{X}\,|\,\mathbf{Y})$。然后得到推论 $H(\mathbf{X}\,|\,\mathbf{Y}) \leqslant H(\mathbf{X})$,等式当且仅当 $\mathbf{X}$ 和 $\mathbf{Y}$ 统计独立时才成立。

2.11 证明密码体制具有完善保密性当且仅当 $H(\mathbf{P}\,|\,\mathbf{C})=H(\mathbf{P})$。

2.12 证明在任何密码体制中,$H(\mathbf{K}\,|\,\mathbf{C}) \geqslant H(\mathbf{P}\,|\,\mathbf{C})$ (直观上讲,给定密文,分析者对密钥的不确定性至少和对明文的不确定性一样大)。

2.13 考虑一个密码体制,其中 $\mathcal{P} = \{a,b,c\}$,$\mathcal{K} = \{K_1, K_2, K_3\}$,$\mathcal{C} = \{1,2,3,4\}$。假设加密矩阵如下:

	a	b	c
K_1	1	2	3
K_2	2	3	4
K_3	3	4	1

假设密钥是等概率选取的,明文的概率分布是 $\Pr[a]=1/2$,$\Pr[b]=1/3$,$\Pr[c]=1/6$,计算 $H(\mathbf{P})$,$H(\mathbf{C})$,$H(\mathbf{K})$,$H(\mathbf{K}\,|\,\mathbf{C})$ 和 $H(\mathbf{P}\,|\,\mathbf{C})$。

2.14 对仿射密码计算 $H(\mathbf{K}\,|\,\mathbf{C})$ 和 $H(\mathbf{K}\,|\,\mathbf{P},\mathbf{C})$,这里假定密钥等概率选取,明文是等概率的。

2.15 考虑密钥字长为 m 的维吉尼亚密码。证明唯一解距离是 $1/R_L$,其中 R_L 是自然语言的冗余度(这个结论可以解释为:如果 n_0 表示加密的字母数,因为每个明文由 m 个字母组成,所以明文的"长度"是 n_0/m。因此唯一解距离 $1/R_L$ 对应于由 m/R_L 个字母组成的明文)。

2.16 证明具有 $m \times m$ 加密矩阵的希尔密码的唯一解距离不小于 m/R_L (注意,这个长度对应的明文中的字符个数是 m^2/R_L)。

2.17 明文空间大小为 n 的代换密码的密钥量 $|\mathcal{K}| = n!$。Stirling 公式给出了 $n!$ 的如下估计:

$$n! \approx \sqrt{2\pi n}\left(\frac{n}{e}\right)^n$$

(a)使用 Stirling 公式得出代换密码的唯一解距离的估计。

(b) 设 $m \geqslant 1$ 是整数，m 字母组代换密码是明文(密文)空间由所有的 26^m 个 m 字母组构成的代换密码。对 $R_L = 0.75$ 估计 m 字母组代换密码的唯一解距离。

2.18 证明密钥等概率选取的移位密码是幂等的。

2.19 假设 S_1 是移位密码(密钥等概率选取)，S_2 是密钥满足概率分布 p_K (不必是等概率的)的移位密码。证明 $S_1 \times S_2 = S_1$。

2.20 假设 S_1 和 S_2 都是维吉尼亚密码，密钥都是等概率的，并且长度分别是 m_1 和 m_2，$m_1 > m_2$。

(a) 如果 $m_2 \mid m_1$，则 $S_2 \times S_1 = S_1$。

(b) 人们可能试图证明猜想 $S_2 \times S_1 = S_3$，其中 S_3 是密钥长度为 $\operatorname{lcm}(m_1, m_2)$ 的维吉尼亚密码。证明这个猜想是错误的。

提示： 如果 $m_1 \not\equiv 0 (\bmod m_2)$，则乘积密码 $S_2 \times S_1$ 的密钥个数小于 S_3 的密钥个数。

第3章 分组密码与高级加密标准

3.1 引言

当今大多数的分组密码都是乘积密码(乘积密码的介绍参见 2.7 节)。乘积密码通常伴随一系列置换与代换操作，常见的乘积密码是迭代密码。下面是一个典型的迭代密码的描述：这种密码明确定义了一个轮函数和一个密钥编排方案，一个明文的加密将经过 Nr 轮类似的过程。

设 K 是一个确定长度的随机二元密钥，用 K 来生成 Nr 个轮密钥(也叫子密钥) $K^1, \cdots, K^{Nr}$。轮密钥的列表 $(K^1, \cdots, K^{Nr})$ 就是密钥编排方案。密钥编排方案由 K 经一个固定的、公开的算法生成。

轮函数 g 以轮密钥 (K^r) 和当前状态 w^{r-1} 作为它的两个输入。下一个状态定义为 $w^r = g(w^{r-1}, K^r)$。初态 w^0 被定义成明文 x，密文 y 定义为经过所有 Nr 轮后的状态。整个加密过程如下：

$$
\begin{aligned}
w^0 &\leftarrow x \\
w^1 &\leftarrow g(w^0, K^1) \\
w^2 &\leftarrow g(w^1, K^2) \\
\vdots \quad &\quad \vdots \quad \vdots \\
w^{Nr-1} &\leftarrow g(w^{Nr-2}, K^{Nr-1}) \\
w^{Nr} &\leftarrow g(w^{Nr-1}, K^{Nr}) \\
y &\leftarrow w^{Nr}
\end{aligned}
$$

为了能够解密，轮函数 g 在其第二个自变量固定的条件下必须是单射函数，这等价于存在函数 g^{-1}，对所有的 w 和 y，有 $g^{-1}(g(w, y), y) = w$。解密过程如下：

$$
\begin{aligned}
w^{Nr} &\leftarrow y \\
w^{Nr-1} &\leftarrow g^{-1}(w^{Nr}, K^{Nr}) \\
\vdots \quad &\quad \vdots \quad \vdots \\
w^1 &\leftarrow g^{-1}(w^2, K^2) \\
w^0 &\leftarrow g^{-1}(w^1, K^1) \\
x &\leftarrow w^0
\end{aligned}
$$

在 3.2 节，我们将用一类简单的迭代密码，代换-置换网络，来说明实际的分组密码设计中应用的主要原则。3.3 节和 3.4 节分别将介绍对代换-置换网络的线性密码分析和差分密码分析。3.5 节将讨论 Feistel 型密码与数据加密标准(DES)。我们在 3.6 节将给出高级加密标准(AES)。最后，在 3.7 节后还将介绍分组密码的工作模式。

3.2　代换-置换网络

我们首先给出代换-置换网络(SPN)的定义,可以看到一个 SPN 就是一类特殊的迭代密码,只是在某些细节方面与之不同,后面我们将指出这些不同。设 ℓ 和 m 都是正整数,明文和密文都是长为 ℓm 的二元向量(即 ℓm 是该密码的分组长度)。一个 SPN 包括两个变换,分别记为 π_S 和 π_P。

$$\pi_S : \{0,1\}^\ell \to \{0,1\}^\ell$$

与

$$\pi_P : \{1,\cdots,\ell m\} \to \{1,\cdots,\ell m\}$$

都是置换,置换 π_S 叫做 S 盒[字母 "S" 表示 "substitution"(代换)],它用一个 ℓ 比特向量来替代另一个 ℓ 比特向量。置换 π_P 用来置换 ℓm 个比特。

给定一个 ℓm 比特的二元串 $x = (x_1,\cdots,x_{\ell m})$,可将其看做是 m 个长为 l 比特的子串 $x_{<1>},\cdots,x_{<m>}$ 的并联。因此, $x = x_{<1>} \| \cdots \| x_{<m>}$,其中 $x_{<i>} = (x_{(i-1)\ell+1},\cdots,x_{i\ell})$, $1 \leqslant i \leqslant m$。将要给出的 SPN 由 Nr 轮组成,在每一轮(除了最后一轮稍有不同外),我们先用异或操作混入该轮的轮密钥,再用 π_S 进行 m 次代换,然后用 π_P 进行一次置换。基于 π_S 和 π_P,我们现在给出一个 SPN,参见密码体制 3.1。

密码体制 3.1　代换-置换网络

设 ℓ, m 和 Nr 都是正整数, $\pi_S : \{0,1\}^\ell \to \{0,1\}^\ell$ 和 $\pi_P : \{1,\cdots,\ell m\} \to \{1,\cdots,\ell m\}$ 都是置换。设 $\mathcal{P} = \mathcal{C} = \{0,1\}^{\ell m}$, $\mathcal{K} \subseteq (\{0,1\}^{\ell m})^{Nr+1}$ 是由初始密钥 K 用密钥编排算法生成的所有可能的密钥编排方案之集。对一个密钥编排方案 $(K^1,\cdots,K^{Nr+1})$,我们使用算法 3.1 来加密明文 x。

在算法 3.1 中, u^r 是第 r 轮对 S 盒的输入, v^r 是第 r 轮对 S 盒的输出。 w^r 由 v^r 应用置换 π_P 得到,然后 u^{r+1} 由轮密钥 K^{r+1} 异或 w^r 得到(这叫做轮密钥混合),最后一轮没有用置换 π_P。因此,如果对密钥编排方案做适当修改并用 S 盒的逆来取代 S 盒,那么该加密算法也能用来解密(参见习题)。

算法 3.1　$\mathrm{SPN}(x, \pi_S, \pi_P, (K^1,\cdots,K^{Nr+1}))$

$w^0 \leftarrow x$

for $r \leftarrow 1$ **to** $\mathrm{Nr}-1$

$\quad$**do** $\begin{cases} u^r \leftarrow w^{r-1} \oplus K^r \\ \textbf{for } i \leftarrow 1 \textbf{ to } m \\ \quad \textbf{do } v^r_{<i>} \leftarrow \pi_S(u^r_{<i>}) \\ w^r \leftarrow (v^r_{\pi_P(1)},\cdots,v^r_{\pi_P(\ell m)}) \end{cases}$

$u^{\mathrm{Nr}} \leftarrow w^{\mathrm{Nr}-1} \oplus K^{\mathrm{Nr}}$

for $i \leftarrow 1$ **to** m

do　$v_{<i>}^{\mathrm{Nr}} \leftarrow \pi_S(u_{<i>}^{\mathrm{Nr}})$

$y \leftarrow v^{\mathrm{Nr}} \oplus K^{\mathrm{Nr}+1}$

output(y)

值得注意的是，该 SPN 的第一个和最后一个操作都是异或轮密钥，这叫做白化（whitening）。白化可使一个不知道密钥的攻击者，无法开始进行一个加密或解密操作。

下面用一个具体的 SPN 来说明上面的一般描述。

例 3.1　设 $\ell = m = \mathrm{Nr} = 4$，$\pi_S$ 如下定义，这里输入 z 和输出 $\pi_S(z)$ 都以十六进制表示 $(0 \leftrightarrow (0,0,0,0), 1 \leftrightarrow (0,0,0,1), \cdots, 9 \leftrightarrow (1,0,0,1), A \leftrightarrow (1,0,1,0), \cdots, F \leftrightarrow (1,1,1,1))$：

π_P 如下定义：

z	0	1	2	3	4	5	6	7	8	9	A	B	C	D	E	E
$\pi_S(z)$	E	4	D	1	2	F	B	8	3	A	6	C	5	9	0	7

z	1	2	3	4	5	6	7	8	9	10	11	12	13	14	15	16
$\pi_P(z)$	1	5	9	13	2	6	10	14	3	7	11	15	4	8	12	16

图 3.1 给出了这个具体的 SPN(为后面叙述的方便，在这个图中我们命名了 16 个 S 盒 S_i^r ($1 \leqslant i \leqslant 4, 1 \leqslant r \leqslant 4$)，它们都基于同样的置换 π_S)。

为了完成该 SPN 的描述，需要确定一个密钥编排算法。从一个 32 比特的密钥 $K = (k_1, \cdots, k_{32})$ 开始，对轮数 $1 \leqslant r \leqslant 5$，定义 K^r 是由 K 中从 k_{4r-3} 开始的 16 个连续的比特组成(选择这样的简单密钥编排方案只是为了说明 SPN，并非是一种很安全的方式)。

下面我们使用该 SPN 来进行加密。所有数据都用二元形式表示。设密钥为

$$K = 0011\ 1010\ 1001\ 0100\ 1101\ 0110\ 0011\ 1111$$

则轮密钥如下：

$$K^1 = 0011\ 1010\ 1001\ 0100$$
$$K^2 = 1010\ 1001\ 0100\ 1101$$
$$K^3 = 1001\ 0100\ 1101\ 0110$$
$$K^4 = 0100\ 1101\ 0110\ 0011$$
$$K^5 = 1101\ 0110\ 0011\ 1111$$

设明文为

$$x = 0010\ 0110\ 1011\ 0111$$

则加密 x 的过程如下：

$$w^0 = 0010\ 0110\ 1011\ 0111$$
$$K^1 = 0011\ 1010\ 1001\ 0100$$
$$u^1 = 0001\ 1100\ 0010\ 0011$$
$$v^1 = 0100\ 0101\ 1101\ 0001$$
$$w^1 = 0010\ 1110\ 0000\ 0111$$

$$K^2 = 1010 \quad 1001 \quad 0100 \quad 1101$$
$$u^2 = 1000 \quad 0111 \quad 0100 \quad 1010$$
$$v^2 = 0011 \quad 1000 \quad 0010 \quad 0110$$
$$w^2 = 0100 \quad 0001 \quad 1011 \quad 1000$$
$$K^3 = 1001 \quad 0100 \quad 1101 \quad 0110$$
$$u^3 = 1101 \quad 0101 \quad 0110 \quad 1110$$
$$v^3 = 1001 \quad 1111 \quad 1011 \quad 0000$$
$$w^3 = 1110 \quad 0100 \quad 0110 \quad 1110$$
$$K^4 = 0100 \quad 1101 \quad 0110 \quad 0011$$
$$u^4 = 1010 \quad 1001 \quad 0000 \quad 1101$$
$$v^4 = 0110 \quad 1010 \quad 1110 \quad 1001$$
$$K^5 = 1101 \quad 0110 \quad 0011 \quad 1111$$

密文为

$$y = 1011 \quad 1100 \quad 1101 \quad 0110$$

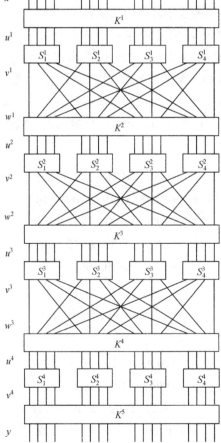

图 3.1　一个代换-置换网络

SPN 有以下颇具吸引力的特色。首先，无论从硬件还是软件角度来看，这种设计均简单、有效。在软件方面，一个 S 盒通常以查表的形式来实现。注意 S 盒 $\pi_S : \{0,1\}^\ell \to \{0,1\}^\ell$ 所需的存储要求是 $\ell 2^\ell$ 比特，这是因为我们必须存储 2^ℓ 个值，而每个值占 ℓ 比特。特别地，硬件实现需要使用相对小的 S 盒。

在例 3.1 中，每一轮都应用了 4 个相同的 S 盒，S 盒的存储需求是 2^6 比特。如果我们应用由 16 比特映射到 16 比特的 S 盒，则存储需求会增加到 2^{20} 比特，这对某些应用来说是过高了。在高级加密标准 AES(3.6 节将会讨论)中应用的就是由 8 比特映射到 8 比特的 S 盒。

例 3.1 中的 SPN 并不安全，即使没有其他原因，32 比特的密钥长度对穷尽密钥搜索攻击来说也是太短了。然而，"更大些"的 SPN 可设计成能抵抗所有已知的攻击。一个实用的安全 SPN 比例 3.1 中的 SPN 会具有更长的密钥长度和分组长度，应用更大些的 S 盒，并有更多的轮数。已被选为高级加密标准的 Rijndael 就是 SPN 的一个例子，它在许多方面与例 3.1 中的 SPN 相似。Rijndael 的最小密钥长度是 128 比特，分组长度是 128 比特，最小轮数是 10 轮，并且它的 S 盒将 8 比特映射到 8 比特(详细讨论参见 3.6 节)。

SPN 有许多变体。常见的一个改动就是不止应用一个 S 盒。在例 3.1 中，如果需要，完全可以在每一轮应用不同的S盒，来代替四轮中使用的相同的S盒。这一特点可以在数据加密标准 DES 中找到，它在八轮中使用了八个不同的 S 盒(参见 3.5.1 节)。另一个常见的设计策略是在每一轮中包含一个可逆的线性变换，该线性变换要么作为置换操作的替代，要么作为其补充，这可以在高级加密标准 AES 中看到(参见 3.6.1 节)。

3.3 线性密码分析

我们首先来非正式地叙述一下线性密码分析的思想，原则上该思想可以被应用于任何迭代密码。假使能够在一个明文比特子集与最后一轮即将进行代换的输入状态比特子集之间找到一个概率线性关系，即存在一个比特子集使得其中元素的异或表现出非随机的分布(比如，该异或值以偏离 1/2 的概率取值 0)。现在假设一个攻击者拥有大量的用同一未知密钥 K 加密的明-密文对(也就是说我们使用已知明文攻击)。对每一个明-密文对，将用所有可能的候选密钥来对最后一轮解密密文。对每一个候选密钥，计算包含在线性关系式中的相关状态比特的异或值，然后确定上述的线性关系是否成立，如果成立，就在对应于特定候选密钥的计数器上加 1，在这个过程的最后，我们希望计数频率离明-密文对数的一半最远的候选密钥含有那些密钥比特的正确值。

后面我们将以一个详细的例子来说明上述思想。但首先，需要根据概率论建立一些结果来为包含在这个攻击中的技术提供一个非严格的说明。

3.3.1 堆积引理

延用 2.2 节中引入的术语和概念。设 $\mathbf{X}_1, \mathbf{X}_2, \cdots$ 是取值于集合 $\{0, 1\}$ 上的独立随机变量。设 $p_1, p_2, \cdots$ 都是实数，且对所有的 i，有 $0 \leqslant p_i \leqslant 1$，再设

$$\Pr[\mathbf{X}_i = 0] = p_i \qquad i = 1, 2, \cdots$$

则

$$\Pr[\mathbf{X}_i = 1] = 1 - p_i \qquad i = 1, 2, \cdots$$

假设 $i \neq j$，则 $\mathbf{X}_i$ 和 $\mathbf{X}_j$ 的独立性意味着

$$\Pr[\mathbf{X}_i = 0, \mathbf{X}_j = 0] = p_i p_j$$
$$\Pr[\mathbf{X}_i = 0, \mathbf{X}_j = 1] = p_i (1 - p_j)$$
$$\Pr[\mathbf{X}_i = 1, \mathbf{X}_j = 0] = (1 - p_i) p_j$$
$$\Pr[\mathbf{X}_i = 1, \mathbf{X}_j = 1] = (1 - p_i)(1 - p_j)$$

现在考虑离散随机变量 $\mathbf{X}_i \oplus \mathbf{X}_j$（即 $\mathbf{X}_i + \mathbf{X}_j \bmod 2$）。容易看出，$\mathbf{X}_i \oplus \mathbf{X}_j$ 具有以下概率分布：

$$\Pr[\mathbf{X}_i \oplus \mathbf{X}_j = 0] = p_i p_j + (1 - p_i)(1 - p_j)$$
$$\Pr[\mathbf{X}_i \oplus \mathbf{X}_j = 1] = p_i (1 - p_j) + (1 - p_i) p_j$$

对取值于 $\{0, 1\}$ 上的随机变量，用分布偏差来表示它的概率分布常常是很方便的。$\mathbf{X}_i$ 的偏差被定义为：

$$\epsilon_i = p_i - \frac{1}{2}$$

注意下列事实：对 $i = 1, 2, \cdots$

$$-\frac{1}{2} \leqslant \epsilon_i \leqslant \frac{1}{2}$$
$$\Pr[\mathbf{X}_i = 0] = \frac{1}{2} + \epsilon_i$$
$$\Pr[\mathbf{X}_i = 1] = \frac{1}{2} - \epsilon_i$$

下列结果给出了计算随机变量 $\mathbf{X}_{i_1} \oplus \mathbf{X}_{i_2} \oplus \cdots \oplus \mathbf{X}_{i_k}$ 的偏差的一个公式，这个结果被称为"堆积引理"（piling-up lemma）。

引理 3.1(堆积引理) 设 $\mathbf{X}_{i_1}, \cdots, \mathbf{X}_{i_k}$ 是独立随机变量，$\epsilon_{i_1, i_2, \cdots, i_k}$（$i_1 < i_2 < \cdots < i_k$）表示随机变量 $\mathbf{X}_{i_1} \oplus \mathbf{X}_{i_2} \oplus \cdots \oplus \mathbf{X}_{i_k}$ 的偏差，则

$$\epsilon_{i_1, i_2, \cdots, i_k} = 2^{k-1} \prod_{j=1}^{k} \epsilon_{i_j}$$

证明 对 k 应用归纳法进行证明。$k = 1$ 时，结论显然成立。我们现在来证明 $k = 2$ 时结论成立。使用前面的等式，我们有

$$\Pr[\mathbf{X}_{i_1} \oplus \mathbf{X}_{i_2} = 0] = \left(\frac{1}{2} + \epsilon_{i_1}\right)\left(\frac{1}{2} + \epsilon_{i_2}\right) + \left(\frac{1}{2} - \epsilon_{i_1}\right)\left(\frac{1}{2} - \epsilon_{i_2}\right) = \frac{1}{2} + 2\epsilon_{i_1}\epsilon_{i_2}$$

因此，$\mathbf{X}_{i_1} \oplus \mathbf{X}_{i_2}$ 的偏差即为所声称的那样。

假设 $k = \ell$ 时结论成立，正整数 $\ell \geqslant 2$。则当 $k = \ell + 1$ 时，我们需要确定 $\mathbf{X}_{i_1} \oplus \cdots \oplus \mathbf{X}_{i_{\ell+1}}$ 的偏差，可将这个随机变量分为如下两部分：

$$\mathbf{X}_{i_1} \oplus \cdots \oplus \mathbf{X}_{i_\ell} \oplus \mathbf{X}_{i_{\ell+1}} = (\mathbf{X}_{i_1} \oplus \cdots \oplus \mathbf{X}_{i_\ell}) \oplus \mathbf{X}_{i_{\ell+1}}$$

由归纳假设，$\mathbf{X}_{i_1} \oplus \cdots \oplus \mathbf{X}_{i_\ell}$ 的偏差为 $2^{\ell-1} \prod\limits_{j=1}^{\ell} \epsilon_{i_j}$，而 $\mathbf{X}_{i_{\ell+1}}$ 的偏差为 $\epsilon_{i_{\ell+1}}$。因此，由归纳假设可知，$\mathbf{X}_{i_1} \oplus \cdots \oplus \mathbf{X}_{i_{\ell+1}}$ 的偏差为

$$2 \times \left(2^{\ell-1} \prod_{j=1}^{\ell} \epsilon_{i_j} \right) \times \epsilon_{i_{\ell+1}} = 2^{\ell} \prod_{j=1}^{\ell+1} \epsilon_{i_j}$$

由归纳假设，结论成立。

推论 3.2　设 $\mathbf{X}_{i_1}, \cdots, \mathbf{X}_{i_k}$ 是独立随机变量，$\epsilon_{i_1, i_2, \cdots, i_k}$ 表示随机变量 $\mathbf{X}_{i_1} \oplus \mathbf{X}_{i_2} \oplus \cdots \oplus \mathbf{X}_{i_k}$ 的偏差，若对某 j，有 $\epsilon_{i_j} = 0$，则 $\epsilon_{i_1, i_2, \cdots, i_k} = 0$。

注意引理 3.1 一般来说只在相关随机变量是统计独立的情况下才成立。我们通过下面的例子可以说明这一点。假设 $\epsilon_1 = \epsilon_2 = \epsilon_3 = 1/4$，由引理 3.1 有 $\epsilon_{1,2} = \epsilon_{1,3} = \epsilon_{2,3} = 1/8$，现在考虑随机变量 $\mathbf{X}_1 \oplus \mathbf{X}_3$，显然

$$\mathbf{X}_1 \oplus \mathbf{X}_3 = (\mathbf{X}_1 \oplus \mathbf{X}_2) \oplus (\mathbf{X}_2 \oplus \mathbf{X}_3)$$

如果随机变量 $\mathbf{X}_1 \oplus \mathbf{X}_2$ 和 $\mathbf{X}_2 \oplus \mathbf{X}_3$ 相互独立，则由引理 3.1 可知，$\epsilon_{1,3} = 2(1/8)^2 = 1/32$。然而，我们知道事实并非如此，$\epsilon_{1,3} = 1/8$。由于 $\mathbf{X}_1 \oplus \mathbf{X}_2$ 和 $\mathbf{X}_2 \oplus \mathbf{X}_3$ 并不相互独立，所以引理 3.1 并未给出正确答案。

3.3.2　S 盒的线性逼近

考虑如下一个 S 盒 $\pi_S : \{0,1\}^m \rightarrow \{0,1\}^n$（我们并未假定 π_S 是一个置换，甚至也未假定 $m = n$）。m 重输入 $X = (x_1, \cdots, x_m)$ 均匀随机地从集合 $\{0,1\}^m$ 中选取，这就是说每一个坐标 x_i 定义了一个随机变量 $\mathbf{X}_i$，$\mathbf{X}_i$ 取值于 $\{0,1\}$，并且其偏差 $\epsilon_i = 0$。更进一步，这 m 个随机变量相互独立。n 重输出 $Y = (y_1, \cdots, y_n)$ 中，每一个坐标 y_i 定义了一个随机变量 $\mathbf{Y}_i$，$\mathbf{Y}_i$ 取值于 $\{0,1\}$。这 n 个随机变量一般说来并不相互独立，与 $\mathbf{X}_i$ 也不相互独立。事实上，不难验证：如果 $(y_1, \cdots, y_n) \neq \pi_S(x_1, \cdots, x_m)$，则

$$\Pr[\mathbf{X}_1 = x_1, \cdots, \mathbf{X}_m = x_m, \mathbf{Y}_1 = y_1, \cdots, \mathbf{Y}_n = y_n] = 0$$

如果 $(y_1, \cdots, y_n) \neq \pi_S(x_1, \cdots, x_m)$，则

$$\Pr[\mathbf{X}_1 = x_1, \cdots, \mathbf{X}_m = x_m, \mathbf{Y}_1 = y_1, \cdots, \mathbf{Y}_n = y_n] = 2^{-m}$$

后一公式成立是因为

$$\Pr[\mathbf{X}_1 = x_1, \cdots, \mathbf{X}_m = x_m] = 2^{-m}$$

并且，如果 $(y_1, \cdots, y_n) = \pi_S(x_1, \cdots, x_m)$，则

$$\Pr[\mathbf{Y}_1 = y_1, \cdots, \mathbf{Y}_n = y_n \mid \mathbf{X}_1 = x_1, \cdots, \mathbf{X}_m = x_m] = 1$$

现在应用上述公式，计算如下形式的随机变量的偏差就相对直接多了：

$$\mathbf{X}_{i_1} \oplus \cdots \oplus \mathbf{X}_{i_k} \oplus \mathbf{Y}_{j_1} \oplus \cdots \oplus \mathbf{Y}_{j_\ell}$$

如果一个这种形式的随机变量具有偏离 0 的偏差值，那么线性密码分析就成为可能。

下面看一个小例子。

例 3.2   我们仍然使用例 3.1 中的 S 盒，$\pi_S : \{0,1\}^4 \to \{0,1\}^4$。在表 3.1 的行中记下了八个随机变量 $\mathbf{X}_1, \cdots, \mathbf{X}_4, \mathbf{Y}_1, \cdots, \mathbf{Y}_4$ 所有可能的取值。

表 3.1   一个 S 盒定义的随机变量

$\mathbf{X}_1$	$\mathbf{X}_2$	$\mathbf{X}_3$	$\mathbf{X}_4$	$\mathbf{Y}_1$	$\mathbf{Y}_2$	$\mathbf{Y}_3$	$\mathbf{Y}_4$
0	0	0	0	1	1	1	0
0	0	0	1	0	1	0	0
0	0	1	0	1	1	0	1
0	0	1	1	0	0	0	1
0	1	0	0	0	0	1	0
0	1	0	1	1	1	1	1
0	1	1	0	1	0	1	1
0	1	1	1	1	0	0	0
1	0	0	0	0	0	1	1
1	0	0	1	1	0	1	0
1	0	1	0	0	1	1	0
1	0	1	1	1	1	0	0
1	1	0	0	1	0	1	0
1	1	0	1	1	0	0	1
1	1	1	0	0	0	0	0
1	1	1	1	0	1	1	1

现在考虑随机变量 $\mathbf{X}_1 \oplus \mathbf{X}_4 \oplus \mathbf{Y}_2$。通过计算表 3.1 中 $\mathbf{X}_1 \oplus \mathbf{X}_4 \oplus \mathbf{Y}_2 = 0$ 的行数，可以得到该随机变量取值为 0 的概率

$$\Pr[\mathbf{X}_1 \oplus \mathbf{X}_4 \oplus \mathbf{Y}_2 = 0] = \frac{1}{2}$$

因此

$$\Pr[\mathbf{X}_1 \oplus \mathbf{X}_4 \oplus \mathbf{Y}_2 = 1] = \frac{1}{2}$$

可见，该随机变量的偏差为 0。

如果我们再分析一下随机变量 $\mathbf{X}_3 \oplus \mathbf{X}_4 \oplus \mathbf{Y}_1 \oplus \mathbf{Y}_4$，就会看到这个随机变量的偏差为 $-3/8$（建议读者验证一下这个计算）。事实上，并不难确定所有 $2^8 = 256$ 个这种形式的随机变量的偏差。

用下述记号来记录这个信息。把每一个相关的随机变量表示成下列形式：

$$\left(\bigoplus_{i=1}^{4} a_i \mathbf{X}_i\right) \oplus \left(\bigoplus_{i=1}^{4} b_i \mathbf{Y}_i\right)$$

其中 $a_i \in \{0,1\}$，$b_i \in \{0,1\}$，$i=1,2,3,4$。为了记号的紧凑，把每一个二元向量 (a_1, a_2, a_3, a_4) 和 (b_1, b_2, b_3, b_4) 看做一个十六进制数字(这些数字分别叫做输入和与输出和)。这样，这 256 个随机变量里的每一个就用一对十六进制数字来表示。

作为一个例子，考虑随机变量 $\mathbf{X}_1 \oplus \mathbf{X}_4 \oplus \mathbf{Y}_2$。输入和为 $(1,0,0,1)$，即十六进制的 9；输出和为 $(0,1,0,0)$，即十六进制的 4。对于一个具有(十六进制)输入和 a 与输出和 b 的随机变量(这里 $a = (a_1, a_2, a_3, a_4)$，$b = (b_1, b_2, b_3, b_4)$，二进制表示)，设 $N_L(a,b)$ 表示满足如下条件的二进制 8 元组 $(x_1, x_2, x_3, x_4, y_1, y_2, y_3, y_4)$ 的个数：

$$(y_1, y_2, y_3, y_4) = \pi_S(x_1, x_2, x_3, x_4) \quad \text{及}$$

$$\left(\bigoplus_{i=1}^{4} a_i x_i\right) \oplus \left(\bigoplus_{i=1}^{4} b_i y_i\right) = 0$$

该随机变量的偏差计算公式为：$\epsilon(a,b) = (N_L(a,b) - 8)/16$。

我们已经知道 $N_L(9,4) = 8$，因此在例 3.2 中，$\epsilon(9,4) = 0$。包含所有 N_L 值的一张表叫做线性逼近表，参见图 3.2。

a	b															
	0	1	2	3	4	5	6	7	8	9	A	B	C	D	E	F
0	16	8	8	8	8	8	8	8	8	8	8	8	8	8	8	8
1	8	8	6	6	8	8	6	14	10	10	8	8	10	10	8	8
2	8	8	6	6	8	8	6	6	8	8	10	10	8	8	2	10
3	8	8	8	8	8	8	8	8	10	2	6	6	10	10	6	6
4	8	10	8	6	6	4	6	8	8	6	8	10	10	4	10	8
5	8	6	8	8	6	8	12	8	8	6	8	8	6	8	6	8
6	8	10	6	12	10	8	8	10	8	6	10	12	6	8	8	6
7	8	6	8	10	10	4	8	10	8	6	8	10	8	12	10	8	10
8	8	8	8	8	8	8	8	8	6	10	10	8	10	6	6	2
9	8	8	6	6	8	8	6	6	4	8	6	6	12	10	6
A	8	12	6	10	4	8	10	6	10	10	8	10	10	8	8
B	8	12	8	4	12	8	12	8	8	8	8	8	8	8
C	8	6	12	6	8	10	8	10	12	8	10	8	6
D	8	10	10	6	12	8	10	4	6	10	8	10	8	8	10
E	8	10	10	6	4	8	10	8	8	4	10	8
F	8	6	4	6	8	8	10	8	6	12	6	8	10	8

图 3.2　线性逼近表：$N_L(a,b)$ 的值

3.3.3　SPN 的线性密码分析

线性密码分析要求找出一组 S 盒的线性逼近，这组线性逼近能够用来导出一个整个 SPN(除最后一轮外)的线性逼近。我们仍然使用例3.1中的 SPN 来说明整个过程。图3.3说明了将要应用的逼近的结构。这幅图中，带箭头的线条对应于包含在线性逼近中的随机变量。带标号的 S 盒表示在这些逼近中使用了此 S 盒［它们被称为逼近中的活动 S 盒(active S-boxes)］。

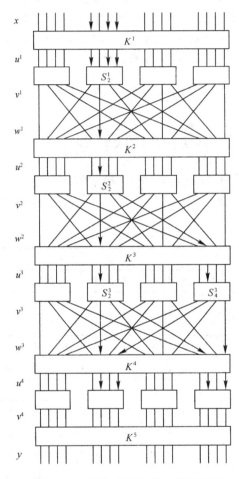

图 3.3　一个代换–置换网络的线性逼近

图 3.3 中的逼近包含如下四个活动 S 盒:

- 在 S_2^1 中，随机变量 $\mathbf{T}_1 = \mathbf{U}_5^1 \oplus \mathbf{U}_7^1 \oplus \mathbf{U}_8^1 \oplus \mathbf{V}_6^1$ 具有偏差 1/4
- 在 S_2^2 中，随机变量 $\mathbf{T}_2 = \mathbf{U}_6^2 \oplus \mathbf{V}_6^2 \oplus \mathbf{V}_8^2$ 具有偏差 −1/4
- 在 S_2^3 中，随机变量 $\mathbf{T}_3 = \mathbf{U}_6^3 \oplus \mathbf{V}_6^3 \oplus \mathbf{V}_8^3$ 具有偏差 −1/4
- 在 S_4^3 中，随机变量 $\mathbf{T}_4 = \mathbf{U}_{14}^3 \oplus \mathbf{V}_{14}^3 \oplus \mathbf{V}_{16}^3$ 具有偏差 −1/4

$\mathbf{T}_1, \mathbf{T}_2, \mathbf{T}_3, \mathbf{T}_4$ 这四个随机变量都具有较高的偏差绝对值，而且我们将会看到，它们的异或会消去中间变量。

如果假设这四个随机变量相互独立，那么就可用堆积引理(引理 3.1)来计算它们的异或的偏差(事实上这些随机变量并不相互独立，这意味着我们未能给这个逼近提供一个数学上的证明。然而，正如我们将要看到的，这个逼近在实际中很有效)。因此，假定随机变量 $T_1 \oplus T_2 \oplus T_3 \oplus T_4$ 具有偏差 $2^3(1/4)(-1/4)^3 = -1/32$。

随机变量 T_1, T_2, T_3, T_4 具有以下性质：它们的异或可用明文比特、u^4 的比特(S 盒最后一轮的输入)以及密钥比特表示出来。这一点可从以下事实看出：首先，由图3.3易验证以下关系成立：

$$T_1 = U_5^1 \oplus U_7^1 \oplus U_8^1 \oplus V_6^1 = X_5 \oplus K_5^1 \oplus X_7 \oplus K_7^1 \oplus X_8 \oplus K_8^1 \oplus V_6^1$$
$$T_2 = U_6^2 \oplus V_6^2 \oplus V_8^2 \qquad = V_6^2 \oplus K_6^2 \oplus V_6^2 \oplus V_8^2$$
$$T_3 = U_6^3 \oplus V_6^3 \oplus V_8^3 \qquad = V_6^3 \oplus K_6^3 \oplus V_6^3 \oplus V_8^3$$
$$T_4 = U_{14}^3 \oplus V_{14}^3 \oplus V_{16}^3 \quad = V_8^2 \oplus K_{14}^3 \oplus V_{14}^3 \oplus V_{16}^3$$

将上述等式的右端相异或得到：

$$X_5 \oplus X_7 \oplus X_8 \oplus V_6^3 \oplus V_8^3 \oplus V_{14}^3 \oplus V_{16}^3$$
$$\oplus K_5^1 \oplus K_7^1 \oplus K_8^1 \oplus K_6^2 \oplus K_6^3 \oplus K_{14}^3 \tag{3.1}$$

具有偏差$-1/32$。下一步是把上式中的 V_i^3 用包含 U_i^4 与下轮密钥比特的表达式来代替：

$$V_6^3 = U_6^4 \oplus K_6^4$$
$$V_8^3 = U_{14}^4 \oplus K_{14}^4$$
$$V_{14}^3 = U_8^4 \oplus K_8^4$$
$$V_{16}^3 = U_{16}^4 \oplus K_{16}^4$$

现在我们把这些式子代入式(3.1)，可得：

$$X_5 \oplus X_7 \oplus X_8 \oplus U_6^4 \oplus U_8^4 \oplus U_{14}^4 \oplus U_{16}^4$$
$$\oplus K_5^1 \oplus K_7^1 \oplus K_8^1 \oplus K_6^2 \oplus K_6^3 \oplus K_{14}^3 \oplus K_6^4 \oplus K_8^4 \oplus K_{14}^4 \oplus K_{16}^4 \tag{3.2}$$

式(3.2)仅包含明文比特、u^4 的比特以及密钥比特。假设式(3.2)中的密钥比特固定，则随机变量

$$K_5^1 \oplus K_7^1 \oplus K_8^1 \oplus K_6^2 \oplus K_6^3 \oplus K_{14}^3 \oplus K_6^4 \oplus K_8^4 \oplus K_{14}^4 \oplus K_{16}^4$$

具有固定的值 0 或 1。因此，随机变量

$$X_5 \oplus X_7 \oplus X_8 \oplus U_6^4 \oplus U_8^4 \oplus U_{14}^4 \oplus U_{16}^4 \tag{3.3}$$

具有偏差 $\pm 1/32$，这里偏差的符号取决于未知密钥比特的值。注意随机变量式(3.3)仅包含明文比特及 u^4 的比特。式(3.3)具有偏离 0 的偏差这一事实允许我们进行 3.3 节开始时提到的线性密码攻击。

假设我们拥有用同一未知密钥 K 加密的 T 对明-密文(后面将会看到，为使攻击成功约需要 $T \approx 8000$ 对明-密文)。用 $\mathcal{T}$ 来表示 T 对明-密文的集合。线性攻击将使我们获得 $K_{\langle 2 \rangle}^5$ 和 $K_{\langle 4 \rangle}^5$ 的 8 比特密钥，即

$$K_5^5, K_6^5, K_7^5, K_8^5, K_{13}^5, K_{14}^5, K_{15}^5, K_{16}^5$$

这些正是与 S 盒 S_2^4 和 S_4^4 的输出相异或的 8 比特密钥。注意对这 8 比特密钥来说,共有 $2^8 = 256$ 种可能,我们把由这 8 比特密钥组成的一个二进制 8 元组叫做一个候选子密钥。

对每一个 $(x, y) \in T$ 及每一个候选子密钥,计算 y 的一个部分解密并获得 $u_{<2>}^4$ 和 $u_{<2>}^4$。然后通过式(3.3)随机变量的取值,计算

$$x_5 \oplus x_7 \oplus x_8 \oplus u_6^4 \oplus u_8^4 \oplus u_{14}^4 \oplus u_{16}^4 \qquad (3.4)$$

之值。保持对应于这 256 个候选子密钥的 256 个计数器,每当式(3.4)取值为 0 时,就将对应于该子密钥的记数器加 1(这些计数器的初始值全为 0)。

在计数过程的最后,我们希望大多数的计数器值接近于 $T/2$,而真正的候选子密钥对应的计数器具有接近于 $T/2 \pm T/32$ 之值,这有助于我们确定正确的 8 个子密钥比特。

算法 3.2 给出了这个特殊的线性攻击算法。集合 T 表示 T 对明-密文的集合,变量 L_1 和 L_2 取十六进制的值,置换 π_S^{-1} 对应于 S 盒的逆置换,π_S^{-1} 被用来部分地解密密文;输出 maxkey 包含了该攻击确定出的具有最大可能的 8 个子密钥比特。

算法 3.2 不是很复杂。正如前面提到的那样,对每一对明-密文 $(x, y) \in T$ 及每一个可能的候选子密钥 (L_1, L_2),我们只需计算式(3.4)。为了实现这一点,参考图 3.3。首先计算异或 $L_1 \oplus y_{<2>}$ 和 $L_2 \oplus y_{<4>}$,当 (L_1, L_2) 是正确的子密钥时,可分别产生 $v_{<2>}^4$ 和 $v_{<4>}^4$。通过对 $v_{<2>}^4$ 和 $v_{<4>}^4$ 使用 S 盒的逆 π_S^{-1} 可计算出 $u_{<2>}^4$ 和 $u_{<4>}^4$,如果 (L_1, L_2) 是正确的子密钥,这些值都是正确的。然后,计算式(3.4),如果式(3.4)取值为 0,就将对应于 (L_1, L_2) 的记数器加 1。在计算完所有相关的记数器之后,仅找到对应于最大记数器的对 (L_1, L_2),这就是算法 3.2 的输出。

一般来说,一个基于偏差为 ϵ 的线性逼近的线性攻击要想获得成功,所需要的明-密文对数目 T 要接近于 $c\epsilon^{-2}$,对某个"小"的常数 c。将算法3.2实现一下就会发现:如果取 $T = 8000$,这个攻击通常会成功。注意到 $T = 8000$ 对应于 $c \approx 8$,这是因为 $\epsilon^{-2} = 1024$。

算法 3.2 线性攻击 (T, T, π_S^{-1})

for $(L_1, L_2) \leftarrow (0, 0)$ **to** (F, F)

   do $\text{Count}[L_1, L_2] \leftarrow 0$

for each $(x, y) \in T$

$$\mathbf{do} \begin{cases} \mathbf{for}(L_1, L_2) \leftarrow (0, 0) \mathbf{to}(F, F) \\ \mathbf{do} \begin{cases} v_{<2>}^4 \leftarrow L_1 \oplus y_{<2>} \\ v_{<4>}^4 \leftarrow L_2 \oplus y_{<4>} \\ u_{<2>}^4 \leftarrow \pi_S^{-1}(v_{<2>}^4) \\ u_{<4>}^4 \leftarrow \pi_S^{-1}(v_{<4>}^4) \\ z \leftarrow x_5 \oplus x_7 \oplus x_8 \oplus u_6^4 \oplus u_8^4 \oplus u_{14}^4 \oplus u_{16}^4 \\ \mathbf{if}\ z = 0 \\ \quad \mathbf{then}\ \text{Count}[L_1, L_2] \leftarrow \text{Count}[L_1, L_2] + 1 \end{cases} \end{cases}$$

$$\text{max} \leftarrow -1$$

for $(L_1, L_2) \leftarrow (0, 0)$ **to** (F, F)

$$\textbf{do}\begin{cases}\text{Count}[L_1, L_2] \leftarrow |\text{Count}[L_1, L_2] - T/2| \\ \textbf{if}\ \ \text{Count}[L_1, L_2] > \text{max} \\ \quad \textbf{then}\begin{cases}\text{max} \leftarrow \text{Count}[L_1, L_2] \\ \text{maxkey} \leftarrow (L_1, L_2)\end{cases}\end{cases}$$

output(maxkey)

3.4　差分密码分析

差分密码分析在许多方面与线性密码分析相似，它与线性密码分析的主要区别在于差分密码分析包含了将两个输入的异或与其相对应的两个输出的异或相比较。一般来说，我们将要考察两个二元串 x 与 x^*，它们具有固定的异或值 $x' = x \oplus x^*$。在本节中，将用 $(')$ 来表示两个比特串的异或。

差分密码分析是一个选择明文攻击。假设一个攻击者拥有大量的 4 元组 (x, x^*, y, y^*)，其中异或值 $x' = x \oplus x^*$ 是固定的。明文 x 与 x^* 用同一个密钥 K 加密分别得到密文 y 与 y^*。对这些 4 元组中的每一个，将应用所有可能的候选密钥来对该密码的最后一轮进行解密。对每一个候选密钥，计算某些状态比特的值，并确定它们的异或是否有一个确定的值（即对给定输入异或值的最可能取的值），如果是，就把对应于特定候选密钥的计数器加1。在这个过程的最后，我们希望具有最高频率的候选密钥含有真正密钥那些比特的取值（同线性密码分析一样，我们将用一个特殊的例子来说明这个攻击）。

定义 3.1　设 $\pi_S : \{0, 1\}^m \rightarrow \{0, 1\}^n$ 是一个 S 盒。考虑长为 m 的有序比特串对 (x, x^*)，我们称 S 盒的输入异或为 $x \oplus x^*$，输出异或为 $\pi_S(x) \oplus \pi_S(x^*)$。注意输出异或是一个 n 长比特串。对任何 $x' \in \{0, 1\}^m$，定义集合 $\Delta(x')$ 为包含所有具有输入异或值 x' 的有序对 (x, x^*)。

可见，集合 $\Delta(x')$ 包含 2^m 对，并且

$$\Delta(x') = \left\{(x, x \oplus x') : x \in \{0, 1\}^m\right\}$$

对集合 $\Delta(x')$ 中的每一对，都能计算它们关于 S 盒的输出异或，然后我们能将所有输出异或的值列成一张结果分布表，一共有 2^m 个输出异或，它们的值分布在 2^n 个可能值之上。一个非均匀的输出分布将会是一个成功的差分攻击的基础。

例 3.3　仍然应用例 3.1 中的 S 盒。设输入异或 $x' = 1011$，则

$$\Delta(1011) = \{(0000, 1011), (0001, 1010), \cdots, (1111, 0100)\}$$

对 $\Delta(1011)$ 中的每一有序对，可计算 π_S 的输出异或。在下表中的每一行，均有 $x \oplus x^* = 1011$，$y = \pi_S(x)$，$y^* = \pi_S(x^*)$ 及 $y' = y \oplus y^*$：

x	x^*	y	y^*	y'
0000	1011	1110	1100	0010
0001	1010	0100	0110	0010
0010	1001	1101	1010	0111
0011	1000	0001	0011	0010
0100	1111	0010	0111	0101
0101	1110	1111	0000	1111
0110	1101	1011	1001	0010
0111	1100	1000	0101	1101
1000	0011	0011	0001	0010
1001	0010	1010	1101	0111
1010	0001	0110	0100	0010
1011	0000	1100	1110	0010
1100	0111	0101	1000	1101
1101	0110	1001	1011	0010
1110	0101	0000	1111	1111
1111	0100	0111	0010	0101

观察上表的最后一列，就可获得如下的输出异或分布：

0000	0001	0010	0011	0100	0101	0110	0111
0	0	8	0	0	2	0	2

1000	1001	1010	1011	1100	1101	1110	1111
0	0	0	0	0	2	0	2

在例 3.3 中，16 个可能的输出异或中实际上只有 5 个出现，这个特殊的例子具有一个非常不均匀的分布。可以像例 3.3 中那样，对任何可能的输入异或做这些计算。为了更方便地描述这些输出异或分布，引入如下定义。对长为 m 的比特串 x' 和长为 n 的比特串 y'，定义

$$N_D(x', y') = \left| \{(x, x^*) \in \Delta(x') : \pi_S(x) \oplus \pi_S(x^*) = y'\} \right|$$

换言之，$N_D(x', y')$ 记下了输入异或等于 x'，输出异或等于 y' 的对数(对某一给定的 S 盒)。图 3.4 列出了针对例 3.1 中的 S 盒的所有可能的 $N_D(a', b')$ 值(a' 和 b' 分别是输入异或与输出异或的十六进制表示)。可发现例 3.3 中计算的分布对应于图 3.4 中的第 B 行。

回想一下例 3.1 中的 SPN，其中第 r 轮第 i 个 S 盒的输入是 $u^r_{<i>}$，并且 $u^r_{<i>} = w^{r-1}_{<i>} \oplus K^r_{<i>}$，一个输入异或可以这样计算：

$$u^r_{<i>} \oplus (u^r_{<i>})^* = (w^{r-1}_{<i>} \oplus K^r_{<i>}) \oplus ((w^{r-1}_{<i>})^* \oplus K^r_{<i>}) = w^{r-1}_{<i>} \oplus (w^{r-1}_{<i>})^*$$

因此，该输入异或并不依赖于第 r 轮的子密钥，它仅等于第 $r-1$ 轮置换的输出异或(然而，第 r 轮的输出异或当然与第 r 轮的子密钥相关)。

a'	b'															
	0	1	2	3	4	5	6	7	8	9	A	B	C	D	E	F
0	16	0	0	0	0	0	0	0	0	0	0	0	0	0	0	0
1	0	0	0	2	0	0	0	2	0	2	4	0	4	2	0	0
2	0	0	0	2	0	6	2	2	0	2	0	0	0	0	2	0
3	0	0	2	0	2	0	0	0	0	4	2	0	2	0	0	4
4	0	0	0	2	0	0	6	0	0	2	0	4	2	0	0	0
5	0	4	0	0	0	2	2	0	0	0	4	0	2	0	0	2
6	0	0	0	4	0	4	0	0	0	0	0	0	2	2	2	2
7	0	0	2	2	2	0	2	0	0	2	2	0	0	0	0	4
8	0	0	0	0	0	0	2	2	0	0	0	4	0	4	2	2
9	0	2	0	0	2	0	0	4	2	0	2	2	2	0	0	0
A	0	2	2	0	0	0	0	0	6	0	0	2	0	0	4	0
B	0	0	8	0	0	2	0	2	0	0	0	0	0	2	0	2
C	0	2	0	0	2	2	2	0	0	0	0	2	0	6	0	0
D	0	4	0	0	0	0	0	4	2	0	2	0	2	0	2	0
E	0	0	2	4	2	0	0	0	6	0	0	0	0	0	2	0
F	0	2	0	0	6	0	0	0	0	4	0	2	0	0	2	0

图 3.4　差分分布表：$N_D(a', b')$ 的值

设 a' 表示一个输入异或，b' 表示一个输出异或，(a', b') 对叫做一个差分。差分分布表中的每一项均导致了一个异或扩散率（简称扩散率）。对应于差分 (a', b') 的扩散率 $R_p(a', b')$ 如下定义：

$$R_p(a', b') = \frac{N_D(a', b')}{2^m}$$

$R_p(a', b')$ 也可被理解为一个条件概率：

$$\Pr[\text{输出异或} = b' | \text{输入异或} = a'] = R_p(a', b')$$

假设可在 SPN 的连续的轮中找到扩散率，使得任何一轮的一个差分输入异或实际上是前一轮差分的置换输出异或，这样，这些差分就组成了一个差分链。假设差分链中不同的扩散率相互独立（这有可能不是一个数学上有效的假设）。由这个假设，就能把一个差分链里的扩散率相乘来获得整个差分链的扩散率。

我们还是回到例 3.1 中的 SPN 来说明整个过程。图 3.5 表示了一个特定的差分链，其中箭头用来表示输入和输出异或里的“1”比特。

图 3.5 中的差分攻击使用了下述差分的扩散率，所有这些比率都可由图 3.4 推出：

- 在 S_2^1 中，$R_p(1011, 0010) = 1/2$
- 在 S_3^2 中，$R_p(0100, 0110) = 3/8$
- 在 S_2^3 中，$R_p(0010, 0101) = 3/8$
- 在 S_3^3 中，$R_p(0010, 0101) = 3/8$

这些差分能组合成一个差分链，这样就获得了该 SPN 前三轮的差分链的一个扩散率:

$$R_p(0000\ 1011\ 0000\ 0000,\ 0000\ 0101\ 0101\ 0000) = \frac{1}{2} \times \left(\frac{3}{8}\right)^3 = \frac{27}{1024}$$

换言之

$$x' = 0000\ 1011\ 0000\ 0000 \Rightarrow (v^3)' = 0000\ 0101\ 0101\ 0000$$

以概率 27/1024 成立。然而

$$(v^3)' = 0000\ 0101\ 0101\ 0000 \Leftrightarrow (u^4)' = 0000\ 0110\ 0000\ 0110$$

因此

$$x' = 0000\ 1011\ 0000\ 0000 \Rightarrow (u^4)' = 0000\ 0110\ 0000\ 0110$$

以概率 27/1024 成立。注意 $(u^4)'$ 就是最后一轮 S 盒两个输入的异或。

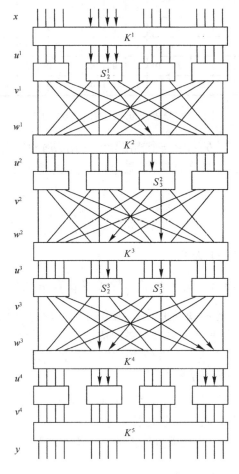

图 3.5　一个代换–置换网络的差分链

现在，基于本节开始部分的非正式描述，我们可以对这个特定的例子给出一个算法；参见算法 3.3。这个算法的输入和输出与线性攻击的算法相似。主要区别是：在差分攻击中，$\mathcal{T}$ 是 4 元组 (x, x^*, y, y^*) 组成的集合，其中差分值 x' 是固定的。

算法 3.3　差分攻击$(\mathcal{T}, T, \pi_S^{-1})$

for $(L_1, L_2) \leftarrow (0, 0)$ **to** (F, F)

　　do $\mathrm{Count}[L_1, L_2] \leftarrow 0$

for each $(x, y, x^*, y^*) \in \mathcal{T}$

do $\begin{cases} \textbf{if } (y_{\langle 1 \rangle} = (y_{\langle 1 \rangle})^*) \textbf{ and } (y_{\langle 3 \rangle} = (y_{\langle 3 \rangle})^*) \\[4pt] \textbf{then } \begin{cases} \textbf{for}(L_1, L_2) \leftarrow (0, 0) \textbf{ to } (F, F) \\[4pt] \textbf{do} \begin{cases} v_{\langle 2 \rangle}^4 \leftarrow L_1 \oplus y_{\langle 2 \rangle} \\[2pt] v_{\langle 4 \rangle}^4 \leftarrow L_2 \oplus y_{\langle 4 \rangle} \\[2pt] u_{\langle 2 \rangle}^4 \leftarrow \pi_S^{-1}(v_{\langle 2 \rangle}^4) \\[2pt] u_{\langle 4 \rangle}^4 \leftarrow \pi_S^{-1}(v_{\langle 4 \rangle}^4) \\[2pt] (v_{\langle 2 \rangle}^4)^* \leftarrow L_1 \oplus (y_{\langle 2 \rangle})^* \\[2pt] (v_{\langle 4 \rangle}^4)^* \leftarrow L_2 \oplus (y_{\langle 4 \rangle})^* \\[2pt] (u_{\langle 2 \rangle}^4)^* \leftarrow \pi_S^{-1}((v_{\langle 2 \rangle}^4)^*) \\[2pt] (u_{\langle 4 \rangle}^4)^* \leftarrow \pi_S^{-1}((v_{\langle 4 \rangle}^4)^*) \\[2pt] (u_{\langle 2 \rangle}^4)' \leftarrow u_{\langle 2 \rangle}^4 \oplus (u_{\langle 2 \rangle}^4)^* \\[2pt] (u_{\langle 4 \rangle}^4)' \leftarrow u_{\langle 4 \rangle}^4 \oplus (u_{\langle 4 \rangle}^4)^* \\[2pt] \textbf{if } ((u_{\langle 2 \rangle}^4)' = 0110) \textbf{ and } ((u_{\langle 4 \rangle}^4)' = 0110) \\[2pt] \quad \textbf{then } \mathrm{Count}[L_1, L_2] \leftarrow \mathrm{Count}[L_1, L_2] + 1 \end{cases} \end{cases} \end{cases}$

$\mathrm{max} \leftarrow -1$

for $(L_1, L_2) \leftarrow (0, 0)$ **to** (F, F)

do $\begin{cases} \textbf{if } \mathrm{Count}[L_1, L_2] > \mathrm{max} \\[4pt] \quad \textbf{then } \begin{cases} \mathrm{max} \leftarrow \mathrm{Count}[L_1, L_2] \\[2pt] \mathrm{maxkey} \leftarrow (L_1, L_2) \end{cases} \end{cases}$

output(maxkey)

　　算法 3.3 利用了一种叫做过滤的操作。使得差分成立的 4 元组 (x, x^*, y, y^*) 叫做一个正确对(right pairs)，正是这些正确对使得我们能够确定相关的密钥比特(那些非正确对基本上产生"随机噪声"，而不能提供任何有用信息)。一个正确对满足

$$(u_{\langle 1 \rangle}^4)' = (u_{\langle 3 \rangle}^4)' = 0000$$

因此，一个正确对必须满足 $y_{\langle 1 \rangle} = (y_{\langle 1 \rangle})^*$ 和 $y_{\langle 3 \rangle} = (y_{\langle 3 \rangle})^*$。如果 4 元组 (x, x^*, y, y^*) 不满足这些条件，那么它就不是一个正确对，因此必须丢弃它。这种过滤操作能提高差分攻击的效率。

　　算法 3.3 的工作流程总结如下：对每个 4 元组 $(x, x^*, y, y^*) \in \mathcal{T}$，首先完成过滤操作。如果 (x, x^*, y, y^*) 是一个正确对，那么就测试每一个可能的候选子密钥 (L_1, L_2)，并且如果观测到一个确定的异或值，就将对应于 (L_1, L_2) 的记数器加 1。这些步骤中包括计算与候选子密钥的异或值，应用 S 盒的逆(类似于算法 3.2)，以及相关异或值的计算。

当 4 元组 (x, x^*, y, y^*) 的数量 T 接近于 $c\epsilon^{-1}$ 时，一个基于扩散率为 ϵ 的差分链的差分攻击一般会成功，其中 c 是一个"小"的常数。将算法 3.3 实现一下就会发现：如果取 T 的值在 50~100 之间，该攻击通常就会成功。在这个例子中，$\epsilon^{-1} \approx 38$。

3.5　数据加密标准

1973 年 5 月 15 日，美国国家标准局(现在改为美国国家标准技术研究所，即 NIST)在(美)联邦记录中公开征集密码体制，这一举措最终导致了数据加密标准(DES)的出现，它曾经成为世界上最广泛使用的密码体制。DES 由 IBM 开发，它是早期被称为 Lucifer 体制的改进。DES 在 1975 年 3 月 17 日首次在(美)联邦记录中公布，在经过大量的公开讨论之后，1977 年 2 月 15 日 DES 被采纳为"非密级"应用的一个标准。最初只希望 DES 作为一个标准能存活 10~15 年；然而，事实证明 DES 要持久得多，在其被采用后，大约每隔 5 年被评估一次。DES 的最后一次评估是在 1999 年 1 月；在当时，一个 DES 的替代物，高级加密标准，已经开始征集了(参见 3.6 节)。

3.5.1　DES 的描述

1977 年 1 月 15 日的(美)联邦信息处理标准版 46 中(FIPS PUB46)给出了 DES 的完整描述。DES 是一种特殊类型的迭代密码，叫做 Feistel 型密码。现在描述一下 Feistel 型密码的基本形式，我们仍然使用 3.1 节中的术语。在一个 Feistel 型密码中，每一个状态 u^i 被分成相同长度的两半 L^i 和 R^i。轮函数 g 具有以下形式：$g(L^{i-1}, R^{i-1}, K^i) = (L^i, R^i)$，其中

$$L^i = R^{i-1}$$
$$R^i = L^{i-1} \oplus f(R^{i-1}, K^i)$$

注意到函数 f 并不需要满足任何单射条件，这是因为一个 Feistel 型轮函数肯定是可逆的，给定轮密钥，就有：

$$L^{i-1} = R^i \oplus f(L^i, K^i)$$
$$R^{i-1} = L^i$$

DES 是一个 16 轮的 Feistel 型密码，它的分组长度为 64，用一个 56 比特的密钥来加密一个 64 比特的明文串，并获得一个 64 比特的密文串。在进行 16 轮加密之前，先对明文做一个固定的初始置换 IP，记为 $\mathrm{IP}(x) = L^0 R^0$。在 16 轮加密之后，对比特串 $R^{16}L^{16}$ 做逆置换 IP^{-1} 来给出密文 y，即 $y = \mathrm{IP}^{-1}(R^{16}L^{16})$，注意在使用 IP^{-1} 之前，要交换 L^{16} 和 R^{16}。IP 和 IP^{-1} 的使用并没有任何密码学意义，所以在讨论 DES 的安全性时常常忽略掉它们。DES 的一轮加密如图 3.6 所示。

每一个 L^i 和 R^i 都是 32 比特长，函数

$$f: \{0,1\}^{32} \times \{0,1\}^{48} \to \{0,1\}^{32}$$

的输入是一个 32 比特的串(当前状态的右半部)和轮密钥。密钥编排方案 $(K^1, K^2, \cdots, K^{16})$ 由 16 个 48 比特的轮密钥组成，这些轮密钥由 56 比特的种子密钥 K 导出。每一个 K^i 都是通过对 K 做置换选择而获得的。

图 3.7 给出了函数 f。它主要包含一个使用 S 盒的代换以及其后跟随的一个固定置换 **P**。设 f 的第一个自变量是 A，第二个自变量是 J，计算 $f(A,J)$ 的过程如下所述。

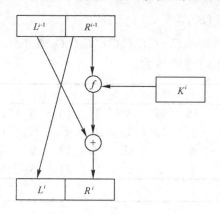

图 3.6 一轮 DES 加密

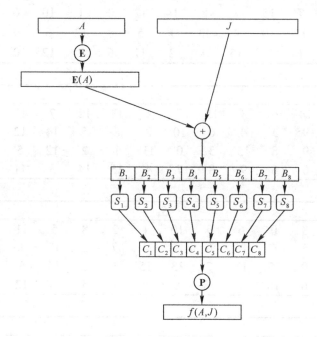

图 3.7 DES 的 f 函数

1. 首先根据一个固定的扩展函数 **E**，将 A 扩展成一个长度为 48 比特的串。$\mathbf{E}(A)$ 包含经过适当置换后的 A 的 32 比特，其中有 16 比特出现两次。

2. 计算 $\mathbf{E}(A) \oplus J$，并且将结果写成 8 个 6 比特串的并联 $B = B_1 B_2 B_3 B_4 B_5 B_6 B_7 B_8$。

3. 使用 8 个 S 盒 $S_1, \cdots, S_8$。每一个 S 盒

$$S_i : \quad \{0,1\}^6 \to \{0,1\}^4$$

把 6 比特映射到 4 比特，一般用一个 4×16 的矩阵来描述，它的元素来自整数 $0, \cdots, 15$。给定一个长度为 6 的比特串 $B_j = b_1 b_2 b_3 b_4 b_5 b_6$，可如下计算 $S_j(B_j)$：用 $b_1 b_6$ 两比特决定

S_j 某一行 $r(0 \leqslant r \leqslant 3)$ 的二进制表示，4 比特 $b_2 b_3 b_4 b_5$ 决定 S_j 某一列 $c(0 \leqslant c \leqslant 15)$ 的二进制表示，则 $S_j(B_j)$ 被定义为写做二进制的 4 比特串 $S_j(r, c)$，这样对 $1 \leqslant j \leqslant 8$，我们可以计算 $C_j = S_j(B_j)$。

4. 根据置换 **P** 对 32 比特的串 $C = C_1 C_2 C_3 C_4 C_5 C_6 C_7 C_8$ 做置换，所得结果 **P**(C) 就是 $f(A, J)$。为了参考方便，下面列出了 8 个 S 盒。

S_1															
14	4	13	1	2	15	11	8	3	10	6	12	5	9	0	7
0	15	7	4	14	2	13	1	10	6	12	11	9	5	3	8
4	1	14	8	13	6	2	11	15	12	9	7	3	10	5	0
15	12	8	2	4	9	1	7	5	11	3	14	10	0	6	13

S_2															
15	1	8	14	6	11	3	4	9	7	2	13	12	0	5	10
3	13	4	7	15	2	8	14	12	0	1	10	6	9	11	5
0	14	7	11	10	4	13	1	5	8	12	6	9	3	2	15
13	8	10	1	3	15	4	2	11	6	7	12	0	5	14	9

S_3															
10	0	9	14	6	3	15	5	1	13	12	7	11	4	2	8
13	7	0	9	3	4	6	10	2	8	5	14	12	11	15	1
13	6	4	9	8	15	3	0	11	1	2	12	5	10	14	7
1	10	13	0	6	9	8	7	4	15	14	3	11	5	2	12

S_4															
7	13	14	3	0	6	9	10	1	2	8	5	11	12	4	15
13	8	11	5	6	15	0	3	4	7	2	12	1	10	14	9
10	6	9	0	12	11	7	13	15	1	3	14	5	2	8	4
3	15	0	6	10	1	13	8	9	4	5	11	12	7	2	14

S_5															
2	12	4	1	7	10	11	6	8	5	3	15	13	0	14	9
14	11	2	12	4	7	13	1	5	0	15	10	3	9	8	6
4	2	1	11	10	13	7	8	15	9	12	5	6	3	0	14
11	8	12	7	1	14	2	13	6	15	0	9	10	4	5	3

S_6															
12	1	10	15	9	2	6	8	0	13	3	4	14	7	5	11
10	15	4	2	7	12	9	5	6	1	13	14	0	11	3	8
9	14	15	5	2	8	12	3	7	0	4	10	1	13	11	6
4	3	2	12	9	5	15	10	11	14	1	7	6	0	8	13

S_7															
4	11	2	14	15	0	8	13	3	12	9	7	5	10	6	1
13	0	11	7	4	9	1	10	14	3	5	12	2	15	8	6
1	4	11	13	12	3	7	14	10	15	6	8	0	5	9	2
6	11	13	8	1	4	10	7	9	5	0	15	14	2	3	12

S_8															
13	2	8	4	6	15	11	1	10	9	3	14	5	0	12	7
1	15	13	8	10	3	7	4	12	5	6	11	0	14	9	2
7	11	4	1	9	12	14	2	0	6	10	13	15	3	5	8
2	1	14	7	4	10	8	13	15	12	9	0	3	5	6	11

例 3.4　我们来说明应用上述一般表述如何来计算一个 S 盒的输出。考虑 S 盒 S_1，并设其输入为 6 元组 101000，第一个和最后一个比特是 10，它代表整数 2。中间的 4 个比特是 0100，它代表整数 4。S_1 的标号为 2 的行是其第三行（这是因为行标号为 0, 1, 2, 3）；类似地，标号为 4 的列是第五列。S_1 的标号为行 2、列 4 的项是 13，二进制表示为 1101，因此，1101 就是 S 盒 S_1 在输入为 101000 时的输出。

DES 的 S 盒当然不是置换，这是因为可能的输入总数(64)超过了可能的输出总数(16)。然而可以证明这 8 个 S 盒中的每一个的每一行都是整数 $0, \cdots, 15$ 的一个置换。这一性质正是为了防止某些类型的密码攻击而采取的设计 S 盒的若干准则之一。扩展函数 **E** 由下表给出。

E 比特选择表					
32	1	2	3	4	5
4	5	6	7	8	9
8	9	10	11	12	13
12	13	14	15	16	17
16	17	18	19	20	21
20	21	22	23	24	25
24	25	26	27	28	29
28	29	30	31	32	1

给定一个长为 32 的比特串 $A = (a_1, a_2, \cdots, a_{32})$，**E**$(A)$ 即为下列的长为 48 的比特串：

$$\mathbf{E}(A) = (a_{32}, a_1, a_2, a_3, a_4, a_5, a_4, \cdots, a_{31}, a_{32}, a_1)。$$

置换 **P** 如下：

P			
16	7	20	21
29	12	28	17
1	15	23	26
5	18	31	10
2	8	24	14
32	27	3	9
19	13	30	6
22	11	4	25

若记比特串为 $C = (c_1, c_2, \cdots, c_{32})$，则置换后输出的比特串 $\mathbf{P}(C)$ 如下：

$$\mathbf{P}(C) = (c_{16}, c_7, c_{20}, c_{21}, c_{29}, \cdots, c_{11}, c_4, c_{25})$$

3.5.2　DES 的分析

在 DES 被作为一个标准提出时，曾出现许多批评，其中之一就是针对 S 盒。DES 中的所有计算，除了 S 盒，全是线性的，也就是说计算两个输出的异或与先将两个对应输入异或再计算其输出相同。作为非线性部件，S 盒对密码体制的安全性至关重要(在第 1 章中我们都看到了线性密码体制，如希尔密码是如何被一个已知明文攻击简单攻破的)。在 DES 刚提出时，就有人怀疑 S 盒中隐藏了"陷门"，而美国国家安全局能够轻易地解密消息，同时还虚假地宣称 DES 是"安全"的。当然无法否定这样一个猜测，然而到目前为止，并没有任何证据能证明 DES 中的确存在陷门。

事实上，后来表明 DES 中的 S 盒被设计成能够防止某些类型的攻击。在 20 世纪 90 年代初，Biham 与 Shamir 发现差分密码分析(在 3.4 节已经讨论过)时，美国国家安全局就已承认某些未公布的 S 盒设计准则正是为了使得差分密码分析变得不可行。事实上，差分密码分析在 DES 最初被研发时就已为 IBM 的研究者所知，但这种方法却被保密了将近 20 年，直到 Biham 与 Shamir 又独立地发现了这种攻击。

对 DES 最中肯的批评是密钥空间的规模 2^{56} 对实际安全而言确实是太小了。DES 的前身，IBM 的 Lucifer 密码体制具有 128 比特的密钥长度。DES 的最初提案也有 64 比特的密钥长度，但后来被减少到 56 比特。IBM 声称，这个减少的原因是必须在密钥中包含 8 位奇偶校验位，这就意味着 64 比特的存储只能包含一个 56 比特的密钥。

早在 20 世纪 70 年代，就有人建议制造一台特殊目的的机器来实施已知明文攻击。这台机器本质上是对密钥进行穷尽搜索，即给定一个 64 比特的明文 x 和相应的密文 y，实验每一个可能的密钥，直到找到一个密钥 K 使得 $e_K(x) = y$ (注意，可能有不止一个这样的密钥 K)。在 1977 年，Diffie 与 Hellman 就建议制造一个每秒能实验 10^6 个密钥的 VLSI 芯片，一个具有 10^6 个这样的芯片的机器能在大约一天的时间里搜索完整个密钥空间。他们估计在当时制造这样一台机器需要 20 000 000 美元。

后来，在 CRYPO'93 的自由演讲会上，Michael Wiener 给出了一个非常详细的 DES 密钥搜索机的设计方案。这台机器基于一个串行的密钥搜索芯片，它能同时完成 16 次加密。这个芯片每秒钟能实验 5×10^7 个密钥，用 1993 年的技术制造这样一个芯片要 10.50 美元。制造一个包含 5760 个芯片的主机需要 100 000 美元。平均起来，这样一台机器能在大约 1.5 天内找到一个 DES 密钥。一台使用十个主机的机器将需要 1 000 000 美元，但能把平均搜索时间减到大约 3.5 小时。

Wiener 的设计从未被付诸实施，但 1998 年电子先驱者基金会制造了一台耗资 250 000 美元的密钥搜索机。这台叫做"DES 破译者"的计算机包含 1536 个芯片，并能每秒搜索 880 亿个密钥。在 1998 年 7 月，它成功地在 56 小时里找到了 DES 密钥，从而赢得了 RSA 实验室"DES 挑战赛 2"的优胜。在 1999 年 1 月，在遍布全世界的 100 000 台计算机[被称为分布式网络 (distributed.net)]的协同下，"DES 破译者"又获得了 RSA 实验室"DES 挑战赛 3"的优胜。这次协同的工作在 22 小时 15 分钟里找到了 DES 密钥，每秒实验超过 2450 亿个密钥。

除了穷尽密钥搜索，DES 的另外两种最重要的密码攻击是差分密码分析和线性密码分析（对 SPN，这两个攻击分别在 3.3 节和 3.4 节做了描述）。对 DES 而言，线性密码分析更有效。线性密码分析的一个实际的实现是由其发明者 Matsui 于 1994 年提出的。这是一个使用 2^{43} 对明-密文的已知明文攻击，所有这些明-密文对都用同一个未知密钥加密。他用了40天来产生这 2^{43} 对明-密文，又用了10 天来找到密钥。这个密码分析并未对 DES 的安全性产生实际影响，由于这个攻击所需要的极端庞大的明-密文对数目，在现实世界里一个敌手很难能够积攒下用同一密钥加密的如此多的明-密文对。

3.6　高级加密标准

1997 年 1 月 2 日，NIST 开始了遴选 DES 替代者的工作。该替代者将被叫做高级加密标准，即 AES。1997 年 9 月 12 日发布了征集算法的正式公告，要求 AES 具有 128 比特的分组长度，并支持 128，192 和 256 比特的密钥长度，而且要求 AES 可在全世界范围内免费得到。

在 1998 年 6 月 15 日提交的 21 个算法里，有 15 个满足所有的必备条件并被接纳为 AES 的候选算法。NIST 在 1998 年 8 月 20 日的"第一次 AES 候选大会"上宣布了 15 个 AES 的候选算法。1999 年 3 月举行了"第二次 AES 候选大会"，之后，在 1999 年 8 月，5 个候选算法入围了最后决赛：MARS，RC6，Rijndael，Serpent 和 Twofish。

2000 年 4 月举行了"第三次 AES 候选大会"。2000 年 10 月 2 日，Rijndael 被选择为高级加密标准。在 2001 年 2 月 28 日，NIST 宣布了关于 AES 的联邦信息处理标准的草案可供公众评判。2001 年 11 月 26 日，AES 被采纳为标准，并在 2001 年 12 月 4 日的(美)联邦记录中作为 FIPS 197 公布。

AES 的遴选过程以其公开性和国际性闻名。三次候选算法大会和官方请求公众评论为反馈意见和公众讨论与分析候选算法提供了足够的机会，而且这一过程为置身其中的每一个人所称道。15 个 AES 候选算法的作者代表着不同国家：澳大利亚、比利时、加拿大、哥斯达黎加、法国、德国、以色列、日本、韩国、挪威、英国及美国，这正表明了 AES 的国际性。最终选为 AES 的 Rijndael 就是由两位比利时研究者，Daemen 与 Rijmen 提出的。另一区别于过去实践的特色是"第二次 AES 候选大会"在美国之外的意大利罗马举行。

AES 的候选算法根据以下三条主要原则进行评判：

● 安全性
● 代价
● 算法与实现特性

提交算法的安全性无疑是最重要的，如果一个算法被发现不安全就不会再被考虑；"代价"指的是各种实现的计算效率(速度和存储需求)，包括软件实现、硬件实现和智能卡实现。算法与实现特性包括算法的灵活性、简洁性及其他因素。

5 个入围最后决赛的算法都被认为是安全的。Rijndael 之所以最后当选是因为它集安全性、性能、效率、可实现性和灵活性于一体，被认为优于其他 4 个决赛者。

3.6.1 AES 的描述

如上所述，AES 具有 128 比特的分组长度，三种可选的密钥长度，即 128 比特、192 比特和 256 比特。AES 是一个迭代型密码；轮数 Nr 依赖于密钥长度。如果密钥长度为 128 比特，则 Nr=10；如果密钥长度为 192 比特，则 Nr=12；如果密钥长度为 256 比特，则 Nr=14。

首先，我们给出一个 AES 的总体描述。该算法的执行过程如下：

1. 给定一个明文 x，将 State 初始化为 x，并进行 AddRoundKey 操作，即将 RoundKey 与 State 异或。
2. 对前 Nr−1 轮中的每一轮，用 S 盒对 State 进行一次代换操作 SubBytes；对 State 做一置换 ShiftRows；再对 State 做一次操作 MixColumns；然后进行 AddRoundKey 操作。
3. 依次进行操作 SubBytes，ShiftRows，AddRoundKey。
4. 将 State 定义为密文 y。

从上述总体描述中，我们可以看到，AES 的结构与 3.2 节中讨论的 SPN 在许多方面都很相似。在这两个密码体制的每一轮中，都要进行轮密钥混合、代换和置换。这两个密码也都包括白化过程。AES 更"大"一些，它还在每一轮包括一个额外的线性变换(MixColumn)。

现在给出 AES 中用到的所有操作的详细描述。我们将描述 State 的结构，讨论密钥编排方案的构造。所有 AES 中的操作都是面向字节的，所有用到的变量都被认为由适当数量的字节组成。明文 x 由 16 个字节 $x_0,\cdots,x_{15}$ 组成。State 用如下的 4×4 字节矩阵表示：

$s_{0,0}$	$s_{0,1}$	$s_{0,2}$	$s_{0,3}$
$s_{1,0}$	$s_{1,1}$	$s_{1,2}$	$s_{1,3}$
$s_{2,0}$	$s_{2,1}$	$s_{2,2}$	$s_{2,3}$
$s_{3,0}$	$s_{3,1}$	$s_{3,2}$	$s_{3,3}$

开始时，State 被定义为由明文 x 的 16 个字节组成，即：

$s_{0,0}$	$s_{0,1}$	$s_{0,2}$	$s_{0,3}$		x_0	x_4	x_8	x_{12}
$s_{1,0}$	$s_{1,1}$	$s_{1,2}$	$s_{1,3}$	←	x_1	x_5	x_9	x_{13}
$s_{2,0}$	$s_{2,1}$	$s_{2,2}$	$s_{2,3}$		x_2	x_6	x_{10}	x_{14}
$s_{3,0}$	$s_{3,1}$	$s_{3,2}$	$s_{3,3}$		x_3	x_7	x_{11}	x_{15}

我们将用十六进制来代表一个字节的内容，这样每个字节将含有两个十六进制数字。

操作 SubBytes 使用一个 S 盒 π_S 对 State 的每一个字节都进行一个独立的代换，其中 π_S 是 $\{0,1\}^8$ 上的一个置换。为了给出这个 π_S，用十六进制来表示字节。π_S 被描述为一个 16×16 的矩阵，其中行号与列号都用十六进制数字表示，行标号为 X、列标号为 Y 的项是 $\pi_S(XY)$，图 3.8 给出了 π_S 的矩阵表示。

								Y								
X	0	1	2	3	4	5	6	7	8	9	A	B	C	D	E	F
0	63	7C	77	7B	F2	6B	6F	C5	30	01	67	2B	FE	D7	AB	76
1	CA	82	C9	7D	FA	59	47	F0	AD	D4	A2	AF	9C	A4	72	C0
2	B7	FD	93	26	36	3F	F7	CC	34	A5	E5	F1	71	D8	31	15
3	04	C7	23	C3	18	96	05	9A	07	12	80	E2	EB	27	B2	75
4	09	83	2C	1A	1B	6E	5A	A0	52	3B	D6	B3	29	E3	2F	84
5	53	D1	00	ED	20	FC	B1	5B	6A	CB	BE	39	4A	4C	58	CF
6	D0	EF	AA	FB	43	4D	33	85	45	F9	02	7F	50	3C	9F	A8
7	51	A3	40	8F	92	9D	38	F5	BC	B6	DA	21	10	FF	F3	D2
8	CD	0C	13	EC	5F	97	44	17	C4	A7	7E	3D	64	5D	19	73
9	60	81	4F	DC	22	2A	90	88	46	EE	B8	14	DE	5E	0B	DB
A	E0	32	3A	0A	49	06	24	5C	C2	D3	AC	62	91	95	E4	79
B	E7	C8	37	6D	8D	D5	4E	A9	6C	56	F4	EA	65	7A	AE	08
C	BA	78	25	2E	1C	A6	B4	C6	E8	DD	74	1F	4B	BD	8B	8A
D	70	3E	B5	66	48	03	F6	0E	61	35	57	B9	86	C1	1D	9E
E	E1	F8	98	11	69	D9	8E	94	9B	1E	87	E9	CE	55	28	DF
F	8C	A1	89	0D	BF	E6	42	68	41	99	2D	0F	B0	54	BB	16

图 3.8　AES 的 S 盒

与 DES 的 S 盒相比，AES 的 S 盒能被代数地定义，而不像 DES 的 S 盒那样是明显的"随机"代换。AES 的 S 盒的代数公式包含有限域上的操作(有限域在 6.4 节有详细讨论)。下面的描述我们假定读者已经熟悉有限域的知识(其他读者可以先阅读 6.4 节，或跳过这段描述)：置换 π_S 涉及有限域

$$\mathbb{F}_{2^8} = \mathbb{Z}_2[x]/(x^8 + x^4 + x^3 + x + 1)$$

中的操作。设 FieldInv 表示求一个域元素的乘法逆；BinaryToField 把一个字节变换成一个域元素；FieldToBinary 进行相反的变换。这个变换以一种明显的方式进行：域元素

$$\sum_{i=0}^{7} a_i x^i$$

对应于字节

$$a_7 a_6 a_5 a_4 a_3 a_2 a_1 a_0$$

这里 $a_i \in \mathbb{Z}_2$，$0 \leqslant i \leqslant 7$。置换 π_S 根据算法 3.4 定义。在这个算法里，8 个输入比特 $a_7 a_6 a_5 a_4 a_3 a_2 a_1 a_0$ 被 8 个输出比特 $b_7 b_6 b_5 b_4 b_3 b_2 b_1 b_0$ 所代替。

例 3.5　我们用一个小例子来说明算法3.4，这里还包含了一个十六进制表示的变换。假设以十六进制的 53 开始。在二进制下就是 01010011，它表示的域元素为

$$x^6 + x^4 + x + 1$$

它的乘法逆元素(在有限域 $\mathbb{F}_{2^8}$ 中) 为

$$x^7 + x^6 + x^3 + x$$

因此，在二进制下，我们有

$$(a_7 a_6 a_5 a_4 a_3 a_2 a_1 a_0) = (11001010)$$

下面计算

$$\begin{aligned}
b_0 &= a_0 + a_4 + a_5 + a_6 + a_7 + c_0 \bmod 2 \\
&= 0 + 0 + 0 + 1 + 1 + 1 \bmod 2 \\
&= 1 \\
b_1 &= a_1 + a_5 + a_6 + a_7 + a_0 + c_1 \bmod 2 \\
&= 1 + 0 + 1 + 1 + 0 + 1 \bmod 2 \\
&= 0
\end{aligned}$$

等等。结果是

$$(b_7 b_6 b_5 b_4 b_3 b_2 b_1 b_0) = (11101101)$$

以十六进制表示就是 ED。

算法 3.4 SubBytes $(a_7 a_6 a_5 a_4 a_3 a_2 a_1 a_0)$

external FieldInv, BinaryToField, FieldToBinary

$z \leftarrow$ BinaryToField $(a_7 a_6 a_5 a_4 a_3 a_2 a_1 a_0)$

if $z \neq 0$

  then $z \leftarrow$ FieldInv(z)

$(a_7 a_6 a_5 a_4 a_3 a_2 a_1 a_0) \leftarrow$ FieldToBinary(z)

$(c_7 c_6 c_5 c_4 c_3 c_2 c_1 c_0) \leftarrow (01100011)$

注 在下面的循环中，所有下标都要经过模 8 约简。

for $i \leftarrow 0$ **to** 7

  do $b_i \leftarrow (a_i + a_{i+4} + a_{i+5} + a_{i+6} + a_{i+7} + c_i) \bmod 2$

return $(b_7 b_6 b_5 b_4 b_3 b_2 b_1 b_0)$

上述计算可由图 3.8 验证，行标号为 5、列标号为 3 的项正是 ED。

对 State 的 ShiftRows 操作如下所示：

$s_{0,0}$	$s_{0,1}$	$s_{0,2}$	$s_{0,3}$
$s_{1,0}$	$s_{1,1}$	$s_{1,2}$	$s_{1,3}$
$s_{2,0}$	$s_{2,1}$	$s_{2,2}$	$s_{2,3}$
$s_{3,0}$	$s_{3,1}$	$s_{3,2}$	$s_{3,3}$

$\leftarrow$

$s_{0,0}$	$s_{0,1}$	$s_{0,2}$	$s_{0,3}$
$s_{1,1}$	$s_{1,2}$	$s_{1,3}$	$s_{1,0}$
$s_{2,2}$	$s_{2,3}$	$s_{2,0}$	$s_{2,1}$
$s_{3,3}$	$s_{3,0}$	$s_{3,1}$	$s_{3,2}$

操作 MixColumns 对 State 四列中的每一列进行操作，算法 3.5 给出了它的操作过程。State 的每一列都被一个新列替代，这个新列由原列乘上域 $\mathbb{F}_{2^8}$ 中的元素组成的矩阵而来。这

里的"乘"是指域 $\mathbb{F}_{2^8}$ 中的乘法。我们假设外部进程 FieldMult 以两个域元素为输入，并能计算它们在域中的乘积。在算法 3.5 中，乘域元素 x 和 $x+1$，对应的比特串分别为 00000010 和 00000011。

域加法就是分量的模 2 加（即对应比特串的异或）。在算法 3.5 中，这个操作用"$\oplus$"表示。

算法 3.5　MixColumn(c)

external FieldMult，BinaryToField，FieldToBinary

for $i \leftarrow 0$ **to** 3

　do　$t_i \leftarrow$ BinaryToField$(s_{i,c})$

$u_0 \leftarrow$ FieldMult$(x, t_0) \oplus$ FieldMult $(x+1, t_1) \oplus t_2 \oplus t_3$

$u_1 \leftarrow$ FieldMult $(x, t_1) \oplus$ FieldMult $(x+1, t_2) \oplus t_3 \oplus t_0$

$u_2 \leftarrow$ FieldMult $(x, t_2) \oplus$ FieldMult $(x+1, t_3) \oplus t_0 \oplus t_1$

$u_3 \leftarrow$ FieldMult $(x, t_3) \oplus$ FieldMult $(x+1, t_0) \oplus t_1 \oplus t_2$

for $i \leftarrow 0$ **to** 3

do　$s_{i,c} \leftarrow$ FieldToBinary(u_i)

下面来讨论 AES 的密钥编排方案。我们将描述如何用 128 比特的种子密钥为 10 轮版本的 AES 构造密钥编排方案（12 轮和 14 轮版本的密钥编排方案与 10 轮版本相类似，但在密钥编排算法上稍有不同）。对 10 轮版本的 AES，需要 11 个轮密钥，每个轮密钥由 16 个字节组成。密钥编排算法是面向字的（一个字由 4 个字节组成，即 32 比特）。因此，每一个轮密钥由 4 个字组成。轮密钥的并联叫做扩展密钥，共包含 44 个字，表示为 $w[0], \cdots, w[43]$，其中每个 $w[i]$ 都是一个字。扩展密钥用操作 KeyExpansion 来构造，参见算法 3.6。

算法 3.6 的输入是 128 比特的密钥 key，它被处理成一个字节数组 key[0], $\cdots$, key[15]；输出是一个字数组 w，如上所述。

KeyExpansion 包括其他两个操作 RotWord 和 SubWord。RotWord(B_0, B_1, B_2, B_3) 对 4 个字节 B_0, B_1, B_2, B_3 进行循环移位，即

$$\text{RotWord}(B_0, B_1, B_2, B_3) = (B_1, B_2, B_3, B_0)$$

SubWord(B_0, B_1, B_2, B_3) 对 4 个字节 B_0, B_1, B_2, B_3 使用 AES 的 S 盒，即

$$\text{SubWord}\ (B_0, B_1, B_2, B_3) = (B_0', B_1', B_2', B_3')$$

其中 $B_i' = \text{SubBytes}(B_i)$，$i = 0, 1, 2, 3$。RCon 是一个 10 个字的数组 RCon[1], $\cdots$, RCon[10]。这些都是定义在算法 3.6 中的以十六进制表示的常数。

至此，我们已把 AES 的加密所需的所有操作描述完毕。为了解密，只需将所有操作逆序进行，并逆序使用密钥编排方案即可。另外，操作 ShiftRows，SubBytes 及 MixColumns 均需用它们的逆操作来代替（操作 AddRoundKey 的逆操作就是它自己）。构造 AES 的一个"等价逆密码"是可能的，这个"等价逆密码"可通过一系列的逆操作来实现 AES 的解密，这些逆操作以与 AES 加密相同的顺序进行，这样做据说可以提高实现效率。

算法 3.6 KeyExpansion(key)

external RotWord, SubWord

RCon[1] ← 01000000

RCon [2] ← 02000000

RCon [3] ← 04000000

RCon [4] ← 08000000

RCon [5] ← 10000000

RCon [6] ← 20000000

RCon [7] ← 40000000

RCon [8] ← 80000000

RCon [9] ← 1B000000

RCon [10] ← 36000000

for $i \leftarrow 0$ **to** 3

   do $w[i] \leftarrow (\text{key}[4i], \text{key}[4i+1], \text{key}[4i+2], \text{key}[4i+3])$

for $i \leftarrow 4$ **to** 43

$$\textbf{do} \begin{cases} \text{temp} \leftarrow w[i-1] \\ \textbf{if } i \equiv 0 (\bmod 4) \\ \quad \textbf{then } \text{temp} \leftarrow \text{SubWord}(\text{RotWord}(\text{temp})) \oplus \text{RCon}[i/4] \\ w[i] \leftarrow w[i-4] \oplus \text{temp} \end{cases}$$

return $(w[0], \cdots, w[43])$

3.6.2 AES 的分析

显然，对所有已知攻击而言，AES 是安全的。它设计的各个方面融合了各种特色，从而为抵抗各种攻击提供了安全性。例如，使用有限域中的逆运算构造的S盒可使其线性逼近和差分分布表中的各项趋近于均匀分布。这就为抵御差分和线性攻击提供了安全性。类似地，线性变换 MixColumns 使得差分和线性攻击找到包含"较少"活动 S 盒成为不可能事件(设计者将这一特色称为宽轨道策略)。显然对 AES 不存在快于穷尽密钥搜索的已知攻击。即使是对 AES 减少迭代轮数的各种变体而言，"最好"的攻击，对 10 轮的 AES 也无效。

3.7 工作模式

针对 DES 开发了四种工作模式。这些工作模式已成为标准并于 1980 年 12 月发布在 FIPS Publication 81 中。这些工作模式可应用于任何分组密码。现在，AES 的工作模式正在研发，这些 AES 的工作模式可能会包括以前 DES 的工作模式，还有可能包括新加的工作模式。下面 6 种工作模式或者被认同，或者被考虑后标准化为 AES 的工作模式(前四种工作模式是原来被 DES 采纳的工作模式)。

- 电码本模式(ECB 模式)

- 密码反馈模式(CFB 模式)
- 密码分组链接模式(CBC 模式)
- 输出反馈模式(OFB 模式)
- 计数模式
- 计数密码分组链接模式(CCM 模式)

下面是这些工作模式的简单描述。

ECB 模式

这种模式就是一个分组密码的直接使用：给定一个明文分组序列 $x_1 x_2 \cdots$，每一个 x_i 都用同一个密钥 K 来加密，产生密文分组序列 $y_1 y_2 \cdots$。

ECB 模式的一个明显缺点是在同一密钥下，加密相同的明文分组将会产生相同的密文分组。如果消息分组选自一个"低熵"的明文空间，那么这就是一个严重的弱点。举一个极端的例子，如果明文分组总是由全 0 或全 1 组成，那么 ECB 模式本质上是没用的。

CBC 模式

在CBC 模式中，每一个密文分组 y_i 在用密钥 K 加密之前，都要先跟下一个明文分组 x_{i+1} 相异或。严格地说，我们从一个初始向量 IV 开始，定义 $y_0 = \mathrm{IV}$（注意 IV 与明文分组有同样的长度）。然后用下列公式构造 $y_1, y_2, \cdots$。

$$y_i = e_K(y_{i-1} \oplus x_i)$$

$i \geqslant 1$。图 3.9 给出了 CBC 模式的描述。

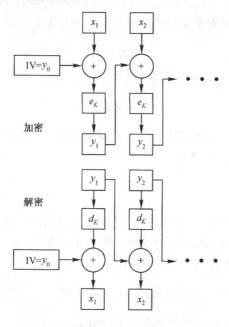

图 3.9 CBC 模式

可以观察到，在 CBC 模式中，如果改变一个明文分组 x_i，那么 y_i 及其后所有的密文分组都会受到影响。这一性质说明 CBC 模式适合于认证的目的。更明确地说，这种模式可被用来产生一个消息认证码，即 MAC。这个 MAC 附着在一系列明文分组的后面，它可使 Bob 相信给定的明文序列的确来自 Alice，而且没有被 Oscar 篡改。这样，这个 MAC 保障了消息的完整性(或认证性)(但没有提供机密性)。我们将在第 4 章中更多地讨论 MAC。使用 CBC 模式构造 MAC 将在 4.4.2 节做进一步的研究。

OFB 模式

在 OFB 模式中，产生一个密钥流，然后将其与明文相异或(即像流密码一样工作，参见 1.1.7 节)。OFB 模式实际上就是一个同步流密码：密钥流由反复加密一个初始向量 IV 而产生。定义 $z_0 = \text{IV}$，然后用下列公式计算密钥流 $z_1 z_2 \cdots$：

$$z_i = e_K(z_{i-1})$$

对所有的 $i \geqslant 1$。明文分组序列 $x_1 x_2 \cdots$ 通过计算

$$y_i = x_i \oplus z_i$$

对所有的 $i \geqslant 1$。

解密是直截了当的。首先，重新计算密钥流 $z_1 z_2 \cdots$，然后计算

$$x_i = y_i \oplus z_i$$

对所有的 $i \geqslant 1$。注意在 OFB 模式中，加密和解密都使用加密函数 e_K。

CFB 模式

在 CFB 模式中，也产生一个密钥流，用于一个同步流密码。我们由 $y_0 = \text{IV}$ (一个初始向量)开始，然后通过加密以前的密文分组来产生密钥流元素 z_i，即

$$z_i = e_K(y_{i-1})$$

对所有的 $i \geqslant 1$。同 OFB 模式一样，使用公式

$$y_i = x_i \oplus z_i$$

对所有的 $i \geqslant 1$。再者，在 CFB 模式中，加密和解密都使用加密函数 e_K。

图 3.10 给出了 CFB 模式的描述。

计数模式

计数模式类似于 OFB 模式；唯一差别是如何构造密钥流。假设明文分组长度是 m。在计数模式中，选择一个计数器，记为 ctr，是一个长度为 m 的比特串。我们构造一系列长度为 m 的比特串，记为 $T_1, T_2, \cdots$，定义如下：

$$T_i = \text{ctr} + i - 1 \bmod 2^m$$

对所有的 $i \geqslant 1$。然后，通过计算下式加密明文分组 $x_1, x_2, \cdots$

$$y_i = x_i \oplus e_K(T_i)$$

对所有的 $i \geq 1$。可以看到，在计数模式中，密钥流是通过使用密钥 K 加密系列计数器而产生的。

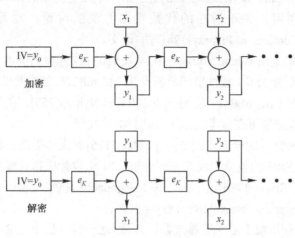

图 3.10　CFB 模式

像在 OFB 模式中的情况一样，计数模式中的密钥流可独立于明文来构造。然而，在计数模式中，不需要迭代地计算一系列加密；每一个密钥流元素 $e_K(T_i)$ 都可独立于任何其他密钥流元素来计算（相反，OFB 模式在计算 z_i 之前，需要计算 z_{i-1}）。计数模式的这一工作特点可通过利用并行的方式在软硬件上很有效地来实现。

CCM 模式

CCM 模式基本上是计数模式（用于加密）和 CBC 模式（用于认证）的组合使用。更详细的信息参见 4.4.2 节。

3.8　注释与参考文献

Smid 与 Branstad[310]所写的关于 DES 的历史是一篇很好的文章。在参考文献[130]中可找到 Lucifer 密码的描述。Coppersmith[95]讨论了几个 DES 设计中与抵抗某些攻击密切相关的方面。Wiener 的 DES 密钥搜索机描述在 CRYPTO'93[344]中。Landau 列出了关于 DES [212]和 AES[213, 214]的有用的文献。Knudsen [193]是最近的一篇关于分组密码的优秀综述。

（美）联邦信息处理标准（FIPS）公布了关于 DES 的以下材料：DES 的描述[136]；DES 的使用和实现[138]；DES 的工作模式[137]和使用 DES 进行认证[139]。

针对 DES 的一个时间-存储折中攻击由 Hellman[173]给出。我们在习题里给出了一个相关的方法。

在 FIPS 出版物 197[146]中可找到 AES 的一个描述。NIST 特别出版物 800-38A[121]和 800-38C[123]中分别提出了计数模式和 CCM 模式。Nechvatal 等的文献[250]是一篇关于 AES 发展的详细报告。参考文献[100]中描述了 Rijndael；参考文献[99]中给出了 Rijndael 的前身 Square。Daemen 和 Rijmen 也写了一篇专论[101]来解释 Rijndael 及融入其设计的各种策略。关于对减少轮数的 Rijndael 变体的攻击可以在 Ferguson 等的文献[131]中找到。

关于Rijndael的S盒的代数结构也有一些批评，他们认为这种S盒可能会导致一些攻击。例如，Ferguson，Schroeppel和Whiting[133]给出了一个相对简单的Rijndael的代数表示，可能会被密码分析者利用。关于潜在的代数攻击方法的讨论，也可以参见Murphy和Robshaw[247]，以及Courtois和Pieprzyk[98]写的论文。

差分密码分析技术是由Biham和Shamir[34]发展的(也可参见参考文献[36]及他们关于DES差分密码分析的专著[35])。线性密码分析是由Matsui[226, 227]发展的。关于发展了这些攻击的理论基础工作有Lai，Massey及Murphy[209]和Nyberg[255]。关于DES的线性密码分析有效性的最新的实验结果可在参考文献Junod[184]中找到。

对差分和线性密码分析的处理方式是基于Heys[175]的优秀指南；我们也采用了参考文献[175]中描述的针对SPN的差分和线性密码分析。SPN设计中抵抗线性和差分密码分析的一般原则是由Heys及Tavares[176]给出的。关于Rijndael抵抗线性密码分析的安全性的最近结果是由Keliher，Meijer及Tavares[188, 189]给出的。

Nyberg[254]建议使用域上的逆运算来设计S盒(这一技术后来在Rijndael中得到采用)。Chabaud和Vaudenay[86]也研究了可抵抗差分和线性密码分析的S盒的设计。

习题

3.1 设y是算法3.1在输入为x时的输出，π_S与π_P与例3.1中的定义相同。换言之

$$y = \text{SPN}\left(x, \pi_S, \pi_P, (K^1, \cdots, K^{\text{Nr}+1})\right)$$

这里$(K^1, \cdots, K^{\text{Nr}+1})$是密钥编排方案。试找出一个代换$\pi_{S'}$和一个置换$\pi_{P'}$，满足

$$x = \text{SPN}\left(y, \pi_{S'}, \pi_{P'}, (L^{\text{Nr}+1}, \cdots, L^1)\right)$$

其中，L^i是K^i的置换。

3.2 证明解密一个Feistel密码相当于对密文使用加密算法，但密钥编排方案要逆序使用。

3.3 设$\text{DES}(x, K)$表示使用DES在密钥K下对明文x进行加密，假定$y = \text{DES}(x, K)$，$y' = \text{DES}(c(x), c(K))$，这里$c(\cdot)$表示对其自变量按比特位取反。试证明$y' = c(y)$(即如果把明文和密钥都按比特位取反，则密文同样是按比特位取反)。注意证明这一点只需使用DES的总体描述——与S盒的实际结构和系统的其他部件无关。

3.4 在AES研发之前，有人曾建议通过使用乘积密码DES×DES(参见2.7节)来增加DES的安全性。该乘积密码使用两个56比特的密钥。

这个习题涉及对这种乘积密码的已知明文攻击。一般来讲，假设我们取任何一个自同态密码$\mathbf{S} = (\mathcal{P}, \mathcal{P}, \mathcal{K}, \mathcal{E}, \mathcal{D})$与它自身的乘积，更进一步假设$\mathcal{K} = \{0,1\}^n$及$\mathcal{P} = \{0,1\}^m$。

现在假设我们有乘积密码$\mathbf{S}^2$的明-密文对$(x_1, y_1), \cdots, (x_\ell, y_\ell)$，这些明-密文对都是用同一未知密钥$(K_1, K_2)$加密得来的。

(a)证明对所有的$i, 1 \leqslant i \leqslant \ell$，都有$e_{K_1}(x_i) = d_{K_2}(y_i)$。这表明满足$e_{K_1}(x_i) = d_{K_2}(y_i)$(对所有的$i, 1 \leqslant i \leqslant \ell$)的密钥$(K_1, K_2)$的期望数大约为$2^{2n-lm}$。

(b) 假设 $\ell \geqslant 2n/m$，可以应用一个时间-存储折中攻击来求出未知密钥 (K_1, K_2)。计算两张表，每张表都含有 2^n 项，这里的每一项都是一个含有 $\mathcal{P}$ 元素和 $\mathcal{K}$ 元素的 ℓ 元组。如果已将这两张表存储好，则一个一般的 ℓ 元组可通过对每张表进行线性查找辨别出来。证明这个算法需要 $2^{n+1}(m\ell+n)$ 比特的存储及 $\ell 2^{n+1}$ 次加密和/或解密操作。

(c) 证明如果加密的总数增加到 2^t 倍，则这个攻击所需的存储要求将减少到 2^t 倍。

提示：把问题拆分成 2^{2t} 种子情况，这里每一种子情况由同时固定的 K_1 的 t 比特和 K_2 的 t 比特来确定。

3.5 假设有 128 比特的 AES 密钥，用十六进制表示为

$$2B7E151628AED2A6ABF7158809CF4F3C$$

由上述种子密钥构造一个完整的密钥编排方案。

3.6 使用上题中的 128 比特密钥，在 10 轮 AES 下计算下列明文(以十六进制表示)的加密结果：

$$3243F6A8885A308D313198A2E0370734$$

3.7 设明文分组序列 $x_1 \cdots x_n$ 产生的密文分组序列为 $y_1 \cdots y_n$。假设一个密文分组 y_i 在传输时出现了错误(即某些1变成了0，或者相反)。证明不能正确解密的明文分组数目在应用 ECB 或 OFB 模式时为 1；在应用 CBC 或 CFB 模式时为 2。

3.8 这个习题的目的是考查一下对特定类型密码在选择明文攻击下的时间-存储折中攻击。假设我们有一个完善保密密码体制满足 $\mathcal{P} = \mathcal{C} = \mathcal{K}$，则 $e_K(x) = e_{K_1}(x)$ 意味着 $K = K_1$。记 $\mathcal{P} = Y = \{y_1, \cdots, y_N\}$。设 x 是一个固定的明文。定义函数 $g: Y \to Y$ 为 $g(y) = e_y(x)$。定义一个有向图 G 具有顶点集 Y，边集包括所有的有向边 $(y_i, g(y_i))$，$1 \leqslant i \leqslant N$。

算法 3.7 时间-存储折中(y)

$y_0 \leftarrow y$

backup $\leftarrow$ **false**

while $g(y) \neq y_0$

$\quad \textbf{do} \begin{cases} \textbf{if } 对某 j 有 y = z_j \textbf{ and not } backup \\ \textbf{then} \begin{cases} y \leftarrow g^{-T}(z_j) \\ backup \leftarrow \textbf{true} \end{cases} \\ \textbf{else} \begin{cases} y \leftarrow g(y) \\ K \leftarrow y \end{cases} \end{cases}$

(a) 证明有向图 G 由不相交的有向圈连接而成。

(b) 设 T 为一个适当的时间参数。假设有一个集合 $Z = \{z_1, \cdots, z_m\} \subseteq Y$ 满足对每一个元素 $y_i \in Y$，要么 y_i 包含在一个长度至多为 T 的圈中，要么存在一个元素 $z_j \neq y_i$，满足在 G 中从 y_i 到 z_j 的距离至多为 T。证明存在这样一个集合 Z，满足

$$|Z| \leqslant \frac{2N}{T}$$

因此 $|Z| = O(N/T)$ 。

(c) 对每一个 $z_j \in Z$ ，定义 $g^{-T}(z_j)$ 为满足 $g^T(y_i) = z_j$ 的元素 y_i ，这里 g^T 是将 g 迭代 T 次后的函数。构造一张表 X 包含所有有序对 $(z_j, g^{-T}(z_j))$ ，并按它们的第一个坐标排序存储。给定 $y = e_K(x)$ ，一个算法的伪码描述已经给出。证明该算法在至多 T 步内找到密钥 K （因此，时间-存储折中为 $O(N)$ ）。

(d) 描述一个伪码算法来在时间 $O(NT)$ 内构造所期望的集合 Z ，要求不使用规模为 N 的数组。

3.9　设 $\mathbf{X}_1, \mathbf{X}_2$ 和 $\mathbf{X}_3$ 是定义在集 $\{0,1\}$ 上的独立离散随机变量。用 ϵ_i 表示 $\mathbf{X}_i$ 的偏差，$i = 1, 2, 3$ 。证明 $\mathbf{X}_1 \oplus \mathbf{X}_2$ 与 $\mathbf{X}_2 \oplus \mathbf{X}_3$ 相互独立当且仅当 $\epsilon_1 = 0, \epsilon_3 = 0$ 或 $\epsilon_2 = \pm 1/2$ 。

3.10　对 8 个 DES 的 S 盒，计算下列随机变量的偏差(应注意到这些偏差的绝对值都相对较大)。

$$\mathbf{X}_2 \oplus \mathbf{Y}_1 \oplus \mathbf{Y}_2 \oplus \mathbf{Y}_3 \oplus \mathbf{Y}_4$$

3.11　DES 的 S 盒 S_4 具有一些不寻常的性质：

(a) 证明 S_4 的第二行可由第一行通过下列映射获得：

$$(y_1, y_2, y_3, y_4) \to (y_2, y_1, y_4, y_3) \oplus (0, 1, 1, 0)$$

这里的项都用二进制串来表示。

(b) 证明 S_4 的任何一行都可通过一个类似的操作变换成另一行。

3.12　设 $\pi_S : \{0,1\}^m \to \{0,1\}^n$ 是一个 S 盒。证明下列关于函数 N_L 的事实。

(a) $N_L(0,0) = 2^m$ 。

(b) 对任何满足 $0 < a \leqslant 2^m - 1$ 的整数 a ，都有 $N_L(a, 0) = 2^{m-1}$ 。

(c) 对任何满足 $0 \leqslant b \leqslant 2^n - 1$ 的整数 b ，有

$$\sum_{a=0}^{2^m-1} N_L(a, b) = 2^{2m-1} \pm 2^{m-1}$$

(d) 下述关系式成立

$$\sum_{a=0}^{2^m-1} \sum_{b=0}^{2^n-1} N_L(a, b) \in \{2^{n+2m-1}, 2^{n+2m-1} + 2^{n+m-1}\}$$

3.13　我们说一个 S 盒 $\pi_S : \{0,1\}^m \to \{0,1\}^n$ 是平衡的，如果对所有的 $y \in \{0,1\}^n$ ，都有 $|\pi_S^{-1}(y)| = 2^{n-m}$ 。证明下列关于平衡 S 盒的 N_L 函数的事实。

(a) 对所有满足 $0 < b \leqslant 2^n - 1$ 的整数 b ，都有 $N_L(0, b) = 2^{m-1}$ 。

(b) 对所有满足 $0 \leqslant a \leqslant 2^m - 1$ 的整数 a ，下述关系式成立：

$$\sum_{b=0}^{2^n-1} N_L(a, b) = 2^{m+n-1} - 2^{m-1} + i2^n ,$$

这里的整数 i 满足 $0 \leqslant i \leqslant 2^{m-n}$ 。

3.14　假设例 3.1 中的 S 盒被下述由代换 $\pi_{S'}$ 定义的 S 盒取代：

z	0	1	2	3	4	5	6	7	8	9	A	B	C	D	E	F
$\pi_{S'}(z)$	8	4	2	1	C	6	3	D	A	5	E	7	F	B	9	0

(a) 对该 S 盒计算 N_L 值表。

(b) 找出一个使用 3 个活动 S 盒的线性逼近，并用堆积引理来估计下列随机变量的偏差

$$\mathbf{X}_{16} \oplus \mathbf{U}_1^4 \oplus \mathbf{U}_9^4$$

(c) 类似于算法 3.3，描述一个线性攻击来找到最后一轮的 8 个子密钥比特。

(d) 实现你的攻击算法，并测试为了找到正确的子密钥比特需要多少明文（大约 1000~1500 个明文就足够了；这个算法比算法 3.3 更有效，这是因为使用的偏差是后者中的 2 倍，这就意味着所需明文数目会减到原来的 1/4）。

3.15　假设例 3.1 中的 S 盒被下述由代换 $\pi_{S''}$ 定义的 S 盒取代：

z	0	1	2	3	4	5	6	7	8	9	A	B	C	D	E	F
$\pi_{S''}(z)$	E	2	1	3	D	9	0	6	F	4	5	A	8	C	7	B

(a) 对该 S 盒计算 N_D 值表。

(b) 找出一个使用 4 个活动 S 盒的差分链，即 S_1^1，S_4^1，S_4^2 和 S_4^3 具有扩散率 27/2048。

(c) 类似于算法 3.3，描述一个差分攻击来找到最后一轮的 8 个子密钥比特。

(d) 实现你的算法，并测试一下它需要多少明文可找到正确的子密钥比特（大约 100~200 个就足够了；这个算法不如算法 3.3 有效，因为扩散率缩小了一半）。

3.16　假设我们应用例 3.1 中给出的 SPN，但 S 盒被一个不是置换的函数 π_T 取代。这意味着 π_T 不是一个满射。应用这一事实来导出一个唯密文攻击，给定足够多的用同一密钥加密的密文，来确定最后一轮的密钥比特。

第4章 Hash 函数

4.1 Hash 函数与数据完整性

密码学上的 Hash 函数可为数据完整性提供保障。Hash 函数通常用来构造数据的短"指纹";一旦数据改变,指纹就不再正确。即使数据被存储在不安全的地方,通过重新计算数据的指纹并验证指纹是否改变,就能够检测数据的完整性。

设 h 是一个 Hash 函数,x 是数据。作为一个直观的例子。不妨设 x 是任意长度的二元串。相应的指纹定义为 $y = h(x)$。通常指纹也被称为消息摘要。一个典型的消息摘要是相当短的二元串,通常是 160 比特。

假定 y 被存储在一个安全的地方,而对 x 没有这个要求。如果 x 改变为 x',则我们希望"旧"的消息摘要 y 并不是 x' 的消息摘要。如果真是这样的话,则可通过计算消息摘要 $y' = h(x')$ 并验证 $y' \neq y$ 就很容易发现 x 被改变这个事实。

Hash 函数在数字签名方案中有着特别重要的应用,我们将在第 7 章进行讨论。

上面引述讨论的例子假定存在一个单一固定的 Hash 函数,这也有助于研究带密钥的 Hash 函数族。一个带密钥的 Hash 函数通常用来作为消息认证码,即 MAC。假定 Alice 和 Bob 共享秘密密钥 K,该密钥确定了一个 Hash 函数 h_K。对于消息 x,Alice 和 Bob 都能够计算出相应的认证标签 $y = h_K(x)$。Alice 可将对 (x, y) 从不安全信道上传送给 Bob。当 Bob 接收到 (x, y) 后,他能够验证是否有 $y = h_K(x)$。如果这个条件满足并且所用到的 Hash 族是"安全"的,那么他就可以确信 x 和 y 都没有被敌手篡改过。特别地,Bob 相信消息 x 来源于 Alice。

要注意到由不带密钥的 Hash 函数和带密钥的 Hash 函数各自提供的数据完整性保障是有区别的。用不带密钥的 Hash 函数时,消息摘要必须被安全地存放,不能被篡改。另一方面,如果 Alice 和 Bob 用秘密密钥 K 来确定所用到的 Hash 函数,他们可以在不安全的信道中同时传送数据和认证标签。

在本章的剩余部分,我们将研究 Hash 函数和带密钥的 Hash 族。首先给出带密钥的 Hash 族的定义。

定义 4.1 一个 Hash 族是满足下列条件的四元组 $(\mathcal{X}, \mathcal{Y}, \mathcal{K}, \mathcal{H})$:

1. $\mathcal{X}$ 是所有可能的消息的集合。
2. $\mathcal{Y}$ 是由所有可能的消息摘要或认证标签构成的有限集。
3. $\mathcal{K}$ 是密钥空间,是所有可能的密钥构成的有限集。
4. 对每个 $K \in \mathcal{K}$,存在一个 Hash 函数 $h_K \in \mathcal{H}$,$h_K : \mathcal{X} \to \mathcal{Y}$。

在上面的定义中,$\mathcal{X}$ 可以是有限或无限集;$\mathcal{Y}$ 总是有限集。如果 $\mathcal{X}$ 是有限集,则 Hash 函数常常称为压缩函数。这时,我们总是假定 $|\mathcal{X}| \geq |\mathcal{Y}|$,并且还经常假定更强的条件 $|\mathcal{X}| \geq 2|\mathcal{Y}|$。

如果 $h_K(x) = y$，则对 $(x, y) \in \mathcal{X} \times \mathcal{Y}$ 称为在密钥 K 下是有效的。本章所讨论的很多是关于防止敌手构造某种类型的有效对的方法。

令 $\mathcal{F}^{\mathcal{X}, \mathcal{Y}}$ 为所有从 $\mathcal{X}$ 到 $\mathcal{Y}$ 的函数集合。假定 $|\mathcal{X}| = N$ 和 $|\mathcal{Y}| = M$。则显然 $|\mathcal{F}^{\mathcal{X}, \mathcal{Y}}| = M^N$。任何 Hash 族 $\mathcal{F} \subseteq \mathcal{F}^{\mathcal{X}, \mathcal{Y}}$ 被称为一个 (N, M)-Hash 族。

一个不带密钥的 Hash 函数是一个函数 $h : \mathcal{X} \to \mathcal{Y}$，其中 $\mathcal{X}$ 和 $\mathcal{Y}$ 与定义 4.1 一致。我们可以把不带密钥的 Hash 函数简单地当做仅仅只有一个密钥的 Hash 族，也就是说，$|\mathcal{K}| = 1$。

本章中剩余部分按以下方式来组织。在 4.2 节中，将介绍 Hash 函数的安全性概念，特别是碰撞稳固(collision resistance)的观点。我们还将在这节研究随机谕示模型下理想的 Hash 函数的严格安全性；也讨论了生日悖论，从中可以对找到任何一个 Hash 函数的碰撞的难度进行估计。在 4.3 节介绍了迭代 Hash 函数的重要设计技术。我们讨论了怎样把这个方法用于实用 Hash 函数的设计，以及用于从安全压缩函数构造出可证明安全的 Hash 函数。在 4.4 节中提供了对消息认证码的分析，我们也给出了一些一般性的结构和安全性证明。在 4.5 节考虑了无条件安全 MAC 以及利用强通用 Hash 族构造无条件安全 MAC 的方法。

4.2　Hash 函数的安全性

假定 $h : \mathcal{X} \to \mathcal{Y}$ 是一个不带密钥的 Hash 函数。设 $x \in \mathcal{X}$，定义 $y = h(x)$。许多应用在密码学中的 Hash 函数都希望仅有一种方法产生出一个有效对 (x, y)，就是首先选择 x，再把函数 h 作用于 x，计算出 $y = h(x)$。Hash 函数在特定协议中的应用会引发其他安全需求，就像在签名方案中那样(参见第 7 章)。我们现在定义三个问题，如果一个 Hash 函数被认为是安全的，就应该出现对这三个问题都是难解的情况。

问题 4.1　原像(Preimage)
实例：Hash 函数 $h : \mathcal{X} \to \mathcal{Y}$ 和 $y \in \mathcal{Y}$。
找出：$x \in \mathcal{X}$ 使得 $h(x) = y$。

给定一个消息摘要 y，原像问题是问是否可找到 x 使得 $h(x) = y$。如果对某个给定的 $y \in \mathcal{Y}$，原像问题能够解决，则 (x, y) 是有效对。不能有效解决原像问题的 Hash 函数通常称为单向的或者原像稳固的。

问题 4.2　第二原像
实例：Hash 函数 $h : \mathcal{X} \to \mathcal{Y}$ 和 $x \in \mathcal{X}$。
找出：$x' \in \mathcal{X}$ 使得 $x' \neq x$，并且 $h(x') = h(x)$。

给定一个消息 x，第二原像问题是问是否能找到 $x' \neq x$，使得 $h(x') = h(x)$。要注意的是，如果问题能够解决，则 $(x', h(x))$ 是有效对。不能有效解决第二原像问题的 Hash 函数通常称为第二原像稳固的。

问题 4.3　碰撞
实例：Hash 函数 $h : \mathcal{X} \to \mathcal{Y}$。

找出：$x, x' \in \mathcal{X}$ 使得 $x' \neq x$ ，并且 $h(x') = h(x)$ 。

碰撞问题是问是否可找到 $x' \neq x$ ，使得 $h(x') = h(x)$ 。对这个问题的解答可产生两个有效对，即 (x, y) 和 (x', y) ，其中 $y = h(x) = h(x')$ 。已有各种各样的方案来避免这种情况的出现。不能有效解决碰撞问题的 Hash 函数通常称为碰撞稳固的。

在下一节中我们要处理的一部分难题就是关于这三个问题各自的困难性，以及这三个问题相对的困难性。

4.2.1　随机谕示模型

在本节中，我们描述了 Hash 函数的某种理想化的模型，试图得到一个"理想的" Hash 函数的概念。如果 Hash 函数 h 设计得好，对给定的 x ，求出函数 h 在点 x 的值应该是得到 $h(x)$ 的唯一有效的方法。甚至当其他的值 $h(x_1)$ ， $h(x_2)$ ，$\cdots$ 已经计算出来，这仍然应该是正确的。

下面举一个不能保持上述性质的例子，假定 Hash 函数 $h: \mathbb{Z}_n \times \mathbb{Z}_n \to \mathbb{Z}_n$ 是一个线性函数，令

$$h(x, y) = ax + by \bmod n$$

$a, b \in \mathbb{Z}_n$ 且 $n \geq 2$ 是正整数。假定已得到

$$h(x_1, y_1) = z_1$$

和

$$h(x_2, y_2) = z_2$$

令 $r, s \in \mathbb{Z}_n$ ；则有

$$\begin{aligned} h(rx_1 + sx_2 \bmod n, \ ry_1 + sy_2 \bmod n) &= a(rx_1 + sx_2) + b(ry_1 + sy_2) \bmod n \\ &= r(ax_1 + by_1) + s(ax_2 + by_2) \bmod n \\ &= rh(x_1, y_1) + sh(x_2, y_2) \bmod n \end{aligned}$$

因此，给定函数 h 在 (x_1, y_1) 和 (x_2, y_2) 两点的值，就可以知道其他各点的值而无须实际计算 h 在这些点的值(为了应用上述技术，甚至不需要知道常数 a 和 b 的值)。

由 Bellare 和 Rogaway 引入的随机谕示模型提供了一个"理想的" Hash 函数的数学模型。在这个模型中，随机从 $\mathcal{F}^{\mathcal{X}, \mathcal{Y}}$ 中选出一个 Hash 函数 $h: \mathcal{X} \to \mathcal{Y}$ ，我们仅允许谕示器访问函数 h 。这意味着不会给出一个公式或者算法来计算函数 h 的值。因此，计算 $h(x)$ 的唯一方法是询问谕示器。这可以想象为在一本巨大的关于随机数的书中查询 $h(x)$ 的值，对于每个 x ，有一个完全随机的值 $h(x)$ 与之对应。

虽然一个真正的随机谕示器在现实生活中不存在，但是我们希望一个精心设计的 Hash 函数具有一个随机谕示器的性质。因此，研究随机谕示模型和它关于上述介绍的三个问题的安全性是有意义的。我们将在下一节进行详细讨论。

作为在随机谕示模型的假设下的结果，下面的独立性质显然成立：

定理 4.1　假定 $h \in \mathcal{F}^{\mathcal{X}, \mathcal{Y}}$ 是随机选择的，令 $\mathcal{X}_0 \subseteq \mathcal{X}$ 。假定当且仅当 $x \in \mathcal{X}_0$ 时， $h(x)$ (通过查询 h 的谕示器)被确定。则对所有的 $x \in \mathcal{X} \backslash \mathcal{X}_0$ 和 $y \in \mathcal{Y}$ ，都有 $\Pr[h(x) = y] = 1/M$ 。

在上述定理中，概率 $\Pr[h(x)=y]$ 实际上是在对所有的 $x \in \mathcal{X}_0$ 取特定值的情况下计算所有函数 h 的条件概率。定理 4.1 是随机谕示模型中的问题复杂性证明中所要用到的关键性质。

4.2.2　随机谕示模型中的算法

在本节中，我们考虑随机谕示模型下，4.2 节定义的三个问题的复杂性。随机谕示模型中的算法可应用于任何 Hash 函数，这是因为这些算法不需要知道关于 Hash 函数的任何信息（除了必须具体说明的，对任意 x 值要计算出 Hash 函数值的方法）。

我们介绍和分析的算法都是随机算法；它们可在执行过程中做出随机选择。Las Vegas 算法是一个不一定给出答案的随机算法（也就是说，会随着消息"失败"而终止），但是一旦该算法返回一个答案，那么这个答案就是正确的。

假定 $0 \leqslant \epsilon < 1$ 是一个实数。如果对每个问题实例，一个随机算法能返回一个正确答案的概率至少是 ϵ，那么该算法具有最差情况成功率 ϵ（worst-case success probability）。如果对规定范围中的每个问题实例，一个随机算法平均能返回一个正确答案的概率至少是 ϵ，那么该算法具有平均情况成功率 ϵ（average-case success probability）。要注意的是，在后一种情况，对给定的问题实例，算法返回正确答案的概率可能高于 ϵ，也可能低于 ϵ。

在本节中，我们用术语 (ϵ, Q) 算法来表示一个具有平均情况成功率 ϵ 的 Las Vegas 算法，其中该算法向谕示器查询（也就是求 h 的值）的次数最多为 Q。如果 x 和/或 y 被指定为问题实例的一部分，则成功率 ϵ 是对所有的 $h \in \mathcal{F}^{\mathcal{X},\mathcal{Y}}$ 和 $x \in \mathcal{X}$ 或 $y \in \mathcal{Y}$ 的可能出现的随机选择的平均。

分析那些在随机谕示模型中计算 Q 个 $x \in \mathcal{X}$ 的 $h(x)$ 之值的一般算法。实际上，因为是对所有的函数 $h \in \mathcal{F}^{\mathcal{X},\mathcal{Y}}$ 取平均值，这就说明了这个算法的复杂性独立于 Q 个 x 值的选择。

首先考虑算法 4.1，该算法企图通过计算在 Q 个点的 h 值来解决原像问题。

算法 4.1　Find-Preimage(h, y, Q)
选择任意的 $\mathcal{X}_0 \subseteq \mathcal{X}$，$|\mathcal{X}_0| = Q$
for each $x \in \mathcal{X}_0$
$\quad$ **do** $\begin{cases} \textbf{if } h(x) = y \\ \quad \textbf{then return } (x) \end{cases}$
return (failure)

定理 4.2　对任意的 $\mathcal{X}_0 \subseteq \mathcal{X}$，且 $|\mathcal{X}_0| = Q$，算法 4.1 的平均情况成功率是 $\epsilon = 1 - (1 - 1/M)^Q$。

证明　给定 $y \in \mathcal{Y}$，令 $\mathcal{X}_0 = \{x_1, \cdots, x_Q\}$。对于 $1 \leqslant i \leqslant Q$，令 E_i 表示事件" $h(x_i) = y$ "。由定理 4.1 可知，E_i 是独立事件，并且对所有的 $1 \leqslant i \leqslant Q$，$\Pr[E_i] = 1/M$。因此，下面的等式成立

$$\Pr[E_1 \vee E_2 \vee \cdots \vee E_Q] = 1 - \left(1 - \frac{1}{M}\right)^Q$$

对任何给定的 y，算法 4.1 的成功率是常数。因此，所有的 $y \in \mathcal{Y}$ 的平均成功率也是相同的。

注意到 Q 远小于 M，所以上面的成功率大约是 Q/M。

现在介绍和分析一个类似的企图解决第二原像问题的算法，即算法 4.2。

对算法 4.2 的分析与前面的算法分析类似。唯一不同的是需要对 h 的额外应用，来对输入值 x 计算 $y = h(x)$。

算法 4.2 Find-Second-Preimage(h, x, Q)

$y \leftarrow h(x)$

选择 $\mathcal{X}_0 \subseteq \mathcal{X} \setminus \{x\}$，$|\mathcal{X}_0| = Q - 1$

for each $x_0 \in \mathcal{X}_0$

$\quad$ **do** $\begin{cases} \textbf{if } h(x_0) = y \\ \quad \textbf{then return } (x_0) \end{cases}$

return (failure)

定理 4.3 对任意的 $\mathcal{X}_0 \subseteq \mathcal{X} \setminus \{x\}$，且 $|\mathcal{X}_0| = Q - 1$，算法 4.2 的成功率是 $\epsilon = 1 - (1 - 1/M)^{Q-1}$。

下面是针对碰撞问题的基本算法。

算法 4.3 Find-Collision(h, Q)

选择 $\mathcal{X}_0 \subseteq \mathcal{X}$，$|\mathcal{X}_0| = Q$

for each $x \in \mathcal{X}_0$

$\quad$ **do** $y_x \leftarrow h(x)$

if 对某一 $x' \neq x$，有 $y_x = y_{x'}$

$\quad$ **then return** (x, x')

$\quad$ **else return** (failure)

在算法 4.3 中，对某一 $x' \neq x$，可以有效地检验是否有 $y_x = y_{x'}$，例如，可以对 y_x 排序。这个算法可以利用类似于标准的"生日悖论"的概率观点来分析。生日悖论是说在一个随机选择的 23 个成员的组里面，至少有两人生日相同的概率至少为 1/2（当然这不是一个悖论，但它与直觉相反）。这可能表现不出与 Hash 函数有关，但如果我们重新用公式表示有关问题，则两者之间的联系就清楚了。假定函数 h 的定义域是整个人类的集合，对于所有的 x，$h(x)$ 表示某个人 x 的生日。则 h 的范围是一年的 365 天（如果考虑 2 月 29 号的话是 366 天）。找到两个人是否为同一天生日与在这个 Hash 函数中找到一个碰撞是同一回事。按照这个设定，生日悖论说明了当 $Q = 23$ 和 $M = 365$ 时，算法 4.3 的成功率至少为 1/2。

下面我们在随机谕示模型下分析算法 4.3。这个算法类似于往 M 个箱子中随机投 Q 个球，然后检查是否有某一箱子装有至少两个球（这 Q 个球对应于 Q 个随机的 x_i，而 M 个箱子对应于 $\mathcal{Y}$ 中 M 个可能的元素）。

定理 4.4 对任意的 $\mathcal{X}_0 \subseteq \mathcal{X}$，且 $|\mathcal{X}_0| = Q$，算法 4.3 的成功率为

$$\epsilon = 1 - \left(\frac{M-1}{M}\right)\left(\frac{M-2}{M}\right)\cdots\left(\frac{M-Q+1}{M}\right)$$

证明 令 $\mathcal{X}_0 = \{x_1, \cdots, x_Q\}$。对于 $1 \leqslant i \leqslant Q$，令 E_i 表示事件

$$h(x_i) \notin \{h(x_1), \cdots, h(x_{i-1})\}$$

利用归纳法，由定理 4.1 可知 $\Pr[E_1] = 1$，并且对于 $2 \leqslant i \leqslant Q$，有

$$\Pr[E_i | E_1 \wedge E_2 \wedge \cdots \wedge E_{i-1}] = \frac{M - i + 1}{M}$$

由此可得

$$\Pr[E_1 \wedge E_2 \wedge \cdots \wedge E_Q] = \left(\frac{M-1}{M}\right)\left(\frac{M-2}{M}\right)\cdots\left(\frac{M-Q+1}{M}\right)$$

至少有一个碰撞的概率是 $1 - \Pr[E_1 \wedge E_2 \wedge \cdots \wedge E_Q]$，至此定理成立。

上面的定理说明了无碰撞的概率是

$$\left(1 - \frac{1}{M}\right)\left(1 - \frac{2}{M}\right)\cdots\left(1 - \frac{Q-1}{M}\right) = \prod_{i=1}^{Q-1}\left(1 - \frac{i}{M}\right)$$

如果 x 是一个小实数，则 $1 - x \approx e^{-x}$。这个估计是通过取下面的级数展开式的前两项获得的

$$e^{-x} = 1 - x + \frac{x^2}{2!} - \frac{x^3}{3!}\cdots$$

利用这个估计，无碰撞的概率大约是

$$\prod_{i=1}^{Q-1}\left(1 - \frac{i}{M}\right) \approx \prod_{i=1}^{Q-1} e^{\frac{-i}{M}}$$
$$= e^{-\sum_{i=1}^{Q-1}\frac{i}{M}}$$
$$= e^{\frac{-Q(Q-1)}{2M}}$$

因此，可以估计产生至少一个碰撞的概率为

$$1 - e^{\frac{-Q(Q-1)}{2M}}$$

如果把这个概率表示为 ϵ，则可以把 Q 作为 M 和 ϵ 的函数：

$$e^{\frac{-Q(Q-1)}{2M}} \approx 1 - \epsilon$$
$$\frac{-Q(Q-1)}{2M} \approx \ln(1 - \epsilon)$$
$$Q^2 - Q \approx 2M \ln\left(\frac{1}{1-\epsilon}\right)$$

如果忽略 $-Q$，则可以估计出

$$Q \approx \sqrt{2M \ln\left(\frac{1}{1-\epsilon}\right)}$$

如果取 $\epsilon = 0.5$，那么

$$Q \approx 1.17\sqrt{M}$$

这就说明了在 $\mathcal{X}$ 中对超过 $\sqrt{M}$ 个随机元素计算出的 Hash 函数值里面有 50% 的概率出现一个碰撞。注意到对 ϵ 不同的选择会导致不同的常数因子，但 Q 总是与 $\sqrt{M}$ 成一定的比例。这是一个 $(1/2, O(\sqrt{M}))$ 算法。

我们回到前面举的例子。令 $M = 365$，可得出 $Q \approx 22.3$。所以，像在前面提到的，随机选择 23 个人中至少有两人生日相同的概率至少为 1/2。

生日攻击意味着安全消息摘要的长度有一个下界。40 比特的消息摘要将会非常不安全，因为仅仅在 2^{20}（大约为一百万）个随机 Hash 值中就以 50% 的概率找到一个碰撞。通常建议一个消息摘要可接受的最小长度为 128 比特（生日攻击这时需要超过 2^{64} 个 Hash 值）。事实上，通常建议用 160 比特或更长的消息摘要。

4.2.3　安全性准则的比较

在随机谕示模型中，我们已经看到解决碰撞问题比解决原像问题和第二原像问题要容易。一个相关的问题是是否在可应用于任意 Hash 函数的这三个问题中存在归约。利用算法 4.4 可以相当容易地把碰撞问题归约为第二原像问题。

算法 4.4　Collision-To-Second-Preimage(h)

external Oracle-2nd-Preimage
均匀地随机选择 $x \in \mathcal{X}$
if Oracle-2nd-Preimage(h, x) $= x'$
　then return (x, x')
　else return (failure)

假定 Oracle-2nd-Preimage 对一个特定的固定 Hash 函数 h 解决了第二原像问题的 (ϵ, Q) 算法。如果 Oracle-2nd-Preimage 对输入 (h, x) 返回一个值 x'，则一定有 $x' \neq x$。这是因为 Oracle-2nd-Preimage 被假定是一个 Las Vegas 算法。因此，显然 Collision-To-Second-Preimage 就是对同样的 Hash 函数 h 解决了碰撞问题的 (ϵ, Q) 算法。这个归约并不要求对 Hash 函数 h 做任何假设。由于这个归约，我们可以说碰撞稳固性质意味着第二原像稳固性质。

下面将研究更有趣的问题：是否碰撞问题可以归约为原像问题。也就是说，是否碰撞稳固意味着原像稳固？我们将证明至少在一些特殊情况下，这是对的。更明确的是，我们将证明任何能解决原像问题且概率为 1 的算法也能够解决碰撞问题。

这个归约仅仅要求对 Hash 函数的定义域和值域做相当弱的假设就能够完成。设 Hash 函数 $h: \mathcal{X} \to \mathcal{Y}$，其中 $\mathcal{X}$ 和 $\mathcal{Y}$ 都是有限集并且 $|\mathcal{X}| \geq 2|\mathcal{Y}|$。假定 Oracle-Preimage 对原像问题是一个 $(1, Q)$ 算法。Oracle-Preimage 接收一个消息摘要 $y \in \mathcal{Y}$ 作为输入，并且总可以找到一个元素 Oracle-Preimage(y) $\in \mathcal{X}$ 使得 $h($Oracle-Preimage(y)$) = y$（特别地，这意味着 h 是满射的）。我们将分析 Collision-To-Preimage 算法，该算法记为算法 4.5。

算法 4.5　Collision-To-Preimage(h)

external Oracle-Preimage

均匀地随机选择 $x \in \mathcal{X}$

$y \leftarrow h(x)$

if (Oracle-Preimage(h, y) = x') 且 $(x \neq x')$

　then return (x, x')

　else return (failure)

我们证明下列定理。

定理 4.5　假定 $h : \mathcal{X} \to \mathcal{Y}$ 是一个 Hash 函数，$|\mathcal{X}|$ 和 $|\mathcal{Y}|$ 是有限的并且 $|\mathcal{X}| \geqslant 2|\mathcal{Y}|$。假定 Oracle-Preimage 对固定的 Hash 函数 h 是原像问题的一个 $(1, Q)$ 算法。则 Collision-To-Preimage 对固定的 Hash 函数 h 是碰撞问题的一个 $(1/2, Q+1)$ 算法。

证明　显然 Collision-To-Preimage 是一个 Las Vegas 类型的概率算法，因为它或者找到一个碰撞，或者返回"失败"。这样，我们的主要任务是计算平均成功率。

对任意的 $x \in \mathcal{X}$，当 $h(x) = h(x_1)$ 时，定义 $x \sim x_1$。容易看到 "$\sim$" 是一个等价关系。定义

$$[x] = \{x_1 \in \mathcal{X} : x \sim x_1\}$$

每个等价类 $[x]$ 由 $\mathcal{Y}$ 中某个元的逆像组成，也就是说，对每个等价类 $[x]$，存在唯一的元素 $y \in \mathcal{Y}$ 使得 $[x] = h^{-1}(y)$。假定 Oracle-Preimage 总可以找到任何元素 y 的原像，这意味着对所有的 $y \in \mathcal{Y}$，$h^{-1}(y) \neq \varnothing$。所以等价类的个数等于 $|\mathcal{Y}|$。用 $\mathcal{C}$ 表示等价类的集合。

现在，设 x 是由算法 Collision-To-Preimage 选出的 $\mathcal{X}$ 中的随机元素。对于这个 x，有 $|[x]|$ 种可能的 x_1 可以作为 Oracle-Preimage 的输出返回。有 $|[x]| - 1$ 个 x_1 与 x 不同，因此可产生碰撞（注意到算法 Oracle-Preimage 并不知道由算法 Collision-To-Preimage 初始选择的等价类 $[x]$ 的代表元）。所以，给定元素 $x \in \mathcal{X}$，成功率为 $(|[x]| - 1) / |[x]|$。

算法 Collision-To-Preimage 的成功率是通过对所有可能选择的 x 做平均计算得到：

$$\Pr[\text{success}] = \frac{1}{|\mathcal{X}|} \sum_{x \in \mathcal{X}} \frac{|[x]| - 1}{|[x]|} = \frac{1}{|\mathcal{X}|} \sum_{C \in \mathcal{C}} \sum_{x \in C} \frac{|C| - 1}{|C|}$$

$$= \frac{1}{|\mathcal{X}|} \sum_{C \in \mathcal{C}} (|C| - 1) = \frac{1}{|\mathcal{X}|} \left(\sum_{C \in \mathcal{C}} |C| - \sum_{C \in \mathcal{C}} 1 \right)$$

$$= \frac{|\mathcal{X}| - |\mathcal{Y}|}{|\mathcal{X}|} \geqslant \frac{|\mathcal{X}| - |\mathcal{X}|/2}{|\mathcal{X}|}$$

$$= \frac{1}{2}$$

注意在上述推导的倒数第二行使用了 $|\mathcal{X}| \geqslant 2|\mathcal{Y}|$ 这一事实。

总之，我们构造了一个具有平均情况成功率至少为 $1/2$ 的 Las Vegas 算法。

4.3　迭代 Hash 函数

迄今为止，我们考虑的都是有限定义域上的 Hash 函数(也就是压缩函数)。现在我们研究一种特定的技术，将一个记为 compress 的压缩函数，延拓为具有无限定义域的 Hash 函数 h。通过这种方法构造的 Hash 函数称为迭代 Hash 函数。

在这一节中，我们仅关注那些输入和输出都是比特串的 Hash 函数(也就是由 0 和 1 组成的串)。把比特串 x 的长度记为 $|x|$，并且把比特串 x 和 y 的串联记为 $x \| y$。

设 compress：$\{0,1\}^{m+t} \to \{0,1\}^m$ 是一个压缩函数(这里 $t \geq 1$)。将基于压缩函数 compress 构造一个迭代 Hash 函数

$$h: \bigcup_{i=m+t+1}^{\infty} \{0,1\}^i \to \{0,1\}^{\ell}$$

迭代 Hash 函数 h 的求值主要由下列三步组成。

预处理

给定一个输入比特串 x，其中 $|x| \geq m+t+1$，用一个公开的算法构造一个串 y，使得 $|y| \equiv 0 \pmod{t}$。记为

$$y = y_1 \| y_2 \| \cdots \| y_r$$

其中对 $1 \leq i \leq r$，有 $|y_i| = t$。

处理

设 IV 是一个长度为 m 的公开的初始值比特串。则计算：

$$
\begin{aligned}
z_0 &\leftarrow \text{IV} \\
z_1 &\leftarrow \text{compress}(z_0 \| y_1) \\
z_2 &\leftarrow \text{compress}(z_1 \| y_2) \\
&\vdots \quad \vdots \qquad \vdots \\
z_r &\leftarrow \text{compress}(z_{r-1} \| y_r)
\end{aligned}
$$

图 4.1 给出了这一步的描述。

输出变换

设 $g: \{0,1\}^m \to \{0,1\}^{\ell}$ 是一个公开函数。定义 $h(x) = g(z_r)$。

> **注**：这一步是可选的。如果输出变换不需要，则定义 $h(x) = z_r$。

预处理这一步通常用以下方式构造串 y：

$$y = x \| \text{pad}(x)$$

其中 pad(x) 是由填充函数对 x 作用后得到的。一个典型的填充函数是填入 $|x|$ 的值，并填充一些额外的比特(例如 0)使得所得到的比特串 y 变成 t 倍长。

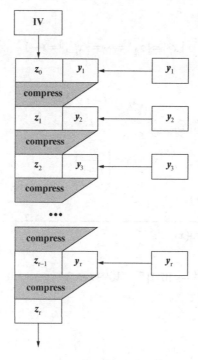

图 4.1　迭代 Hash 函数的处理过程

在预处理阶段必须保证映射 $x \mapsto y$ 是单射（如果映射 $x \mapsto y$ 不是一对一的，就可能找到 $x \neq x'$ 使得 $y = y'$。则 $h(x) = h(x')$，h 将不是碰撞稳固的）。注意到因为所需要的单射性质，也有 $|y| = rt \geq |x|$。

大多数实用 Hash 函数实际上都是迭代 Hash 函数，并可视为上述通用结构的特殊实例。在后面的一小节中，我们将详细介绍一个这样的 Hash 函数，即安全 Hash 算法（就是熟知的 SHA-1）。我们在下一小节中讨论的 Merkle-Damgård 结构就是一个能够给出正式的安全证明的迭代 Hash 函数。

4.3.1　Merkle-Damgård 结构

在本小节中，我们提出一个用压缩函数构造 Hash 函数的特定方法。用这种方法构造的 Hash 函数能够满足所期望的安全性质，如碰撞稳固，只要压缩函数满足此性质。该技术通常称为 Merkle-Damgård 结构。

假定 compress: $\{0,1\}^{m+t} \to \{0,1\}^m$ 是一个碰撞稳固压缩函数，其中 $t \geq 1$。我们将利用 compress 来构造一个碰撞稳固 Hash 函数 $h: \mathcal{X} \to \{0,1\}^m$，其中

$$\mathcal{X} = \bigcup_{i=m+t+1}^{\infty} \{0,1\}^i$$

首先考虑当 $t \geq 2$ 时的情况。

把元素 $x \in \mathcal{X}$ 视为比特串。假定 $|x| = n \geq m+t+1$。把 x 表示成串联的形式

$$x = x_1 \| x_2 \| \cdots \| x_k$$

其中

$$|x_1| = |x_2| = \cdots = |x_{k-1}| = t-1$$

并且

$$|x_k| = t-1-d$$

其中 $0 \leqslant d \leqslant t-2$。因此，可得到

$$k = \left\lceil \frac{n}{t-1} \right\rceil$$

定义算法 4.6 的输出结果为 $h(x)$。

算法 4.6　Merkle-Damgård(x)

external compress

注释　**compress**：$\{0,1\}^{m+t} \rightarrow \{0,1\}^m$，其中 $t \geqslant 2$

$n \leftarrow |x|$

$k \leftarrow \lceil n/(t-1) \rceil$

$d \leftarrow n - k(t-1)$

for $i \leftarrow 1$ **to** $k-1$

　do $y_i \leftarrow x_i$

$y_k \leftarrow x_k \| 0^d$

$y_{k+1} \leftarrow d$ 的二进制表示

$z_1 \leftarrow 0^{m+1} \| y_1$

$g_1 \leftarrow$ **compress**(z_1)

for $i \leftarrow 1$ **to** k

　do $\begin{cases} z_{i+1} \leftarrow g_i \| 1 \| y_{i+1} \\ g_{i+1} \leftarrow \textbf{compress}(z_{i+1}) \end{cases}$

$h(x) \leftarrow g_{k+1}$

return $(h(x))$

令

$$y(x) = y_1 \| y_2 \| \cdots \| y_{k+1}$$

注意到 y_k 是在 x_k 的右边添加 d 个 0 构成的，因此所有的分组 $y_i (1 \leqslant i \leqslant k)$ 的长度都是 $t-1$。而且 y_{k+1} 应该在左边添加 0，使得 $|y_{k+1}| = t-1$。

按照在 4.3 节所描述的通用结构的做法，通过首先构造 $y(x)$，然后以特定的方式来处理分组 $y_1, y_2, \cdots y_{k+1}$ 从而得到 x 的 Hash 值。y_{k+1} 是定义在映射 $x \mapsto y(x)$ 为单射的情况下，这十分有利于观察迭代 Hash 函数是否是碰撞稳固的。

下面的定理表明，如果可找到 h 的一个碰撞，则可找到 compress 的一个碰撞。换言之，如果 compress 是碰撞稳固的，那么 h 也是碰撞稳固的。

定理 4.6　假定 compress：$\{0,1\}^{m+t} \to \{0,1\}^m$ 是一个碰撞稳固的压缩函数，其中 $t \geqslant 2$。则按照算法 4.6 构造的函数

$$h: \bigcup_{i=m+t+1}^{\infty} \{0,1\}^i \to \{0,1\}^m$$

是一个碰撞稳固的 Hash 函数。

证明　假定可找到 $x \neq x'$ 使得 $h(x) = h(x')$。我们将说明如何在多项式时间内找到 compress 的碰撞。

令

$$y(x) = y_1 \| y_2 \| \cdots \| y_{k+1}$$

和

$$y(x') = y_1' \| y_2' \| \cdots \| y_{\ell+1}'$$

其中 x 和 x' 被分别填充了 d 和 d' 个 0。用 $g_1,\cdots,g_{k+1}$ 和 $g_1',\cdots,g_{\ell+1}'$ 分别表示算法中计算出的 g 值。

根据是否满足 $|x| \equiv |x'| \pmod{t-1}$ 这一条件，分两种情况。

情况 1：$|x| \not\equiv |x'| \pmod{t-1}$。

这里 $d \neq d'$ 且 $y_{k+1} \neq y_{\ell+1}'$，我们有

$$\begin{aligned}
\text{compress}(g_k \| 1 \| y_{k+1}) &= g_{k+1} \\
&= h(x) \\
&= h(x') \\
&= g_{\ell+1}' \\
&= \text{compress}(g_\ell' \| 1 \| y_{\ell+1}')
\end{aligned}$$

因为 $y_{k+1} \neq y_{\ell+1}'$，所以找到了 h 的一个碰撞。

情况 2：$|x| \equiv |x'| \pmod{t-1}$。

为了便于讨论，分成两种更细的情况：

情况 2a：$|x| = |x'|$。

此时有 $k = \ell$ 和 $y_{k+1} = y_{\ell+1}'$，像情况 1 中一样，我们有：

$$\begin{aligned}
\text{compress}(g_k \| 1 \| y_{k+1}) &= g_{k+1} \\
&= h(x) \\
&= h(x') \\
&= g_{k+1}' \\
&= \text{compress}(g_k' \| 1 \| y_{k+1}')
\end{aligned}$$

如果 $g_k \neq g_k'$，则找到了 compress 的碰撞，所以可假定 $g_k = g_k'$。则有

$$\begin{aligned}
\text{compress}(g_{k-1} \| 1 \| y_k) &= g_k \\
&= g_k' \\
&= \text{compress}(g_{k-1}' \| 1 \| y_k')
\end{aligned}$$

或者找到 compress 的一个碰撞，或者 $g_{k-1} = g'_{k-1}$ 并且 $y_k = y'_k$。假定没有找到碰撞，重复上述过程，最后得到

$$
\begin{aligned}
\text{compress}(0^{m+1} \parallel y_1) &= g_1 \\
&= g'_1 \\
&= \text{compress}(0^{m+1} \parallel y'_1)
\end{aligned}
$$

如果 $y_1 \neq y'_1$，则找到了 compress 的一个碰撞，因此可假定 $y_1 = y'_1$。这样对 $1 \leqslant i \leqslant k+1$ 都有 $y_i = y'_i$，所以 $y(x) = y(x')$。但因为映射 $x \mapsto y(x)$ 是单射，这意味着 $x = x'$。而我们假定了 $x \neq x'$，这就产生了矛盾。

情况 2b： $|x| \neq |x'|$。

不失一般性，设 $|x'| > |x|$，因此 $\ell > k$。按照情况 2a 类似的过程，假定没有找到 compress 的碰撞，最后总有

$$
\begin{aligned}
\text{compress}(0^{m+1} \parallel y_1) &= g_1 \\
&= g'_{\ell-k+1} \\
&= \text{compress}(g'_{\ell-k} \parallel 1 \parallel y'_{\ell-k+1})
\end{aligned}
$$

但

$$
0^{m+1} \parallel y_1
$$

的第 $(m+1)$ 比特是 0，而

$$
g'_{\ell-k} \parallel 1 \parallel y'_{\ell-k+1}
$$

的第 $(m+1)$ 比特是 1。因此必然会找到 compress 的一个碰撞。

因为讨论了所有的情况，也就证明了所期望的结论。

在算法 4.6 中提出的结构仅适用于 $t \geqslant 2$ 的情况。现在看看 $t=1$ 时的情况。需要对 h 使用一个不同的结构。假定 $|x| = n \geqslant m+2$。用一种特殊方式对 x 编码。这将用到下面所定义的函数 f：

$$
\begin{aligned}
f(0) &= 0 \\
f(1) &= 01
\end{aligned}
$$

算法 4.7 给出了 $h(x)$ 的结构。

算法 4.7 Merkle-Damgård2(x)

external compress

注释　**compress**：$\{0,1\}^{m+1} \to \{0,1\}^m$

$n \leftarrow |x|$

$y \leftarrow 11 \parallel f(x_1) \parallel f(x_2) \parallel \cdots \parallel f(x_n)$

令 $y = y_1 \parallel y_2 \parallel \cdots \parallel y_k$，其中 $y_i \in \{0,1\}, 1 \leqslant i \leqslant k$

$g_1 \leftarrow \textbf{compress}(0^m \parallel y_1)$

for $i \leftarrow 1$ **to** $k-1$
  do $g_{i+1} \leftarrow$ **compress**$(g_i \| y_{i+1})$
return (g_k)

按照算法 4.7 的定义，编码 $x \mapsto y = y(x)$ 满足两个重要的性质：

1. 如果 $x \neq x'$，则 $y(x) \neq y(x')$（即 $x \mapsto y(x)$ 是单射）。
2. 不存在两个串 $x \neq x'$ 和一个串 z 使得 $y(x) = z \| y(x')$（即没有任何编码是别的编码的后缀。这很显然，因为串 $y(x)$ 由 11 开始，而在串的剩余部分不存在连续的两个 1）。

定理 4.7   假定 compress： $\{0,1\}^{m+1} \rightarrow \{0,1\}^m$ 是一个碰撞稳固的压缩函数。则按照算法 4.7 构造的函数

$$h: \bigcup_{i=m+2}^{\infty} \{0,1\}^i \rightarrow \{0,1\}^m$$

是一个碰撞稳固的 Hash 函数。

证明   假定我们可找到 $x \neq x'$ 使得 $h(x) = h(x')$。令

$$y(x) = y_1 y_2 \cdots y_k$$

和

$$y(x') = y_1' y_2' \cdots y_\ell'$$

考虑两种情况。
情况 1： $k = \ell$。
类似于定理 4.6，或者找到 compress 的一个碰撞，或者得到 $y = y'$。但这意味着 $x = x'$，相互矛盾。
情况 2： $k \neq \ell$。
不失一般性，设 $\ell > k$。可类似于前面的处理方式。假定没有找到 compress 的碰撞，则有下面的系列等式：

$$y_k = y_\ell'$$
$$y_{k-1} = y_{\ell-1}'$$
$$\vdots \quad \vdots$$
$$y_1 = y_{\ell-k+1}'$$

但这跟前面的"无后缀"性质相矛盾。
我们证明了 h 是碰撞稳定的。

在本节中我们总结了 Hash 函数的两种结构，而且在下面的定理中，得到了在计算 h 时，需要应用 compress 的次数。

定理 4.8   假定 compress： $\{0,1\}^{m+t} \rightarrow \{0,1\}^m$ 是一个碰撞稳固的压缩函数，其中 $t \geq 1$。则存在一个碰撞稳固的 Hash 函数

$$h: \bigcup_{i=m+t+1}^{\infty} \{0,1\}^i \to \{0,1\}^m$$

在求 h 的值的时候，compress 最多被计算的次数为

$$1 + \left\lceil \frac{n}{t-1} \right\rceil \qquad \text{如果 } t \geq 2$$
$$2n + 2 \qquad \text{如果 } t = 1$$

其中 $|x| = n$。

4.3.2　安全 Hash 算法

在本小节中，我们介绍了 SHA-1(安全 Hash 算法)，这是一个具有 160 比特消息摘要的迭代 Hash 函数。SHA-1 建立在对比特串的面向字的操作上，每一个字由 32 比特(或者由 8 个十六进制数)组成。SHA-1 所用到的操作如下：

$X \wedge Y$	X 和 Y 的逻辑"和"
$X \vee Y$	X 和 Y 的逻辑"或"
$X \oplus Y$	X 和 Y 的逻辑"异或"
$\neg X$	X 的逻辑"补"
$X + Y$	模 2^{32} 整数加
$\text{ROTL}^s(X)$	X 循环左移 s 个位置($0 \leq s \leq 31$)

我们首先描述 SHA-1 所用的填充方案；它被描述为算法 4.8。注意到 SHA-1 要求 $|x| \leq 2^{64} - 1$。因此在算法 4.8 中用 ℓ 表示 $|x|$ 的二进制，其长度最多为 64 比特。如果 $|\ell| < 64$，则在左边填充 0 使得其长度刚好为 64 比特。

算法 4.8　SHA-1-PAD(x)

注释　$|x| \leq 2^{64} - 1$

$d \leftarrow (447 - |x|) \mod 512$

$\ell \leftarrow |x|$ 的二进制表示，其中 $|\ell| = 64$

$y \leftarrow x \| 1 \| 0^d \| \ell$

在 y 的构造当中，添加了一个单独的 1 给 x，然后串联足够的 0 使得长度为模 512 同余 448，最后串联包括 x 的(原先的)长度的二进制表示的 64 比特。所得的串 y 的长度能被 512 整除。所以，y 可以写成由每个分组为 512 比特，共 n 个分组组成的串联：

$$y = M_1 \| M_2 \| \cdots \| M_n$$

按如下方式定义 $\mathbf{f}_0, \cdots, \mathbf{f}_{79}$：

$$\mathbf{f}_t(B, C, D) = \begin{cases} (B \wedge C) \vee ((\neg B) \wedge D) & \text{对于 } 0 \leq t \leq 19 \\ B \oplus C \oplus D & \text{对于 } 20 \leq t \leq 39 \\ (B \wedge C) \vee (B \wedge D) \vee (C \wedge D) & \text{对于 } 40 \leq t \leq 59 \\ B \oplus C \oplus D & \text{对于 } 60 \leq t \leq 79 \end{cases}$$

每个函数 $\mathbf{f}_t$ 有 B, C, D 三个字作为输入，并产生一个字作为输出。

按如下方式定义字常数 $K_0, \cdots, K_{79}$，用于 SHA-1(x) 的计算：

$$K_t = \begin{cases} \text{5A827999} & \text{对于 } 0 \leqslant t \leqslant 19 \\ \text{6ED9EBA1} & \text{对于 } 20 \leqslant t \leqslant 39 \\ \text{8F1BBCDC} & \text{对于 } 40 \leqslant t \leqslant 59 \\ \text{CA62C1D6} & \text{对于 } 60 \leqslant t \leqslant 79 \end{cases}$$

密码体制 4.1　SHA-1(x)

external SHA-1-PAD

global $K_0, \cdots, K_{79}$

$y \leftarrow$ SHA-1-PAD(x)

令 $y = M_1 \| M_2 \| \cdots \| M_n$，其中每个 M_i 是一个 512 比特的分组

$H_0 \leftarrow$ 67452301

$H_1 \leftarrow$ EFCDAB89

$H_2 \leftarrow$ 98BADCFE

$H_3 \leftarrow$ 10325476

$H_4 \leftarrow$ C3D2E1F0

for $i \leftarrow 1$ **to** n

$\quad \begin{cases} \text{令 } M_i = W_0 \| W_1 \| \cdots \| W_{15}, \text{ 其中每个 } W_i \text{ 是一个字} \\ \textbf{for } t \leftarrow 16 \textbf{ to } 79 \\ \quad \textbf{do } W_t \leftarrow \textbf{ROTL}^1(W_{t-3} \oplus W_{t-8} \oplus W_{t-14} \oplus W_{t-16}) \\ A \leftarrow H_0 \\ B \leftarrow H_1 \\ C \leftarrow H_2 \\ D \leftarrow H_3 \\ E \leftarrow H_4 \\ \textbf{for } t \leftarrow 0 \textbf{ to } 79 \\ \textbf{do} \begin{cases} \text{temp} \leftarrow \textbf{ROTL}^5(A) + \textbf{f}_t(B, C, D) + E + W_t + K_t \\ E \leftarrow D \\ \textbf{do} \begin{cases} D \leftarrow C \\ C \leftarrow \textbf{ROTL}^{30}(B) \\ B \leftarrow A \\ A \leftarrow \text{temp} \end{cases} \end{cases} \\ H_0 \leftarrow H_0 + A \\ H_1 \leftarrow H_1 + B \\ H_2 \leftarrow H_2 + C \\ H_3 \leftarrow H_3 + D \\ H_4 \leftarrow H_4 + E \end{cases}$

return$(H_0 \| H_1 \| H_2 \| H_3 \| H_4)$

　　SHA-1 可描述为密码体制 4.1。可以看到 SHA-1 严格遵循迭代 Hash 函数的一般模型。填充方案最多对输入 x 扩充至多一个额外的 512 比特分组。压缩函数把 160+512 比特映射为 160 比特，其中的 512 比特组成一个消息分组。

　　SHA-1 是一系列相关的迭代 Hash 函数之一。第一个这种 Hash 函数是 MD4，由 Rivest 在 1990 年提出。Rivest 随后在 1992 年把 MD4 改进为 MD5。SHA 在 1993 年由 NIST 提议作为标准，并且被采纳为 FIPS 180。SHA-1 是 SHA 的小的变形；它在 1995 年作为 FIPS 180-1 被公布(SHA 现在一般称之为 SHA-0)。SHA-1 和 SHA-0 的唯一差别是 SHA-0 在 $W_{16}, \cdots, W_{79}$ 的构造中省去了 1 比特循环左移。

　　Hash 函数的这些进步结合了各种各样的修正来增强后面版本的安全性，抵抗在以前版本中已经发现的攻击。例如，在 20 世纪 90 年代中期发现了 MD4 和 MD5 中压缩函数的碰撞。1998 年发现 SHA-0 有一个弱点，允许在大约 2^{61} 步中发现一个碰撞(这种攻击比生日攻击更有效，生日攻击大约需要 2^{80} 步)。

　　最近，在 2004 年，SHA-0 的一个碰撞实际上由 Joux 找到并在 CRYPTO2004 上报告。MD5 和其他一些流行的 Hash 函数的碰撞也在 CRYPTO2004 上由 Wang, Feng, Lai 和 Yu 提出。最后，SHA-1 的碰撞也许在不久的将来被找到。事实上，在 2005 年 3 月，已经找到了 58 轮"简化的" SHA-1 的碰撞，并且估计找到满轮的 SHA-1 的碰撞需要低于 2^{69} 次的 Hash 操作。这些最后的结果属于 Wang, Yin 和 Yu。

　　2002 年 8 月，FIPS 180-2 被采纳，包括 SHA-1 和三个新的 Hash 函数，它们分别命名为 SHA-256，SHA-384 和 SHA-512。后缀"256"，"384"，"512"表示消息摘要的长度。这三个新的 Hash 函数也是迭代 Hash 函数，但它们比 SHA-1 具有更复杂的描述。最后，还有另一个 SHA-224 被提议增加到 SHA 类 Hash 函数族中。

4.4　消息认证码

　　我们现在把注意力转向消息认证码，也就是满足某些安全性质的带密钥的 Hash 函数。我们将看到，MAC 所需的安全性质与(不带密钥的)Hash 函数所需的安全性质是截然不同的。

　　构造 MAC 的一个常用方法是通过把一个密钥作为要被Hash的消息的一部分，从而在一个不带密钥的Hash函数中介入一个秘密密钥。可是，为了防止某些攻击，这样做必须很小心。我们会在几个例子中展示一些可能的缺陷。

　　作为第一个例子，假定我们通过一个记为 h 的不带密钥的迭代 Hash 函数来构造一个新的带密钥的 Hash 函数 h_K，定义 IV = K，并保密该值。为了简单起见，假定 h 没有预处理步骤或者输出变换。这样的 Hash 函数需要每个输入消息 x 的长度是 t 的倍数，其中 compress : $\{0,1\}^{m+t} \rightarrow \{0,1\}^m$ 是用于建立 h 的压缩函数。而且，密钥 K 的长度是 m 比特。

　　我们将说明攻击者怎样对给定的任何消息 x 及相应的 MAC，即 $h_K(x)$，无须知道密钥 K，就可以构造某个消息的有效 MAC。设 x' 为任意的长度为 t 的比特串，考虑消息 $x \| x'$。

　　这个消息的 MAC，即 $h_K(x \| x')$ 可用下式计算

$$h_K(x \| x') = \text{compress}(h_K(x) \| x')$$

因为 $h_K(x)$ 和 x' 都是已知的，对攻击者来说，即使 K 是保密的，计算 $h_K(x \| x')$ 也是一件简单的事情。这显然是一个安全问题。

即使消息被填充，上述攻击经过修改仍然可以实现。例如，假定在预处理步骤中 $y = x \| \text{pad}(x)$。注意到对某一整数 r，有 $|y| = rt$。设 w 是长度为 t 的任意比特串，定义

$$x' = x \| \text{pad}(x) \| w$$

在预处理步骤中，我们将计算

$$y' = x' \| \text{pad}(x') = x \| \text{pad}(x) \| w \| \text{pad}(x')$$

其中对某一整数 $r' > r$，有 $|y'| = r't$。

考虑 $h_K(x')$ 的计算(这与 $\text{IV} = K$ 时计算 $h(x')$ 一样)。在处理步骤中，显然有 $z_r = h_K(x)$。因此攻击者可以做如下计算：

$$z_{r+1} \leftarrow \text{compress}(h_K(x) \| y_{r+1})$$
$$z_{r+2} \leftarrow \text{compress}(z_{r+1} \| y_{r+2})$$
$$\vdots \quad \vdots \quad \vdots$$
$$z_{r'} \leftarrow \text{compress}(z_{r'-1} \| y_{r'})$$

则

$$h_K(x') = z_{r'}$$

因此攻击者即使不知道密钥 K，也可以计算出 $h_K(x')$ (可以看到这种攻击对填充的长度并无要求)。

记住上述例子，我们要明确表达出怎样才意味着 MAC 算法是安全的。就像所看到的那样，攻击者的目标是试图在一个未知但是固定的密钥 K 下，产生一对有效的 (x, y)。攻击者允许请求(直到) Q 个自己选择的消息 $x_1, x_2, \cdots$ 的有效 MAC。为了方便起见，假定为了回答攻击者的请求，存在一个黑盒(或谕示器)。并且我们为了方便起见经常会用到这一术语。

因此，攻击者通过向谕示器提出消息 $x_1, \cdots, x_Q$ 请求，获得了一系列有效对(在未知密钥 K 的情况下)：

$$(x_1, y_1), (x_2, y_2), \cdots, (x_Q, y_Q)$$

后来，当攻击者输出对 (x, y) 时，要求 $x \notin \{x_1, \cdots, x_Q\}$。另外，如果 (x, y) 是有效的，就称这个对是一个假冒(forgery)。如果攻击者输出一个假冒的概率至少为 ϵ，则攻击者对给定的 MAC，被称为一个 (ϵ, Q) 假冒者(forger)。概率 ϵ 可能是对所有可能的密钥的平均情况概率，或者是最差情况概率。为了具体化，在下面的章节中，我们一般认为概率 ϵ 是最差情况概率。这意味着不管密钥是否被使用，攻击者都能至少以概率 ϵ 产生一个假冒。

用这些术语来讲的话，上面描述的攻击就是 $(1, 1)$ 假冒者。

4.4.1　嵌套 MAC 和 HMAC

一个嵌套 MAC 是指合成两个(带密钥的)Hash 族来建立一个 MAC 算法。假定 $(\mathcal{X}, \mathcal{Y}, \mathcal{K}, \mathcal{G})$ 和 $(\mathcal{Y}, \mathcal{Z}, \mathcal{L}, \mathcal{H})$ 是 Hash 族。这些 Hash 族的复合是指 Hash 族 $(\mathcal{X}, \mathcal{Z}, \mathcal{M}, \mathcal{G} \circ \mathcal{H})$，其中 $\mathcal{M} = \mathcal{K} \times \mathcal{L}$，并且

$$\mathcal{G} \circ \mathcal{H} = \{ g \circ h : g \in \mathcal{G}, h \in \mathcal{H} \}$$

其中对所有的 $x \in \mathcal{X}$，有 $(g \circ h)_{(K,L)}(x) = h_L(g_K(x))$。在这个结构中，$\mathcal{Y}$ 和 $\mathcal{Z}$ 是使得 $|\mathcal{Y}| \geqslant |\mathcal{Z}|$ 的有限集；$\mathcal{X}$ 是有限的或无限的集合。如果 $\mathcal{X}$ 是有限的，则 $|\mathcal{X}| > |\mathcal{Y}|$。

假定这两个 Hash 族是在满足合适的安全要求的情况下构造的，我们的兴趣是发现能保证嵌套 MAC 安全的条件。粗略地讲，如果满足以下两个条件，则可证明嵌套 MAC 是安全的：

1. 给定一个固定的(未知的)密钥，作为 MAC，$(\mathcal{Y}, \mathcal{Z}, \mathcal{L}, \mathcal{H})$ 是安全的。
2. 给定一个固定的(未知的)密钥，$(\mathcal{X}, \mathcal{Y}, \mathcal{K}, \mathcal{G})$ 是碰撞稳固的。

直观地讲，是通过一个安全的"小 MAC"[即 $(\mathcal{Y}, \mathcal{Z}, \mathcal{L}, \mathcal{H})$]和一个碰撞稳固的带密钥的 Hash 族[即 $(\mathcal{X}, \mathcal{Y}, \mathcal{K}, \mathcal{G})$]的复合来构建一个安全的"大 MAC"(即嵌套 MAC)。现在让我们进一步明确上述条件，然后给出具体的安全性证明。

安全性实际上是比较对三种Hash族的某种类型的攻击的相对困难性。我们将考虑以下三种攻击者：

- 对嵌套 MAC 的假冒者("大 MAC 攻击")
- 对小 MAC 的假冒者("小 MAC 攻击")
- 当密钥是保密的，对 Hash 族的碰撞-探测者("未知-密钥碰撞攻击")

下面是对这三种攻击者的更详细的描述：在大 MAC 攻击中，选择并保密一对密钥 (K, L)。攻击者允许选择 x 的值，并查询大 MAC 谕示器关于 $h_L(g_K(x))$ 的值。然后攻击者试图产生一对 (x', z) 使得 $z = h_L(g_K(x'))$，其中 x' 从未进行过查询。

在小 MAC 攻击中，选择并保密密钥 L。攻击者允许选择 y 的值，并查询小 MAC 谕示器关于 $h_L(y)$ 的值。然后攻击者试图产生一对 (y', z) 使得 $z = h_L(y')$，其中 y' 从未进行过查询。

在未知密钥碰撞攻击中，选择并保密密钥 K，攻击者允许选择 x 的值，并查询 Hash 谕示器关于 $g_K(x)$ 的值。然后攻击者试图产生 x', x'' 使得 $x' \neq x''$，并且 $g_K(x') = g_K(x'')$。

假定对随机选择的 $g_K \in \mathcal{G}$ 不存在 $(\epsilon_1, q+1)$ 未知密钥碰撞攻击(如果密钥 K 不是保密的，这将符合碰撞稳固的概念。因为假定 K 是保密的，攻击者所面临的问题更加困难，因此我们要求比碰撞稳固更弱的安全假定)。我们也假定对随机选择的 $h_L \in \mathcal{H}$ 不存在 (ϵ_2, q) 小 MAC 攻击，其中 L 是保密的。最后，假定对随机选择的 $(g \circ h)_{(K,L)} \in \mathcal{G} \circ \mathcal{H}$，存在 (ϵ, q) 大 MAC 攻击，其中 (K, L) 是保密的。

由于概率至少为 ϵ，大 MAC 攻击在向大 MAC 谕示器最多查询 q 次后，能输出有效对 (x, z)。设 $x_1, \cdots, x_q$ 表示攻击者的查询，又设 $z_1, \cdots, z_q$ 是谕示器做出的相应回答。在攻击者执行完查询后，可以得到一系列有效对 $(x_1, z_1), \cdots, (x_q, z_q)$ 以及可能的有效对 (x, z)。

假定现在取出 $x_1, \cdots, x_q$ 和 x，向 Hash 谕示器做 $q+1$ 次查询。可以获得一系列值 $y_1 = g_K(x_1), \cdots, y_q = g_K(x_q)$ 和 $y = g_K(x)$。假定恰巧 $y \in \{y_1, \cdots, y_q\}$，比如说 $y = y_i$。则可以输出一对 x, x_i 作为碰撞的解。这是一次成功的未知密钥碰撞攻击。另一方面，如果 $y \notin \{y_1, \cdots, y_q\}$，则可以输出对 (y, z)，这(可能)是小 MAC 的有效对。从 q 个小 MAC 查询中(间接)得到 q 个答案后，也就是 $(y_1, z_1), \cdots, (y_q, z_q)$，可构成一个假冒。

由我们所做的假定，任何未知密钥的碰撞攻击最多有 ϵ_1 的成功率。而假定大 MAC 攻击至少有 ϵ 的成功率。因此，(x, z) 是有效对并且 $y \notin \{y_1, \cdots, y_q\}$ 的概率至少是 $\epsilon - \epsilon_1$。任何小 MAC 攻击的成功率最多是 ϵ_2，而上述的小 MAC 攻击的成功率至少为 $\epsilon - \epsilon_1$。因此，有 $\epsilon \leqslant \epsilon_1 + \epsilon_2$。

证明下列结果。

定理 4.9 假定 $(\mathcal{X}, \mathcal{Z}, \mathcal{M}, \mathcal{G} \circ \mathcal{H})$ 是一个嵌套 MAC。当密钥 K 是保密的，假定对随机选择的 $g_K \in \mathcal{G}$ 不存在 $(\epsilon_1, q+1)$ 碰撞攻击。而且，假定对随机选择的 $h_L \in \mathcal{H}$ 不存在 (ϵ_2, q) 假冒者，其中 L 是保密的。最后，假定对随机选择的 $(g \circ h)_{(K, L)} \in \mathcal{G} \circ \mathcal{H}$，对嵌套 MAC 存在 (ϵ, q) 假冒者。则 $\epsilon \leqslant \epsilon_1 + \epsilon_2$。

HMAC 是一个于 2002 年 3 月被提议作为 FIPS 标准的嵌套 MAC 算法。它通过 (不带密钥的) Hash 函数来构造 MAC；我们基于 SHA-1 来描述 HMAC。这个版本的 HMAC 使用了一个 512 比特的密钥，记为 K。x 是需要认证的消息，ipad 和 opad 是按如下定义的十六进制的 512 比特常数：

$$\text{ipad} = 3636 \cdots 36$$
$$\text{opad} = 5\text{C}5\text{C} \cdots 5\text{C}$$

则 160 比特 MAC 定义如下：

$$\text{HMAC}_K(x) = \text{SHA-1}((K \oplus \text{opad}) \| \text{SHA-1}((K \oplus \text{ipad}) \| x))$$

注意到 HMAC 在 SHA-1 中用 $K \oplus \text{ipad}$ 添加上 x 作为密钥。SHA-1 的这个应用是假定对未知密钥碰撞攻击是安全的。然后再用密钥 $K \oplus \text{opad}$ 添加上前面构造的消息摘要，并再次应用 SHA-1。SHA-1 的第二次计算仅需要应用一次压缩函数，并且我们假定作为 MAC，这样使用 SHA-1 是安全的。如果这两个假定都是有效的，则定理 4.9 说明了 HMAC 作为 MAC 是安全的。

4.4.2 CBC-MAC

构造一个 MAC 的最常用的方法之一是基于一个固定的 (公开的) 初始化向量的 CBC 模式。在 CBC 模式中，每个密文分组 y_i 在用秘密密钥 K 加密之前，与下一个明文分组 x_{i+1} 一起异或 (x-or)。更正式地，我们由一个记为 IV 的初始化向量开始，定义 $y_0 = \text{IV}$。然后用如下规则构造 $y_1, y_2, \cdots$：

$$y_i = e_K(y_{i-1} \oplus x_i)$$

$i \geqslant 1$。

假定 $(\mathcal{P}, \mathcal{C}, \mathcal{K}, \mathcal{E}, \mathcal{D})$ 是一个内嵌式密码体制，其中 $\mathcal{P} = \mathcal{C} = \{0, 1\}^t$。设 IV 是由 t 个 0 组成的比特串，又设 $K \in \mathcal{K}$ 为秘密密钥。令 $x = x_1 \| \cdots \| x_n$ 是长度为 tn 的比特串 (对某个正整数 n)，其中每个 x_i 都是长度为 t 的比特串。计算 CBC-MAC(x, K) 的过程参见密码体制 4.2。

密码体制 4.2 CBC-MAC(x, K)

令 $x = x_1 \| \cdots \| x_n$

$$IV \leftarrow 00 \cdots 0$$
$$y_0 \leftarrow IV$$
for $i \leftarrow 1$ **to** n
    do $y_i \leftarrow e_K(y_{i-1} \oplus x_i)$
return(y_n)

对 CBC-MAC(x, K)的已知的最好的通用攻击是生日(碰撞)攻击。下面描述这种攻击。基本上,我们假定攻击者能要求得到大量消息的 MAC。如果发现一个重复的 MAC,则攻击者可构造一个另外的消息并且要求得到它的 MAC。最后,攻击者能产生新的消息及其相应的 MAC(也就是假冒),即使他不知道密钥。这种攻击对任何预先确定的、有固定大小的消息都起作用。

下面是攻击过程的细节。令 $n \geq 3$ 是整数。令 $x_3, \cdots, x_n$ 是长度为 t 的固定比特串。令 $q \approx 1.17 \times 2^{t/2}$ 为整数,选择任意 q 个不同的、长度为 t 的比特串,记为 $x_1^1, \cdots, x_1^q$。又令 $x_2^1, \cdots, x_2^q$ 为随机选择的长度为 t 的比特串。对 $1 \leq i \leq q$ 和 $3 \leq k \leq n$,定义 $x_k^i = x_k$,并对 $1 \leq i \leq q$,定义

$$x^i = x_1^i \| \cdots \| x_n^i$$

注意到如果 $i \neq j$,因为 $x_1^i \neq x_1^j$,则 $x^i \neq x^j$。

现在我们来完成这个攻击。首先,攻击者请求得到 $x^1, x^2, \cdots, x^q$ 的 MAC。在使用密码体制 4.2 计算 $x^i (1 \leq i \leq q)$ 的 MAC 的过程中,得到值 $y_0^i, y_1^i, \cdots, y_n^i$,$y_n^i$ 是 x^i 的 MAC。现在假定 x^i 和 x^j 有相同的 MAC,即 $y_n^i = y_n^j$。注意到 $y_n^i = y_n^j$ 当且仅当 $y_2^i = y_2^j$,当且仅当

$$y_1^i \oplus x_2^i = y_1^j \oplus x_2^j$$

设 x_δ 为长度为 t 的任意比特串。定义

$$v = x_1^i \| (x_2^i \oplus x_\delta) \| \cdots \| x_n^i$$

和

$$w = x_1^j \| (x_2^j \oplus x_\delta) \| \cdots \| x_n^j$$

然后攻击者要求得到 v 的 MAC。不难看出 v 和 w 有相同的 MAC,所以攻击者能成功地构造 w 的 MAC,即使他不知道密钥 K。这个攻击产生了一个 $(1/2, O(2^{t/2}))$ 假冒者。

已经知道当基本加密算法满足合适的安全性质时,CBC-MAC 是安全的。也就是说,如果某些似乎合理且未证明的关于加密方案随机性的假定是对的,那么 CBC-MAC 将是安全的。

CCM 模式通过在加密过程中产生 MAC 的方式提供认证加密。CCM 模式除了产生 CBC-MAC 外,还使用计数模式加密。设 K 是加密密钥,令 $x = x_1 \| \cdots \| x_n$ 是明文。在计数模式中,选择计数器 ctr。通过下列公式构造一系列计数器 $T_0, T_1, T_2, \cdots, T_n$:

$$T_i = \text{crt} + i \bmod 2^m$$

$0 \leq i \leq n$,其中 m 是密码的分组长度。通过计算下式加密明文分组 $x_1, x_2, \cdots, x_n$

$$y_i = x_i \oplus e_K(T_i)$$

对所有的 $i \geqslant 1$ 。然后我们计算 $\text{temp} = \text{CBC} - \text{MAC}(x, K)$ 和 $y' = T_0 \oplus \text{temp}$ 。密文由串 $y = y_1 \| \cdots \| y_n \| y'$ 组成。

为了解密和验证 y ，首先使用具有计数器序列 $T_1, T_2, \cdots, T_n$ 的计数模式解密 $y_1 \| \cdots \| y_n$ 获得明文串 x 。第二步是计算 $\text{CBC-MAC}(x, K)$ 并验证它是否等于 $y' \oplus T_0$ 。如果这个条件不成立，则密文将被拒绝。

4.5　无条件安全消息认证码

在这一节，我们将定义泛 (universal) Hash 函数族，探讨它们在无条件安全 MAC 构造中的应用。在对无条件安全 MAC 的研究中，假定一个密钥只产生一个认证标签。这样，一个攻击者在发动一个可能的假冒攻击之前，他至多只能进行一次查询。也就是说，我们将构造这样的 MAC：对于适当的 ϵ 值，即使攻击者拥有无限的计算能力，我们也能证明不存在 $(\epsilon, 0)$ 假冒者和 $(\epsilon, 1)$ 假冒者。

对于任何整数 $q \geqslant 0$ ，我们定义欺骗概率 Pd_q 是使得一个 (ϵ, q) 假冒者存在的 ϵ 的最大值。这个最大值是通过对所有可能的密钥值 K 进行计算得来的，这里假定 K 是从 $\mathcal{K}$ 中随机均匀选取的。通常，我们要构造 Pd_0 和 Pd_1 值小的 MAC。这意味着无论用哪一个密钥，攻击者进行成功攻击的可能性都很小。有时我们把一个由 $(\epsilon, 0)$ 假冒者完成的攻击称为模仿 (impersonation)，把一个由 $(\epsilon, 1)$ 假冒者完成的攻击称为代替 (substitution)。

下面我们通过无条件安全 MAC 的一个小例子来解释上面的概念。

例 4.1　假定

$$\mathcal{X} = \mathcal{Y} = \mathbb{Z}_3$$

且

$$\mathcal{K} = \mathbb{Z}_3 \times \mathbb{Z}_3$$

对每一个 $K = (a, b) \in \mathcal{K}$ 和每一个 $x \in \mathcal{X}$ ，定义

$$h_{(a,b)}(x) = ax + b \bmod 3$$

再定义

$$\mathcal{H} = \{h_{(a,b)} : (a,b) \in \mathbb{Z}_3 \times \mathbb{Z}_3\}$$

研究 Hash 函数族 $(\mathcal{X}, \mathcal{Y}, \mathcal{K}, \mathcal{H})$ 的认证矩阵会有助于理解。所有 $h_{(a,b)}(x)$ 的值以如下方式组成一张表：对每一个密钥 $(a, b) \in \mathcal{K}$ 和每一个 $x \in \mathcal{X}$ ，其认证标签 $h_{(a,b)}(x)$ 位于一个 $|\mathcal{K}| \times |\mathcal{X}|$ 矩阵 M 的 (a, b) 行 x 列。矩阵 M 如图 4.2 所示。

先考虑模仿攻击。Oscar 选择一条消息 x ，试图猜测出"正确的"认证标签。实际被使用的密钥记为 K_0 (Oscar 并不知道)。如果 Oscar 猜出标签 $y_0 = h_{K_0}(x)$ ，他将成功地构造一个假冒。然而，对任何 $x \in \mathcal{X}$ 和 $y \in \mathcal{Y}$ ，很容易证明只有 3 个 (总共 9 个) 密钥 $K \in \mathcal{K}$ ，使得

$h_K(x) = y$(也就是说，每个符号在认证矩阵的每一列只出现 3 次)。这样，任何一对 (x, y) 是有效对的概率为 1/3。因此，$Pd_0 = 1/3$。

key	0	1	2
(0, 0)	0	0	0
(0, 1)	1	1	1
(0, 2)	2	2	2
(1, 0)	0	1	2
(1, 1)	1	2	0
(1, 2)	2	0	1
(2, 0)	0	2	1
(2, 1)	1	0	2
(2, 2)	2	1	0

图 4.2　认证矩阵

代替攻击的分析要稍微复杂一些。先考虑一种特殊情况：假定 Oscar 查询 $x = 0$ 时的标签，得到的回答是 $y = 0$，则 $(x, y) = (0, 0)$ 就是一个有效对。这就给了 Oscar 一些关于密钥的有效信息：他知道

$$K_0 \in \{(0, 0), (1, 0), (2, 0)\}$$

现在假定 Oscar 产生一对 $(1, 1)$ 作为一个可能的假冒，$(1, 1)$ 是一个假冒当且仅当 $K_0 = (1, 0)$。在假定 $(0, 0)$ 是一个有效对的情况下，因为 K_0 是在集合 $\{(0, 0), (1, 0), (2, 0)\}$ 中，所以 K_0 是密钥的概率为 1/3。

对于 Oscar 查询任何 x 值的标签，得到的回答是 y，以及 Oscar 产生的可用来作为假冒的一对 $(x', y')(x' \neq x)$，均可做类似的分析。一般地，任何有效对 (x, y) 的知识把密钥限定于三种可能性之一。这样，对选择的每个 $(x', y')(x' \neq x)$，能够证明有这样一个密钥(三个可能的密钥之一)：y' 是 x' 的正确的认证标签。因此，证明了 $Pd_1 = 1/3$。

现在我们讨论一下，对任一消息认证码，如何通过其认证矩阵来计算欺骗概率(deception probabilities)。首先，考虑 Pd_0。同上，令 K_0 为 Alice 和 Bob 选择的密钥。对任何 $x \in \mathcal{X}$ 和 $y \in \mathcal{Y}$，定义 payoff(x, y) 是 (x, y) 为有效对的概率。不难看出

$$\text{payoff}(x, y) = \Pr[y = h_{K_0}(x)]$$
$$= \frac{|\{K \in \mathcal{K} : h_K(x) = y\}|}{|\mathcal{K}|}$$

即，payoff(x, y) 是通过计算认证矩阵的 x 列中具有元素 y 的行数，再除以可能的密钥数得出的。

为了增加成功的概率，Oscar 将会选择使得 payoff(x, y) 最大的 (x, y)。这样，就有下面的公式：

$$Pd_0 = \max\{\text{payoff}(x, y) : x \in \mathcal{X}, y \in \mathcal{Y}\} \tag{4.1}$$

现在，考虑代替攻击的情况。假定选定 $x \in \mathcal{X}$，$y \in \mathcal{Y}$ 使得 (x, y) 是一个有效对(x 是 Oscar 的一个可能查询，而 y 是他将得到的谕示回答)。令 $x' \in \mathcal{X}$，$x' \neq x$，定义 payoff$(x', y'; x, y)$ 是

假定(x, y)为有效对的条件下(x', y')为有效对的概率。按照惯例，令K_0为 Alice 和 Bob 选择的密钥。那么可以按如下方式计算：

$$
\begin{aligned}
\text{payoff}(x', y'; x, y) &= \Pr[y' = h_{K_0}(x') \mid y = h_{K_0}(x)] \\
&= \frac{\Pr[y' = h_{K_0}(x') \wedge y = h_{K_0}(x)]}{\Pr[y = h_{K_0}(x)]} \\
&= \frac{|\{K \in \mathcal{K} : h_K(x') = y', h_K(x) = y\}|}{|\{K \in \mathcal{K}, h_K(x) = y\}|}
\end{aligned}
$$

这个分数的分子是认证矩阵的第 x 列中具有值 y 且第 x' 列中具有值 y' 的行数；分母是 x 列中具有值 y 的行数。注意，分母为一非零数，因为我们假定(x, y)至少在一个密钥下是有效对。

假若定义

$$
\mathcal{V} = \{(x, y) : |\{K \in \mathcal{K} : h_K(x) = y\}| \geqslant 1\}
$$

可以看到，$\mathcal{V}$ 正是至少在一个密钥下所有的有效对的集合。则下面的公式可用来计算 Pd_1：

$$
Pd_1 = \max_x\{\min_y\{\max_{(x', y')}\{\text{payoff}(x', y'; x, y)\}\}\} \tag{4.2}
$$

其中，$x' \neq x, x' \in \mathcal{X}; y, y' \in \mathcal{Y}, (x, y) \in \mathcal{V}$。

由于上述公式比较复杂，做一些解释有助于理解这个公式。Oscar 首先以他所期望的任何方式选择 x 值。然后，得到认证标签 y（这里 $y = h_K(x)$，K 是未知密钥），最后，Oscar 选择使得 $\text{payoff}(x', y'; x, y)$ 值最大的(x', y')。显然，我们在计算 Pd_1 时之所以对所有可能的 x 和 (x', y') 取最大值是因为 Oscar 可选择增大攻击成功机会的这些值。另一方面，y 的值不是由 Oscar 来选择的，它依赖于未知密钥 K。因此，为了可以说 Oscar 的成功概率至少为 Pd_1，我们对所有可能选择的 y 取最小值。

4.5.1　强泛 Hash 函数族

强泛 Hash 函数族被用于密码学的多个领域中。我们先看看这些重要对象的定义。

定义 4.2　假定$(\mathcal{X}, \mathcal{Y}, \mathcal{K}, \mathcal{H})$是一个$(N, M)$-Hash 函数族。如果对任意的 $x, x' \in \mathcal{X}, x \neq x'$；$y, y' \in \mathcal{Y}$，满足

$$
|\{K \in \mathcal{K} : h_K(x) = y, h_K(x') = y'\}| = \frac{|\mathcal{K}|}{M^2}
$$

则称这个 Hash 函数族是强泛的。

作为一个例子，读者可以验证例 4.1 中的 Hash 函数族是一个强泛$(3, 3)$-Hash 函数族。

强泛 Hash 函数族产生的认证码中，Pd_0 和 Pd_1 很容易被计算出来。下面先陈述并证明一个关于强泛 Hash 函数族的简单引理，然后证明一个有关这些欺骗概率的值的定理。

引理 4.10　假定$(\mathcal{X}, \mathcal{Y}, \mathcal{K}, \mathcal{H})$是一个强泛$(N, M)$-Hash 函数族。则对任意的 $x \in \mathcal{X}$ 和 $y \in \mathcal{Y}$，有

$$|\{K \in \mathcal{K} : h_K(x) = y\}| = \frac{|\mathcal{K}|}{M}$$

证明　对给定的 $x, x' \in \mathcal{X}, x \neq x'; y, y' \in \mathcal{Y}$，我们有：

$$|\{K \in \mathcal{K} : h_K(x) = y\}| = \sum_{y' \in \mathcal{Y}} |\{K \in \mathcal{K} : h_K(x) = y, h_K(x') = y'\}|$$

$$= \sum_{y' \in \mathcal{Y}} \frac{|\mathcal{K}|}{M^2}$$

$$= \frac{|\mathcal{K}|}{M}$$

定理 4.11　假定 $(\mathcal{X}, \mathcal{Y}, \mathcal{K}, \mathcal{H})$ 是一个强泛 (N, M)-Hash 函数族。则 $(\mathcal{X}, \mathcal{Y}, \mathcal{K}, \mathcal{H})$ 是 $Pd_0 = Pd_1 = 1/M$ 的认证码。

证明　对任意的 $x \in \mathcal{X}$ 和 $y \in \mathcal{Y}$，我们在引理 4.10 中已证明

$$|\{K \in \mathcal{K} : h_K(x) = y\}| = \frac{|\mathcal{K}|}{M}$$

因此，对任意的 $x \in \mathcal{X}$ 和 $y \in \mathcal{Y}$，$\text{payoff}(x, y) = 1/M$，从而 $Pd_0 = 1/M$。

令 $x, x' \in \mathcal{X}, x \neq x'; y, y' \in \mathcal{Y}, (x, y) \in \mathcal{V}$，则有：

$$\text{payoff}(x', y'; x, y) = \frac{|\{K \in \mathcal{K} : h_K(x') = y', h_K(x) = y\}|}{|\{K \in \mathcal{K} : h_K(x) = y\}|}$$

$$= \frac{|\mathcal{K}| / M^2}{|\mathcal{K}| / M}$$

$$= \frac{1}{M}$$

因此，$Pd_1 = 1/M$。

现在，我们给出强泛 Hash 函数族的几个构造实例。第一个构造实例是例 4.1 的一般化。

定理 4.12　设 p 为素数，对任意的 $a, b \in \mathbb{Z}_p$，用规则

$$f_{(a,b)}(x) = ax + b \bmod p$$

定义 $f(a, b): \mathbb{Z}_p \to \mathbb{Z}_p$，则 $(\mathbb{Z}_p, \mathbb{Z}_p, \mathbb{Z}_p \times \mathbb{Z}_p, \{f_{(a,b)} : a, b \in \mathbb{Z}_p\})$ 是一个强泛 (p, p)-Hash 函数族。

证明　假定 $x, x', y, y' \in \mathbb{Z}_p, x \neq x'$，我们将说明有一个唯一的密钥 $(a, b) \in \mathbb{Z}_p \times \mathbb{Z}_p$ 使得 $ax + b \equiv y \pmod{p}$ 且 $ax' + b \equiv y' \pmod{p}$。这并不难做到，因为 (a, b) 是 $\mathbb{Z}_p$ 上关于两个未知数的两个二元线性方程的解。特别地

$$a = (y' - y)(x' - x)^{-1} \bmod p$$

$$b = y - x(y' - y)(x' - x)^{-1} \bmod p$$

（注意，因为 $x \not\equiv x'(\bmod p)$ 且 p 是素数，所以 $(x'-x)^{-1} \bmod p$ 存在）。

下面是一个强泛 Hash 函数族类的构造，其定义域的基数可比值域更大。

定理 4.13　设 ℓ 为正整数，p 为素数，对任意的 $r \in (\mathbb{Z}_p)^\ell$，定义 $\mathcal{X} = \{0,1\}^\ell \setminus \{(0,\cdots,0)\}$。用规则

$$f_r(x) = r \cdot x \bmod p$$

定义 $f_r : \mathcal{X} \to \mathbb{Z}_p$，其中 $x \in \mathcal{X}$ 且

$$r \cdot x = \sum_{i=1}^{\ell} r_i x$$

是通常的向量内积。那么 $(\mathcal{X}, \mathbb{Z}_p, (\mathbb{Z}_p)^\ell, \{f_r : r \in (\mathbb{Z}_p)^\ell\})$ 是一个强泛 $(2^\ell - 1, p)$-Hash 函数族。

证明　令 $x, x' \in \mathcal{X}, x \neq x'; y, y' \in \mathbb{Z}_p$。我们想说明使得 $r \cdot x \equiv y(\bmod p)$ 且 $r \cdot x' \equiv y'(\bmod p)$ 的向量 $r \in (\mathbb{Z}_p)^\ell$ 的个数是一个常数。向量 r 是 $\mathbb{Z}_p$ 上两个 l 元线性方程的解。这两个方程是线性无关的，因此，线性方程的解的个数为常数 p^{l-2}。

4.5.2　欺骗概率的优化

在这一小节中，我们将证明无条件安全认证码的欺骗概率的几个下界，这些下界表明，来源于强泛 Hash 函数族的认证码具有最小的欺骗概率。

假定 $(\mathcal{X}, \mathcal{Y}, \mathcal{K}, \mathcal{H})$ 是一个 (N, M)-Hash 函数族。对给定的消息 $x \in \mathcal{X}$，我们可计算：

$$\sum_{y \in \mathcal{Y}} \text{payoff}(x, y) = \sum_{y \in \mathcal{Y}} \frac{|\{K \in \mathcal{K} : h_K(x) = y\}|}{|\mathcal{K}|}$$
$$= \frac{|\mathcal{K}|}{|\mathcal{K}|}$$
$$= 1$$

因此，对任意的 $x \in \mathcal{X}$，存在一个消息认证标签 y（依赖于 x），使得

$$\text{payoff}(x, y) \geq \frac{1}{M}$$

下面的定理是上述计算过程的一个简单推论。

定理 4.14　假定 $(\mathcal{X}, \mathcal{Y}, \mathcal{K}, \mathcal{H})$ 是一个 (N, M)-Hash 函数族，则 $Pd_0 \geq 1/M$。进一步，$Pd_0 = 1/M$ 当且仅当对任意的 $x \in \mathcal{X}$ 和 $y \in \mathcal{Y}$，都有

$$|\{K \in \mathcal{K} : h_K(x) = y\}| = \frac{|\mathcal{K}|}{M} \tag{4.3}$$

现在，我们考虑代替攻击的欺骗概率下界。假定给定 $x, x' \in \mathcal{X}, x \neq x'; y, y' \in \mathcal{Y}, (x, y) \in \mathcal{V}$，有如下式子：

$$\sum_{y' \in \mathcal{Y}} \text{payoff}(x', y'; x, y) = \sum_{y' \in \mathcal{Y}} \frac{|\{K \in \mathcal{K} : h_K(x') = y', h_K(x) = y\}|}{|\{K \in \mathcal{K} : h_K(x) = y\}|}$$

$$= \frac{|\{K \in \mathcal{K} : h_K(x) = y\}|}{|\{K \in \mathcal{K} : h_K(x) = y\}|}$$

$$= 1$$

因此，对每一个 $(x, y) \in \mathcal{V}$ 和 $x'(x \neq x')$，存在一个认证标签 y' 使得

$$\text{payoff}(x', y'; x, y) \geqslant \frac{1}{M}$$

我们已经证明了定理 4.15。

定理 4.15 假定 $(\mathcal{X}, \mathcal{Y}, \mathcal{K}, \mathcal{H})$ 是一个 (N, M)-Hash 函数族，则 $Pd_1 \geqslant 1/M$。

稍做一点工作，就可确定 $Pd_1 = 1/M$ 的充分必要条件。

定理 4.16 假设 $(\mathcal{X}, \mathcal{Y}, \mathcal{K}, \mathcal{H})$ 是一个 (N, M)-Hash 函数族，则 $Pd_1 = 1/M$ 当且仅当该 Hash 函数族是强泛的。

证明 如果 Hash 族是强泛的，我们已经在定理 4.11 中证明了 $Pd_1 = 1/M$。现在要证明反过来也是成立的；所以，假定 $Pd_1 = 1/M$。

首先证明 $\mathcal{V} = \mathcal{X} \times \mathcal{Y}$。令 $(x', y') \in \mathcal{X} \times \mathcal{Y}$；下面证明 $(x', y') \in \mathcal{V}$。令 $x \in \mathcal{X}, x \neq x'$。选择任意的 $y \in \mathcal{Y}$ 使得 $(x, y) \in \mathcal{V}$。由定理 4.15 的讨论过程可知，对任意的 $x, x' \in \mathcal{X}, x' \neq x; y, y' \in \mathcal{Y}$ 且 $(x, y) \in \mathcal{V}$，显然有

$$\frac{|\{K \in \mathcal{K} : h_K(x') = y', h_K(x) = y\}|}{|\{K \in \mathcal{K} : h_K(x) = y\}|} = \frac{1}{M} \tag{4.4}$$

因此

$$|\{K \in \mathcal{K} : h_K(x') = y', h_K(x) = y\}| > 0$$

于是有

$$|\{K \in \mathcal{K} : h_K(x') = y'\}| > 0$$

这就证明了 $(x', y') \in \mathcal{V}$，因此，$\mathcal{V} = \mathcal{X} \times \mathcal{Y}$。

现在再回顾一下式 (4.4)。设 $x, x' \in \mathcal{X}, x' \neq x$ 以及 $y, y' \in \mathcal{Y}$。我们有 $(x, y) \in \mathcal{V}$ 和 $(x', y') \in \mathcal{V}$，因此，可以在式 (4.4) 中把 (x, y) 和 (x', y') 相交换。对所有这样的 x, x', y, y'，就得到

$$|\{K \in \mathcal{K} : h_K(x) = y\}| = |\{K \in \mathcal{K} : h_K(x') = y'\}|$$

因此

$$|\{K \in \mathcal{K} : h_K(x) = y\}|$$

是一个常数(换句话说，在认证矩阵的任意的 n 列中，符号 y 出现的个数是常数)。再由式 (4.4) 可知

$$\left|\left\{K\in\mathcal{K}:h_K(x')=y',h_K(x)=y\right\}\right|$$

也是一个常数。因此该 Hash 族是强泛的。

下面的推论说明了只要 $Pd_1=1/M$ 就有 $Pd_0=1/M$。

推论 4.17　假设 $(\mathcal{X},\mathcal{Y},\mathcal{K},\mathcal{H})$ 是一个 (N,M)-Hash 函数族，且 $Pd_1=1/M$，则 $Pd_0=1/M$。

证明　在假定条件下，由定理 4.16 可知，$(\mathcal{X},\mathcal{Y},\mathcal{K},\mathcal{H})$ 是强泛的。再由定理 4.11 可知，$Pd_0=1/M$。

4.6　注释与参考文献

有关 Hash 函数的一个好的最新综述，可参见 Preneel[274]。原像稳固、碰撞稳固等概念已经探讨了一段时间，进一步的详细资料可参见[274]。

随机谕示模型是 Bellare 和 Rogaway 在参考文献[22]中提出的；4.2.2 小节中的分析取材于 Stinson[324]。

4.3 节中的材料取材于 Damgård[102]，类似的方法在 Merkle[239]中也有论述。

Rivest 的 MD4 和 MD5 Hash 算法在参考文献[28]和[282]中分别有详述。SHA（即 SHA-0）在 FIPS 180[140]中叙述；它已被 SHA-1 取代，SHA-1 在 FIPS 180-1[141]中有详述。FIPS 180-2[142]中包括了其他的 Hash 算法 SHA-256，SHA-384 和 SHA-512。

1998 年，Dobbertin[120]找到了 MD4 的碰撞。MD5 的压缩函数的碰撞最先是由 Dobbertin [119] 于 1996 年找到的。满轮的 MD5 的碰撞是由 Wang, Feng, Lai 和 Yu[338]提出的。对 SHA-1 的碰撞搜索攻击现状（2005 年 3 月之前）讨论在 Wang, Yin 和 Yu[339]中。

SHA-0 的碰撞是由 Joux 找到并在 CRYPTO 2004 上报告，没有发表，但可从各种 Web 网站资源获得。两个消息都是 2048 比特长，表 4.1 使用十六进制表示给出了这两个消息。Hash 值都是消息：

$$C9f160777d4086fe8095fba58b7e20c228a4006b$$

Chabaud 和 Joux[85]，Biham 和 Chen[37]这两篇论文描述了发现上述碰撞的一些相关原理。

Preneel 和 van Oorschot[276]是对迭代消息认证码的最新研究进展。对某些类型的 MAC 的安全性证明的工作有：Bellare，Canetti 和 Krawczyk[16]证明了 HMAC 的安全性；Bellare，Killian 和 Rogaway[19]证明了 CBC-MAC 是安全的；Bellare，Guerin 和 Rogaway[18]证明了称为 XOR-MAC 的 MAC 是安全的。

将密码分组链模式用于消息认证的详细情况在 1985 年的 FIPS 113[139]中有阐述。CBC-MAC 的一个修改即 CMAC 已刊登在 NIST 的特别出版物 800-38B[122]上。CMAC 基于 OMAC，是由 Iwata 和 Kurosawa[181]提出的。HMAC 被采纳为标准，参见 FIPS 198[147]。

无条件安全认证码是 Gilbert，MacWilliams 和 Sloane[156]于 1974 年提出的。Simmons 发展了无条件安全认证码的很多理论，他证明了这一领域的许多基础性结论；Simmons[304] 是一篇很好的综述。我们的处理方式与 Simmons 介绍的模式不同，因为我们考虑的是主动攻击。在这种情况下，攻击者在产生一个可能的假冒之前，会做一个谕示器查询以获得一个认证标签。而在 Simmons 考虑的模型中，攻击是被动的：攻击者用一个相应的认证标签来观测一条消息，但是这条消息不是攻击者选择的。

泛 Hash 函数族的概念是由 Carter 和 Wegman[84, 341]引入的。他们的论文[341]首次将强泛 Hash 函数族用于认证。几乎强泛 Hash 函数族(almost strongly universal hash families)的概念的引入，可使得无条件安全MAC的密钥长度大大减少，正式定义参见 Stinson[322]。最后，需要注意的是，泛 Hash 函数族也可被用于构造有效的计算安全的 MAC；这样的 MAC 被称为 UMAC，在 Black 等[40]中有详述。

表 4.1　SHA-0 的一个碰撞

第一个消息：
```
a766a602  b65cffe7  73bcf258  26b322b3
d01b1a97  2684ef53  3e3b4b7f  53fe3762
24c08e47  e959b2bc  3b519880  b9286568
247d110f  70f5c5e2  b4590ca3  f55f52fe
effd4c8f  e68de835  329e603c  c51e7f02
545410d1  671d108d  f5a4000d  cf20a439
4949d72c  d14fbb03  45cf3a29  5dcda89f
998f8755  2c9a58b1  bdc38483  5e477185
f96e68be  bb0025d2  d2b69edf  21724198
f688b41d  eb9b4913  fbe696b5  457ab399
21e1d759  1f89de84  57e8613c  6c9e3b24
2879d4d8  783b2d9c  a9935ea5  26a729c0
6edfc501  37e69330  be976012  cc5dfe1c
14c4c68b  d1db3ecb  24438a59  a09b5db4
35563e0d  8bdf572f  77b53065  cef31f32
dc9dbaa0  4146261e  9994bd5c  d0758e3d
```

第二个消息：
```
a766a602  b65cffe7  73bcf258  26b322b1
d01b1ad7  2684ef51  be3b4b7f  d3fe3762
a4c08e45  e959b2fc  3b519880  39286528
a47d110d  70f5c5e0  34590ce3  755f52fc
6ffd4c8d  668de875  329e603e  451e7f02
d45410d1  e71d108d  f5a4000d  cf20a439
4949d72c  d14fbb01  45cf3a69  5dcda89d
198f8755  ac9a58b1  3dc38481  5e4771c5
796e68fe  bb0025d0  52b69edd  a17241d8
7688b41f  6b9b4911  7be696f5  c57ab399
a1e1d719  9f89de86  57e8613c  ec9e3b26
a879d498  783b2d9e  29935ea7  a6a72980
6edfc503  37e69330  3e976010  4c5dfe5c
14c4c689  51db3ecb  a4438a59  209b5db4
35563e0d  8bdf572f  77b53065  cef31f30
dc9dbae0  4146261c  1994bd5c  50758e3d
```

习题

4.1　假定 $h: \mathcal{X} \to \mathcal{Y}$ 是一个 (N, M)-Hash 函数，对任意的 $y \in \mathcal{Y}$，令

$$h^{-1}(y) = \{x : h(x) = y\}$$

记 $s_y = |h^{-1}(y)|$，定义

$$S = |\{\{x_1, x_2\} : h(x_1) = h(x_2)\}|$$

注意 S 表示 $\mathcal{X}$ 中在 h 下碰撞的无序对的个数。

(a) 证明

$$\sum_{y \in \mathcal{Y}} s_y = N$$

这样 s_y 的平均值就是 $\bar{s} = \dfrac{N}{M}$ 。

(b) 证明

$$S = \sum_{y \in \mathcal{Y}} \binom{s_y}{2} = \frac{1}{2} \sum_{y \in \mathcal{Y}} s_y^2 - \frac{N}{2}$$

(c) 证明

$$\sum_{y \in \mathcal{Y}} (s_y - \bar{s})^2 = 2S + N - \frac{N^2}{M}$$

(d) 利用 (c) 中证明的结果，证明

$$S \geqslant \frac{1}{2} \left(\frac{N^2}{M} - N \right)$$

进一步证明，等式成立当且仅当对任意的 $y \in \mathcal{Y}$ ，都有 $s_y = \dfrac{N}{M}$ 。

4.2   同习题 4.1，假定 $h: \mathcal{X} \to \mathcal{Y}$ 是一个 (N, M)-Hash 函数，对任意的 $y \in \mathcal{Y}$ ，令

$$h^{-1}(y) = \{x : h(x) = y\}$$

用 ϵ 表示 $h(x_1) = h(x_2)$ 的概率，其中 x_1 和 x_2 是 $\mathcal{X}$ 中的任意元素（未必不同）。证明：

$$\epsilon \geqslant \frac{1}{M}$$

等式成立当且仅当对任意的 $y \in \mathcal{Y}$ ，都有

$$|h^{-1}(y)| = \frac{N}{M}$$

4.3   假定 $h: \mathcal{X} \to \mathcal{Y}$ 是一个 (N, M)-Hash 函数，对任意的 $y \in \mathcal{Y}$ ，令

$$h^{-1}(y) = \{x : h(x) = y\}$$

$s_y = |h^{-1}(y)|$ 。假定我们要利用算法 4.1 来解决函数 h 的原像问题，条件是我们只有 h 的谕示器访问权限。对一个给定的 $y \in \mathcal{Y}$ ，设 $\mathcal{X}_0$ 是个数为 q 的 $\mathcal{X}$ 的任一子集。

(a) 证明：给定 y ，算法 4.1 的成功概率为

$$1 - \frac{\dbinom{N - s_y}{q}}{\dbinom{N}{q}}$$

(b) 证明：算法 4.1 的平均成功概率（对所有的 $y \in \mathcal{Y}$ 取平均值）为

$$1 - \frac{1}{M} \sum_{y \in \mathcal{Y}} \frac{\dbinom{N - s_y}{q}}{\dbinom{N}{q}}$$

(c) 当 $q = 1$ 时，说明 (b) 中的成功概率为 $1/M$。

4.4　假定 $h : \mathcal{X} \to \mathcal{Y}$ 是一个 (N, M)-Hash 函数，对任意的 $y \in \mathcal{Y}$，令

$$h^{-1}(y) = \{x : h(x) = y\}$$

$s_y = |h^{-1}(y)|$。假定我们要利用算法 4.2 来解决函数 h 的第二原像问题，条件是我们只有 h 的谕示器访问权限。对一个给定的 $x \in \mathcal{Y}$，$\mathcal{X}_0$ 是个数为 $q-1$ 的 $\mathcal{X} \setminus \{x\}$ 的任一子集。

(a) 证明：给定 x，算法 4.2 的成功概率为

$$1 - \frac{\dbinom{N - s_y}{q - 1}}{\dbinom{N - 1}{q - 1}}$$

(b) 证明：算法 4.2 的平均成功概率 (对所有的 $x \in \mathcal{X}$ 取平均值) 为

$$1 - \frac{1}{N} \sum_{y \in \mathcal{Y}} s_y \frac{\dbinom{N - s_y}{q - 1}}{\dbinom{N - 1}{q - 1}}$$

(c) 当 $q = 2$ 时，说明 (b) 中的成功概率为

$$\frac{\sum_{y \in \mathcal{Y}} s_y^2}{N(N - 1)} - \frac{1}{N - 1}$$

4.5　如果定义一个 Hash 函数 (或压缩函数) h，它把一个 n 比特的二元串压缩成 m 比特的二元串。我们可以把 h 看做一个从 $\mathbb{Z}_{2^n}$ 到 $\mathbb{Z}_{2^m}$ 的函数。这样人们总想用模 2^m 的整数运算来定义 h。在这个习题中说明这种类型的一些简单构造是不安全的，应该避免。

(a) 假定 $n = m > 1$，$h : \mathbb{Z}_{2^m} \to \mathbb{Z}_{2^m}$ 被定义为

$$h(x) = x^2 + ax + b \bmod 2^m$$

证明：对任意的 $x \in \mathbb{Z}_{2^m}$，无须解二次方程式，就很容易解决第二原像问题。

(b) 假定 $n > m$ 且 $h : \mathbb{Z}_{2^n} \to \mathbb{Z}_{2^m}$ 被定义为一个 d 次多项式：

$$h(x) = \sum_{i=0}^{d} a_i x^i \bmod 2^m$$

其中 $a_i \in \mathbb{Z}$，$0 \leqslant i \leqslant d$。证明：对任意的 $x \in \mathbb{Z}_{2^n}$，无须解二次方程式，就很容易解决第二原像问题。

4.6　假定 $f : \{0,1\}^m \to \{0,1\}^m$ 是一个原像稳固的双射。定义 $h : \{0,1\}^{2m} \to \{0,1\}^m$ 如下：给定 $x \in \{0,1\}^{2m}$，记

$$x = x' \| x''$$

其中 $x', x'' \in \{0,1\}^m$，然后定义

$$h(x) = f(x' \oplus x'')$$

证明：h 不是第二原像稳固的。

4.7　对 $M = 365$，$15 \leqslant q \leqslant 30$，比较定理 4.4 公式中给出的 ϵ 的准确值和定理证明后推导的对 ϵ 的估计值。

4.8　假定 $h : \mathcal{X} \to \mathcal{Y}$ 是一个 Hash 函数，其中 $|\mathcal{X}|$ 和 $|\mathcal{Y}|$ 是有限值且 $|\mathcal{X}| \geqslant 2|\mathcal{Y}|$。假定 h 是平衡的，也就是说，对所有 $y \in \mathcal{Y}$，都有

$$\left| h^{-1}(y) \right| = \frac{|\mathcal{X}|}{|\mathcal{Y}|}$$

最后，假定对给定的 Hash 函数 h，Oracle-Preimage 是一个针对原像的 (ϵ, Q) 算法。证明：对给定的 Hash 函数 h，Collision-To-Preimage 是一个针对碰撞的 $(\epsilon/2, Q+1)$ 算法。

4.9　假定 $h_1 : \{0,1\}^{2m} \to \{0,1\}^m$ 是一个碰撞稳固的 Hash 函数。

(a) 定义 $h_2 : \{0,1\}^{4m} \to \{0,1\}^m$ 如下：

 1. 将 $x \in \{0,1\}^{4m}$ 记为 $x = x_1 \| x_2$，其中 $x_1, x_2 \in \{0,1\}^{2m}$。
 2. 定义 $h_2(x) = h_1(h_1(x_1) \| h_1(x_2))$。

证明：h_2 是碰撞稳固的。

(b) 对整数 $i \geqslant 2$，从 h_{i-1} 递归定义 Hash 函数 $h_i : \{0,1\}^{2^i m} \to \{0,1\}^m$ 如下：

 1. 将 $x \in \{0,1\}^{2^i m}$ 记为 $x = x_1 \| x_2$，其中 $x_1, x_2 \in \{0,1\}^{2^{i-1} m}$。
 2. 定义 $h_i(x) = h_1(h_{i-1}(x_1) \| h_{i-1}(x_2))$。

证明：h_i 是碰撞稳固的。

4.10　在这个习题中，我们考虑 Derkle-Damgård 结构的一个简化版本。假定

$$\text{compress} : \{0,1\}^{m+t} \to \{0,1\}^m$$

其中 $t \geqslant 1$，假定

$$x = x_1 \| x_2 \| \cdots \| x_k$$

其中

$$|x_1| = |x_2| = \cdots = |x_k| = t$$

我们研究下面的迭代 Hash 函数：

算法 4.9　简化的 Merkle-Damgård(x, k, t)

external compress

$$z_1 \leftarrow 0^m \parallel x_1$$
$$g_1 \leftarrow \textbf{compress}(z_1)$$
for $i \leftarrow 1$ **to** $k-1$
$$\textbf{do} \begin{cases} z_{i+1} \leftarrow g_i \parallel x_{i+1} \\ g_{i+1} \leftarrow \textbf{compress}(z_{i+1}) \end{cases}$$
$$h(x) \leftarrow g_k$$
return $(h(x))$

假定 compress 是碰撞稳固的，进一步假定 compress 是零原像稳固的，也就是说，难以找到满足 compress$(z) = 0^m$ 的 $z \in \{0,1\}^{m+t}$。在这些假定条件下，证明：h 是碰撞稳固的。

4.11 可以不用分组密码的 CBC 模式，而是用其 CFB 模式来产生一个消息认证码。给定系列明文分组 $x_1, \cdots, x_n$，假定定义初始向量 IV 为 x_1。在 CFB 模式中用密钥 K 加密序列 $x_2, \cdots, x_n$，得到密文序列 $y_1, \cdots, y_{n-1}$（注意，只有 $n-1$ 个密文分组）。最后，定义 MAC 为 $e_K(y_{n-1})$。证明：该 MAC 等同于 4.4.2 节中提出的 CBC-MAC。

4.12 假定 $(\mathcal{P}, \mathcal{C}, \mathcal{K}, \mathcal{E}, \mathcal{D})$ 是一个内嵌式密码体制，其中 $\mathcal{P} = \mathcal{C} = \{0,1\}^m$。令 $n \geq 2$ 是一个整数，定义 Hash 函数族 $(\mathcal{X}, \mathcal{Y}, \mathcal{K}, \mathcal{H})$ 如下（$\mathcal{X} = (\{0,1\}^m)^n$，$\mathcal{Y} = \{0,1\}^m$）：

$$h_K(x_1, \cdots, x_n) = e_K(x_1) \oplus \cdots \oplus e_K(x_n)$$

按如下方式证明 $(\mathcal{X}, \mathcal{Y}, \mathcal{K}, \mathcal{H})$ 不是一个安全的消息认证码：

(a) 证明该 Hash 函数族存在一个(1, 1)假冒者。

(b) 证明该 Hash 函数族存在一个(1, 2)假冒者：对任意的消息$(x_1, \cdots, x_n)$，均可伪造 MAC(这种伪造被称为选择假冒；这些假冒在前面被考虑为存在假冒的例子)。注意，当 $x_1 = \cdots = x_n$ 时情况较复杂。

4.13 假定 $(\mathcal{P}, \mathcal{C}, \mathcal{K}, \mathcal{E}, \mathcal{D})$ 是一个内嵌式密码体制，其中 $\mathcal{P} = \mathcal{C} = \{0,1\}^m$。令 $n \geq 2$ 和 $m \geq 3$ 均为整数，定义 Hash 函数族 $(\mathcal{X}, \mathcal{Y}, \mathcal{K}, \mathcal{H})$ 如下（$\mathcal{X} = (\{0,1\}^m)^n$，$\mathcal{Y} = \{0,1\}^m$）：

$$h_K(x_1, \cdots, x_n) = e_K(x_1) + 3e_K(x_2) + \cdots + (2n-1)e_K(x_n) \bmod 2^m$$

(a) 当 n 为奇数时，证明该 Hash 函数族存在(1, 2)假冒者。

(b) 当 $n = 2$ 时，证明该 Hash 函数族存在如下的(1/2, 2)假冒者：

1. 求(x_1, x_2) 和(x_2, x_1) 的 MAC，其中 $x_1 \neq x_2$。假定 $a = h_K(x_1, x_2)$，$b = h_K(x_2, x_1)$。
2. 证明恰有八个有序对 (y_1, y_2) 满足：$y_1 = e_K(x_1)$，$y_2 = e_K(x_2)$ 且与给定的 MAC 值 a 和 b 相一致。
3. 对 y_1 随机选择八个可能的值之一，定义 $y = 4y_1 \bmod 2^m$，并输出可能的假冒 (x_1, x_1)，y。证明：该假冒有效的概率为 1/2。

(c) 证明该 Hash 函数族存在(1, 3)假冒者：对任意的消息 $(y_1, \cdots, y_n)$，均可假冒 MAC。

4.14 假定 $(\mathcal{X}, \mathcal{Y}, \mathcal{K}, \mathcal{H})$ 是一个强泛 (N, M)-Hash 函数族。

(a) 如果 $|\mathcal{K}| = M^2$，证明该 Hash 函数族存在(1, 2)假冒者(即 $Pd_2 = 1$)。

(b)（下面将推广(a)中证明的结果）记 $\lambda = |\mathcal{K}| / M^2$。证明：该 Hash 函数族存在 $(1/\lambda, 2)$ 假冒者（即 $Pd_2 \geqslant 1/\lambda$）。

4.15　计算下面矩阵所表示的认证码的 Pd_0 和 Pd_1。

密钥	1	2	3	4
1	1	1	2	3
2	1	2	3	1
3	2	1	3	1
4	2	3	1	2
5	3	2	1	3
6	3	3	2	1

4.16　设 p 为奇素数。对于 $a, b \in \mathbb{Z}_p$，按规则

$$f_{(a,b)}(x) = (x+a)^2 + b \bmod p$$

定义 $f_{(a,b)} : \mathbb{Z}_p \to \mathbb{Z}_p$。证明 $(\mathbb{Z}_p, \mathbb{Z}_p, \mathbb{Z}_p \times \mathbb{Z}_p, \{f_{(a,b)} : a, b \in \mathbb{Z}_p\})$ 是一个强泛的 (p, p)-Hash 族。

4.17　设 $k \geqslant 1$ 为整数。一个 (N, M)-Hash 族 $(\mathcal{X}, \mathcal{Y}, \mathcal{K}, \mathcal{H})$ 称为 k 强泛的，如果对任意 k 个不同的 $x_1, x_2, \cdots, x_k \in \mathcal{X}$ 以及对 k 个（未必不同）独立的 $y_1, y_2, \cdots, y_k \in \mathcal{Y}$，满足以下条件：

$$|\{K \in \mathcal{K}: h_K(x_i) = y_i, 1 \leqslant i \leqslant k\}| = \frac{|\mathcal{K}|}{M^k}$$

(a)证明对所有满足 $1 \leqslant \ell \leqslant k$ 的 ℓ，一个 k 强泛的 Hash 族是一个 ℓ 强泛的。

(b)设 p 是素数，$k \geqslant 1$ 是整数。对所有的 k 元组 $(a_0, \cdots, a_{k-1}) \in (\mathbb{Z}_p)^k$，按规则

$$f_{(a_0, \cdots, a_{k-1})}(x) = \sum_{i=0}^{k-1} a_i x^i \bmod p$$

定义 $f_{(a_0, \cdots, a_{k-1})} : \mathbb{Z}_p \to \mathbb{Z}_p$。证明 $(\mathbb{Z}_p, \mathbb{Z}_p, (\mathbb{Z}_p)^k, \{f_{(a_0, \cdots, a_{k-1})} : (a_0, \cdots, a_{k-1}) \in (\mathbb{Z}_p)^k\})$ 是一个 k 强泛的 (p, p)-Hash 族。

提示： 使用域上的 d 次多项式最多有 d 个根这一事实。

第 5 章 RSA 密码体制和整数因子分解

5.1 公钥密码学简介

到目前为止，在我们所研究的经典密码学模型中，Alice 和 Bob 秘密地选择密钥 K。根据 K 可得到一条加密规则 e_K 和一条解密规则 d_K。在这些密码体制中，d_K 或者与 e_K 相同，或者可从 e_K 容易地导出(例如，DES 解密等同于加密，只是密钥方案是相反的)。由于 e_K 或者 d_K 的泄露会导致系统的不安全性，这种类型的密码体制称为对称密钥密码体制。

对称密钥密码体制的一个缺点是它需要在 Alice 和 Bob 之间首先在传输密文之前使用一个安全信道交换密钥。实际上，这可能是很难达到的。例如，假定 Alice 和 Bob 的居住地相距很远，他们决定用 E-mail 通信，在这种情况下，Alice 和 Bob 可能无法获得一个合理的安全信道。

在公钥密码体制中的一个想法就是：也许能找到一个密码体制，使得由给定的 e_K 来求 d_K 是计算上不可行的。如果这样的话，加密规则 e_K 是一个公钥，可以在一个目录中公布(这也就是公钥体制名称的由来)。公钥体制的优点就是 Alice(或者其他任何人)可以利用公钥加密规则 e_K 发出一条加密的消息给 Bob(无须预先的共享秘密密钥的通信)。Bob 将是唯一能够利用解密规则 d_K(称为私钥)对密文进行解密的人。

考虑如下的类比：Alice 在一个金属盒子里放入一件东西，利用号码锁锁住留给 Bob。由于只有 Bob 知道号码，他是唯一能打开盒子的人。

公钥密码体制的思想是在 1976 年由 Diffie 和 Hellman 提出的。然后在 1977 年由 Rivest, Shamir 和 Adleman 发明了著名的 RSA 密码体制(将在本章中讨论)。此后，一些公钥密码体制被提出，其安全性依赖于不同的计算问题。其中最重要的是：RSA 密码体制(及其变种)，其安全性基于分解大整数的困难性；ElGamal 密码体制(及其变种，例如，椭圆曲线密码体制)，其安全性基于离散对数问题。我们在本章中讨论 RSA 密码体制和它的变种，ElGamal 密码体制将在第 6 章中讨论。

在 Diffie 和 Hellman 之前，公钥密码学的思想已经由 James Ellis 在 1970 年 1 月的一篇题为"非秘密加密的可能性"的论文中(短语"非秘密加密"即是公钥密码学)提出。James Ellis 是电子通信安全小组(CESG)的成员，这个小组是英国政府通信司令部(GCHQ)的一个特别部门。这篇论文没有在公开文献中发表，而是在 1997 年 12 月由 GCHQ 正式解密的五篇论文中的一篇。在这五篇论文中，还有一篇由 Clifford Cocks 在 1973 年发表的题为"关于非秘密加密的注释"的论文，其中描述的公钥密码体制本质上与 RSA 密码体制一样。

一个很重要的事实就是公钥密码体制无法提供无条件安全性，这是因为一个敌手观察到密文 y 可以利用公钥加密规则 e_K 加密每一条可能的明文，直到他发现唯一的 x 使得 $y = e_K(x)$。这个 x 就是 y 的解密。所以，我们仅研究公钥体制的计算安全性。

把公钥密码体制抽象为一种称为陷门单向函数(trapdoor one-way function)的抽象，对于研究公钥密码体制是很有帮助的。我们现在给出它的非正式定义。

Bob 的公开加密函数 e_K 应该是容易计算的。我们注意到计算其逆函数(即解密函数)应该是困难的(对于除 Bob 以外的人)。回顾 4.2 节，一个函数容易计算但难于求逆，通常称为单向函数。在加密过程中，我们希望加密函数 e_K 是一个单射单向函数，以便解密。遗憾的是，尽管有很多单射函数被认为是单向的，但是还没有一个函数能被证明是单向的。

下面是一个被认为是单向函数的例子。假定 n 为两个大素数 p 和 q 的乘积，b 为一个正整数。那么定义 $f : \mathbb{Z}_n \to \mathbb{Z}_n$ 为

$$f(x) = x^b \bmod n$$

(如果 $\gcd(b, \phi(n)) = 1$，那么事实上这是 RSA 加密函数；我们将在后面给出详细描述)。

如果我们要构造一个公钥密码体制，仅给出一个单射单向函数是不够的。从 Bob 的观点来看，并不需要 e_K 是单向的，因为他需要用有效的方式解密所收到的消息。因此，Bob 应该拥有一个陷门(trapdoor)，其中包含容易求出 e_K 的逆函数的秘密信息。也就是说，Bob 可以有效地解密，因为他有额外的秘密知识，即 K，能够提供给他解密函数 d_K。所以，我们称一个函数是陷门单向函数，如果它是一个单向函数，但在具有特定陷门的知识后容易求出其逆。

考虑上面的函数 $f(x) = x^b \bmod n$。我们将在 5.3 节中看到其逆函数 f^{-1} 有类似的形式：$f(x) = x^a \bmod n$，对于合适的取值 a。陷门就是利用 n 的因子分解，有效地算出正确的指数 a(对于给定的 b)。

为方便起见，我们把特定的某类陷门单向函数记为 $\mathcal{F}$。那么随机选取一个函数 $f \in \mathcal{F}$，作为公开加密函数；其逆函数 f^{-1} 是秘密解密函数。这类似于在对称密钥密码体制中，从特定的密钥空间随机选取一个密钥。

本章的其余内容组织如下。5.2 节中介绍了一些重要的数论结果。5.3 节中开始研究 RSA 密码体制。5.4 节提供了一些重要的素性检测方法。5.5 节简短描述了模 n 的平方根的存在性。然后在 5.6 节中提供了一些分解因子的方法。5.7 节中考虑了其他的一些对 RSA 密码体制的攻击，并在 5.8 节中描述了 Rabin 密码体制。最后，在 5.9 节中讨论了 RSA 类密码体制的语义安全性。

5.2　更多的数论知识

在描述 RSA 密码体制如何工作之前，我们需要讨论一些关于模算术和数论的知识。我们需要两个基础工具：Euclidean 算法和中国剩余定理。

5.2.1　Euclidean 算法

在第1章中已经知道，对于任何正整数 n，$\mathbb{Z}_n$ 是一个环。我们也证明了 $b \in \mathbb{Z}_n$ 有一个乘法逆当且仅当 $\gcd(b, n) = 1$；小于 n 且与 n 互素的正整数的个数为 $\phi(n)$。

模 n 的余数与 n 互素的全体记为 $\mathbb{Z}_n^*$。容易看到 $\mathbb{Z}_n^*$ 在乘法下形成一个阿贝尔群。我们已经证明模 n 乘法是可结合的和可交换的，1 为乘法单位元。$\mathbb{Z}_n^*$ 中任一元素有一个乘法逆（也在 $\mathbb{Z}_n^*$ 中）。最后，$\mathbb{Z}_n^*$ 是乘法封闭的，由于当 x 和 y 与 n 互素时，xy 与 n 互素（证明这一点）。

此时，我们知道任一 $b \in \mathbb{Z}_n^*$ 都有一个乘法逆 b^{-1}，但还没有给出求 b^{-1} 的有效算法。这样的算法是存在的，称为扩展 Euclidean 算法。我们首先描述 Euclidean 算法的基本形式，它可以给出两个正整数 a 和 b 的最大公因子。Euclidean 算法首先令 r_0 为 a，令 r_1 为 b，然后执行如下除法运算：

$$
\begin{aligned}
r_0 &= q_1 r_1 + r_2 & 0 < r_2 < r_1 \\
r_1 &= q_2 r_2 + r_3 & 0 < r_3 < r_2 \\
&\vdots\ \vdots\ \vdots \\
r_{m-2} &= q_{m-1} r_{m-1} + r_m & 0 < r_m < r_{m-1} \\
r_{m-1} &= q_m r_m
\end{aligned}
$$

Euclidean 算法的伪代码描述在算法 5.1 中给出。

算法 5.1   Euclidean Algorithm(a, b)

$r_0 \leftarrow a$

$r_1 \leftarrow b$

$m \leftarrow 1$

while $r_m \neq 0$

do $\begin{cases} q_m \leftarrow \left\lfloor \dfrac{r_{m-1}}{r_m} \right\rfloor \\[2mm] r_{m+1} \leftarrow r_{m-1} - q_m r_m \\[2mm] m \leftarrow m + 1 \end{cases}$

$m \leftarrow m - 1$

return$(q_1, \cdots, q_m; r_m)$

comment：$r_m = \gcd(a, b)$

注：我们将在本章后面的用表 $(q_1, \cdots, q_m)$ 来表示算法 5.1 计算过程中出现的数值。

在算法 5.1 中，容易看到

$$\gcd(r_0, r_1) = \gcd(r_1, r_2) = \cdots = \gcd(r_{m-1}, r_m) = r_m$$

因此，可以得出 $\gcd(a, b) = r_m$。

由于 Euclidean 算法能计算出最大公因子，它可以用来判断一个正整数 $b < n$ 是否有模 n 的乘法逆，通过调用 Euclidean Algorithm(n, b) 来检查一下是否有 $r_m = 1$。但是，这并没有计算出其值 $b^{-1} \bmod n$（如果逆存在）。

现在，假定按下面的构造定义了两个数列（其中 q_j 按算法 5.1 定义）：

$$t_0, t_1, \cdots, t_m \quad \text{和} \quad s_0, s_1, \cdots, s_m$$

其中

$$t_j = \begin{cases} 0 & j = 0 \\ 1 & j = 1 \\ t_{j-2} - q_{j-1}s_{j-1} & j \geqslant 2 \end{cases}$$

$$s_j = \begin{cases} 0 & j = 0 \\ 1 & j = 1 \\ s_{j-2} - q_{j-1}s_{j-1} & j \geqslant 2 \end{cases}$$

那么，我们有如下有用的结果。

定理 5.1　对于 $0 \leqslant j \leqslant m$，有 $r_j = s_j r_0 + t_j r_1$，其中 r_j 按算法 5.1 定义，s_j 和 t_j 按上面定义。

证明　对 j 用归纳法证明。对于 $j = 0$ 和 $j = 1$，命题是平凡的。假定命题对于 $j = i-1$ 和 $j = i-2$ 成立，其中 $i \geqslant 2$；我们将证明命题对于 $j = i$ 也是成立的。由归纳假定，则有

$$r_{i-2} = s_{i-2}r_0 + t_{i-2}r_1$$

和

$$r_{i-1} = s_{i-1}r_0 + t_{i-1}r_1$$

现在计算

$$\begin{aligned} r_i &= r_{i-2} - q_{i-1}r_{i-1} \\ &= s_{i-2}r_0 + t_{i-2}r_1 - q_{i-1}(s_{i-1}r_0 + t_{i-1}r_1) \\ &= (s_{i-2} - q_{i-1}s_{i-1})r_0 + (t_{i-2} - q_{i-1}t_{i-1})r_1 \\ &= s_i r_0 + t_i r_1 \end{aligned}$$

因此，由归纳法，命题对于所有整数 $j \geqslant 0$ 是正确的。

在算法 5.2 中，我们给出了扩展 Euclidean 算法，它以两个整数 a 和 b 作为输入，计算出整数 r，s 和 t 使得 $r = \gcd(a, b)$ 且 $sa + tb = r$。在算法的这个版本中，不必记录所有的 q_j, r_j, s_j 和 t_j；在算法的任一点上，记录每个数列的最后两项就足够了。

算法 5.2　Extended Euclidean Algorithm(a, b)

$a_0 \leftarrow a$

$b_0 \leftarrow b$

$t_0 \leftarrow 0$

$t \leftarrow 1$

$s_0 \leftarrow 1$

$s \leftarrow 0$

$q \leftarrow \left\lfloor \dfrac{a_0}{b_0} \right\rfloor$

$r \leftarrow a_0 - qb_0$

while $r > 0$

$$\mathbf{do} \begin{cases} temp \leftarrow t_0 - qt \\ t_0 \leftarrow t \\ t \leftarrow temp \\ temp \leftarrow s_0 - qs \\ s_0 \leftarrow s \\ s \leftarrow temp \\ a_0 \leftarrow b_0 \\ b_0 \leftarrow r \\ q \leftarrow \left\lfloor \dfrac{a_0}{b_0} \right\rfloor \\ r \leftarrow a_0 - qb_0 \end{cases}$$

$r \leftarrow b_0$

return(r, s, t)

comment:　$r = \gcd(a, b)$ and $sa + tb = r$

下面推论可由定理 5.1 直接推出。

推论 5.2　假定 $\gcd(r_0, r_1) = 1$。那么 $r_1^{-1} \bmod r_0 = t_m \bmod r_0$。

证明　由定理 5.1，我们有

$$1 = \gcd(r_0, r_1) = s_m r_0 + t_m r_1$$

两边模 r_0 约化等式，我们得到

$$t_m r_1 \equiv 1 (\bmod r_0)$$

即得所证。

我们用一个小例子来说明算法，其中给出了所有 s_j, t_j, q_j 和 r_j 的值。

例 5.1　假定要计算 $28^{-1} \bmod 75$。那么如下计算：

i	r_j	q_j	s_j	t_j
0	75		1	0
1	28	2	0	1
2	19	1	1	-2
3	9	2	-1	3
4	1	9	3	-8

因此，我们发现

$$3 \times 75 - 8 \times 25 = 1$$

应用推论 5.2，可得到

$$28^{-1} \bmod 75 = -8 \bmod 75 = 67$$

扩展 Euclidean 算法立即得出数值 $b^{-1} \bmod a$（如果存在）。事实上，乘法逆 $b^{-1} \bmod a = t \bmod a$；这可由推论 5.2 直接导出。然而，一个更有效的算法是把所有 s_j 的计算都从算法 5.2 中去掉，并在主循环中每次都模 a 约化 t。我们得到算法 5.3。

算法 5.3　Multiplicative Inverse(a, b)

$a_0 \leftarrow a$

$b_0 \leftarrow b$

$t_0 \leftarrow 0$

$t \leftarrow 1$

$q \leftarrow \left\lfloor \dfrac{a_0}{b_0} \right\rfloor$

$r \leftarrow a_0 - q b_0$

while $r > 0$

$\quad$ **do** $\begin{cases} temp \leftarrow (t_0 - qt) \bmod a \\ t_0 \leftarrow t \\ t \leftarrow temp \\ a_0 \leftarrow b_0 \\ b_0 \leftarrow r \\ q \leftarrow \left\lfloor \dfrac{a_0}{b_0} \right\rfloor \\ r \leftarrow a_0 - q b_0 \end{cases}$

if $b_0 \neq 1$

$\quad$ **then** b has no inverse modulo a

else return(t)

5.2.2　中国剩余定理

中国剩余定理是求解某类特定同余方程组的一个好方法。假定 $m_1, \cdots, m_r$ 为两两互素的正整数（即当 $i \neq j$ 时，$\gcd(m_i, m_j) = 1$）。假定 $a_1, \cdots, a_r$ 是整数，考虑如下的同余方程组：

$$
\begin{aligned}
x &\equiv a_1 \pmod{m_1} \\
x &\equiv a_2 \pmod{m_2} \\
&\ \ \vdots \qquad\qquad \vdots \\
x &\equiv a_r \pmod{m_r}
\end{aligned}
$$

中国剩余定理断言这个方程组有模 $M = m_1 \times m_2 \times \cdots \times m_r$ 的唯一解。我们将在本节中证明这个结果，并给出求解这种类型的同余方程组的有效算法。

为方便起见，我们研究函数 $\chi : \mathbb{Z}_M \to \mathbb{Z}_{m1} \times \cdots \times \mathbb{Z}_{mr}$，按如下定义：

$$\chi(x) = (x \bmod m_1, \cdots, x \bmod m_r)$$

例 5.2　假定 $r = 2, m_1 = 5$ 且 $m_2 = 3$，那么 $M = 15$。于是函数 χ 取值如下：

$$\chi(0) = (0, 0) \qquad \chi(1) = (1, 1) \qquad \chi(2) = (2, 2)$$
$$\chi(3) = (3, 0) \qquad \chi(4) = (4, 1) \qquad \chi(5) = (0, 2)$$
$$\chi(6) = (1, 0) \qquad \chi(7) = (2, 1) \qquad \chi(8) = (3, 2)$$
$$\chi(9) = (4, 0) \qquad \chi(10) = (0, 1) \qquad \chi(11) = (1, 2)$$
$$\chi(12) = (2, 0) \qquad \chi(13) = (3, 1) \qquad \chi(14) = (4, 2)$$

证明中国剩余定理就等于证明函数 χ 是一个双射。在例 5.2 中容易看到是一个双射。事实上，我们可以给出逆函数 χ^{-1} 的显式公式。

对于 $1 \leqslant i \leqslant r$，定义

$$M_i = \frac{M}{m_i}$$

那么，容易看到

$$\gcd(M_i, m_i) = 1$$

$1 \leqslant i \leqslant r$。下一步，对于 $1 \leqslant i \leqslant r$，定义

$$y_i = M_i^{-1} \bmod m_i$$

(逆存在是因为 $\gcd(M_i, m_i) = 1$，且可用算法 5.3 找到)。注意到

$$M_i y_i \equiv 1 (\bmod m_i)$$

$1 \leqslant i \leqslant r$。

现在，定义一个函数 $\rho : \mathbb{Z}_{m1} \times \cdots \times \mathbb{Z}_{mr} \to \mathbb{Z}_M$ 如下：

$$\rho(a_1, \cdots, a_r) = \sum_{i=1}^{r} a_i M_i y_i \bmod M$$

我们将证明函数 $\rho = \chi^{-1}$，即它提供了一个求解原来的同余方程组的显式公式。

记 $X = \rho(a_1, \cdots, a_r)$，令 $1 \leqslant j \leqslant r$。考虑上面和式中的项 $a_i M_i y_i$ 模 m_j 约化的情况：如果 $i = j$，那么

$$a_i M_i y_i \equiv a_i (\bmod m_i)$$

因为

$$M_i y_i \equiv 1 (\bmod m_i)$$

另外，如果 $i \neq j$，那么

$$a_i M_i y_i \equiv 0 (\bmod m_i)$$

因为在这种情形下 $m_j \mid M_i$。因此有

$$X \equiv \sum_{i=1}^{r} a_i M_i y_i \pmod{m_j}$$
$$\equiv a_j \pmod{m_j}$$

由于上式对所有的 $j, 1 \leqslant j \leqslant r$ 都成立，所以，X 是同余方程组的一个解。

到现在为止，我们还需证明 X 模 M 是唯一的。这可以通过简单的计数来做到。函数 χ 是从基数为 M 的定义域到基数为 M 的值域的映射。我们已经证明 χ 是一个满射。因此，χ 必须是单射，由于定义域和值域有相同的基数。于是 χ 是一个双射，且 $\chi^{-1} = \rho$。注意到 χ^{-1} 是它的参数 $a_1, \cdots, a_r$ 的一个线性函数。

下面用一个大一点的例子来说明上述过程。

例 5.3 假定 $r = 3, m_1 = 7, m_2 = 11$ 且 $m_3 = 13$。那么 $M = 1001$。计算 $M_1 = 143, M_2 = 91$ 且 $M_3 = 77$，于是 $y_1 = 5, y_2 = 4$ 且 $y_3 = 12$。那么函数 $\chi^{-1}: \mathbb{Z}_7 \times \mathbb{Z}_{11} \times \mathbb{Z}_{13} \to \mathbb{Z}_{1001}$ 如下：

$$\chi^{-1}(a_1, a_2, a_3) = (715a_1 + 364a_2 + 924a_3) \bmod 1001$$

例如，如果 $x \equiv 5 \pmod 7, x \equiv 3 \pmod{11}$ 且 $x \equiv 10 \pmod{13}$，那么这个公式告诉我们

$$x = (715 \times 5 + 364 \times 3 + 924 \times 10) \bmod 1001$$
$$= 13907 \bmod 1001$$
$$= 894$$

这可以通过用 894 模 7, 11 和 13 约化来验证。

为方便后面参考，我们将本节的结果记录为如下定理。

定理 5.3（中国剩余定理） 假定 $m_1, \cdots, m_r$ 为两两互素的正整数，又假定 $a_1, \cdots, a_r$ 为整数。那么同余方程组 $x \equiv a_i \pmod{m_i}(1 \leqslant i \leqslant r)$ 有模 $M = m_1 \times \cdots \times m_r$ 的唯一解，此解由下式给出：

$$x = \sum_{i=1}^{r} a_i M_i y_i \bmod M$$

其中 $M_i = M / m_i$，且 $y_i = M_i^{-1} \bmod m_i$，$1 \leqslant i \leqslant r$。

5.2.3 其他有用的事实

下面将提到来自基本群理论的另一结果，称为 Lagrange 定理，对处理 RSA 密码体制有很大关系。对于一个（有限）乘法群 G，定义元素 $g \in G$ 的阶(order)为使得 $g^m = 1$ 的最小的正整数 m。下面的结果是相当简单的，但在这里不给出证明。

定理 5.4（Lagrange） 假定 G 是一个阶为 n 的乘法群，且 $g \in G$。那么 g 的阶整除 n。

对于我们的意图而言，如下的推论是基本的。

推论 5.5 如果 $b \in \mathbb{Z}_n^*$，那么 $b^{\phi(n)} \equiv 1 \pmod n$。

证明 $\mathbb{Z}_n^*$ 是阶为 $\phi(n)$ 的乘法群。

推论 5.6(Fermat)　假定 p 是一个素数，且 $b \in \mathbb{Z}_p$，那么 $b^p \equiv b \pmod{p}$。

证明　如果 p 是一个素数，那么 $\phi(p) = p - 1$。所以，对于 $b \not\equiv \pmod{p}$，结果可由推论5.5 得到。对于 $b \equiv 0 \pmod{p}$，结果仍成立，因为 $0^p \equiv 0 \pmod{p}$。

到此为止，我们知道如果 p 是一个素数，那么 $\mathbb{Z}_p^*$ 是阶为 $p-1$ 的乘法群，且 $\mathbb{Z}_p^*$ 中任一元素的阶整除 $p-1$。事实上，如果 p 是一个素数，那么群 $\mathbb{Z}_p^*$ 是一个循环群(cyclic group)：存在一个元素 $\alpha \in \mathbb{Z}_p^*$ 其阶等于 $p-1$。我们不去证明这一重要事实，但记录下来以供后面参考。

定理 5.7　如果 p 是一个素数，那么群 $\mathbb{Z}_p^*$ 是一个循环群。

一个元素 α 具有模 p 的阶等于 $p-1$，称为一个模 p 的本原元素。易知 α 是一个模 p 的本原元素当且仅当

$$\{\alpha^i : 0 \leqslant i \leqslant p-2\} = \mathbb{Z}_p^*$$

现在假定 p 是一个素数且 α 是一个模 p 的本原元素。任一元素 $\beta \in \mathbb{Z}_p^*$ 可以写成唯一的形式 $\beta = \alpha^i$，其中 $0 \leqslant i \leqslant p-2$。容易证明，$\beta = \alpha^i$ 的阶为

$$\frac{p-1}{\gcd(p-1, i)}$$

于是，β 本身是一个模 p 的本原元素当且仅当 $\gcd(p-1, i) = 1$。于是模 p 的本原元素的个数为 $\phi(p-1)$。

我们用一个小例子来说明一下。

例 5.4　假定 $p = 13$。根据上面的结果可知，有 4 个模 13 的本原元素。首先，通过计算 2 的连续幂次，可以验证，2 是一个模 13 的本原元素：

$$2^0 \bmod 13 = 1$$
$$2^1 \bmod 13 = 2$$
$$2^2 \bmod 13 = 4$$
$$2^3 \bmod 13 = 8$$
$$2^4 \bmod 13 = 3$$
$$2^5 \bmod 13 = 6$$
$$2^6 \bmod 13 = 12$$
$$2^7 \bmod 13 = 11$$
$$2^8 \bmod 13 = 9$$
$$2^9 \bmod 13 = 5$$
$$2^{10} \bmod 13 = 10$$
$$2^{11} \bmod 13 = 7$$

元素 2^i 是本原的当且仅当 $\gcd(i,12)=1$，即当且仅当 $i=1,5,7,11$。因此，模 13 的本原元素为 2, 6, 7 和 11。

在上面的例中，为了验证 2 是一个模 13 的本原元素要计算 2 的所有幂次。如果 p 是一个很大的素数，那将会花很长的时间来计算一个元素 $\alpha \in \mathbb{Z}_p^*$ 的 $p-1$ 次幂运算。幸运的是，如果 $p-1$ 的因子分解已知，我们可以利用下面结果更快地判断 $\alpha \in \mathbb{Z}_p^*$ 是否为一个本原元素。

定理 5.8　假定 $p>2$ 是一个素数，且 $\alpha \in \mathbb{Z}_p^*$。那么 α 是一个模 p 的本原元素当且仅当 $\alpha^{(p-1)/q} \not\equiv 1 (\bmod p)$ 对于所有满足 $q \mid (p-1)$ 的素数 q 都成立。

证明　如果 α 是一个模 p 的本原元素，那么对于所有的 $1 \leqslant i \leqslant p-2$，都有 $\alpha^i \not\equiv 1 (\bmod p)$，所以结果成立。

反过来，假定 $\alpha \in \mathbb{Z}_p^*$ 不是模 p 的本原元素。令 d 为 α 的阶。那么由 Lagrange 定理，有 $d \mid (p-1)$。因为 α 不是本原的，所以 $d < p-1$。那么 $(p-1)/d$ 是一个大于 1 的整数。令 q 为 $(p-1)/d$ 的素因子。那么 d 是 $(p-1)/q$ 的一个因子。由于 $\alpha^d \equiv 1(\bmod p)$ 且 $d \mid (p-1)/q$，于是有 $\alpha^{(p-q)/q} \equiv 1(\bmod p)$。

12 的因子分解为 $12 = 2^2 \times 3$。因此，在前面的例中，我们可以通过验证 $2^6 \not\equiv 1(\bmod 13)$ 和 $2^4 \not\equiv 1(\bmod 13)$ 来验证 2 是一个模 13 的本原元素。

5.3　RSA 密码体制

我们现在可以描述 RSA 密码体制。这个密码体制利用 $\mathbb{Z}_n$ 中的计算，其中 n 是两个不同的奇素数 p 和 q 的乘积。对于这样一个整数 n，注意到 $\phi(n)=(p-1)(q-1)$。这个密码体制的正式描述参见密码体制 5.1。

密码体制 5.1　RSA 密码体制

设 $n=pq$，其中 p 和 q 为素数。设 $\mathcal{P}=\mathcal{C}=\mathbb{Z}_n$，且定义

$$\mathcal{K} = \{(n,p,q,a,b) : ab \equiv 1 (\bmod \phi(n))\}$$

对于 $K=(n,p,q,a,b)$，定义

$$e_K(x) = x^b \bmod n$$

和

$$d_K(y) = y^a \bmod n$$

$(x, y \in \mathbb{Z}_n)$。值 n 和 b 组成了公钥，且值 p, q 和 a 组成了私钥。

让我们验证加密和解密是逆运算。由于

$$ab \equiv 1(\bmod \phi(n))$$

我们有

$$ab = t\phi(n)+1$$

对于某个整数 $t \geqslant 1$；假定 $x \in \mathbb{Z}_n^*$；那么就有

$$(x^b)^a \equiv x^{t\phi(n)+1}(\mathrm{mod}\, n)$$
$$\equiv (x^{\phi(n)})^t x(\mathrm{mod}\, n)$$
$$\equiv 1^t x(\mathrm{mod}\, n)$$
$$\equiv x(\mathrm{mod}\, n)$$

这正是我们所期望的。把证明如下结论作为练习：如果 $x \in \mathbb{Z}_n \setminus \mathbb{Z}_n^*$，仍有 $(x^b)^a \equiv x(\mathrm{mod}\, n)$。

下面是一个描述 RSA 密码体制的小例子(不安全)。

例 5.5　假定 Bob 选取 $p = 101, q = 113$。那么 $n = 11413$ 和 $\phi(n) = 100 \times 112 = 11200$。由于 $11200 = 2^6 5^2 7$，一个整数 b 可以选为加密指数当且仅当 b 不能被 2，5 或 7 整除(实际上，Bob 不去分解 $\phi(n)$)。他将会利用算法 5.3 来验证 $\gcd(\phi(n),b) = 1$，并同时计算出 b^{-1})。假定 Bob 选取 $b = 3533$。那么

$$b^{-1} \bmod 11200 = 6597$$

因此，Bob 的秘密解密指数为 $a = 6597$。

Bob 在一个目录中发布 $n = 11413$ 和 $b = 3533$。现在，假定 Alice 想加密明文 9726 并发给 Bob。她将计算

$$9726^{3533} \bmod 11413 = 5761$$

然后把密文 5761 通过信道发出。当 Bob 收到了密文 5761，他将用秘密解密指数来计算

$$5761^{6597} \bmod 11413 = 9726$$

(到目前为止，加密和解密过程可能看起来非常复杂，但我们将会在下一节中讨论这些运算的有效算法)。

RSA 密码体制的安全性是基于相信加密函数 $e_K(x) = x^b \bmod n$ 是一个单向函数这一事实，所以，对于一个敌手来说试图解密密文将是计算上不可行的。允许 Bob 解密密文的陷门是分解 $n = pq$ 的知识。由于 Bob 知道这个分解，他可以计算 $\phi(n) = (p-1)(q-1)$，然后用扩展 Euclidean 算法来计算解密指数 a。我们将在后面给出更多关于 RSA 密码体制安全性的论述。

5.3.1　实现 RSA

RSA 密码体制有很多方面可以讨论，包括实现细节，加密和解密的效率，以及安全问题。为了建立这个体制，Bob 使用了 RSA 参数生成算法，由下面的算法 5.4 非正式地给出。Bob 如何实现这个算法的细节问题，将在本章的后面讨论。

算法 5.4　RSA 参数生成

1. 生成两个大素数，p 和 q，$p \neq q$
2. $n \leftarrow pq$，且 $\phi(n) \leftarrow (p-1)(q-1)$
3. 选择一个随机数 $b(1 < b < \phi(n))$，使得 $\gcd(b, \phi(n)) = 1$

4. $a \leftarrow b^{-1} \bmod \phi(n)$

5. 公钥为 (n, b) ，私钥为 (p, q, a) 。

对于 RSA 密码体制的一个明显的攻击就是密码分析者试图分解 n 。如果这一点做到了，那么很简单地可以计算出 $\phi(n) = (p-1)(q-1)$ ，然后可以跟 Bob 一样地从 b 精确地计算出解密指数 a （这里隐含着破解 RSA 密码体制与分解 n 是多项式等价的[①]，但这一点仍未得到证明）。

如果一个 RSA 密码体制要成为安全的，显然要求 $n = pq$ 必须充分大，使得分解它是计算上不可行的。目前的分解算法能够分解 512 比特二进制表示的整数（关于分解因子的更多信息，可参阅 5.6 节）。为了安全着想，一般推荐取 p, q 均为 512 比特的素数；那么 n 就是 1024 比特的模数。分解这样长度的整数就大大超出了现有的分解因子算法的能力。

先把如何寻找 512 比特的素数的问题放到一边，我们首先考察一下加密和解密的算术运算。一个加密（或解密）包含了模 n 的指数运算。由于 n 很大，我们必须用多精度算术来执行 $\mathbb{Z}_n$ 上的运算，所需的时间将依赖于 n 的二进制表示位数。

假定 x 和 y 分别是 k 位和 ℓ 位二进制表示的正整数；即 $k = \lfloor \text{lb} x \rfloor + 1$, $\ell = \lfloor \text{lb} y \rfloor + 1$ 。假定 $k \geqslant \ell$ 。用标准的初等算术技巧，可以容易地得到对 x 和 y 执行各种运算所需时间的上界估计。我们现在概要列出这些结果（并没有说这些是最好的上界估计）。

- 计算 $x + y$ 的时间复杂度为 $O(k)$
- 计算 $x - y$ 的时间复杂度为 $O(k)$
- 计算 xy 的时间复杂度为 $O(k\ell)$
- 计算 $\lfloor x/y \rfloor$ 的时间复杂度为 $O(l(k-l))$ ； $O(k\ell)$ 是一个弱估计
- 计算 $\gcd(x, y)$ 的时间复杂度为 $O(k^3)$

我们看一下最后一项，gcd 可以用算法 5.1 计算。可见 Euclidean 算法的迭代次数为 $O(k)$ （参见习题）。每一次迭代执行一次长除需要时间 $O(k^2)$ ；所以，gcd 算法的计算复杂度看起来为 $O(k^3)$ ［实际上，采用更为细致的分析可知 gcd 算法的复杂度为 $O(k^2)$ ］。

现在我们返回模算术，即 $\mathbb{Z}_n$ 中的运算。假定 n 为一个 k 比特整数，且 $0 \leqslant m_1, m_2 \leqslant n-1$ 。设 c 为一个正整数。有如下的结果：

- 计算 $(m_1 + m_2) \bmod n$ 的时间复杂度为 $O(k)$
- 计算 $(m_1 - m_2) \bmod n$ 的时间复杂度为 $O(k)$
- 计算 $(m_1 m_2) \bmod n$ 的时间复杂度为 $O(k^2)$
- 计算 $(m_1)^{-1} \bmod n$ 的时间复杂度为 $O(k^3)$
- 计算 $(m_1)^c \bmod n$ 的时间复杂度为 $O((\log c) \times k^2)$

上面的大多数结果并不难于证明。前三个运算（模加，模减和模乘）可通过相应的整数运算并执行一次模 n 约化来完成。模逆（即计算乘法逆）可以用算法 5.1 完成。复杂度分析也类似于 gcd 计算。

我们现在考虑模指数，即计算形如 $x^c \bmod n$ 的函数。在 RSA 密码体制中，加密和解密

---

① 我们称这两个问题是多项式等价的，如果对其中一个问题存在多项式时间算法，那么对另一个问题也存在多项式时间算法。

运算都是模指数运算。计算 $x^c \bmod n$ 可以通过 $c-1$ 次模乘来实现；然而，如果 c 非常大，其效率会很低下。注意到 c 可能跟 $\phi(n)-1$ 一样大，$\phi(n)-1$ 又几乎跟 n 一样大，且相对于 k 是指数阶大的。

著名的平方-乘算法可以把计算 $x^c \bmod n$ 所需模乘的次数降低为最多 2ℓ 次，其中 ℓ 是 c 的二进制表示的比特数。于是 $x^c \bmod n$ 可以在时间 $O(\ell k^2)$ 内算出。如果假定 $c < n$（如在 RSA 密码体制中所定义的那样），那么可以看到 RSA 加密和解密都可以在时间 $O((\log n)^3)$ 内完成，这是关于一个明文(或密文)字符的比特数的多项式函数。

平方-乘算法假定指数 c 用二进制表示，即

$$c = \sum_{i=0}^{\ell-1} c_i 2^i$$

其中 $c_i = 0$ 或 1，$0 \leqslant i \leqslant \ell-1$。计算 $z = x^c \bmod n$ 的算法被写为算法 5.5。

算法 5.5 Square-and-Multiply(x, c, n)

$z \leftarrow 1$

for $i \leftarrow \ell-1$ **downto** 0

$\quad$ **do** $\begin{cases} z \leftarrow z^2 \bmod n \\ \textbf{if} \ \ c_i = 1 \\ \quad \textbf{then} \quad z \leftarrow (z \times x) \bmod n \end{cases}$

return(z)

这个算法的正确性证明留做练习由读者自己完成。容易得到算法中模乘的计算次数。总要执行 ℓ 次平方运算。形如 $z \leftarrow (z \times x) \bmod n$ 的模乘的次数等于 c 的二进制表示中"1"的个数，这是一个介于 0 和 ℓ 之间的整数。因此，如上所述模乘的执行次数至少为 ℓ，至多为 2ℓ。

我们仍使用例 5.5 来说明如何使用平方-乘算法。

例 5.5(续) 这里 $n = 11413$，公开加密指数 $b = 3533$。Alice 利用平方-乘算法，通过计算 $9726^{3533} \bmod 11413$ 来加密明文 9726，过程如下：

i	b_i	z
11	1	$1^2 \times 9726 = 9726$
10	1	$9726^2 \times 9726 = 2659$
9	0	$2659^2 = 5634$
8	1	$5634^2 \times 9726 = 9167$
7	1	$9167^2 \times 9726 = 4958$
6	1	$4958^2 \times 9726 = 7783$
5	0	$7783^2 = 6298$
4	0	$6298^2 = 4629$
3	1	$4269^2 \times 9726 = 10185$
2	1	$10185^2 \times 9726 = 105$
1	0	$105^2 = 11025$
0	1	$11025^2 \times 9726 = 5761$

因此，如前所述，密文是 5761。

到此为止，我们已经讨论了 RSA 的加密和解密运算。关于 RSA 参数生成，构造素数 p 和 q（第 1 步）的方法将在下一节讨论。第 2 步是直接的，可以在时间 $O((\log n)^2)$ 内完成。第 3 步和第 4 步利用算法 5.3，其时间复杂度是 $O((\log n)^2)$。

5.4　素性检测

在建立 RSA 密码体制的过程中，生成大的"随机素数"是必要的。其方法是先生成大的随机整数，然后检测它们的素性。在 2002 年，Agrawal, Kayal 和 Saxena 证明了存在一个素性检测的多项式时间确定性算法。这是一个重要突破，解决了一个长期存在的公开问题。然而，在实际应用中，素性检测仍然主要利用随机多项式时间 Monte Carlo 算法，如 Solovay-Strassen 算法或者 Miller-Rabin 算法，本节中将介绍这两个算法。这些算法是很快的（即一个整数 n 可以在 $\mathrm{lb}\,n$ 的多项式时间内完成其素性检测，$\mathrm{lb}\,n$ 即是 n 的二进制表示的比特数），但有一定的概率，算法有可能将一个合数 n 断言为一个素数。然而，通过足够多次运行算法，错误概率可以降低到任何所期望的值以下（将在后面详细讨论这一点）。

另一个相关的问题是需要检测多少个随机整数（特定长度）才能找到一个素数。假定我们定义 $\pi(N)$ 为小于等于 N 的素数的个数。数论中一个著名的结果，称为素数个数定理，声称 $\pi(N)$ 约等于 $N/\ln N$。因此，如果从 $1 \sim N$ 之间随机选取一个整数 p，其为素数的概率大约是 $1/\ln N$。对于 1024 比特的模数 $n = pq$，p 和 q 将选取为 512 比特的素数。一个随机的 512 比特整数为素数的概率大约为 $1/\ln 2^{512} \approx 1/355$。也就是说，平均来讲，给定 355 个随机的 512 比特整数 p，其中一个会是素数（当然，如果我们把范围限定为奇数，概率就会加倍，大约为 2/355）。所以，事实上能够有效地生成"很可能是素数"的大随机数，因此 RSA 密码体制的参数生成是实际可行的。下面将详细描述如何生成。

一个判定问题（decision problem）是指只能回答"是"（yes）或者"否"（no）的问题。一个随机算法是指任一使用了随机数的算法［反过来，一个没有使用随机数的算法，称为确定性算法（deterministic 算法）］。下面的定义属于对判定问题的随机算法。

定义 5.1　对一个判定问题的一个偏是的（yes-biased）Monte Carlo 算法是具有下列性质的一个随机算法：一个"是"回答总是正确的，但一个"否"回答也许是不正确的。类似地，可定义一个偏否的（no-biased）Monte Carlo 算法。我们说一个偏是的 Monte Carlo 算法具有错误概率 ϵ，如果算法对任何回答应该为"是"的实例（instance）至多以 ϵ 的概率给一个不正确的回答"否"（这个概率是对于给定输入算法在所有可能的随机选择上计算而得出的）。

> **注：** 一个 Las Vegas 算法也许不给出一个回答，但任何回答总是正确的。反过来，一个 Monte Carlo 算法总是给出一个回答，但回答也许是不正确的。

问题 5.1   合数(Composites)

实例：一个正整数 $n \geqslant 2$。

问题：n 是一个合数吗？

问题 5.1 提供的判定问题称为合数问题(Composites)。

注意到对于一个判定问题的算法只需回答"是"或者"否"。特别地，对于合数问题而言，在 n 为合数的情形下我们并不需要给出其因子分解。

首先来描述 Solovay-Strassen 算法，这个算法是对于合数问题的一个偏是 Monte Carlo 算法，该算法具有 1/2 的错误概率。因此，如果算法回答"是"，那么 n 是合数；反之，如果 n 是合数，那么算法至少以 1/2 的概率回答"是"。

尽管 Miller-Rabin 算法(稍后将讨论)比 Solovay-Strassen 算法快，但我们首先考察 Solovay-Strassen 算法，因为它从概念上容易理解，并且引入一些有用的数论知识，将在后面章节中用到。在描述算法之前，我们先深入拓展一些数论的背景知识。

5.4.1   Legendre 和 Jacobi 符号

定义 5.2   假定 p 为一个奇素数，a 为一个整数。a 定义为模 p 的二次剩余(quadratic residue)，如果 $a \not\equiv 0 \pmod p$，且同余方程 $y^2 \equiv a \pmod p$ 有一个解 $y \in \mathbb{Z}_p$。a 定义为模 p 的二次非剩余(quadratic non-residue)，如果 $a \not\equiv 0 \pmod p$，且 a 不是模 p 的二次剩余。

例 5.6   在 $\mathbb{Z}_{11}$ 中，我们有 $1^2 = 1$，$2^2 = 4$，$3^2 = 9$，$4^2 = 5$，$5^2 = 3$，$6^2 = 3$，$7^2 = 5$，$8^2 = 9$，$9^2 = 4$ 和 $(10)^2 = 1$。因此模 11 的二次剩余为 1, 3, 4, 5 和 9，模 11 的二次非剩余为 2, 6, 7, 8 和 10。

假定 p 是一个奇素数，a 是一个模 p 的二次剩余。那么存在 $y \in \mathbb{Z}_p^*$，使得 $y^2 \equiv a \pmod p$。显然，$(-y)^2 \equiv a \pmod p$，又因为 p 为奇数，$y \not\equiv -y \pmod p$。现在考虑二次同余方程 $x^2 - a \equiv 0 \pmod p$。这个同余方程可以分解因子为 $(x - y)(x + y) \equiv 0 \pmod p$，这等价于说 $p \mid (x - y)(x + y)$。现在，因为 p 为素数，必有 $p \mid (x - y)$ 或者 $p \mid (x + y)$。也就是说，$x \equiv \pm y \pmod p$，由此可知知同余方程 $x^2 - a \equiv 0 \pmod p$ 恰好有两个解(模 p)。进一步，这两个解模 p 互为相反数。

现在我们研究判定一个整数 a 是否为模 p 二次剩余的问题。二次剩余的判定问题如问题 5.2 所定义。注意到这个问题仅是寻求"是"或者"否"的答案：在 a 为模 p 二次剩余的情形，我们并不需要计算平方根。

问题 5.2   Quadratic Residues

实例：一个奇素数 p 和一个整数 a。

问题：a 是一个模 p 二次剩余吗？

我们证明一个结果，称为 Euler 准则，可以为二次剩余问题提供一个多项式时间的确定性算法。

定理 5.9（Euler 准则） 设 p 为一个奇素数，a 为一个正整数。那么 a 是一个模 p 二次剩余，当且仅当

$$a^{(p-1)/2} \equiv 1 \pmod{p}$$

证明 首先，假定 $a \equiv y^2 \pmod{p}$。从推论 5.6 可知，如果 p 是素数，那么 $a^{p-1} \equiv 1 \pmod{p}$ 对于任一 $a \not\equiv 0 \pmod{p}$ 成立。于是有

$$a^{(p-1)/2} \equiv (y^2)^{(p-1)/2} \pmod{p}$$
$$\equiv y^{p-1} \pmod{p}$$
$$\equiv 1 \pmod{p}$$

反过来，假定 $a^{(p-1)/2} \equiv 1 \pmod{p}$。设 b 为一个模 p 的本原元素。那么 $a \equiv b^i \pmod{p}$ 对于某个正整数 i 成立。我们有

$$a^{(p-1)/2} \equiv (b^i)^{(p-1)/2} \pmod{p}$$
$$\equiv b^{i(p-1)/2} \pmod{p}$$

由于 b 的阶为 $p-1$，因此必有 $p-1$ 整除 $i(p-1)/2$。因此，i 是偶数，于是 a 的平方根为 $\pm b^{i/2} \bmod p$。

利用模 p 指数的平方-乘算法，定理 5.9 给出了判定二次剩余问题的多项式时间算法。算法的时间复杂度为 $O((\log p)^3)$。

现在给出数论中更多的定义。

定义 5.3 假定 p 是一个奇素数。对任何整数 a，定义 Legendre 符号 $\left(\dfrac{a}{p}\right)$ 如下：

$$\left(\frac{a}{p}\right) = \begin{cases} 0 & a \equiv 0 \pmod{p} \\ 1 & a \text{ 是一个模 } p \text{ 二次剩余} \\ -1 & a \text{ 是一个模 } p \text{ 二次非剩余} \end{cases}$$

我们已经知道 $a^{(p-1)/2} \equiv 1 \pmod{p}$ 当且仅当 a 是一个模 p 二次剩余。如果 a 是 p 的倍数，那么显然有 $a^{(p-1)/2} \equiv 0 \pmod{p}$。最后，如果 a 是一个模 p 二次非剩余，那么 $a^{(p-1)/2} \equiv -1 \pmod{p}$，因为

$$(a^{(p-1)/2})^2 \equiv a^{p-1} \equiv 1 \pmod{p}$$

且 $a^{(p-1)/2} \not\equiv 1 \pmod{p}$。因此，我们有如下结果，这个结果为求 Legendre 符号值提供了一个有效算法。

定理 5.10 假定 p 是一个奇素数。那么

$$\left(\frac{a}{p}\right) \equiv a^{(p-1)/2} \pmod{p}$$

接下来，定义 Legendre 符号的一般形式。

定义 5.4 假定 n 是一个奇正整数，且 n 的素数幂因子分解为

$$n = \prod_{i=1}^{k} p_i^{e_i}$$

设 a 为一个整数。那么 Jacobi 符号 $\left(\dfrac{a}{n}\right)$ 定义为：

$$\left(\frac{a}{n}\right) = \prod_{i=1}^{k} \left(\frac{a}{p_i}\right)^{e_i}$$

例 5.7 考虑 Jacobi 符号 $\left(\dfrac{6278}{9975}\right)$。9975 的素数幂因子分解为 $9975 = 3 \times 5^2 \times 7 \times 19$。因此，我们有

$$\left(\frac{6278}{9975}\right) = \left(\frac{6278}{3}\right)\left(\frac{6278}{5}\right)^2\left(\frac{6278}{7}\right)\left(\frac{6278}{19}\right)$$
$$= \left(\frac{2}{3}\right)\left(\frac{3}{5}\right)^2\left(\frac{6}{7}\right)\left(\frac{8}{19}\right)$$
$$= (-1)(-1)^2(-1)(-1)$$
$$= -1$$

假定 $n > 1$ 为奇数。如果 n 是素数，那么对于任一整数 a 有 $\left(\dfrac{a}{n}\right) \equiv a^{(n-1)/2} \pmod{n}$。另一方面，如果 n 是合数，$\left(\dfrac{a}{n}\right) \equiv a^{(n-1)/2} \pmod{n}$ 可能成立，也可能不成立。如果同余式成立，则称 n 为对于基底 a 的 Euler 伪素数。例如，91 是一个对于基底 10 的 Euler 伪素数，因为

$$\left(\frac{10}{91}\right) = -1 \equiv 10^{45} \pmod{91}$$

可以证明，对于任一奇合数 n，n 是对于基底 a 的 Euler 伪素数至多对一半的整数 $a \in \mathbb{Z}_n^*$ 成立(参见习题)。容易看到，$\left(\dfrac{a}{n}\right) = 0$ 当且仅当 $\gcd(a, n) > 1$(因此，如果 $1 \leqslant a \leqslant n-1$ 且 $\left(\dfrac{a}{n}\right) = 0$，必定是 n 为合数的情形)。

5.4.2 Solovay-Strassen 算法

算法 5.6 给出了 Solovay-Strassen 算法。上一节的事实表明，Solovay-Strassen 算法是一个偏是的 Monte Carlo 算法，并具有 1/2 的错误概率。

算法 5.6 Solovay-Strassen (n)
随机选取整数 a，使得 $1 \leqslant a \leqslant n-1$

$$x \leftarrow \left(\frac{a}{n}\right)$$

if $x = 0$

　then return （"n is composite"）

$$y \leftarrow a^{(n-1)/2} (\bmod\, n)$$

if $x \equiv y(\bmod\, n)$

　then return （"n is prime"）

　else return （"n is composite"）

到目前为止，还不清楚算法 5.6 是否是一个多项式时间算法。我们已经知道如何在时间 $O((\log n)^3)$ 内求值 $a^{(n-q)/2} \bmod n$，但如何有效地计算 Jacobi 符号？从表面上看好像要先对 n 进行因子分解，因为 Jacobi 符号 $\left(\dfrac{a}{n}\right)$ 的定义就是 n 的因子分解组成的项。但是，如果我们已经知道 n 的因子分解，就知道了 n 是否为素数；所以，这种方式就陷入了错误的循环。

幸运的是，可以利用一些数论的结果无须分解 n 就可以求出 Jacobi 符号的值，其中最重要的一条就是二次互反律的一般形式（下面的性质 4）。我们不给出证明而仅列出这些性质：

1. 如果 n 是一个正奇数，且 $m_1 \equiv m_2(\bmod\, n)$，那么

$$\left(\frac{m_1}{n}\right) = \left(\frac{m_2}{n}\right)$$

2. 如果 n 是一个正奇数，那么

$$\left(\frac{2}{n}\right) = \begin{cases} 1 & n \equiv \pm 1(\bmod\, 8) \\ -1 & n \equiv \pm 3(\bmod\, 8) \end{cases}$$

3. 如果 n 是一个正奇数，那么

$$\left(\frac{m_1 m_2}{n}\right) = \left(\frac{m_1}{n}\right)\left(\frac{m_2}{n}\right)$$

　特别地，如果 $m = 2^k t$ 且 t 为一个奇数，那么

$$\left(\frac{m}{n}\right) = \left(\frac{2}{n}\right)^k \left(\frac{t}{n}\right)$$

4. 如果 m 和 n 是正奇数，那么

$$\left(\frac{m}{n}\right) = \begin{cases} -\left(\dfrac{n}{m}\right) & m \equiv n \equiv 3(\bmod\, 4) \\ \left(\dfrac{n}{m}\right) & \text{其他} \end{cases}$$

例5.8　作为上面这些性质应用的例子,我们在图5.1中列出了计算Jacobi符号$\left(\dfrac{7411}{9283}\right)$的

值的过程。注意到在计算过程中连续使用了性质 4, 1, 3 和 2。

$$\left(\frac{7411}{9283}\right)=-\left(\frac{9283}{7411}\right) \qquad \text{由性质 4}$$

$$=-\left(\frac{1872}{7411}\right) \qquad \text{由性质 1}$$

$$=-\left(\frac{2}{7411}\right)^4\left(\frac{117}{7411}\right) \qquad \text{由性质 3}$$

$$=-\left(\frac{117}{7411}\right) \qquad \text{由性质 2}$$

$$=-\left(\frac{7411}{117}\right) \qquad \text{由性质 4}$$

$$=-\left(\frac{40}{117}\right) \qquad \text{由性质 1}$$

$$=-\left(\frac{2}{117}\right)^3\left(\frac{5}{117}\right) \qquad \text{由性质 3}$$

$$=\left(\frac{5}{117}\right) \qquad \text{由性质 2}$$

$$=\left(\frac{117}{5}\right) \qquad \text{由性质 4}$$

$$=\left(\frac{2}{5}\right) \qquad \text{由性质 1}$$

$$=-1 \qquad \text{由性质 2}$$

图 5.1　Jacobi 符号的计算

一般地,如上面例子那样用相同的方式使用这四个性质,可在多项式时间内算出 Jacobi 符号$\left(\dfrac{a}{n}\right)$的值。所需的算术运算仅是模约化运算和 2 的幂次分解运算。注意到如果整数采用二进制表示,那么 2 的幂次分解就等于数一下二进制表示中末尾零的个数。因此,算法的复杂度取决于执行的模约化的次数。容易看出,至多执行$O(\log n)$次模约化,每次所需时间为$O((\log n)^2)$。这说明算法的时间复杂度为$O((\log n)^3)$,这是关于$\log n$的多项式[事实上,通过更为精细的分析可知其时间复杂度为$O((\log n)^2)$]。

假定我们已经生成了随机数n,且用 Solovay-Strassen 算法检测完其素性。如果运行了算法m次,就能在多大程度上相信n是一个素数?试图得出结论,n是素数的概率为$1-2^{-m}$。这个结论在很多教科书和技术文章中出现,但它并不能从给定数据中导出。

在使用概率上必须特别小心。假定我们定义了如下的随机变量:a表示事件

"一个特定长度的随机奇整数n是合数"

b表示事件

"算法连续回答了m次'n是一个素数'"

显然,条件概率$\Pr[b|a]\leqslant 2^{-m}$。然而,我们真正感兴趣的概率是$\Pr[a|b]$,通常与$\Pr[b|a]$并不相同。

可以利用 Bayes 定理(参见定理 2.1)来计算$\Pr[a|b]$。为了做到这一点,需要知道$\Pr[a]$。假定$N\leqslant n\leqslant 2N$。应用素数定理,在N和$2N$之间的(奇)素数的个数大约是:

$$\frac{2N}{\ln 2N} - \frac{N}{\ln N} \approx \frac{N}{\ln N}$$

$$\approx \frac{n}{\ln n}$$

由于在 N 和 $2N$ 之间的奇数的个数为 $N/2 \approx n/2$，使用估计

$$\Pr[\mathbf{a}] \approx 1 - \frac{2}{\ln n}$$

那么就可以如下计算：

$$\Pr[\mathbf{a} \mid \mathbf{b}] = \frac{\Pr[\mathbf{b} \mid \mathbf{a}]\Pr[\mathbf{a}]}{\Pr[\mathbf{b}]}$$

$$= \frac{\Pr[\mathbf{b} \mid \mathbf{a}]\Pr[\mathbf{a}]}{\Pr[\mathbf{b} \mid \mathbf{a}]\Pr[\mathbf{a}] + \Pr[\mathbf{b} \mid \overline{\mathbf{a}}]\Pr[\overline{\mathbf{a}}]}$$

$$\approx \frac{\Pr[\mathbf{b} \mid \mathbf{a}]\left(1 - \dfrac{2}{\ln n}\right)}{\Pr[\mathbf{b} \mid \mathbf{a}]\left(1 - \dfrac{2}{\ln n}\right) + \dfrac{2}{\ln n}}$$

$$= \frac{\Pr[\mathbf{b} \mid \mathbf{a}](\ln n - 2)}{\Pr[\mathbf{b} \mid \mathbf{a}](\ln n - 2) + 2}$$

$$\leqslant \frac{2^{-m}(\ln n - 2)}{2^{-m}(\ln n - 2) + 2}$$

$$= \frac{\ln n - 2}{\ln n - 2 + 2^{m+1}}$$

注意，在计算过程中，$\overline{\mathbf{a}}$ 表示事件

"一个随机奇整数 n 是素数"

把 $(\ln n - 2)/(\ln n - 2 + 2^{m+1})$ 与 2^{-m} 两个量作为 m 的函数做一个对比是很有趣的。假定 $n \approx 2^{512} \approx e^{355}$，这就是用来构建 RSA 模的 p 和 q 的大小。那么第一个函数大约为 $353/(353 + 2^{m+1})$。我们把两个函数对某些 m 的取值列在图 5.2 之中。

m	2^{-m}	错误概率的界
1	0.500	0.989
2	0.250	0.978
5	0.312×10^{-1}	0.847
10	0.977×10^{-3}	0.147
20	0.954×10^{-6}	0.168×10^{-3}
30	0.931×10^{-9}	0.164×10^{-6}
50	0.888×10^{-15}	0.157×10^{-12}
100	0.789×10^{-30}	0.139×10^{-27}

图 5.2　Solovay-Strassen 算法的错误概率

尽管 $353/(353 + 2^{m+1})$ 以指数速度快速接近零，但是还不如 2^{-m} 快。然而，在实际应用中，可以选取 m 为 50 或 100，使得错误概率是非常小的量。

5.4.3　Miller-Rabin 算法

我们现在提出另一个对于合数问题的 Monte Carlo 算法，称为 Miller-Rabin 算法［又称"强伪素数检测"（strong pseudo-prime test）］。算法 5.7 描述了这个算法。

算法 5.7　Miller-Rabin (n)

把 $n-1$ 写成 $n-1=2^k m$ ，其中 m 是一个奇数

随机选取整数 a ，使得 $1 \leqslant a \leqslant n-1$

$b \leftarrow a^m \bmod n$

if $b \equiv 1 (\bmod n)$

　　then return ("n is prime")

for $i \leftarrow 0$ **to** $k-1$

do $\begin{cases} \textbf{if } b \equiv -1 (\bmod n) \\ \quad \textbf{then return}(\text{"} n \text{ is prime"}) \\ \quad \textbf{else } b \leftarrow b^2 \bmod n \end{cases}$

return（"n is composite"）

算法 5.7 显然是一个多项式时间算法，初步分析可知其时间复杂度为 $O((\log n)^3)$ ，跟 Solovay-Strassen 算法相同。但在实际运行中，Miller-Rabin 算法要比 Solovay-Strassen 算法好。

现在证明 Miller-Rabin 算法在"n 为素数"的情形下，不会回答"n 为合数"，也就是说，这个算法是一个偏是的 Monte Carlo 算法。

定理 5.11　Miller-Rabin 算法对于合数问题是一个偏是的 Monte Carlo 算法。

证明　我们用反证法。先假定算法 5.7 对于某个素数 n 回答了"n 为合数"，然后推出矛盾。由于算法回答"n 为合数"，必有 $a^m \not\equiv 1 (\bmod n)$ 。现在考虑在算法中检测值 b 的序列。由于 b 在 for 循环的每一步中都做平方运算，我们检测的值为 $a^m, a^{2m}, \cdots, a^{2^{k-1}m}$ 。由于算法回答"n 为合数"，便可知对于 $0 \leqslant i \leqslant k-1$ ，有

$$a^{2^i m} \not\equiv -1 (\bmod n)$$

现在，利用 n 为素数的假定，由于 $n-1=2^k m$ ，由 Fermat 定理（参见推论 5.6）知

$$a^{2^k m} \equiv 1 (\bmod n)$$

那么 $a^{2^{k-1}m}$ 是模 n 的 1 的平方根。由于 n 为素数，仅有两个模 n 的 1 的平方根，即 $\pm 1 \bmod n$ 。我们有

$$a^{2^{k-1}m} \not\equiv -1 (\bmod n)$$

由此得出

$$a^{2^{k-1}m} \equiv 1 (\bmod n)$$

那么 $a^{2^{k-2}m}$ 一定是模 n 的 1 的平方根。基于相同的理由

$$a^{2^{k-2} m} \equiv 1 (\bmod n)$$

重复上述过程，最后得到

$$a^m \equiv 1 (\bmod n)$$

但是在这种情形下，算法会回答"n 为素数"，推出矛盾。

仍需考虑 Miller-Rabin 算法的错误概率。可以证明 Miller-Rabin 算法的错误概率至多为 1/4，在这里就不再给出证明过程。

5.5　模 n 的平方根

在这一节中，简要地讨论与模 n 的平方根存在性相关的几个结论。这一节中，假定 n 为一个奇数，并且 $\gcd(n, a) = 1$。第一个问题是考虑同余方程 $y^2 \equiv a (\bmod n)$ 具有 $y \in \mathbb{Z}_n$ 的根的个数。从 5.4 节中已经知道，当 n 是素数的时候，同余方程要么有零个解要么有两个解，依赖于 $\left(\dfrac{a}{n}\right) = -1$ 或者 $\left(\dfrac{a}{n}\right) = 1$。

我们的下一个定理把这种特征扩展到了(奇)素数幂的情形。证明的概要在习题中给出。

定理 5.12　假定 p 为一个奇素数，e 为一个正整数，且 $\gcd(a, p) = 1$。那么同余方程 $y^2 \equiv a (\bmod p^e)$ 当 $\left(\dfrac{a}{p}\right) = -1$ 时没有解，当 $\left(\dfrac{a}{p}\right) = 1$ 时有两个解(模 p^e)。

注意到定理 5.12 告诉我们，模 p^e 的平方根的存在性可通过计算 Legendre 符号来决定。

还可以容易地把定理 5.12 推广到任意奇整数 n 的情形。如下结果是中国剩余定理的一个基本应用。

定理 5.13　假定 $n > 1$ 是一个奇数，且有如下分解

$$n = \prod_{i=1}^{\ell} p_i^{e_i}$$

其中 p_i 为不同的素数，且 e_i 为正整数。进一步假定 $\gcd(a, n) = 1$。那么同余方程 $y^2 \equiv a (\bmod n)$ 当 $\left(\dfrac{a}{p_i}\right) = 1$ 对于所有的 $i \in \{1, \cdots, \ell\}$ 成立时有 2^ℓ 个模 n 的解，其他情形下没有解。

证明　容易知道 $y^2 \equiv a (\bmod n)$ 当且仅当 $y^2 \equiv a (\bmod p_i^{e_i})$ 对于所有 $i \in \{1, \cdots, \ell\}$ 成立。如果对于某个 i 有 $\left(\dfrac{a}{p_i}\right) = -1$，那么同余方程 $y^2 \equiv a (\bmod p_i^{e_i})$ 没有解，因此 $y^2 \equiv a (\bmod n)$ 没有解。

现在假定对于所有的 $i \in \{1, \cdots, \ell\}$ 有 $\left(\dfrac{a}{p_i}\right) = 1$。由定理 5.12 可知每一个同余方程 $y^2 \equiv a (\bmod p_i^{e_i})$ 有两个模 $p_i^{e_i}$ 的解，设为 $y \equiv b_{i,1}$ 或者 $b_{i,2} (\bmod p_i^{e_i})$。对于 $1 \leqslant i \leqslant \ell$，令

$b_i \in \{b_{i,1}, b_{i,2}\}$。那么方程 $y \equiv b_i \pmod{p_i^{e_i}}(1 \leqslant i \leqslant \ell)$ 有唯一的模 n 解，可以利用中国剩余定理求出。存在 2^ℓ 种方式选择 ℓ 组 $(b_1, \cdots, b_\ell)$，因此对于同余方程 $y^2 \equiv a \pmod n$ 有 2^ℓ 个模 n 的解。

假定 $x^2 \equiv y^2 \equiv a \pmod n$，其中 $\gcd(a, n) = 1$。设 $z = xy^{-1} \bmod n$。于是可得出 $z^2 \equiv 1 \pmod n$。反过来，如果 $z^2 \equiv 1 \pmod n$，那么 $(xz)^2 \equiv x^2 \pmod n$ 对于任意 x 成立。因此，把 $a \in \mathbb{Z}_n^*$ 的某个给定平方根与 1 的 2^ℓ 个平方根做出 2^ℓ 个乘积，就得到 a 的 2^ℓ 个平方根。我们将在本章后面使用这个观察的结果。

5.6　分解因子算法

攻击 RSA 密码体制的最明显方式就是试图分解公开模数。关于分解因子算法有大量的文献讨论，要做一个完整的介绍将会花去本书更多的篇幅。我们这里仅试着做一个简要综述，包括对当今最好的分解因子算法的非正式讨论，以及在实际中的应用。对于大整数最有效的三种算法是二次筛法(quadratic sieve)、椭圆曲线分解算法(elliptic curve factoring)和数域筛法(number field sieve)。其他作为先驱的著名算法包括 Pollard 的 ρ 方法(rho-method)和 $p-1$ 算法、William 的 $p+1$ 算法、连分式算法(continued fraction)，当然还有试除法(trial division)。

本节中，我们假定要分解的整数 n 为奇数。如果 n 是合数，容易看出 n 有一个素因子 $p \leqslant \lfloor \sqrt{n} \rfloor$。因此，作为最简单方法的试除法，就是用直到 $\lfloor \sqrt{n} \rfloor$ 的每个奇数去除 n，这足以判断 n 是素数还是合数。如果 $n < 10^{12}$，它还算是不错的算法，但对于非常大的 n，我们还需要更多复杂的技巧才行。

当我们说要分解 n 时，我们或者要完全分解为素因子之积，或者只是找到任一非平凡因子(non-trivial factor)即可。在研究的大多数算法中，仅是寻找一个任意的非平凡因子。一般地，我们得到形如 $n = n_1 n_2$ 的分解，其中 $1 < n_1 < n$，且 $1 < n_2 < n$。如果需要把 n 分解为素数积，可以先用随机素性检测算法进行测试，然后再对不是素数的因子进一步分解。

5.6.1　Pollard $p-1$ 算法

作为有时可用于大整数分解的简单算法的一个例子，我们介绍 Pollard 于 1974 年提出的 $p-1$ 算法。这个算法描述为算法 5.8，有两个输入：要分解的(奇)整数 n 和一个预先指定的"界" B。

算法 5.8　Pollard $p-1$ Factoring Algorithm(n, B)

$a \leftarrow 2$

for　$j \leftarrow 2$ **to** B

　　do　$a \leftarrow a^j \bmod n$

$d \leftarrow \gcd(a - 1, n)$

if　$1 < d < n$

then return (d)

else return("failure")

在 Pollard p–1 算法中：假定 p 是 n 的一个素因子，又假定对每一个素数幂 $q \,|\, (p-1)$，有 $q \leqslant B$。那么在这种情形下必有

$$(p-1)\,|\,B!$$

在 for 循环结束时，我们有

$$a \equiv 2^{B!}(\bmod\ n)$$

由于 $p\,|\,n$，一定有

$$a \equiv 2^{B!}(\bmod\ p)$$

现在，由 Fermat 定理可知

$$2^{p-1} \equiv 1(\bmod\ p)$$

由于 $(p-1)\,|\,B!$，于是有

$$a \equiv 1(\bmod\ p)$$

因此有 $p\,|\,(a-1)$。由于我们已经有 $p\,|\,n$，可以看到 $p\,|\,d$，其中 $d = \gcd(a-1, n)$。整数 d 就是 n 的一个非平凡因子(除非 $a=1$)。一旦找到 n 的一个非平凡因子 d，就可以对 d 和 n/d 继续分解(如果 d 和 n/d 还是合数)。

下面用一个例子来说明上述过程。

例 5.9 假定 $n = 15\,770\,708\,441$。如果选取 $B = 180$ 应用算法 5.8，可以发现 $a = 11\,620\,221\,425$，d 计算的结果为 135 979。事实上，n 的完全素因子分解为

$$15\,770\,708\,441 = 135\,979 \times 115\,979$$

在这个例中，分解成功是因为 135 978 仅有"小"的素因子：

$$135\,978 = 2 \times 3 \times 131 \times 173$$

因此，通过选取 $B \geqslant 173$，会有 $135\,978\,|\,B!$，正是我们所需要的。

在 Pollard p–1 算法中，有 $B-1$ 个模指数，利用"平方-乘"算法计算每一个模指数需要至多 $2\mathrm{lb}\,B$ 个模乘法。gcd 的计算可用 Euclidean 算法在时间 $O((\log n)^3)$ 内完成。因此，该算法的时间复杂度是 $O(B\log B(\log n)^2 + (\log n)^3)$。如果 B 是 $O((\log n)^i)$，i 是某一固定整数，那么该算法的确是关于 $\log n$ 的多项式时间算法。然而，对 B 的这样的一个选择，算法成功的概率将是很小的。另一方面，如果迅猛增加 B 的大小，比如说 $\sqrt{n}$，那么该算法成功的概率将是很高的，但是它并不比试除法快。

可见，这个算法的缺陷是它要求 n 有一个素因子 p 使得 p–1 只有小的素因子。这很容易构造 RSA 模 $n = pq$ 使得 p–1 分解算法失效。一般的方法是选择两个大素数 p_1 和 q_1，使得 $p = 2p_1 + 1$ 和 $q = 2q_1 + 1$ 也是素数(利用 5.4 节讨论的 Monte Carlo 素性检测算法)，此时，RSA 模 $n = pq$ 将能抵抗 p–1 方法的分解。

20 世纪 80 年代中期, 由 Lenstra 提出的更有效的椭圆曲线算法实际上是 Pollard p–1 算法的一般化。椭圆曲线算法的成功率依赖于接近于 p 的一个整数只有小的素因子。而 p–1 方法依赖于群 $\mathbb{Z}_p$ 中的一个关系, 椭圆曲线方法牵涉到定义在模 p 椭圆曲线上的群。

5.6.2　Pollard ρ 算法

设 p 为 n 的最小素因子。假定存在两个整数 $x, x' \in \mathbb{Z}_n$, 使得 $x \neq x'$ 且 $x \equiv x' (\bmod\ p)$。那么 $p \leqslant \gcd(x - x', n) < n$, 所以, 我们通过计算最大公因子得到 n 的一个非平凡因子(注意到为了使这个算法工作, 并不需要事先知道 p 的值)。

假定通过先选择一个随机子集 $X \subseteq \mathbb{Z}_n$ 来分解 n, 然后对所有不同的 $x, x' \in X$ 计算 $\gcd(x - x', n)$。这个方法能够成功, 当且仅当映射 $x \mapsto x \bmod p$ 对于 $x \in X$ 得到至少一个碰撞。利用 4.2.2 节中描述的生日悖论可以分析这种情形: 如果 $|X| \approx 1.17\sqrt{p}$, 那么至少存在一个碰撞的概率为 50%, 因此, 能找到一个 n 的非平凡因子。然而, 为了寻找形如 $x \bmod p = x' \bmod p$ 的碰撞, 我们需要计算 $\gcd(x - x', n)$(因为 p 值未知, 我们不能像 4.2.2 节中那样对于 $x \in X$ 显式地计算 $x \bmod p$, 然后对结果排序)。这意味着我们在找到 n 的一个因子前, 需要计算超过 $\dbinom{|x|}{2} > p/2$ 次 gcd。

Pollard ρ 算法集成了这个技巧的一个变形, 仅需要较少的 gcd 计算, 占用较少的存储空间。假定 f 为一个具有整数系数的多项式, 例如 $f(x) = x^2 + a$, 其中 a 为一个小常数(通常取 $a = 1$)。假定映射 $x \mapsto f(x) \bmod p$ 类似于一个随机映射(当然不是"随机的", 我们提出的是一个启发式的分析, 而不是一个严格的证明)。设 $x_1 \to \mathbb{Z}_n$, 考虑序列 $x_1, x_2, \cdots$, 其中

$$x_j = f(x_{j-1}) \bmod n$$

对于所有的 $j \geqslant 2$。令 m 为一个整数, 且定义 $X = \{x_1, \cdots, x_m\}$。为简化讨论, 假定 X 包含 m 个不同的模 n 剩余。希望 X 为 $\mathbb{Z}_n$ 的 m 个元素的随机子集。

我们寻找两个不同的值 $x_i, x_j \in X$ 使得 $\gcd(x_j - x_i, n) > 1$。每次计算序列中的一个新项 x_j, 要对所有的 $i < j$ 计算 $\gcd(x_j - x_i, n)$。然而, 可以大大减少 gcd 计算的次数。下面我们描述如何做到这一点。

假定 $x_i \equiv x_j (\bmod\ p)$。使用 f 为整数系数多项式这一事实, 我们有 $f(x_i) \equiv f(x_j)(\bmod\ p)$。由于 $x_{i+1} = f(x_i) \bmod n$ 且 $x_{j+1} = f(x_j) \bmod n$。那么

$$x_{i+1} \bmod p = (f(x_i) \bmod n) \bmod p = f(x_i) \bmod p$$

因为 $p \mid n$。类似地

$$x_{j+1} \bmod p = f(x_j) \bmod p$$

因此 $x_{i+1} \equiv x_{j+1} (\bmod\ p)$。重复上述过程, 可得到如下重要结论:

如果 $x_i \equiv x_j (\bmod\ p)$, 那么 $x_{i+\delta} \equiv x_{j+\delta} (\bmod\ p)$, 对于所有的整数 $\delta \geqslant 0$。

记 $\ell = j - i$, 可知 $x_{i'} \equiv x_{j'} (\bmod\ p)$ 如果 $j' > i' \geqslant i$ 且 $j' - i' \equiv 0 (\bmod\ \ell)$。

假定我们利用顶点集 $\mathbb{Z}_p$ 构造一个图 G, 其中对于 $i \geqslant 1$, 从点 $x_i \bmod p$ 向点 $x_{i+1} \bmod p$ 做

一条有向边。存在第一个点对 x_i, x_j 且 $i < j$ 使得 $x_i \equiv x_j \pmod p$。通过上面的观察，容易看到图 G 包括一条"尾巴"

$$x_1 \bmod p \to x_2 \bmod p \to \cdots \to x_i \bmod p$$

和一个长为 ℓ 的无穷重复的环，具有顶点

$$x_i \bmod p \to x_{i+1} \bmod p \to \cdots \to x_j \bmod p = x_i \bmod p$$

因此 G 看起来像希腊字母 ρ，这就是 ρ 算法名字的由来。

我们看一个说明上面过程的例子。

例 5.10　假定 $n = 7171 = 71 \times 101$，$f(x) = x^2 + 1$ 和 $x_1 = 1$。那么序列 x_i 前面的部分如下：

$$\begin{array}{ccccccc} 1 & 2 & 5 & 26 & 677 & 6557 & 4105 \\ 6347 & 4903 & 2218 & 219 & 4936 & 4210 & 4560 \\ 4872 & 375 & 4377 & 4389 & 2016 & 5471 & 88 \end{array}$$

上面的值，模 71 后的结果如下：

$$\begin{array}{ccccccc} 1 & 2 & 5 & 26 & 38 & 25 & 58 \\ 28 & 4 & 17 & 6 & 37 & 21 & 16 \\ 44 & 20 & 46 & 58 & 28 & 4 & 17 \end{array}$$

上面表中第一个碰撞为

$$x_7 \bmod 71 = x_{18} \bmod 71 = 58$$

因此，图 G 中包含一条长为 7 的尾巴和一个长为 11 的圈。

已经提到过，我们的目标是通过求最大公因子找出两个项 $x_i \equiv x_j \pmod p$，$i < j$。不一定要找出这种类型的第一个碰撞。为了简化和改进算法，通过取 $j = 2i$ 来寻找碰撞。得到的算法如算法 5.9 所述。

算法 5.9　Pollard ρ Factoring Algorithm(n, x_1)

external f

$x \leftarrow x_1$

$x' \leftarrow f(x) \bmod n$

$p \leftarrow \gcd(x - x', n)$

while $p = 1$

do $\begin{cases} \textbf{comment}: \text{in the } i\text{th iteration, } x = x_i \text{ and } x' = x_{2i} \\ x \leftarrow f(x) \bmod n \\ x' \leftarrow f(x') \bmod n \\ x' \leftarrow f(x') \bmod n \\ p \leftarrow \gcd(x - x', n) \end{cases}$

if $p = n$

　　then return（"failure"）

　　else return（p）

这个算法并不难于分析。如果 $x_i \equiv x_j \pmod{p}$，那么就有如下情形：对于所有满足 $i' \equiv 0 \pmod{\ell}, i' \geqslant i$ 的 i' 有 $x_{i'} = x_{2i'} \pmod{p}$。在 ℓ 个连续的整数 $i, \cdots, j-1$ 中，一定存在一个数可以被 ℓ 整除。因此，满足上面两个条件的最小值 i' 不超过 $j-1$。因此，需要找到一个因子 p 的循环次数最多为 j，而 j 的值最大为 $\sqrt{p}$。

在例 5.10 中，模 71 的碰撞最先出现在 $i=7$, $j=18$。大于等于 7 且被 11 整除的最小整数为 $i'=11$。因此，算法 5.9 在计算出 $\gcd(x_{11} - x_{22}, n) = 71$ 时，就找到了 n 的因子 71。

一般地，由于 $p < \sqrt{n}$，算法的期望复杂度为 $O(n^{1/4})$ (忽略其对数因子)。然而，再强调一下，这是一个启发式的分析，并非一个数学证明。另一方面，算法实际上的执行类似于这个估计。

算法 5.9 也可能因为没有找到 n 的一个非平凡因子而导致失败。这种情形发生当且仅当第一对满足 $x \equiv x' \pmod{p}$ 的 x 和 x' 也满足 $x \equiv x' \pmod{n}$ (这等价于 $x = x'$，因为 x 和 x' 是模 n 约化的)。我们可以启发式地估计这种情形发生的概率大致为 p/n，当 n 很大时这是一个很小的值，因为 $p < \sqrt{n}$。如果算法以这种方式失败，我们可以取一个不同的初值重新运行算法，或者选择一个不同的函数 f。

读者可能希望对一个较大的 n 来运行算法 5.9。当 $n = 15\,770\,708\,441$ 时(与例 5.9 中所取 n 值相同)，$x_1 = 1$ 和 $f(x) = x^2 + 1$，可以验证 $x_{422} = 2\,261\,992\,698$，$x_{211} = 7\,149\,213\,937$，且

$$\gcd(x_{422} - x_{211}, n) = 135\,979$$

5.6.3　Dixon 的随机平方算法

许多分解因子算法的理论依据是下列的简单事实。假定我们可以找到 $x \not\equiv \pm y \pmod{n}$ 使得 $x^2 \equiv y^2 \pmod{n}$。那么

$$n \mid (x-y)(x+y)$$

但 $x-y$ 或者 $x+y$ 都不能被 n 整除。因此，$\gcd(x+y, n)$ 是 n 的一个非平凡因子(类似地，$\gcd(x-y, n)$ 也是 n 的一个非平凡因子)。

作为一个例子，容易验证，$10^2 \equiv 32^2 \pmod{77}$。通过计算 $\gcd(10+32, 77) = 7$，可发现 77 的一个因子是 7。

随机平方算法使用一个因子基(factor base) $\mathcal{B}$，因子基是 b 个最小素数的集合(适当选取 b)。我们首先得到几个整数 z，使得 $z^2 \bmod n$ 的所有素因子都在因子基 $\mathcal{B}$ 中(如何做到这一点将在稍后讨论)。然后，将某些 z 相乘使得每一个在因子基中的素数出现偶数次。这样就建立起了一个所期望的类型的同余方程 $x^2 \equiv y^2 \pmod{n}$，该方程可能导出 n 的一个分解。

用一个仔细设计的例子来说明 Dixon 算法的基本观点。

例 5.11　假定 $n = 15\,770\,708\,441$ (这与例 5.9 中所取 n 值相同)。令 $b=6$；那么 $\mathcal{B} = \{2, 3, 5, 7, 11, 13\}$。考虑如下三个同余方程：

$$8\,340\,934\,156^2 \equiv 3 \times 7 \pmod{n}$$
$$12\,044\,942\,944^2 \equiv 2 \times 7 \times 13 \pmod{n}$$
$$2\,773\,700\,011^2 \equiv 2 \times 3 \times 13 \pmod{n}$$

如果取上面同余方程两边的乘积，那么有

$$(8\,340\,934\,156 \times 12\,044\,942\,944 \times 2\,773\,700\,011)^2 \equiv (2 \times 3 \times 7 \times 13)^2 (\bmod n)$$

在两边表达式的括号中模 n 约化，我们有

$$9\,503\,435\,785^2 \equiv 546^2 (\bmod n)$$

然后，利用 Euclidean 算法，计算

$$\gcd(9\,503\,435\,785 - 546, 15\,770\,708\,441) = 115\,759$$

找到 n 的因子 115 759。

假定 $\mathcal{B} = \{p_1, \cdots, p_b\}$ 为因子基。设 c 为稍大于 b 的整数（比如 $c = b + 4$），且假定已经得到 c 个同余方程：

$$z_j^2 \equiv p_1^{\alpha_{1j}} \times p_2^{\alpha_{2j}} \times \cdots \times p_b^{\alpha_{bj}} (\bmod n)$$

其中 $1 \leqslant j \leqslant c$。对于每一个 j，考虑向量

$$a_j = (\alpha_{1j} \bmod 2, \cdots, \alpha_{bj} \bmod 2) \in (\mathbb{Z}_2)^b$$

如果我们可以找到 a_j 的子集使得其模 2 的和为向量 $(0, \cdots, 0)$，那么对应的 z_j 的乘积将会使用 $\mathcal{B}$ 中的每个因子偶数次。

我们回到例 5.11 来描述一下，即使在 $c < b$ 的情况下也存在一个线性相关关系。

例 5.11（续）　三个向量 a_1, a_2, a_3 如下：

$$a_1 = (0, 1, 0, 1, 0, 0)$$
$$a_2 = (1, 0, 0, 1, 0, 1)$$
$$a_3 = (1, 1, 0, 0, 0, 1)$$

容易看到

$$a_1 + a_2 + a_3 = (0, 0, 0, 0, 0, 0) \bmod 2$$

由此我们可以得到前面的同余方程，能成功地分解 n。

可以看到，寻找 c 个向量 $a_1, \cdots, a_c$ 的一个子集使得其和模 2 为零向量，等价于寻找这些向量（在 $\mathbb{Z}_2$ 上）的一个线性相关。假定 $c > b$，这样的一个线性相关一定存在，且可以利用标准的 Gaussian 消去法容易找到。我们选取 $c > b + 1$ 的原因是，不能保证任一给定的同余方程 $x^2 \equiv y^2 (\bmod n)$ 一定能得到 n 的分解。然而，我们可以如下估计 $x \equiv \pm y (\bmod n)$ 的概率最多为 50%。假定 $x^2 \equiv y^2 \equiv a (\bmod n)$，其中 $\gcd(a, n) = 1$。定理 5.13 告诉我们 a 有 2^{ℓ} 个模 n 的平方根，其中 ℓ 为 n 的素因子的个数。如果 $\ell \geqslant 2$，那么 a 至少有四个平方根。因此，如果我们假定 x 和 y "随机" 选取，可以推出 $x \equiv \pm y (\bmod n)$ 出现的概率为 $2/2^{\ell} \leqslant 1/2$。

现在，如果 $c > b + 1$，我们可以得到一些形如 $x^2 \equiv y^2 (\bmod n)$ 的同余方程（由 a_j 的不同线性相关关系得出）。希望所得到的同余方程中至少有一个可以得到形如 $x^2 \equiv y^2 (\bmod n)$ 的同余方程且 $x \not\equiv \pm y (\bmod n)$，由此可以得到 n 的一个非平凡因子。

　　我们现在讨论如何得到整数 z，使得值 $z^2 \bmod n$ 可以在给定因子基 $\mathcal{B}$ 上完全分解。有几种方法可以做到这一点。一种方法是简单地随机选择 z；这也是随机平方算法名字的由来。然而，试用形如 $j + \lceil \sqrt{kn} \rceil, j = 0, 1, 2, \cdots, k = 1, 2, \cdots$ 的整数是特别有用的。这些整数在平方和模 n 约化后，一般会比较小，因此它们要比随机选择在 $\mathcal{B}$ 上完全分解的概率要高一些。另一个有用的技巧是试用形如 $z = \lfloor \sqrt{kn} \rfloor$ 的整数。当平方和模 n 约化后，这些整数比 n 小一点。这意味着 $-z^2 \bmod n$ 是很小的，有可能在 $\mathcal{B}$ 上完全分解。因此，如果我们把 -1 加到 $\mathcal{B}$ 中，就可以在 $\mathcal{B}$ 上分解 $z^2 \bmod n$。

　　用一个小例子来说明这些技巧。

　　例 5.12　假定 $n = 1829$，且 $\mathcal{B} = \{-1, 2, 3, 5, 7, 11, 13\}$。计算 $\sqrt{n} = 42.77$，$\sqrt{2n} = 60.48$，$\sqrt{3n} = 74.07$ 且 $\sqrt{4n} = 85.53$。假定取 $z = 42, 43, 60, 61, 74, 75, 85, 86$。可得到 $z^2 \bmod n$ 在 $\mathcal{B}$ 上的分解。在下面的表中，所有同余式都是模 n 的：

$$
\begin{aligned}
z_1^2 &\equiv 42^2 &\equiv -65 &\equiv (-1) \times 5 \times 13 \\
z_2^2 &\equiv 43^2 &\equiv 20 &\equiv 2^2 \times 5 \\
z_3^2 &\equiv 61^2 &\equiv 63 &\equiv 3^2 \times 7 \\
z_4^2 &\equiv 74^2 &\equiv -11 &\equiv (-1) \times 11 \\
z_5^2 &\equiv 85^2 &\equiv -91 &\equiv (-1) \times 7 \times 13 \\
z_6^2 &\equiv 86^2 &\equiv 80 &\equiv 2^4 \times 5
\end{aligned}
$$

因此，我们得到六个分解式，从而得到 $(\mathbb{Z}_2)^7$ 中的六个向量。这并不能足以保证有一个相关关系，但是在这种特殊情形下已经足够了。这六个向量如下：

$$
\begin{aligned}
\boldsymbol{a}_1 &= (1, 0, 0, 1, 0, 0, 1) \\
\boldsymbol{a}_2 &= (0, 0, 0, 1, 0, 0, 0) \\
\boldsymbol{a}_3 &= (0, 0, 0, 0, 1, 0, 0) \\
\boldsymbol{a}_4 &= (1, 0, 0, 0, 0, 1, 0) \\
\boldsymbol{a}_5 &= (1, 0, 0, 0, 1, 0, 1) \\
\boldsymbol{a}_6 &= (0, 0, 0, 1, 0, 0, 0)
\end{aligned}
$$

显然 $\boldsymbol{a}_2 + \boldsymbol{a}_6 = (0, 0, 0, 0, 0, 0, 0)$；然而，读者可以检查这个相关关系并不能得到一个 n 的分解。可以起作用的相关关系是：

$$
\boldsymbol{a}_1 + \boldsymbol{a}_2 + \boldsymbol{a}_3 + \boldsymbol{a}_5 = (0, 0, 0, 0, 0, 0, 0)
$$

我们得到的同余式是

$$
(42 \times 43 \times 61 \times 85)^2 \equiv (2 \times 3 \times 5 \times 7 \times 13)^2 \pmod{1829}
$$

通过化简，可以得到

$$
1459^2 \equiv 901^2 \pmod{1829}
$$

然后直接计算

$$
\gcd(1459 + 901, 1829) = 59
$$

于是，我们得到 n 的一个非平凡因子。

一个重要的一般问题是因子基应该取多大(作为要分解的整数 n 的函数)，以及算法的复杂度如何。通常，有以下认识：如果 $b=|\mathcal{B}|$ 很大，那么整数 $z^2 \bmod n$ 似乎更有可能在 $\mathcal{B}$ 上分解。但是 b 越大，为了找到一个相关关系就要堆积越多的同余式。数论中的一些结果可以帮助我们更好地选取 b。现在讨论一些主要的想法。这将是一个启发式的分析，并假定整数 z 是随机选取的。

假定 n 和 m 为正整数。我们称 n 是 m 光滑的(m-smooth)，如果 n 的任一素因子都小于等于 m。$\Psi(n,m)$ 定义为小于等于 n 且是 m 光滑的正整数的个数。数论中一个重要的结果是说，如果 $n \gg m$，那么

$$\frac{\Psi(n,m)}{n} \approx \frac{1}{u^u}$$

其中 $u = \log n / \log m$。注意到 $\Psi(n,m)/n$ 表示从集合 $\{1, \cdots, n\}$ 中随机选取一个整数为 m 光滑的概率。

假定 $n \approx 2^r$ 和 $m \approx 2^s$。那么

$$u = \frac{\log n}{\log m} \approx \frac{r}{s}$$

一个 r 比特的整数除以一个 s 比特的整数执行时间为 $O(rs)$。如果假定 $r<m$，我们可以在时间 $O(rsm)$ 内判断集合 $\{1, \cdots, n\}$ 中一个整数是否为 m 光滑的(参见习题)。

因子基 $\mathcal{B}$ 包含所有小于等于 m 的素数。因此，应用素数定理，我们有

$$|\mathcal{B}| = b = \pi(m) \approx \frac{m}{\ln m}$$

为了算法成功，需要找出略多于 b 个的 m 光滑的模 n 平方数。我们期望测试 bu^u 个整数就可以得到 b 个 m 光滑的整数。因此，找到所需 m 光滑的平方数的期望时间为 $O(bu^u \times rsm)$。我们已经有 b 为 $O(m/s)$，所以，算法的第一部分的运行时间为 $O(rm^2u^u)$。

在算法的第二部分，需要化简模 2 的关联矩阵，构造形如 $x^2 \equiv y^2 \pmod{n}$ 的同余式，再应用 Euclidean 算法。可以容易地检验完成这几步所需时间是 r 和 m 的多项式，即 $O(r^im^j)$，其中 i 和 j 为正整数(平均来讲，算法的第二部分最多做两次完成，因为一个同余式不能提供一个 n 的分解的概率最多为 1/2。这样导致了一个不大于 2 的因子，但它可以由高次项吸收进去)。

到此为止，我们知道算法的全部运行时间可写成形式 $O(rm^2u^u + r^im^j)$。回忆一下给定的 $n \approx 2^r$，可以试着选择 $m \approx 2^s$ 来优化运行时间。m 的一个好的选择是取 $s \approx \sqrt{r\mathrm{lb}\,r}$。那么

$$u \approx \frac{r}{s} \approx \sqrt{\frac{r}{\mathrm{lb}\,r}}$$

现在计算

$$\mathrm{lb}\,u^u = u\,\mathrm{lb}\,u$$
$$\approx \sqrt{\frac{r}{\mathrm{lb}\,r}}\,\mathrm{lb}\left(\sqrt{\frac{r}{\mathrm{lb}\,r}}\right)$$

$$< \sqrt{\frac{r}{\text{lb }r}}\text{lb}\sqrt{r}$$

$$= \sqrt{\frac{r}{\text{lb }r}} \times \frac{\text{lb }r}{2}$$

$$= \frac{\sqrt{r\text{lb }r}}{2}$$

于是有

$$u^u \leqslant 2^{0.5\sqrt{r\text{lb }r}}$$

我们又有 $m \approx 2^{\sqrt{r\text{lb }r}}$ 和 $r = 2^{\text{lb }r}$。因此，所有运行的时间可以写成如下形式：

$$O(2^{\text{lb }r+2\sqrt{r\text{lb }r}+0.5\sqrt{r\text{lb }r}} + 2^{\text{lb }r+j\sqrt{r\text{lb }r}})$$

容易看到，上式可以写成

$$O(2^{c\sqrt{r\text{lb }r}})$$

其中 c 为某一常数。利用事实 $r \approx \text{lb }n$，可得到运行时间为

$$O(2^{c\sqrt{\text{lb }n\text{lb lb }n}})$$

通常运行时间会表示为相对于基 e 的对数和指数的项。利用 m 的最优选择，更精确的分析可以导出如下通常期望的运行时间：

$$O(e^{(1+o(1))\sqrt{\ln n \ln \ln n}})$$

5.6.4　实际中的分解因子算法

一个特别著名的并在实际中广泛应用的算法是由 Pomerance 提出的二次筛法。"二次筛法"名字来源于判定 $z^2 \bmod n$ 在 $\mathcal{B}$ 上分解的一个筛法过程(我们在这里不给出描述)。数域筛法是 20 世纪 80 年代后期发展起来的一个分解算法。它也是通过构造同余式 $x^2 \equiv y^2 (\bmod n)$ 来分解 n，但它是在代数整数环中进行计算的。最近，数域筛法成为分解大整数所选择的算法。

二次筛法、椭圆曲线算法和数域筛法的渐进运行时间分别为：

二次筛法	$O(e^{(1+o(1))\sqrt{\ln n \ln \ln n}})$
椭圆曲线算法	$O(e^{(1+o(1))\sqrt{2\ln p \ln \ln p}})$
数域筛法	$O(e^{(1.92+o(1))(\ln n)^{1/3}(\ln \ln n)^{2/3}})$

记号 $o(1)$ 表示一个当 $n \to \infty$ 时趋向于 0 的函数，p 表示 n 的最小素因子。

在最坏的情况下，$p \approx \sqrt{n}$，二次筛法和椭圆曲线算法的渐进运行时间本质上一样的。但在这种情况下，二次筛法一般快于椭圆曲线算法。如果 n 的素因子具有不同的长度，那么椭圆曲线算法是更有效的。Brent 在 1988 年使用椭圆曲线方法分解了一个很大的 Fermat 数 $2^{2^{11}}+1$。

　　直到 20 世纪 90 年代中期，二次筛法是分解 RSA 模（所谓 RSA 模 n 是指 $n = pq$，p 和 q 是两个不同的素数，p 和 q 的长度大致相等）的最常用的算法。数域筛法是这三个算法中最近发展起来的算法。该算法跟其他算法相比具有的优点是，它的渐进运行时间比二次筛法和椭圆曲线算法的渐进运行时间都少。已证明数域筛法对大于 125~130 比特的十进制数是较快的算法。数域筛法的一个早期应用是在 1990 年，Lenstra，Manasse 和 Pollard 利用这个算法把 $2^{2^9} + 1$ 分解成三个素数，这三个素数分别是 7 位、49 位和 99 位十进制数。

　　在因子分解中一些著名的里程碑包括下面的事例。1983 年，用二次筛法成功地分解了一个 69 位的十进制整数，该数是 $2^{251} - 1$ 的一个（合数）因子（由 Davis，Holdridge 和 Simmons 完成的运算）。整个 20 世纪 80 年代又取得不断的进步。1989 年，Lenstra 和 Manasse 利用二次筛法并且通过把计算分配给成百上千个工作站的办法成功地分解了一个 106 位的十进制整数（他们称这种方式为"利用电子邮件分解"）。

　　20 世纪 90 年代初，RSA 在因特网上为分解算法公布了一系列"挑战"数字。这些数字被称为 RSA-100，RSA-110，…，RSA-500，每一个数字 RSA-d 是一个 d 位的十进制整数，该数是大约等长的两个素数的乘积。一些"挑战"数字已被分解，2003 年 4 月完成了 RSA-160 的分解。

　　RSA 在 2001 年提出了一个新的分解因子挑战，新的挑战中的数字大小是用比特来度量的而不是用十进制位来度量的。在新的 RSA 挑战中有 8 个数字：RSA-576，RSA-640，RSA-704，RSA-768，RSA-896，RSA-1024，RSA-1536 和 RSA-2048。分解这些数字有奖赏，奖金为 10 000~200 000 美元。RSA-576 的分解是由 Jens Franke 于 2003 年 12 月宣告完成的；分解都是利用数域筛法完成的。

　　推测未来分解因子的发展趋势，有人提出 768 比特的模数将在 2010 年被分解，1024 比特的模数到 2018 年被分解。

5.7　对 RSA 的其他攻击

　　在这一节中，我们专注于如下问题：对 RSA 密码体制除了分解 n 之外是否还有其他可能的攻击？例如，可以设想存在一种不用分解模数 n 就可解密 RSA 密文的方法。

5.7.1　计算 $\phi(n)$

　　首先看到计算 $\phi(n)$ 并不比分解 n 容易。例如，假设 n 和 $\phi(n)$ 已知，n 为两个素数 p 和 q 的乘积，那么 n 可以容易地分解，通过求解如下两个方程：

$$n = pq$$
$$\phi(n) = (p-1)(q-1)$$

得到两个"未知数" p 和 q。按如下方法，这很容易完成。如果用 $q = n / p$ 代入第二个方程中，我们可以得到一个关于未知数 p 的二次方程：

$$p^2 - (n - \phi(n) + 1)p + n = 0 \tag{5.1}$$

方程 (5.1) 的两个根就是 p 和 q，即 n 的因子。因此，如果一个密码分析者能够求出 $\phi(n)$ 的值，他就能分解 n，进而攻破系统。也就是说，计算 $\phi(n)$ 并不比分解 n 容易。

这里给出一个例子。

例 5.13　假定 $n = 84\,773\,093$，且敌手已经得到 $\phi(n) = 84\,754\,668$。这些信息给出了如下的二次方程：

$$p^2 - 18\,426\,p + 84\,773\,093 = 0$$

这可以用二次方程求根公式求解，得到两个根 9539 和 8887。这就是 n 的两个因子。

5.7.2　解密指数

我们现在证明一个有趣的结果，如果解密指数 a 已知，那么 n 可以通过一个随机算法在多项式时间内分解。因此，可以说计算 a(本质上)并不比分解 n 容易(然而，这并不能排除不用计算 a 就可攻破 RSA 密码体制的可能性)。注意到这一点并不仅仅是理论兴趣。它告诉我们如果 a 被泄露(由于意外或其他原因)，那么 Bob 重新选择一个加密指数是不够的，他必须选择一个新的模数 n。

我们要描述的算法是一个 Las Vegas 型(参见 4.2.2 节的定义)的随机算法。这里，我们考虑 Las Vegas 算法具有最坏情形成功的概率至少为 $1 - \epsilon$。因此，对于任一问题实例，算法不能给出一个答案的概率至多为 ϵ。

如果我们有了这样一个 Las Vegas 算法，那么只需一次又一次地运行它，直到找到一个答案为止。算法连续 m 次返回“没有答案”(no answer)的概率为 ϵ^m。为了得到一个答案，必须运行算法的平均次数(即期望值)是 $1/(1-\epsilon)$ (参见习题)。

我们将描述一个对于给定的值 a, b 和 n 作为输入，以至少 1/2 的概率分解 n 的 Las Vegas 算法。因此，如果算法运行 m 次，那么 n 被分解的概率至少为 $1 - 1/2^m$。

算法基于当 $n = pq$ 是两个不同奇素数的乘积时与 1 模 n 的平方根相关的一些事实。若 $x^2 \equiv 1 \pmod{p}$，定理 5.13 告诉我们存在 1 模 n 的四个根。其中两个根为 $\pm 1 \bmod n$；这两个根称为 1 模 n 的平凡平方根。另两个根称为非平凡的；它们也是模 n 的互为相反数。

这里给出一个小例子。

例 5.14　假定 $n = 403 = 13 \times 31$。1 模 403 的四个平方根为 1, 92, 311 和 402。平方根 92 是通过使用中国剩余定理求解如下方程组得到的：

$$x \equiv 1 \pmod{13}$$
$$x \equiv -1 \pmod{31}$$

另外一个非平凡平方根是 $403 - 92 = 311$。它是如下方程组的解：

$$x \equiv -1 \pmod{13}$$
$$x \equiv 1 \pmod{31}$$

假定 x 是 1 模 n 的非平凡平方根。那么

$$x^2 \equiv 1^2 \pmod{n}$$

但

$$x \not\equiv \pm 1 \pmod{n}$$

那么，在随机平方分解算法中，我们可以通过计算 $\gcd(x+1, n)$ 和 $\gcd(x-1, n)$ 来分解 n。在例 5.14 中

$$\gcd(93, 403) = 31$$

且

$$\gcd(312, 403) = 13$$

算法 5.10 试图通过寻找 1 模 n 的非平凡平方根来分解 n。在分析算法之前，我们先给出一个例子描述其应用。

例 5.15　假定 $n = 89\,855\,713$，$b = 34\,986\,517$，且 $a = 82\,330\,933$，取随机数 $w = 5$。我们有

$$ab - 1 = 2^3 \times 360\,059\,073\,378\,795$$

那么

$$w^r \bmod n = 85\,877\,701$$

恰好有

$$85\,877\,701^2 \equiv 1(\bmod n)$$

因此算法将返回值

$$x = \gcd(85\,877\,702, n) = 9103$$

这是 n 的一个因子；另一个因子是 $n / 9103 = 9871$。

算法 5.10　RSA-FACTOR(n, a, b)
Comment：假定 $ab \equiv 1(\bmod \phi(n))$
记 $ab - 1 = 2^s r$，r 为奇数
随机选择 w 使得 $1 \leqslant w \leqslant n-1$
$x \leftarrow \gcd(w, n)$
if　$1 < x < n$
　　then return (x)
Comment：x 是 n 的一个因子
$v \leftarrow w^r \bmod n$
if　$v \equiv 1(\bmod n)$
　　then return ("failure")
while　$v \not\equiv 1(\bmod n)$
　　do $\begin{cases} v_0 \leftarrow v \\ v \leftarrow v^2 \bmod n \end{cases}$
if　$v_0 \equiv -1(\bmod n)$
　　then　**return** ("failure")
　　else $\begin{cases} x \leftarrow \gcd(v_0 + 1, n) \\ \text{return}(x) \end{cases}$
Comment：x 是 n 的一个因子

让我们来分析一下算法 5.10。首先，如果我们幸运地选到 w 为 p 或 q 的倍数，那么可以直接分解 n。如果 w 与 n 互素，那么可通过连续平方计算 $w^r, w^{2r}, w^{4r}, \cdots$，直到对某个 t，有

$$w^{2^t r} \equiv 1 \pmod{n}$$

由于
$$ab - 1 = 2^s r \equiv 0 \pmod{\phi(n)}$$

我们知道 $w^{2^s r} \equiv 1 \pmod{n}$。因此，while 循环至多运行 s 次就会终止。在 while 循环结束时，我们找到一个值 v_0，使得 $(v_0)^2 \equiv 1 \pmod{n}$，但是 $v_0 \not\equiv 1 \pmod{n}$。如果 $v_0 \equiv -1 \pmod{n}$，那么算法失败；否则，v_0 是 1 模 n 的一个非平凡平方根，我们能够分解 n。

现在我们面临的主要任务是证明该算法的成功概率至少为 $1/2$。有两种方式使得算法分解 n 失败：

1. $w^r \equiv 1 \pmod{n}$，或者
2. $w^{2^t r} \equiv -1 \pmod{n}$，对某个 t，$0 \leqslant t \leqslant s-1$。

我们需考虑 $s+1$ 个同余方程。如果 w 是这 $s+1$ 个同余方程中至少一个的解，那么它是一个"坏"选择，算法失败。所以我们下面讨论其中每一个同余方程的解的个数。

首先，考虑同余方程 $w^r \equiv 1 \pmod{n}$。分析这个方程的解的方法是分别考虑模 p 和模 q 的解，然后用中国剩余定理把它们组合起来。观察到 $x \equiv 1 \pmod{n}$ 当且仅当 $x \equiv 1 \pmod{p}$ 且 $x \equiv 1 \pmod{q}$。

因此，我们首先考虑 $w^r \equiv 1 \pmod{n}$。由于 p 是一个素数，由定理 5.7 可知，$\mathbb{Z}_p^*$ 是一个循环群。设 g 为模 p 的一个本原元素。可以记为 $w = g^u$，对某一唯一的整数 u，$0 \leqslant u \leqslant p-2$。于是有

$$w^r \equiv 1 \pmod{p}$$
$$g^{ur} \equiv 1 \pmod{p}$$

因此，$(p-1)|ur$。记 $p-1 = 2^i p_1$，其中 p_1 是一个奇数；$q-1 = 2^j q_1$，其中 q_1 是一个奇数。由于

$$\phi(n) = (p-1)(q-1) \big| (ab-1) = 2^s r$$

即
$$2^{i+j} p_1 q_1 \big| 2^s r$$

因此 $i+j \leqslant s$，且 $p_1 q_1 | r$。现在，条件 $(p-1)|ur$ 变成了 $2^i p_1 | ur$。由于 $p_1 | r$ 且 r 为奇数，因此充要条件是 $2^i | u$。因此，$u = k2^i, 0 \leqslant k \leqslant p_1 - 1$，且同余方程 $w^r \equiv 1 \pmod{p}$ 的解的个数为 p_1。

经过相同的论述，同余方程 $w^r \equiv 1 \pmod{q}$ 恰好有 q_1 个解。我们把任一模 p 的解和模 q 的解组合起来，利用中国剩余定理，就可得到模 n 的解。因此，同余方程 $w^r \equiv 1 \pmod{n}$ 的解的个数为 $p_1 q_1$。

下一步是对固定的 t $(0 \leqslant t \leqslant s-1)$ 考虑同余方程 $w^{2^t r} \equiv -1 \pmod{n}$ 的解。首先考虑模 p 和模 q 的解[注意到 $w^{2^t r} \equiv -1 \pmod{n}$ 当且仅当 $w^{2^t r} \equiv -1 \pmod{p}$ 且 $w^{2^t r} \equiv -1 \pmod{q}$]。首先考虑 $w^{2^t r} \equiv -1 \pmod{p}$。像上面一样，记 $w = g^u$，有

$$g^{u2^t r} \equiv -1 (\mathrm{mod}\, p)$$

由于 $g^{(p-1)/2} \equiv -1 (\mathrm{mod}\, p)$，有

$$u2^t r \equiv \frac{p-1}{2} (\mathrm{mod}\, p-1)$$

$$(p-1) \bigg| \left(u2^t r - \frac{p-1}{2} \right)$$

$$2(p-1) | (u2^{t+1} r - (p-1))$$

由于 $p-1 = 2^i p_1$，可得到

$$2^{i+1} p_1 | (u2^{t+1} r - 2^i p_1)$$

取出公因子 p_1，上式变为

$$2^{i+1} \bigg| \left(\frac{u2^{t+1} r}{p_1} - 2^i \right)$$

现在，如果 $t \geq i$，因为此时 $2^{i+1} | 2^{t+1}$，但 $2^{i+1} \nmid 2^i$。另一方面，如果 $t \leq i-1$，那么 u 是一个解，当且仅当 u 是 2^{i-t-1} 的奇数倍(注意到 r/p_1 是奇数)。所以这种情形下解的个数为

$$\frac{p-1}{2^{i-t-1}} \times \frac{1}{2} = 2^t p_1$$

通过类似的推理，同余方程 $w^{2^t r} \equiv -1 (\mathrm{mod}\, q)$ 当 $t \geq j$ 时没有解，当 $t \leq j-1$ 时有 $2^t q_1$ 个解。利用中国剩余定理，我们知道 $w^{2^t r} \equiv -1 (\mathrm{mod}\, n)$ 的解的个数为

$$\begin{matrix} 0 & t \geq \min\{i, j\} \\ 2^{2t} p_1 q_1 & t \leq \min\{i, j\} - 1 \end{matrix}$$

现在，t 可以从 0 到 $s-1$ 取值。不失一般性，假定 $i \leq j$；那么当 $t \geq i$ 时解的个数为零。对于 w 的"坏"选择的总数最多为

$$p_1 q_1 + p_1 q_1 (1 + 2^2 + 2^4 + \cdots + 2^{2i-2}) = p_1 q_1 \left(1 + \frac{2^{2i} - 1}{3} \right)$$

$$= p_1 q_1 \left(\frac{2}{3} + \frac{2^{2i}}{3} \right)$$

前面已知 $p-1 = 2^i p_1$，且 $q-1 = 2^j q_1$。现在，$j \geq i \geq 1$，所以 $p_1 q_1 < n/4$。我们又有

$$2^{2i} p_1 q_1 \leq 2^{i+j} p_1 q_1 = (p-1)(q-1) < n$$

因此，可得到

$$p_1 q_1 \left(\frac{2}{3} + \frac{2^{2i}}{3} \right) < \frac{n}{6} + \frac{n}{3}$$

$$= \frac{n}{2}$$

由于至多 $(n-1)/2$ 个 w 的选择是"坏"的,容易知道至少有 $(n-1)/2$ 个选择是"好"的,因此算法成功的概率至少为 $1/2$。

5.7.3 Wiener 的低解密指数攻击

像前面一样,假定 $n = pq$,其中 p 和 q 为素数;那么 $\phi(n) = (p-1)(q-1)$。在本节中,我们介绍由 M.Wiener 提出的一种攻击,可以成功地计算秘密解密指数 a,前提是满足如下条件:

$$3a < n^{1/4} \quad 且 \quad q < p < 2q \tag{5.2}$$

如果 n 的二进制表示有 ℓ 比特,那么当 a 的二进制表示位数小于 $\ell/4-1$,p 和 q 相距不太远时攻击有效。

注意到 Bob 可能试图选择较小的解密指数来加快解密过程。如果他使用算法 5.5 来计算 $y^a \bmod n$,那么当选择一个满足式 (5.2) 的 a 值时,解密的时间大致可以降低 75%。本节中将证明的结果说明,应该避免采用这种办法来降低解密时间。

由于 $ab \equiv 1 \pmod{\phi(n)}$,可知存在一个整数 t 使得:

$$ab - t\phi(n) = 1$$

由于 $n = pq > q^2$,我们有 $q < \sqrt{n}$。因此

$$0 < n - \phi(n) = p + q - 1 < 2q + q - 1 < 3q < 3\sqrt{n}$$

现在,可看到

$$
\begin{aligned}
\left| \frac{b}{n} - \frac{t}{a} \right| &= \left| \frac{ba - tn}{an} \right| \\
&= \left| \frac{1 + t(\phi(n) - n)}{an} \right| \\
&< \frac{3t\sqrt{n}}{an} \\
&= \frac{3t}{a\sqrt{n}}
\end{aligned}
$$

由于 $t < a$,我们有 $3t < 3a < n^{1/4}$,因此

$$\left| \frac{b}{n} - \frac{t}{a} \right| < \frac{1}{an^{1/4}}$$

最后,由于 $3a < n^{1/4}$,我们有

$$\left| \frac{b}{n} - \frac{t}{a} \right| < \frac{1}{3a^2}$$

因此,分数 t/a 是分数 b/n 的一个很接近的近似。从连分数理论可知,这样接近的近似值是 b/n 的连分数展开的一个收敛子(参见定理 5.14)。这种扩展可以像下面描述的那样,从 Euclidean 算法得到。

一个(有限)连分数是非负整数的 m 组，即

$$[q_1, \cdots, q_m]$$

它是下面表达式的简写形式：

$$q_1 + \cfrac{1}{q_2 + \cfrac{1}{q_3 + \cdots + \frac{1}{q_m}}}$$

假定 a 和 b 为满足 $\gcd(a, b) = 1$ 的正整数，且假定算法 5.1 的输出为 m 组 $(q_1, \cdots, q_m)$。那么容易看到，$a/b = [q_1, \cdots, q_m]$。我们称 $[q_1, \cdots, q_m]$ 是 a/b 在这种情形下的连分数展开(continued fraction expansion)。现在，对 $1 \leqslant j \leqslant m$，定义 $C_j = [q_1, \cdots, q_j]$。C_j 称为 $[q_1, \cdots, q_m]$ 的第 j 个收敛子。每一 C_j 可以写成有理数形式 c_j/d_j，其中 c_j 和 d_j 满足如下的递推关系：

$$c_j = \begin{cases} 1 & j = 0 \\ q_1 & j = 1 \\ q_j c_{j-1} + c_{j-2} & j \geqslant 2 \end{cases}$$

且

$$d_j = \begin{cases} 0 & j = 0 \\ 1 & j = 1 \\ q_j d_{j-1} + d_{j-2} & j \geqslant 2 \end{cases}$$

例 5.16 计算 34/99 的连分数展开。用 Euclidean 算法进行如下计算：

$$34 = 0 \times 99 + 34$$
$$99 = 2 \times 34 + 31$$
$$34 = 1 \times 31 + 3$$
$$31 = 10 \times 3 + 1$$
$$3 = 3 \times 1$$

因此，34/99 的连分数展开为 $[0, 2, 1, 10, 3]$，即

$$\frac{34}{99} = 0 + \cfrac{1}{2 + \cfrac{1}{1 + \cfrac{1}{10 + \frac{1}{3}}}}$$

这个连分数的收敛子如下：

$$[0] = 0$$
$$[0, 2] = 1/2$$
$$[0, 2, 1] = 1/3$$
$$[0, 2, 1, 10] = 11/32$$
$$[0, 2, 1, 10, 3] = 34/99$$

读者可以用前面的递推关系式来计算并验证这些收敛子。

一个有理数的连分数展开的收敛子满足很多有趣的性质。对于我们的目的而言，最重要的性质如下：

定理 5.14　假定 $\gcd(a, b) = \gcd(c, d) = 1$ 且

$$\left|\frac{a}{b} - \frac{c}{d}\right| < \frac{1}{2d^2}$$

那么 c/d 是 a/b 连分数展开的一个收敛子。

现在可以把这个结果应用到 RSA 密码体制上。我们已经知道，如果条件式(5.2)成立，那么未知分数 t/a 是 b/n 的一个很接近的近似。定理 5.14 告诉我们，t/a 一定是 b/n 的连分数展开的一个收敛子。既然 b/n 是公开信息，那么很容易计算它的收敛子。我们所需要的仅是一个测试它们中间哪一个是"正确"的方法。

但这也并不难做到。如果 t/a 是 b/n 的一个收敛子，那么就能够计算 $\phi(n)$ 的值为 $\phi(n) = (ab-1)/t$。一旦 n 和 $\phi(n)$ 已知，就可以通过求解关于 p 的二次方程式(5.1)来分解 n。我们事先并不知道 b/n 的哪个收敛子能得到 n 的分解，所以，依次试验它们，直到找到 n 的分解为止。如果不能用这种方法分解 n，那么必然是假设式(5.2)不成立的情形。

Wiener 算法的伪代码描述参见算法 5.11。

算法 5.11　Wiener Algorithm(n, b)

$(q_1, \cdots, q_m; r_m) \leftarrow$ Euclidean Algorithm(b, n)

$c_0 \leftarrow 1$

$c_1 \leftarrow q_1$

$d_0 \leftarrow 0$

$d_1 \leftarrow 1$

for $j \leftarrow 2$ **to** m

$\quad$**do** $\begin{cases} c_j \leftarrow q_j c_{j-1} + c_{j-2} \\ d_j \leftarrow q_j d_{j-1} + d_{j-2} \\ n' \leftarrow (d_j b - 1)/c_j \\ \textbf{Comment:}\ n' = \phi(n)，如果 c_j/d_j 是正确的收敛子 \\ \textbf{if}\ n' 是一个整数 \\ \quad \textbf{then} \begin{cases} 设 p 和 q 为方程 x^2 - (n - n' + 1)x + n = 0 的根 \\ \textbf{if}\ p 和 q 为小于 n 的整数 \\ \quad \textbf{then return}\ (p, q) \end{cases} \end{cases}$

return ("failure")

我们提供一个描述上述算法的例子。

例 5.17　假定 $n = 160\,523\,347$，且 $b = 60\,728\,973$。b/n 的连分数展开为：

$$[0, 2, 1, 1, 1, 4, 12, 102, 1, 1, 2, 3, 2, 2, 36]$$

前几个收敛子为
$$0, \frac{1}{2}, \frac{1}{3}, \frac{2}{5}, \frac{3}{8}, \frac{14}{37}$$

读者可以验证前 5 个收敛子并不能产生 n 的分解。然而，收敛子 14/37 得到

$$n' = \frac{37 \times 60\,728\,973 - 1}{14} = 160\,498\,000$$

现在，我们求解方程

$$x^2 - 25\,348x + 160\,523\,347 = 0$$

得到根 $x = 12\,347, 13\,001$。因此我们发现了分解

$$160\,523\,347 = 12\,347 \times 13\,001$$

注意到，对于模 $n = 160\,523\,347$，Wiener 算法对满足下列条件的 a 均可成功

$$a < \frac{n^{1/4}}{3} \approx 37.52$$

5.8　Rabin 密码体制

在本节中，将描述 Rabin 密码体制，假定模数 $n = pq$ 不能被分解，则该类体制对于选择明文攻击是计算安全的。因此，Rabin 密码体制提供了一个可证明安全的密码体制的例子：假定分解整数问题是计算上不可行的，Rabin 密码体制是安全的。密码体制 5.2 描述了 Rabin 密码体制。

密码体制 5.2　Rabin 密码体制

设 $n = pq$，其中 p 和 q 为素数，且 $p, q \equiv 3 \pmod 4$。设 $\mathcal{P} = \mathcal{C} = \mathbb{Z}_n^*$，且定义

$$\mathcal{K} = \{(n, p, q)\}$$

对 $K = (n, p, q)$，定义

$$e_K(x) = x^2 \bmod n$$

和

$$d_K(y) = \sqrt{y} \bmod n$$

n 为公钥，p 和 q 为私钥。

注：条件 $p, q \equiv 3 \pmod 4$ 可以省去。又，如果取 $\mathcal{P} = \mathcal{C} = \mathbb{Z}_n$ 而非 $\mathbb{Z}_n^*$，密码体制仍能"工作"。然而，我们使用了更多的限制性描述，简化了许多方面的计算和密码体制的分析。

Rabin 密码体制的一个缺点是加密函数 e_K 并不是一个单射，所以解密不能以一种明显的方式完成，其证明如下。假定 y 是一个有效的密文；这意味着 $y = x^2 \bmod n$，对某一 $x \in \mathbb{Z}_n^*$。定理 5.13 证明了存在 y 模 n 的四个解，是对应于密文 y 的四个可能的解。一般地，Bob 并不能区别这四个可能的明文中哪一个是"正确"的，除非明文中包含足够的冗余信息来排除四个可能值中的三个。

让我们从 Bob 的观点来看解密问题。他得到一个密文 y，且想找出 x，使得

$$x^2 \equiv y \pmod{n}$$

这是一个关于 $\mathbb{Z}_n$ 中未知元 x 的二次方程，解密需要求出模 n 的平方根。这等价于求解两个同余方程：

$$z^2 \equiv y \pmod{p}$$

且

$$z^2 \equiv y \pmod{q}$$

我们可以利用 Euler 准则来判断 y 是否为一个模 p（或模 q）的二次剩余。事实上，如果加密正确地执行，y 是一个模 p 和模 q 的二次剩余。遗憾的是，Euler 准则并不能帮我们找到 y 的平方根；它仅能得到一个"是"或"否"的答案。

当 $p \equiv 3 \pmod{4}$ 时，有一个简单公式来计算模 p 二次剩余的平方根。假定 y 是一个模 p 二次剩余，且 $p \equiv 3 \pmod{4}$。那么有

$$(\pm y^{(p+1)/4})^2 \equiv y^{(p+1)/2} \pmod{p}$$
$$\equiv y^{(p-1)/2} y \pmod{p}$$
$$\equiv y \pmod{p}$$

这里我们又一次使用了 Euler 准则，即如果 y 是一个模 p 二次剩余，那么 $y^{(p-1)/2} \equiv 1 \pmod{p}$。因此，$y$ 模 p 的两个平方根为 $\pm y^{(p+1)/4} \bmod p$。同样的讨论可知，y 模 q 的两个平方根为 $\pm y^{(q+1)/4} \bmod q$。然后可以直接用中国剩余定理来得到 y 模 n 的四个平方根。

> **注：** 对 $p \equiv 1 \pmod{4}$，还不知道是否存在多项式时间的确定性算法来计算模 p 二次剩余的平方根（然而已有一个多项式时间的 Las Vegas 算法）。这就是我们在 Rabin 密码体制的定义中限定 $p, q \equiv 3 \pmod{4}$ 的原因。

例 5.18 我们用一个小例子来说明 Rabin 密码体制的加密和解密过程。假定 $n = 77 = 7 \times 11$。那么加密函数为

$$e_K(x) = x^2 \bmod 77$$

且解密函数为

$$d_K(y) = \sqrt{y} \bmod 77$$

假定 Bob 需要解密密文 $y = 23$。首先需要找到 23 模 7 和模 11 的平方根。由于 7 和 11 都是模 4 余 3，我们利用前面的公式：

$$23^{(7+1)/4} \equiv 2^2 \equiv 4 \pmod{7}$$

且

$$23^{(11+1)/4} \equiv 1^3 \equiv 1 \pmod{11}$$

利用中国剩余定理，计算 23 模 77 的四个平方根为 $\pm 10, \pm 32 \bmod 77$。因此，四个可能的明文为 $x = 10, 32, 45, 67$。可以验证这四个明文平方后模 77 约化得到的值均为 23。这证明了 23 的确是一个有效的密文。

5.8.1 Rabin 密码体制的安全性

我们现在讨论 Rabin 密码体制的(可证明)安全性。安全性证明使用了一个图灵(Turing)归约，其定义如下。

定义 5.5 假定 G 和 H 为问题(problem)。一个从 G 到 H 的图灵归约(Turing reduction)是一个具有如下性质的算法 SolveG：

1. SolveG 假定了存在某一算法 SolveH 求解问题 H；
2. SolveG 可以调用 SolveH 并使用它的任一输出值，但 SolveG 不能对 SolveH 执行的实际运算做任何限定 [也就是说，SolveH 被看做一个"黑盒子"，称为一个谕示器 (oracle)]；
3. SolveG 是一个多项式时间算法；
4. SolveG 正确地求解问题 G。

如果存在一个从 G 到 H 的图灵归约，我们记为 $G \propto_T H$。

一个图灵归约 $G \propto_T H$ 并不一定得到一个求解问题 G 的多项式时间算法。它实际上证明了如下隐含的事实：

如果存在一个多项式时间算法求解问题 H，那么存在一个多项式时间算法求解问题 G。

这是因为任一求解 H 的算法 SolveH 可以"插入"(plug into)到算法 SolveG 中，从而产生一个求解 G 的算法。显然，如果 SolveH 是一个多项式时间算法，那么所产生的算法也是一个多项式时间的算法。

我们将提供图灵归约的一个清晰的例子：我们将证明，一个解密谕示器(decryption oracle)Rabin Decrypt 可以并入到一个分解模数 n 的 Las Vegas 算法(参见算法 5.12)中，具有至少 1/2 的概率。也就是说，可得到 Factoring $\propto_T$ Rabin Decryption，其中图灵归约本身是一个随机算法。在算法 5.12 中，假定 n 是两个不同素数 p 和 q 的乘积；Rabin Decryption 是一个执行 Rabin 解密过程的谕示器(oracle)，对一个给定的密文返回对应的四个可能明文中的一个。

算法 5.12 Rabin Oracle Factoring(n)
external Rabin Decrypt
随机选择一个整数 $r \in \mathbb{Z}_n^*$

$$y \leftarrow r^2 \bmod n$$

$$x \leftarrow \text{Rabin Decrypt}(y)$$

if $x \equiv \pm r \pmod n$

    then return ("failure")

    else $\begin{cases} p \leftarrow \gcd(x+r, n) \\ q \leftarrow n/p \\ \textbf{return}(``n = p \times q") \end{cases}$

这里需要做几点说明。首先,观察到 y 是一个有效的密文,且 Rabin Decrypt(y)将返回四个可能明文中的一个作为 x 的值。事实上,有下式成立: $x \equiv \pm r \pmod n$ 或者 $x \equiv \pm\omega r \pmod n$,其中 ω 是 1 模 n 的一个非平凡平方根。在第二种情形下,有 $x^2 \equiv r^2 \pmod n$,但是 $x \not\equiv \pm r \pmod n$。因此,计算 $\gcd(x+r, n)$ 一定能够得出 p 或者 q,这就完成了 n 的分解。

下面计算这个算法在所有可能选择的随机值 $r \in \mathbb{Z}_n^*$ 的成功概率。对一个剩余 $r \in \mathbb{Z}_n^*$,定义

$$[r] = \{\pm r \bmod n, \pm \omega r \bmod n\}$$

显然,在[r]中分别有两个剩余用算法 5.12 得到相同的 y 值,且由谕示器 Rabin Decrypt 给出的输出 x 值也在[r]中。我们已经观察到算法 5.12 能够成功当且仅当 $x \equiv \pm\omega r \pmod n$。这个谕示器并不知道用四个可能的 r 值中的哪一个来构造 y,且 r 是在调用谕示器 Rabin Decrypt 之前随机选择。因此, $x \equiv \pm\omega r \pmod n$ 的概率是 1/2。由此我们推得算法 5.12 的成功概率为 1/2。

我们已经证明了 Rabin 密码体制对选择明文攻击是可证明安全的。然而,该体制对选择密文攻击是完全不安全的。事实上,算法 5.12 可以用来在选择密文攻击中攻破 Rabin 密码体制! 在选择密文攻击中,(假想的)谕示器 Rabin Decrypt 用实际解密算法来代替(非正式地,安全性证明中说解密谕示器可以用来分解 n;选择密文攻击假定一个解密谕示器存在。合起来,这就攻破了密码体制)。

5.9 RSA 的语义安全性

到现在为止,我们假定敌手试图攻破密码体制实际上是试图找出秘密密钥(对称密码体制的情形)或者私钥(公钥密码体制的情形)。如果Oscar 能够做到这一点,那么密码体制被完全攻破。然而,可能敌手的目标并没有这么大的野心。即使 Oscar 不能找到秘密密钥或私钥,他仍可以获得比我们所希望的更多的信息。如果要确保一个密码体制是"安全的",我们应该考虑这些敌手所具有的适度的目标。

这里是潜在的敌手目的。

完全攻破(total break)

敌手能够找出 Bob 的秘密密钥(对称密码体制的情形)或者私钥(公钥密码体制的情形)。因此,他能解密利用给定密钥加密的任意密文。

部分攻破(partial break)

敌手能以某一不可忽略的(non-negligible)概率解密以前没有见过的密文(无须知道密钥)。或者,敌手能够对于给定的密文,得出明文的一些特定信息。

密文识别(distinguishability of ciphertext)

敌手能够以超过 1/2 的概率识别两个给定明文对应的密文,或者识别出给定明文的密文和随机串。

在下面的章节中,我们考虑一些针对 RSA 类密码体制达到上面某种类型的目的的可能攻击。我们也描述在一定的计算假设成立的情形下,如何构造一个公钥密码体制使得敌手不能(在多项式时间内)识别密文。这样的密码体制称为语义安全(semantic security)的。达到语义安全性是非常困难的,因为我们是针对敌手的非常弱的目的(从而容易做到)提供保护。

5.9.1　与明文比特相关的部分信息

一些密码体制的弱点就是关于明文的部分信息可以通过密文"泄漏"出去。这表示对系统的一种部分攻破,事实上,它在 RSA 密码体制中发生了。假定我们给定密文, $y = x^b \bmod n$,其中 x 表示明文。由于 $\gcd(b, \phi(n)) = 1$,必然是 b 为奇数的情形。因此 Jacobi 符号

$$\left(\frac{y}{n}\right) = \left(\frac{x}{n}\right)^b = \left(\frac{x}{n}\right)$$

因此,给定密文 y ,任何人无须解密密文就可以有效地计算 $\left(\dfrac{x}{n}\right)$ 。也就是说,一个 RSA 加密"泄漏"了一些有关明文的信息,即 Jacobi 符号 $\left(\dfrac{x}{n}\right)$ 的值。

在本节中,我们考虑由密码体制泄漏的一些其他特定类型的部分信息:

1. 给定 $y = e_K(x)$,计算 $\mathrm{parity}(y)$,其中 $\mathrm{parity}(y)$ 表示 x 的二进制表示的最低位数[即当 x 为偶数时 $\mathrm{parity}(y) = 0$; x 为奇数时 $\mathrm{parity}(y) = 1$]。

2. 给定 $y = e_K(x)$,计算 $\mathrm{half}(y)$,其中当 $0 \leqslant x < n/2$ 时 $\mathrm{half}(y) = 0$;当 $n/2 < x \leqslant n-1$ 时 $\mathrm{half}(y) = 1$ 。

我们将证明假定 RSA 加密是安全的,RSA 密码体制不会泄漏这种类型的信息。更精确地说,我们将证明 RSA 解密问题可以图灵归约为计算 $\mathrm{half}(y)$ 的问题。这意味着,如果存在一个多项式算法计算 $\mathrm{half}(y)$,那么存在 RSA 解密的多项式时间算法。也就是说,计算关于明文的特定部分信息,即 $\mathrm{half}(y)$,不会比解密密文得到整个明文来得容易。

我们现在讨论,在给定计算 $\mathrm{half}(y)$ 的假设算法(谕示器)的前提下,如何计算 $x = d_K(y)$ 。该算法由算法 5.13 给出。

算法 5.13　Oracle RSA Decryption(n, b, y)

external HALF

$$k \leftarrow \lfloor \mathrm{lb}\, n \rfloor$$

$$\textbf{for}\ \ i \leftarrow 0\ \ \textbf{to}\ \ k$$

$$\textbf{do}\ \begin{cases} h_i \leftarrow \mathrm{Half}(n, b, y) \\ y \leftarrow (y \times 2^b)\,\mathrm{mod}\, n \end{cases}$$

$$\mathrm{lo} \leftarrow 0$$

$$\mathrm{hi} \leftarrow n$$

$$\textbf{for}\ \ i \leftarrow 0\ \ \textbf{to}\ \ k$$

$$\textbf{do}\ \begin{cases} \mathrm{mid} \leftarrow (\mathrm{hi} + \mathrm{lo})/2 \\ \textbf{if}\ h_i = 1 \\ \quad \textbf{then}\ \mathrm{lo} \leftarrow \mathrm{mid} \\ \quad \textbf{else}\ \mathrm{hi} \leftarrow \mathrm{mid} \end{cases}$$

$$\textbf{return}\big(\lfloor \mathrm{hi} \rfloor\big)$$

我们对算法的原理做一些解释。首先，注意到 RSA 加密函数满足在 $\mathbb{Z}_n$ 中的如下乘法性质：

$$e_K(x_1)e_K(x_2) = e_K(x_1 x_2)$$

现在，利用如下事实 　　　　　　　　　$y = e_K(x) = x^b\,\mathrm{mod}\, n$

容易看到，对于 $0 \le i \le \lfloor \mathrm{lb}\, n \rfloor$，第一个 for 循环运行第 i 次时，有

$$h_i = \mathrm{half}(y \times (e_K(2))^i) = \mathrm{half}(e_K(x \times 2^i))$$

观察到

$$\mathrm{half}(e_K(x)) = 0 \Leftrightarrow x \in \left[0, \frac{n}{2}\right)$$

$$\mathrm{half}(e_K(2x)) = 0 \Leftrightarrow x \in \left[0, \frac{n}{4}\right) \cup \left[\frac{n}{2}, \frac{3n}{4}\right)$$

$$\mathrm{half}(e_K(4x)) = 0 \Leftrightarrow x \in \left[0, \frac{n}{8}\right) \cup \left[\frac{n}{4}, \frac{3n}{8}\right) \cup \left[\frac{n}{2}, \frac{5n}{8}\right) \cup \left[\frac{3n}{4}, \frac{7n}{8}\right)$$

等等。因此，我们可以利用二分查找技术来找到 x，这是在第二个 for 循环中完成的。下面是一个小例子。

例5.19　假定 $n = 1457, b = 779$，且我们有一个密文 $y = 722$。然后假定，利用谕示器 half，得到下面的 h_i 值：

i	0	1	2	3	4	5	6	7	8	9	10
h_i	1	0	1	0	1	1	1	1	1	0	0

然后利用二分查找法，其过程如图 5.3 所示。因此，明文为 $x = \lfloor 999.55 \rfloor = 999$。

i	lo	mid	hi
0	0.00	728.50	1457.00
1	728.50	1092.75	1457.00
2	728.50	910.62	1092.75
3	910.62	1001.69	1092.75
4	910.62	956.16	1001.69
5	956.16	978.92	1001.69
6	978.92	990.30	1001.69
7	990.30	996.00	1001.69
8	996.00	998.84	1001.69
9	998.84	1000.26	1001.69
10	998.84	999.55	1000.26
	998.84	999.55	999.55

图 5.3　对于 RSA 加密的二分查找过程

容易看到，算法 5.13 的复杂度是

$$O((\log n)^3) + O(\log n) \times \text{half 的复杂度}$$

因此，如果 half 是一个多项式时间算法，我们就会得到一个 RSA 解密的多项式时间算法。

容易看到，计算 parity(y) 是多项式等价于计算 half(y)。这是由于在 RSA 加密过程中涉及如下两个等式(参见习题)：

$$\text{half}(y) = \text{parity}((y \times e_K(2)) \bmod n) \tag{5.3}$$

$$\text{parity}(y) = \text{half}((y \times e_K(2^{-1})) \bmod n) \tag{5.4}$$

和前面提到的乘法规则，$e_K(x_1)e_K(x_2) = e_K(x_1 x_2)$。因此，从上面证明的结果可知，如果存在计算 parity(y) 的多项式时间算法，那么就存在 RSA 解密的多项式时间算法。

我们已经提供证据说明计算 parity 或者 half 是很困难的，即 RSA 解密是很困难的。然而，我们提出的证明并没有排除如下的可能性：可能找到能以 75% 准确率计算 parity 或者 half 的有效算法。还有许多其他形式的可能泄漏的明文信息值得考虑，我们当然不能对所有可能的类型的信息提供单独的证明。因此，本节只是对于特定类型的攻击提供一些安全证据。

5.9.2　最优非对称加密填充

我们真正想要的是找到一个设计这样的密码体制的方法，这个密码体制允许我们证明(在一些似是而非的计算假设下)不可能在多项式时间内通过检查密文的手段找到任何有关明文的信息。可以证明这等价于证明如下问题，敌手不能区别密文。因此，我们考虑密文识别(Ciphertext Distinguishability)问题，其定义如下：

问题 5.3　密码识别(Ciphertext Distinguishability)
实例：一个加密函数 $f : X \to X$；两个明文 $x_1, x_2 \in X$ 和一个密文 $y = f(x_i)$，其中 $i \in \{1, 2\}$。
问题：是否 $i = 1$？

如果加密函数 f 是确定性的(deterministic)，当然问题 5.3 是平凡的，由于此时能够计算 $f(x_1)$ 和 $f(x_2)$，然后看哪一个得到了密文 y。因此，如果要使密文识别是计算上不可行的，必须要求加密过程是随机的。我们现在提出一些具体的方法来达到这个目标。首先，描述密码体制 5.3，该体制基于一个任意的陷门单向置换(trapdoor one-way permutation)，陷门单向置换是从集合 X 到自身的(双射)陷门单向函数。如果 $f:X \to X$ 是一个陷门单向置换，那么其逆置换通常记为 f^{-1}。f 是加密函数，f^{-1} 是公钥密码体制中的解密函数。

密码体制 5.3   语义安全的公钥密码体制

设 m,k 为正整数；设 $\mathcal{F}$ 为一族陷门单向置换，且对任意的 $f \in \mathcal{F}$，有 $f:\{0,1\}^k \to \{0,1\}^k$；且设 $G:\{0,1\}^k \to \{0,1\}^m$ 为一个随机谕示器。令 $\mathcal{P} = \{0,1\}^m$，且 $\mathcal{C} = \{0,1\}^k \times \{0,1\}^m$，定义

$$\mathcal{K} = \{(f, f^{-1}, G): f \in \mathcal{F}\}$$

对 $K = (f, f^{-1}, G)$，随机选取 $r \in \{0,1\}^k$，且定义

$$e_K(x) = (y_1, y_2) = (f(r), G(r) \oplus x)$$

其中 $y_1 \in \{0,1\}^k, x, y_2 \in \{0,1\}^m$。进一步，定义

$$d_K(y_1, y_2) = G(f^{-1}(y_1)) \oplus y_2$$

($y_1 \in \{0,1\}^k, y_2 \in \{0,1\}^m$)。函数 f 和 G 为公钥；函数 f^{-1} 为私钥。

在 RSA 密码体制的情况下，取 $n = pq$，$X = \mathbb{Z}_n$，$f(x) = x^b \bmod n$，且 $f^{-1}(x) = x^a \bmod n$，其中 $ab \equiv 1 (\bmod \phi(n))$。密码体制 5.3 也引入了一个特定的随机函数 G。实际上，G 是通过一个随机谕示器模型化，其定义参见 4.2.1 节。

我们观察到密码体制 5.3 是非常有效的：相对于底层的基于 f 的公钥密码体制而言，它只需要添加很少的运算。实际中，函数 G 可以由安全 Hash 函数如 SHA-1 用很有效的方式给出。密码体制 5.3 的主要缺点是数据扩展(data expansion)：m 比特的明文加密成 $k+m$ 比特的密文。如果 f 基于 RSA 加密函数，那么为了使体制安全，需要取 $k \geqslant 1024$。

容易看到，在语义安全的公钥密码体制中必须有一定的数据扩展，因为要做到加密是随机的。然而，存在更有效的方案，仍可证明是安全的。其中最重要的一种，最优非对称加密填充(Optimal Asymmetric Encryption Padding)，将在本节后面讨论(参见密码体制 5.4)。我们以密码体制 5.3 来开始讨论，是因为它概念简单，容易分析。

密码体制 5.3 在随机谕示模型中语义安全的一个直觉的论据如下：为了确定关于明文 x 的任一信息，我们需要知道关于 $G(r)$ 的信息。假定 G 是一个随机谕示器，确定关于 $G(r)$ 值的任一信息的唯一方式是首先计算 $r = f^{-1}(y_1)$ (仅计算关于 r 的部分信息是不够的；为了得到关于 $G(r)$ 值的任一信息，必须得到关于 r 的全部信息)。然而，如果 f 是单向的，那么对于不知道陷门 f^{-1} 的敌手而言，不能在合理的时间内算出 r。

前面的论据可能是相当令人信服的，但它并不是一个证明。如果我们要把这个论据转换为一个证明，需要描述一个从求函数 f 的逆问题到密文识别问题的一个归约。当 f 是随机的，像在密码体制 5.3 中那样，即使给出了对给定密文足够多的加密，求解问题 5.3 也是不可行的。

我们现在考虑一种比前面的图灵归约更一般的归约。假定存在一个算法 Distinguish

可以对两个明文 x_1, x_2 求解密文识别问题，那么我们如下修改这个算法就可以得到求 f 的逆算法。算法 Distinguish 必是一个"完善"(perfect) 的算法；我们仅需要它以 $1/2 + \epsilon$ 的概率给出正确的答案即可，其中 $\epsilon > 0$（即它比随机猜"1"或"2"更精确）。Distinguish 允许询问一个随机谕示器，因此，它可以计算明文的加密。也就是说，假定它是一个选择明文攻击。

像上面提到的那样，我们将证明密码体制 5.3 在随机谕示模型中是语义安全的。这个模型（在 4.2.1 节中引入）的主要特性和归约如下：

1. 假定 G 是一个随机谕示器，所以确定关于值 $G(r)$ 的任何信息的唯一方式就是用输入 r 调用函数 G。

2. 通过修改算法 Distinguish 来构造一个新算法 Invert，可以以不为 0 的概率对随机选择的元素 y 求逆（即给定一个值 $y = f(x)$，其中 x 随机选择，那么算法 Invert 能够以某一特定的概率找出 x）。

3. 算法 Invert 将用我们描述的一个特定函数 SIMG 替换随机谕示器，它的所有输出为随机数。SIMG 是随机谕示器的一个完善的模拟。

算法 5.14 描述了算法 Invert。

算法 5.14　Invert (y)
external f
global RList, GList, ℓ
procedure SIMG (r)
　$i \leftarrow 1$
　found $\leftarrow$ **false**
　while $i \leqslant \ell$ **and not** found
　do $\begin{cases} \textbf{if} \quad \text{RList}[i] = r \\ \quad \textbf{then} \text{ found} \leftarrow \textbf{true} \\ \quad \textbf{else} \quad i \leftarrow i + 1 \end{cases}$
　if found
　　then return (GList$[i]$)
　if $f(r) = y$
　　then $\begin{cases} \text{随机选择 } j \in \{1, 2\} \\ g \leftarrow y_2 \oplus x_j \end{cases}$
　　else 随机选择 g
　$\ell \leftarrow \ell + 1$
　RList$[\ell] \leftarrow r$
　GList$[\ell] \leftarrow g$
　return (g)

main
　$y_1 \leftarrow y$

随机选择 y_2

$\ell \leftarrow 0$

在 Distinguish($x_1, x_2, (y_1, y_2)$)中插入代码

for $i \leftarrow 1$ **to** ℓ

$\quad$ **do** $\begin{cases} \textbf{if } f(\text{RList}[i]) = y \\ \quad \textbf{then return}(\text{RList}[i]) \end{cases}$

return("failure")

给定两个明文 x_1 和 x_2，算法 Distinguish 以 $1/2 + \epsilon$ 的概率求解密文识别问题。算法 Invert 的输入 y 是需要求逆的；目的是输出 $f^{-1}(y)$。算法 Invert 开始时构造密文 (y_1, y_2)，其中 $y_1 = y$，y_2 随机选取。算法 Invert 对密文 (y_1, y_2) 运行算法 Distinguish，试图确定它是 x_1 或者 x_2 的密文。算法 Distinguish 将会在执行过程中不同的地方询问 SIMG。SIMG 的操作概括如下：

1. SIMG 包含一个列表，记为 RList，记录了在算法 Distinguish 执行过程中询问的所有输入 r；相应的列表，记为 GList，记录了 SIMG 的所有输出。
2. 如果一个输入 r 满足 $f(r) = y$，那么 SIMG 定义为使得 (y_1, y_2) 是 x_1 和 x_2 其中一个(随机选取)的有效加密。
3. 如果前面已经用输入 r 询问过谕示器，那么 SIMG(r) 已定义。
4. 其他情况下，SIMG(r) 的值随机选取。

可以看到，对任一明文 $x_0 \in X$，(y_1, y_2) 是 x_0 的一个有效加密，当且仅当

$$\text{SIMG}(f^{-1}(y_1)) = y_2 \oplus x_0$$

特别地，假定 SIMG($f^{-1}(y_1)$) 被适当定义，(y_1, y_2) 可能是 x_1 或者 x_2 的有效加密。算法 SIMG 的描述保证了 (y_1, y_2) 是 x_1 或者 x_2 的有效加密。

最后，算法 Distinguish 将会以回答"1"或者"2"终止，回答可能正确也可能不正确。到此，算法 Invert 检查列表 RList 看是否对其询问的 r 有 $y = f(r)$。如果找到了这样的 r，那么它就是所期望的值 $f^{-1}(y)$，算法 Invert 成功(如果在列表 RList 中没有发现 $f^{-1}(y)$，那么算法 Invert 失败)。

事实上，通过观察函数 SIMG 对每个询问 r 检测是否有 $y = f(r)$ 可使算法 Invert 更有效。一旦发现在函数 SIMG 中，有 $y = f(r)$，我们可以立即结束算法 Invert，返回 r 值作为输出。没必要一直运行算法 Distinguish 以得到它的结论。然而，算法 5.14 的成功概率分析，将比理解算法更容易一些(读者可能会去验证上面提到的算法 Invert 的修改并不会改变它的成功概率)。

我们现在计算算法 Invert 的成功概率的一个下界。通过检查算法 Distinguish 的成功概率来做到这一点。假定算法 Distinguish 与一个随机谕示器相互作用的成功概率至少为 $1/2 + \epsilon$。在算法 Invert 中，算法 Distinguish 与模拟随机谕示器 SIMG 相互作用。显然，SIMG 对任何输入与一个真正随机谕示器的输出是完全不可区分的，除了可能对于输入 $r = f^{-1}(y)$ 例外。然而，如果 $f(r) = y$ 且 (y_1, y_2) 是 x_1 或者 x_2 的有效加密，那么必然有 SIMG(r) $= y_2 \oplus x_1$ 或者 SIMG(r) $= y_2 \oplus x_2$。SIMG 从这两个选择中随机选取。因此，它对输入 $r = f^{-1}(y)$ 的输出也

是与真正的随机谕示器不可区分的。于是，算法 Distinguish 当与模拟随机谕示器 SIMG 相互作用时，其成功概率为至少 $1/2+\epsilon$。

我们现在计算算法 Distinguish 的成功概率，以是否 $f^{-1}(y)\in \mathrm{RList}$ 来考虑：

$$\Pr[\text{Distinguish succeeds}] =$$
$$\Pr[\text{Distinguish succeeds}\,|\,f^{-1}(y)\in \mathrm{RList}]\Pr[f^{-1}(y)\in \mathrm{RList}] +$$
$$\Pr[\text{Distinguish succeeds}\,|\,f^{-1}(y)\notin \mathrm{RList}]\Pr[f^{-1}(y)\notin \mathrm{RList}]$$

显然有

$$\Pr[\text{Distinguish succeeds}\,|\,f^{-1}(y)\notin \mathrm{RList}] = 1/2$$

因为如果不知道 $\mathrm{SIMG}(f^{-1}(y))$ 的值，就无法区别由 x_1 还是由 x_2 加密的密文。现在，利用如下事实：

$$\Pr[\text{Distinguish succeeds}\,|\,f^{-1}(y)\in \mathrm{RList}] \leqslant 1$$

我们得到如下关系：

$$\frac{1}{2}+\epsilon \leqslant \Pr[\text{Distinguish succeeds}]$$
$$\leqslant \Pr[f^{-1}(y)\in \mathrm{RList}]+\frac{1}{2}\Pr[f^{-1}(y)\notin \mathrm{RList}]$$
$$\leqslant \Pr[f^{-1}(y)\in \mathrm{RList}]+\frac{1}{2}$$

因此，可以得到

$$\Pr[f^{-1}(y)\in \mathrm{RList}] \geqslant \epsilon$$

由于

$$\Pr[\text{Invert succeeds}] = \Pr[f^{-1}(y)\in \mathrm{RList}]$$

就可以推出

$$\Pr[\text{Invert succeeds}] \geqslant \epsilon$$

可以直接考虑算法 Invert 相对于算法 Distinguish 的运行时间。假定 t_1 是算法 Distinguish 的运行时间，t_2 是对函数 f 求值需要的时间，用 q 记算法 Distinguish 所做的询问谕示器的次数。那么容易看到算法 Invert 的运行时间为 $t_1+O(q^2+qt_2)$。

我们以一个更有效的可证明安全的密码体制作为本节结束，该密码体制称为最优非对称加密填充 (Optimal Asymmetric Encryption Padding，OAEP)，参见密码体制 5.4。

密码体制 5.4　Optimal Asymmetric Encryption Padding

设 m,k 为正整数，且 $m<k$。令 $k_0 = k-m$。设 $\mathcal{F}$ 为一族陷门单向置换，使得对于所有的 $f\in \mathcal{F}$，有 $f:\{0,1\}^k \to \{0,1\}^k$。设 $G:\{0,1\}^{k_0}\to \{0,1\}^m$，且设 $H:\{0,1\}^m \to \{0,1\}^{k_0}$ 为"随机"函数。定义 $\mathcal{P}=\{0,1\}^m$，$\mathcal{C}=\{0,1\}^k$，且定义

$$\mathcal{K} = \{(f, f^{-1}, G, H) : f \in \mathcal{F}\}$$

对于 $K = (f, f^{-1}, G, H)$，设 $r \in \{0,1\}^{k_0}$ 随机选择，定义

$$e_K(x) = f(y_1 \| y_2)$$

其中

$$y_1 = x \oplus G(r)$$

且

$$y_2 = r \oplus H(x \oplus G(r))$$

$x, y_1 \in \{0,1\}^m$，$y_2 \in \{0,1\}^{k_0}$，且 "$\|$" 表示向量的串联。进一步，定义

$$f^{-1}(y) = x_1 \| x_2$$

其中 $x_1 \in \{0,1\}^m$，且 $x_2 \in \{0,1\}^{k_0}$。那么定义

$$r = x_2 \oplus H(x_1)$$

且

$$d_K(y) = G(r) \oplus x_1$$

函数 f, G 和 H 为公钥；函数 f^{-1} 为私钥。

在密码体制 5.4 中，取 k_0 足够大就可以使得 2^{k_0} 是一个不可行的大运行时间；对大多数应用而言，取 $k_0 = 128$ 应该足够了。在密码体制 5.4 中一个密文的长度比明文长出 k_0 比特，所以与密码体制 5.3 相比数据扩展是相当少了。然而，密码体制 5.4 的安全性证明更加复杂。

密码体制 5.4 中的形容词 "最优" 是指消息的扩展。观察到任一明文有 2^{k_0} 种可能的有效加密。解决密文识别问题的一种方式就是直接计算两个给定明文中的一个(如 x_1)的所有可能的密文，然后看是否得到给定的密文。这个算法的复杂度为 2^{k_0}。因此容易看到，密码体制的消息扩展必定至少与求解密文识别问题算法的计算时间的以 2 为底的对数一样大。

5.10　注释与参考文献

公钥密码学的思想是由 Diffie 和 Hellman 在 1976 年的公开文献中引入的。尽管参考文献[117]是最多引用的文献，实际上会议论文[116]出现得稍早一点。RSA 密码体制是由 Rivest, Shamir 和 Adleman[283]发现的。对于公钥密码学的一个一般的综述文章，我们推荐 Koblitz 和 Menezes 的文章[234]。关于 RSA 的一个专门综述参阅 Boneh[57]。讨论在这一章的重点话题可参阅参考文献[245]和[335]。

Solovay-Strassen 检测首先在参考文献[313]中描述。Miller-Rabin 检测在参考文献[240]和[279]中给出。我们关于错误概率的讨论是由 Brassard 和 Bratley[70]的观察所启发的(参见参考文献[11])。关于 Miller-Rabin 算法的错误概率上界的最好估计可以在参考文献[104]中找到。关于多项式时间确定性素性检测的说明性文章参见 Bornemann[63]。

关于分解因子算法有许多来源。Lenstra[216]是关于分解因子算法的一个好的综述，

Lenstra[218]是关于一般数论算法的一篇好文章。Bressoud 和 Wagon[72]是一本关于分解因子和素性检测的基础教材。推荐一本强调数论知识的密码学教材是 Koblitz[197]（注意到本书中例 5.12 就取材于这本书）。推荐对密码学研究非常有用的数论书籍是 Bach 和 Shallit[5], von zur Gathen 和 Gerhard[154]以及 Yan[349]。Lenstra[217]是关于数域筛法的一篇较好的论文。关于分解 RSA 挑战数字的信息可参见数学世界 Web 站点：http://mathword.wolfram.com/。

5.7.2 节和 5.9.1 节中的材料是基于 Salomaa[289, 第 143~154 页]中的处理（给定解密指数分解 n 是在参考文献[106]中证明的；有关 RSA 密文泄露部分信息的结果是来自参考文献[164]）。Wiener 攻击可以在参考文献[343]中找到；Boneh 和 Durfee 对攻击的加强，发表于参考文献[60]。

Rabin 密码体制在 Rabin[278]中描述。加密无歧义的可证明安全的体制可以从 Williams[346]和 Kurosawa, Ito, Takeuchi[207]中找到。

由 RSA 密文泄露的部分信息在 Alexi, Chor, Goldreich 和 Schnorr[2]中研究。语义安全性的概念是由 Goldwasser 和 Micali[163]提出的。Blum-Goldwasser 密码体制[51]是早期的概率公钥密码体制的一个例子，是可证明语义安全的；我们将在 8.4 节中讨论这个体制。

对于可证明安全的密码体制的最新综述，参见 Bellare[14]。随机谕示模型首先是由 Bellare 和 Rogaway 在参考文献[22]中描述；密码体制 5.3 就是在那篇文章中提出的。最优非对称加密填充是在参考文献[24]中提出；它被加入到关于公钥密码学的IEEE P1363 标准规范中。最近有一些讨论关于最优非对称加密填充的安全性和抵抗选择密文攻击的密码体制的工作：Shoup[302], Fujisaki, Okamoto, Pointcheval 和 Stern[149]以及 Boneh[58]。

习题 5.15~5.17 给出了一些协议失败的例子。关于这方面的一篇不错的文章是 Moore[246]。

习题

5.1　在算法 5.1 中，证明：

$$\gcd(r_0, r_1) = \gcd(r_1, r_2) = \cdots = \gcd(r_{m-1}, r_m) = r_m$$

因此有 $r_m = \gcd(a, b)$。

5.2　假定在算法 5.1 中 $a > b$：

(a) 证明对于所有的 $0 \leqslant i \leqslant m-2$，有 $r_i \geqslant 2r_{i+2}$。

(b) 证明 m 是 $O(\log a)$。

(c) 证明 m 是 $O(\log b)$。

5.3　利用扩展 Euclidean 算法计算下列的乘法逆：

(a) $17^{-1} \bmod 101$

(b) $357^{-1} \bmod 1234$

(c) $3125^{-1} \bmod 9987$。

5.4　计算 $\gcd(57, 93)$，并找出整数 s 和 t，使得 $57s + 93t = \gcd(57, 93)$。

5.5　假定 $\chi: \mathbb{Z}_{105} \to \mathbb{Z}_3 \times \mathbb{Z}_5 \times \mathbb{Z}_7$ 定义为：

$$\chi(x) = (x \bmod 3, x \bmod 5, x \bmod 7)$$

求出函数 χ^{-1} 的显式公式，并用它计算 $\chi^{-1}(2, 2, 3)$。

5.6 求解下列的同余方程组：

$$x \equiv 12(\mathrm{mod}\,25)$$
$$x \equiv 9(\mathrm{mod}\,26)$$
$$x \equiv 23(\mathrm{mod}\,27)$$

5.7 求解下列的同余方程组：

$$13x \equiv 4(\mathrm{mod}\,99)$$
$$15x \equiv 56(\mathrm{mod}\,101)$$

提示：首先使用扩展 Euclidean 算法，然后应用中国剩余定理。

5.8 利用定理 5.8 找出模 97 的最小本原元素。

5.9 假定 $p = 2q + 1$，其中 p 和 q 为奇素数。进一步假定 $\alpha \in \mathbb{Z}_p^*$，$\alpha \not\equiv \pm 1(\mathrm{mod}\,p)$。证明 α 是一个模 p 的本原元素当且仅当 $\alpha^q \equiv -1(\mathrm{mod}\,p)$。

5.10 假定 $n = pq$，其中 p 和 q 为不同的奇素数，且 $ab \equiv 1(\mathrm{mod}\,(p-1)(q-1))$。RSA 加密运算是 $e(x) = x^b \bmod n$ 且解密运算为 $d(y) = y^a \bmod n$。我们已证明 $d(e(x)) = x$，对于 $x \in \mathbb{Z}_n^*$ 成立。现在证明这个断言对于任一 $x \in \mathbb{Z}_n$ 都成立。

提示：利用如下事实：$x_1 \equiv x_2(\mathrm{mod}\,pq)$ 当且仅当 $x_1 \equiv x_2(\mathrm{mod}\,p)$ 且 $x_1 \equiv x_2(\mathrm{mod}\,q)$。这可以由中国剩余定理得出。

5.11 对于 $n = pq$，其中 p 和 q 为不同的奇素数，定义

$$\lambda(n) = \frac{(p-1)(q-1)}{\gcd(p-1, q-1)}$$

假定我们对 RSA 密码体制做如下修改：限定 $ab \equiv 1(\mathrm{mod}\,\lambda(n))$。

(a) 证明加密和解密在修改后的密码体制中仍是互逆运算。

(b) 如果 $p = 37, q = 79, b = 7$。计算在修改后的密码体制中以及原来的 RSA 密码体制中 a 的值。

5.12 表 5.1 和表 5.2 中给出了 RSA 密文的两个样本。你的任务是解密它们。系统的公开参数为 $n = 18\,923, b = 1261$（对于表 5.1）和 $n = 31313, b = 4913$（对于表 5.2）。这可以按如下步骤完成。首先，分解 n（因为 n 较小，所以容易做到）。然后，利用 $\phi(n)$ 计算指数 a，最后，解密密文。利用平方-乘算法来计算模 n 指数。

为了将明文变为通常的英文文字，你需要知道英文字母是如何在 $\mathbb{Z}_n$ 中"编码"的。$\mathbb{Z}_n$ 中每一元素表示三个英文字母，参看如下例子：

$$
\begin{array}{llll}
\text{DOG} & \rightarrow & 3 \times 26^2 + 14 \times 26 + 6 & = 2398 \\
\text{CAT} & \rightarrow & 2 \times 26^2 + 0 \times 26 + 19 & = 1371 \\
\text{ZZZ} & \rightarrow & 25 \times 26^2 + 25 \times 26 + 25 & = 17575
\end{array}
$$

你需要在你的程序中最后一步完成这个过程的逆。

第一段明文取自 Robertson Davies 在 1947 年的 *The Diary of Samuel Marchbanks*，第二段明文取自 Garrison Keillor 在 1985 年的 *Lake Wobegon Days*。

表 5.1　RSA 密文

12423	11524	7243	7459	14303	6127	10964	16399
9792	13629	14407	18817	18830	13556	3159	16647
5300	13951	81	8986	8007	13167	10022	17213
2264	961	17459	4101	2999	14569	17183	15827
12963	9553	18194	3830	2664	13998	12501	18873
12161	13071	16900	7233	8270	17086	9792	14266
13236	5300	13951	8850	12129	6091	18110	3332
15061	12347	7817	7946	11675	13924	13892	18031
2620	6276	8500	201	8850	11178	16477	10161
3533	13842	7537	12259	18110	44	2364	15570
3460	9886	8687	4481	11231	7574	11383	17910
12867	13203	5102	4742	5053	15407	2976	9330
12192	56	2471	15334	841	13995	17592	13297
2430	9741	11675	424	6686	738	13874	8168
7913	6246	14301	1144	9056	15967	7328	13203
796	195	9872	16979	15404	14130	9105	2001
9792	14251	1498	11296	1105	4502	16979	1105
56	4118	11302	5988	3363	15827	6928	4191
4277	10617	874	13211	11821	3090	18110	44
2364	15570	3460	9886	9988	3798	1158	9872
16979	15404	6127	9872	3652	14838	7437	2540
1367	2512	14407	5053	1521	297	10935	17137
2186	9433	13293	7555	13618	13000	6490	5310
18676	4782	11374	446	4165	11634	3846	14611
2364	6789	11634	4493	4063	4576	17955	7965
11748	14616	11453	17666	925	56	4118	18031
9522	14838	7437	3880	11476	8305	5102	2999
18628	14326	9175	9061	650	18110	8720	15404
2951	722	15334	841	15610	2443	11056	2186

表 5.2　RSA 密文

6340	8309	14010	8936	27358	25023	16481	25809
23614	7135	24996	30590	27570	26486	30388	9395
27584	14999	4517	12146	29421	26439	1606	17881
25774	7647	23901	7372	25774	18436	12056	13547
7908	8635	2149	1908	22076	7372	8686	1304
4082	11803	5314	107	7359	22470	7372	22827
15698	30317	4685	14696	30388	8671	29956	15705
1417	26905	25809	28347	26277	7897	20240	21519
12437	1108	27106	18743	24144	10685	25234	30155
23005	8267	9917	7994	9694	2149	10042	27705
15930	29748	8635	23645	11738	24591	20240	27212
27486	9741	2149	29329	2149	5501	14015	30155
18154	22319	27705	20321	23254	13624	3249	5443
2149	16975	16087	14600	27705	19386	7325	26277
19554	23614	7553	4734	8091	23973	14015	107
3183	17347	25234	4595	21498	6360	19837	8463
6000	31280	29413	2066	369	23204	8425	7792
25973	4477	30989					

5.13 加速 RSA 解密过程的通常方式是采用中国剩余定理。假定 $d_K(y) = y^d \bmod n$ 和 $n = pq$。定义 $d_p = d \bmod (p-1)$ 和 $d_q = d \bmod (q-1)$；又令 $M_p = q^{-1} \bmod p$ 和 $M_q = p^{-1} \bmod q$。那么考虑如下算法：

算法 5.15 CRT-Optimized RSA Decryption(n, d_p, d_q, M_p, M_q, y)

$x_p \leftarrow y^{d_p} \bmod p$

$x_q \leftarrow y^{d_q} \bmod q$

$x \leftarrow M_p q x_p + M_q p x_q \bmod n$

return (x)

算法 5.15 用模 p 和 q 的模指数运算代替了模 n 指数。如果 p 和 q 是 ℓ 比特的整数，且模 ℓ 比特整数的指数运算需要时间 $c\ell^3$，那么执行指数运算所需时间就由 $c(2\ell)^3$ 减少为 $2c\ell^3$，节省了 75%。最后一步，引入了中国剩余定理，如果 d_p, d_q, M_p, M_q 已经预先算好，需要的时间为 $O(\ell^2)$。

(a) 证明由算法 5.15 返回的值 x，实际上是 $y^d \bmod n$。

(b) 给定 $p = 1511$，$q = 2003$ 和 $d = 1\,234\,577$，计算 d_p, d_q, M_p, M_q。

(c) 给定如上的 p, q 和 d，用算法 5.15 解密密文 $y = 152\,702$。

5.14 证明 RSA 密码体制对于选择密文攻击是不安全的。特别地，给定密文 y，描述如何选择密文 $\hat{y} \neq y$，使得根据明文 $\hat{x} = d_K(\hat{y})$ 可以计算出 $x = d_K(y)$。

提示：使用 RSA 密码体制的乘法性质，即
$$e_K(x_1) e_K(x_2) \bmod n = e_K(x_1 x_2 \bmod n)$$

5.15 这个习题展示了什么是一个协议失败。这里提供了一个例子：如果一个密码体制以粗心的方式使用，敌手可以不用确定密钥就可以解密密文。为了确保"安全"通信，仅使用一个"安全"密码体制是不够的。

假定 Bob 使用的 RSA 密码体制有一个很大的模数 n，不能在合理的时间内分解。假定 Alice 通过用 0~25 的整数表示字母的方式给 Bob 发消息(即 $A \leftrightarrow 0, B \leftrightarrow 1$，等等)，然后加密模 26 的余数作为明文字母。

(a) 描述 Oscar 如何容易地解密用这种方式加密的信息。

(b) 通过解密下列的密文来说明这种攻击(这是用 RSA 密码体制加密的，$n = 18\,721, b = 25$)，而不用分解模 n：
$$365, 0, 4845, 14930, 2608, 2608, 0$$

5.16 这个习题描述了另一个在 RSA 密码体制中协议失败的例子(由 Simmons 提出)；它称为"共模协议失败"。假定 Bob 有一个模数为 n 的 RSA 密码体制，加密指数为 b_1，而 Charlie 有(相同的)模数为 n 的 RSA 密码体制，加密指数为 b_2。又假定 $\gcd(b_1, b_2) = 1$。现在考虑如下情形：Alice 要把同一密文 x 加密后发给 Bob 和 Charlie。因此她计算 $y_1 = x^{b_1} \bmod n$ 和 $y_2 = x^{b_2} \bmod n$，然后把 y_1 发送给 Bob，把 y_2 发送给 Charlie。假定 Oscar 截获了 y_1 和 y_2，然后执行算法 5.16。

算法 5.16　RSA Common Modulus Decryption(n, b_1, b_2, y_1, y_2)

$c_1 \leftarrow b_1^{-1} \bmod b_2$

$c_2 \leftarrow (c_1 b_1 - 1) / b_2$

$x_1 \leftarrow y_1^{c_1} (y_2^{c_2})^{-1} \bmod n$

return (x_1)

(a) 证明在算法 5.16 中计算得到的值 x_1 实际上就是 Alice 的明文 x。因此，Oscar 可以解密出 Alice 发出的消息，即使所用的密码体制是"安全的"。

(b) 如果 $n = 18\ 721$，$b_1 = 43$，$b_2 = 7717$，$y_1 = 12\ 677$ 和 $y_2 = 14\ 702$，通过这个方法计算 x 来说明这种攻击。

5.17　我们再给出另一个 RSA 密码体制中协议失败的例子。假定网络中有三个使用者，比如 Bob，Bart 和 Bert，都有公开加密指数 $b = 3$。设他们的模数分别为 n_1, n_2, n_3，假定 n_1, n_2, n_3 两两互素。现在假定 Alice 加密了同一明文 x 发给 Bob，Bart 和 Bert。也就是说，Alice 计算 $y_i \equiv x^3 \bmod n_i$，$1 \leqslant i \leqslant 3$。描述 Oscar 如何由给定的 y_1, y_2, y_3 计算出 x，而无须分解任何一个模数。

5.18　一个明文 x 称为是不动的 (fixed)，如果 $e_K(x) = x$。证明，对于 RSA 密码体制，不动明文 $x \in \mathbb{Z}_n^*$ 的个数等于

$$\gcd(b-1, p-1) \times \gcd(b-1, q-1)$$

提示：考虑如下的同余方程组：

$$e_K(x) \equiv x \pmod{p}$$
$$e_K(x) \equiv x \pmod{q}$$

5.19　假定 A 是确定性算法，以 RSA 模数 n，加密指数 b 和一个密文 y 作为输入。A 或者解密 y，或者失败。假定 $\epsilon(n-1)$ 是 A 可以成功地解密的非零密文的数目。描述如何利用 A 作为谕示器来构造一个具有成功率 ϵ 的 Las Vegas 解密算法。

5.20　写一个程序，利用 5.4 节中所描述的四个性质来计算 Jacobi 符号。程序中除了除以 2 的幂次外，不做任何因子分解。计算下列 Jacobi 符号来测试你的程序：

$$\left(\frac{610}{987}\right), \left(\frac{20\ 964}{1987}\right), \left(\frac{1\ 234\ 567}{11\ 111\ 111}\right)$$

5.21　对于 $n = 837,851,1189$，找出基 b 的个数，使得 n 是相对于 b 的 Euler 伪素数。

5.22　这个问题的目的是要证明 Solovay-Strassen 素性检测算法的错误概率至多为 1/2。设 $\mathbb{Z}_n^*$ 表示模 n 可逆元组成的群。定义：

$$G(n) = \{a : a \in \mathbb{Z}_n^*, \left(\tfrac{a}{n}\right) \equiv a^{(n-1)/2} \pmod{n}\}$$

(a) 证明 $G(n)$ 是 $\mathbb{Z}_n^*$ 的一个子群。因此，由 Lagrange 定理，如果 $G(n) \neq \mathbb{Z}_n^*$，那么

$$|G(n)| \leqslant \frac{|\mathbb{Z}_n^*|}{2} \leqslant \frac{n-1}{2}$$

(b) 假定 $n = p^k q$，其中 p 和 q 为奇数，p 是素数，$k \geqslant 2$，且 $\gcd(p,q)=1$。设 $a = 1 + p^{k-1}q$。证明

$$\left(\frac{a}{n}\right) \not\equiv a^{(n-1)/2} (\mathrm{mod}\, n)$$

提示：利用二项式定理来计算 $a^{(n-1)/2}$。

(c) 假定 $n = p_1 \cdots p_s$，其中 p_i 为互不相同的奇素数。假定 $a \equiv u (\mathrm{mod}\, p_1)$ 且 $a \equiv 1 (\mathrm{mod}\, p_2 p_3 \cdots p_s)$，其中 u 是一个模 p_1 的二次非剩余(注意到由中国剩余定理，这样的 u 一定存在)。证明

$$\left(\frac{a}{n}\right) \equiv -1 (\mathrm{mod}\, n)$$

但

$$a^{(n-1)/2} \equiv 1 (\mathrm{mod}\, p_2 p_3 \cdots p_s)$$

所以

$$a^{(n-1)/2} \not\equiv -1 (\mathrm{mod}\, n)$$

(d) 如果 n 是奇数且为合数，证明 $|G(n)| \leqslant (n-1)/2$。

(e) 综合上面结果：证明 Solovay-Strassen 素性检测算法的错误概率至多为 1/2。

5.23 假定我们有一个失败概率为 ϵ 的 Las Vegas 算法。

(a) 证明在第 n 次尝试时首次成功的概率为 $p_n = \epsilon^{n-1}(1-\epsilon)$。

(b) 达到成功的平均(期望)尝试次数是

$$\sum_{n=1}^{\infty}(n \times p_n)$$

证明这个平均值等于 $1/(1-\epsilon)$。

(c) 设 δ 为一个小于 1 的正实数。证明为了使失败的概率减少为至多 δ，所需要的迭代次数为

$$\left\lceil \frac{\mathrm{lb}\,\delta}{\mathrm{lb}\,\epsilon} \right\rceil$$

5.24 假定在这个问题中 p 是一个奇素数，且 $\gcd(a, p)=1$。

(a) 假定 $i \geqslant 2$ 且 $b^2 \equiv a (\mathrm{mod}\, p^{i-1})$。证明存在唯一的 $x \in \mathbb{Z}_{p^i}$，使得 $x^2 \equiv a (\mathrm{mod}\, p^i)$，且 $x \equiv b (\mathrm{mod}\, p^{i-1})$。描述如何有效地计算出这个 x。

(b) 在如下情形举例说明你的方法：从同余方程 $6^2 \equiv 17 (\mathrm{mod}\, 19)$ 开始，找出 17 模 19^2 和模 19^3 的平方根。

(c) 对于所有的 $i \geqslant 1$，证明同余方程 $x^2 \equiv a (\mathrm{mod}\, p^i)$ 的解的个数为 0 或者 2。

5.25 选择不同的界 B，利用 $p-1$ 方法尝试分解 262 063 和 9 420 457。在每种情形下需要多大的界 B 才能成功？

5.26　用 Pollard ρ 算法分解 262 063, 9 420 457 和 181 937 053，函数 f 定义为 $f(x) = x^2 + 1$。分解每一个整数需要多少次迭代？

5.27　假定我们要用随机平方算法来分解整数 $n = 256\,961$。使用因子基

$$\{-1, 2, 3, 5, 7, 11, 13, 17, 19, 23, 29, 31\}$$

对于 $z = 500, 501, \cdots$ 测试整数 $z^2 \bmod n$，直到找到一个形如 $x^2 \equiv y^2 \pmod{n}$ 的同余方程，从而可以得到 n 的分解。

5.28　在随机平方算法中，我们需要测试一个正整数 $w \leqslant n-1$，看它能否在因子基 $\mathcal{B} = \{p_1, \cdots, p_B\}$ 上完全分解，其中 $\mathcal{B}$ 是最小的 B 个素数的集合。已有 $p_B = m \approx 2^s$，且 $n \approx 2^r$。

(a) 证明这可以用至多 $B + r$ 次除法完成，每次都用至多有 r 比特的整数除以至多有 s 比特的整数。

(b) 假定 $r < m$。证明这个测试的复杂度为 $O(rsm)$。

5.29　在这个习题中，我们证明在 RSA 密码体制的参数生成过程中，应注意确保 $q - p$ 不是太小，其中 $n = pq$，且 $q > p$。

(a) 假定 $q - p = 2d > 0$，且 $n = pq$。证明 $n + d^2$ 是一个完全平方数。

(b) 给定一个整数 n 是两个奇素数的乘积，且给定一个小的正整数 d 使得 $n + d^2$ 是一个完全平方数。描述如何利用这些信息来分解 n。

(c) 使用这个技巧来分解整数 $n = 2\,189\,284\,635\,403\,183$。

5.30　假定 Bob 由于粗心泄露了他的加密指数 $a = 14\,039$，在这个 RSA 密码体制中公钥为 $n = 36\,581, b = 4679$。对于给定的信息，实现一个随机算法来分解 n。用 "随机" 选择 $w = 9983$ 和 $w = 13\,461$ 来测试你的算法。写出所有的计算。

5.31　如果 $q_1, \cdots, q_m$ 是在应用 Euclidean 算法求 $\gcd(r_0, r_1)$ 过程中得到的商的序列，证明连分数 $[q_1, \cdots, q_m] = r_0 / r_1$。

5.32　假定在 RSA 密码体制中公钥为 $n = 317\,940\,011, b = 77\,537\,081$。使用 Wiener 算法，试着分解 n。

5.33　考虑 Rabin 密码体制的修改，$e_K(x) = x(x + B) \bmod n$，其中 $B \in \mathbb{Z}_n$ 是公钥的一部分。假定 $p = 199$，$q = 211$，$n = pq$ 且 $B = 1357$，完成下列计算。

(a) 计算加密 $y = e_K(32\,767)$。

(b) 求出这个给定密文 y 的四个可能解密。

5.34　证明与函数 half 和 parity 相关的等式 (5.3) 和 (5.4)。

5.35　证明密码体制 5.3 对选择密文攻击不是语义安全的。给定 x_1, x_2，一个密文 (y_1, y_2)，它是 x_i（$i = 1$ 或 2）的加密，给定对于密码体制 5.3 的一个解密谕示器 Decrypt，描述一个算法确定 $i = 1$ 或者 $i = 2$。你可以对于除密文 (y_1, y_2) 外的任一输入调用算法 Decrypt，且它会输出相应的明文。

第6章 公钥密码学和离散对数

本章主要讨论基于离散对数问题的公钥密码体制。第一个同时也是最著名的这类体制是 ElGamal 密码体制。我们以后将要讨论的密码协议，多数以离散对数问题为基础。因此，我们将花大量的时间讨论这个重要问题。本章的后几节中，我们将给出一些别的基于有限域和椭圆曲线的 ElGamal 型密码体制。

6.1 ElGamal 密码体制

ElGamal 密码体制基于离散对数问题。我们首先在有限乘法群 $(G, \cdot)$ 中描述这个问题。对于一个 n 阶元素 $\alpha \in G$，定义

$$\langle \alpha \rangle = \{\alpha^i : 0 \leqslant i \leqslant n-1\}$$

容易看到，$\langle \alpha \rangle$ 是 G 的一个子群，$\langle \alpha \rangle$ 是一个 n 阶循环群。

经常使用的一个例子是，取 G 为有限域 $\mathbb{Z}_p$（p 为素数）的乘法群，α 为模 p 的本原元。这时有 $n = |\langle \alpha \rangle| = p-1$。另一个经常用到的情况是，取 α 为乘法群 $\mathbb{Z}_p^*$ 的一个素数阶 q 的元素 [其中 p 为素数，并且 $p-1 \equiv 0 \pmod{q}$]。在 $\mathbb{Z}_p^*$ 中这种元素 α 可以由本原元的 $(p-1)/q$ 次幂得到。

我们在群 $(G, \cdot)$ 的子群 $\langle \alpha \rangle$ 中定义离散对数问题。

问题 6.1 离散对数

实例：乘法群 $(G, \cdot)$，一个 n 阶元素 $\alpha \in G$ 和元素 $\beta \in \langle \alpha \rangle$

问题：找到唯一的整数 a，$0 \leqslant a \leqslant n-1$，满足

$$\alpha^a = \beta$$

我们将这个整数 a 记为 $\log_\alpha \beta$，称为 β 的离散对数。

在密码中主要应用离散对数问题的如下性质：求解离散对数（可能）是困难的，而其逆运算指数运算可以应用平方-乘的方法（参见算法 5.5）有效地计算。换句话说，在适当的群 G 中，指数函数是单向函数。

ElGamal 提出了一个基于 $(\mathbb{Z}_p^*, \cdot)$ 上离散对数问题的公钥密码体制。这个体制表述为密码体制 6.1。

密码体制 6.1　$\mathbb{Z}_p^*$ 上的 ElGamal 公钥密码体制

设 p 是一个素数，使得 $(\mathbb{Z}_p^*, \cdot)$ 上的离散对数问题是难处理的，令 $\alpha \in \mathbb{Z}_p^*$ 是一个本原元。令 $\mathcal{P} = \mathbb{Z}_p^*$，$\mathcal{C} = \mathbb{Z}_p^* \times \mathbb{Z}_p^*$，定义

$$\mathcal{K} = \{(p, \alpha, a, \beta) : \beta \equiv \alpha^a \pmod{p}\}$$

p, α, β 是公钥，a 是私钥。

对 $K = (p, \alpha, a, \beta)$，以及一个 (秘密) 随机数 $k \in \mathbb{Z}_{p-1}$，定义

$$e_K(x, k) = (y_1, y_2)$$

其中

$$y_1 = \alpha^k \bmod p$$

且

$$y_2 = x\beta^k \bmod p$$

对 $y_1, y_2 \in \mathbb{Z}_p^*$，定义

$$d_K(y_1, y_2) = y_2(y_1^a)^{-1} \bmod p$$

在 ElGamal 密码体制中，加密运算是随机的，因为密文既依赖于明文 x 又依赖于 Alice 选择的随机数 k。所以，对于同一个明文，会有许多 (事实上，有 $p-1$ 个) 可能的密文。

ElGamal 密码体制的工作方式可以非正式地描述如下：明文 x 通过乘以 β^k "伪装" 起来，产生 y_2。值 α^k 也作为密文的一部分传送。Bob 知道私钥 a，可以从 α^k 计算出 β^k。最后用 y_2 除以 β^k 除去伪装，得到 x。

下面的这个简单例子能够说明在 ElGamal 密码体制中所进行的计算。

例 6.1　设 $p = 2579$，$\alpha = 2$。α 是模 p 的本原元。令 $a = 765$，所以

$$\beta = 2^{765} \bmod 2579 = 949$$

假定 Alice 现在想要传送消息 $x = 1299$ 给 Bob。比如 $k = 853$ 是她选择的随机数。那么她计算

$$y_1 = 2^{853} \bmod 2579$$
$$= 435$$

和

$$y_2 = 1299 \times 949^{853} \bmod 2579$$
$$= 2396$$

当 Bob 收到密文 $y = (435, 2396)$ 后，他计算

$$x = 2396 \times (435^{765})^{-1} \bmod 2579$$
$$= 1299$$

正是 Alice 加密的明文。

很显然，如果 Oscar 可以计算 $a = \log_\alpha \beta$，那么 ElGamal 密码体制就是不安全的，因为

那时 Oscar 可以像 Bob 一样解密密文。因此，ElGamal 密码体制安全的一个必要条件，就是 $\mathbb{Z}_p^*$ 上的离散对数问题是难处理的。一般正是这么认为的，当然 p 要仔细的选取，α 是模 p 的本原元。特别是，对于这种形式的离散对数问题，不存在已知的多项式时间算法。为了防止已知的攻击，p 应该至少取 300 个十进制位，$p-1$ 应该具有至少一个较"大"的素数因子。

6.2 离散对数问题的算法

本节中，我们假定 $(G, \cdot)$ 是一个乘法群，$\alpha \in G$ 是一个 n 阶元素。因而离散对数问题可以表达成下面的形式：给定 $\beta \in \langle \alpha \rangle$，找出唯一的指数 $a, 0 \leq a \leq n-1$，使得 $\alpha^a = \beta$。

我们从分析一些基本的算法开始，这些算法可以用于求解离散对数问题。在分析中假定，计算群 G 中两个元素的乘积需要常数[即 $O(1)$]时间。

首先，注意到离散对数问题可以通过 $O(n)$ 时间和 $O(1)$ 存储空间穷举搜索解决。只要计算 $\alpha, \alpha^2, \alpha^3, \cdots$，直到发现 $\beta = \alpha^a$ [上述序列中每一项 α^i 通过前一项 α^{i-1} 乘以 α 得到，因此总时间需要 $O(n)$]。

另外一种方法是，预先计算出所有可能的值 α^i，并对有序对 (i, α^i) 以第二个坐标排序列表，然后，给定 β，我们对存储的列表执行一个二分查找，直到找到 a 使得 $\alpha^a = \beta$。这需要 $O(n)$ 时间预先计算 α 的 n 个幂，$O(n \log n)$ 时间对 n 个元素排序(如果使用有效的排序算法，如 Quicksort 算法，可以用 $O(n \log n)$ 步完成对 n 个元素的排序)。如果我们像通常分析算法那样，忽略掉对数因子，预先计算的时间就是 $O(n)$。n 个有序元素列表的二分查找时间为 $O(\log n)$。如果(再次)忽略对数因子项，可看到，离散对数问题可以用 $O(1)$ 时间，$O(n)$ 步预先计算和 $O(n)$ 存储空间解决。

6.2.1 Shanks 算法

我们描述的第一个非平凡的时间-存储折中算法，属于 Shanks。Shanks 算法表述为算法 6.1。

算法 6.1 SHANKS (G, n, α, β)

1. $m \leftarrow \lceil \sqrt{n} \rceil$

2. **for** $j \leftarrow 0$ **to** $m-1$
   do 计算 α^{mj}

3. 对 m 个有序对 (j, α^{mj}) 关于第二个坐标排序，得到一个列表 L_1

4. **for** $i \leftarrow 0$ **to** $m-1$
   do 计算 $\beta\alpha^{-i}$

5. 对 m 个有序对 $(i, \beta\alpha^{-i})$ 关于第二个坐标排序，得到一个列表 L_2

6. 找到对 $(j, y) \in L_1$ 和 $(i, y) \in L_2$ (即找到两个具有相同第二坐标的对)

7. $\log_\alpha \beta \leftarrow (mj + i) \bmod n$

这里需要做些解释。首先，如果需要的话，第 2 步和第 3 步可以预先计算(然而，这并不影响渐近的运行时间)。其次，可以看到如果 $(j, y) \in L_1$ 和 $(i, y) \in L_2$，则

$$\alpha^{mj} = y = \beta\alpha^{-i}$$

因此

$$\alpha^{mj+i} = \beta$$

反过来，对任意的 $\beta \in \langle\alpha\rangle$，有 $0 \leqslant \log_\alpha \beta \leqslant n-1$。我们用 m 去除 $\log_\alpha \beta$，就可以将 $\log_\alpha \beta$ 表示为形式

$$\log_\alpha \beta = mj + i$$

其中 $0 \leqslant j, i \leqslant m-1$。$j \leqslant m-1$ 可以从下面得出

$$\log_\alpha \beta \leqslant n-1 \leqslant m^2 - 1 = m(m-1) + m - 1$$

因而第 6 步将会成功(但是，如果恰巧 $\beta \notin \langle\alpha\rangle$，第 6 步就不会成功)。

很容易实现这个算法，使其运行时间为 $O(m)$，存储空间为 $O(m)$(忽略对数因子)。这里是几个细节：第 2 步可以先计算 α^m，然后依次乘以 α^m 计算其幂。这步总的花费时间为 $O(m)$。同样地，第 4 步花费的时间为 $O(m)$。第 3 步和第 5 步利用有效的排序算法，花费时间为 $O(m\log m)$。最后，做一个对两个表 L_1 和 L_2 同时进行的遍历，完成第 6 步，需要的时间为 $O(m)$。

这里举一个小例子说明 Shanks 算法。

例 6.2 假定我们要在 $(\mathbb{Z}^*_{809}, \cdot)$ 中求出 $\log_3 525$。注意 809 是素数，3 是 $\mathbb{Z}^*_{809}$ 中本原元，这时 $\alpha = 3$，$n = 808$，$\beta = 525$ 和 $m = \lceil\sqrt{808}\rceil = 29$。则

$$\alpha^{29} \bmod 809 = 99$$

首先，对于 $0 \leqslant j \leqslant 28$ 计算有序对 $(j, 99^j \bmod 809)$。得到下面的列表

(0, 1)	(1, 99)	(2, 93)	(3, 308)	(4, 559)
(5, 329)	(6, 211)	(7, 664)	(8, 207)	(9, 268)
(10, 644)	(11, 654)	(12, 26)	(13, 147)	(14, 800)
(15, 727)	(16, 781)	(17, 464)	(18, 632)	(19, 275)
(20, 528)	(21, 496)	(22, 564)	(23, 15)	(24, 676)
(25, 586)	(26, 575)	(27, 295)	(28, 81)	

这些序对排序后产生 L_1。

第二个列表包括序对 $(i, 525 \times (3^i)^{-1} \bmod 809)$，$0 \leqslant i \leqslant 28$。如下所示：

(0, 525)	(1, 175)	(2, 328)	(3, 379)	(4, 396)
(5, 132)	(6, 44)	(7, 554)	(8, 724)	(9, 511)
(10, 440)	(11, 686)	(12, 768)	(13, 256)	(14, 355)
(15, 388)	(16, 399)	(17, 133)	(18, 314)	(19, 644)
(20, 754)	(21, 521)	(22, 713)	(23, 777)	(24, 259)
(25, 356)	(26, 658)	(27, 489)	(28, 163)	

排序后得到 L_2。

现在同时遍历两个列表，发现$(10, 644)$在L_1中，$(19, 644)$在L_2中。所以可以进行计算

$$\log_3 525 = (29 \times 10 + 19) \bmod 809$$
$$= 309$$

这个结果可以通过验证$3^{309} \equiv 525 \pmod{809}$得到检验。

6.2.2　Pollard ρ离散对数算法

前面 5.6.2 节中我们曾介绍了因子分解的 Pollard ρ 算法。现在介绍对应的解离散对数问题的算法。与上一节一样，假设$(G, \cdot)$是一个群，$\alpha \in G$是一个n阶元素，我们要计算元素$\beta \in \langle \alpha \rangle$的离散对数。由于$\langle \alpha \rangle$是$n$阶循环群，可以把$\log_\alpha \beta$看做$\mathbb{Z}_n$中的元素。

与因子分解的 ρ 算法一样，通过迭代一个貌似随机的函数f，构造一个序列$x_1, x_2, \cdots$。一旦在序列中得到两个元素x_i和x_j，满足$x_i = x_j$，这里$i < j$，我们就有希望计算出$\log_\alpha \beta$。为了能够节省时间和空间，我们寻求一种与因子分解算法一样的碰撞$x_i = x_{2i}$。

设$S_1 \cup S_2 \cup S_3$是群G的一个划分，它们的元素个数大致相同。定义函数$f : \langle \alpha \rangle \times \mathbb{Z}_n \times \mathbb{Z}_n \to \langle \alpha \rangle \times \mathbb{Z}_n \times \mathbb{Z}_n$如下：

$$f(x, a, b) = \begin{cases} (\beta x, a, b+1) & x \in S_1 \\ (x^2, 2a, 2b) & x \in S_2 \\ (\alpha x, a+1, b) & x \in S_3 \end{cases}$$

而且，我们构造的每个三元组(x, a, b)要满足性质$x = \alpha^a \beta^b$。选择初始三元组满足这个性质，比如$(1, 0, 0)$。可以看出，如果(x, a, b)满足这个性质，$f(x, a, b)$也满足这个性质。因此，我们定义

$$(x_i, a_i, b_i) = \begin{cases} (1, 0, 0) & i = 0 \\ f(x_{i-1}, a_{i-1}, b_{i-1}) & i \geqslant 1 \end{cases}$$

比较三元组(x_{2i}, a_{2i}, b_{2i})和(x_i, a_i, b_i)，直到发现$x_{2i} = x_i, i \geqslant 1$。这时有

$$\alpha^{a_{2i}} \beta^{b_{2i}} = \alpha^{a_i} \beta^{b_i}$$

记$c = \log_\alpha \beta$，则下面等式成立

$$\alpha^{a_{2i}+cb_{2i}} = \alpha^{a_i+cb_i}$$

由于α是n阶元素，就有

$$a_{2i} + cb_{2i} \equiv a_i + cb_i \pmod{n}$$

改写后有

$$c(b_{2i} - b_i) \equiv a_i - a_{2i} \pmod{n}$$

如果$\gcd(b_{2i} - b_i, n) = 1$，就可以如下解出$c$：

$$c = (a_i - a_{2i})(b_{2i} - b_i)^{-1} \bmod n$$

我们用一个例子说明上述算法的应用。注意，必须保证 $1 \notin S_2$ [因为 $1 \in S_2$ 时，对任意的 $i \geq 0$ 都有 $x_i = (1,0,0)$]。

例 6.3 整数 $p = 809$ 是素数，可以验证 $\alpha = 89$ 在 $\mathbb{Z}_{809}^*$ 中是 $n = 101$ 阶元素。元素 $\beta = 618$ 在子群 $\langle \alpha \rangle$ 中；计算 $\log_\alpha \beta$ 。

假定我们如下定义 S_1, S_2, S_3 ：

$$S_1 = \{x \in \mathbb{Z}_{809} : x \equiv 1 (\bmod 3)\}$$
$$S_2 = \{x \in \mathbb{Z}_{809} : x \equiv 0 (\bmod 3)\}$$
$$S_3 = \{x \in \mathbb{Z}_{809} : x \equiv 2 (\bmod 3)\}$$

对于 $i = 1, 2, \cdots$，得到三元组 (x_{2i}, a_{2i}, b_{2i}) 和 (x_i, a_i, b_i) 的值如下：

i	(x_i, a_i, b_i)	(x_{2i}, a_{2i}, b_{2i})
1	(618, 0, 1)	(76, 0, 2)
2	(76, 0, 2)	(113, 0, 4)
3	(46, 0, 3)	(488, 1, 5)
4	(113, 0, 4)	(605, 4, 10)
5	(349, 1, 4)	(422, 5, 11)
6	(488, 1, 5)	(683, 7, 11)
7	(555, 2, 5)	(451, 8, 12)
8	(605, 4, 10)	(344, 9, 13)
9	(451, 5, 10)	(112, 11, 13)
10	(422, 5, 11)	(422, 11, 15)

上述列表中第一个碰撞是 $x_{10} = x_{20} = 422$ 。要解的方程是

$$c = (5-11)(15-11)^{-1} \bmod 101 = (6 \times 4^{-1}) \bmod 101 = 49$$

所以，在 $\mathbb{Z}_{809}^*$ 中 $\log_{89} 618 = 49$ 。

离散对数的 Pollard ρ 算法由算法 6.2 给出。在这个算法中，我们继续假定 $\alpha \in G$ 具有阶数 n ，并且 $\beta \in \langle \alpha \rangle$ 。

当 $\gcd(b'-b, n) > 1$ 时，算法 6.2 会停止并输出 "failure"，这种情形并不悲观，如果 $\gcd(b'-b, n) = d$ ，容易证明同余方程 $c(b'-b) \equiv a - a' (\bmod n)$ 恰有 d 个解。假如 d 不是很大的话，可以直接算出同余方程的 d 个解并检验哪个解是正确的。

分析算法 6.2 的方式与 Pollard ρ 分解算法类似。在函数 f 的随机性的合理假设下，可以期望在 n 阶循环群中用算法的 $O(\sqrt{n})$ 次迭代计算离散对数。

算法 6.2 Pollard ρ 离散对数算法 (G, n, α, β)

procedure $f(x, a, b)$

if $x \in S_1$

  then $f \leftarrow (\beta \cdot x, a, (b+1) \bmod n)$

  else if $x \in S_2$

  then $f \leftarrow (x^2, 2a \bmod n, 2b \bmod n)$

$$\textbf{else} \quad f \leftarrow (\alpha \cdot x, (a+1) \bmod n, b)$$
$$\textbf{return}\,(f)$$

$\textbf{main}$

定义划分 $G = S_1 \bigcup S_2 \bigcup S_3$

$(x, a, b) \leftarrow f(1, 0, 0)$

$(x', a', b') \leftarrow f(x, a, b)$

$\textbf{while} \quad x \neq x'$

$\textbf{do} \begin{cases} (x,a,b) \leftarrow f(x,a,b) \\ (x',a',b') \leftarrow f(x',a',b') \\ (x',a',b') \leftarrow f(x',a',b') \end{cases}$

$\textbf{if} \quad \gcd(b'-b, n) \neq 1$

$\quad \textbf{then return}(\,\text{“failure”}\,)$

$\quad \textbf{else return}\,((a-a')(b'-b)^{-1} \bmod n)$

6.2.3 Pohlig-Hellman 算法

我们要研究的下一个算法是 Pohlig-Hellman 算法。假定

$$n = \prod_{i=1}^{k} p_i^{c_i}$$

其中 p_i 是不同的素数。值 $a = \log_\alpha \beta$ 是模 n(唯一)确定的。首先我们知道,如果能够对每个 i,$1 \leq i \leq k$,计算出 $a \bmod p_i^{c_i}$,就可以利用中国剩余定理计算出 $a \bmod n$。所以假设 q 是素数,

$$n \equiv 0 (\bmod q^c)$$

且

$$n \not\equiv 0 (\bmod q^{c+1})$$

说明如何计算

$$x = a \bmod q^c$$

其中 $0 \leq x \leq q^c - 1$。把 x 以 q 的幂表示为

$$x = \sum_{i=0}^{c-1} a_i q^i$$

其中对于 $0 \leq i \leq c-1$,$0 \leq a_i \leq q-1$。还有,我们可以把 a 表示为

$$a = x + sq^c$$

s 是某一整数。因而就有

$$a = \sum_{i=0}^{c-1} a_i q^i + sq^c$$

算法的第一步是计算 a_0。算法中利用的主要事实是下面的等式

$$\beta^{n/q} = \alpha^{a_0 n/q} \tag{6.1}$$

式 (6.1) 的证明如下：

$$
\begin{aligned}
\beta^{n/q} &= (\alpha^a)^{n/q} \\
&= (\alpha^{a_0 + a_1 q + \cdots + a_{c-1} q^{c-1} + s q^c})^{n/q} \\
&= (\alpha^{a_0 + Kq})^{n/q} \qquad \text{其中 } K \text{ 是整数} \\
&= \alpha^{a_0 n/q} \alpha^{Kn} \\
&= \alpha^{a_0 n/q}
\end{aligned}
$$

有了式 (6.1)，确定 a_0 就很简单了。比如，可以计算

$$\gamma = \alpha^{n/q}, \ \gamma^2, \cdots,$$

直到对某个 $i \leqslant q-1$

$$\gamma^i = \beta^{n/q}$$

这时，$a_0 = i$。

如果 $c = 1$，事情已经解决。否则 $c > 1$，继续确定 $a_1, \cdots, a_{c-1}$。这可以与计算 a_0 类似的方式进行。记 $\beta_0 = \beta$，对于 $1 \leqslant j \leqslant c-1$，定义

$$\beta_j = \beta \alpha^{-(a_0 + a_1 q + \cdots + a_{j-1} q^{j-1})}$$

把式 (6.1) 推广为：

$$\beta_j^{n/q^{j+1}} = \alpha^{a_j n/q} \tag{6.2}$$

可以看到，在 $j = 0$ 时，式 (6.2) 归结为式 (6.1)。

式 (6.2) 的证明类似于式 (6.1) 的证明：

$$
\begin{aligned}
\beta_j^{n/q^{j+1}} &= (\alpha^{a - (a_0 + a_1 q + \cdots + a_{j-1} q^{j-1})})^{n/q^{j+1}} \\
&= (\alpha^{a_j q^j + \cdots + a_{c-1} q^{c-1} + s q^c})^{n/q^{j+1}} \\
&= (\alpha^{a_j q^j + K_j q^{j+1}})^{n/q^{j+1}} \qquad \text{其中 } K_j \text{ 是整数} \\
&= \alpha^{a_j n/q} \alpha^{K_j n} \\
&= \alpha^{a_j n/q}
\end{aligned}
$$

所以，给定 β_j，能够从式 (6.2) 直接计算出 a_j。

为了使算法的描述完整，我们可以看到，当 a_j 已知的情况下，β_{j+1} 能够由 β_j 通过简单的递归关系计算出：

$$\beta_{j+1} = \beta_j \alpha^{-a_j q^j} \tag{6.3}$$

所以，交替利用式 (6.2) 和式 (6.3)，可以计算出 $a_0, \beta_1, a_1, \beta_2, \cdots, \beta_{c-1}, a_{c-1}$。

Pohlig-Hellman 算法用伪码的形式表述为算法 6.3。我们总结一下这个算法的运算，α 是乘法群 G 的一个 n 阶元素，q 是素数

$$n \equiv 0 (\mathrm{mod}\, q^c)$$

且

$$n \not\equiv 0 (\mathrm{mod}\, q^{c+1})$$

算法计算出了 $a_0, \cdots, a_{c-1}$，其中

$$\log_\alpha \beta \bmod q^c = \sum_{i=0}^{c-1} a_i q^i$$

算法 6.3　Pohlig-Hellman $(G, n, \alpha, \beta, q, c)$

$j \leftarrow 0$

$\beta_j \leftarrow \beta$

while $j \leqslant c-1$

$\qquad$ **do** $\begin{cases} \delta \leftarrow \beta_j^{n/q^{j+1}} \\[2pt] \text{找到满足} \delta = \alpha^{in/q} \text{的} i \\[2pt] a_j \leftarrow i \\[2pt] \beta_{j+1} \leftarrow \beta_j \alpha^{-a_j q^j} \\[2pt] j \leftarrow j+1 \end{cases}$

return $(a_0, \cdots, a_{c-1})$

下面用一个例子对 Pohlig-Hellman 算法加以说明。

例 6.4　设 $p = 29$，$\alpha = 2$。p 是素数，α 是模 p 的本原元素，我们有

$$n = p - 1 = 28 = 2^2 \times 7^1$$

设 $\beta = 18$，我们要计算 $a = \mathrm{lb}\, 18$。首先计算 $a \bmod 4$，随后计算 $a \bmod 7$。

应用算法 6.3，先选择 $q = 2$ 和 $c = 2$。得到 $a_0 = 1$ 和 $a_1 = 1$。所以，$a \equiv 3 (\mathrm{mod}\, 4)$。

其次对于 $q = 7$，$c = 1$ 应用算法 6.3。算出 $a_0 = 4$，所以，$a \equiv 4 (\mathrm{mod}\, 7)$。

最后应用中国剩余定理解方程组

$$a \equiv 3 (\mathrm{mod}\, 4)$$
$$a \equiv 4 (\mathrm{mod}\, 7)$$

得到 $a \equiv 11 (\mathrm{mod}\, 28)$。即我们算得在 $\mathbb{Z}_{29}$ 中 $\mathrm{lb}\, 18 = 11$。

考察算法 6.3 的复杂度。不难看出，直接实现算法的时间为 $O(cq)$。然而，这可以改进，注意到每次计算满足 $\delta = \alpha^{in/q}$ 的值 i，可以视为解一个特殊的离散对数问题。特别地，$\delta = \alpha^{in/q}$ 当且仅当

$$i = \log_{\alpha^{n/q}} \delta$$

元素 $\alpha^{n/q}$ 的阶是 q，所以每个 i 可以用 $O(\sqrt{q})$ 时间(利用 Shanks 算法)计算。这样，算法 6.3 的复杂度可以降到 $O(c\sqrt{q})$。

6.2.4　指数演算法

前面三节介绍的算法可以应用到任何群。这一节我们介绍指数演算法，这种方法非常特殊：它用于计算 $\mathbf{Z}_p^*$ 中的离散对数这种特定的情形，其中 p 是素数，α 是模 p 的本原元素。在这种特定的情形，指数演算法比前面考虑的算法要快。

指数演算法计算离散对数，主要是模仿了许多最好的因子分解算法。这个方法使用了一个因子基。与 5.6.3 小节一样，因子基是由一些"小"素数组成的集合 $\mathcal{B}$。假设 $\mathcal{B} = \{p_1, p_2, \cdots, p_B\}$。第一步(预处理步)是计算因子基中 B 个素数的离散对数。第二步，利用这些离散对数，计算所要求的离散对数。

假设 C 比 B 稍大；比如 $C = B + 10$。在预计算阶段，构造 C 个模 p 的同余方程，它们具有下述形式：

$$\alpha^{x_j} \equiv p_1^{a_{1j}} p_2^{a_{2j}} \cdots p_B^{a_{Bj}} \pmod{p}$$

$1 \leqslant j \leqslant C$。它们等价于

$$x_j \equiv a_{1j} \log_\alpha p_1 + \cdots + a_{Bj} \log_\alpha p_B \pmod{p-1}$$

$1 \leqslant j \leqslant C$。给定 B 个"未知量" $\log_\alpha p_i (1 \leqslant i \leqslant B)$ 的 C 个同余方程，希望存在模 $p-1$ 下的唯一解。如果是这样的话，就可以算出因子基元素的离散对数。

如何产生 C 个期望的同余方程呢？一个基本的方法是，随机地取一个数 x，计算 $\alpha^x \bmod p$，确定是否 $\alpha^x \bmod p$ 的所有因子在 $\mathcal{B}$ 中(例如，可以利用试除法)。

假设预计算步已经顺利实现。利用 Las Vegas 型的随机算法计算所求的离散对数。选择一个随机数 $s(1 \leqslant s \leqslant p-2)$，计算

$$\gamma = \beta \alpha^s \bmod p$$

现在试图在因子基 $\mathcal{B}$ 上分解 γ。如果成功，就得到如下的同余方程：

$$\beta \alpha^s \equiv p_1^{c_1} p_2^{c_2} \cdots p_B^{c_B} \pmod{p}$$

等价于

$$\log_\alpha \beta + s \equiv c_1 \log_\alpha p_1 + \cdots + c_B \log_\alpha p_B \pmod{p-1}$$

由于上式中除 $\log_\alpha \beta$ 外，其余的项都已知，容易解出 $\log_\alpha \beta$。

下面是一个特制的小例子，用以说明算法的两个步骤。

例 6.5　整数 $p = 10\,007$ 是素数。假定 $\alpha = 5$ 是本原元素用做模 p 的离散对数的基。假定取 $\mathcal{B} = \{2, 3, 5, 7\}$ 作为因子基。当然 $\log_5 5 = 1$，因此，有三个因子基元素的对数要确定。

4063,5136 和 9865 属于我们需要的"幸运"指数。

当 $x = 4063$ 时，计算

$$5^{4063} \bmod 10\,007 = 42 = 2 \times 3 \times 7$$

产生同余方程

$$\log_5 2 + \log_5 3 + \log_5 7 \equiv 4063 \pmod{10\,006}$$

类似地，由于

$$5^{5136} \bmod 10\ 007 = 54 = 2 \times 3^3$$

和

$$5^{9865} \bmod 10\ 007 = 189 = 3^3 \times 7$$

我们进一步得到两个同余方程：

$$\log_5 2 + 3\log_5 3 \equiv 5136 (\bmod 10\ 006)$$

和

$$3\log_5 3 + \log_5 7 \equiv 9865 (\bmod 10\ 006)$$

现在有了具有三个未知量的三个同余方程，并且模 10 006 具有唯一的解。即 $\log_5 2 = 6578$，$\log_5 3 = 6190$ 和 $\log_5 7 = 1301$。

现在，假设要求 $\log_5 9451$。选择"随机"指数 $s = 7737$，计算

$$9451 \times 5^{7736} \bmod 10\ 007 = 8400$$

因为 $8400 = 2^4 \times 3^1 \times 5^2 \times 7^1$ 在 $\mathcal{B}$ 上完全分解，得到

$$\begin{aligned}
\log_5 9451 &= (4\log_5 2 + \log_5 3 + 2\log_5 5 + \log_5 7 - s)\bmod 10\ 006 \\
&= (4 \times 6578 + 6190 + 2 \times 1 + 130 - 7736)\bmod 10\ 006 \\
&= 6057
\end{aligned}$$

检查 $5^{6057} \equiv 9451(\bmod 10\ 007)$，得以验证。

人们对于各种版本的指数演算算法进行过启发式分析。在合理的假设下，例如在 5.6.3 节，分析 Dixon 算法中考虑的那样，算法的预计算阶段花费的渐近运行时间为

$$O(\mathrm{e}^{(1+o(1))\sqrt{\ln p \ln \ln p}})$$

计算特定的离散对数所需时间为

$$O(\mathrm{e}^{(1/2+o(1))\sqrt{\ln p \ln \ln p}})$$

6.3   通用算法的复杂度下界

这一节我们把注意力转到离散对数问题复杂度的一个有趣的下界上。我们描述的离散对数问题的算法，有几个可以应用到任何群。这种算法称为通用算法(generic algorithm)，因为它不依赖于群的任何特别的性质。离散对数问题的通用算法的例子有 Shanks 算法、Pollard ρ 算法和 Pohlig-Hellman 算法。另一方面，上节介绍的指数演算算法不是通用的。这个算法将 $\mathbb{Z}_p^*$ 的元素视为整数，把它们分解成素数因子的乘积。很显然，在一般群中难以做到这一点。

另外一个关于特定群的非通用算法的例子是，研究加法群 $(\mathbb{Z}_n, +)$ 的离散对数问题(我们以前在乘法群中定义离散对数问题，目的只是为了建立我们提出的算法在符号上的一致性)。

假定 $\gcd(\alpha, n) = 1$，因此 α 是 $\mathbb{Z}_n$ 的生成元。由于群的运算是模 n 的加法，"指数"运算 α^a 就对应于模 n 乘以 a。因此，在这种方式下，离散对数问题就是寻找满足下列公式的 a

$$\alpha a \equiv \beta \pmod{n}$$

因为 $\gcd(\alpha, n) = 1$，α 有一个模 n 的乘法逆元，可以利用扩展Euclidean算法，容易算出 $\alpha^{-1} \bmod n$。然后解出 a，得到

$$\log_\alpha \beta = \beta \alpha^{-1} \bmod n$$

这个算法的运行当然很快；它的复杂度是 $\log n$ 的多项式。

当 $\alpha = 1$ 时，有一个平凡的算法可计算 $(\mathbb{Z}_n, +)$ 中的离散对数问题。这时，有 $\log_1 \beta = \beta$ 对于所有的 $\beta \in \mathbb{Z}_n$。

根据定义，离散对数问题发生在 n 阶循环(子)群中。所有的 n 阶循环群是同构的，这是众所周知的事实，也是几乎显然可证的。从上述的讨论，我们知道如何快速地在加法群 $(\mathbb{Z}_n, +)$ 中计算离散对数。这意味着，我们或许能够把任何群 G 的 n 阶子群 $\langle \alpha \rangle$ 中的离散对数问题，归约到在 $(\mathbb{Z}_n, +)$ 中容易求解的形式。

考虑如何(至少从理论上)做到这一点。$\langle \alpha \rangle$ 同构于 $(\mathbb{Z}_n, +)$，表明存在一个双射

$$\phi : \langle \alpha \rangle \to \mathbb{Z}_n$$

满足

$$\phi(xy) = (\phi(x) + \phi(y)) \bmod n$$

对所有 $x, y \in \langle \alpha \rangle$。易得

$$\phi(\alpha^a) = a\phi(\alpha) \bmod n$$

故而有

$$\beta = \alpha^a \Leftrightarrow a\phi(\alpha) \equiv \phi(\beta) \pmod{n}$$

所以，解出上述的 a (利用扩展 Euclidean 算法)，得

$$\log_\alpha \beta = \phi(\beta)(\phi(\alpha))^{-1} \bmod n$$

结论是，如果有一个有效的方法计算同构 ϕ，就具有有效的方法计算 $\langle \alpha \rangle$ 中的离散对数。关键的问题是，即使我们知道两个群是同构的，对于任意群 G 的任何子群 $\langle \alpha \rangle$，没有已知的有效方法，计算同构 ϕ。事实上，不难看出，计算 $\langle \alpha \rangle$ 中的离散对数，等价于显式的给出 $\langle \alpha \rangle$ 和 $(\mathbb{Z}_n, +)$ 之间的同构。所以，这个方法看来走不通。

$(\mathbb{Z}_n, +)$ 中的离散对数问题有一个非常有效的算法，这个事实使得通用算法的复杂度看起来似乎不会存在有趣的下界。然而，事实并非如此。Shoup 给出了离散对数问题通用算法复杂度的一个下界。我们记得，Shanks 和 ρ 算法的复杂度(运行算法时需要的群运算数)大致是 $\sqrt{n}$，这里的 n 是定义离散对数问题的(子)群的阶数。Shoup 的结果表明，在通用算法中，这些算法实质上是最优的。

我们首先精确地表述所谓的通用算法。考虑 n 阶循环(子)群，它同构于 $(\mathbb{Z}_n, +)$。我们研

究 $(\mathbb{Z}_n, +)$ 中的离散对数问题的通用算法[将会看到,通用算法与这种特定群的选取是无关的; $(\mathbb{Z}_n, +)$ 的选取是任意的]。

$(\mathbb{Z}_n, +)$ 的一个编码是任何单射 $\sigma: \mathbb{Z}_n \to S$,其中 S 是一个有限集。编码函数确定了群元素的表示方式。任意基数为 n 的(子)群中的离散对数问题,都可以通过定义适当的编码函数确定。例如,考虑乘法群 $(\mathbb{Z}_p^*, \cdot)$, α 为 $\mathbb{Z}_p^*$ 中一个本原元素。设 $n = p - 1$,定义编码函数为 $\sigma(i) = \alpha^i \bmod p$, $0 \le i \le n-1$ 。那么,很清楚,解 $(\mathbb{Z}_p^*, \cdot)$ 中关于本原元 α 的离散对数问题,在 $(\mathbb{Z}_n, +)$ 中,在 σ 下等价于解关于生成元1的离散对数问题。

通用算法是适用于任何编码的算法。特别地,通用算法必须当编码函数 σ 是一个随机单射函数时也能正确地工作;例如,当 $S = \mathbb{Z}_n$, σ 是 $\mathbb{Z}_n$ 的一个随机置换。这一点类似于随机谕示模型,其中一个 Hash 函数作为随机函数,以定义进行形式安全证明的理想化模型。

假设对于群 $(\mathbb{Z}_n, +)$,有一个随机编码 σ ,该群中任意元素 a 对于基数1的离散对数当然就是 a 。给定编码函数 σ ,生成元的编码 $\sigma(1)$,以及群的一个任意元素的编码 $\sigma(a)$,通用算法试图计算元素 a 。当群中的元素用函数 σ 编码后,为了在该群中完成群运算,假设存在一个谕示器(或者一个子程序)完成这个任务。

给定两个群元素的编码,如 $\sigma(i)$ 和 $\sigma(j)$,应该能够计算 $\sigma((i+j) \bmod n)$ 和 $\sigma((i-j) \bmod n)$ 。这些在我们进行群元素的加法和减法时是十分必要的,假定我们的谕示器可以完成这个任务。通过组合上述类型的运算,可以计算形为 $\sigma((ci \pm dj) \bmod n)$ 的线性组合,其中 $c, d \in \mathbb{Z}_n$ 。而且,注意到, $-j \equiv n - j \pmod n$,我们只需能够计算 $\sigma((ci + dj) \bmod n)$ 形式的线性组合。我们将假定谕示器能够在一个时间单元内直接计算这种形式的线性组合。

通用算法中仅允许上述类型的群运算。即我们假定可以有方法计算编码元素的群运算,并且仅此而已。考虑怎样的一个通用算法,比如称为 Genlog,能够计算离散对数。Genlog 的输入有 $\sigma_1 = \sigma(1)$ 和 $\sigma_2 = \sigma(a)$,其中 $a \in \mathbb{Z}_n$ 是随机选取的。当且仅当 Genlog 输出 a 的值时,它就成功了(为了简化分析,假定 n 是素数)。

Genlog 利用谕示器产生一个 1 和 a 线性组合的编码序列,比如长度为 m 。Genlog 的运行依照有序对列 $(c_i, d_i) \in \mathbb{Z}_n \times \mathbb{Z}_n$, $i \le m$ 进行(假设这 m 个序对是互不同的)。对每个序对 (c_i, d_i) ,谕示器计算编码 $\sigma_i = \sigma((c_i + d_i a) \bmod n)$ 。我们可以定义 $(c_1, d_1) = (1, 0)$ 和 $(c_2, d_2) = (0, 1)$,因此,我们的符号与算法的输入相一致。

以这种方式,算法 Genlog 得到编码群元素的一个列 $(\sigma_1, \cdots, \sigma_m)$ 。由于编码函数 σ 是单射,立即可以得出 $c_i + d_i a \equiv c_j + d_j a \pmod n$ 当且仅当 $\sigma_i = \sigma_j$ 。这给出了计算未知值 a 的一种可能的方法:假设对两个整数 $i \ne j$,有 $\sigma_i = \sigma_j$ 。如果 $d_i = d_j$,则 $c_i = c_j$,序对 (c_i, d_i) 和 (c_j, d_j) 是相同的。因为我们假定了序对是互不相同的,因而 $d_i \ne d_j$ 。由于 n 是素数,可以如下计算 a :

$$a = (c_i - c_j)(d_j - d_i)^{-1} \bmod n$$

(记得在 Pollard ρ 算法中,我们使用了类似的方法计算离散对数的值)。

首先,假定算法 Genlog 在算法开始就选择了 m 个不同序对的集合

$$\mathcal{C} = \{(c_i, d_i) : 1 \le i \le m\} \subseteq \mathbb{Z}_n \times \mathbb{Z}_n$$

这种算法称为非适应性算法(Shanks 算法是非适应性算法的一个例子)。然后可以由谕

示器得到 m 个相应的编码。定义 $\text{Good}(\mathcal{C})$ 为所有等式 $a = (c_i - c_j)(d_j - d_i)^{-1} \bmod n$ 的解 $a \in \mathbb{Z}_n$ 组成的集合，这里 $i \neq j$，$i, j \in \{1, \cdots, m\}$。根据上述理由，$a$ 可以由 Genlog 计算，当且仅当 $a \in \text{Good}(\mathcal{C})$。显然 $|\text{Good}(\mathcal{C})| \leqslant \binom{m}{2}$，因此当对应于 $\mathcal{C}$ 中序对的 m 个编码群元素序列得到后，Genlog 至多能够计算 $\binom{m}{2}$ 个元素的离散对数值。$a \in \text{Good}(\mathcal{C})$ 的概率至多是 $\binom{m}{2} \Big/ n$。

如果 $a \notin \text{Good}(\mathcal{C})$，算法 Genlog 的最好策略是在 $\mathbb{Z}_n \setminus \text{Good}(\mathcal{C})$ 中随机的猜一个值作为 a。记 $g = |\text{Good}(\mathcal{C})|$。通过是否有 $a \in \text{Good}(\mathcal{C})$ 这个条件，我们可以计算该算法的成功概率的一个界。假定我们定义下面的随机变量：A 为事件 $a \in \text{Good}(\mathcal{C})$；$B$ 为事件 "算法输出 a 的正确值"，则有

$$
\begin{aligned}
\Pr[B] &= \Pr[B \mid A] \times \Pr[A] + \Pr[B \mid \overline{A}] \times \Pr[\overline{A}] \\
&= 1 \times \frac{g}{n} + \frac{1}{n-g} \times \frac{n-g}{n} \\
&= \frac{g+1}{n} \\
&\leqslant \frac{\binom{m}{2} + 1}{n}
\end{aligned}
$$

如果该算法总给出正确的回答，那么 $\Pr[B] = 1$。在这种情况下，容易看到 m 是 $\Omega(\sqrt{n})$。

当然，通用离散对数算法并不需要在算法一开始就选定 $\mathcal{C}$ 中所有的序对。可以在看到前面的线性组合是什么样子之后，再选择后面的序对(即我们允许算法是一个适应性算法)。然而，利用归纳方法，我们会看到，这并不能够改进算法的成功概率。

设 Genlog 是一个离散对数问题的适应性通用算法。对于 $1 \leqslant i \leqslant m$，令 $\mathcal{C}_i$ 由前 i 个序对组成，谕示器计算了 $\mathcal{C}_i$ 的相应的编码 $\sigma_1, \cdots, \sigma_i$。集合 $\mathcal{C}_i$ 和序列 $\sigma_1, \cdots, \sigma_i$ 表示算法 Genlog 在运行时间 i 可以得到的所有信息。

现在可以证明，如果 $a \in \text{Good}(\mathcal{C}_i)$，$a$ 可以在时间 i 内计算得到。再者，如果 $a \notin \text{Good}(\mathcal{C}_i)$，$a$ 等可能地取集合 $\mathbb{Z}_n \setminus \text{Good}(\mathcal{C}_i)$ 中的任意给定值。

从这些事实，可以证明，适应性通用算法和非适应性通用算法具有相同的成功概率。由此可以得出，$\Omega(\sqrt{n})$ 是阶为素数 n 的(子)群中离散对数问题的任何通用算法的一个复杂度下界。

6.4　有限域

ElGamal 密码体制可以在任何离散对数问题难处理的群中实现。密码体制 6.1 的表述中我们使用了乘法群 $\mathbb{Z}_p^*$，但是还有别的群也是合适的候选者。下面的两类群就属于这类群：

1. 有限域 $\mathbb{F}_{p^n}$ 的乘法群

2. 定义在有限域上的椭圆曲线的群。

我们将在下面的几节中介绍这两类群。

我们已经讨论过，当 p 是素数时，$\mathbb{Z}_p$ 是一个域。然而，还有其他形式的域。事实上，如果 $q = p^n$，p 是素数，$n \geqslant 1$ 是整数，就存在一个具有 q 个元素的域。我们将简要介绍这类域的构造方法。首先，我们需要几个定义。

定义 6.1 假定 p 是一个素数。定义 $\mathbb{Z}_p[x]$ 是变元 x 的所有多项式的集合。按照通常多项式的乘法和加法定义(并且模 p 约化系数)，我们构造一个环。

对于 $f(x), g(x) \in \mathbb{Z}_p[x]$，如果存在 $q(x) \in \mathbb{Z}_p[x]$ 满足

$$g(x) = q(x)f(x)$$

则说 $f(x)$ 整除 $g(x)$ (用记号 $f(x) \mid g(x)$)。

对 $f(x) \in \mathbb{Z}_p[x]$，f 的次数 $\deg(f)$ 定义为 f 的项中最高次数。

假定 $f(x), g(x), h(x) \in \mathbb{Z}_p[x]$，且 $\deg(f) = n \geqslant 1$。如果

$$f(x) \mid (g(x) - h(x))$$

则定义

$$g(x) \equiv h(x)(\bmod f(x))$$

我们注意到，多项式的同余与整数的同余有着非常相似之处。

我们要定义一个"模 $f(x)$"的多项式环，记为 $\mathbb{Z}_p[x]/(f(x))$。基于模 $f(x)$ 同余的观点从 $\mathbb{Z}_p[x]$ 构造 $\mathbb{Z}_p[x]/(f(x))$，类似于由 $\mathbb{Z}$ 构造 $\mathbb{Z}_m$。

假定 $\deg(f) = n$。用 $f(x)$ 去除 $g(x)$，得到(唯一)商 $q(x)$ 和余式 $r(x)$。其中

$$g(x) = q(x)f(x) + r(x)$$

并且

$$\deg(r) < n$$

这可以由多项式的长除法实现。因此，$\mathbb{Z}_p[x]$ 中任何多项式模 $f(x)$ 同余于唯一的次数至多 $n-1$ 的多项式。

定义 $\mathbb{Z}_p[x]/(f(x))$ 的元素是 $\mathbb{Z}_p[x]$ 中所有 p^n 个次数不超过 $n-1$ 的多项式。加法和乘法与 $\mathbb{Z}_p[x]$ 中相同，并且模 $f(x)$ 约化。有了这两个运算，$\mathbb{Z}_p[x]/(f(x))$ 是一个环。

我们知道，$\mathbb{Z}_m$ 是一个域当且仅当 m 是素数，乘法逆元可以通过 Euclidean 算法求得。对于 $\mathbb{Z}_p[x]/(f(x))$ 有类似的情形。多项式中类似于素性的概念是不可约性。定义如下所述。

定义 6.2 一个多项式 $f(x) \in \mathbb{Z}_p[x]$ 称为不可约，如果不存在多项式 $f_1(x), f_2(x) \in \mathbb{Z}_p[x]$，满足

$$f(x) = f_1(x)f_2(x)$$

其中 $\deg(f_1) > 0$ 和 $\deg(f_2) > 0$。

一个重要的事实是，$\mathbb{Z}_p[x]/(f(x))$ 是域当且仅当 $f(x)$ 是不可约的。$\mathbb{Z}_p[x]/(f(x))$ 中元素的乘法逆元可以直接通过改进的(扩展的)Euclidean 算法计算。

这里是一个例子，用以说明上述概念。

例 6.6　我们试图构造具有八个元素的域。这可以通过在 $\mathbb{Z}_2[x]$ 中找一个次数为 3 的不可约多项式做到。因为任何常数项为 0 的多项式都可以被 x 整除，因而是可约的，我们只需考虑具有常数项为 1 的多项式。有四个这样的多项式：

$$f_1(x) = x^3 + 1$$
$$f_2(x) = x^3 + x + 1$$
$$f_3(x) = x^3 + x^2 + 1$$
$$f_4(x) = x^3 + x^2 + x + 1$$

$f_1(x)$ 是可约的，因为

$$x^3 + 1 = (x+1)(x^2 + x + 1)$$

(记住所有的系数要模 2 约化)。还有，$f_4(x)$ 是可约的，因为

$$x^3 + x^2 + x + 1 = (x+1)(x^2 + 1)$$

但是，$f_2(x)$ 和 $f_3(x)$ 都是不可约的，任何一个都可以用于构造八个元素的域。

我们使用 $f_2(x)$，构造域 $\mathbb{Z}_2[x]/(x^3 + x + 1)$。八个域元素是八个多项式 $0, 1, x, x+1, x^2, x^2+1, x^2+x$ 和 x^2+x+1。

要计算两个域元素的乘积，我们进行多项式的相乘，并且模 $x^3 + x + 1$ 约化(即用 $x^3 + x + 1$ 去除，找出余式)。由于是用一个三次多项式去除，余式的次数至多是 2，因此，是域中的元素。

例如，要计算 $\mathbb{Z}_2[x]/(x^3 + x + 1)$ 中的 $(x^2 + 1)(x^2 + x + 1)$，首先在 $\mathbb{Z}_2[x]$ 中计算乘积，得到 $x^4 + x^3 + x + 1$。随后用 $x^3 + x + 1$ 去除，得到表达式

$$x^4 + x^3 + x + 1 = (x+1)(x^3 + x + 1) + x^2 + x$$

因此，在域 $\mathbb{Z}_2[x]/(x^3 + x + 1)$ 中，有

$$(x^2 + 1)(x^2 + x + 1) = x^2 + x$$

下面我们给出一个域中非零元素的乘法表。为了节省空间，将多项式 $a_2 x^2 + a_1 x + a_0$ 写为有序三元组 $a_2 a_1 a_0$。

	001	010	011	100	101	110	111
001	001	010	011	100	101	110	111
010	010	100	110	011	001	111	101
011	011	110	101	111	100	001	010
100	100	011	111	110	010	101	001
101	101	001	100	010	111	011	110
110	110	111	001	101	011	010	100
111	111	101	010	001	110	100	011

通过直接应用扩展的 Euclidean 算法，可以计算域元素的逆元。

最后，域中非零多项式是一个 7 阶乘法群， 由于 7 是素数，所以域中除 0 和 1 外，任何元素都是本原元。

例如，计算 x 的幂，可以得到

$$x^1 = x$$
$$x^2 = x^2$$
$$x^3 = x+1$$
$$x^4 = x^2+x$$
$$x^5 = x^2+x+1$$
$$x^6 = x^2+1$$
$$x^7 = 1$$

囊括了域中的所有非零元素。

剩下来要讨论这类域的存在性和唯一性。可以证明，在 $\mathbb{Z}_p[x]$ 中，对任意给定的次数 $n \geqslant 1$，至少存在一个不可约多项式。因此，对所有的整数 $n \geqslant 1$ 及所有的素数 p 存在具有 p^n 个元素的有限域。通常，$\mathbb{Z}_p[x]$ 中有许多次数为 n 的不可约多项式。但是可以证明，由任何两个不可约多项式构造的域是同构的。因此，存在唯一的 p^n（p 是素数，$n \geqslant 1$）个元素的有限域，记为 $\mathbb{F}_{p^n}$。$n=1$ 时，$\mathbb{F}_p$ 与 $\mathbb{Z}_p$ 相同。最后，可以证明，如果存在 r 个元素的有限域，那么一定存在某个素数 p 及某个整数 $n \geqslant 1$，使得 $r = p^n$。

我们已经注意到，乘法群 $\mathbb{Z}_p^*$（p 是素数）是一个阶为 $p-1$ 的循环群。事实上，任何有限域的乘法群都是循环群：$\mathbb{F}_{p^n} \setminus \{0\}$ 是一个 p^n-1 阶的循环群。这进一步给出了可供研究的离散对数问题的循环群。

在实际中，研究最多的是有限域 $\mathbb{F}_{2^n}$。任何通用算法自然适用于域 $\mathbb{F}_{2^n}$，然而，重要的是，指数演算法可以直接改进，应用于这些域。我们记得，指数演算法的主要步骤是在一个由小素数组成的分解基上分解 $\mathbb{Z}_p$ 中的元素。类似的分解基在 $\mathbb{Z}_2[x]$ 中是一组低次数的不可约多项式。想法是在给定的分解基上分解 $\mathbb{F}_{2^n}$ 中的元素。读者可以容易地给出详细步骤。

做适当的改进后，在 $\mathbb{F}_{2^n}$ 中指数演算法的预计算时间为

$$O(e^{(1.405+o(1))n^{1/3}(\ln n)^{2/3}})$$

计算一个离散对数的时间为

$$O(e^{(1.098+o(1))n^{1/3}(\ln n)^{2/3}})$$

这个算法于 2001 年被 Thomé 成功地应用于计算 $\mathbb{F}_{2^{607}}$ 上的离散对数。对于大数 n（比如，$n>1024$），只要 2^n-1 至少有一个"大"素因子（为了抵抗 Pohlig-Hellman 攻击），$\mathbb{F}_{2^n}$ 上的离散对数问题当前被认为是计算上不可行的。

6.5 椭圆曲线

椭圆曲线被描述为一个二元方程解的集合。模 p 定义的椭圆曲线在公钥密码学中非常重要。我们先看定义在实数域上的椭圆曲线，因为这种情形中的许多基本概念更易理解。

6.5.1 实数上的椭圆曲线

定义 6.3 设 $a,b \in \mathbb{R}$ 是满足 $4a^3 + 27b^2 \neq 0$ 的常实数。方程

$$y^2 = x^3 + ax + b$$

的所有解 $(x,y) \in \mathbb{R} \times \mathbb{R}$ 连同一个无穷远点 $\mathcal{O}$ 组成的集合 E 称为一个非奇异椭圆曲线。

图 6.1 画出了实数域上的椭圆曲线 $y^2 = x^3 - 4x$。

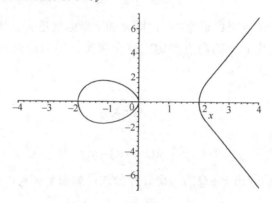

图 6.1 实数域上的椭圆曲线

可以证明，条件 $4a^3 + 27b^2 \neq 0$ 是保证方程 $y^2 = x^3 + ax + b$ 有三个不同解(实数或复数)的充要条件。如果 $4a^3 + 27b^2 = 0$，则对应的椭圆曲线称为奇异椭圆曲线。

假定 E 是一个非奇异椭圆曲线。在 E 上定义一个二元运算，使其成为一个阿贝尔群。这个二元运算通常用加法表示。无穷远点 $\mathcal{O}$ 将是单位元。因此，有 $P + \mathcal{O} = \mathcal{O} + P = P$ 对于所有 $P \in E$。

假设 $P, Q \in E$，其中 $P = (x_1, y_1)$，$Q = (x_2, y_2)$。我们分三种情形考虑：

1. $x_1 \neq x_2$
2. $x_1 = x_2$，且 $y_1 = -y_2$
3. $x_1 = x_2$，且 $y_1 = y_2$

情形1 定义 L 是通过 P 和 Q 的直线。L 交 E 于 P 和 Q，容易看出，L 还交 E 于第三点，记为 R'。对 x 轴反射 R'，得到一点 R。定义 $P + Q = R$。

我们给出一个计算 R 的代数公式。首先，直线 L 的方程为 $y = \lambda x + \upsilon$，其中 L 的斜率是

$$\lambda = \frac{y_2 - y_1}{x_2 - x_1}$$

并且

$$v = y_1 - \lambda x_1 = y_2 - \lambda x_2$$

为了算出 $E \bigcap L$ 中的点，将 $y = \lambda x + v$ 代入到 E 的方程中，得到

$$(\lambda x + v)^2 = x^3 + ax + b$$

等价于

$$x^3 - \lambda^2 x^2 + (a - 2\lambda v)x + b - v^2 = 0 \tag{6.5}$$

方程(6.5)的根是 $E \bigcap L$ 中点的 x 坐标。我们已经知道 $E \bigcap L$ 中的两个点，即 P 和 Q。因此 x_1 和 x_2 是方程(6.5)的两个根。

因为方程(6.5)是实数域上的三次方程，具有两个实根，那么第三个根也应该是实根，记为 x_3。三根之和是二次项系数 λ^2 的相反数。所以

$$x_3 = \lambda^2 - x_1 - x_2$$

x_3 是点 R' 的 x 坐标。R' 的 y 坐标记为 $-y_3$，则 R 的 y 坐标就是 y_3。求 y_3 的一个简单的办法是，利用 L 的斜率 λ 是由 L 上的两点确定的这个事实。如果用点 (x_1, y_1) 和 $(x_3, -y_3)$ 计算这个斜率，得到

$$\lambda = \frac{-y_3 - y_1}{x_3 - x_1}$$

即

$$y_3 = \lambda(x_1 - x_3) - y_1$$

所以对情形1，我们导出 $P + Q$ 的一个计算公式：如果 $x_1 \neq x_2$，那么 $(x_1, y_1) + (x_2, y_2) = (x_3, y_3)$，其中

$$x_3 = \lambda^2 - x_1 - x_2$$
$$y_3 = \lambda(x_1 - x_3) - y_1$$
$$\lambda = \frac{y_2 - y_1}{x_2 - x_1}$$

情形2　当 $x_1 = x_2$，$y_1 = -y_2$ 时，定义 $(x, y) + (x, -y) = \mathcal{O}$，$(x, y) \in E$。因此，$(x, y)$ 和 $(x, -y)$ 是关于椭圆曲线加法运算互逆的。

情形 3　我们要把一个点 $P = (x_1, y_1)$ 与自己相加。可以假定 $y_1 \neq 0$，否则就是情形 2。情形3与情形1非常类似，只是我们定义 L 是 E 在 P 点的切线。运用微积分的知识可以使计算简单一些。计算 L 的斜率要利用对 E 的方程隐微分

$$2y \frac{\mathrm{d}y}{\mathrm{d}y} = 3x^2 + a$$

替换 $x = x_1$，$y = y_1$，得到切线的斜率为

$$\lambda = \frac{3x_1^2 + a}{2y_1}$$

余下的分析与情形 1 完全相同。得到的公式也是一样的，只是斜率的计算不同。

到此为止，按如上述定义，加法运算具有下列性质：

1. 加法在集合 E 上是封闭的。
2. 加法是可交换的。
3. $\mathcal{O}$ 是加法的单位元。
4. E 上每个点有关于加法的逆元。

要证明 $(E, +)$ 是阿贝尔群，还需证明加法是可结合的。用代数方法证明这一点比较繁杂。利用一些几何结果可以使证明得到简化。但是，我们不在这里讨论这个证明。

6.5.2 模素数的椭圆曲线

设 $p > 3$ 是素数。$\mathbb{Z}_p$ 上的椭圆曲线可以与实数域上的一样定义（加法定义的方式也相同），只是 $\mathbb{R}$ 上的运算用 $\mathbb{Z}_p$ 中的类似运算代替。

定义 6.4 $p > 3$ 是素数。$\mathbb{Z}_p$ 上的同余方程

$$y^2 \equiv x^3 + ax + b \pmod{p} \tag{6.6}$$

的所有解 $(x, y) \in \mathbb{Z}_p \times \mathbb{Z}_p$，连同一个特殊的点 $\mathcal{O}$，即无穷远点。共同构成 $\mathbb{Z}_p$ 上的椭圆曲线 $y^2 = x^3 + ax + b$。其中 $a, b \in \mathbb{Z}_p$ 是满足 $4a^3 + 27b^2 \neq 0$ 的常量。

E 上的加法运算定义如下（这里的所有运算都在 $\mathbb{Z}_p$ 中）：假设

$$P = (x_1, y_1)$$

以及

$$Q = (x_2, y_2)$$

是 E 上的点。如果 $x_1 = x_2$ 且 $y_2 = -y_1$，则 $P + Q = \mathcal{O}$；否则 $P + Q = (x_3, y_3)$，其中

$$x_3 = \lambda^2 - x_1 - x_2$$
$$y_3 = \lambda(x_1 - x_3) - y_1$$

且

$$\lambda = \begin{cases} (y_2 - y_1)(x_2 - x_1)^{-1} & P \neq Q \\ (3x_1^2 + a)(2y_1)^{-1} & P = Q \end{cases}$$

最后，对于所有的 $P \in E$，定义

$$P + \mathcal{O} = \mathcal{O} + P = P$$

注意到，$\mathbb{Z}_p$ 上的椭圆曲线没有像实数域上的椭圆曲线那样直观的几何解释。然而，同样的公式可以用来定义加法运算，$(E, +)$ 仍然是一个阿贝尔群。

我们看一个简单例子。

例 6.7 设 E 是 $\mathbb{Z}_{11}$ 上的椭圆曲线 $y^2 = x^3 + x + 6$。首先确定 E 的点。这可以通过对每个 $x \in \mathbb{Z}_{11}$，计算 $x^3 + x + 6$ 模 11，试着解方程 (6.6) 求 y。对于给定的 x，可以利用 Euler 准则来测试是否 $z = x^3 + x + 6$ 是一个二次剩余。我们知道，对素数 $p \equiv 3 \pmod 4$，有一个现成的公式计算模 p 的二次剩余。利用这个公式，二次剩余 z 的平方根是

$$\pm z^{(11+1)/4} \bmod 11 = \pm z^3 \bmod 11$$

这些计算结果列在表 6.1。

表 6.1　$\mathbb{Z}_{11}$ 上的椭圆曲线 $y^2 = x^3 + x + 6$ 的点

x	$x^3 + x + 6 \bmod 11$	是二次剩余吗	y
0	6	否	
1	8	否	
2	5	是	4, 7
3	3	是	5, 6
4	8	否	
5	4	是	2, 9
6	8	否	
7	4	是	2, 9
8	9	是	3, 8
9	7	否	
10	4	是	2, 9

E 有 13 个点。因为任意素数阶的群是循环群，因此 E 同构于 $\mathbb{Z}_{13}$，任何非无穷远点都是 E 的生成元。假设取生成元 $\alpha = (2, 7)$。可以计算 α 的"幂"（因为群的运算是加法，可以写成 α 的倍数）。要计算 $2\alpha = (2, 7) + (2, 7)$，首先计算

$$\begin{aligned} \lambda &= (3 \times 2^2 + 1)(2 \times 7)^{-1} \bmod 11 \\ &= 2 \times 3^{-1} \bmod 11 \\ &= 2 \times 4 \bmod 11 \\ &= 8 \end{aligned}$$

所以有

$$\begin{aligned} x_3 &= 8^2 - 2 - 2 \bmod 11 \\ &= 5 \end{aligned}$$

和

$$\begin{aligned} y_3 &= 8(2 - 5) - 7 \bmod 11 \\ &= 2 \end{aligned}$$

因此，$2\alpha = (5, 2)$。

下一个乘积是 $3\alpha = 2\alpha + \alpha = (5, 2) + (2, 7)$。再次计算 λ，计算过程如下：

$$\begin{aligned} \lambda &= (7 - 2)(2 - 5)^{-1} \bmod 11 \\ &= 5 \times 8^{-1} \bmod 11 \\ &= 5 \times 7 \bmod 11 \\ &= 2 \end{aligned}$$

那么有

$$x_3 = 2^2 - 5 - 2 \bmod 11$$
$$= 8$$

以及

$$y_3 = 2(5 - 8) - 2 \bmod 11$$
$$= 3$$

因此，$3\alpha = (8, 3)$。

如此继续下去，其余的乘积计算结果如下：

$$\alpha = (2, 7) \qquad 2\alpha = (5, 2) \qquad 3\alpha = (8, 3)$$
$$4\alpha = (10, 2) \qquad 5\alpha = (3, 6) \qquad 6\alpha = (7, 9)$$
$$7\alpha = (7, 2) \qquad 8\alpha = (3, 5) \qquad 9\alpha = (10, 9)$$
$$10\alpha = (8, 8) \qquad 11\alpha = (5, 9) \qquad 12\alpha = (2, 4)$$

所以，诚如所料，$\alpha = (2, 7)$ 的确是本原元。

现在看一个利用例 6.7 中椭圆曲线 ElGamal 加密解密的例子。因为椭圆曲线的群运算是加法，所以我们将密码体制 6.1 的运算转换成加法。

例 6.8 假设 $\alpha = (2, 7)$，Bob 的私钥是 7，有

$$\beta = 7\alpha = (7, 2)$$

这样，加密运算是

$$e_K(x, k) = (k(2, 7), x + k(7, 2))$$

其中 $x \in E$ 及 $0 \leqslant k \leqslant 12$，解密运算是

$$d_K(y_1, y_2) = y_2 - 7y_1$$

假设 Alice 要加密明文 $x = (10, 9)$（这是 E 的一个点）。如果随机选择了 $k = 3$，那么她要计算

$$y_1 = 3(2, 7)$$
$$= (8, 3)$$

和

$$y_2 = (10, 9) + 3(7, 2)$$
$$= (10, 9) + (3, 5)$$
$$= (10, 2)$$

所以，$y = ((8, 3), (10, 2))$。现在，如果 Bob 收到密文 y，解密如下：

$$x = (10, 2) - 7(8, 3)$$
$$= (10, 2) - (3, 5)$$
$$= (10, 2) + (3, 6)$$
$$= (10, 9)$$

因此，解密得到正确的明文。

6.5.3 椭圆曲线的性质

定义在 $\mathbb{Z}_p$（p 是素数，$p>3$）上的椭圆曲线 E 大致有 p 个元素。更精确地，有一个由 Hasse 提出的著名定理断言，E 上的点数如果记为 $\#E$，那么它满足下面的不等式

$$p+1-2\sqrt{p} \leqslant \#E \leqslant p+1+2\sqrt{p}$$

计算 $\#E$ 的准确值较为困难，但有一个有效的算法计算它，这个算法由 Schoof 发现[这里"有效"的意思是，算法的运行时间是 $\log p$ 的多项式。Schoof 算法的运行时间是 $O((\log p)^8)$ 个比特运算，$O((\log p)^6)$ 个 $\mathbb{Z}_p$ 中运算。对于数百位的十进制素数 p 来说，这个算法比较实用]。

如果可以计算 $\#E$，进一步要找到 E 的一个循环子群，在其中离散对数问题是难解的。所以要对群 E 的结构有所了解。下述定理给出了有关 E 的结构的许多信息。

定理 6.1 E 是定义在 $\mathbb{Z}_p$ 上的一个椭圆曲线，其中 p 是素数，$p>3$。则存在正整数 n_1 和 n_2，使得 $(E,+)$ 同构于 $\mathbb{Z}_{n_1} \times \mathbb{Z}_{n_2}$。并且有 $n_2 \mid n_1$ 和 $n_2 \mid (p-1)$。

注意到，在上述定理中 $n_2=1$ 是可能的。事实上，$n_2=1$ 当且仅当 E 是循环群。还有，如果 $\#E$ 或者是一个素数，或者是两个不同素数的乘积，那么 E 也必定是循环群。

无论如何，一旦整数 n_1 和 n_2 确定，我们就知道 $(E,+)$ 具有一个循环子群同构于 $\mathbb{Z}_{n_1}$，这意味着它可以用于 ElGamal 密码体制的情形。

通用算法适用于椭圆曲线的离散对数问题，而指数演算法对椭圆曲线情形的适用性不得而知。但有一个方法清晰地揭示了椭圆曲线与有限域的同构，这对某些类型的椭圆曲线给出了一个有效的算法。这个技巧属于 Menezes，Okamoto 和 Vanstone。它适用于所谓超奇异曲线，这是一类特殊椭圆曲线，它们被建议用于密码体制。

另外一类弱椭圆曲线，就是所谓的"迹一"(trace one)的曲线。这些曲线定义在 $\mathbb{Z}_p$（p 是素数)上，具有 p 个元素。这些曲线上的离散对数问题是易解的。

看来，如果要避免上面这类曲线，具有一个大约 2^{160} 个元素循环子群的椭圆曲线对于密码体制来说，是一种安全的情形，条件是子群的阶数至少有一个大素数因子(还是为了避免 Pohlig-Hellman 攻击)。

6.5.4 点压缩与 ECIES

在实际中，实现椭圆曲线上的 ElGamal 密码体制存在着一些困难。在 $\mathbb{Z}_p$ 中实现 ElGamal 密码体制有一个二倍的消息扩张因子。椭圆曲线的实现有一个大约四倍的消息扩张因子。之所以如此，因为大致有 p 个明文，但每个密文有四个域元素组成。然而，更为严重的问题是，密文空间由 E 上的点组成，没有一个方便的方法能够确定地生成 E 上的点。

一个较为有效的 ElGamal 型体制用在所谓的 ECIES(椭圆曲线集成加密方案)。ECIES 不仅结合了消息认证码，而且结合了对称密钥加密，叙述起来十分复杂。我们给出一个简化版，主要实现用于 ECIES 的基于 ElGamal 公钥加密方案的椭圆曲线。在这个简化版中，椭圆曲线

上的点的 x 坐标只是为"掩人耳目"(masking)，一个密文可以是任意的(非零)域元素(即不要求是 E 上的点)。

我们还要用到另外一个标准的技巧，即点压缩，这可以降低椭圆曲线上点的存储空间。椭圆曲线 E 上的一个(非无穷)点是一个对 (x, y)，其中 $y^2 \equiv x^3 + ax + b \pmod{p}$。给定一个 x 的值，y 有两个可能的值[除非 $x^3 + ax + b \equiv 0 \pmod{p}$]。这两个可能的 y 值模 p 是互为相反数。因为 p 是奇数，两个可能的 $y \bmod p$ 值中，有一个是奇数，另一个是偶数。因此可以通过指定 x 的值，连同 $y \bmod 2$ 一个比特确定 E 上唯一一点 $P = (x, y)$。这减少了大约 50% 的存储空间，代价是需要额外的计算来重构 P 点的 y 坐标。

点压缩运算可以表示为函数

$$\text{Point-Compress}: E \setminus \{\mathcal{O}\} \to \mathbb{Z}_p \times \mathbb{Z}_2$$

具体定义为：

$$\text{Point-Compress}(P) = (x, y \bmod 2), \ \text{其中} \ P = (x, y) \in E$$

逆运算 Point-Decompress 从 $(x, y \bmod 2)$ 重构 E 上的点 $P = (x, y)$。可以用算法 6.4 来实现。

算法 6.4　Point-Decompress(x, i)

$z \leftarrow x^3 + ax + b \bmod p$

if z 是模 p 的非二次剩余类

then return("failure")

$\text{else} \begin{cases} y \leftarrow \sqrt{z} \bmod p \\ \textbf{if } y \equiv i \pmod{2} \\ \quad \textbf{then return } (x, y) \\ \quad \textbf{else return } (x, p - y) \end{cases}$

如前所述，对于 $p \equiv 3 \pmod{4}$ 以及 z 是模 p 的二次剩余(或 $z = 0$)，$\sqrt{z}$ 可按照公式 $z^{(p+1)/4} \bmod p$ 计算。

我们将所谓的简化的 ECIES 表述为密码体制 6.2。

密码体制 6.2　简化的 ECIES

令 E 是定义在 $\mathbb{Z}_p$ ($p > 3$ 是素数)上的一个椭圆曲线，E 包含一个素数阶 n 的循环子群 $H = \langle P \rangle$，其上的离散对数问题是难解的。

设 $\mathcal{P} = \mathbb{Z}_p^*$，$\mathcal{C} = (\mathbb{Z}_p \times \mathbb{Z}_2) \times \mathbb{Z}_p^*$，定义

$$\mathcal{K} = \{(E, P, m, Q, n) : Q = mP\}$$

值 P, Q 和 n 是公钥，$m \in \mathbb{Z}_n^*$ 是私钥。

对 $K = (E, P, m, Q, n)$，一个(秘密)随机数 $k \in \mathbb{Z}_n^*$，以及 $x \in \mathbb{Z}_p^*$，定义

$$e_K(x, k) = (\text{Point-Compress}(kP), xx_0 \bmod p)$$

其中 $kQ = (x_0, y_0)$ 和 $x_0 \neq 0$。

对密文 $y = (y_1, y_2)$，这里 $y_1 \in \mathbb{Z}_p \times \mathbb{Z}_2$ 和 $y_2 \in \mathbb{Z}_p^*$，定义

$$d_K(y) = y_2(x_0)^{-1} \bmod p$$

其中

$$(x_0, y_0) = m\text{Point-Decompress}(y_1)$$

简化的 ECIES 有一个(近似)等于 2 的消息扩张因子。这类似于 $\mathbb{Z}_p^*$ 上的 ElGamal 密码体制。我们用定义在 $\mathbb{Z}_{11}$ 上的椭圆曲线 $y^2 = x^3 + x + 6$ 来说明简化的 ECIES 的加密和解密过程。

例 6.9　与上例一样，假设 $P = (2, 7)$，Bob 的私钥是 7，则有

$$Q = 7P = (7, 2)$$

如果 Alice 要加密明文 $x = 9$，她选择随机数 $k = 6$，首先，要计算

$$kP = 6(2, 7) = (7, 9)$$

和

$$kQ = 6(7, 2) = (8, 3)$$

所以 $x_0 = 8$。

其次，她算出

$$y_1 = \text{Point-Compress}(7, 9) = (7, 1)$$

和

$$y_2 = 8 \times 9 \bmod 11 = 6$$

送给 Bob 的密文是

$$y = (y_1, y_2) = ((7, 1), 6)$$

一旦 Bob 收到密文 y，他通过计算

$$\text{Point-Decompress}(7, 1) = (7, 9)$$
$$7(7, 9) = (8, 3)$$
$$6 \times 8^{-1} \bmod 11 = 9$$

解密得到正确的明文 9。

6.5.5　计算椭圆曲线上的乘积

我们可以利用平方-乘算法(参见算法5.5)在乘法群中有效地计算幂 α^a。椭圆曲线中群运算写为加法，我们可以用一个类似的称为"倍数-和"算法计算椭圆曲线点 P 的倍数 aP(平方运算 $\alpha \mapsto \alpha^2$ 由倍数运算 $P \mapsto 2P$ 代替，两个群元素的乘换为椭圆曲线上两点之和)。

椭圆曲线上的加法运算有这样的性质，加法的逆非常容易计算。这个事实通过"倍数-和"算法的扩展来展示，这个扩展称为"倍数-和差"算法。我们现在描述这一技术。

设 c 是一个整数。c 的一个带符号的二进制表示是一个如下形式的等式

$$c = \sum_{i=0}^{\ell-1} c_i 2^i$$

其中 $c_i \in \{-1, 0, 1\}$。一般来讲，一个整数有多个二进制表示。例如

$$11 = 8 + 2 + 1 = 16 - 4 - 1$$

所以

$$(c_4, c_3, c_2, c_1, c_0) = (0, 1, 0, 1, 1) \text{ 或者 } (1, 0, -1, 0, -1)$$

两者都是 11 的带符号的二进制表示。

设 P 是一个阶为 n 的椭圆曲线的点。给定整数 c 的任何一个带符号的二进制表示 $(c_{\ell-1}, \cdots, c_0)$，其中 $0 \leqslant c \leqslant n-1$，运用下述算法，通过一系列的倍运算，和差法可计算出椭圆曲线上的点 P 的乘积 cP。

算法 6.5　倍数-和差算法 Double-And-(Add Or Subtract) $(P, (c_{\ell-1}, \cdots, c_0))$

$Q \leftarrow \mathcal{O}$

for $i \leftarrow \ell - 1$ **downto** 0

$\quad$**do** $\begin{cases} Q \leftarrow 2Q \\ \textbf{if } c_i = 1 \\ \quad \textbf{then } Q \leftarrow Q + P \\ \quad \textbf{else if } c_i = -1 \\ \quad \textbf{then } Q \leftarrow Q - P \end{cases}$

return(Q)

算法 6.5 中的减法 $Q - P$，应该先计算 P 的加法逆 $-P$，然后将结果加到 Q。

整数 c 的一个带符号的二进制表示 $(c_{\ell-1}, \cdots, c_0)$，如果其中没有两个连续的 c_i 是非零的，则说它是非相邻的形式。这样的表示称为 NAF 表示。我们可以很容易地将整数 c 的一个带符号的二进制表示转换为 NAF 表示。转换的基础是，在二进制表示中，用 $(1, 0, \cdots, 0, -1)$ 替换 $(0, 1, \cdots, 1, 1)$。这种类型的替换并不改变 c 的值，因为有等式

$$2^i + 2^{i-1} + \cdots + 2^j = 2^{i+1} - 2^j,$$

这里 $i > j$。这个过程从最右面（即低位）的比特开始向左，按照需要重复进行。

我们用一个例子说明上述过程：

1	1	1	1	0	0	1	1	0	1	1	1

$\downarrow$

1	1	1	1	0	0	1	1	1	0	0	-1

$\downarrow$

1	1	1	1	0	1	0	0	-1	0	0	-1

$\downarrow$

1	0	0	0	-1	0	1	0	0	-1	0	0	-1

因此

$$(1, 1, 1, 1, 0, 0, 1, 1, 0, 1, 1, 1)$$

的 NAF 表示是

$$(1, 0, 0, 0, -1, 0, 1, 0, 0, -1, 0, 0, -1) .$$

这个讨论说明，任何一个非负整数有一个NAF表示。一个整数的NAF表示可以证明是唯一的(参见习题)。所以，我们可以毫无疑义地说一个整数的 NAF 表示。

一个 NAF 表示中没有两个相邻的非零系数。我们可以期望，一般情况下，NAF 表示中比通常的二进制表示中有更多的零。事实的确如此：可以证明，平均来讲，一个 ℓ 比特整数的二进制表示中含有 $\ell/2$ 个零，它的 NAF 表示中含有 $2\ell/3$ 个零。

这些结果使得我们非常容易比较下面两个算法的平均有效性：使用二进制表示的 Double-And-Add 算法和使用 NAF 表示的 Double-And-(Add Or Subtract) 算法。两个算法都需要 ℓ 次倍运算，但在第一个算法中需要 $\ell/2$ 次加法(或减法)运算，而在第二个算法中需要 $\ell/3$ 次。如果假设倍运算与加法(或减法)花费大致相同的时间，那么，两个算法花费时间的比率近似为

$$\frac{\ell + \dfrac{\ell}{2}}{\ell + \dfrac{\ell}{3}} = \frac{9}{8}$$

利用这个简单的技巧，我们可以平均提高(大致)11%的速度。

6.6 实际中的离散对数算法

在密码应用中，下列 (G, α) 情形中的离散对数问题是最为重要的：

1. $G = (\mathbb{Z}_p^*, \cdot)$，$p$ 是素数，α 是模 p 的一个本原元。
2. $G = (\mathbb{Z}_p^*, \cdot)$，$p, q$ 是素数，$p \equiv 1 \bmod q$，α 是 $\mathbb{Z}_p$ 中的一个 q 阶元素。
3. $G = (\mathbb{F}_{2^n}^*, \cdot)$，$\alpha$ 是 $\mathbb{F}_{2^n}^*$ 中的一个本原元素。
4. $G = (E, +)$，其中 E 是模素数 p 的一个椭圆曲线，$\alpha \in E$ 是一个具有素数 $q = \#E/h$ 阶的点，这里(典型的) $h = 1, 2$ 或4。
5. $G = (E, +)$，其中 E 是有限域 $\mathbb{F}_{2^n}$ 上的椭圆曲线，$\alpha \in E$ 是一个具有素数 $q = \#E/h$ 阶的点，这里(典型的) $h = 2$ 或4 (注意到我们只定义了当 p 是除了 3 的素数的有限域 $\mathbb{F}_p$ 上的椭圆曲线。事实上，在任何有限域上都可以定义椭圆曲线，只是特征为 2 或 3 时的方程不同而已)。

对情形 1、2 和 3，利用 $(\mathbb{Z}_p^*, \cdot)$ 或 $(\mathbb{F}_{2^n}^*, \cdot)$ 上的指数演算法的适当形式可能形成攻击。对于情形 2、4 和 5，利用 q 阶子群中的 Pollard ρ 算法可能形成攻击。

我们简单地报告一些由 Lenstra 和 Verheul 估计的相对安全性结果。要使基于椭圆曲线

离散对数的密码体制保持安全到 2020 年，对情形 4，建议取 $p \approx 2^{160}$（或者在情形 5 取 $n \approx 160$）。而对于情形 1 和 2，要达到相同程度（预计）的安全水平，p 至少应取为 2^{1880}。导致如此大的差异的原因是，对椭圆曲线离散对数没有已知的指数演算法攻击。因此，椭圆曲线密码学在实际应用中越来越流行，在诸如无线装置和智能卡这些受限平台上的应用尤其如此。这类平台的可用存储空间非常小，像在 $(\mathbb{Z}_p^*, \cdot)$ 上，基于离散对数的安全实现需要太多的空间，因而是不切实际的。基于椭圆曲线的密码需要较小的空间，正如所愿。

上述估计是一种猜测，它是对未来若干年算法设计和计算速度发展的合理假设下，基于目前最好的算法做出的。观察一下目前的离散对数问题算法的发展水平也是有趣的。由于椭圆曲线密码在实际应用中的重要性，椭圆曲线上的离散对数问题近年来受到极大的关注。为了激励实现有效的离散对数算法，Certicom 公司发表了一系列的"挑战"。最近解决的比较困难的挑战是 109 比特挑战，该挑战称为 ECCp-109 和 ECC2-109，ECCp-109 挑战解决于 2002 年 11 月；ECC2-109 挑战解决于 2004 年 4 月。这两个挑战都是由 C. Monico 解决的。

6.7　ElGamal 体制的安全性

本节我们研究 ElGamal 型密码体制的安全性的几个方面。首先，我们考察离散对数的比特安全性。其次，考虑 ElGamal 型密码体制的语义安全性，最后，介绍 Diffie-Hellman 问题。

6.7.1　离散对数的比特安全性

这一节我们考虑离散对数的单个比特的计算难易。确切地说，就是考虑问题 6.2，我们称之为离散对数的第 i 比特问题[本小节考虑的是 $(\mathbb{Z}_p^*, \cdot)$ 上的离散对数，p 是素数]。

问题 6.2　离散对数第 i 比特问题

实例：$I = (p, \alpha, \beta, i)$，其中 p 是素数，$\alpha \in \mathbb{Z}_p^*$ 是一个本原元，$\beta \in \mathbb{Z}_p^*$，i 是一个整数，满足 $1 \leqslant i \leqslant \lceil \text{lb}(p-1) \rceil$。

问题：计算 $L_i(\beta)$，这是（对于确定的 p 和 α）$\log_\alpha \beta$ 二进制表示的第 i 个最低比特。

我们先证明，计算一个离散对数的最低比特是容易的。换句话说，如果 $i = 1$，离散对数的第 i 比特问题可以有效地计算。主要是利用关于模 p 二次剩余的 Euler 准则，p 是素数。

映射 $f: \mathbb{Z}_p^* \to \mathbb{Z}_p^*$ 定义为

$$f(x) = x^2 \bmod p$$

记 QR(p) 为模 p 的二次剩余的集合；这样就有

$$\text{QR}(p) = \{x^2 \bmod p : x \in \mathbb{Z}_p^*\}$$

首先，观察到 $f(x) = f(p-x)$。其次，注意到

$$w^2 \equiv x^2 \pmod{p}$$

当且仅当

$$p \mid (w-x)(w+x)$$

后者成立，当且仅当

$$w \equiv \pm x \pmod{p}$$

所以对每个 $y \in QR(p)$

$$|f^{-1}(y)| = 2$$

因此

$$|QR(p)| = \frac{p-1}{2}$$

即，$\mathbb{Z}_p^*$ 中恰有一半的元素是二次剩余，一半不是。

现在，假设 α 是 $\mathbb{Z}_p$ 的一个本原元。那么如果 a 是偶数则 $\alpha^a \in QR(p)$。因为 $(p-1)/2$ 个元素 $\alpha^0 \bmod p, \alpha^2 \bmod p, \cdots, \alpha^{p-3} \bmod p$ 互不相同，因此

$$QR(p) = \{\alpha^{2i} \bmod p : 0 \leqslant i \leqslant (p-3)/2\}$$

所以，β 是二次剩余当且仅当 $\log_\alpha \beta$ 是偶数，也就是说，当且仅当 $L_1(\beta) = 0$。但由 Euler 准则可知，β 是一个二次剩余，当且仅当

$$\beta^{(p-1)/2} \equiv 1 \pmod{p}$$

所以有下列有效的公式计算 $L_1(\beta)$：

$$L_1(\beta) = \begin{cases} 0 & \beta^{(p-1)/2} \equiv 1 \pmod{p} \\ 1 & \text{其他} \end{cases}$$

现在考虑如何计算 i 大于 1 时 $L_i(\beta)$ 的值。假设 $p-1 = 2^s t$，t 是奇数。可以证明对 $i \leqslant s$，容易计算 $L_i(\beta)$。另一方面，计算 $L_{s+1}(\beta)$ (或许)是困难的，因为任何计算 $L_{s+1}(\beta)$ 的假设算法(或谕示器)都可以用于计算 $\mathbb{Z}_p$ 上的离散对数。

我们对 $s=1$ 证明这个结果。更准确地说，如果 $p \equiv 3 \pmod 4$ 是一个素数，我们将说明，用任何一个计算 $L_2(\beta)$ 的谕示器如何求解 $\mathbb{Z}_p$ 上的离散对数。

我们曾讲过，如果 β 是 $\mathbb{Z}_p$ 中的一个二次剩余，并且 $p \equiv 3 \pmod 4$，那么 β 模 p 的两个平方根是 $\pm \beta^{(p+1)/4} \bmod p$。更重要的是，如果 $\beta \neq 0$，对任何 $p \equiv 3 \pmod 4$，有

$$L_1(\beta) \neq L_1(p-\beta)$$

原因如下，假设

$$\alpha^a \equiv \beta \pmod{p}$$

则

$$\alpha^{a+(p-1)/2} \equiv -\beta \pmod{p}$$

因为 $p \equiv 3 \pmod 4$，整数 $(p-1)/2$ 是一个奇数，结果得证。

现在假设对于某个(未知的)偶指数 a，有 $\beta = \alpha^a$。那么或者

$$\beta^{(p+1)/4} \equiv \alpha^{a/2} \pmod{p}$$

或者

$$-\beta^{(p+1)/4} \equiv \alpha^{a/2} \pmod{p}$$

如果知道 $L_2(\beta)$，我们就可以确定这两种可能性中哪种是正确的。这是因为

$$L_2(\beta) = L_1(\alpha^{a/2})$$

这个事实由算法 6.6 所揭示。

算法 6.6　L_2 Oracle-Discrete-Logarithm(p, α, β)
external L_1, **Oracle** L_2
$x_0 \leftarrow L_1(\beta)$
$\beta \leftarrow \beta / \alpha^{x_0} \bmod p$
$i \leftarrow 1$
while $\beta \neq 1$
$\quad$ **do** $\begin{cases} x_i \leftarrow \text{Oracle } L_2(\beta) \\ \gamma \leftarrow \beta^{(p+1)/4} \bmod p \\ \textbf{if } L_1(\gamma) = x_i \\ \quad \textbf{then } \beta \leftarrow \gamma \\ \quad \textbf{else } \beta \leftarrow p - \gamma \\ \beta \leftarrow \beta / \alpha^{x_i} \bmod p \\ i \leftarrow i + 1 \end{cases}$
return$(x_{i-1}, x_{i-2}, \cdots, x_0)$

在算法 6.6 的最后，这些 x_i 构成了 $\log_\alpha \beta$ 的二进制表示的各个比特；即

$$\log_\alpha \beta = \sum_{i \geqslant 0} x_i 2^i$$

我们用一个小例子说明这个算法。

例6.10　假设 $p = 19$，$\alpha = 2$ 且 $\beta = 6$。因为例子较小，我们对所有的 $\gamma \in \mathbb{Z}_{19}^*$，列出 $L_1(\gamma)$ 和 $L_2(\gamma)$ 的值(一般地，L_1 可以由 Euler 准则有效地计算，L_2 用假设算法 Oracle L_2 计算)。这些值由表 6.2 给出。算法 6.6 的过程如图 6.2 所示。

表 6.2　对于 $p = 19$，$\alpha = 2$ ，L_1 和 L_2 的值

γ	$L_1(\gamma)$	$L_2(\gamma)$	γ	$L_1(\gamma)$	$L_2(\gamma)$	γ	$L_1(\gamma)$	$L_2(\gamma)$
1	0	0	7	0	1	13	1	0
2	1	0	8	1	1	14	1	1
3	1	0	9	0	0	15	1	1
4	0	1	10	1	0	16	0	0
5	0	0	11	0	0	17	0	1
6	0	1	12	1	1	18	1	0

$$x_0 \leftarrow 0, \beta \leftarrow 6, i \leftarrow 1$$
$$x_1 \leftarrow L_2(6) = 1, \gamma \leftarrow 5, L_1(5) = 0 \neq x_1, \beta \leftarrow 14, \beta \leftarrow 7, i \leftarrow 2$$
$$x_2 \leftarrow L_2(7) = 1, \gamma \leftarrow 11, L_1(11) = 0 \neq x_2, \beta \leftarrow 8, \beta \leftarrow 4, i \leftarrow 3$$
$$x_3 \leftarrow L_2(4) = 1, \gamma \leftarrow 17, L_1(17) = 0 \neq x_3, \beta \leftarrow 2, \beta \leftarrow 1, i \leftarrow 4$$
$$\textbf{return}(1, 1, 1, 0)$$

图 6.2　利用对 L_2 的谕示器对 $\mathbb{Z}_{19}^*$ 中 lb6 的计算

结果是 lb $6 = 1110_2 = 14$，这很容易得到验证。

利用数学归纳法可以给出算法的一个正式的证明。记

$$x = \log_\alpha \beta = \sum_{i \geq 0} x_i 2^i$$

对于 $i \geq 0$，定义

$$Y_i = \left\lfloor \frac{x}{2^{i+1}} \right\rfloor$$

再者，定义 β_0 是到 While 循环开始时 β 的值；对 $i \geq 1$，定义 β_i 是 While 循环第 i 次运行结束时 β 的值。利用归纳法可以证明，对 $i \geq 0$

$$\beta_i \equiv \alpha^{2Y_i} (\mathrm{mod}\ p)$$

可以看到

$$2Y_i = Y_{i-1} - x_i$$

说明

$$x_{i+1} = L_2(\beta_i)$$

$i \geq 0$。因为

$$x_0 = L_1(\beta)$$

所以算法是正确的。具体细节留给读者自己完成。

6.7.2　ElGamal 体制的语义安全性

首先来看，密码体制 6.1 所描述的基本的 ElGamal 密码体制不是语义安全的。我们回顾一下这类体制，$\alpha \in \mathbb{Z}_p^*$ 是一个本原元，$\beta = \alpha^a \bmod p$，a 是私钥。给定一个明文 x，随机选取数 k，计算 $e_K(x, k) = (y_1, y_2)$。这里 $y_1 = \alpha^k \bmod p$ 且 $y_2 = x\beta^k \bmod p$。

我们利用这个事实：用 Euler 准则容易判定 $\mathbb{Z}_p$ 的元素是否是模 p 的二次剩余。由 6.7.1 节可知道，β 是一个模 p 的二次剩余，当且仅当 a 是偶数。类似地，y_1 是一个模 p 的二次剩余，当且仅当 k 是偶数。我们可以确定 a 和 k 的奇偶性，因而可以计算 ak 的奇偶性。所以，我们可以确定是否 $\beta^k (= \alpha^{ak})$ 是一个二次剩余。

现在，假设要区分 x_1 的加密与 x_2 的加密，这里 x_1 是二次剩余，x_2 不是模 p 二次剩余。确定 y_2 的二次剩余性是很简单的事情，我们已经讨论了确定 β^k 的二次剩余性的判定方法。那么，(y_1, y_2) 是 x_1 的加密，当且仅当 β^k 和 y_2 二者同为二次剩余或者同为非二次剩余。

如果 β 是一个二次剩余，每个明文 x 也要求均为二次剩余，上述攻击就失效了。事实上，如果 $p=2q+1$，q 是素数，可以证明，限制 β, y_1 和 x 为二次剩余等价于在模 p 的二次剩余子群中实现 ElGamal 密码体制（$\mathbb{Z}_p^*$ 的这个子群是一个 q 阶循环子群）。如果 $\mathbb{Z}_p^*$ 中离散对数问题是难解的，这个版本的 ElGamal 密码体制被猜测是语义安全的。

6.7.3　Diffie-Hellman 问题

我们介绍所谓的 Diffie-Hellman 问题的两个变形，一个是计算形式，另一个是判定形式。之所以称为 Diffie-Hellman 问题，是因为这两个问题源于与 Diffie-Hellman 密钥协定协议的联系。本节讨论了这些问题与 ElGamal 型密码体制的安全性之间的有趣联系。

这两个问题描述如下。

问题 6.3　Computational Diffie-Hellman

实例：一个乘法群 $(G, \cdot)$，一个 n 阶元素 $\alpha \in G$，两个元素 $\beta, \gamma \in \langle \alpha \rangle$。

问题：找出 $\delta \in \langle \alpha \rangle$，满足 $\log_\alpha \delta \equiv \log_\alpha \beta \times \log_\alpha \gamma \pmod{n}$（等价地，给定 α^b 和 α^c，找出 α^{bc}）。

问题 6.4　Decision Diffie-Hellman

实例：一个乘法群 $(G, \cdot)$，一个 n 阶元素 $\alpha \in G$，三个元素 $\beta, \gamma, \delta \in \langle \alpha \rangle$。

问题：是否有 $\log_\alpha \delta \equiv \log_\alpha \beta \times \log_\alpha \gamma \pmod{n}$？［等价地，给定 α^b，α^c 和 α^d，判定是否 $d \equiv bc \pmod{n}$］。

我们通常把这两个问题分别表示为 CDH 和 DDH。容易看到，存在图灵归约

$$\mathrm{DDH} \propto_T \mathrm{CDH}$$

且

$$\mathrm{CDH} \propto_T \mathrm{Discrete\ Logarithm}$$

第一个归约证明如下：设 $\alpha, \beta, \gamma, \delta$ 给定。利用一个算法求解 CDH 找到值 δ' 满足

$$\log_\alpha \delta' \equiv \log_\alpha \beta \times \log_\alpha \gamma \pmod{n}$$

然后，检查是否有 $\delta = \delta'$。

第二个归约也非常简单。设 α, β, γ 给定。利用一个算法求解离散对数，找到 $b = \log_\alpha \beta$ 和 $c = \log_\alpha \gamma$。则计算 $d \equiv bc \bmod n$ 和 $\delta = \alpha^d$。

这些归约说明，假设 DDH 难解与假设 CDH 难解至少有着相同的强度。而后者与离散对数是难解的假设至少有着相同的强度。

不难证明，ElGamal 密码体制的语义安全性等价于 DDH 的难解性；ElGamal 解密（在不知道私钥时）等价于求解 CDH。因此，要证明 ElGamal 密码体制的安全性所必需的假设（潜在的）强于仅假设离散对数是难解的。的确，我们已经证明，$\mathbb{Z}_p^*$ 中的 ElGamal 密码体制不是语义安全的，而对适当选取的素数 p，离散对数问题被猜测是在 $\mathbb{Z}_p^*$ 中难处理的。这暗示着三个问题的安全性可能不等价。

这里，我们给出如下结果的一个证明：任何解 CDH 的算法，都可以用于解密 ElGamal 密文，反之亦然。假设 OracleCDH 是解 CDH 的一个算法，设 (y_1, y_2) 是 ElGamal 密码体制的密文，具有公钥 α 和 β。计算

$$\delta = \text{OracleCDH}(\alpha, \beta, y_1)$$

然后定义

$$x = y_2 \delta^{-1}$$

容易看出，x 是密文 (y_1, y_2) 的解密。

反过来，假设 Oracle-Elgamal-Decrypt 是解密 ElGamal 密文的一个算法。设 α, β, γ 如 CDH 中的假设给定。定义 α 和 β 是 ElGamal 密码体制的公钥。那么，定义 $y_1 = \gamma$，令 $y_2 \in \langle \alpha \rangle$ 为随机取定。计算

$$x = \text{Oracle-ElGamal-Decrypt}(\alpha, \beta, (y_1, y_2))$$

这是密文 (y_1, y_2) 的解密。最后，计算

$$\delta = y_2 x^{-1}$$

δ 是 CDH 给定实例的解。

6.8　注释与参考文献

ElGamal 密码体制在参考文献[125]中提出。Pohlig-Hellman 算法发表于参考文献[270]。关于一般的离散对数问题的进一步信息，我们推荐 Odlyzko 的近期的综述性文章[258]。

Pollard ρ 算法首次发表于参考文献[272]。Brent[71]描述了一个更有效的方法检测循环(也就是碰撞)，这也可以用于对应的分解算法中。算法中使用的"随机行走"有许多定义方式，这方面的话题请参见 Teske [328]。

离散对数问题的通用算法的下界是由 Nechaev [249]和 Shoup [301]独立证明的。我们的讨论基于 Chateauneuf，Ling 和 Stinson [87]。

关于有限域的主要参考书籍是 Lidl 和 Niederreiter [220]。McEliece [231]是这方面的一本很好的初等教科书。

关于 $\mathbb{F}_{2^n}$ 上离散对数问题的很有参考价值的文章是 Gordon 和 McCurley [166]。一些较新的结果可以在 Thomé的文章[329]中找到，该文章也描述了 $\mathbb{F}_{2^{607}}$ 上离散对数的计算。Lenstra 和 Verheul 在参考文献[219]中预言了未来几年的离散对数问题的难解性，以及基于离散对数的密码体制的密钥长度的不同选取。

在公钥密码体制中使用椭圆曲线的思想属于Koblitz [196]和 Miller [241]。Koblitz，Menezes 和 Vanstone [200]写了关于这个主题的综述性文章。最近的有关椭圆曲线密码学的论著是 Blake, Seroussi 和 Smart [42, 43]，Enge [127]，以及 Hankerson, Menezes 和 Vanstone [171]。对于椭圆曲线的更基本的处理参见 Silverman 和 Tate [303]。关于代数曲线(包括椭圆曲线)在密码学中的应用推荐参看综述 Galbraith 和 Menezes [152]；Koblitz[199]中有一章关于超椭圆曲线在密码学中的应用。强调这一章主题的别的教科书有 Wagstaff [335]和 Washington [340]。

最近的完整讨论椭圆曲线快速运算的文章是Solinas [312]。从椭圆曲线到有限域的离散对

数的Menezes-Okamoto-Vanstone归约在[235]中给出（也参见参考文献[233]）。对于"迹一"的曲线的攻击属于 Smart, Satoh, Araki 和 Semaev；可参见 Smart [308]。

我们给出的关于离散对数第 i 位问题的材料基于 Peralta[263]。讨论相关问题的其他文章有 Håstad，Schrift 和 Shamir [172]以及 Long 和 Wigderson [221]。

Boneh [56]是关于 Decision Diffie-Hellman 问题的有趣的综述性文章。Maurer 和 Wolf [230]是一篇关于 6.7 节所考虑的主题的更进一步发展的文章。

习题

6.1 实现计算 $\mathbb{Z}_p^*$ 上的离散对数的Shanks算法，p 是素数，α 是一个模 p 本原元。用你的程序计算 $\mathbb{Z}_{24\,691}^*$ 中的 $\log_{106} 12\,375$ 和 $\mathbb{Z}_{458\,009}^*$ 中的 $\log_6 248\,388$。

6.2 改进 Shanks 算法，使其可以事先指定 β 对基 α 在群 G 中的对数位于区间 $[s,t]$，s,t 是满足 $0 \leqslant s < t < n$ 的整数，n 是 α 的阶。证明改进的算法的正确性，并且其计算复杂度是 $O(\sqrt{t-s})$。

6.3 整数 $p = 458\,009$ 是素数，$\alpha = 2$ 在 $\mathbb{Z}_p^*$ 中的阶为 57 251。利用 Pollard ρ 算法计算 $\beta = 56\,851$ 对于基 α 在 $\mathbb{Z}_p^*$ 上的离散对数。取初始值 $x_0 = 1$，如例 6.3 中同样定义划分 (s_1, s_2, s_3)。找出满足 $x_i = x_{2i}$ 的最小的整数 i，然后计算要求的离散对数。

6.4 假设 p 是一个奇素数，k 是一个正整数。$\mathbb{Z}_{p^k}^*$ 是一个 $p^{k-1}(p-1)$ 阶乘法群，并且已知是循环群。它的任何生成元称为模 p^k 的本原元素。

(a) 假设 α 是一个模 p 的本原元。证明 α 和 $\alpha + p$ 至少有一个是模 p^2 的本原元。

(b) 说明如何有效地验证 3 是一个模 29 和模 29^2 的本原根。注意：可以证明，如果 α 是模 p 和模 p^2 的一个本原根，那么对于所有正整数 k，它一定是模 p^k 的本原根（这个事实不必证明）。因此说明对于所有 k，3 是模 29^k 的本原根。

(c) 找出一个 α，它是模 29 的本原根，但不是模 29^2 的本原根。

(d) 利用 Pohlig-Hellman 算法计算 3344 对于基 3 在乘法群 $\mathbb{Z}_{24\,389}^*$ 中的离散对数。

6.5 实现计算 $\mathbb{Z}_p$ 上的离散对数的 Pohlig-Hellman 算法，p 是素数，α 是一个本原元。用你的程序计算 $\mathbb{Z}_{28\,703}$ 中的 $\log_5 8563$ 和 $\mathbb{Z}_{31\,153}$ 中的 $\log_{10} 12\,611$。

6.6 令 $p = 277$。元素 $\alpha = 2$ 是 $\mathbb{Z}_p^*$ 中的本原元。

(a) 计算 $\alpha^{32}, \alpha^{40}, \alpha^{59}$ 和 α^{156}（这些都是模 p 运算），并在因子基 $\{2, 3, 5, 7, 11\}$ 上分解它们。

(b) 利用事实 $\log 2 = 1$，从上述分解结果计算 $\log 3, \log 5, \log 7$ 和 $\log 11$（这些都是 $\mathbb{Z}_p^*$ 上对于基 α 的离散对数）。

(c) 假如我们要计算 $\log 173$。用"随机数" 2^{177} 模 p 乘以 173。在因子基上分解其结果，然后利用前面计算的因子基中数的对数，计算 $\log 173$。

6.7 设 $n = pq$ 是一个 RSA 模（即 p 和 q 是不同的奇素数），$\alpha \in \mathbb{Z}_n^*$。对于正整数 m 以及 $\alpha \in \mathbb{Z}_m^*$，定义 $\text{ord}_m(\alpha)$ 是 α 在 $\mathbb{Z}_m^*$ 中的阶。

(a) 证明

$$\mathrm{ord}_n(\alpha) = \mathrm{lcm}(\mathrm{ord}_p(\alpha), \mathrm{ord}_q(\alpha))$$

(b) 假设 $\gcd(p-1, q-1) = d$。证明存在元素 $\alpha \in \mathbb{Z}_n^*$ 满足

$$\mathrm{ord}_n(\alpha) = \frac{\phi(n)}{d}$$

(c) 假设 $\gcd(p-1, q-1) = 2$。并且我们有一个谕示器求解子群 $\langle \alpha \rangle$ 上的 Discrete Logarithm 问题，这里 $\alpha \in \mathbb{Z}_n^*$ 的阶为 $\phi(n)/2$。即给定任何 $\beta \in \langle \alpha \rangle$，谕示器将计算离散对数 $a = \log_\alpha \beta$，其中 $0 \leqslant a \leqslant \phi(n)/2 - 1$（但值 $\phi(n)/2$ 是保密的）。假设我们计算值 $\beta = \alpha^n \bmod n$，然后用谕示器计算 $a = \log_\alpha \beta$。假设 $p > 3$ 和 $q > 3$，证明 $n - a = \phi(n)$。

(d) 由 (c) 给定离散对数 $a = \log_\alpha \beta$，说明如何容易地分解 n。

6.8 在这个问题中，我们考虑 $(\mathbb{Z}_{19}, +)$ 上的 Discrete Logarithm 问题的一个通用算法。

(a) 假设集合 C 定义如下：

$$C = \{(1 - i^2 \bmod 19, i \bmod 19) : i = 0, 1, 2, 4, 7, 12\}$$

计算 $\mathrm{Good}(C)$。

(b) 给定 C 中有序对，假设群谕示器的输出如下：

$$(0,1) \mapsto 10111$$
$$(1,0) \mapsto 01100$$
$$(16,2) \mapsto 00110$$
$$(4,4) \mapsto 01010$$
$$(9,7) \mapsto 00100$$
$$(9,12) \mapsto 11001$$

其中群元素编码为二进制 5 元组。对于"a"的值能做出什么说明性的结论?

6.9 解密表 6.3 中的 ElGamal 密文。体制中的参数是 $p = 31847$，$\alpha = 5$，$a = 7899$ 和 $\beta = 18\,074$。$\mathbb{Z}_n$ 的每个元素像习题 5.12 中一样代表三个字母。

表 6.3 ElGamal 密文

(3781, 14409)	(31552, 3930)	(27214, 15442)	(5809, 30274)
(5400, 31486)	(19936, 721)	(27765, 29284)	(29820, 7710)
(31590, 26470)	(3781, 14409)	(15898, 30844)	(19048, 12914)
(16160, 3129)	(301, 17252)	(24689, 7776)	(28856, 15720)
(30555, 24611)	(20501, 2922)	(13659, 5015)	(5740, 31233)
(1616, 14170)	(4294, 2307)	(2320, 29174)	(3036, 20132)
(14130, 22010)	(25910, 19663)	(19557, 10145)	(18899, 27609)
(26004, 25056)	(5400, 31486)	(9526, 3019)	(12962, 15189)
(29538, 5408)	(3149, 7400)	(9396, 3058)	(27149, 20535)
(1777, 8737)	(26117, 14251)	(7129, 18195)	(25302, 10248)
(23258, 3468)	(26052, 20545)	(21958, 5713)	(346, 31194)

(8836, 25898)	(8794, 17358)	(1777, 8737)	(25038, 12483)
(10422, 5552)	(1777, 8737)	(3780, 16360)	(11685, 133)
(25115, 10840)	(14130, 22010)	(16081, 16414)	(28580, 20845)
(23418, 22058)	(24139, 9580)	(173, 17075)	(2016, 18131,)
(19886, 22344)	(21600, 25505)	(27119, 19921)	(23312, 16906)
(21563, 7891)	(28250, 21321)	(28327, 19237)	(15313, 28649)
(24271, 8480)	(26592, 25457)	(9660, 7939)	(10267, 20623)
(30499, 14423)	(5839, 24179)	(12846, 6598)	(9284, 27858)
(24875, 17641)	(1777, 8737)	(18825, 19671)	(31306, 11929)
(3576, 4630)	(26664, 27572)	(27011, 29164)	(22763, 8992)
(3149, 7400)	(8951, 29435)	(2059, 3977)	(16258, 30341)
(21541, 19004)	(5865, 29526)	(10536, 6941)	(1777, 8737)
(17561, 11884)	(2209, 6107)	(10422, 5552)	(19371, 21005)
(26521, 5803)	(14884, 14280)	(4328, 8635)	(28250, 21321)
(28327, 19237)	(15313, 28649)		

明文选自 Michael Ondaatje 所著的 *The English Patient*，Alfred A.Knopf，Inc.，New York，1992。

6.10　指出下列哪些多项式在 $\mathbb{Z}_2[x]$ 上是不可约的：$x^5 + x^4 + 1, x^5 + x^3 + 1, x^5 + x^4 + x^2 + 1$。

6.11　域 $\mathbb{F}_{2^5}$ 可以由 $\mathbb{Z}_2[x]/(x^5 + x^2 + 1)$ 构造得到。在域中进行下面的计算：

(a) 计算 $(x^4 + x^2) \times (x^3 + x + 1)$。

(b) 利用扩展的 Euclidean 算法计算 $(x^3 + x^2)^{-1}$。

(c) 利用平方-乘算法计算 x^{25}。

6.12　我们给出一个在 $\mathbb{F}_3$ 中实现 ElGamal 密码体制的例子。多项式 $x^3 + 2x^2 + 1$ 是 $\mathbb{Z}_3[x]$ 上的不可约多项式，所以 $\mathbb{Z}_3[x]/(x^3 + 2x^2 + 1)$ 是域 $\mathbb{F}_3$。我们将 26 个字母与 26 个域的非零元素关联起来，这样就可以方便地加密普通文献。使用非零多项式的字典序建立这个对应。具体对应如下：

$$
\begin{array}{lll}
A \leftrightarrow 1 & B \leftrightarrow 2 & C \leftrightarrow x \\
D \leftrightarrow x+1 & E \leftrightarrow x+2 & F \leftrightarrow 2x \\
G \leftrightarrow 2x+1 & H \leftrightarrow 2x+2 & I \leftrightarrow x^2 \\
J \leftrightarrow x^2+1 & K \leftrightarrow x^2+2 & L \leftrightarrow x^2+x \\
M \leftrightarrow x^2+x+1 & N \leftrightarrow x^2+x+2 & O \leftrightarrow x^2+2x \\
P \leftrightarrow x^2+2x+1 & Q \leftrightarrow x^2+2x+2 & R \leftrightarrow 2x^2 \\
S \leftrightarrow 2x^2+1 & T \leftrightarrow 2x^2+2 & U \leftrightarrow 2x^2+x \\
V \leftrightarrow 2x^2+x+1 & W \leftrightarrow 2x^2+x+2 & X \leftrightarrow 2x^2+2x \\
Y \leftrightarrow 2x^2+2x+1 & Z \leftrightarrow 2x^2+2x+2 &
\end{array}
$$

假设 Bob 在 ElGamal 密码体制中使用 $\alpha = x, a = 11$；则 $\beta = x + 2$。说明 Bob 如何解密下列密文串：

(K,H) (P,X) (N,K) (H,R) (T,F) (V,Y) (E,H) (F,A) (T,W) (J,D) (U,J)

6.13 设 E 是定义在 $\mathbb{Z}_{71}$ 上的椭圆曲线 $y^2 = x^3 + x + 28$ 。

(a)确定 E 上的点的个数。

(b)证明 E 不是循环群。

(c)E 中元素的最高阶数是多少？找出一个具有这个阶的元素。

6.14 假设 $p > 3$ 是一个奇素数，且 $a, b \in \mathbb{Z}_p$ 。进一步假设方程 $x^3 + ax + b \equiv 0 \pmod{p}$ 在 $\mathbb{Z}_p$ 中具有三个不同的根。证明这个方程所定义的椭圆曲线群 $(E, +)$ 不是循环群。

提示：证明阶为 2 的元素生成 $(E, +)$ 的一个同构于 $\mathbb{Z}_2 \times \mathbb{Z}_2$ 的子群。

6.15 考虑由公式 $y^2 \equiv x^3 + ax + b \pmod{p}$ 所描述的椭圆曲线，其中 $4a^3 + 27b^2 \not\equiv 0 \pmod{p}$ ，$p > 3$ 是一个素数。

(a)很显然点 $P = (y_1, y_2) \in E$ 具有阶 3，当且仅当 $2P = -P$ 。利用这个事实，证明，如果 $P = (y_1, y_2) \in E$ 具有阶 3，则有

$$3x_1^{\,4} + 6ax_1^{\,2} + 12x_1 b - a^2 \equiv 0 \pmod{p} \tag{6.7}$$

(b)从式(6.7)推出结论：E 上至多有 8 个阶为 3 的点。

(c)利用式(6.7)，确定椭圆曲线 $y^2 \equiv x^3 + 34x \pmod{73}$ 上所有阶为 3 的点。

6.16 令 E 是一个定义在 $\mathbb{Z}_p$ 上的椭圆曲线，$p > 3$ 是一个奇素数。设 $\#E$ 是素数，$P \in E$ ，$P \neq \mathcal{O}$ 。

(a)证明离散对数 $\log_P(-P) = \#E - 1$

(b)如何利用 Hasse 界以及 Shanks 算法的改进在时间 $O(p^{1/4})$ 内计算 $\#E$ 。给出算法的一个伪码描述。

6.17 椭圆曲线 $E: y^2 = x^3 + 2x + 7$ 定义在 $\mathbb{Z}_{31}$ 上。可以证明 $\#E = 39$ ，$P = (2, 9)$ 是 E 中阶为 39 的点。简化的 ECIES 定义在 E 上，以 $\mathbb{Z}_{31}^*$ 为其明文空间。假如私钥是 $m = 8$ 。

(a)计算 $Q = mP$ 。

(b)解密下述密文串：

$$((18, 1), 21), ((3, 1), 18), ((17, 0), 19), ((28, 0), 8)$$

(c) 假设每个明文代表一个字母，将明文转换为英语单词(这里使用对应：$A \leftrightarrow 1, \cdots, z \leftrightarrow 26$ ，因为 0 不允许在(明文)有序对中出现)。

6.18 (a)确定整数 87 的 NAF 表示。

(b)点 $P = (2, 6)$ 是定义在 $\mathbb{Z}_{127}$ 上的椭圆曲线 $y^2 = x^3 + x + 26$ 的一个点，利用 87 的 NAF 表示，应用算法 6.5 计算 $87P$ 。给出每次运行所得到的部分结果。

6.19 令 $\mathcal{L}_i$ 表示 NAF 表示中恰有 i 个系数，并且首系数是 1 的所有正整数的集合。记 $k_i = |\mathcal{L}_i|$ 。

(a)通过对 $\mathcal{L}_i$ 进行适当的分解，证明 k_i 满足下述递推关系：

$$
\begin{aligned}
k_1 &= 1 \\
k_2 &= 1 \\
k_{i+1} &= 2(k_1 + k_2 + \cdots + k_{i-1}) + 1 \quad (\text{对于 } i \geq 2)
\end{aligned}
$$

(b)导出 k_i 的一个二次递归关系，算出递归关系的一个显式解。

6.20　假定对于 $\beta = 25, 219$ 和 841，$L_2(\beta) = 1$，对于 $\beta = 163, 532, 625$ 和 656，$L_2(\beta) = 0$，利用算法 6.6 计算 $\mathbb{Z}_{1103}$ 中的 $\log_5 896$。

6.21　本习题中，假设 $p \equiv 5 \pmod 8$ 是素数，a 是模 p 的一个二次剩余。

　　(a) 证明 $a^{(p-1)/4} \equiv \pm 1 \pmod p$。

　　(b) 如果 $a^{(p-1)/4} \equiv 1 \pmod p$，证明 $a^{(p+3)/8} \bmod p$ 是 a 模 p 的一个平方根。

　　(c) 如果 $a^{(p-1)/4} \equiv -1 \pmod p$，证明 $2^{-1}(4a)^{(p+3)/8} \bmod p$ 是 a 模 p 的一个平方根。

　　提示：利用事实：$p \equiv 5 \pmod 8$ 是素数时，$\left(\dfrac{2}{p}\right) = -1$。

　　(d) 给定本原元 $\alpha \in \mathbb{Z}_p^*$，对任意的 $\beta \in \mathbb{Z}_p^*$，证明 $L_2(\beta)$ 可以有效的计算。

　　提示：利用事实：模 p 的平方根是可以计算的，以及当 $p \equiv 5 \pmod 8$ 是素数时，对于所有的 $\beta \in \mathbb{Z}_p^*$，有 $L_1(\beta) = L_1(p - \beta)$。

6.22　ElGamal 密码体制可以在有限乘法群 $(G, \cdot)$ 的任何子群 $\langle \alpha \rangle$ 中实现，方法如下：设 $\beta \in \langle \alpha \rangle$，定义 (α, β) 是公钥。明文空间是 $\mathcal{P} = \langle \alpha \rangle$，加密运算为 $e_K(x) = (y_1, y_2) = (\alpha^k, x \cdot \beta^k)$，其中 k 是随机数。

　　我们要证明区分两个明文的 ElGamal 加密可以图灵归约到 Decision Diffie-Hellman，反之亦然。

　　(a) 设 Oracleddh 是一个解 $(G, \cdot)$ 中 Decision Diffie-Hellman 的谕示器。证明 Oracleddh 可以被用作区分两个给定明文 x_1 和 x_2 的 ElGamal 加密的算法的一个子程序 (即给定 $x_1, x_2 \in \mathcal{P}$，一个密文 (y_1, y_2)，它是某个 $x_i (i \in \{1, 2\})$ 的加密，区分算法能够确定到底 $i = 1$ 还是 $i = 2$)。

　　(b) 对于任意的如上所述的实现于 $(G, \cdot)$ 中的 ElGamal 密码体制，假设 Oracle-Distinguish 是能够区分它对任意给定的明文 x_1 和 x_2 加密的谕示器。再假设 Oracle-Distinguish 可以确定 (y_1, y_2) 是否是 x_1 和 x_2 的一个有效的加密。证明 Oracle-Distinguish 可以用做求解 $(G, \cdot)$ 中 Decision Diffie-Hellman 算法的一个子程序。

第7章 签 名 方 案

7.1 引言

这一章，我们将研究签名方案，签名方案也称为数字签名。一个附加在文件上的传统手写签名用来确定需要对该文件负责的某个人。日常生活中需要使用签名，例如写信、从银行取钱以及签署合同，等等。

签名方案是一种给以电子形式存储的消息签名的方法。正因为如此，签名之后的消息能通过计算机网络传输。这一章，我们将研究一些签名方案，但是首先我们讨论传统签名与数字签名的一些基本差异。

首先是签署文件的问题。在传统签名模式中，手写签名是所签署文件的物理部分。然而，数字签名没有物理地附加在所签文件上，因此签名算法必须以某种形式将签名"绑"到所签文件上。

第二个是签名验证的问题。一个传统的签名通过比较其他已认证的签名来验证当前签名的真伪。例如，当某人在使用信用卡购物时签名，售货员需要对销售单上的签名与信用卡背面的签名比较以便验证该人的签名。当然，这不是很安全的方法，因为要伪造一个人的签名还是相对容易的。数字签名却能通过一个公开的验证算法对它进行确认。这样，"任何人"都能验证一个数字签名。安全数字签名方案的使用能阻止伪造签名的可能性。

手写签名与数字签名的另一个基本差异是数字签名文件的"副本"与原签名文件相同，而一个副本的手写签名的纸质文件通常能与原来的签名文件区分开来。这一特征意味着我们必须采取措施防止一个数字签名消息被重复使用。例如，如果 Alice 使用数字签名签署一则消息来授权 Bob 从她的银行账户上取 100 美元(即支票)，她仅仅让 Bob 取一次。因此，签名文件本身应该包含诸如日期在内的信息以防止该签名被重复使用。

一个签名方案由两部分组成：签名算法和验证算法。Alice 能够使用一个(私有的)依赖于私钥 K 的签名算法 sig_K 来对消息 x 签名，签名结果 $\text{sig}_K(x)$ 随后能使用一个公开的验证算法 ver_K 来验证。给定一个对 (x,y)，验证算法根据签名是否有效而返回该签名为"真"或"假"的答案。

下面对签名方案做一个正式的定义。

定义 7.1 一个签名方案是一个满足下列条件的 5 元组 $(\mathcal{P}, \mathcal{A}, \mathcal{K}, \mathcal{S}, \mathcal{V})$：

1. $\mathcal{P}$ 是由所有可能的消息组成的一个有限集合。
2. $\mathcal{A}$ 是由所有可能的签名组成的一个有限集合。
3. $\mathcal{K}$ 为密钥空间，它是由所有可能的密钥组成的一个有限集合。
4. 对每一个 $K \in \mathcal{K}$，有一个签名算法 $\text{sig}_K \in \mathcal{S}$ 和一个相应的验证算法 $\text{ver}_K \in \mathcal{V}$。对每一个消息 $x \in \mathcal{P}$ 和每一个签名 $y \in \mathcal{A}$，每个 $\text{sig}_K : \mathcal{P} \to \mathcal{A}$ 和 $\text{ver}_K : \mathcal{P} \times \mathcal{A} \to \{\text{true}, \text{false}\}$ 都是满足下列条件的函数：

$$\text{ver}_K(x, y) = \begin{cases} \text{true} & y = \text{sig}_K(x) \\ \text{false} & y \neq \text{sig}_K(x) \end{cases}$$

由 $x \in \mathcal{P}$ 和 $y \in \mathcal{A}$ 组成的对 (x, y) 称为签名消息。

对每一个 $K \in \mathcal{K}$，sig_K 和 ver_K 应该都是多项式时间函数。ver_K 是一个公开函数，而 sig_K 是保密的。给定一个消息 x，除了 Alice 之外，任何人计算使得 $\text{ver}_K(x, y) = \text{true}$ 的签名 y 应该是计算上不可行的(注意，对给定的 x，可能存在不止一个这样的 y，这要看函数 ver_K 是如何定义的)。如果 Oscar 能够计算出使得 $\text{ver}_K(x, y) = \text{true}$ 的数据对 (x, y)，而 x 没有事先被 Alice 签名，则签名 y 称为伪造签名。非正式地，一个伪造的签名是由 Alice 之外的其他人产生的一个有效数字签名。

作为签名方案的第一个例子，我们观察到 RSA 密码体制可用来提供数字签名。在这个意义下，我们将它称为 RSA 签名方案，参见密码体制 7.1。

密码体制 7.1 RSA 签名方案

设 $n = pq$，其中 p 和 q 是素数。设 $\mathcal{P} = \mathcal{A} = \mathbb{Z}_n$，并定义

$$\mathcal{K} = \{(n, p, q, a, b) : n = pq, \ p, q \ \text{是素数}, \ ab \equiv 1 (\text{mod} \, \phi(n))\}$$

值 n 和 b 为公钥，值 p，q 和 a 为私钥。对 $K = (n, p, q, a, b)$，定义 $\text{sig}_K(x) = x^a \, \text{mod} \, n$，以及 $\text{ver}_K(x, y) = \text{true} \Leftrightarrow x \equiv y^b (\text{mod} \, n)$，其中 $x, y \in \mathbb{Z}_n$。

因此，Alice 使用 RSA 解密规则 d_K 为消息 x 签名。因为 $d_K = \text{sig}_K$ 是保密的，所以 Alice 是能够产生这一签名的唯一的人。验证算法使用 RSA 加密规则 e_K。任何人都能验证签名，因为 e_K 是公开的。

注意，通过选择任意的 y 和计算 $x = e_K(y)$，任何人都能伪造 Alice 的 RSA 签名，因为 $y = \text{sig}_K(x)$ 是关于消息 x 的一个有效签名(然而，首先选择 x，然后计算相应的签名 y 似乎没有一种显而易见的方法；如果能这样做，那么 RSA 密码体制将是不安全的)。阻止这种攻击的一种方法是让消息包含足够的冗余，使得用这种方法获得的伪造签名对应一个有"意义"的消息 x 的概率非常小。另外，Hash 函数与数字签名结合使用能阻止这种伪造(密码 Hash 函数已在第 4 章做了讨论)。我们将在下一节对这种方法做进一步的讨论。

最后，让我们简要地看看签名与公钥加密是如何结合的。假定 Alice 希望发送一个签名的加密消息给 Bob。给定明文 x，Alice 将计算她的签名 $y = \text{sig}_{\text{Alice}}(x)$，然后使用 Bob 的公开加密函数 e_{Bob} 加密 x 和 y，获得 $z = e_{\text{Bob}}(x, y)$。密文 z 将被传送至 Bob。当 Bob 接收到 z 后，他首先使用解密函数 d_{Bob} 获得 (x, y)，然后使用 Alice 的公开验证函数来验证 $\text{ver}_{\text{Alice}}(x, y) = \text{true}$。

如果 Alice 首先加密 x，然后对加密结果签名会怎样呢？那么她将计算

$$z = e_{\text{Bob}}(x) \ \text{和} \ y = \text{sig}_{\text{Alice}}(z)$$

Alice 将把 (z, y) 发送给 Bob，Bob 解密 z，获得 x，然后用 $\text{ver}_{\text{Alice}}$ 来验证对 z 的签名 y。这种方法存在一个潜在的问题是，如果 Oscar 获得 (z, y) 对，他能够用他自己的签名

$$y' = \text{sig}_{\text{Oscar}}(z)$$

来替换 Alice 的签名(注意, Oscar 即使在不知道明文 x 的情况下也能对密文 $z = e_{\text{Bob}}(x)$ 签名)。然后, 如果 Oscar 将 (z, y') 发送给 Bob, Bob 将用 $\text{ver}_{\text{Oscar}}$ 来验证 Oscar 的签名, Bob 可能由此推断明文 x 来自 Oscar。因为这种潜在的危险, 大多数人建议先签名后加密。

　　本章余下部分是这样组织的。7.2 节介绍签名方案的安全性的概念, 以及 Hash 函数如何与签名方案结合使用。7.3 节介绍 ElGamal 签名方案并讨论其安全性。7.4 节介绍从 ElGamal 签名方案派生的三个重要的签名方案, 它们是 Schnorr 签名方案、数字签名算法和椭圆曲线数字签名算法。可证明安全签名方案在 7.5 节讨论。最后, 在 7.6 节和 7.7 节, 我们考虑一些具有附加特性的签名方案。

7.2　签名方案的安全性需求

　　这一节, 我们对什么是安全的签名方案加以讨论。如同密码体制一样, 我们需要确定一个攻击模型, 攻击者的目标以及方案所提供的安全性类型。

　　从 1.2 节可知, 攻击模型定义了攻击者可获得的信息。对签名方案来讲, 经常考虑下面类型的攻击模型:

唯密钥攻击(key-only attack)

Oscar 拥有 Alice 的公钥, 即验证函数 ver_K。

已知消息攻击(known message attack)

Oscar 拥有一系列以前由 Alice 签名的消息, 例如 $(x_1, y_1), (x_2, y_2), \cdots$, 其中 x_i 是消息而 y_i 是 Alice 对这些消息的签名(因此 $y_i = \text{sig}_K(x_i)$, $i = 1, 2, \cdots$)。

选择消息攻击(chosen message attack)

Oscar 请求 Alice 对一个消息列表签名。因此, 他选择消息 $x_1, x_2, \cdots$, 并且 Alice 提供对这些消息的签名, 它们分别是 $y_i = \text{sig}_K(x_i)$, $i = 1, 2, \cdots$。

我们考虑攻击者可能的几种目标。

完全破译(total break)

攻击者能够确定 Alice 的私钥, 即签名函数 sig_K。因此, 他能够对任何消息产生有效的签名。

选择性伪造(selective forgery)

攻击者能以某一不可忽略的概率对另外某个人选择的消息产生一个有效的签名。换句话说, 如果给攻击者一个消息 x, 那么他能(以某种概率)决定签名 y, 使得 $\text{ver}_K(x, y) = \text{true}$。该消息 x 不是 Alice 曾经签名过的消息。

存在性伪造（existential forgery）

攻击者至少能够为一则消息产生一个有效的签名。换句话说，攻击者能产生一个对 (x, y)，其中 x 是消息而 $\text{ver}_K(x, y) = \text{true}$。该消息 x 不是 Alice 曾经签名过的消息。

一个签名方案不可能是无条件安全的，因为对一个给定的消息 x，Oscar 使用公开算法 ver_K 可以测试所有可能的签名 $y \in \mathcal{A}$，直到他发现一个有效的签名。因此，给定足够的时间，Oscar 总能对任何消息伪造 Alice 的签名。这样，如同公钥密码体制一样，我们的目标是找到计算上或可证明安全的签名方案。

注意上面的定义与我们在 4.4 节中考虑的关于 MAC 的攻击有点类似。在 MAC 中，不存在像公钥这样的东西；因此谈唯密钥攻击也就没有意义（当然，一个 MAC 没有可以分开的签名和验证函数）。4.4 节中的攻击是使用选择消息攻击的存在性伪造。

我们用一些基于 RSA 签名方案的例子来解释上面所描述的概念。在 7.1 节我们看到，通过选择一个签名 y 并计算 x 使得 $\text{ver}_K(x, y) = \text{true}$，Oscar 能构造一个有效的签名。这就是使用唯密钥攻击的存在性伪造。

对 RSA 签名方案的另一种攻击是基于它的乘法特性。假设 $y_1 = \text{sig}_K(x_1)$ 和 $y_2 = \text{sig}_K(x_2)$ 是任意两个由 Alice 以前签名的消息，那么

$$\text{ver}_K(x_1 x_2 \bmod n, y_1 y_2 \bmod n) = \text{true}$$

因此 Oscar 能对消息 $x_1 x_2 \bmod n$ 产生有效的签名 $y_1 y_2 \bmod n$。这是使用已知消息攻击进行存在性伪造的一个例子。

还有另外一种变形。假定 Oscar 要对消息 x 伪造一个签名，其中 x 可能被另外的人选择。对 Oscar 来说很容易找到 $x_1, x_2 \in \mathbb{Z}_n$ 使 $x \equiv x_1 x_2 \pmod{n}$。现在假设他请求 Alice 为 x_1 和 x_2 签名，签名结果分别是 y_1 和 y_2。然后，像前面的攻击一样，$y_1 y_2 \bmod n$ 是消息 $x = x_1 x_2 \bmod n$ 的签名。这是一种使用选择消息攻击的选择性伪造。

7.2.1　签名和 Hash 函数

签名方案几乎总是和一种非常快的公开密码 Hash 函数结合使用。Hash 函数 $h: \{0, 1\}^* \rightarrow \mathcal{Z}$ 以任意长度的消息为输入，将返回一特定长度的消息摘要（160 比特是一种流行的选择）。产生的消息摘要用签名方案 $(\mathcal{P}, \mathcal{A}, \mathcal{K}, \mathcal{S}, \mathcal{V})$ 签名，其中 $\mathcal{Z} \subseteq \mathcal{P}$。Hash 函数和签名方案的使用如图 7.1 所示。

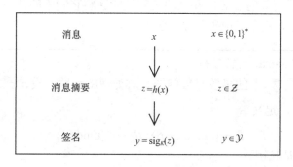

消息	x	$x \in \{0, 1\}^*$
消息摘要	$z = h(x)$	$z \in \mathcal{Z}$
签名	$y = \text{sig}_K(z)$	$y \in \mathcal{Y}$

图 7.1　签名一个消息摘要

假设 Alice 要对消息 x 签名，这是一个任意长度的比特串。她首先生成消息摘要 $z = h(x)$，然后计算 z 的签名，即 $y = \text{sig}_K(z)$。然后她将有序对 (x, y) 在信道上传输。验证者首先通过公开 Hash 函数 h 重构消息摘要 $z = h(x)$，然后检查 $\text{ver}_K(z, y) = \text{true}$。

必须认识到Hash函数 h 的使用并没有削弱签名方案的安全性，因为签名的是消息摘要而非消息本身。有必要使 h 满足一定的属性以便阻止各种各样的攻击。Hash函数需要具备的属性已经在 4.2 节中做过讨论。

最显然的攻击类型是 Oscar 从一个有效的签名消息 (x, y) 开始，其中 $y = \text{sig}_K(h(x))$（有序对 (x, y) 可以是由 Alice 以前签名的任何信息）。然后他计算 $z = h(x)$ 并企图找到 $x' \neq x$ 使得 $h(x') = h(x)$。如果 Oscar 能做到这一点，(x', y) 将成为一个有效的签名消息；因此 y 是消息 x' 的伪造签名。这是一种使用已知消息攻击的存在性伪造。为了阻止这种攻击，要求 h 是二次原像稳固的 (second preimage resistant)。

另外一种可能的攻击如下：Oscar首先找到两条消息 $x' \neq x$ 使得 $h(x') = h(x)$，然后他将消息 x 发送给 Alice，并让 Alice 对消息摘要 $h(x)$ 签名获得 y。那么 (x', y) 是有效的签名消息，而 y 是消息 x' 的伪造签名。这是一种利用选择消息攻击的存在性伪造；如果 h 是碰撞稳固的，这种攻击就可以避免。

下面是第三种攻击。对一个随机的消息摘要 z 伪造签名对某些签名方案来讲是可能的（我们已经在 RSA 签名方案中看到了这种情况）。也就是，假定签名方案（没有 Hash 函数）受到使用唯密钥攻击的存在性伪造。现在，假定Oscar要计算某个消息摘要 z 的签名，然后他找到一个消息 x 使得 $z = h(x)$。如果他能做到这一点，那么 (x, y) 是有效的签名消息而 y 是 x 的伪造签名。这种伪造是该签名方案受到使用唯密钥攻击的存在性伪造。为了阻止这种攻击，要求 Hash 函数 h 是原像稳固的。

7.3　ElGamal 签名方案

这一节，我们介绍 1985 年发表的一篇论文提出的 ElGamal 签名方案，该方案的变形已被美国国家标准技术研究所采纳为数字签名算法(DSA)。DSA 同时吸收了被称为 Schnorr 签名方案的一些设计思想。与RSA密码体制既可用于加密又可用于签名不一样，这些方案都是为签名的目的而专门设计的。

ElGamal 签名方案是非确定性的（ElGamal 公钥密码体制也是非确定性的）。这意味着对任何给定的消息有许多有效的签名，并且验证算法能够将它们中的任何一个作为真实的签名而接受。ElGamal 签名方案参见密码体制 7.2。

密码体制 7.2　ElGamal 签名方案

设 p 是一个使得在 $\mathbb{Z}_p$ 上的离散对数问题是难处理的素数，设 $\alpha \in \mathbb{Z}_p^*$ 是一个本原元。设 $\mathcal{P} = \mathbb{Z}_p^*, \mathcal{A} = \mathbb{Z}_p^* \times \mathbb{Z}_{p-1}$，定义

$$\mathcal{K} = \{(p, \alpha, a, \beta) : \beta \equiv \alpha^a \pmod{p}\}$$

值 p, α, β 是公钥，a 是私钥。

对 $K = (p, \alpha, a, \beta)$ 和一个（秘密的）随机数 $k \in \mathbb{Z}_{p-1}^*$，定义

$$\text{sig}_K(x, k) = (\gamma, \delta)$$

其中

$$\gamma = \alpha^k \bmod p, \quad \delta = (x - a\gamma)k^{-1} \bmod(p-1)$$

对 $x, \gamma \in \mathbb{Z}_p^*$ 和 $\delta \in \mathbb{Z}_{p-1}$，定义

$$\text{ver}_K(x, (\gamma, \delta)) = \text{true} \Leftrightarrow \beta^\gamma \gamma^\delta \equiv \alpha^x (\bmod p)$$

如果签名被正确地构造出来，那么验证将会成功，因为

$$\beta^\gamma \gamma^\delta \equiv \alpha^{a\gamma} \alpha^{k\delta} (\bmod p) \equiv \alpha^x (\bmod p)$$

这里我们使用了事实

$$a\gamma + k\delta \equiv x (\bmod p-1)$$

实际上，从验证公式出发导出签名公式可能更清楚。假设我们从下面的等式开始

$$\alpha^x \equiv \beta^\gamma \gamma^\delta (\bmod p) \tag{7.1}$$

然后在式 (7.1) 中用

$$\gamma \equiv \alpha^k (\bmod p)$$

和

$$\beta \equiv \alpha^a (\bmod p)$$

进行代替，而保留式中的指数 γ，可得到

$$\alpha^x \equiv \alpha^{a\gamma + k\delta} (\bmod p)$$

现在，α 是模 p 的本原元，因此，当且仅当指数是一个模 $p-1$ 的等式，即

$$x \equiv a\gamma + k\delta (\bmod p-1)$$

时，上式成立。给定 x, a, γ 和 k，利用这个等式能够求解 δ，得出密码体制 7.2 中签名函数的公式。

Alice 使用私钥 a 和秘密随机数 k（k 用于签名一则消息 x）计算签名。仅仅利用公开的信息就能验证该签名。

让我们用一个小例子来解释该算法。

例 7.1 假定选取 $p = 467, \alpha = 2, a = 127$；那么

$$\beta = \alpha^a \bmod p = 2^{127} \bmod 467 = 132$$

若 Alice 要对消息 $x = 100$ 签名，她选取随机数 $k = 213$（注意 $\gcd(213, 466) = 1$ 且 $213^{-1} \bmod 466 = 431$）。那么

$$\gamma = 2^{213} \bmod 467 = 29$$

并且

$$\delta = (100 - 127 \times 29) 431 \bmod 466 = 51$$

任何人通过计算

$$132^{29} \times 29^{51} \equiv 189 (\bmod 467)$$

和

$$2^{100} \equiv 189 (\bmod\, 467)$$

来验证这个签名。因此，该签名是有效的。

7.3.1　ElGamal 签名方案的安全性

让我们来看看 ElGamal 签名方案的安全性。假定 Oscar 在不知道 a 的情况下想对给定的消息 x 伪造签名。如果 Oscar 选择一个值 γ，然后试图找出相应的 δ，那么他必须计算离散对数 $\log_\gamma \alpha^x \beta^{-\gamma}$。另一方面，如果他首先选择 δ，然后试图找到 γ，那么他必须"求解"等式

$$\beta^\gamma \gamma^\delta \equiv \alpha^x (\bmod\, p)$$

以便获得这个"未知"的 γ，这是一个还没有已知的可行的办法来求解的问题。然而，它与像离散对数问题这样研究的比较透彻的问题似乎没有关系。也许仍然存在某种方法可同时计算 γ 和 δ，使 (γ, δ) 是一个签名。但是，没有人发现求解这个问题的方法，也没有人能够证明不能求解这个问题。

如果 Oscar 先选择 γ 和 δ，然后去解 x，那么他又一次面临着求解离散对数问题的一个实例，也就是计算 $\log_\alpha \beta^\gamma \gamma^\delta$。因此，Oscar 不能使用这种方法对给定的消息 x 签名。

然而，通过同时选择 γ，δ 和 x，存在一种方法使 Oscar 能对任意的消息签名。因此，在唯密钥攻击的情况下进行存在性伪造还是可能的(假定没有使用Hash函数)。我们将对此做具体描述。

设 i 和 j 是满足 $0 \leqslant i \leqslant p-2, 0 \leqslant j \leqslant p-2$ 的整数，假设 γ 的表达式为 $\gamma = \alpha^i \beta^j \bmod p$。那么验证条件是

$$\alpha^x \equiv \beta^\gamma (\alpha^i \beta^j)^\delta (\bmod\, p)$$

等价于

$$\alpha^{x-i\delta} \equiv \beta^{\gamma+j\delta} (\bmod\, p)$$

如果

$$x - i\delta \equiv 0 (\bmod\, p-1)$$

且

$$\gamma + j\delta \equiv 0 (\bmod\, p-1)$$

则上式成立。给定 i 和 j，在 $\gcd(j, p-1) = 1$ 的条件下，很容易能够利用这两个模 $p-1$ 的等式求出 δ 和 x。可得到如下的等式：

$$\gamma = \alpha^i \beta^j \bmod p$$
$$\delta = -\gamma j^{-1} \bmod (p-1)$$
$$x = -\gamma i j^{-1} \bmod (p-1)$$

很显然，按照这种方法构造出来的 (γ, δ) 是消息 x 的有效签名。

我们用一个例子加以解释。

例 7.2　在前面的例子中，设 $p = 467, \alpha = 2, \beta = 132$。假定Oscar选择 $i = 99, j = 179$；则 $j^{-1} \bmod (p-1) = 151$，他能求出：

$$\gamma = 2^{99}132^{179} \bmod 467 = 117$$

$$\delta = -117 \times 151 \bmod 466 = 41$$

$$x = 99 \times 41 \bmod 466 = 331$$

那么 $(117, 41)$ 是消息 331 的有效签名, 这可从下面的式子得到验证:

$$132^{117} \times 117^{41} \equiv 303 \pmod{467}$$

$$2^{331} = 303 \pmod{467}$$

下面介绍第二种伪造类型, 采取这种伪造时, Oscar 从 Alice 已签名的消息开始。它属于已知消息攻击的存在性伪造。假定 (γ, δ) 是消息 x 的有效签名, 那么 Oscar 可利用它给其他消息签名。设 h, i 和 j 是整数, $0 \leqslant h, i, j \leqslant p-2$, 且 $\gcd(h\gamma - j\delta, p-1) = 1$。计算

$$\lambda = \gamma^h \alpha^i \beta^j \bmod p$$

$$\mu = \delta\lambda(h\gamma - j\delta)^{-1} \bmod(p-1)$$

$$x' = \lambda(hx + i\delta)(h\gamma - j\delta)^{-1} \bmod(p-1)$$

那么, 验证条件

$$\beta^\lambda \lambda^\mu \equiv \alpha^{x'} \pmod{p}$$

显然成立。因此, (λ, μ) 是 x' 的有效签名。

这两种方法都是存在性伪造, 但它们似乎还不能被修改成选择性伪造。因此, 在使用如 7.2.1 节所描述的安全 Hash 函数的情况下, 这两种方法似乎对 ElGamal 签名方案的安全性不构成威胁。

在 ElGamal 签名方案使用不当的情况下 (它们是协议失败进一步的例子, 其中一些在第 5 章中讨论过), 我们也能提出攻击它的一些方法。首先, 在计算签名时所使用的随机值 k 不能泄露。如果 k 被泄露出去且 $\gcd(\gamma, p-1) = 1$, 则计算

$$a = (x - k\delta)\gamma^{-1} \bmod(p-1)$$

将是很容易的事情。一旦 a 被泄露, 那么系统就完全被破坏, Oscar 可以随意地伪造签名。

系统的另外一个误用是对两个不同的消息签名时使用相同的 k 值。这将使 Oscar 计算 a 变得容易, 因而攻破系统。具体做法如下。设 (γ, δ_1) 是消息 x_1 的签名, (γ, δ_2) 是消息 x_2 的签名, 那么我们有

$$\beta^\gamma \gamma^{\delta_1} \equiv \alpha^{x_1} \pmod{p}$$

和

$$\beta^\gamma \gamma^{\delta_2} \equiv \alpha^{x_2} \pmod{p}$$

因此

$$\alpha^{x_1 - x_2} \equiv \gamma^{\delta_1 - \delta_2} \pmod{p}$$

令 $\gamma = \alpha^k$, 对未知的 k 我们获得如下的等式:

$$\alpha^{x_1 - x_2} \equiv \alpha^{k(\delta_1 - \delta_2)} \pmod{p}$$

该方程等价于:

$$x_1 - x_2 \equiv k(\delta_1 - \delta_2) \pmod{p-1}$$

设 $d = \gcd(\delta_1 - \delta_2, p-1)$。因为 $d \mid (p-1)$ 和 $d \mid (\delta_1 - \delta_2)$, 所以有 $d \mid (x_1 - x_2)$。定义

$$x' = \frac{(x_1 - x_2)}{d}$$

$$\delta' = \frac{(\delta_1 - \delta_2)}{d}$$

$$p' = \frac{p-1}{d}$$

那么等式变为:

$$x' \equiv k\delta' (\bmod p')$$

因为 $\gcd(\delta', p') = 1$,我们可以计算出

$$\epsilon = (\delta')^{-1} \bmod p'$$

那么由模 p' 决定的 k 值为

$$k = x'\epsilon \bmod p'$$

这就产生了 d 个候选的 k 值:

$$k = x'\epsilon + ip' \bmod(p-1)$$

其中 $0 \leqslant i \leqslant d-1$。对于 d 个候选的 k 值,可通过等式 $\gamma \equiv \alpha^k (\bmod p)$ 检测出其中(唯一)正确的那一个。

7.4 ElGamal 签名方案的变形

在许多情况下,一则消息可能仅仅被加密或解密一次,因此,使用当时被认为是安全的密码体制来加密消息是能够满足需求的。另一方面,一则被签名的消息可能是合同或遗嘱这样的起法律效应的文档;因此,它有可能在消息被签名多年之后仍需验证。因此,相对于密码体制而言,在签名方案的安全性方面采取更多的措施是很重要的。因为 ElGamal 签名方案不比离散对数问题更安全,这就要求使用一个大的模 p。为了满足当前的安全性需求,大多数人认为 p 的长度至少需要 1024 比特,对可预见的将来甚至更大(这在 6.6 节中已经提及)。

一个 1024 比特的模导致 ElGamal 签名有 2048 比特。对其中许多包括智能卡使用的潜在应用而言,需要的是短的签名。在 1989 年,Schnorr 提出了一种可看做是 ElGamal 签名方案的变形的一种签名方案,其签名的长度被大大缩短了。数字签名算法(DSA)是 ElGamal 签名方案的另一种变形,它吸收了 Schnorr 签名方案的一些设计思想。DSA 于 1994 年 5 月 19 日发表在 Federal Register 上,1994 年 12 月 1 日采纳为标准(然而,它是在 1991 年 8 月就被提出来了)。我们将在下面的小节中描述 Schnorr 签名方案、DSA 以及应用于椭圆曲线的 DSA 的变形(称为 ECDSA)。

7.4.1 Schnorr 签名方案

设 p 和 q 是满足 $p-1 \equiv 0 (\bmod q)$ 的两个素数,一般取 $p \approx 2^{1024}$,$q \approx 2^{160}$。Schnorr 签名方案对 ElGamal 签名方案以独特的方式进行了修改,使得长度为 lb q 比特的消息摘要有长度为 2lb q 比特的签名,但是计算是在 $\mathbb{Z}_p$ 上进行的。它是通过工作在 $\mathbb{Z}_p^*$ 中的 q 元子群来实现的。

该方案的安全性是基于这样的思想：在特定的 $\mathbb{Z}_p^*$ 子群上求解离散对数是困难的（这种情形的离散对数问题在 6.6 节已经讨论过）。

我们取 α 是 1 模 p 的 q 次根（这样的 α 容易构造：设 α_0 是 $\mathbb{Z}_p$ 上的本原元，定义 $\alpha = \alpha_0^{(p-1)/q} \bmod p$）。Schnorr 签名方案中的密钥的其他方面与 ElGamal 签名方案中类似。然而，Schnorr 签名方案将 Hash 函数直接集成到了签名算法当中（与 7.2.1 节中讨论的先 Hash 后签名的方法不同）。我们假定 $h:\{0,1\}^* \to \mathbb{Z}_q$ 是一个安全 Hash 函数。密码体制 7.3 是 Schnorr 签名方案的完整描述。

密码体制 7.3 Schnorr 签名方案

设 p 是使得 $\mathbb{Z}_p^*$ 上离散对数问题难处理的一个素数，q 是能被 $p-1$ 整除的素数。设 $\alpha \in \mathbb{Z}_p^*$ 是 1 模 p 的 q 次根，$\mathcal{P} = \{0,1\}^*$，$\mathcal{A} = \mathbb{Z}_q \times \mathbb{Z}_q$，并定义

$$\mathcal{K} = \{(p,q,\alpha,a,\beta) : \beta \equiv \alpha^a \pmod p\}$$

其中 $0 \leqslant a \leqslant q-1$，值 p，q，α 和 β 是公钥，a 为私钥。最后，设 $h:\{0,1\}^* \to \mathbb{Z}_q$ 是一个安全 Hash 函数。

对于 $K = (p,q,\alpha,a,\beta)$ 和一个（秘密的）随机数 k，$1 \leqslant k \leqslant q-1$，定义

$$\mathrm{sig}_K(x,k) = (\gamma, \delta)$$

其中 $\gamma = h(x \| \alpha^k \bmod p)$ 且 $\delta = k + a\gamma \bmod q$。

对于 $x \in \{0,1\}^*$ 和 $\gamma, \delta \in \mathbb{Z}_q$，验证是通过下面的计算完成的：

$$\mathrm{ver}_K(x,(\gamma,\delta)) = \text{true} \Leftrightarrow h(x \| \alpha^\delta \beta^{-\gamma} \bmod p) = \gamma$$

容易检验 $\alpha^\delta \beta^{-\gamma} \equiv \alpha^k \pmod p$，因此也就验证了 Schnorr 签名。下面用一个小例子加以说明。

例 7.3 假设取 $q = 101$，$p = 78q + 1 = 7879$。3 是 $\mathbb{Z}_{7879}^*$ 中的一个本原元，因此取

$$\alpha = 3^{78} \bmod 7879 = 170$$

α 是 1 模 p 的 q 次根。假设 $a = 75$；那么

$$\beta = \alpha^a \bmod 7879 = 4567$$

现在，假定 Alice 要对消息 x 签名，她选择随机值 $k = 50$，并首先计算

$$\alpha^k \bmod p = 170^{50} \bmod 7879 = 2518$$

下一步计算 $h(x \| 2518)$，其中 h 是给定的 Hash 函数，2518 以二进制（作为比特串）的形式表示。为了便于解释假设 $h(x \| 2518) = 96$，那么 δ 的计算结果为

$$\delta = 50 + 75 \times 96 \bmod 101 = 79$$

因此，签名为 $(96, 79)$。

通过计算

$$170^{79} \times 4567^{-96} \bmod 7879 = 2518$$

并检查 $h(x \| 2518) = 96$，该签名即可得到验证。

7.4.2 数字签名算法(DSA)

我们将描述 DSA 规范中对 ElGamal 签名方案验证函数所做的修改。像 Schnorr 签名方案一样，DSA 使用了 $\mathbb{Z}_p^*$ 的一个 q 阶子群。在 DSA 中，要求 q 是长为 160 比特的素数，p 是长 L 比特的素数，其中 $L \equiv 0(\bmod 64)$ 且 $512 \leqslant L \leqslant 1024$。DSA 中的密钥与 Schnorr 签名方案中的密钥具有相同的形式。DSA 同时还规定了在消息被签名之前，要用 SHA-1 算法将消息压缩。结果是 160 比特的消息摘要有 320 比特的签名，并且计算是在 $\mathbb{Z}_p$ 和 $\mathbb{Z}_q$ 上进行的。

在 ElGamal 签名方案中，假设我们在 δ 的定义中将 "$-$" 改变成 "$+$"，即

$$\delta = (x + a\gamma)k^{-1} \bmod(p-1)$$

容易看出验证条件变成了如下的形式：

$$\alpha^x \beta^\gamma \equiv \gamma^\delta (\bmod p) \tag{7.2}$$

现在 α 的阶为 q，β 和 γ 是 α 的幂次方，因此，它们的阶也为 q。这意味着式(7.2)中所有的指数模 q 减小而不影响同余式的有效性。因为在 DSA 中 x 将被 160 比特的消息摘要所替代，我们假定 $x \in \mathbb{Z}_q$。进一步，为了使 $\delta \in \mathbb{Z}_q$，对 δ 的定义改变如下：

$$\delta = (x + a\gamma)k^{-1} \bmod q$$

仍然考虑 $\gamma \equiv \alpha^k \bmod p$，若我们临时定义

$$\gamma' = \gamma \bmod q = (\alpha^k \bmod p) \bmod q$$

既然

$$\delta = (x + a\gamma') \ k^{-1} \bmod q$$

因此，δ 不变。我们将验证公式表示为：

$$\alpha^x \beta^{\gamma'} \equiv \gamma^\delta (\bmod p) \tag{7.3}$$

注意，对等式中的其余的 γ 不能用 γ' 来代替。

现在继续重写式(7.3)，将两边同时提升 δ^{-1} 次方并 $\bmod q$（这里要求 $\delta \neq 0$）。我们得到下式：

$$\alpha^{x\delta^{-1}} \beta^{\gamma'\delta^{-1}} \bmod p = \gamma \tag{7.4}$$

现在对式(7.4)两边同时模 q，得到下式：

$$(\alpha^{x\delta^{-1}} \beta^{\gamma'\delta^{-1}} \bmod p) \bmod q = \gamma' \tag{7.5}$$

DSA 的完整描述参见密码体制 7.4，这里我们将 γ' 用 γ 命名，并用 SHA-1(x) 来替换 x。

密码体制 7.4 数字签名算法(DSA)

设 p 是长为 L 比特的素数，在 $\mathbb{Z}_p$ 上其离散对数问题是难处理的，其中 $L \equiv 0(\bmod 64)$ 且 $512 \leqslant L \leqslant 1024$，$q$ 是能被 $p-1$ 整除的 160 比特的素数。设 $\alpha \in \mathbb{Z}_p^*$ 是 1 模 p 的 q 次根。设 $\mathcal{P} = \{0,1\}^*, \mathcal{A} = \mathbb{Z}_q^* \times \mathbb{Z}_q^*$，并定义

$$\mathcal{K} = \{(p, q, \alpha, a, \beta) : \beta \equiv \alpha^a \pmod{p}\}$$

其中 $0 \leqslant a \leqslant q-1$。值 p，q，α 和 β 是公钥，a 为私钥。

对于 $K = (p, q, \alpha, a, \beta)$ 和一个(秘密的)随机数 k，$1 \leqslant k \leqslant q-1$，定义

$$\mathrm{sig}_K(x, k) = (\gamma, \delta)$$

其中

$$\gamma = (\alpha^k \bmod p) \bmod q$$

$$\delta = (\mathrm{SHA\text{-}1}(x) + a\gamma)k^{-1} \bmod q$$

(如果 $\gamma = 0$ 或 $\delta = 0$，应该为 k 另选一个随机数)。

对于 $x \in \{0, 1\}^*$ 和 $\gamma, \delta \in \mathbb{Z}_q^*$，验证是通过下面的计算完成的：

$$e_1 = \mathrm{SHA\text{-}1}(x)\delta^{-1} \bmod q$$

$$e_2 = \gamma\delta^{-1} \bmod q$$

$$\mathrm{ver}_K(x, (\gamma, \delta)) = \mathrm{true} \Leftrightarrow (\alpha^{e_1}\beta^{e_2} \bmod p) \bmod q = \gamma$$

2001 年 10 月，NIST 建议 p 选为 1024 比特的素数(即 L 的唯一允许值为 1024)。这 "既不是标准，也不是指南"，但确实表示了对离散对数问题安全性的一些担心。

注意，如果 Alice 在 DSA 签名算法中计算出 $\delta \equiv 0 \pmod{p}$，她应该放弃该 δ，选择一个新的随机数 k 来构造一个新的签名。我们应该指出实际上不可能出现这种问题：$\delta \equiv 0 \pmod{q}$ 的概率大约是 2^{-160}，不管处于什么样的目的这种情况几乎不会发生。

下面用一个例子(其中 p 和 q 比 DSA 所要求的小得多)来加以说明。

例7.4 假设 p, q, α, a, β 和 k 的取值和例 7.3 相同，假设 Alice 要对消息摘要 $\mathrm{SHA\text{-}1}(x) = 22$ 签名。然后她计算

$$k^{-1} \bmod 101 = 50^{-1} \bmod 101 = 99$$

$$\gamma = (170^{50} \bmod 7879) \bmod 101 = 2518 \bmod 101 = 94$$

且

$$\delta = (22 + 75 \times 94)99 \bmod 101 = 97$$

对消息摘要 22 的签名 $(94, 97)$ 可通过下面的计算加以验证：

$$\delta^{-1} = 97^{-1} \bmod 101 = 25$$

$$e_1 = 22 \times 25 \bmod 101 = 45$$

$$e_2 = 94 \times 25 \bmod 101 = 27$$

$$(170^{45} \times 4567^{27} \bmod 7879) \bmod 101 = 2518 \bmod 101 = 94$$

DSA 在 1991 年被提出来时，就受到了一些批评。一种抱怨是 NIST 没有公开数字签名方案的选择过程。这个标准是由美国国家安全局(NSA)制订的，没有美国工业部门的参与。不管所选择的签名方案具有多少优点，许多人还是抱怨这种 "关门" 的做法。

对 DSA 提出的技术上的批评，最严重的要属最初模 p 的大小固定在 512 比特。许多人建议模的大小应该是不固定的，需要时可使用更大的模。作为答复，NIST 对标准做了修改，允许使用不同大小的模。

7.4.3　椭圆曲线 DSA

在 2000 年，椭圆曲线数字签名算法(ECDSA)作为 FIPS186-2 得到了批准。这个签名方案可视为 DSA 在椭圆曲线情形下的修改。假设我们有两个定义在 $\mathbb{Z}_p$ (p 是一素数)上的椭圆曲线上的点 A 和 B。离散对数 $m = \log_A B$ 是私钥(这个类似于在 DSA 中的关系 $\beta = \alpha^a \bmod p$，a 是私钥)。A 的阶是大素数 q。计算一个签名涉及首先选择一个随机值 k 并计算 kA (这个类似于在 DSA 中计算 α^k)。

现在，我们说明 DSA 和 ECDSA 之间的主要差别。在 DSA 中，值 $\alpha^k \bmod p$ 通过模 q 约化产生签名 (γ, δ) 的第一个分量 γ。在 ECDSA 中，类似的值是 r，r 是通过椭圆曲线上的点 kA 的 x 坐标模 q 约化而产生的。该 r 是签名 (r, s) 的第一个分量。

最后，在 ECDSA 中，值 s 是从 r, m, k 和消息 x 计算出来的，其计算方式与 DSA 中从 γ, a, k 和消息 x 计算 δ 的方式一样。

我们现在在密码体制 7.5 中给出 ECDSA 的完整描述。

密码体制 7.5　椭圆曲线数字签名算法

设 p 是一个大素数，E 是定义在 $\mathbb{F}_p$ 上的椭圆曲线。设 A 是 E 上阶为 q (q 是素数)的一个点，使得在 $\langle A \rangle$ 上的离散对数问题是难处理的。设 $\mathcal{P} = \{0,1\}^*$，$\mathcal{A} = \mathbb{Z}_q^* \times \mathbb{Z}_q^*$，定义

$$\mathcal{K} = \{(p, q, E, A, m, B) : B = mA\}$$

其中 $0 \leq m \leq q-1$。值 p，q，E，A 和 B 是公钥，m 是私钥。

对于 $K = (p, q, E, A, m, B)$ 和一个(秘密的)随机数 k，$1 \leq k \leq q-1$，定义

$$\text{sig}_K(x, k) = (r, s)$$

其中

$$kA = (u, v)$$
$$r = u \bmod q$$

以及

$$s = k^{-1}(\text{SHA-1}(x) + mr) \bmod q$$

(如果 $r = 0$ 或 $s = 0$，应该为 k 另选一个随机数)。

对于 $x \in \{0,1\}^*$ 和 $r, s \in \mathbb{Z}_q^*$，验证是通过下面的计算完成的：

$$w = s^{-1} \bmod q$$
$$i = w\text{SHA-1}(x) \bmod q$$
$$j = wr \bmod q$$
$$(u, v) = iA + jB$$
$$\text{ver}_K(x, (r, s)) = \text{true} \Leftrightarrow u \bmod q = r$$

我们通过一个小例子来说明 ECDSA 中的计算。

例 7.5　我们的例子是基于 6.5.2 节中相同的椭圆曲线，即定义在 $\mathbb{Z}_{11}$ 上的 $y^2 = x^3 + x + 6$。签名方案的参数是 $p = 11, q = 13, A = (2, 7), m = 7$ 以及 $B = (7, 2)$。

假设有消息 x，使得 $\text{SHA-1}(x) = 4$，并且 Alice 要使用随机数 $k = 3$ 为 x 签名。她将计算：

$$(u, v) = 3(2, 7) = (8, 3)$$

$$r = u \bmod 13 = 8$$

$$s = 3^{-1}(4 + 7 \times 8) \bmod 13 = 7$$

因此，$(8, 7)$是对 x 的签名。

Bob 通过完成下面的计算来验证签名：

$$w = 7^{-1} \bmod 13 = 2$$

$$i = 2 \times 4 \bmod 13 = 8$$

$$j = 2 \times 8 \bmod 13 = 3$$

$$(u, v) = 8A + 3B = (8, 3)$$

$$u \bmod 13 = 8 = r$$

因此，签名得到了验证。

7.5 可证明安全的签名方案

在这一节提出一些可证明安全的签名方案的例子。首先，我们描述基于任意单向函数 f（即原像稳固）的一次签名方案的构造。这个方案在 f 是一个双射函数的条件下可证明对唯密钥攻击是安全的。全域Hash是第二种可证明安全的签名方案的构造方法。这种签名方案如果是从陷门单向置换构造出来的，则它在随机谕示模型中是可证明安全的。

7.5.1 一次签名

这一节，我们描述一个从单向函数构造一个可证明安全的一次签名方案的概念上简单的方法（如果一个签名方案仅给一则消息签名时是安全的，则该签名方案是一次签名方案。当然，该签名可进行任意次验证）。该签名方案，又称为 Lamport 签名方案，由密码体制 7.6 给出。

密码体制 7.6 Lamport 签名方案

设 k 是一个正整数且 $\mathcal{P} = \{0, 1\}^k$。假定 $f : Y \to Z$ 是一个单向函数，并且 $\mathcal{A} = Y^k$。设随机选择的 $y_{i,j} \in Y$，$1 \leqslant i \leqslant k$，$j = 0, 1$。设 $z_{i,j} = f(y_{i,j})$，$1 \leqslant i \leqslant k$，$j = 0, 1$。密钥 K 由 $2k$ 个 y 和 $2k$ 个 z 构成。y 是私钥而 z 是公钥。

对于 $K = (y_{i,j}, z_{i,j} : 1 \leqslant i \leqslant k, j = 0, 1)$，定义

$$\mathrm{sig}_K(x_1, \cdots, x_k) = (y_{1, x_1}, \cdots, y_{k, x_k})$$

关于消息 $(x_1, \cdots, x_k)$ 的签名 $(a_1, \cdots, a_k)$ 验证如下：

$$\mathrm{ver}_K((x_1, \cdots, x_k), (a_1, \cdots, a_k)) = \text{true} \Leftrightarrow f(a_i) = z_{i, x_i} \qquad 1 \leqslant i \leqslant k$$

非正式地讲，下面就是该体制的工作流程。要签名的消息是一个二进制 k 元组。消息的每比特都应单独签名。如果消息的第 i 比特等于 j（其中 $j \in \{0, 1\}$），则签名的第 i 个元素是 $y_{i,j}$，它是公钥值 $z_{i,j}$ 的原像。验证就是检查签名的每一个元素对应于消息第 i 比特的公钥元素 $z_{i,j}$ 的原像。这可用公开的函数 f 来完成。

通过考虑使用指数函数 $f(x) = \alpha^x \bmod p$ 这一可能的实现方案来解释该签名模式, 其中 α 是模 p 的本原元, $f:\{0,\cdots,p-2\} \to \mathbb{Z}_q^*$。我们用一个有趣的例子来说明该方案的计算过程。

例 7.6 7879 是一个素数并且 3 是 $\mathbb{Z}_{7879}^*$ 的一个本原元, 定义

$$f(x) = 3^x \bmod 7879$$

假定 $k=3$, Alice 选择六个(秘密的)随机数

$$y_{1,0} = 5831$$
$$y_{1,1} = 735$$
$$y_{2,0} = 803$$
$$y_{2,1} = 2467$$
$$y_{3,0} = 4285$$
$$y_{3,1} = 6449$$

然后 Alice 计算在函数 f 下六个 y 值的像:

$$z_{1,0} = 2009$$
$$z_{1,1} = 3810$$
$$z_{2,0} = 4672$$
$$z_{2,1} = 4721$$
$$z_{3,0} = 268$$
$$z_{3,1} = 5731$$

这些 z 是公开的。现在, 假设 Alice 要对消息

$$x = (1,1,0)$$

签名, x 的签名结果是

$$(y_{1,1}, y_{2,1}, y_{3,0}) = (735, 2467, 4285)$$

为了验证该签名, 只需计算:

$$3^{735} \bmod 7879 = 3810$$
$$3^{2467} \bmod 7879 = 4721$$
$$3^{4285} \bmod 7879 = 268$$

因此, 这个签名得到了验证。

Oscar 不能伪造签名, 因为他不能求单向函数 f 的逆以获得秘密 y。然而, 该签名方案只能安全地给一则消息签名。在已知两则不同消息的签名的情况下, Oscar 可构造出与这两则消息不同的消息的签名是很容易的事情(除非前两则消息仅有一比特不同)。

例如, 假定使用相同的密钥对消息 $(0,1,1)$ 和 $(1,0,1)$ 签名, 消息 $(0,1,1)$ 的签名为 $(y_{1,0}, y_{2,1}, y_{3,1})$,

消息$(1, 0, 1)$的签名为$(y_{1,1}, y_{2,0}, y_{3,1})$。已知这两个签名，Oscar 能对消息$(1, 1, 1)$和$(0, 0, 1)$构造签名[它们分别是$(y_{1,1}, y_{2,1}, y_{3,1})$和$(y_{1,0}, y_{2,0}, y_{3,1})$]。

如果我们假定$f : Y \to Z$是一个双射单向函数，且公钥包括$2k$个属于Z的不同的元素，Lamport 签名方案的安全性是可以证明的。我们考虑唯密钥攻击：这种情况下攻击者只知道公钥。假设攻击者能实现存在性伪造。换句话说，给定公钥，攻击者输出一个消息x和一个有效的签名y（假定f, Y, Z和k是固定的）。

攻击者通过 Lamport-Forge 算法来模型化。为了简单起见，假设 Lamport-Forge 是确定性的：给定任何特定的公钥，它总能输出同样的伪造签名。我们先描述 Lamport-Preimage 算法，对于随机选择的元素$z \in Z$，该算法找出关于函数f的原像。这个算法是一个使用 Lamport-Forge 算法作为谕示器的归约。这种归约的存在性与函数f的单向性矛盾。因此，如果我们相信f是单向的，则可得出唯密钥的存在性伪造是计算上不可行的结论。Lamport-Preimage 如算法 7.1 所示。

算法 7.1 Lamport-Preimage (z)

external f, Lamport-Forge

Comment：我们假定$f : Y \to Z$是双射函数

选择随机值$i_0 \in \{1, \cdots, k\}$和随机值$j_0 \in \{0, 1\}$

构造随机公钥$\mathcal{Z} = (z_{i,j} : 1 \leqslant i \leqslant k, j = 0, 1)$，使得$z_{i_0, j_0} = z$

$((x_1, \cdots, x_k), (a_1, \cdots, a_k)) \leftarrow$ Lamport-Forge$(\mathcal{Z})$

if $x_{i_0} = j_0$

    then return (a_{i_0})

    else return(fail)

让我们考虑算法 7.1 的（平均）成功概率，这个平均概率是在所有的$z \in Z$上计算出来的。假定 Lamport-Forge 总能成功地找到一个伪造签名。如果在伪造签名中$x_{i_0} = j_0$，则等式

$$f(a_{i_0}) = z_{i_0, x_{i_0}} = z_{i_0, j_0} = z$$

成立，就找到了所需的$f^{-1}(z)$。由前面可知，每一个x_i的值为 0 或 1。我们将证明，对算法的所有可能的运行结果做平均，$x_{i_0} = j_0$的概率是 1/2。因此，算法 7.1 的平均成功概率等于 1/2。在下面的定理中我们对此给出证明。

定理 7.1 假设$f : Y \to Z$是一个单向双射函数，并且存在一个确定性算法 Lamport-Forge，对于在Z上的包含$2k$个不同元素的任何公钥$\mathcal{Z}$，它能使用唯密钥攻击为 Lamport 签名方案构建一个存在性伪造签名。那么存在一个算法 Lamport-Preimage，使得至少以 1/2 的概率找到一个随机元素$z \in Z$的原像。

证明 设$\mathcal{S}$表示所有可能的公钥集合，并且对于任意的$z \in Z$，$\mathcal{S}_z$表示包含z的所有可能的公钥集合。令$s = |\mathcal{S}|$，并且对所有的$z \in Z$，令$s_z = |\mathcal{S}_z|$。设$\mathcal{T}_z$包括所有的$\mathcal{Z} \in \mathcal{S}_z$上的公钥，它们使得当$\mathcal{Z}$是由 Lamport-Preimage$(z)$选择的公钥时，Lamport-Preimage$(z)$将成功，令$t_z = |\mathcal{T}_z|$。

我们将利用两个从基本计数技术得出的等式。第一个等式是：

$$\sum_{z \in Z} t_z = ks \tag{7.6}$$

这个等式的意义如下：存在 s 个可能的公钥，对于每一个公钥 $Z \in S$，Lamport-Forge 能在 Z 上找到 k 个元素的逆。另一方面，对所有可能的公钥，由 Lamport-Forge 计算出的逆的总数为 $\sum t_z$。

其次，对任意的 $z \in Z$，下面的等式成立：

$$2ks = s_z |Z| \tag{7.7}$$

这个等式不难证明。s 个可能的公钥中任意一个包含 Z 上的 $2k$ 个元素。然而，很显然每一个元素 $z \in Z$ 在公钥中出现的数目相同，因此 s_z 是(与 z 无关的)一个常量且 $2ks = s_z |Z|$。

设 p_z 表示 Lamport-Preimage(z)成功的概率，很明显 $p_z = \dfrac{t_z}{s_z}$。我们以下面的公式计算 p_z 的平均值 $\bar{p}$：

$$
\begin{aligned}
\bar{p} &= \frac{1}{|Z|} \sum_{z \in Z} p_z = \frac{1}{|Z|} \sum_{z \in Z} \frac{t_z}{s_z} = \frac{1}{s_z |Z|} \sum_{z \in Z} t_z \\
&= \frac{1}{2ks} \sum_{z \in Z} t_z \qquad\qquad \text{利用式(7.6)} \\
&= \frac{ks}{2ks} \qquad\qquad\qquad\quad \text{利用式(7.7)} \\
&= \frac{1}{2}
\end{aligned}
$$

Lamport 签名方案非常优美，但它并不实用。一个问题是它所产生的签名的长度。例如，如果我们使用模指数函数构造 f，像例7.6那样，那么一个安全的签名要求 p 至少为 1024 比特长。这意味着消息的每一比特使用 1024 比特签名。因此，签名的长度是消息的 1024 倍长！使用安全性基于椭圆曲线离散对数问题的难处理的单向双射函数可能效率更高，但是这种方法仍然不太实用。

7.5.2 全域 Hash

在5.9.2节，我们介绍了如何(在随机谕示模型下)从陷门单向置换构造可证明安全的公钥密码体制。这些体制的实现实际上基于 RSA 密码体制，这些体制将用像 SHA-1 这样的 Hash 函数替代随机谕示器。在本节中，利用陷门单向置换来构造在随机谕示模型下的安全签名方案。我们称这种签名方案为全域 Hash。全域 Hash 签名方案的名字来自该方案要求随机谕示器的值域与陷门单向置换的定义域相同。全域 Hash 签名方案参见密码体制 7.7。

密码体制 7.7　全域 Hash

设 k 是一个正整数，$\mathcal{F}$ 是一个陷门单向置换族，其中对所有的 $f \in \mathcal{F}$，有 $f: \{0,1\}^k \to \{0,1\}^k$；并设 $G: \{0,1\}^* \to \{0,1\}^k$ 是一个"随机"函数。设 $\mathcal{P} = \{0,1\}^*$ 且 $\mathcal{A} = \{0,1\}^k$。定义

$$\mathcal{K} = \{(f, f^{-1}, G) : f \in \mathcal{F}\}$$

给定密钥 $K = (f, f^{-1}, G)$，f^{-1} 是私钥而 (f, G) 是公钥。

对于 $K = (f, f^{-1}, G)$ 和 $x \in \{0, 1\}^*$，定义

$$\mathrm{sig}_K(x) = f^{-1}(G(x))$$

关于消息 x 的签名 $y = (y_1, \cdots, y_k) \in \{0, 1\}^k$ 验证如下：

$$\mathrm{ver}_K(x, y) = \mathrm{true} \Leftrightarrow f(y) = G(x)$$

全域 Hash 使用熟悉的先 Hash 后签名的方法。$G(x)$ 是通过随机谕示器 G 产生的消息摘要。f^{-1} 用来对消息摘要签名，而 f 用来验证签名。

让我们简要地考虑一个基于 RSA 的全域 Hash 签名方案的实现。函数 f^{-1} 是 RSA 签名（即解密）函数，而 f 是 RSA 验证（即加密）函数。为安全起见，我们取 $k = 1024$。现在假设随机谕示器 G 被 Hash 函数 SHA-1 所替代。SHA-1 构造一个 160 比特的消息摘要，因此 Hash 函数的值域，也就是 $\{0, 1\}^{160}$，是 $\{0, 1\}^k = \{0, 1\}^{1024}$ 的一个非常小的子集。实际上，在应用 f^{-1} 以前，有必要规定一些填充方式以便将 160 比特的消息扩展成 1024 比特，它一般是通过一个固定的（确定的）填充方式完成的。

现在我们继续讨论方案的安全性证明，这里假设 $\mathcal{F}$ 是陷门单向置换族而 G 是一个"全域"随机谕示器（注意当像 SHA-1 这样的 Hash 函数替换了随机谕示器时我们将提出的安全性证明已不适用）。可以证明全域 Hash 对于使用选择消息攻击的存在性伪造是安全的；然而，我们只证明对于使用唯密钥攻击的存在性伪造是安全的这一更容易的结果。

同前面一样，安全性证明是一类归约。假设有一个攻击者（即一个随机算法，我们将它表示为 PDH-Forge）在给定公钥并能获取随机谕示器的情况下能够（以某种特定的概率）伪造一个签名（对于值 $G(x)$，它能查询随机谕示器，但是没有具体的算法来计算函数 G）。PDH-Forge 允许做一定次数的谕示器查询，例如 q_h。最终，PDH-Forge 以某种概率输出一个有效的伪造签名，用 ϵ 表示。

我们构造一个 FDH-Invert 算法，该算法试图求出随机选择的元素 $z_0 \in \{0, 1\}^k$ 的逆，也就是给定 $z_0 \in \{0, 1\}^k$，我们希望 PDH-Invert$(z_0) = f^{-1}(z_0)$。PDH-Invert 如算法 7.2 所示。

算法 7.2   PDH-Invert(z_0, q_h)

external f

procedure SimG(x)

  if $j > q_h$

    then return("failure")

    else if $j = j_0$

    then $z \leftarrow z_0$

    else 随机选择 $z \in \{0, 1\}^k$

  $j \leftarrow j + 1$

return(z)

main

随机选择 $j_0 \in \{1, \cdots, q_h\}$

$j \leftarrow 1$

此处插入 FDH-Forge(f)代码

if FDH-Forge(f) $= (x, y)$

$$\textbf{then} \begin{cases} \textbf{if } f(y) = z_0 \\ \quad \textbf{then return}(y) \\ \quad \textbf{else return}(\text{`` failure''}) \end{cases}$$

算法 7.2 相当简单。它主要运行 PDH-Forge。PDH-Forge 执行的 Hash 查询由函数 SimG 实施，这是随机谕示器的一种模拟。我们已经假设 PDH-Forge 将执行 q_h 次 Hash 查询，如 $x_1, \cdots, x_{q_h}$。为了简单起见，假设 x_i 互不相同(如果不是这样，就需要确保只要 $x_i = x_j$，那么 $\text{SimG}(x_i) = \text{SimG}(x_j)$。这一点不难做到，它只需要做一些记录，像算法 5.14 一样)。随机选择第 j_0 个查询，并定义 $\text{SimG}(x_{j_0}) = z_0$ (z_0 是一个我们试图求逆的值)。对所有其他的查询，$\text{SimG}(x_j)$ 的值选一个随机数。因为 z_0 是一个随机数，容易看出 SimG 与一个真正的随机谕示器是不可区分的。由此得出结论，FDH-Forge 以概率 ϵ 输出一则消息和一个有效的伪造签名，表示为 (x, y)。然后我们检查是否 $f(y) = z_0$，如果是，则 $y = f^{-1}(z_0)$，我们就成功地求出了 z_0 的逆。

我们的主要任务是分析 FDH-Invert 的成功概率，它是 FDH-Forge 的成功率 ϵ 的一个函数。假定 $\epsilon > 2^{-k}$，因为随机选择的 y 将以 2^{-k} 的概率成为消息 x 的有效签名，而且我们仅仅对比随机猜测概率更高的攻击者感兴趣。像前面一样，我们对 FDH-Forge 所做的 Hash 查询表示为 $x_1, \cdots, x_{q_h}$，其中 x_j 是第 j 个 Hash 查询，$1 \leqslant j \leqslant q_h$。

我们从不论是否有 $x \in \{x_1, \cdots, x_{q_h}\}$，成功概率为 ϵ 这一条件开始：

$$\begin{aligned} \epsilon = &\Pr[\text{FDH-Forge succeeds} \wedge (x \in \{x_1, \cdots, x_{q_h}\})] \\ &+ \Pr[\text{FDH-Forge succeeds} \wedge (x \notin \{x_1, \cdots, x_{q_h}\})] \end{aligned} \tag{7.8}$$

不难看出

$$\Pr[\text{FDH-Forge succeeds} \wedge (x \notin \{x_1, \cdots, x_{q_h}\})] = 2^{-k}$$

这是因为不确定值 $\text{SimG}(x)$ 在 $\{0,1\}^k$ 上等可能地取值，因此 $\text{SimG}(x) = f(y)$ 的概率为 2^{-k} (这是因为我们使用了 Hash 函数是全域 Hash 的假定)。代入式(7.8)，得到下式：

$$\Pr[\text{FDH-Forge succeeds} \wedge (x \in \{x_1, \cdots, x_{q_h}\})] \geqslant \epsilon - 2^k \tag{7.9}$$

现在我们转向 FDH-Invert 的成功概率。下面的不等式是显然的：

$$\Pr[\text{FDH-Invert succeeds}] \geqslant \Pr[\text{FDH-Forge succeeds} \wedge (x = x_{j_0})] \tag{7.10}$$

最后我们看到：

$$\begin{aligned} &\Pr[\text{FDH-Forge succeeds} \wedge (x = x_{j_0})] \\ &= \frac{1}{q_h} \Pr[\text{FDH-Forge succeeds} \wedge (x \in \{x_1, \cdots, x_{q_h}\})] \end{aligned} \tag{7.11}$$

注意式(7.11)为真，因为给定 $x \in \{x_1, \cdots, x_{q_h}\}$，$x = x_{j_0}$ 的可能性为 $1/q_h$。现在，如果我们合并式(7.9)，式(7.10)和式(7.11)，那么就得到下面的界：

$$\Pr[\text{FDH-Invert succeeds}] \geqslant \frac{\epsilon - 2^{-k}}{q_h} \tag{7.12}$$

因此，我们获得了关于 FDH-Invert 的成功概率的一个具体下界。已经证明了下面的结果。

定理 7.2 假设存在一个算法 FDH-Forge，使用唯密钥攻击，它将以 $\epsilon > 2^{-k}$ 的概率对全域 Hash 输出一个存在性伪造签名，那么，存在一个算法 FDH-Invert，它将至少以 $\frac{\epsilon - 2^{-k}}{q_h}$ 的概率找到 $z_0 \in \{0,1\}^k$ 的随机元素的逆。

可以看出，得出的求逆算法的有效性依赖于使用尽可能少的 Hash 查询找到伪造签名的 FDH-Forge 的能力。

7.6 不可否认的签名

不可否认的签名方案是由 Chaum 和 van Antwerpen 在 1989 年提出来的。不可否认的签名有一些新颖的特征，其中最主要的一点是没有签名者 Alice 的合作，签名就不能得到验证。这就防止了由她签署的电子文档在没有经过她的同意被复制和分发的可能性。验证签名将通过口令-应答(Challenge-and-response)协议来实现。

如果验证一个签名需要 Alice 的合作，要阻止她否认一个早些时候的签名该怎么办呢？Alice 可能声称一个有效的签名是伪造的，并且要么拒绝验证它，要么执行一个协议以便该签名不能得到验证。为了阻止这种情况发生，一个不可否认的签名方案与一个否认协议结合，通过这种方式 Alice 能够证明一个签名是一个伪造签名。因此，Alice 能"在法庭"证明一个伪造的签名事实上是伪造的(如果她拒绝执行否认协议，则认为这件事本身就是该签名是事实上的真正签名的证据)。

因此，一个不可否认的签名方案由三部分组成：一个签名算法、一个验证协议和一个否认协议。首先我们介绍 Chaum-van Antwerpen 签名方案的签名算法和验证协议，参见密码体制 7.8。

密码体制 7.8 Chaum-van Antwerpen 签名方案

设 $p = 2q + 1$ 是一个使得 q 是素数并且在 $\mathbb{Z}_p^*$ 上的离散对数问题是难处理的素数。设 $\alpha \in \mathbb{Z}_p^*$ 是一个阶为 q 的元素。设 $1 \leqslant a \leqslant q - 1$，令 $\beta = \alpha^a \bmod p$。设 G 表示 $\mathbb{Z}_p^*$ 的阶为 q 的乘法子群(G 由模 p 的二次剩余构成)。设 $\mathcal{P} = \mathcal{A} = G$，定义

$$\mathcal{K} = \{(p, \alpha, a, \beta) : \beta \equiv \alpha^a \pmod{p}\}$$

值 p，α 和 β 是公钥，a 是私钥。

对于 $K = (p, \alpha, a, \beta)$ 和 $x \in G$，定义

$$y = \text{sig}_K(x) = x^a \bmod p$$

对 $x, y \in G$，通过执行下面的协议来验证签名：

1. Bob 随机选择 $e_1, e_2 \in \mathbb{Z}_q$。

2. Bob 计算 $c = y^{e_1} \beta^{e_2} \bmod p$ 并将它发送给 Alice。

3. Alice 计算 $d = c^{a^{-1} \bmod q} \bmod p$ 并将它发送给 Bob。

4. 当且仅当 $d \equiv x^{e_1} \alpha^{e_2} (\bmod p)$ 时，Bob 将 y 作为合法的签名接收。

我们来解释不可否认的签名方案中 p 和 q 的作用。Chaum-van Antwerpen 签名方案定义在 $\mathbb{Z}_p$ 上；然而，我们需要能在 $\mathbb{Z}_p^*$ 的素数阶乘法子群 G 上进行计算。我们尤其需要能计算模 $|G|$ 的逆，这就是 $|G|$ 应该是素数的原因。取素数 $p = 2q+1$（其中 q 是素数），是为了使计算变得方便。这样，子群 G 就会尽可能的大，这正是所需要的，因为消息和签名都是 G 中的元素。

首先证明 Bob 将接收一个有效的签名。在下面的计算中，所有的指数都被模 q 约化。首先，看到 $d \equiv c^{a^{-1}} (\bmod p) \equiv y^{e_1 a^{-1}} \beta^{e_2 a^{-1}} (\bmod p)$。因为 $\beta \equiv \alpha^a (\bmod p)$，我们有 $\beta^{a^{-1}} \equiv \alpha (\bmod p)$。类似地，由 $y = x^a (\bmod p)$ 可推出 $y^{a^{-1}} = x (\bmod p)$。因此有 $d \equiv x^{e_1} \alpha^{e_2} (\bmod p)$。

下面给出一个小例子加以说明。

例 7.7 假设 $p = 467$，因为 2 是一个本原元，$2^2 = 4$ 是 G 的一个生成元，G 由模 467 的二次剩余组成。因此取 $\alpha = 4$，假设 $a = 101$，那么 $\beta = \alpha^a \bmod 467 = 449$。Alice 将用 $y = 119^{101} \bmod 467 = 129$ 对消息 $x = 119$ 签名。

现在，假设 Bob 想验证签名 y。假定他选择随机值 $e_1 = 38$，$e_2 = 397$。他计算出 $c = 13$，那么 Alice 将以 $d = 9$ 作为应答。Bob 通过验证 $119^{38} \times 4^{397} \equiv 9 (\bmod 467)$ 来检查应答。因此，Bob 将它作为合法签名接收。

下面我们来证明 Alice 只能用很小的概率来愚弄 Bob 接收一个伪造签名。这个结果不依赖于任何计算假设，即安全性是无条件的。

定理 7.3 如果 $y \not\equiv x^a (\bmod p)$，那么 Bob 将至多以 $1/q$ 的概率把 y 当做 x 的一个合法签名接收。

证明 假定 Alice 实际上发送的应答 d 是在群 G 之中（如果她不这样做，Bob 将拒绝接收）。首先，我们观察到每一个可能的口令 c 恰好对应于 q 个有序对 (e_1, e_2)（这是因为 y 和 β 都是阶为素数 q 的乘法群 G 中的元素）。现在，当 Alice 接收到 c 时，她没法知道 Bob 是用 q 个可能的有序对 (e_1, e_2) 的哪一个来构造 c。我们断言，如果 $y \not\equiv x^a (\bmod p)$，那么 Alice 做出的任何可能的应答 $d \in G$ 恰与 q 个可能的有序对 (e_1, e_2) 中的一个一致。

因为 α 是 G 的生成元，G 中的任何元素都可以写成 α 的幂次方，其中指数由模 q 唯一确定。设 $c = \alpha^i, d = \alpha^j, x = \alpha^k$ 以及 $y = \alpha^\ell$，$i, j, k, \ell \in \mathbb{Z}_q$ 且所有的计算都是模 p 算术。考虑下面的两个同余式：

$$c \equiv y^{e_1} \beta^{e_2} (\bmod p)$$
$$d \equiv x^{e_1} \alpha^{e_2} (\bmod p)$$

这个方程组等价于下面的方程组：

$$i \equiv \ell e_1 + a e_2 (\bmod q)$$
$$j \equiv k e_1 + e_2 (\bmod q)$$

现在，假设

$$y \not\equiv x^a (\bmod p)$$

由此可以推出

$$\ell \not\equiv a k (\bmod q)$$

因此，这个模 q 的方程组的系数矩阵具有非 0 的判别式，因此具有唯一解。也就是说，每一个 $d \in G$ 恰好是 q 个可能的有序对 (e_1, e_2) 中的一个正确应答。因此，Alice 给 Bob 的应答 d 能通过验证的概率恰好是 $1/q$，由此定理得以证明。

我们现在转向否认协议。该协议由两轮验证协议组成，如算法 7.3 所示。

算法 7.3 否认（Disavowal）

1. Bob 随机选择 $e_1, e_2 \in \mathbb{Z}_q^*$。
2. Bob 计算 $c = y^{e_1} \beta^{e_2} \bmod p$ 并将它发送给 Alice。
3. Alice 计算 $d = c^{a^{-1} \bmod q} \bmod p$ 并将它发送给 Bob。
4. Bob 验证 $d \not\equiv x^{e_1} \alpha^{e_2} (\bmod p)$。
5. Bob 随机选择 $f_1, f_2 \in \mathbb{Z}_q^*$。
6. Bob 计算 $C = y^{f_1} \beta^{f_2} \bmod p$ 并将它发送给 Alice。
7. Alice 计算 $D = c^{a^{-1} \bmod q} \bmod p$ 并将它发送给 Bob。
8. Bob 验证 $D \not\equiv x^{f_1} \alpha^{f_2} (\bmod p)$。
9. 当且仅当 $(d\alpha^{-e_2})^{f_1} \equiv (D\alpha^{-f_2})^{e_1} (\bmod p)$ 时，Bob 推断签名 y 是伪造的。

步骤 1 到步骤 4 以及步骤 5 到步骤 8 包括两轮不成功的验证协议，步骤 9 是一个"一致性检查"，它能使 Bob 确定 Alice 是否按协议的规定形成她的应答。

下面的例子解释了否认协议。

例7.8 同前面的例子一样，设 $p = 467$，$\alpha = 4$，$a = 101$ 以及 $\beta = 449$。假设消息 $x = 286$ 的（伪造）签名为 $y = 83$，并且 Alice 要使 Bob 相信这个签名是无效的。

假设 Bob 从选择两个随机值 $e_1 = 45$ 和 $e_2 = 237$ 开始。他计算出 $c = 305$ 并且 Alice 的应答 $d = 109$。然后 Bob 计算

$$286^{45} \times 4^{237} \bmod 467 = 149$$

因为 $149 \neq 109$，Bob 将继续协议的步骤 5。

现在假设 Bob 随机选择 $f_1 = 125$，$f_2 = 9$。Bob 计算出 $C = 270$ 而 Alice 的应答 $D = 68$。Bob 计算

$$286^{125} \times 4^9 \bmod 467 = 25$$

因为 $25 \neq 68$，Bob 继续执行到协议的步骤 9 来完成一致性验证。这个验证是成功的，因为

$$(109 \times 4^{-237})^{125} \equiv 188 (\text{mod } 467)$$

并且

$$(68 \times 4^{-9})^{45} \equiv 188 (\text{mod } 467)$$

因此，Bob 被证实该签名是无效的。

到现在为止，我们还需要证明两点：

1. Alice 能使 Bob 相信一个无效的签名是一个伪造签名。
2. Alice 能使 Bob 以一个很小的概率相信一个有效的签名是伪造的。

定理 7.4　如果 $y \not\equiv x^a (\text{mod } p)$，并且 Alice 和 Bob 都遵循否认协议，那么 $(d\alpha^{-e_2})^{f_1} \equiv (D\alpha^{-f_2})^{e_1} (\text{mod } p)$。

证明　因为 $d \equiv c^{a^{-1}} (\text{mod } p)$，$c \equiv y^{e_1}\beta^{e_2} (\text{mod } p)$ 以及 $\beta \equiv \alpha^a (\text{mod } p)$，所以我们有：

$$(d\alpha^{-e_2})^{f_1} \equiv ((y^{e_1}\beta^{e_2})^{a^{-1}}\alpha^{-e_2})^{f_1} (\text{mod } p) \equiv y^{e_1 a^{-1} f_1}\beta^{e_2 a^{-1} f_1}\alpha^{-e_2 f_1} (\text{mod } p)$$
$$\equiv y^{e_1 a^{-1} f_1}\alpha^{e_2 f_1}\alpha^{-e_2 f_1} (\text{mod } p) \equiv y^{e_1 a^{-1} f_1} (\text{mod } p)$$

同样地，因为 $D \equiv C^{a^{-1}} (\text{mod } p)$，$C \equiv y^{f_1}\beta^{f_2} (\text{mod } p)$ 以及 $\beta \equiv \alpha^a (\text{mod } p)$，因此 $(D\alpha^{-f_2})^{e_1} \equiv y^{e_1 a^{-1} f_1} (\text{mod } p)$，因此，否认协议中步骤 9 的一致性检查是成功的。

现在来看一下 Alice 企图否认一个有效签名的可能性。在这种情况下，我们并不认为 Alice 会遵守协议，即 Alice 可能不会遵照协议的规定来构造 d 和 D。因此，在下面的定理中，我们仅仅假定 Alice 能够产生满足算法 7.3 中步骤 4、8、9 中条件的 d 和 D。

定理 7.5　假设 $y \equiv x^a (\text{mod } p)$，并且 Bob 遵循否认协议。如果 $d \not\equiv x^{e_1}\alpha^{e_2} (\text{mod } p)$ 并且 $D \not\equiv x^{f_1}\alpha^{f_2} (\text{mod } p)$，那么 $(d\alpha^{-e_2})^{f_1} \not\equiv (D\alpha^{-f_2})^{e_1} (\text{mod } p)$ 的概率是 $1 - 1/q$。

证明　假设下面的同余式成立：

$$y \equiv x^a (\text{mod } p)$$
$$d \not\equiv x^{e_1}\alpha^{e_2} (\text{mod } p)$$
$$D \not\equiv x^{f_1}\alpha^{f_2} (\text{mod } p)$$
$$(d\alpha^{-e_2})^{f_1} \equiv (D\alpha^{-f_2})^{e_1} (\text{mod } p)$$

我们将推导出一个矛盾。

一致性检查(步骤 9)可以重写为以下的形式：$D \equiv d_0^{f_1}\alpha^{f_2} (\text{mod } p)$，其中 $d_0 = d^{1/e_1}\alpha^{-e_2/e_1}$ $\text{mod } p$ 是一个只依赖协议中步骤 1 到步骤 4 的值。

应用定理 7.3，可得出，对于 d_0 来讲，y 是一个有效签名的概率为 $1 - 1/q$。但是我们假定 y 是 x 的有效签名，即 $x^a \equiv d_0^a (\text{mod } p)$ 的概率很高，也就是 $x = d_0$。然而，$d \not\equiv x^{e_1}\alpha^{e_2} (\text{mod } p)$ 意

味着 $x \not\equiv d^{1/e_1} \alpha^{-e_2/e_1} \pmod{p}$。因为 $d_0 \equiv d^{1/e_1} \alpha^{-e_2/e_1} \pmod{p}$，我们可以得出 $x \neq d_0$ 的结论，与 $x = d_0$ 互相矛盾。因此，Alice 以这种方式愚弄 Bob 的概率为 $1/q$。

7.7 fail-stop 签名

fail-stop 签名方案在防止一个能伪造签名的很强大的攻击者方面提供增强的安全性。在 Oscar 对一则消息能伪造 Alice 的签名事件中，Alice 将随后能（以高概率）证明 Oscar 的签名是伪造的。

这一节，我们介绍由 van Heyst 和 Pedersen 在 1992 年提出的 fail-stop 签名方案。像 Lamport 签名方案一样，它属于一次签名方案。方案包括签名算法、验证算法和"伪造证明"算法。van Heyst 和 Pedersen 签名方案的签名算法和验证算法的描述如密码体制 7.9 所示。

密码体制 7.9　van Heyst 和 Pedersen 签名方案

设 $p = 2q + 1$ 是一个使得 q 是素数并且在 $\mathbb{Z}_p$ 上的离散对数问题是难处理的素数。设 $\alpha \in \mathbb{Z}_p^*$ 是一个阶为 q 的元素。设 $1 \leqslant a_0 \leqslant q-1$，令 $\beta = \alpha^{a_0} \bmod p$。值 p, q, α, β 和 a_0 由一个可信中心选择。p, q, α 和 β 是公开的并认为是固定不变的。值 a_0 对包括 Alice 在内的任何人都是保密的。

设 $\mathcal{P} = \mathbb{Z}_q, \mathcal{A} = \mathbb{Z}_q \times \mathbb{Z}_q$。密钥具有形式

$$K = (\gamma_1, \gamma_2, a_1, a_2, b_1, b_2)$$

其中 $a_1, a_2, b_1, b_2 \in \mathbb{Z}_q$

$$\gamma_1 = \alpha^{a_1} \beta^{a_2} \bmod p, \quad \gamma_2 = \alpha^{b_1} \beta^{b_2} \bmod p$$

(γ_1, γ_2) 是公钥，而 (a_1, a_2, b_1, b_2) 是私钥。

对于 $K = (\gamma_1, \gamma_2, a_1, a_2, b_1, b_2)$ 和 $x \in \mathbb{Z}_q$，定义

$$\mathrm{sig}_K(x) = (y_1, y_2)$$

其中

$$y_1 = a_1 + x b_1 \bmod q \quad \text{和} \quad y_2 = a_2 + x b_2 \bmod q$$

对于 $y = (y_1, y_2) \in \mathbb{Z}_q \times \mathbb{Z}_q$，我们有

$$\mathrm{ver}_K(x, y) = \text{true} \Leftrightarrow \gamma_1 \gamma_2^x \equiv \alpha^{y_1} \beta^{y_2} \pmod{p}$$

可直接看出，由 Alice 产生的签名满足验证条件，因此我们讨论 fail-stop 签名方案的安全性以及看它是如何工作的。我们首先建立起关于方案的密钥的一些重要事实。我们从定义开始，如果 $\gamma_1 = \gamma_1'$ 且 $\gamma_2 = \gamma_2'$，则称两个密钥 $(\gamma_1, \gamma_2, a_1, a_2, b_1, b_2)$ 和 $(\gamma_1', \gamma_2', a_1', a_2', b_1', b_2')$ 是等价的，容易看出在任何一个等价类里恰好有 q^2 个密钥。

我们建立几个引理。

引理 7.6　假定 K 和 K' 是等价的密钥，并且 $\mathrm{ver}_K(x, y) = \text{true}$，那么 $\mathrm{ver}_{K'}(x, y) = \text{true}$。

证明 设 $K = (\gamma_1, \gamma_2, a_1, a_2, b_1, b_2)$，$K' = (\gamma_1, \gamma_2, a_1', a_2', b_1', b_2')$
其中

$$\gamma_1 = \alpha^{a_1} \beta^{a_2} \bmod p = \alpha^{a_1'} \beta^{a_2'} \bmod p$$

并且

$$\gamma_2 = \alpha^{b_1} \beta^{b_2} \bmod p = \alpha^{b_1'} \beta^{b_2'} \bmod p$$

假设 x 使用 K 签名，产生的签名为 $y = (y_1, y_2)$。可以看到，$\text{ver}_K(x, y)$ 只依赖于 γ_1, γ_2, x 和 y 的值，这些值同样可用于计算 $\text{ver}_{K'}(x, y)$。因此，y 也可以由 K' 验证。

引理 7.7 假设 K 是一个密钥并且 $y = \text{sig}_K(x)$，那么恰好存在 q 个与 K 等价的密钥 K' 使得 $y = \text{sig}_{K'}(x)$。

证明 假定 (γ_1, γ_2) 是公钥。我们要决定使得下面的等式成立的 4 元组 (a_1, a_2, b_1, b_2)：

$$\gamma_1 \equiv \alpha^{a_1} \beta^{a_2} \pmod{p}$$
$$\gamma_2 \equiv \alpha^{b_1} \beta^{b_2} \pmod{p}$$
$$y_1 \equiv a_1 + x b_1 \pmod{q}$$
$$y_2 \equiv a_2 + x b_2 \pmod{q}$$

因为 α 是 G 的生成元，存在唯一的指数 $c_1, c_2, a_0 \in \mathbb{Z}_q$ 使得

$$\gamma_1 \equiv \alpha^{c_1} \pmod{p}$$
$$\gamma_2 \equiv \alpha^{c_2} \pmod{p}$$
$$\beta \equiv \alpha^{a_0} \pmod{p}$$

因此，下面的同余式成立是充分必要的：

$$c_1 \equiv a_1 + a_0 a_2 \pmod{q}$$
$$c_2 \equiv b_1 + a_0 b_2 \pmod{q}$$
$$y_1 \equiv a_1 + x b_1 \pmod{q}$$
$$y_2 \equiv a_2 + x b_2 \pmod{q}$$

上面的方程组在 $\mathbb{Z}_q$ 上可以写成如下的矩阵形式：

$$\begin{pmatrix} 1 & a_0 & 0 & 0 \\ 0 & 0 & 1 & a_0 \\ 1 & 0 & x & 0 \\ 0 & 1 & 0 & x \end{pmatrix} \begin{pmatrix} a_1 \\ a_2 \\ b_1 \\ b_2 \end{pmatrix} = \begin{pmatrix} c_1 \\ c_2 \\ y_1 \\ y_2 \end{pmatrix}$$

该方程的系数矩阵的秩为 3：很清楚，因为矩阵的第 1, 2 和 4 行在 $\mathbb{Z}_q$ 上线性无关，故它的秩至少为 3。因为 $r_1 + x r_2 - r_3 - a_0 r_4 = (0, 0, 0, 0)$，其中 r_i 表示矩阵的第 i 行。因此，秩最多为 3。

这个方程组至少有一个解，由密钥 K 给出。因为系数矩阵的秩为 3，所以该方程的解空间的维数是 $4 - 3 = 1$，因此恰好有 q 个密钥。引理得到证明。

类似地，可证明下面的结果，我们略去证明过程。

引理 7.8　假设 K 是一个密钥，$y = \text{sig}_K(x)$，并且 $\text{ver}_K(x', y') = \text{true}$，其中 $x \neq x'$，那么至多有一个与 K 等价的密钥 K' 使得 $y = \text{sig}_{K'}(x)$ 且 $y' = \text{sig}_{K'}(x')$。

让我们解释前面两个引理在签名方案的安全方面表示什么意思。假定 y 是 x 的有效签名，存在 q 个可能的密钥使得 y 是 x 的签名。但是对于任何消息 $x \neq x'$，这 q 个不同的密钥将对 x' 产生 q 个不同的签名。因此，下面的定理成立。

定理 7.9　假定 $\text{sig}_K(x) = y$，$x \neq x'$，Oscar 能计算出 $\text{sig}_K(x')$ 的概率为 $1/q$。

注意，这个定理不依赖于 Oscar 的计算能力：可以获得提出的安全性，因为 Oscar 不能区分 q 个可能的密钥中的哪一个被 Alice 使用。因此，这种安全性是无条件的。

我们现在继续来看 fail-stop 签名的概念。到现在为止我们所说的是，给定消息 x 的签名 y，Oscar 不能计算 Alice 对不同的消息 x' 的签名 y'。仍然可以想象 Oscar 能计算出一个可以验证的伪造签名 $y'' \neq \text{sig}_K(x')$。然而，如果给 Alice 一个有效的伪造签名，那么她能以概率 $1 - 1/q$ 来给出该伪造签名的证明。伪造证明的值是 $a_0 = \log_\alpha \beta$，它只有可信中心知道。

假设 Alice 拥有一对 (x', y'') 使得 $\text{ver}_K(x', y'') = \text{true}$ 且 $y'' \neq \text{sig}_K(x')$。也就是

$$\gamma_1 \gamma_2^{\,x'} \equiv \alpha^{y_1''} \beta^{y_2''} \pmod p$$

其中 $y'' = (y_1'', y_2'')$。现在，对于消息 x'，Alice 能计算出她自己的签名 $y' = (y_1', y_2')$，并且

$$\gamma_1 \gamma_2^{\,x'} \equiv \alpha^{y_1'} \beta^{y_2'} \pmod p$$

因此

$$\alpha^{y_1'} \beta^{y_2'} \equiv \alpha^{y_1'} \beta^{y_2'} \pmod p$$

令 $\beta = \alpha^{a_0} \bmod p$，我们有

$$\alpha^{y_1'' + a_0 y_2''} \equiv \alpha^{y_1' + a_0 y_2'} \pmod p$$

或者

$$y_1'' + a_0 y_2'' \equiv y_1' + a_0 y_2' \pmod q$$

由此可得

$$y_1'' - y_1' \equiv a_0 (y_2' - y_2'') \pmod q$$

因为 y' 是伪造的，$y_2' \neq y_2'' \pmod q$。因此 $(y_2' - y_2'')^{-1} \bmod q$ 存在，且

$$a_0 = \log_\alpha \beta = (y_1'' - y_1')(y_2' - y_2'')^{-1} \bmod q$$

当然，要接收这一伪造证明，假定 Alice 自己不能计算离散对数问题 $\log_\alpha \beta$。这是一种计算假设。

最后，我们指出该签名方案是一个一次签名方案，因为 Alice 在两个消息都用 K 签名的情况下，该密钥 K 就很容易被计算出来。

本节末我们用一个例子说明 Alice 如何给出一个伪造证明。

例 7.9　假设 $p = 3467 = 2 \times 1733 + 1$，元素 $\alpha = 4$ 在 $\mathbb{Z}_{3467}^*$ 上其阶为 1733。假设 $a_0 = 1567$，因此

$$\beta = 4^{1567} \bmod 3467 = 514$$

(Alice 知道 α 和 β 的值, 但不知道 a_0). 假定 Alice 使用 $a_1 = 888, a_2 = 1024, b_1 = 786$ 和 $b_2 = 999$ 形成她的密钥, 则

$$\gamma_1 = 4^{888} 514^{1024} \bmod 3467 = 3405$$

且

$$\gamma_2 = 4^{786} 514^{999} \bmod 3467 = 2281$$

现在, 假定 Alice 产生了一个关于消息 3383 的伪造签名(822, 55)。这是一个有效的签名, 因为满足验证条件:

$$3405 \times 2281^{3383} \equiv 2282 (\bmod 3467)$$

和

$$4^{822} 514^{55} \equiv 2282 (\bmod 3467)$$

另一方面, 这不是 Alice 构造的签名。Alice 能计算的她自己的签名是

$$(888 + 3383 \times 786 \bmod 1733, 1024 + 3383 \times 999 \bmod 1733) = (1504, 1291)$$

然后, 她继续计算秘密离散对数

$$a_0 = (822 - 1504)(1291 - 55)^{-1} \bmod 1733 = 1567$$

这就是伪造证明。

7.8 注释与参考文献

关于签名方案的一个不错的综述, 我们推荐 Mitchell, Piper 和 Wild 的论文[243]。这篇论文也包含了在 7.3 节提出的伪造 ElGamal 签名的两种方法。Pedersen 的论文[262]是最近发表的一篇更值得一读的综述文章。

ElGamal 签名方案是由 ElGamal[125]提出来的, 而 Schnorr 签名方案归功于 Schnorr[294]。另一个在本书中没有讨论的流行签名方案是 Fiat-Shamir 签名方案[135]。

数字签名算法由 NIST 在 1991 年 8 月首次公布, 在 1994 年 12 月作为 FIPS 186 被采纳 [143]。在 1992 年 7 月出版的杂志 *Communication of the ACM* 有关于 DSA 签名算法冗长的讨论以及围绕它的一些争论。NIST 对其中一些问题的回应参见[311]。FIPS 186-2 [144]是 DSA 标准的修改版, 它现在包括 RSA 签名方案和椭圆曲线数字签名算法。ECDSA 的一个完整描述在 Johnson, Menezes 和 Vanstone 的论文[183]中可以找到。

Lamport 签名方案在 Diffie 和 Hellman 于 1976 年发表的论文中做了介绍[117]。Lamport 以及 Bos 和 Chaum 分别对此在提高效率方面做的修改参见参考文献[64]。从任意的单向函数构造签名方案的更一般的处理由 Bleichenbacher 和 Maurer 给出[48]。

全域 Hash 归功于 Bellare 和 Rogaway[22, 26]。论文[26]也包括一个效率更高的称为概率签名方案(PSS)的全域 Hash 的变体。可证明安全的 ElGamal 型的签名方案也被研究过, 可以参见 Pointcheval 和 Stern 的论文[271]。

7.6节提出的不可否认的签名方案归功于Chaum和van Anwerpen[91]。7.7节给出的fail-stop签名方案归功于 van Heyst 和 Pedersen[332]，关于该主题的扩展参见 Pfitzmann[265]。

其中的一些习题指出，如果"k"值被重复使用或以一种可预测的方式产生，ElGamal型的签名方案存在一些安全问题。目前有人在这方面开展了一些工作，例如，Bellare，Goldwasser 和 Micciancio[17]以及 Nguyen 和 Shparlinski[253]。

习题

7.1 假设 Alice 使用 ElGamal 签名方案，$p = 31\,847, \alpha = 5$ 以及 $\beta = 25\,703$。给定消息 $x = 8990$ 的签名$(23\,972, 31\,396)$以及 $x = 31\,415$ 的签名$(23\,972, 20\,481)$，计算 k 和 a 的值(无须求解离散对数问题的实例)。

7.2 假设我们实现了 $p = 31\,847, \alpha = 5$ 以及 $\beta = 26\,379$ 的ElGamal签名方案。编制完成下面任务的计算机程序：

(a)验证对消息 $x = 20\,543$ 的签名$(20\,679, 11\,082)$。

(b)通过求解离散对数问题的实例确定私钥 a。

(c)在无须求解离散对数问题的实例的情况下，确定对消息 x 签名时使用的随机值 k。

7.3 假设 Alice 正在使用 ElGamal 签名方案。为了在产生对消息 x 签名时使用的随机值 k 时节省时间，她选择了一个初始的随机值 k_0，并在签名第 i 则消息时取 $k_i = k_0 + 2i \bmod (p-1)$ [因此对所有的 $i \geqslant 1$ 有 $k_i = k_{i-1} + 2 \bmod (p-1)$]。

(a)假设 Bob 观测到两则连续的签名消息 $(x_i, \text{sig}(x_i, k_i))$ 和 $(x_{i+1}, \text{sig}(x_{i+1}, k_{i+1}))$。描述 Bob 在已知该信息且无须求解离散对数问题的实例的情况下，如何容易地计算 Alice 的秘密密钥 a (注意为了使攻击成功，不必知道 i 的值)。

(b)假设该方案的参数是 $p = 28\,703, \alpha = 5$ 和 $\beta = 11\,339$，并且 Bob 观测到的消息为：

$$x_i = 12\,000 \qquad \text{sig}(x_i, k_i) = (26\,530, 19\,862)$$

$$x_{i+1} = 24\,567 \qquad \text{sig}(x_{i+1}, k_{i+1}) = (3081, 7604)$$

使用(a)中描述的攻击方法找到密钥 a。

7.4 (a)证明 7.3 节介绍的ElGamal签名方案的第二种伪造方法，也能生成一个满足验证条件的签名。

(b)假设 Alice 在实现例 7.1 的 ElGamal 签名方案：$p = 467, \alpha = 2$ 和 $\beta = 132$。假设 Alice 已经用$(29, 51)$对消息 $x = 100$ 签名。计算使用 $h = 102, i = 45$ 和 $j = 293$ 的 Oscar 伪造的签名。检查计算出的签名满足验证条件。

7.5 (a)在 ElGamal 签名方案或 DSA 中不允许 $\delta = 0$。证明如果对消息签名时 $\delta = 0$，那么攻击者很容易计算出秘密密钥 a。

(b)在DSA中的签名不允许 $\gamma = 0$。证明如果已知一个签名使用的是 $\gamma = 0$，那么"签名"所使用的 k 值就能确定。给定 k 值，证明对任何所期望的消息可伪造一个(在 $\gamma = 0$ 时)签名(即可实现选择性伪造)。

(c)评估 ECDSA 中允许 $r = 0$ 或 $s = 0$ 的签名的后果。

7.6 这里是 ElGamal 签名方案的一种变形。密钥用同前面相似的方法构造：Alice 选择 $\alpha \in \mathbb{Z}_p^*$ 是一个本原元，$0 \le \alpha \le p-2$，其中 $\gcd(a, p-1)=1$ 且 $\beta = \alpha^a \bmod p$。密钥 $K = (\alpha, a, \beta)$，其中值 α, β 是公钥，a 是私钥。设 $x \in \mathbb{Z}_p$ 是一则要签名的消息，Alice 计算签名 $\text{sig}_K(x) = (\gamma, \delta)$，其中 $\gamma = \alpha^k \bmod p$ 且 $\delta = (x - k\gamma)a^{-1} \bmod(p-1)$。与原来的 ElGamal 签名方案的唯一的差别是计算 δ。回答有关该方案的下列问题。

(a) 描述关于消息 x 的签名 (γ, δ) 是如何使用 Alice 的公钥进行验证的。

(b) 描述修改后的方案比原来方案的计算优点。

(c) 简要比较原来的与修改后的方案的安全性。

7.7 假设 Alice 使用 $q = 101$，$p = 7879$，$\alpha = 170$，$a = 75$ 和 $\beta = 4567$ 的 DSA，如例 7.4 一样。给出使用随机值 $k = 49$ 的对消息 SHA-1$(x) = 52$ 的签名，并说明该签名是如何被验证的。

7.8 我们已经说明在 ElGamal 签名方案中使用相同的 k 给两则消息签名时该方案是如何被攻破的（即攻击者在不用求解离散对数问题的实例的情况下确定私钥）。说明在 Schnorr 签名方案、DSA 签名方案和 ECDSA 签名方案中类似的攻击是如何实现的。

7.9 假设 $x_0 \in \{0,1\}^*$ 是一个使 SHA-1$(x_0) = 00 \cdots 0$ 的比特串，因此，当我们使用 DSA 或 ECDSA 时，就有 SHA-1$(x_0) \equiv 0 \pmod{q}$。

(a) 说明如何对消息 x_0 伪造一个 DSA 签名。

提示：设 $\delta = \gamma$，其中 γ 是适当选择的。

(b) 说明如何对消息 x_0 伪造一个 ECDSA 签名。

7.10 (a) 我们对 DSA 描述一个潜在的攻击。假设给定 x，令 $z = (\text{SHA-1}(x))^{-1} \bmod q$ 且 $\epsilon = \beta^z \bmod p$。现在假设能找到 $\gamma, \lambda \in \mathbb{Z}_q^*$ 使得 $((\alpha \epsilon^\gamma)^{\lambda^{-1} \bmod q}) \bmod p \bmod q = \gamma$。定义 $\delta = \lambda \text{SHA-1}(x) \bmod q$。证明 (γ, δ) 是 x 的一个有效签名。

(b) 描述对 ECDSA 的类似的攻击。

7.11 在验证使用 ElGamal 签名方案（或它的变形）构造的签名时，需要计算形如 $\alpha^c \beta^d$ 的值。如果 c 和 d 是一个随机 ℓ 比特指数，那么直接使用平方-乘算法来计算每一个 α^c 和 β^d 平均需要 $\ell/2$ 次乘法和 ℓ 次平方。本习题的目的是说明乘积 $\alpha^c \beta^d$ 怎样更高效地计算。

(a) 假设 c 和 d 以二进制形式表示，如算法 5.5 一样。假设乘积 $\alpha\beta$ 已事先计算出来。描述对算法 5.5 的修改，使得算法的每一次迭代至多只进行一次乘法。

(b) 假设 $c = 26$ 和 $d = 17$，说明如何用你的算法计算 $\alpha^c \beta^d$，即你的算法每次迭代之后指数 i 和 j 的值是什么（其中 $z = \alpha^i \beta^j$）。

(c) 如果 c 和 d 是随机选择的 ℓ 比特整数，解释为什么计算 $\alpha^c \beta^d$ 的算法平均需要 ℓ 次平方和 $3\ell/4$ 次乘法。

(d) 假设平方操作和乘法操作花的时间大致相同，与原来的平方-乘算法分别计算 α^c 与 β^d 相比，估计该方法平均增加的计算速度。

7.12 证明在 ECDSA 中一个正确构造的签名将满足验证条件。

7.13 设 E 表示椭圆曲线 $y^2 \equiv x^3 + x + 26 \bmod 127$，可以证明 $\#E = 131$ 是一个素数。因

此，E 中任何非单位元素是 $(E,+)$ 的生成元。假设 ECDSA 在 E 上实现，$A=(2,6)$，$m=54$。

(a)计算公钥 $B=mA$。

(b)当 $k=75$ 时，计算在 SHA-1$(x)=10$ 的情况下关于 x 的签名。

(c)说明用于验证(b)构造出来的签名的计算过程。

7.14　在 Lamport 签名方案中，假设有两个 k 元组 x 和 x' 被 Alice 使用相同的密钥签名。设 ℓ 表示 x 和 x' 不同的坐标数，即

$$\ell = |\{i : x_i \neq x_i'\}|$$

证明 Oscar 能对 $2^\ell - 2$ 个新的消息签名。

7.15　假设 Alice 像例 7.7 那样正在使用 Chaum-van Antwerpen 签名方案，即 $p=467$，$\alpha=4$，$a=101$ 以及 $\beta=449$。假设 Alice 得到一个关于消息 $x=157$ 的签名 $y=25$，她想证明该签名是伪造的。假设在否认协议中 Bob 的随机数 $e_1=46$，$e_2=123$，$f_1=198$ 以及 $f_2=11$。计算 Bob 的口令 c 和 C，以及 Alice 的应答 d 和 D，并证明 Bob 的一致性检查将成功。

7.16　证明 Pedersen-van Heyst 签名方案的每一个等价类包含 q^2 个密钥。

7.17　假设 Alice 使用 Pedersen-van Heyst 签名方案，$p=3467$，$\alpha=4$，$a_0=1567$ 以及 $\beta=514$（当然，Alice 不知道 a_0 的值）。

(a)使用 $a_0=1567$ 的事实，确定所有可能的密钥 $K=(\gamma_1,\gamma_2,a_1,a_2,b_1,b_2)$，使得 $\text{sig}_K(42)=(1118,1449)$。

(b)假设 $\text{sig}_K(42)=(1118,1449)$ 和 $\text{sig}_K(969)=(899,471)$。在不使用 $a_0=1567$ 这一事实的情况下，确定 K 的值（它表示该方案是一次签名方案）。

7.18　假设 Alice 正在使用 Pedersen-van Heyst 签名方案，$p=5087$，$\alpha=25$，$\beta=1866$。假设密钥为 $K=(5065,5076,144,874,1873,2345)$。现在，假设 Alice 关于消息 4785 的签名 $(2219,458)$ 是伪造的。

(a)证明该伪造签名满足验证条件，因此是一个有效签名。

(b)给定这个伪造签名的情况下，说明 Alice 怎样计算伪造的证据 a_0。

第 8 章 伪随机数的生成

8.1 引言与示例

在密码学中，有很多时候需要产生随机数、随机比特串等。例如，通常需要从一个指定的密钥空间中随机地生成密钥，而且许多加密和签名方案都需要在它们的执行过程中应用随机数。由投掷硬币或者其他物理过程产生随机数既费时又昂贵，因此，在实际中通常使用一个伪随机比特生成器来产生随机数。一个比特生成器可以将一个较短的随机比特串(种子)拓展成一个较长的比特串。这样，一个比特生成器降低了密码学应用中需要的随机比特的数量。

用形式化的语言来描述，伪随机比特生成器的定义如下。

定义 8.1 设 k, ℓ 为两个满足 $\ell \geq k+1$ 的正整数。一个 (k, ℓ) 比特生成器是一个可在多项式时间内(作为 k 的函数)计算的函数 $f: (\mathbb{Z}_2)^k \to (\mathbb{Z}_2)^\ell$。我们称输入 $s_0 \in (\mathbb{Z}_2)^k$ 为种子，而将输出 $f(s_0) \in (\mathbb{Z}_2)^\ell$ 称为生成的比特串。通常要求 ℓ 是 k 的一个多项式函数。

上述定义中的函数 f 是确定性的，这就要求比特串 $f(s_0)$ 只依赖于种子。我们的目的是在种子随机选择的前提条件下，要使得产生的比特串 $f(s_0)$ 应该"看起来像"真正的随机比特串。如果这条性质满足的话，那么这个比特生成器就是"安全的"，并称为一个伪随机比特生成器(PRBG)。这里安全二字加引号是因为事实上很难给出一个比特生成器安全的精确定义，在本章中我们将力图给出一个安全概念的直观解释。

研究伪随机比特生成器的具体动机之一如下。回想一下我们在第 2 章中介绍过的完善保密性的概念。获得完善保密性的途径之一是一次一密，其中明文与密钥二者均为一定长度的比特串，而密文通过将明文与密钥逐比特异或得到。一次一密体制的实际困难是为了确保完善保密性，需要随机地生成密钥并在一个安全信道上传输的密钥量必须与明文一样长。伪随机比特生成器提供了一种解决或者减轻这个问题可能的途径。假设 Alice 和 Bob 就所采用的 PRBG 达成一致，并通过安全信道确定了种子，那么 Alice 和 Bob 就可以计算出相同的伪随机比特串，从而可以用来与明文或密文相异或。这样，种子就好比是一个密钥，而 PRBG 可以看做一个流密码的密钥流生成器(当然，在用一个PRBG来代替一次一密体制时，也同时失去了完善保密性)。

随机数生成器广泛应用于包括密码学在内的各个计算机科学领域。应用包括模拟、Monte Carlo 算法、采样、测试，以及许多其他应用。通常在应用中，使得所产生的随机数具有一个相对均匀的分布就足够了。衡量一个伪随机数序列各种随机特征的指标包括频率、游程、序列中数之间的间隔等。这些统计指标的均匀性通常经过传统的测试，比如 χ^2 测试来估计。

然而，一个生成器更难得到密码学意义下的安全性。通过上面提及的各项测试只是获得密码学意义下安全的必要条件, 而不是充分条件。密码学意义下的安全依赖于多项式时间可预测性等概念, 这些将在 8.2.1 节介绍。

现在, 我们给出一些众所周知的比特生成器来说明我们将要研究的一些概念。首先, 一个线性反馈移位寄存器(LFSR)(其描述参见 1.1.7 节)可以被看做是一个比特生成器。给定一个 k 比特的种子, 一个 k 阶 LFSR 在重复前能够用来产生多达 $2^k - k - 1$ 个伪随机比特。然而, 由一个 LFSR 作为比特生成器是非常不安全的: 从 1.2.5 节我们知道, 使用任何 $2k$ 个连续比特足以确定出种子, 从而整条序列就可以被敌手重构(虽然我们还没有定义一个比特生成器的安全性, 但很显然, 这种类型的攻击的存在意味着该比特生成器是不安全的)。

另一个众所周知(但不安全)的比特生成器是算法 8.1 描述的线性同余生成器。基本思想是生成一个模 M 剩余序列, 其每个元素是这个序列的前几个元素的模 M 线性函数。种子是模 M 的一个剩余, 这个序列中的元素的最低比特位形成了所产生的比特串。

下面的示例说明了一个 PRBG 的周期性质, 亦即, 当足够长的比特产生以后, 一个 PRBG 最终将重复其输出。

算法 8.1 线性同余生成器

设 $M \geqslant 2$ 是一个整数, $1 \leqslant a, b \leqslant M - 1$。定义 $k = 1 + \lfloor \mathrm{lb}\, M \rfloor$, 并令 $k + 1 \leqslant \ell \leqslant M - 1$。

种子是一个整数 s_0, 这里 $0 \leqslant s_0 \leqslant M - 1$。注意到一个种子的二元表示就是一个长度不超过 k 的比特串; 然而, 并非所有的 k 长比特串都是被允许使用的种子。现在, 对 $1 \leqslant i \leqslant \ell$, 定义

$$s_i = (as_{i-1} + b) \bmod M$$

然后, 定义

$$f(s_0) = (z_1, z_2, \cdots, z_\ell)$$

其中 $z_i = s_i \bmod 2$, $1 \leqslant i \leqslant \ell$。

因此, 我们称 f 为一个 (k, ℓ) 线性同余生成器。

例 8.1 假设我们在线性同余生成器中令 $M = 31$, $a = 3$, $b = 5$, 这样就构造了一个 $(5, 10)$ 比特生成器。如果考虑映射 $s \mapsto 3s + 5 \bmod 31$, 那么有 $13 \mapsto 13$, 而其余 30 个剩余数被置换, 并构成一个长度为 30 的圈, 即

$$0, 5, 20, 3, 14, 16, 22, 9, 1, 8,$$
$$29, 30, 2, 11, 7, 26, 21, 6, 23, 12,$$
$$10, 4, 17, 25, 18, 28, 27, 24, 15, 19$$

当种子选取为 13 之外的任一数时, 那么我们实际上是在这个圈上选定了一个初始点, 从该点开始的 10 个数经过模 2 运算之后就形成了一个伪随机序列。

表 8.1 显示了该生成器所能产生的 31 条比特串。例如, 如果选定种子为 0, 那么在上述圈中选取接下来的 10 个数, 即 $5, 20, 3, 14, 16, 22, 9, 1, 8, 29$, 然后将它们模 2 即得一条伪随机序列。

我们可以使用一些前面讲过的概念来构造比特生成器。例如, 一个分组密码的输出反馈模式(参见 3.7 节)就可以被看做是一个比特生成器; 此外, 当所使用的分组密码满足某些合理的安全性质时, 这个比特生成器可以是计算安全的。

表 8.1　由线性同余生成器产生的比特串

种 子	序 列	种 子	序 列
0	1010001101	16	0110100110
1	0100110101	17	1001011010
2	1101010001	18	0101101010
3	0001101001	19	0101000110
4	1100101101	20	1000110100
5	0100011010	21	0100011001
6	1000110010	22	1101001101
7	0101000110	23	0001100101
8	1001101010	24	1101010001
9	1010011010	25	0010110101
10	0110010110	26	1010001100
11	1010100011	27	0110101000
12	0011001011	28	1011010100
13	1111111111	29	0011010100
14	0011010011	30	0110101000
15	1010100011		

另一种构造非常快速的比特生成器的方法是用某种方式来将几个 LFSR 结合在一起，使其输出看起来像非线性的。Coppersmith，Krawczyk 和 Mansour 提出了一个这样的结合方法，称为收缩生成器。假设我们有两个LFSR，一个级数为 k_1，一个级数为 k_2。我们需要 $k_1 + k_2$ 个比特作为种子来初始化两个LFSR。设第一个LFSR产生序列 $a_1, a_2, \cdots$，第二个 LFSR 产生序列 $b_1, b_2, \cdots$。那么我们根据下述规则定义一系列比特 $z_1, z_2, \cdots$

$$z_i = a_{i_k}$$

这里 i_k 是序列 $b_1, b_2, \cdots$ 中第 k 个 1 的位置。这样产生的序列实际上是第一个 LFSR 产生序列的一个子序列。

在本章的剩余部分，将考察能够在一些似是而非的计算假设下被证明安全的比特生成器。我们将会看到，事实上存在一些基于基本的因子分解问题(与 RSA 密码体制相关)和离散对数问题的伪随机比特生成器。算法 8.2 描述了一个基于 RSA 加密函数的伪随机比特生成器，并在本章的习题中讨论了一个基于离散对数问题的伪随机比特生成器。简言之，RSA 生成器选择 $\mathbb{Z}_N$ 中的一个初始元素作为种子。然后用 RSA 加密函数进行连续加密，这样就得到了一个 $\mathbb{Z}_N$ 中元素的序列。最后，取这个序列中每个元素的最低位作为伪随机比特输出。

算法 8.2 RSA 生成器

设 p, q 为两个 $k/2$ 比特长的素数，定义 $n = pq$。选择 b，使其满足关系式 $\gcd(b, \phi(n)) = 1$。n 和 b 是公开的，p 和 q 是保密的。

在 $\mathbb{Z}_n^*$ 中选择一个 k 比特元素 s_0 作为种子。对 $i \geq 1$，定义

$$s_{i+1} = s_i^b \bmod n$$

然后定义

$$f(s_0) = (z_1, z_2, \cdots, z_\ell)$$

这里，对 $1 \leqslant i \leqslant \ell$，有

$$z_i = s_i \bmod 2$$

因此称 f 为一个 (k, ℓ)-RSA 生成器。

下面我们给出一个 RSA 生成器的例子。

例 8.2 设 $n = 91\,261 = 263 \times 347$，$b = 1547$，$s_0 = 75\,634$。表 8.2 给出了这个 RSA 生成器所产生的头 20 个比特。从种子 $s_0 = 75\,634$ 产生的序列为

$$10000111011110011000$$

表 8.2　RSA 生成器产生的比特

i	s_i	z_i	i	s_i	z_i	i	s_i	z_i	i	s_i	z_i
0	75 634		6	14 089	1	11	43 467	1	16	78 147	1
1	31 483	1	7	5923	1	12	71 215	1	17	72 137	1
2	31 238	0	8	44 891	1	13	10 401	1	18	89 592	0
3	51 968	0	9	62 284	0	14	77 444	0	19	29 022	0
4	39 796	0	10	11 889	1	15	56 794	0	20	13 356	0
5	28 716	0									

8.2　概率分布的不可区分性

伪随机数生成器的两个主要目标是：首先，它应该快速（即能作为 k 的函数在多项式时间内计算出来）；其次，它应该安全。当然，这两个需求经常相互矛盾。基于线性同余或基于 LFSR 的比特生成器的确都很快。这些比特生成器在模拟中是相当有用的，但对密码应用来说它们是非常不安全的。

现在我们来对比特生成器满足什么条件才算得上"安全"，给出一个准确的描述。直观上，由一个比特生成器产生的长为 ℓ 的比特串应该看起来"随机"。也就是说，应该不能够在 k（或 ℓ）的多项式时间内把由 PRBG 产生的长为 ℓ 的比特串与真正随机的长为 ℓ 的比特串区分开来。

例如，如果一个比特生成器以 2/3 的概率产生 1，那么就很容易把该比特生成器产生的比特串和一个真正随机的比特串区分开来。具体来说，可以使用如下的区分策略。假设我们得到一个长为 ℓ 的比特串。记其中 1 的个数为 ℓ_1。那么，平均来讲，一个长为 ℓ 的真随机串有 $\ell/2$ 个 1，而一个上述比特生成器产生的长为 ℓ 的比特串包含 $2\ell/3$ 个 1。因此，如果

$$\ell_1 > \frac{\ell/2 + 2\ell/3}{2} = \frac{7\ell}{12}$$

那么我们就可以猜测这个比特串更可能由上述比特生成器产生,而不是一个真随机的比特串。

这个例子说明了概率分布的可区分性。现在,我们给出这个概念的一个定义。在这个定义中以及之后,均记$(z_1, \cdots, z_i)$为z^i。

定义 8.2 设p_0和p_1是长度为ℓ的所有比特串之集$(\mathbb{Z}_2)^\ell$上的两个概率分布。对$j=0,1$和$z^\ell \in (\mathbb{Z}_2)^\ell$,$p_j(z^\ell)$表示比特串$z^\ell$在分布$p_j$下出现的概率。设$\mathrm{dst}: (\mathbb{Z}_2)^\ell \to \{0,1\}$是一个函数,$\epsilon > 0$。对$j = 0,1$,定义

$$E_{\mathrm{dst}}(p_j) = \sum_{\{z^\ell \in (\mathbb{Z}_2)^\ell : \mathrm{dst}(z^\ell)=1\}} p_j(z^\ell)$$

我们称 dst 为一个p_0和p_1的ϵ区分器,如果

$$\left| E_{\mathrm{dst}}(p_0) - E_{\mathrm{dst}}(p_1) \right| \geq \epsilon$$

称p_0和p_1是ϵ可区分的,如果存在这样一个p_0和p_1的ϵ区分器。称 dst 为多项式时间区分器,如果$\mathrm{dst}(z^\ell)$可以在ℓ的多项式时间内计算出来。

上述区分器定义的直观意义如下。函数(或算法) dst 力图决定一个给定的ℓ长比特串z^ℓ更可能是按p_0和p_1中的哪一个分布产生的。$\mathrm{dst}(z^\ell)$的结果表示区分器猜测p_0和p_1哪个更可能产生z^ℓ。$E_{\mathrm{dst}}(p_j)$的值表示 dst 在两个概率分布p_0和p_1上输出的平均值(期望值)。如果$E_{\mathrm{dst}}(p_0)$和$E_{\mathrm{dst}}(p_1)$这两个期望值至少距离ϵ较远,那么就说 dst 是一个ϵ区分器。

> **注:** 在上述定义中,一个区分器是一个函数,亦即,它是一个确定性算法。如果有必要,我们可以把这个定义推广到区分器是随机算法的情况。也就是说,给定一个长为ℓ的比特串$z^\ell = (z_1, \cdots, z_\ell)$,一个区分器以概率$p$(依赖于$z^\ell$)猜测成 0,因此以概率$1-p$猜测成 1。在随机区分器的情况下,不难看出
>
> $$E_{\mathrm{dst}}(p_j) = \sum_{z^\ell \in (\mathbb{Z}_2)^\ell} \left(p_j(z^\ell) \times \Pr[\mathrm{dst}(z^\ell)=1] \right)$$
>
> 我们得到和证明的所有结果对随机区分器也同样成立。

区分器和 PRBG 的相关性如下。考虑一个由比特生成器产生的ℓ比特序列。有2^ℓ个可能的ℓ比特序列,如果这ℓ比特是独立且均匀随机选择的话,那么这2^ℓ个序列中的每一个将以等概率$1/2^\ell$的机会发生。这样一个真正随机选取的ℓ比特序列对应于一个在长度为ℓ的所有比特串集合上的等概率(或均匀)分布。我们用p_u来表示这个均匀概率分布。

现在考虑由比特生成器f产生的序列。假设k比特的种子被均匀随机地选择,然后该比特生成器用于构造长度为ℓ的比特串。那么我们就得到另一个长度为ℓ的所有比特串集合上的概率分布,将其记为p_f。为了方便说明,我们做一个简单的假设,亦即,两个不同的种子不会给出相同的比特序列。那么,在2^ℓ个可能的序列中,2^k个序列每个以概率$1/2^k$发生,而剩下的$2^\ell - 2^k$个序列永远不会出现。因此,概率分布p_f是非常不均匀的。

即使两个概率分布 p_u 和 p_f 是相当不同的，但仍仅有可能仅对小的 ϵ 值，它们是多项式时间 ϵ 可区分的。这正是我们构造 PRBG 时追求的目标，然而，这个目标可能很难达到。通过下面的例子就会发现，即使以相等的概率来产生 0 和 1，这也不足以保证不可区分性。

例 8.3 假设一个比特生成器 f 仅产生刚好 $\ell/2$ 个比特为 0，$\ell/2$ 个比特为 1 的 ℓ 长比特序列。定义函数 dst 为

$$\mathrm{dst}(z_1,\cdots,z_\ell) = \begin{cases} 1 & \text{如果 } (z_1,\cdots,z_\ell) \text{ 恰有 } \ell/2 \text{ 个比特为 0} \\ 0 & \text{其他} \end{cases}$$

不难看出，此时有

$$E_{\mathrm{dst}}(p_u) = \frac{\binom{\ell}{\ell/2}}{2^\ell}$$

且

$$E_{\mathrm{dst}}(p_f) = 1$$

可以证明

$$\lim_{\ell \to \infty} \frac{\binom{\ell}{\ell/2}}{2^\ell} = 0$$

因此，对任意固定的 $\epsilon < 1$，如果 ℓ 是充分大的，那么 p_u 和 p_f 是 ϵ 可区分的。

8.2.1 下一比特预测器

研究比特生成器时，另一个有用的概念是下一比特预测器。它的工作方式如下：设 f 是一个 (k,ℓ) 比特生成器。假定对 $1 \leq i \leq \ell-1$，函数 nbp：$(\mathbb{Z}_2)^{i-1} \to \mathbb{Z}_2$ 以 $z^{i-1} = (z_1,\cdots,z_{i-1})$ 为输入，$z^{i-1} = (z_1,\cdots,z_{i-1})$ 表示 f（给定一个未知、随机的 k 比特种子）产生的前 $i-1$ 个比特。现在，函数 nbp 力图预测 f 产生的下一个比特 z_i。我们说 nbp 是一个 ϵ 的第 i 比特预测器，如果给定前 $i-1$ 个比特，nbp 能够至少以概率 $1/2 + \epsilon$ ($\epsilon > 0$) 来预测所产生伪随机序列的第 i 个比特。

可从概率分布的角度来给这个概念一个更准确的描述。我们已经有了由比特生成器 f 导出的定义在 $(\mathbb{Z}_2)^\ell$ 上的概率分布 p_f，我们也考察一下由 f 导出的关于 ℓ 个伪随机输出比特当中任意一个的概率分布（或者关于这 ℓ 个输出比特的任何子序列的概率分布）。所以，对于 $0 \leq i \leq \ell$，我们将把第 i 个输出比特看做一个随机变量，并记为 $\mathbf{z}_i$[①]。

在这些定义下，我们有下一比特预测器的下列特征刻画。

定理 8.1 设 f 是一个 (k,ℓ) 比特生成器，那么函数 nbp 是一个关于 f 的 ϵ 的第 i 比特预测器当且仅当

$$\sum_{z^{i-1} \in (\mathbb{Z}_2)^{i-1}} (p_f(z^{i-1}) \times \Pr[\mathbf{z}_i = \mathrm{nbp}(z^{i-1}) | z^{i-1}]) \geq \frac{1}{2} + \epsilon$$

---

① 此处原书为黑正体，以表示不同的变量，在此未做调整——编者注。

证明 正确的预测第 i 个产生比特的概率可以通过累加在所有可能的 $(i-1)$ 元组 $(z_1, \cdots, z_{i-1})$ 取值的情况下，该取值 $(z_1, \cdots, z_{i-1})$ 正好由比特生成器产生的概率与给定取值 $(z_1, \cdots, z_{i-1})$ 的情况下，ϵ 的第 i 比特预测器预测正确的概率乘积得到。

> **注:** 在这个定义中，使用表达式 $1/2 + \epsilon$ 的原因是任何一个预测算法都只能以概率 $1/2$ 来预测完全随机序列中的任何一个比特。如果一个序列不是完全随机的，那么就有可能以高一些的概率来预测一个给定比特(注意此时没有必要考虑以小于 $1/2$ 的概率来预测一个给定比特的算法，因为只需以 $1-z$ 来代替 z 就可转化为上述情况)。
>
> 当然，我们也允许比特预测器是一个随机算法。此时，所得到和证明的结论仍然成立。事实上，在本章的一个主要结论(参见定理 8.3)中，就将构造一个随机化的比特预测器。

我们通过使用例 8.1 中的线性同余生成器来产生下一比特预测器，并通过这个例子来说明上述观点。

例 8.1(续) 对任意的 i: $1 \leqslant i \leqslant 9$，定义一个第 i 比特预测器如下

$$\mathrm{nbp}(z^{i-1}) = 1 - z_{i-1}$$

即函数 nbp 预测在 1 后面更有可能是 0，反之亦然。不难由表 8.1 计算出，对任意的 $i \geqslant 1$，nbp 是一个 $\dfrac{9}{62}$ 下一比特预测器(即它以 $\dfrac{1}{2} + \dfrac{9}{62} = \dfrac{20}{31}$ 的概率正确预测下一比特)。

我们可以使用下一比特预测器来构造一个区分算法。假设对一个给定的整数 $i \leqslant \ell$，nbp 是一个 ϵ 的第 i 比特预测器。算法 8.3 给出了所构造的区分器。

算法 8.3 Distinguish (z^i)

external nbp

$z \leftarrow$ nbp (z^{i-1})

if $z = z_i$

    then return (1)

    else return (0)

算法 Distinguish 的输入是 i 比特串，记为 z^i。给定序列中的前 $i-1$ 个比特，Distinguish 使用函数 nbp 来预测 z_i。当预测比特与 z_i 的真实值相等时，Distinguish 输出 1，表示它认为 i 元组 z^i 已经从比特生成器 f 中出现；否则，Distinguish 输出 0。

很明显，Distinguish(参见算法 8.3)是一个多项式时间图灵归约。下面的定理表明，如果 nbp 是一个好的第 i 比特预测器，那么 Distinguish 就是一个好的区分器。

定理 8.2 假设 nbp 对 (k, ℓ) 比特生成器 f 来说是一个多项式时间 ϵ 的第 i 比特预测器。设 p_f 是由 f 导出的 $(\mathbb{Z}_2)^i$ 上的概率分布，p_u 是 $(\mathbb{Z}_2)^i$ 上的均匀分布。那么算法 8.3 是一个 p_f 和 p_u 的多项式时间 ϵ 区分器。

证明 首先看到

$$\text{Distinguish}(z^i) = 1 \Leftrightarrow \mathrm{nbp}(z^{i-1}) = z_i$$

这样，我们能计算出期望值 $E_{\text{Distinguish}}(p_f)$ 如下：

$$
\begin{aligned}
E_{\text{Distinguish}}(p_f) &= \sum_{z^i \in (\mathbb{Z}_2)^i} \left(p_f(z^i) \times \Pr[\text{Distinguish}(z^i)=1] \right) \\
&= \sum_{z^i \in (\mathbb{Z}_2)^i} \left(p_f(z^i) \times \Pr[\text{nbp}(z^{i-1})=z_i] \right)
\end{aligned}
$$

现在考察任意的 $i-1$ 元组 z^{i-1}。定义

$$
z = (z_1, \cdots, z_{i-1}, 0)
$$

和

$$
z' = (z_1, \cdots, z_{i-1}, 1)
$$

考察上面对应于 z 和 z' 的两项，我们有

$$
\begin{aligned}
& p_f(z) \times \Pr\left[\text{nbp}(z^{i-1})=0\right] + p_f(z') \times \Pr\left[\text{nbp}(z^{i-1})=1\right] \\
&= p_f(z^{i-1}) \times \sum_{j \in \{0,1\}} \left(\Pr\left[\mathbf{z}_i = j \mid z^{i-1}\right] \times \Pr\left[\text{nbp}(z^{i-1})=j\right] \right) \\
&= p_f(z^{i-1}) \times \Pr\left[\mathbf{z}_i = \text{nbp}(z^{i-1}) \mid z^{i-1}\right]
\end{aligned}
$$

因此

$$
\begin{aligned}
E_{\text{Distinguish}}(p_f) &= \sum_{z^{i-1} \in (\mathbb{Z}_2)^{i-1}} \left(p_f(z^{i-1}) \times \Pr\left[\mathbf{z}_i = \text{nbp}(z^{i-1}) \mid z^{i-1}\right] \right) \\
&\geqslant \frac{1}{2} + \epsilon
\end{aligned}
$$

这是因为 nbp 是一个 ϵ 的第 i 比特预测器。

另一方面，任何一个预测器都只能以概率 1/2 来预测一个真正随机序列的第 i 比特，因此，$E_{\text{Distinguish}}(p_u) = 1/2$。这样就有

$$
\left| E_{\text{Distinguish}}(p_u) - E_{\text{Distinguish}}(p_f) \right| \geqslant \epsilon
$$

这正是所期望的结果。

由 Yao 提出的伪随机比特生成器理论中的一个主要结果是：下一比特生成器是一个通用测试，亦即，一个比特生成器是"安全的"，当且仅当除对非常小的 ϵ 值外，不存在该生成器的任何多项式时间 ϵ 的第 i 比特预测器。定理 8.2 证明了在一个方向上的结论。为了证明其逆，必须证明区分器的存在怎样意味着某个第 i 比特预测器的存在，参见下述定理 8.3。

定理 8.3　假设 dst 是一个 p_f 和 p_u 的（多项式时间）ϵ 区分器，这里 p_f 是由 (k, ℓ) 比特生成器 f 导出的 $(\mathbb{Z}_2)^\ell$ 上的概率分布，p_u 是 $(\mathbb{Z}_2)^\ell$ 上的均匀概率分布，那么对某一 i，$1 \leqslant i \leqslant \ell-1$，存在关于 f 的一个（多项式时间）ϵ / ℓ 的第 i 比特预测器。

证明　对于 $0 \leqslant i \leqslant \ell$，设 q_i 是比特生成器 f 产生的前 i 个比特、剩下的 $\ell-i$ 个比特独立均匀随机产生的 $(\mathbb{Z}_2)^\ell$ 上的概率分布（假设 k 比特的种子随机均匀选取）。这样，$q_0 = p_u$ 和 $q_\ell = p_f$。我们已经知道

$$\left|E_{\mathrm{dst}}(q_0) - E_{\mathrm{dst}}(q_\ell)\right| \geqslant \epsilon$$

通过使用三角不等式，有

$$\epsilon \leqslant \left|E_{\mathrm{dst}}(q_0) - E_{\mathrm{dst}}(q_\ell)\right| \leqslant \sum_{i=1}^{\ell} \left|E_{\mathrm{dst}}(q_{i-1}) - E_{\mathrm{dst}}(q_i)\right|$$

因此，至少有一个值 i，$1 \leqslant i \leqslant \ell$，满足

$$\left|E_{\mathrm{dst}}(q_{i-1}) - E_{\mathrm{dst}}(q_i)\right| \geqslant \frac{\epsilon}{\ell}$$

不失一般性，假设

$$E_{\mathrm{dst}}(q_{i-1}) - E_{\mathrm{dst}}(q_i) \geqslant \frac{\epsilon}{\ell}$$

(或者，如果

$$E_{\mathrm{dst}}(q_i) - E_{\mathrm{dst}}(q_{i-1}) \geqslant \frac{\epsilon}{\ell}$$

那么，直接改动我们的证明就可得到想要的结果)。

算法 8.4　　$\mathrm{NBP}(z^{i-1})$

external dst

随机选择 $(z_i, \cdots, z_\ell) \in (\mathbb{Z}_2)^{\ell-i+1}$

$z \leftarrow \mathrm{dst}(z_1, \cdots, z_\ell)$

return$(z + z_i \mod 2)$

我们将构造一个第 i 个比特的预测器(对这个特定的 i 值)。该预测算法是一个随机化算法，其描述参见算法 8.4。很明显，算法 8.4 是一个多项式时间(随机化)的图灵归约。

算法 8.4 的构造思想如下。给定比特生成器 f 产生的 $z_1, \cdots, z_{i-1}$ 时，NBP 事实上根据概率分布 q_{i-1} 来产生一个 ℓ 元组。如果 dst 回答为"0"，那么它认为该 ℓ 元组更有可能是根据概率分布 q_i 来产生的。q_{i-1} 和 q_i 的不同之处仅在于 q_{i-1} 中的第 i 比特是随机产生的，而 q_i 的第 i 比特是根据比特生成器 f 来产生的。因此，当 dst 回答为"0"时，它认为第 i 比特，即 z_i 是由比特生成器 f 来产生的。因此，在这种情况下，取 z_i 作为第 i 比特预测。另一方面，如果 dst 回答为"1"时，它认为 z_i 是随机的，所以，取 $1 - z_i$ 作为由比特生成器 f 来产生的第 i 比特预测。

我们需要计算第 i 比特被正确预测的概率。注意到，如果 dst 回答为"0"，那么预测是正确的概率为

$$\Pr\left[\mathbf{z}_i = z_i \big| z^{i-1}\right]$$

如果 dst 回答为"1"时，那么预测是正确的概率为

$$\Pr\left[\mathbf{z}_i \neq z_i \big| z^{i-1}\right]$$

在我们的计算中，将利用下述事实将概率分布 q_{i-1} 和 q_i 关联起来。亦即，有下式成立

$$q_{i-1}(z^\ell) \times \Pr\left[\mathbf{z}_i = z_i \big| z^{i-1}\right] = \frac{q_i(z^\ell)}{2} \tag{8.1}$$

上式很容易从下式中得到证明:

$$q_{i-1}(z^\ell) \times \Pr\left[\mathbf{z}_i = z_i \big| z^{i-1}\right] = q_{i-1}(z^{i-1}) \times \frac{1}{2^{\ell-i+1}} \times \Pr\left[\mathbf{z}_i = z_i \big| z^{i-1}\right]$$

$$= q_i(z^i) \times \frac{1}{2^{\ell-i+1}}$$

$$= \frac{q_i(z^\ell)}{2}$$

现在将完成我们的主要计算。这里的计算由一系列复杂的概率求和组成。建议读者自己完成证明,补全所有细节。值得注意的是,式(8.1)将在下面的证明中多次用到。

$$\sum_{z^{i-1} \in (\mathbb{Z}_2)^{i-1}} \left(p_f(z^{i-1}) \times \Pr\left[\mathbf{z}_i = \mathrm{nbp}(z^{i-1})\right] \right)$$

$$= \sum_{z^\ell \in (\mathbb{Z}_2)^\ell} \left(q_{i-1}(z^\ell) \times \Pr\left[\mathbf{z}_i = \mathrm{nbp}(z^{i-1})\right] \right)$$

$$= \sum_{z^\ell \in (\mathbb{Z}_2)^\ell} \left(q_{i-1}(z^\ell) \Big(\Pr\left[\mathrm{dst}(z^\ell) = 0 \big| z^\ell\right] \times \Pr\left[\mathbf{z}_i = z_i \big| z^{i-1}\right] + \right.$$

$$\left. \Pr\left[\mathrm{dst}(z^\ell) = 1 \big| z^\ell\right] \times \Pr\left[\mathbf{z}_i \neq z_i \big| z^{i-1}\right] \Big) \right)$$

$$= \sum_{z^\ell \in (\mathbb{Z}_2)^\ell} \left(q_{i-1}(z^\ell) \Big(\big(1 - \Pr\left[\mathrm{dst}(z^\ell) = 1 \big| z^\ell\right] \big) \times \Pr\left[\mathbf{z}_i = z_i \big| z^{i-1}\right] + \right.$$

$$\left. \Pr\left[\mathrm{dst}(z^\ell) = 1 \big| z^\ell\right] \times \big(1 - \Pr\left[\mathbf{z}_i = z_i \big| z^{i-1}\right] \big) \Big) \right)$$

$$= \sum_{z^\ell \in (\mathbb{Z}_2)^\ell} \left(q_{i-1}(z^\ell) \times \Pr\left[\mathbf{z}_i = z_i \big| z^{i-1}\right] \right)$$

$$- 2 \sum_{z^\ell \in (\mathbb{Z}_2)^\ell} \left(q_{i-1}(z^\ell) \times \Pr\left[\mathrm{dst}(z^\ell) = 1 \big| z^\ell\right] \times \Pr\left[\mathbf{z}_i = z_i \big| z^{i-1}\right] \right)$$

$$+ \sum_{z^\ell \in (\mathbb{Z}_2)^\ell} \left(q_{i-1}(z^\ell) \times \Pr\left[\mathrm{dst}(z^\ell) = 1 \big| z^\ell\right] \right)$$

$$= \frac{1}{2} \sum_{z^\ell \in (\mathbb{Z}_2)^\ell} q_i(z^\ell) - \sum_{z^\ell \in (\mathbb{Z}_2)^\ell} \left(q_i(z^\ell) \times \Pr\left[\mathrm{dst}(z^\ell) = 1 \big| z^\ell\right] \right)$$

$$+ \sum_{z^\ell \in (\mathbb{Z}_2)^\ell} \left(q_{i-1}(z^\ell) \times \Pr\left[\mathrm{dst}(z^\ell) = 1 \big| z^\ell\right] \right)$$

$$= \frac{1}{2} + E_{\mathrm{dst}}(q_{i-1}) - E_{\mathrm{dst}}(q_i)$$

$$\geqslant \frac{1}{2} + \frac{\epsilon}{\ell}$$

这正是我们想要证明的。

8.3 Blum-Blum-Shub 生成器

在这一节中,我们将描述并分析一个由 Blum, Blum 和 Shub 提出的最流行的 PRBG。对任意的奇数 n,记模 n 的二次剩余为 QR(n),亦即,QR$(n)=\{x^2 \bmod n : x \in \mathbb{Z}_n^*\}$。Blum-Blum-Shub 生成器参见算法 8.5。

算法 8.5 Blum-Blum-Shub 生成器

设 p,q 是两个满足 $p \equiv q \equiv 3 \bmod 4$ 的 $(k/2)$ 比特素数,定义 $n=pq$。QR(n) 表示模 n 的二次剩余的集合。

一个种子 s_0 是 QR(n) 中的任何一个元素。对 $0 \le i \le \ell-1$,定义

$$s_{i+1} = s_i^2 \bmod n$$

然后定义

$$f(s_0) = (z_1, z_2, \cdots, z_\ell)$$

其中

$$z_i = s_i \bmod 2$$

$1 \le i \le \ell$。那么 f 是一个 (k, ℓ) PRBG,称为 Blum-Blum-Shub 生成器,简写为 BBS 生成器。

一种选择合适种子的方法是先选择一个 $s_{-1} \in \mathbb{Z}_n^*$,然后计算 $s_0 = s_{-1}^2 \bmod n$。这保证了 $s_0 \in $ QR(n)。

该生成器的工作相当简单。给定一个种子 $s_0 \in $ QR(n),通过模 n 的连续平方来计算出序列 $s_1, s_2, \cdots, s_\ell$,然后把每一个 s_i 模 2 约化得到 z_i。因此

$$z_i = (s_0^{2^i} \bmod n) \bmod 2 \qquad 1 \le i \le \ell$$

现在我们给出 BBS 生成器的一个简单例子。

例 8.4 假设 $n = 192\,649 = 383 \times 503$,$s_0 = 101\,355^2 \bmod n = 20\,749$。表 8.3 给出了由 BBS 生成器产生的前 20 个比特。从上述种子中得到的比特串为:

$$11001110000100111010$$

表 8.3 由 BBS 生成器产生的比特

i	s_i	z_i	i	s_i	z_i	i	s_i	z_i	i	s_i	z_i
0	20 749		1	143 135	1	2	177 671	1	3	97 048	0
4	89 992	0	5	174 051	1	6	80 649	1	7	45 663	1
8	69 442	0	9	186 894	0	10	177 046	0	11	137 922	0
12	123 175	1	13	8630	0	14	114 386	0	15	14 863	1
16	133 015	1	17	106 065	1	18	45 870	0	19	137 171	1
20	48 060	0									

下面我们回顾一下 5.4 节中的 Jacobi（雅可比）符号和第 5 章其他部分的数论知识。假设 p 和 q 是两个不同素数，令 $n = pq$。由 Jacobi 符号的定义，很容易得到

$$\left(\frac{x}{n}\right) = \begin{cases} 0, & \text{如果 } \gcd(x,n) > 1 \\ 1, & \text{如果 } \left(\dfrac{x}{p}\right) = \left(\dfrac{x}{q}\right) = 1 \text{ 或 } \left(\dfrac{x}{p}\right) = \left(\dfrac{x}{q}\right) = -1 \\ -1, & \text{如果 } \left(\dfrac{x}{p}\right) \text{ 和 } \left(\dfrac{x}{q}\right) \text{ 一个为 1，另一个为 } -1 \end{cases}$$

回顾一下 x 是模 n 的二次剩余当且仅当

$$\left(\frac{x}{p}\right) = \left(\frac{x}{q}\right) = 1$$

定义

$$\widetilde{\mathrm{QR}}(n) = \left\{ x \in \mathbb{Z}_n^* \setminus \mathrm{QR}(n) : \left(\frac{x}{n}\right) = 1 \right\}$$

这样

$$\widetilde{\mathrm{QR}}(n) = \left\{ x \in \mathbb{Z}_n^* : \left(\frac{x}{p}\right) = \left(\frac{x}{q}\right) = -1 \right\}$$

元素 $x \in \widetilde{\mathrm{QR}}(n)$ 称为模 n 的一个伪平方。不难看出，下式成立 $|\mathrm{QR}(n)| = |\widetilde{\mathrm{QR}}(n)| = (p-1)(q-1)/4$。

Blum-Blum-Shub 生成器的安全性基于复合二次剩余问题的难处理性，参见下面的问题 8.1（在第 5 章中，我们定义了模素数的二次剩余问题，并证明了它是容易求解的，这里我们使用合数模）。

问题 8.1　复合二次剩余（Composite Quadratic Residues）

实例：正整数 n 是两个未知不同奇素数 p 和 q 之积，整数 $x \in \mathbb{Z}_n^*$ 满足 $\left(\dfrac{x}{n}\right) = 1$。

问题：$x \in \mathrm{QR}(n)$ 吗？

基本上，复合二次剩余问题需要我们能够区别模 n 的二次剩余和模 n 的伪二次剩余，这不比分解 n 更困难。因为如果能够分解 $n = pq$，那么计算 $\left(\dfrac{x}{p}\right)$ 将是件简单的事情。给定 $\left(\dfrac{x}{n}\right) = 1$，可证明 x 是模 n 的二次剩余当且仅当 $\left(\dfrac{x}{p}\right) = 1$。

如果不知道 n 的因子，那么目前似乎还没有一个有效的方法来求解复合二次剩余问题。所以，通常猜测如果分解 n 不可行的话，那么这个问题将是难解的。

当我们观察 BBS 生成器的安全性时，它的下列特征是重要的。因为 $n = pq$，$p \equiv q \equiv 3 \bmod 4$，因此，对任意的二次剩余 x，有唯一一个 x 的平方根，它也是二次剩余，这个平方

根称为 x 的主平方根。因此，用于定义 BBS 生成器的映射 $x \mapsto x^2 \mod n$ 是 QR(n) 中的一个置换，即模 n 的二次剩余集的置换。

例 8.5 假设 $n = 253 = 11 \times 23$，则

$$|QR(n)| = \frac{10 \times 22}{4} = 55$$

计算表明 $\mathbb{Z}_{55}$ 中的 BBS 生成器按下述方式置换 $|QR(55)|$ 中的元素：该置换有一个长度为 1 的圈，一个长度为 4 的圈，一个长度为 10 的圈和两个长度为 20 的圈。

8.3.1 BBS 生成器的安全性

在这一节里，我们来详细地考察 BBS 生成器的安全性。首先，假设 BBS 生成器所产生的伪随机比特与 ℓ 个随机比特是 ϵ 可区分的，然后，看由此可得出什么结论。我们将给出一系列的多项式时间图灵归约。整个这一节，我们假设 $n = pq$，p 和 q 是满足 $p \equiv q \equiv 3 \pmod 4$ 的素数，且 $n = pq$ 的分解是未知的。

我们已经讨论了下一比特预测器的思想。在这一节中，考虑一个类似的称为前一比特预测器的概念。对一个 (k, ℓ)-BBS 生成器而言，前一比特预测器将取该生成器产生的 ℓ 个伪随机比特作为输入(由一个未知的随机种子 $s_0 \in QR(n)$ 确定)，它力图计算 $z_0 = s_0 \mod 2$。前一比特预测器可以是一个概率算法，我们说前一比特预测器 pbp 是一个 ϵ 前一比特预测器，如果它正确猜测 z_0 的概率至少为 $1/2 + \epsilon$，这个概率是对所有可能种子 s_0 取值上而言的。

下面，我们不加证明地陈述类似于定理 8.3 的定理。

定理 8.4 假设存在一个 p_f 与 p_u 的(多项式时间) ϵ 区分器，这里 p_f 是 (k, ℓ)-BBS 生成器 f 导出的 $(\mathbb{Z}_2)^\ell$ 上的概率分布，p_u 是 $(\mathbb{Z}_2)^\ell$ 上的均匀概率分布。那么存在一个关于 f 的(多项式时间) $\frac{\epsilon}{\ell}$ 前一比特预测器。

下面，我们来展示怎样使用 δ 前一比特预测器 pbp 来构造一个概率算法，把模 n 二次剩余与模 n 伪二次剩余以 $1/2 + \delta$ 的概率区分开来。算法 QR-TEST，参见算法 8.6，使用 pbp 作为一个子程序或谕示器。假设输入 x 是一个 Jacobi 符号为 1 的元素，亦即，$x \in QR(n) \bigcup \widetilde{QR}(n)$。

算法 8.6 QR-TEST (x, n)

external pbp
$s_1 \leftarrow x^2 \mod n$
comment: s_1 是一个模 n 的二次剩余
$z_1 \leftarrow s_1 \mod 2$
由种子 s_1 使用 BBS 生成器计算出 $z_2, \cdots, z_\ell$
$z \leftarrow \text{pbp}(z_1, \cdots, z_\ell)$
if $(x \mod 2) = z$
    then return (yes)
    else return (no)

简单来说，算法8.6首先将 x 平方，然后使用 x^2 作为 BBS 生成器的种子构造出一个 ℓ 长的伪随机比特序列。当 $x \in QR(n)$ 时，x 本身就是一个合法的种子，从而导出序列与 BBS 生成器用 x 作为种子产生的序列相同；当 $x \in \widetilde{QR}(n)$ 时，那么导出序列与BBS生成器用 $-x$ 作为种子产生的序列相同。这个算法通过调用预测器 pbp 来检查 $x \in QR(n)$ 是否成立，下面的定理及其证明描述了这一事实。

定理 8.5 假设 pbp 是关于 (k,ℓ)-BBS 生成器 f 的一个 δ 前一比特预测器，那么算法 QR-TEST 至少以 $1/2+\delta$ 的概率(在多项式时间内)正确地确定二次剩余性，这里的概率计算是在所有可能的输入 $x \in QR(n) \bigcup \widetilde{QR}(n)$ 上求平均，而这些输入是均匀随机选择的。

证明 因为 $n=pq$，$p \equiv q \equiv 3 \,(\mathrm{mod}\,4)$，所以，$\left(\dfrac{-1}{n}\right)=1$，亦即，$-1 \in \widetilde{QR}(n)$。设 s_0 表示 s_1 的主平方根，我们假设 $\left(\dfrac{x}{n}\right)=1$，那么，当 $x \in QR(n)$ 时，有 $s_0=x$；当 $x \in \widetilde{QR}(n)$ 时，有 $s_0=-x$。

$z_1,\cdots,z_\ell$ 正好就是 BBS 生成器用 s_0 作为种子产生的序列，而 n 又是奇数，所以

$$(-x \ \mathrm{mod} \ n) \ \mathrm{mod} \ 2 \neq (x \ \mathrm{mod} \ n) \ \mathrm{mod} \ 2$$

因此

$$x \in QR(n) \Leftrightarrow s_0 = x$$

这样就证明了 QR-TEST 给出一个正确的回答当且仅当 pbp 正确地预测出 z，由此立即可推出所要证明的结果。

例 8.6 假设 $n=60\,485\,929\,729$，$x=349\,850\,938$。可以验证 $\left(\dfrac{x}{n}\right)=1$。QR-TEST 将首先计算出 $s_1 = 41\,061\,588\,913$，$z_1=1$。然后，我们使用 BBS 生成器来产生其余的 $\ell-1$ 个比特，亦即

$$41\,061\,588\,913,\ 24\,724\,816\,839,\ 40\,968\,882\,391,\ 2\,137\,662\,714,\ 32\,677\,932\,305$$

因此，前5个比特为

$$1,\ 1,\ 1,\ 0,\ 1$$

可以根据需要算出任意多的比特。

我们知道这个序列的种子不是 x，就是 $-x$，这取决于 $x \in QR(n)$ 是否成立。所构造出来的比特序列将输入给预测器，然后返回一个值 $z=0$ 或者1。假设 pbp 返回一个值 $z=0$，由于 $x \ \mathrm{mod}\ 2 = 0 = z$，QR-TEST 将会输出 "yes"，这意味着它相信 $x \in QR(n)$。

定理 8.5 表明，我们如何以至少 $1/2+\delta$ 的概率将二次剩余和伪平方区别开来。然而，这个成功概率只是通过所有可能的输入 $x \in QR(n) \bigcup \widetilde{QR}(n)$ 计算出来的一个平均值。我们现在来证明这个结果可以改进成一个至少以 $1/2+\delta$ 的概率正确确定出二次剩余性的 Monte Carlo 算

法。换句话说，对任何 $x \in \mathrm{QR}(n) \cup \widetilde{\mathrm{QR}}(n)$，我们将要描述的 Monte Carlo 算法给出正确答案的概率至少为 $1/2+\delta$。注意这个算法相对于我们在 5.4 节中研究的有偏差的 Monte Carlo 算法来说是无偏差的算法(它对任何输入都可能给出一个不正确的答案)。

算法 8.7 给出了一个 Monte Carlo 算法 MC-QR-TEST。这个算法调用 QR-TEST 作为一个子程序。从本质上讲，算法 8.7 是一个随机化的过程。它将随机选择一个二次剩余，然后将其与 x 相乘，得到另一个剩余 x'，接着随机将 x' 与 ± 1 相乘。使用子程序 QR-TEST 来检查 x' 的二次剩余性，然后使用这个信息来对 x 的二次剩余性进行一个判决。

算法 8.7　MC-QR-TEST (x)

external QR-TEST

随机选择 $r \in \mathbb{Z}_n^{\ *}$

$x' \leftarrow r^2 x \bmod n$

随机选择 $s \in \{1, -1\}$

$x' \leftarrow s x' \bmod n$

$t \leftarrow$ QR-TEST (x')

if $((t = \text{yes}) \textbf{ and } (s = 1)) \textbf{ or } ((t = \text{no}) \textbf{ and } (s = -1))$

　　then return (yes)

　　else return (no)

定理 8.6　假设 QR-TEST 以至少 $1/2+\delta$ 的平均概率(在多项式时间内)正确确定二次剩余性，那么算法 8.7 中描述的算法 MC-QR-TEST 是一个关于复合二次剩余的(多项式时间)Monte Carlo 算法，其错误概率至多为 $1/2-\delta$。

证明　对任意给定的输入 $x \in \mathrm{QR}(n) \cup \widetilde{\mathrm{QR}}(n)$，算法 8.7 产生了一个元素 x'，它是 $\mathrm{QR}(n) \cup \widetilde{\mathrm{QR}}(n)$ 中的一个随机元素，此外，x 的二次剩余性可以通过 x' 的二次剩余性来决定。

我们将介绍的最后一个算法属于无偏差 Monte Carlo 算法。它表明，对任意的 $\gamma > 0$，任何一个错误概率至多为 $1/2-\delta$ 的(无偏差)Monte Carlo 算法都能用于构造一个错误概率至多为 γ 的无偏差 Monte Carlo 算法。换句话说，我们能使正确的概率任意接近于 1。所用的思想是对某一整数 m，运行给定的 Monte Carlo 算法 $2m+1$ 次，并按"择多选择"做出一个回答。通过计算这个算法的错误概率，我们也能看到 m 如何依赖于 γ。这个依赖关系陈述在下列定理中。

定理 8.7　假设 A 是一个错误概率至多为 $1/2-\delta$ 的无偏差 Monte Carlo 算法。定义一个算法 A''，这个算法对一个给定的实例 I 运行 A　$n = 2m+1$ 次，并输出最常出现的回答。那么，算法 A'' 的错误概率至多为

$$\frac{(1-4\delta^2)^m}{2}$$

证明　在 n 次试验中刚好得到 i 个正确回答的概率至多为

$$\binom{n}{i}\left(\frac{1}{2}+\delta\right)^i\left(\frac{1}{2}-\delta\right)^{n-i}$$

最常出现的回答是，不正确回答的概率等于在 n 次试验中正确回答的数目至多为 m 的概率，因此，我们计算如下

$$\begin{aligned}
\Pr[\text{error}] &\leqslant \sum_{i=0}^{m}\binom{n}{i}\left(\frac{1}{2}+\delta\right)^i\left(\frac{1}{2}-\delta\right)^{2m+1-i} \\
&= \left(\frac{1}{2}+\delta\right)^m\left(\frac{1}{2}-\delta\right)^{m+1}\sum_{i=0}^{m}\binom{n}{i}\left(\frac{1/2-\delta}{1/2+\delta}\right)^{m-i} \\
&\leqslant \left(\frac{1}{2}+\delta\right)^m\left(\frac{1}{2}-\delta\right)^{m+1}\sum_{i=0}^{m}\binom{n}{i} \\
&= \left(\frac{1}{2}+\delta\right)^m\left(\frac{1}{2}-\delta\right)^{m+1}2^{2m} \\
&= \left(\frac{1}{4}-\delta^2\right)^m\left(\frac{1}{2}-\delta\right)2^{2m} \\
&= \left(1-4\delta^2\right)^m\left(\frac{1}{2}-\delta\right) \\
&\leqslant \frac{\left(1-4\delta^2\right)^m}{2}
\end{aligned}$$

这正是所期望的结果。

假设我们想把错误概率的下界定为某一值 γ，这里 $0<\gamma<1/2-\delta$。我们需选择 m 使得

$$\frac{(1-4\delta^2)^m}{2}\leqslant\gamma$$

因此，取

$$m=\left\lceil\frac{1+\operatorname{lb}\gamma}{\operatorname{lb}(1-4\delta^2)}\right\rceil$$

就足够了。

如果算法 A 运行 $2m+1$ 次，那么择多判决产生正确回答的概率至少为 $1-\gamma$。不难证明，对某一常数 c 来说，这个 m 值至多为 $c/(\gamma\delta^2)$。因此，该算法必须运行的次数是 $1/\gamma$ 和 $1/\delta$ 的多项式。

例 8.7 假设我们开始于一个 Monte Carlo 算法，它返回正确回答的概率至少为 0.55，所以 $\delta=0.05$。如果我们期望一个 Monte Carlo 算法，其错误概率至多为 0.05 的话，那么取 $m=230$ 和 $n=461$ 就足够了。

让我们组合已做的归约，就有下面一系列推断：

(k,ℓ)-BBS 生成器与 ℓ 个随机比特是 ϵ 可区分的

$\Downarrow$

对 (k,ℓ)-BBS 生成器的 (ϵ/ℓ) 前一比特预测器

$\Downarrow$

正确概率至少为 $1/2+\epsilon/\ell$ 的关于复合二次剩余的区分算法

$\Downarrow$

关于复合二次剩余的错误概率至多为 $1/2-\epsilon/\ell$ 的无偏差 Monte Carlo 算法

$\Downarrow$

对任一 $\gamma>0$，关于复合二次剩余的错误概率至多为 γ 的无偏差 Monte Carlo 算法。

所有的这些归约都是多项式时间的算法(也就是 k，$1/\epsilon$ 和 $1/\gamma$ 的多项式时间)。普遍相信对复合二次剩余问题不存在一个很小错误概率的多项式时间 Monte Carlo 算法，所以，我们有证据表明，BBS 生成器是安全的。这就是一个可证明安全性的例子。

通过叙述一个改进 BBS 生成器的效率的方法来结束本节。在 BBS 生成器中，伪随机比特序列是取每一个 s_i 的最低比特来构造的，亦即 $s_i=s_0^{2^i} \bmod n$。现在假设我们从每一个 s_i 中抽取 r 个最低比特，这里 r 是一个正整数。这将把 PRBG 的效率提高 r 倍，但是我们要问此时 PRBG 是否仍保持安全（假设复合二次剩余问题是难处理的）。已证明在 $r \leqslant \text{lblb}\, n$ 条件下，这个方法仍是安全的。所以，在每次模平方中我们能抽取大约 $\text{lblb}\, n$ 个伪随机比特。在 BBS 生成器的一个实际实现中，比如 $n \approx 10^{160}$，每次平方后能抽取 9 个比特。

8.4 概率加密

在 5.9.2 节中，我们讨论了密码体制的语义安全性与密文不可区分性等概念。基于一族安全的陷门单向置换和某些合适的 Hash 函数，一个语义安全的公钥密码体制可以建立起来。在把 Hash 函数模型化成随机谕示器(random oracle)的条件下，我们可以做出一个安全性证明。OAEP(Optimal Asymmetric Encryption Padding)就是一个基于这种类型构造的具体密码体制。

在本节，将描述另一个方法，亦即由 Goldwasser 和 Micali 提出的概率加密。我们先给出这一概念的一个定义，这个定义基于概率分布的可区分性。

定义 8.3 一个概率公钥密码体制定义为一个 6 元组 $(\mathcal{P},\mathcal{C},\mathcal{K},\mathcal{E},\mathcal{D},\mathcal{R})$，其中 $\mathcal{P}$ 是明文集，$\mathcal{C}$ 是密文集，$\mathcal{K}$ 是密钥空间，$\mathcal{R}$ 是随机化子的集合。对每一个密钥 $K \in \mathcal{K}$，$e_K \in \mathcal{E}$ 是一个公开加密规则，$d_K \in \mathcal{D}$ 是一个秘密解密规则。同时，要满足下列特性：

1. 每一个 e_K：$\mathcal{P} \times \mathcal{R} \to \mathcal{C}$ 和 d_K：$\mathcal{C} \to \mathcal{P}$ 是满足

$$d_K(e_K(b,r))=b$$

的函数，对每一个明文 $b \in \mathcal{P}$ 和每一个 $r \in \mathcal{R}$ [特别地，它意味着如果 $x \neq x'$，那么 $e_K(x,r) \neq e_K(x',r)$]。

2. 该体制的安全性定义如下。设 ϵ 是一个指定的安全参数。对任意固定的 $K \in \mathcal{K}$ 和任意

的 $x \in \mathcal{P}$ ，定义一个 $\mathcal{C}$ 上的概率分布 $p_{K,x}$ ，这里 $p_{K,x}(y)$ 表示给定 K 是密钥，x 是明文时，y 是密文的概率(这个概率的计算是在所有随机选择的 $r \in \mathcal{R}$ 上进行的)。假设 x ，$x'\in\mathcal{P}$ ，$x \neq x'$ ，$K \in \mathcal{K}$ ，那么概率分布 $p_{K,x}$ 和 $p_{K,x'}$ 不是多项式时间 ϵ 可区分的。

该体制如下工作。若要加密明文 x ，(随机)选择一个随机化子 $r \in \mathcal{R}$ ，并计算 $y = e_K(x,r)$ 。根据特性 1，任一密文 $y = e_K(x,r)$ 能被唯一解密为明文 x 。特性 2 表明：如果 $x \neq x'$ ，那么 x 的所有加密的概率分布与 x' 的所有加密的概率分布是(多项式时间)不可区分的。非正式地讲，x 的一个加密"看起来像" x' 的一个加密。安全参数 ϵ 应该是小的：实际上，对某些小的 $c > 0$ ，我们建议取 $\epsilon = c/|\mathcal{R}|$ 。

很明显，一个如上定义的概率公钥密码体制能够提供语义安全性。特性 2 表明，任何两个给定明文的加密密文在多项式时间内都是不可区分的。这也是我们在 5.9.2 节提出的相同的要求。

现在我们提出一个称为 Goldwasser-Micali 公钥密码体制作为密码体制 8.1。注意这个密码体制独立地加密明文的每个比特，亦即明文空间 $\mathcal{P} = \{0,1\}$ 。

这个密码体制每次加密一个比特。0 比特被加密成一个模 n 的随机二次剩余，1 比特被加密成一个模 n 的随机伪二次剩余。当 Bob 接收到元素 $y \in \mathrm{QR}(n) \cup \widetilde{\mathrm{QR}}(n)$ 时，他能使用关于 n 分解的知识来确定是否 $y \in \mathrm{QR}(n)$ 还是 $y \in \widetilde{\mathrm{QR}}(n)$ 。他通过计算

$$\left(\frac{y}{p}\right) = y^{(p-1)/2} \bmod p$$

来完成，那么

$$y \in \mathrm{QR}(n) \Leftrightarrow \left(\frac{y}{p}\right) = 1$$

密码体制 8.1 Goldwasser-Micali 公钥密码体制

设 $n = pq$ ，其中 p 和 q 是不同的奇素数。设 $m \in \widetilde{\mathrm{QR}}(n)^{\text{a}}$ ，整数 n 和 m 是公开的，$n = pq$ 的分解是保密的。设 $\mathcal{P} = \{0,1\}$ ，$\mathcal{C} = \mathcal{R} = \mathbb{Z}_n^*$ ，定义 $\mathcal{K} = \{(n,p,q,m)\}$ ，其中 n ，p ，q 和 m 如上定义。

对 $K = (n,p,q,m)$ ，定义

$$e_K(x,r) = m^x r^2 \bmod n$$

和

$$d_K(y) = \begin{cases} 0, & \text{如果} y \in \mathrm{QR}(n) \\ 1, & \text{如果} y \in \widetilde{\mathrm{QR}}(n) \end{cases}$$

此处 $x = 0$ 或 1，r 和 $y \in \mathbb{Z}_n^*$ 。

---

[a] 如果 $p \equiv 3 \pmod 4$ 且 $q \equiv 3 \pmod 4$ ，那么，我们可以取 $m = -1$ 。这将提高加密的效率，这是因为不再需要进行 m^x 的指数运算。

Goldwasser-Micali 公钥密码体制具有非常高的数据扩展，这是因为每个明文比特被加密

成一个长度为 lb n 比特的密文。为了避免分解 n，应该取 n 为 1024 比特长的整数。此时，密文长度是明文长度的 1000 倍。

Blum 与 Goldwasser 给出了一个更有效的概率公钥密码体制(从数据扩展的角度)。这个 Blum-Goldwasser 公钥密码体制是一种公钥流密码。其基本思想如下：一个随机种子 s_0 利用 BBS 生成器产生 ℓ 个伪随机比特 $z_1, \cdots, z_\ell$，然后将 z_i 用做密钥流，即把它们与 ℓ 长的明文比特异或形成密文。同时，第 $(\ell+1)$ 个元素 $s_{\ell+1} = s_0^{2^{\ell+1}} \bmod n$ 作为密文的一部分进行传送。

当 Bob 接收密文时，他能从 $s_{\ell+1}$ 中计算出 s_0；然后重构出密钥流，最后把密钥流与 ℓ 个密文比特进行"异或"得到明文。我们来解释一下 Bob 怎样从 $s_{\ell+1}$ 得到 s_0。回顾一下，每一个 s_{i-1} 是 s_i 的主平方根。现在 $n = pq$，$p \equiv q \equiv 3 \pmod 4$，所以，任何二次剩余 x 模 p 的平方根是 $\pm x^{(p+1)/4}$(参见 5.8 节)。使用 Jacobi 符号的性质，我们有

$$\left(\frac{x^{(p+1)/4}}{p} \right) = \left(\frac{x}{p} \right)^{(p+1)/4} = 1$$

因此，$x^{(p+1)/4}$ 是 x 模 p 的主平方根。类似地，$x^{(q+1)/4}$ 是 x 模 q 的主平方根。然后，应用中国剩余定理，我们能找到 $x \bmod n$ 的主平方根。

密码体制 8.2 Blum-Goldwasser 公钥密码体制

设 $n = pq$，其中 p 和 q 是素数，$p \equiv q \equiv 3 \pmod 4$。整数 n 是公开的，$n = pq$ 的分解是保密的。设 $\mathcal{P} = (\mathbb{Z}_2)^\ell$，$\mathcal{C} = (\mathbb{Z}_2)^\ell \times \mathbb{Z}_n^*$，$\mathcal{R} = \mathbb{Z}_n^*$。定义 $\mathcal{K} = \{(n, p, q)\}$，其中 n，p 和 q 如上定义。对 $K = (n, p, q)$，$x \in (\mathbb{Z}_2)^\ell$，$r \in \mathbb{Z}_n^*$，加密 x 如下：

1. 使用 BBS 生成器从种子 $s_0 = r$ 计算出 $z_1, \cdots, z_\ell$。
2. 计算出 $s_{\ell+1} = s_0^{2^{\ell+1}} \bmod n$。
3. 对 $1 \le i \le \ell$ 计算出 $y_i = (x_i + z_i) \bmod 2$。
4. 定义 $e_K(x, r) = (y_1, \cdots, y_\ell, s_{\ell+1})$。

为了解密 y，Bob 完成下列步骤：

1. 计算出 $a_1 = ((p+1)/4)^{\ell+1} \bmod (p-1)$。
2. 计算出 $a_2 = ((q+1)/4)^{\ell+1} \bmod (q-1)$。
3. 计算出 $b_1 = s_{\ell+1}^{a_1} \bmod p$。
4. 计算出 $b_2 = s_{\ell+1}^{a_2} \bmod q$。
5. 使用中国剩余定理找到 r 满足

$$r \equiv b_1 \pmod p \ \text{和} \ r \equiv b_2 \pmod q$$

6. 利用 BBS 生成器从种子 $s_0 = r$ 计算出 $z_1, \cdots, z_\ell$。
7. 对 $1 \le i \le \ell$ 计算出 $x_i = (y_i + z_i) \bmod 2$。
8. 明文 $x = (x_1, \cdots, x_\ell)$。

更一般地，$x^{((p+1)/4)^{\ell+1}}$ 将是 x 模 p 的主 $2^{\ell+1}$ 次根；$x^{((q+1)/4)^{\ell+1}}$ 将是 x 模 q 的主 $2^{\ell+1}$ 次根。因为 $\mathbb{Z}_p^*$ 有阶 $p-1$，在 $x^{((p+1)/4)^{\ell+1}} \bmod p$ 的计算中，我们能模 $p-1$ 约化指数 $((p+1)/4)^{\ell+1}$。类似地，我们能模 $q-1$ 约化指数 $((q+1)/4)^{\ell+1}$。在密码体制 8.2 的解密操作中，首先得到 $s_{\ell+1}$ 模 p

和模 q 的主 $2^{\ell+1}$ 次根(参见解密过程中的步骤 1~步骤 4);然后使用中国剩余定理来计算 $s_{\ell+1}$ 模 n 的主 $2^{\ell+1}$ 次根。

下面是一个解释的例子。

例 8.8　假设像例 8.4 中一样取 $n=192\,649$,进而假设 Alice 选择 $r=20\,749$,且她想加密 20 比特的明文串

$$x=11010011010011101101$$

因而, $\ell=20$。

Alice 首先计算出密钥流

$$z=11001110000100111010$$

刚好与例 8.4 中得到的一样,然后把它和明文异或,得到密文

$$y=00011101010111010111$$

她把密文传送给 Bob。同时,她也计算出

$$s_{21}={s_{20}}^2 \bmod \ n=94\,739$$

并把它也发送给 Bob。

当然 Bob 知道分解 $n=383\times503$,所以 $(p+1)/4=96$ 和 $(q+1)/4=126$,然后他开始计算

$$a_1=((p+1)/4)^{\ell+1}\bmod(p-1)$$
$$=96^{21}\bmod 382$$
$$=266$$

和

$$a_2=((q+1)/4)^{\ell+1}\bmod(q-1)$$
$$=126^{21}\bmod 502$$
$$=486$$

接着,他计算出

$$b_1={s_{21}}^{a_1}\bmod p$$
$$=94\,739^{266}\bmod 383$$
$$=67$$

和

$$b_2={s_{21}}^{a_2}\bmod q$$
$$=94\,739^{486}\bmod 503$$
$$=126$$

现在,Bob 着手解下列同余方程组

$$r\equiv 67\ (\bmod\ 383)$$
$$r\equiv 126\ (\bmod\ 503)$$

来得到 Alice 的种子 $r=20\,749$。那么他能从 r 中构造出 Alice 的密钥流,最后密钥流和密文异或就可得到明文。

Blum-Goldwasser公钥密码体制的数据扩展还算合理。为了说明这点，假设 $\ell = k^2$。也就是说，我们使用一个 k 比特的种子来产生 $\ell = k^2$ 比特密钥流。如果 n 是一个1024 比特的整数，那么 $k = 1024$，这是因为种子是 $\mathbb{Z}_n$ 中的一个元素。这样，$\ell \approx 10^6$。此时，加密1 000 000 比特的明文得到的密文长度为1 001 024 比特。也就是说，密文大约比明文长 0.1%。与 Goldwasser-Micali 公钥密码体制相比，这个体制在数据扩展方面是一个巨大的进步。然而，似乎并不存在一个具体的分析可对一个给定的模尺寸(比如 k)，指出 ℓ 取多大才是安全的。虽然在我们的计算假设下，$\ell = k^2$ 是渐近安全的，但对固定的模尺寸，比如 $n \approx 2^{1024}$，还不知道这个体制是否安全。

8.5 注释与参考文献

关于 PRBG 的长篇讨论可在 Kranakis[204]和 Luby[223]写的书中找到，也可以参见 Lagarias[208]的综述论文和 Goldreich[159,160]的两本书。Knuth[195]非常详细地讨论了随机数的生成(但大都是在一个非密码学环境下讨论的)。

收缩生成器是由Coppersmith，Krawczyk 和Mansour[97]提出的；关于这个生成器的攻击，请参见 Golić 的文章[165]。使用 LFSR 来构造 PRBG 的另一个实用方法由 Gunther[169]给出。破译线性同余生成器的方法参见 Boyar[65]。

关于安全PRBG 的基本理论由 Yao[350]提出，他证明了下一比特测试的通用性，进一步的基本结果可在 Blum 和 Micali 的文章[52]中找到。

BBS 生成器由 Blum，Blum 和 Shub 在[50]中描述。Goldwasser 和 Micali[163]研究了二次剩余问题的安全性，8.3.1节中的大多数构造都是基于二次剩余问题的安全性。然而，我们利用了 Brassard 和 Bratley[70, 10.6.4 节]中的方法来降低无偏差 Monte Carlo 算法的错误概率。我们也注意到 BBS 生成器是可证明安全的，仅需假设分解模 n 是困难的。一个 PRBG 的每个迭代安全导出多个比特的充分条件是由 Vazirani 和 Vazirani [334] 证明的。

RSA 生成器的性质在 Alexi，Chor，Goldreich 和 Schnorr[2]中得到研究。基于离散对数问题的 PRBG 在 Blum 和 Micali [52]，Long 和 Wigderson [22]，Håstad，Schrift，Shamir [172]以及 Gennaro [155]中得到讨论。

概率加密的概念是由 Goldwasser 和 Micali [163] 提出的；Blum-Goldwasser 密码体制是在参考文献[51]中提出的。

习题

8.1 在这个习题中，我们考虑由 $s_i = (as_{i-1} + b) \bmod M$ 定义的线性同余生成器的性质。所有运算均在 $\mathbb{Z}_M$ 中进行，并假设 $a \neq 1$。

(a)证明对于所有的 $i \geq 0$

$$s_i = s_0 a^i + \frac{b(a^i - 1)}{a - 1}$$

(b) 一个线性同余生成器的周期是对所有的 $i \geqslant 0$，满足 $z_{i+t} = z_i$ 的最小正整数 t。证明当 $s_0 = b/(a-1)$ 时，$t = 1$。

(c) 证明周期 t 满足不等式 $t \leqslant n$，其中 n 是 a 在 $\mathbb{Z}_M^*$ 中的阶。

8.2 考察由 $s_i = (as_{i-1} + b) \bmod M$ 定义的线性同余生成器。假设 $M = qa+1$，其中 a 是奇数，q 是偶数，并设 $b = 1$。证明下一比特预测器 $\mathrm{nbp}(z) = 1 - z$ 是一个 ϵ 的第 i 比特预测器，这里

$$\frac{1}{2} + \epsilon = \frac{q(a+1)}{2M}$$

8.3 解释一下为什么下述描述是一个非常坏的想法。在收缩生成器中，我们取 $k_1 = k_2$，两个 LFSR 相同，并对这两个 LFSR 采用相同的种子密钥。

8.4 假设我们有一个 $n = 36\,863$，$b = 229$ 和种子 $s_0 = 25$ 的 RSA 生成器，计算由这个生成器产生的前 100 比特。

8.5 算法 8.8 给出了一个基于离散对数问题的 PRBG；假设 $p = 21\,383$，本原元 $\alpha = 5$，种子 $s_0 = 15\,886$。计算出由这个生成器产生的前 100 比特。

算法 8.8 离散对数生成器

设 p 是一个 k 比特素数，α 是模 p 的本原元。

一个种子 s_0 是 $\mathbb{Z}_p^*$ 中的任意元素。对 $i \geqslant 0$，定义

$$x_{i+1} = \alpha^{x_i} \bmod p$$

然后定义

$$f(x_0) = (z_1, z_2, \cdots, z_\ell)$$

这里

$$z_i = \begin{cases} 1, & \text{如果} x_i > p/2 \\ 0, & \text{如果} x_i < p/2 \end{cases}$$

那么 f 被称为一个 (k, ℓ) 离散对数生成器。

8.6 假设 Bob 知道 BBS 生成器中 $n = pq$ 的分解。

(a) 说明 Bob 如何利用这个知识以模 $\phi(n)$ 的 $2k$ 个乘法和模 n 的 $2k$ 个乘法，从 s_0 来计算任何 s_i，其中，n 的二进制表示中有 k 个比特(如果与 k 相比，i 很大。那么，这一方法是顺次计算出 $s_0, \cdots, s_i$ 所需的 i 次乘法的一个显著的改进)。

(b) 如果 $n = 59\,701 = 227 \times 263$，$s_0 = 17\,995$，使用这个方法计算出 $s_{10\,000}$。

8.7 在 BBS 生成器中，定义 $p_1 = (p-1)/2$，$q_1 = (q-1)/2$（可以看到 p_1 和 q_1 都是奇数）。设 2 模 p_1 的阶为 u_1，2 模 q_1 的阶为 v_1。另设 t 是 u_1 和 v_1 的最小公倍数。

(a) 证明 BBS 生成器的周期不超过 t。

(b) 当 $p = 103$，$q = 127$ 时，计算 t。然后用 49 作为种子，验证 BBS 生成器的这个实例的阶为 t。

8.8 我们证明，为了把无偏差 Monte Carlo 算法的错误概率从 $1/2 - \delta$ 降为 γ，这里

$\gamma + \delta < 1/2$，需运行该算法 m 次就够了，这里

$$m = \left\lceil \frac{1 + \operatorname{lb} \gamma}{\operatorname{lb}(1 - 4\delta^2)} \right\rceil$$

证明这个 m 值的量级为 $O(1/(\gamma\delta^2))$。

8.9 假设用以下参数实现 Goldwasser-Micali 概率公钥密码体制：$p = 1019$，$q = 1031$，$n = pq = 1\,050\,589$ 和 $m = 41$。

(a) 验证 $m \in \widetilde{\operatorname{QR}}(n)$。

(b) 解密下面的 5 个密文元素

$$(y_1, y_2, y_3, y_4, y_5) = (734\,376, 721\,402, 133\,591, 824\,410, 757\,941)$$

8.10 这个习题的目的是解密一些由 Blum-Goldwasser 概率公钥密码体制加密的密文。原始明文由英文字母构成，每一个字母以下述的明显方式转化为长度为 5 的比特串：$A \leftrightarrow 00000, B \leftrightarrow 00001, \cdots, Z \leftrightarrow 11001$。明文由 236 个字母组成，因此，产生的比特串长度为 1180。然后加密这些比特串。为了节省空间，产生的密文比特串被转变为十六进制表示。最终的 295 个十六进制字母组成的比特串参见表 8.4。

同时，也知道 $s_{1181} = 20\,291$ 是密文的一部分，$n = 29\,893$ 是公钥，n 的分解为 $n = pq$，这里 $p = 167$，$q = 179$。

你的任务是解密给定的密文，然后恢复出原始的英文明文。它取自 John Mortimer 于 1994 年在 Penguin Books 中写的 *Under the Hammer*。

表 8.4　Blum-Goldwasser 密文

```
E1866663F17FDBD1DC8C8FD2EEBC36AD7F53795DBA3C9CE22D
C9A9C7E2A56455501399CA6B98AED22C346A529A09C1936C61
ECDE10B43D226EC683A669929F2FFB912BFA96A8302188C083
46119E4F61AD8D0829BD1CDE1E37DBA9BCE65F40C0BCE48A80
0B3D087D76ECD1805C65D9DB730B8D0943266D942CF04D7D4D
76BFA891FA21BE76F767F1D5DCC7E3F1D86E39A9348B3
```

第9章　身份识别方案与实体认证

9.1　引言

本章的主题是身份识别，也被称为实体认证。概略地说，身份识别方案的目标就是使某人的身份被确认。一般而言，身份识别的完成是"实时"的。与之相反，用签名方案之类的密码学工具来进行的数据认证，是可以在相关消息被签名后的任何时间来完成。

假定你想向其他人证明你的身份，可以通过证明"你是什么"，"你有什么"和"你知道什么"这三种方式中的一种来完成。"你是什么"是指你的行为和物理属性；"你有什么"是指文件或信用证明；"你知道什么"包括口令、个人信息等。现在我们来详细阐述这些技术。

物理属性

人们一般通过外貌特征来识别已经认识的人，其中包括家庭成员、朋友和一些名人。用于此目的的外貌特征包括性别、身高、体重、种族、眼睛颜色和头发颜色等。能够唯一区分个体的属性通常是更有用的，这包括指纹或视网膜扫描。有些自动识别系统就是基于这些生物特征构建的，将来这种技术很有可能被广泛使用。

信用证明

信用证明在外交辞令中可以定义为介绍信。像驾照和护照之类的可信文件或卡在很多情况下起了信用证明的作用。需要说明的是信用证明中一般要含有照片，这样就能够进行信用证明持有者的物理身份识别。

知识

当被识别的人和进行识别的人或实体不在同一物理位置时，通常用"知识"来进行识别。这里，"知识"可以是口令、PIN（个人身份识别号）或"你母亲婚前的姓"（信用卡公司最喜欢使用）。使用这种方法来进行识别的困难是这些"知识"很有可能并不隐密，而且，在进行身份识别的过程中"知识"通常也会被泄露。这就可能产生对某人的假冒，很糟糕！然而，好的密码协议能够构造安全的身份识别方案，将会防止这种假冒攻击发生。

现在让我们考虑一些日常生活中亲身或通过电子方式来"证明"自己身份的情形。典型的场景如下所述。

电话卡

为了（用电话卡）给长距离通话付费，人们仅仅需要提供为本次通话付费的电话号码和4位数的 PIN。

远程登录

若要通过 telnet 或 SSH 登录到远程计算机，只需输入一个有效的用户名和相应的口令。

持有信用卡购物

在商店持有信用卡购物，收银员要检查客户的签名是否与信用卡背面的签名相匹配。这其实是提供了很弱的识别方式，因为很多签名是容易伪造的。也有一些信用卡上有所属人的照片，增强了认证保护。提高安全性保护的另外一种方式是个人身份识别号(或 PIN)连同含有嵌入式芯片的卡一同使用。

与之相反，在加油站用信用卡买汽油，是完全不需要与服务员打交道的。在这里，只要持有信用卡就可以使用，没有任何办法来防止他人使用偷来的信用卡。

无须持有信用卡购物

在很多情形下，使用信用卡时无须出示相应的信用卡。例如，通过电话或网络进行信用卡交易，通常只须一个有效的信用卡号码(可能还需要卡的有效期)。

很明显，这样使用信用卡并不能提供任何真正的安全性，因为并没有进行有效的身份认证。实际上，对于一个不诚实用户来说，他很容易收集各种有效的信用卡号码，用来在无须出示实际信用卡的购物环境中进行交易。

银行提款机

为了从自动提款机(ATM)取款，我们要有银行卡和 4~6 位数字的 PIN。卡中包括所属人的名字和他(或她)银行账户中的信息。使用 PIN 的目的是防止卡被他人盗用，其假设前提是只有知道正确 PIN 的人才是卡的真正所属人。

实际上，这些类型的方案通常实施起来都不安全。在通过电话来识别身份的协议中，任何线路窃听者都可以得到这些身份识别信息，用于他们自己的目的，而很多信用卡就是通过这种方式来进行欺诈的。银行卡相对来说更安全一些，但仍然存在漏洞。例如，掌控通信信道的人可以获取已编码在卡磁条中的所有信息，以及PIN。这就会让冒充者有可能访问到银行账户。最后，如果远程登录时用户ID和口令都以明文形式在网络中传输，也存在严重的安全隐患，因为这些信息很容易被网络中的窃听者得到。

身份识别方案的目的是，即便 Alice 向 Bob 证实自己身份时的信息被窃听者得到，窃听者以后也无法假冒 Alice。攻击模型至少要允许敌手能够观察 Alice 和 Bob 之间的传输信息。敌手的目标是能够假冒 Alice。进一步，我们甚至要防范 Bob 通过与 Alice 交互后，可能来假冒 Alice。最终，我们要设计"零知识"方案，使得 Alice 能通过电子方式证实她的身份，而没有"泄露"关于她的身份识别信息(或部分信息)的知识。

已经有一些实际的、安全的身份识别方案被设计。设计这种方案的目标之一是要足够简单，能应用到智能卡中，这种智能卡实际上是配置了能进行数值计算的芯片的信用卡。因此，计算量和内存需求应该尽可能小。这样的卡将会成为目前很多银行卡更安全的替代品。然而，提供"额外"的安全性来抵抗线路窃听者也是重要的。由于仅仅是通过卡来"证实"身份，我们没有办法来防范卡的丢失，因此也需要一个 PIN，以此来证明进行身份认证的人确实是卡的所属人。

首先观察到的是，任何身份识别方案都应涉及某种随机化方式。如果 Alice 传给 Bob 的身份识别信息没有任何改变，那么此方案在我们上面介绍的模型下是不安全的。因此，安全的身份识别方案通常要包括"随机挑战"，其概念我们会在下一节深入阐述。

我们将采用两种方法来设计身份识别方案。首先，从简单的密码学原语(如消息认证码或签名方案)来构建安全的身份识别方案。9.2 节和 9.3 节将介绍这种类型的方案的设计与分析。其次，在本章的剩余节中，我们将讨论"从零开始"构建的三个身份识别方案，这些方案属于 Schnorr, Okamoto 和 Guillou-Quisquater。

9.2　对称密钥环境下的挑战–响应方案

在后面的小节中，将会介绍一些广泛流行的零知识身份识别方案。现在我们先来阐述对称密钥环境下的身份识别方案，这里 Alice 和 Bob 有相同的密钥。首先看一个很简单(但不安全)的方案，它可基于任何消息认证码(例如第 4 章中讨论的 MAC)构建。它被称为挑战–响应方案，详细描述参见协议 9.1。在该方案中，假定 Alice 向 Bob 来识别自己，他们的共同秘密密钥为 K(通过交换方案中 Alice 和 Bob 的角色，Bob 也能向 Alice 识别自己)。通常，用消息认证码 MAC_K 来计算认证标签。

我们经常用图解方式来描述交互协议，参见图 9.1。

在分析这个方案的缺陷之前，让我们先定义与交互协议相关的一些基本术语。一般而言，一个交互协议包括彼此通信的两方或多方。每一方都由一个算法模型化并交替地发送和接收消息。每运行一次协议称为一个会话。在会话中的每一步称为流；一个流包括消息从一方传给另一方(协议 9.1 包括两个流，第一个消息流从 Bob 传给 Alice，第二个消息流从 Alice 传给 Bob)。会话结束时，Bob(会话的发起者)"接受"或"拒绝"(这是 Bob 在会话结束时的内部状态)，对 Alice 来说可能并不知道 Bob 是接收还是拒绝。

协议 9.1　不安全的挑战-响应方案

1. Bob 选择一个随机挑战 r，并传送给 Alice。

2. Alice 计算

$$y = MAC_K(r)$$

并传送给 Bob。

3. Bob 计算

$$y' = MAC_K(r)$$

如果 $y' = y$，那么 Bob "接受"；否则，Bob "拒绝"。

不难看出协议 9.1 是不安全的，即便使用的消息认证码是安全的。它不能抵抗一种典型的攻击——并行会话攻击。在图 9.2 中描述了这种攻击，Oscar 成功地模仿了 Alice。

在第一个会话进行中(假定 Oscar 正在向 Bob 模仿 Alice)，Oscar 发起第二个会话，他主动让 Bob 来识别自己。第二个会话在图 9.2 中方框里描述。在第二个会话中，Oscar 把在第一个会话中从 Bob 传来的挑战发送给 Bob。一旦他收到 Bob 的响应，Oscar 继续第一个会话，他把 Bob 的响应发送回 Bob。这样 Oscar 就成功地完成了第一个会话！

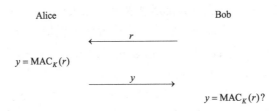

图 9.1 协议 9.1 的消息流

读者也许质疑并行会话攻击是否构成了真正的威胁。然而，确实存在并行会话攻击是合理或者甚至是所期望的场景，设计身份识别方案来抵抗这种攻击应该是明智的。在协议 9.2 中我们提出一种简单的办法来改正这个错误。与原方案相比，仅有的改变是把身份标识符 ID 加入到 MAC 中来计算认证标签。

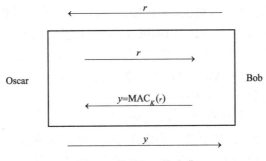

图 9.2 协议 9.1 的攻击

在协议 9.2 中，我们假定随机挑战是一指定长度的比特串，即 k 比特(实际中，$k = 100$ 是一合适的选择)。我们也假定身份标识 [ID(Alice) 或 ID(Bob)] 是一特定长度的比特串，以某种标准固定的方式格式化。我们还假定身份标识串中包含了能区分网络中唯一实体的特征信息(因此 Bob 不必担心哪一个 "Alice" 正在与其谈话)。

协议 9.2 安全的挑战-响应方案

1. Bob 选择一个随机挑战 r，并传送给 Alice。

2. Alice 计算

$$y = \text{MAC}_K(\text{ID(Alice)} \| r)$$

并传送给 Bob。

3. Bob 计算

$$y' = \text{MAC}_K\big(\text{ID(Alice)} \| r\big)$$

如果 $y' = y$，那么 Bob "接受"，否则，Bob "拒绝"。

我们声称协议 9.2 能够抵抗并行会话攻击。如果 Oscar 同样发起上述攻击，他会收到第二个会话中从 Bob 传来的 $\text{MAC}_K(\text{ID(Bob)} \| r)$。这对于 Oscar 来说是没有帮助的，由于第一个会话中应该是值 $\text{MAC}_K(\text{ID(Alice)} \| r)$ 来响应 Bob 的挑战。

前面的讨论可使读者相信协议 9.2 能够抵抗并行会话攻击，但并没给出能够抵抗各种可能攻击的安全性证明。下面将给出一简短的安全性证明。首先，我们一定要清晰地列出关于方案中所有密码组件的前提假设。这些假设如下所述。

秘密密钥

假定只有 Alice 和 Bob 知道秘密密钥 K。

随机挑战

假定 Alice 和 Bob 都有理想的随机数生成器来产生他们的挑战。因此，在两个不同会话中产生相同挑战的概率是相当小的。

MAC 安全

假定消息认证码是安全的。更精确地说，对于适当的 ϵ 和 Q，MAC 不存在 (ϵ, Q) 伪造者。也就是说，当 Oscar 最多知道 Q 个其他 MAC 值时，即 $MAC_K(x_i)$，$i = 1, 2, \cdots, Q$（对于任意 i，$x \neq x_i$），Oscar 能正确计算 $MAC_K(x)$ 的概率最多为 ϵ。通常，Q 是指定的安全参数（$Q = 10\ 000$ 或 $100\ 000$ 也许是合理的选择，具体由实际应用来确定）。

Oscar 能够观察到 Alice 和 Bob 之间的多次会话。Oscar 的目标是欺骗 Alice 或 Bob，即让 Bob "接受" 实际没有 Alice 参与的会话，或让 Alice "接受" 实际没有 Bob 参与的会话。我们要证明当上述假设都成立时，Oscar 欺骗 Alice 或 Bob 的概率是相当小的。通过分析方案的结构，很容易完成证明。

假定 Bob "接受"，则 $y = MAC_K(ID(Alice) \| r)$，其中 y 是他在第二个流中收到的消息，r 是他在第一个流中发送的挑战。我们认为值 y 是由 Alice 根据挑战 r 产生的响应，这种情况发生的概率相当大。为了证实这种说法，让我们考虑响应不是直接来自 Alice 的可能情形。首先，由于假定密钥 K 只有 Alice 和 Bob 知道，不必考虑知道密钥 K 的其他人计算 $y = MAC_K(ID(Alice) \| r)$ 的概率。因此，或者 Oscar 不知道密钥 K 而计算出了 y，或者值 y 是由 Alice 或 Bob 在以前的会话中产生的，而被 Oscar 重用到本次会话中。

我们现在依次讨论这些可能的情形：

1. 假定 $y = MAC_K(ID(Alice) \| r)$ 是由 Bob 在以前的会话中产生的。然而，Bob 只能计算 $MAC_K(ID(Bob) \| r)$，因此，他不可能产生 y，这种情形不成立。
2. 假定值 y 是由 Alice 在以前的会话中产生的。这种情形只有在挑战 r 被重用时才成立。然而，假定挑战 r 是由理想的随机数生成器产生的，因此，在不同会话中产生同样挑战的概率是相当小的。
3. 假定值 y 是由 Oscar 构造的新 MAC。由于消息认证码是安全的，Oscar 不知道密钥 K，因此，他产生 y 的概率是相当小的。

我们把上述非形式化的证明做一更精确的描述。如果 MAC 算法能被确切地证明是安全的，那么基于此 MAC 的身份识别方案也得到了确切的安全保证。当 MAC 无条件安全时，身份识别方案是安全的。或者，我们可以假定 MAC 的安全性，那么基于此假设，我们就可以得到身份识别方案的安全性(这是可证明安全性通用的模式)。方案中主动敌手欺骗 Bob 使其接受的概率量化了身份识别方案的安全强度。

如果敌手最多查询了 Q 个消息的MAC值后,构造一个新消息的MAC值的概率不大于 ϵ [即不存在 (ϵ, Q) 伪造者],就称 MAC 是无条件 (ϵ, Q) 安全的。通常,假定用固定密钥 K(敌手不知道 K)来构造 Q 个 MAC。如果敌手最多得到 Alice 和 Bob 之间的 Q 个会话消息后,成功欺骗 Alice 或 Bob 的概率不大于 ϵ,我们称身份识别方案是无条件 (ϵ, Q) 安全的。

对任何所期望的 Q 和 ϵ,无条件 (ϵ, Q) 安全的 MAC 是确实存在的(例如,用几乎强通用 Hash 族构造,参见第 4 章中的习题)。然而,无条件安全的MAC一般需要很长的密钥(尤其当 Q 很大时)。因此,像 CBC-MAC 这样的计算安全的 MAC 在实际中更常用一些。在这种情形下,MAC的安全性假设是必要的。这种假设加入时间作为参数,其他模式与无条件安全假设类似。如果给定敌手的计算时间最多是 T,敌手最多查询了 Q 个消息的 MAC 值后,构造一个新消息的 MAC 值的概率不大于 ϵ,就称 MAC 是 (ϵ, Q, T) 安全的。如果给定敌手的计算时间最多是 T,敌手最多得到 Alice 和 Bob 之间的 Q 个会话信息后,成功欺骗 Alice 或 Bob 的概率不大于 ϵ,我们称身份识别方案是 (ϵ, Q, T) 安全的。

为简化定义,我们通常省略时间参数。这样计算安全和无条件安全的定义就是类似的。至于使用的是计算安全还是无条件安全,通过上下文的内容就可以分辨清楚了。

首先假定基于无条件 (ϵ, Q) 安全的 MAC 构建身份识别方案,那么只要敌手在会话消息收集期间最多得到 Q 个有效的 MAC(使用相同的MAC密钥),最终的身份识别方案也是无条件安全的。我们还要考虑另外一个参数,也就是方案中随机挑战的比特长度 k。在这些条件下,我们能容易地给出敌手欺骗 Bob 的概率的上界。同样考虑三种情形:

1. 正如上面所讨论,$y = \mathrm{MAC}_K(\mathrm{ID}(\mathrm{Alice}) \| r)$ 不可能是由 Bob 在以前的其他会话中产生的。因此,这种情形不可能发生。
2. 假定值 y 是由 Alice 在以前的会话中产生的,挑战 r 是由 Bob 新产生的,那么 Bob 在以前的会话中使用相同挑战 r 的概率是 $1/2^k$。由于最多可以考虑 Q 个以前的会话,因此,r 被重用的概率是 $Q/2^k$。如果 r 被重用的这种情形发生,敌手就可以重用以前会话中的 MAC[①]。
3. 假定值 y 是由 Oscar 构造的新 MAC。由于消息认证码是安全的,Oscar 成功欺骗的概率最多是 ϵ。

综上所述,Oscar 欺骗 Bob 的概率最多为 $Q/2^k + \epsilon$。我们因此建立了身份识别方案的安全性。

如果 MAC 是计算安全的,分析过程也基本上是一致的。本节的主要结果可以概括为下面的定理。

定理 9.1 假定 MAC 是 (ϵ, Q) 安全的消息认证码,假定随机挑战的长度是 k 比特。那么协议 9.2 是 $(Q/2^k + \epsilon, Q)$ 安全的身份识别方案。

---

① 挑战 r 被重用的精确概率是 $1 - (1 - 2^{-k})^Q$,小于 $Q/2^k$。

9.2.1　攻击模型和敌手目标

身份识别方案中的攻击模型和敌手目标有一些微妙之处。为表述清楚，我们在图 9.3 中描述了中间入侵攻击者的情形。

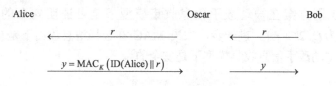

图 9.3　中间入侵攻击者

初看起来，这似乎是一并行会话攻击。可以认为 Oscar 在一个会话中向 Bob 模仿 Alice，在并行会话中向 Alice 模仿 Bob。当 Oscar 收到 Bob 的挑战 r 后，他把 r 送给 Alice。然后 Oscar 把 Alice 的响应 y 送给 Bob，Bob 将"接受"。然而，我们认为这不是一个真实的攻击，因为两个"会话"的"合成"是一个简单的会话，Alice 成功地向 Bob 识别自己的身份。全部的结果是 Bob 发起挑战 r，Alice 计算正确的响应 y。Oscar 只是简单地转发消息，而没有篡改消息，因此 Oscar 在方案中不是一个主动的参与者。会话的实施过程就像 Oscar 完全没有出现一样。

敌手目标的清晰表述可以向我们证明这不是一个真实的攻击。采用下面的方法。定义敌手 Oscar 是主动的，如果以下条件之一成立：

1. Oscar 产生了一个新消息，并放入信道。
2. Oscar 改变信道中的消息。
3. Oscar 转移信道中的消息，送给其他人，而不是指定接收者。

敌手的目标是主动的敌手能够让方案中的发起者(例如，Bob，假定他是诚实的)在会话中"接受"。根据这个定义，Oscar 在前面考虑的中间入侵攻击者情形中，不是主动的敌手，因此敌手的目标是不能实现的。

判定敌手是否为主动敌手的另外一种等价方式是考虑方案中 Alice 和 Bob 的视图。Alice 和 Bob 都在与意定(intended peer)的实体通信：Alice 的意定实体是 Bob，反之亦然。进一步，如果没有主动敌手，那么 Alice 和 Bob 会有匹配的会话视图：Alice 发送的每个消息都是 Bob 所接收的，反之亦然。而且，没有乱序的消息被收到。这些会话特征被称为匹配会话(matching conversation)。

在上述模型的讨论中，假定会话中的合法参与方是诚实的。准确地说，如果会话中的参与方(例如 Alice 或 Bob)严格按照方案流程执行，进行正确的计算，不向敌手(Oscar)泄露任何信息，则被称为是诚实的参与方。如果参与方是不诚实的，那么方案就完全被攻破了，因此，安全假定通常要求参与方是诚实的。

现在我们再来考虑攻击模型。在 Oscar 实际欺骗 Bob 之前，要进行信息收集。如果他只是观察 Alice 和 Bob 之间的会话，Oscar 在此阶段是一被动敌手。我们也可以考虑 Oscar 在信息收集阶段是主动敌手的攻击模型。例如，Oscar 可以临时地访问谕示器(Oracle)，来计算认

证标签 $MAC_K(\cdot)$，密钥 K 为 Alice 和 Bob 共享(Oscar 不知道 K)。在这一阶段，Oscar 肯定能成功地欺骗 Alice 和 Bob，因为他可以利用谕示器来响应挑战。然而，当信息收集阶段完成后，MAC 谕示器就不能再使用，那么 Oscar 在新的会话中实施他的攻击让 Alice 或 Bob "接受"，但不能访问 MAC 谕示器。

9.2 节的安全性分析可以应用到这两种攻击模型中。如果 MAC 在已知消息攻击下是 (ϵ, Q) 安全的，那么身份识别方案在被动敌手信息收集模型下是可证明安全的(确切地说，敌手的成功概率最多为 $Q/2^k + \epsilon$)。进一步，如果 MAC 在选择消息攻击下是 (ϵ, Q) 安全的，那么身份识别方案在主动敌手信息收集模型下是安全的[②]。

9.2.2　交互认证

Alice 和 Bob 都向对方证实各自的身份，这种方案称为交互认证或交互身份识别。会话成功完成时，参与双方都为 "接受" 状态。敌手试图欺骗 Alice 或 Bob 或双方，使其接受。敌手的目标是进行主动攻击后，使得诚实的参与方 "接受"。

下述情形说明了一个安全的交互身份识别方案应该具有的输出结果：

1. 假定 Alice 和 Bob 是会话中的两个参与方，他们都是诚实的。也假定敌手是被动的。那么 Alice 和 Bob 将都 "接受"。
2. 如果敌手是主动的，则会话完成后，诚实的参与方都不会 "接受"。

要说明的是，在一个特定的会话中，敌手也许开始是被动的，当一方接受后，就变成主动的。因此，一个诚实的参与方 "接受"，而另一个诚实的参与方 "拒绝"，这种情形是可能发生的。在这种情形下虽然会话没有成功完成，但是敌手也没有达到他的目标，因为敌手在第一个参与方接受之前是被动的。会话的结果是 Alice 成功地向 Bob 证实了自己的身份，而 Bob 没有成功地向 Alice 识别自己。这可以看做是方案的中断，但却不是一个成功的攻击。

在交互认证方案的会话中，主动敌手有几种表现方式。我们整理如下：

1. 敌手假冒 Alice，希望让 Bob 接受。
2. 敌手假冒 Bob，希望让 Alice 接受。
3. 敌手在 Alice 和 Bob 参与的会话中是主动的，希望让 Alice 和 Bob 都接受。

我们可以通过运行两次协议 9.2 来达到交互认证(通过两个独立的会话,让 Alice 验证 Bob 的身份，Bob 验证 Alice 的身份)。然而，设计一个简单的方案一次完成交互认证，应该是更高效的。

那么如何以简单的方式，把单向身份识别的两个会话合并为一个方案呢？协议 9.3 给出了解决方案，它把消息流从 4 个减为 3 个(与运行单向身份识别方案两次相比)。然而，所导致的交互身份识别方案存在缺陷并可被攻击。

---

② 第 4 章阐述的 MAC 的攻击模型是选择消息攻击。MAC 的已知消息攻击模型类似于第 7 章签名方案中的相应定义。

协议 9.3　不安全的交互挑战-响应方案

1. Bob 选择一个随机挑战 r_1，并传送给 Alice。
2. Alice 选择一个随机挑战 r_2，计算

$$y_1 = \mathrm{MAC}_K(\mathrm{ID}(\mathrm{Alice}) \| r_1)$$

并传送 r_2 和 y_1 给 Bob。
3. Bob 计算

$$y_1' = \mathrm{MAC}_K(\mathrm{ID}(\mathrm{Alice}) \| r_1)$$

如果 $y_1' = y_1$，那么 Bob "接受"；否则，Bob "拒绝"。Bob 也计算

$$y_2 = \mathrm{MAC}_K(\mathrm{ID}(\mathrm{Bob}) \| r_2)$$

并传送 y_2 给 Alice。
4. Alice 计算

$$y_2' = \mathrm{MAC}_K(\mathrm{ID}(\mathrm{Bob}) \| r_2)$$

如果 $y_2' = y_2$，那么 Alice "接受"；否则，Alice "拒绝"。

由于 Oscar 在并行会话攻击中能够欺骗 Alice，协议 9.3 是不安全的。Oscar 伪装成 Bob，发起一次与 Alice 的会话。当 Oscar 在第二个消息流中收到 Alice 的挑战 r_2 时，他接受，然后发起与 Bob 的第二次会话(伪装成 Alice)。在第二次会话中，Oscar 在第一个消息流中发送挑战 r_2 给 Bob。当 Oscar 收到 Bob 的响应(第二次会话的第二个消息流)，他转发给 Alice 作为第一次会话的第三个消息流。Alice 会 "接受"，因此 Oscar 在这次会话中成功地伪造了 Bob(第二次会话中断，也就是说没有完成)。这就构成了一个有效的攻击，因为第一次会话中诚实参与方(也就是 Alice)最终接受了主动敌手 Oscar(Oscar 在此次会话中发送了第一个挑战)。图 9.4 描述了详细攻击过程。

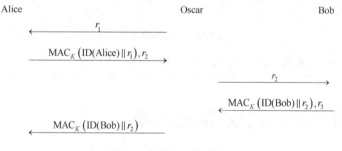

图 9.4　协议 9.3 的攻击

显然，这种攻击是把一个会话中的消息重用到另一个会话的不同消息流中。弥补这个缺陷并不困难，实际上有几种方式来改进此方案使其安全。最基本的设计思想是要保证每个消息流中的消息以不同的方式来计算。协议 9.4 描述了一种解决方案。

在协议 9.4 中，只有第 2 步 y_1 的定义做了改变。MAC 的参数包含 r_1 和 r_2，这样第二个消息流和第三个消息流(MAC 的参数仅包含 r_2)中的消息有不同的计算方式。

协议 9.4 的安全性分析与协议 9.2 类似，但稍复杂一些，因为敌手或伪装成 Bob(欺骗

Alice)或伪装成 Alice(欺骗 Bob)。我们可以计算 y_1 或 y_2 是以前会话"重用"的概率，也可以计算敌手重新产生新 MAC 的概率。

首先，由于 y_1 和 y_2 的计算方式不同，一次会话中的 y_1 重用到另一次会话中的 y_2 是不可能的(反之亦然)。Oscar 可通过得到 y_2 来伪装 Bob 欺骗 Alice，或得到 y_1 来伪装 Alice 欺骗 Bob。假设 Oscar 最多可以从以前的会话中得到 Q 个 MAC 值(由于每次会话有两个 MAC，因此，要限制 Oscar 仅能查询 $Q/2$ 次以前的会话)，则 y_1 或 y_2 是以前会话重用的概率最多为 $Q/2^k$。Oscar 能产生新的 y_1 的概率是 ϵ，能产生新的 y_2 的概率也是 ϵ。因此，Oscar 欺骗 Alice 或 Bob 的概率最多为 $Q/2^k + 2\epsilon$。概括上述分析，我们有下面的定理。

定理 9.2 假定 MAC 是 (ϵ, Q) 安全的消息认证码，假定随机挑战的长度是 k 比特。那么协议 9.4 是 $(Q/2^k + 2\epsilon, Q/2)$ 安全的交互身份识别方案。

协议 9.4 (安全的)交互挑战-响应方案

1. Bob 选择一个随机挑战 r_1，并传送给 Alice。
2. Alice 选择一个随机挑战 r_2，计算

$$y_1 = \text{MAC}_K(\text{ID(Alice)} \| r_1 \| r_2)$$

   并传送 r_2 和 y_1 给 Bob。
3. Bob 计算

$$y_1' = \text{MAC}_K(\text{ID(Alice)} \| r_1 \| r_2)$$

   如果 $y_1' = y_1$，那么 Bob "接受"；否则，Bob "拒绝"。Bob 也计算

$$y_2 = \text{MAC}_K(\text{ID(Bob)} \| r_2)$$

   并传送 y_2 给 Alice。
4. Alice 计算

$$y_2' = \text{MAC}_K(\text{ID(Bob)} \| r_2)$$

   如果 $y_2' = y_2$，那么 Alice "接受"；否则，Alice "拒绝"。

9.3 公钥环境下的挑战-响应方案

现在我们再来讨论公钥环境下的情形，Alice 和 Bob 没有预先的共享秘密密钥。然而，我们假定 Alice 和 Bob 都是网络中的成员，针对特定的密码体制和/或签名方案，每个参与方都有相应的公钥和私钥。在这种环境中，总是需要提供一种机制来证实网络中其他用户的公钥。这就需要某种公钥基础设施(PKI)。一般地，我们假定有一个可信权威机构，记为 TA，由它来签署网络中所有用户的公钥[3]。而所有用户都知道 TA 的(公开)验证密钥 ver_{TA}。这种

---

③ 在 PKI 中，可信权威机构常常称为证书认证中心，记为 CA。然而我们这里用 TA 来表示。

简化的环境也许并不完全符合实际,但能够让我们把重点放在方案的设计上(公钥基础设施的主题将在第 12 章中详细讨论)。

9.3.1　证书

网络用户的证书包含用户的身份信息(例如他的名字,E-mail 地址等)、公钥以及 TA 对这些信息的签名。证书允许网络用户验证彼此公钥的真实性。

例如,假定 Alice 想从 TA 处获得证书,同时包含 Alice 公钥的副本,将执行协议 9.5。

我们这里并不去详细地说明 Alice 怎样向 TA 识别自己、ID(Alice) 的格式,以及 Alice 的公钥和私钥怎样选取。一般来说,这些具体的实现细节由不同的 PKI 来决定。

任何知道 TA 验证密钥 ver_{TA} 的用户都可以验证其他用户的证书。假定 Bob 想要确认 Alice 的公钥的真实性。Alice 把证书给 Bob,Bob 就可通过下面的等式来验证 TA 的签名:

$$\text{ver}_{TA}(\text{ID}(\text{Alice}) \| \text{ver}_{\text{Alice}}, s) = \text{true}$$

证书的安全性直接从 TA 所使用的签名方案的安全性得到。

正如上面所述,验证证书的目的是认证用户公钥的真实性。证书本身并不提供任何的身份证明,因为证书仅仅包含一些公共信息。证书能分配或重新分配给任何用户,证书的拥有并不意味着独有。

协议 9.5　向 Alice 颁布证书

1. TA 通过出生证或护照等身份证明来确定 Alice 的身份。TA 形成一个串,记为 ID(Alice),ID(Alice) 中包含 Alice 的身份识别信息。

2. Alice 的秘密签名密钥 $\text{sig}_{\text{Alice}}$ 和相应的公开验证密钥 $\text{ver}_{\text{Alice}}$ 被确定。

3. TA 产生对 Alice 身份标识和验证密钥的签名

$$s = \text{sig}_{TA}(\text{ID}(\text{Alice}) \| \text{ver}_{\text{Alice}})$$

把证书

$$\text{Cert}(\text{Alice}) = (\text{ID}(\text{Alice}) \| \text{ver}_{\text{Alice}} \| s)$$

连同 Alice 的私钥 $\text{sig}_{\text{Alice}}$ 一起传给 Alice。

9.3.2　公钥身份识别方案

现在就来看看公钥环境下的交互身份识别方案。我们的策略是用签名取代协议 9.4 中的 MAC。另一个不同之处是,在对称密钥环境中,每个 MAC 的计算要包含用户(产生此 MAC 的用户)的名字(这是很重要的,因为秘密密钥 K 是双方共享的,任何一方都有可能产生 MAC)。而在公钥环境中,仅仅一方,也就是拥有私钥的那一方,才能产生用此私钥签署的签名。因此,就没有必要清晰地指出产生此签名的用户。

与对称密钥环境下的方案一样,在会话的开始,每个参与方认定一个与其通信的意定实体,然后利用意定实体的验证密钥来验证会话中收到的签名信息。所有的签名信息中都要包含意定实体(接受签名的用户)的名字。

协议 9.6 是一个典型的公钥环境下的交互身份识别方案。只要签名方案是安全的，挑战是随机产生的，就可以证明这个身份识别方案是安全的。图 9.5 刻画了方案的流程，省略了 Alice 和 Bob 的证书传输部分。在这里，"A" 表示 ID(Alice)，"B" 表示 ID(Bob)。

协议 9.6　公钥环境下的交互认证(版本 1)

1. Bob 选择一个随机挑战 r_1，并传送 Cert(Bob) 和 r_1 给 Alice。
2. Alice 选择一个随机挑战 r_2，计算

$$y_1 = \text{sig}_{\text{Alice}}(\text{ID(Bob)} \| r_1 \| r_2)$$

   并传送 Cert(Alice)，r_2 和 y_1 给 Bob。
3. Bob 利用证书 Cert(Alice) 验证 Alice 的公钥 $\text{ver}_{\text{Alice}}$。然后验证

$$\text{ver}_{\text{Alice}}(\text{ID(Bob)} \| r_1 \| r_2, y_1) = \text{true}$$

   是否成立。如果成立，Bob "接受"；否则，Bob "拒绝"。Bob 也计算

$$y_2 = \text{sig}_{\text{Bob}}(\text{ID(Alice)} \| r_2)$$

   并传送 y_2 给 Alice。
4. Alice 利用证书 Cert(Bob) 验证 Bob 的公钥 Ver_{Bob}。然后验证

$$\text{ver}_{\text{Bob}}(\text{ID(Alice)} \| r_2, y_2) = \text{true}$$

   是否成立。如果成立，Alice "接受"；否则，Alice "拒绝"。

下面的定理说明了协议 9.6 是安全的，只要其使用的签名方案是安全的(签名方案的安全性定义类似于 MAC 的安全性定义)。证明留做练习由读者自己完成。

定理 9.3　假定 sig 是 (ϵ, Q) 安全的签名方案，假定随机挑战的长度是 k 比特。那么协议 9.6 是 $(Q/2^{k-1} + 2\epsilon, Q)$ 安全的交互身份识别方案。

> **注:** 在定理 9.3 中，可查询以前会话的次数是 Q，而定理 9.2 中却被限制为 $Q/2$。这是因为协议 9.6 中 Alice 和 Bob 使用不同的密钥产生签名。敌手允许查询由 Alice 产生的 Q 个签名和 Bob 产生的 Q 个签名。与之相反，协议 9.4 中 Alice 和 Bob 使用相同的密钥产生 MAC。由于对给定的密钥，我们限制敌手最多查询 Q 个由此密钥产生的 MAC，因此这就迫使我们要求敌手仅能查询 $Q/2$ 个以前的会话。

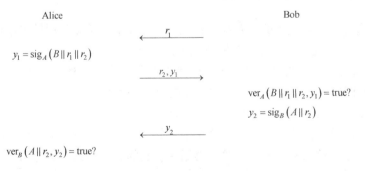

图 9.5　协议 9.6 的消息流

考虑这个方案的各种改进是有意义的。有些改进后的方案是不安全的,而有些是安全的。举一个改进后不安全的例子,Bob 的签名信息中加入了第 3 个随机数 r_3;有了这样的改动后,方案就会受到并行会话攻击。方案的详细描述参见协议 9.7。

在协议 9.7 中,随机数 r_3 由 Bob 选取,第三个消息流 Bob 的签名信息中包含 r_3(也包含 r_2)。签名信息中包含了这样一个额外随机数后,第三个消息流中签名的构造方式与第二个消息流是类似的,这样方案就不安全了。这会遭受如图 9.6 所描述的并行会话攻击。在这个攻击中,Oscar 伪装 Bob 发起一个与 Alice 的会话,然后他再伪装 Alice 发起一个与 Bob 的会话。在第二次会话的第二个消息流中 Bob 的响应被转发给 Alice,作为第一次会话的第三个消息流。

最后,我们在习题中会讨论一个协议 9.6 的安全的改进方案。

协议 9.7　(不安全的)公钥交互认证

1. Bob 选择一个随机挑战 r_1,并传送 Cert(Bob) 和 r_1 给 Alice。
2. Alice 选择一个随机挑战 r_2,计算 $y_1 = \text{sig}_{\text{Alice}}(\text{ID(Bob)} \| r_1 \| r_2)$
   并传送 Cert(Alice),r_2 和 y_1 给 Bob。
3. Bob 利用证书 Cert(Alice) 验证 Alice 的公钥 $\text{ver}_{\text{Alice}}$。然后验证

$$\text{ver}_{\text{Alice}}(\text{ID(Bob)} \| r_1 \| r_2, y_1) = \text{true}$$

是否成立。如果成立,Bob "接受";否则,Bob "拒绝"。Bob 也选择随机数 r_3,计算

$$y_2 = \text{sig}_{\text{Bob}}(\text{ID(Alice)} \| r_2 \| r_3)$$

并传送 r_3 和 y_2 给 Alice。
4. Alice 利用证书 Cert(Bob) 验证 Bob 的公钥 ver_{Bob}。然后验证

$$\text{ver}_{\text{Bob}}(\text{ID(Alice)} \| r_2 \| r_3, y_2) = \text{true}$$

是否成立。如果成立,Alice "接受";否则,Alice "拒绝"。

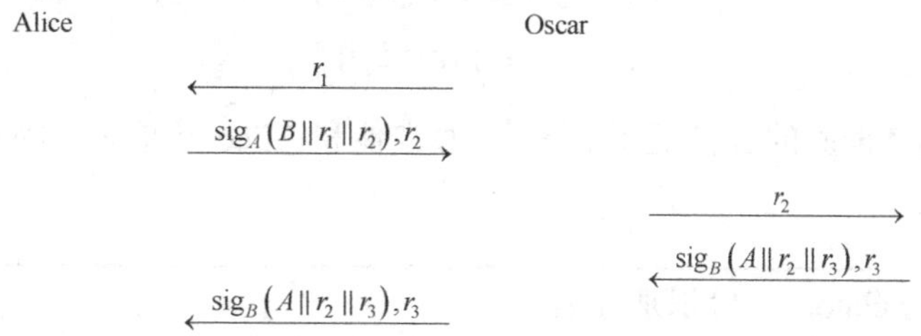

注:这里 "A" 表示 "ID(Alice)","B" 表示 "ID(Bob)"。

图 9.6　协议 9.7 的攻击

9.4　Schnorr 身份识别方案

设计身份识别方案的另一种方法是"从零开始"构建,无须使用任何密码学工具。这种类型的方案与前几节考虑的方案相比,一个潜在优势是他们可能更高效,有更低的通信复杂

度。这种方案一般通过向他人证明自己知道某些秘密值(例如私钥),而不泄露这个秘密值的方式来证实自己的身份。

Schnorr 身份识别方案(参见协议 9.8)就是这样一个例子,它基于离散对数问题(参见问题 6.1)。这里,令 α 是群 $\mathbb{Z}_p^*$ 的元素,阶为素数 q[p 是素数, $p-1\equiv 0(\bmod q)$]。对任意的 $\beta\in\langle\alpha\rangle$,定义 $\log_\alpha\beta$,$0\le\log_\alpha\beta\le q-1$。使用在 Schnorr 签名方案中的离散对数问题的设置与使用在数字签名算法(参见 7.4 节)中的离散对数问题的设置是一样的。为了安全考虑,我们设定 $p\approx 2^{1024},q\approx 2^{160}$。

方案需要一个可信权威机构 TA,来选择通用的系统参数(局部参数):

1. p 是大素数($p\approx 2^{1024}$)。

2. q 是大素数,整除 $p-1$($q\approx 2^{160}$)。

3. $\alpha\in\mathbb{Z}_p^*$,阶为 q。

4. t 是安全参数,满足 $q>2^t$(敌手欺骗 Alice 或 Bob 的概率是 2^{-t},因此,$t=40$ 对实际应用来说可提供足够的安全性)。

参数 p,q,α 和 t 都是公开的,网络中每个用户都可使用。

网络中的每个用户选择自己的私钥 a,$0\le a\le q-1$,构造相应的公钥 $v=\alpha^{-a}\bmod p$。我们可以看到 v 可通过 $(\alpha^a)^{-1}\bmod p$ 来计算,或(更高效地)通过 $\alpha^{q-a}\bmod p$ 来计算。TA 给网络中的每个用户颁发证书。每个用户的证书包含他们的公钥(可能还包含一些公共参数)。由 TA 对这些信息,连同用户的身份识别信息一起做签名。

下面的同余式说明了 Alice 能够向 Bob 证实自己的身份,只要双方都是诚实的而且进行正确的计算:

$$\alpha^y v^r \equiv \alpha^{k+ar}v^r \pmod{p}$$
$$\equiv \alpha^{k+ar}\alpha^{-ar} \pmod{p}$$
$$\equiv \alpha^k \pmod{p}$$
$$\equiv \gamma \pmod{p}$$

Bob 能够接受 Alice 的身份证明的事实(假定他和 Alice 都是诚实的)有时被称为方案的完备性。

协议 9.8 Schnorr 身份识别方案

1. Alice 选择一个随机数 $k,0\le k\le q-1$,计算 $\gamma=\alpha^k\bmod p$。她传送 Cert(Alice) 和 γ 给 Bob。

2. Bob 利用证书 Cert(Alice) 验证 Alice 的公钥 v。Bob 选择一个随机数 $r,1\le r\le 2^t$,并传送 r 给 Alice。

3. Alice 计算 $y=k+ar\bmod q$,并传送响应 y 给 Bob。

4. Bob 验证 $\gamma\equiv\alpha^y v^r\pmod{p}$。如果成立,Bob "接受";否则,Bob "拒绝"。

让我们看一个小的、简单的例子。这个例子省略了 Bob 认证 Alice 的公钥的完整性。

例9.1 假定 $p = 88\,667$，$q = 1031$，$t = 10$。$\alpha = 70\,322$ 是群 $\mathbb{Z}_p^*$ 中的元素，阶为 q。假定 Alice 的私钥是 $a = 755$，则

$$v = \alpha^{-a} \bmod p$$
$$= 70\,322^{1031-755} \bmod 88\,667$$
$$= 13\,136$$

假定 Alice 选择一个随机数 $k = 543$。然后计算

$$\gamma = \alpha^k \bmod p$$
$$= 70\,322^{543} \bmod 88\,667$$
$$= 84\,109$$

并传送 γ 给 Bob。假定 Bob 发送挑战 $r = 1000$，则 Alice 计算

$$y = k + ar \bmod q$$
$$= 543 + 755 \times 1000 \bmod 1031$$
$$= 851$$

并传送 y 给 Bob 作为响应。Bob 验证

$$84\,109 \equiv 70\,322^{851} 13\,136^{1000} \pmod{88\,667}$$

最终，Bob "接受"。

Schnorr身份识别方案无论从计算角度还是从双方交换的通信量来看都是快速而高效的。特别是，方案的设计使得 Alice 的计算量最小化。这在很多实际应用中是迫切需要的，因为 Alice 的计算有可能由计算能力很低的智能卡来完成，而 Bob 的计算由功能稍强的计算机来处理。

让我们来看看 Alice 的计算量。第一步进行一次指数（模 p）运算；第三步进行一次加法和一次乘法（模 q）运算。模指数运算计算量虽然很大，但在方案执行之前可以离线进行。由 Alice 来完成在线计算量都是适度的。

考虑方案执行期间双方交换的通信量也是很容易的。我们在图 9.7 中描述了交换的消息（不包含 Alice 的证书）。在这个图中，符号 $\in_R$ 表示从一个特定集合中随机选择。

在第一个消息流中 Alice 给 Bob 1024 比特消息（不包含 Alice 的证书）；Bob 在第二个消息流中传送给 Alice 40 比特消息；在第三个消息流中 Alice 传送给 Bob 160 比特消息。因此，双方交换的通信量也是适度的。

方案中第二个消息流和第三个消息流的传输信息量已经通过优化设计被减少了。在第二个消息流中，挑战可以是 0 到 $q-1$ 之间的任何整数；然而，这就使传输的消息量达到 160 比特。实际上，40 比特的挑战就能满足很多应用中的安全需求了。

在第三个消息流中，y 是指数。由于此方案在 $\mathbb{Z}_p^*$ 的阶为 $q \approx 2^{160}$ 的子群中运行，y 仅仅是160比特长度。这就使得第三个消息流中的传输量大大降低，因为如果方案在群 $\mathbb{Z}_p^*$ 中运行，那么指数将是 1024 比特长。

很明显，第一个消息流中传输的消息量最大。减小消息量的一种可能方式是用 160 比特的消息摘要 $\gamma' = \text{SHA-1}(\gamma)$ 来取代 1024 比特的 γ。那么，在方案的最后一步Bob要验证的是消息摘要 $\gamma' = \text{SHA-1}(\alpha^y v^r (\bmod p))$。

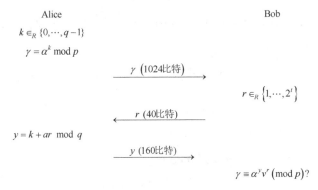

图 9.7 协议 9.8 的消息流

9.4.1 Schnorr 身份识别方案的安全性

现在我们来考虑 Schnorr 身份识别方案的安全性。正如上面所提到的，t 是安全参数。t 要求充分大，能够防止攻击者 Olga 通过猜测 Bob 的挑战 r 来冒名顶替 Alice（如果 Olga 猜测出正确的 r，她可以选择任意值 y，并且提前计算

$$\gamma = \alpha^y v^r \bmod p$$

在第一个消息流中她传输 γ 给Bob，当她收到挑战 r 后，她就把提前选择的 y 作为响应。那么 Bob 可以证实等式 $\gamma = \alpha^y v^r \bmod p$ 成立，因此便可"接受"。）如果 r 是由 Bob 随机选择的，那么 Olga 正确地猜测出 r 值的概率是 2^{-t}。

需要说明的是每次 Alice 向 Bob 证实自己的身份时，Bob 都应该选择一个新的随机挑战 r。如果 Bob 总是使用同样的挑战 r，那么 Olga 就可以用上述方法来假冒 Alice。

Alice 在方案中的计算包含使用她的私钥 a。私钥 a 的作用有些像 PIN，正是利用它才使得 Bob 相信进行身份识别的用户（或实体）是 Alice。然而私钥 a 与 PIN 有一个重要的不同：在身份识别方案中，a 的信息是没有泄露的。相反，Alice（更准确地说，Alice 的智能卡）是通过对 Bob 发送的挑战 r 产生的正确响应信息 y（方案中的第三个消息流），来证实她知道私钥 a。一个敌手可以试图计算 a，因为 a 仅仅是 $\mathbb{Z}_p^*$ 中的一个离散对数：$a = -\log_\alpha v$。然而，我们假定解决这种计算问题是困难的。

我们已经论述了 Olga 能猜测出 Bob 的挑战 r，继而假冒 Alice 的概率是 2^{-t}。现在我们假定 Olga 能做得更好。如果 Olga 成功假冒 Alice 的概率大于 2^{-t}，那么她会知道某个 γ（她选择的值），两个可能的挑战 r_1 和 r_2，以及相应地能让 Bob"接受"的响应 y_1 和 y_2（如果 Olga 对每个 γ，只知道一个挑战，从而只计算出一个正确的响应，那么她成功的概率仅仅是 2^{-t}）。

因此，我们假定 Olga 知道（或者她能计算）r_1，r_2，y_1 和 y_2，满足：

$$\gamma \equiv \alpha^{y_1} v^{r_1} \equiv \alpha^{y_2} v^{r_2} \pmod p$$

那么

$$\alpha^{y_1 - y_2} \equiv v^{r_2 - r_1} \pmod p$$

由于 $v \equiv \alpha^{-a} \pmod p$，这里 a 是 Alice 的私钥。因此

$$\alpha^{y_1-y_2} \equiv \alpha^{-a(r_2-r_1)} \pmod{p}$$

α 的阶是 q，因此

$$y_1 - y_2 \equiv a(r_1 - r_2) \pmod{q}$$

这里，$0 < |r_2 - r_1| < 2^t$，$q > 2^t$ 是素数。我们有 $\gcd(r_2 - r_1, q) = 1$，从而 $(r_1 - r_2)^{-1} \bmod q$ 存在。那么，Olga 能计算出 Alice 的私钥 a：

$$a = (y_1 - y_2)(r_1 - r_2)^{-1} \bmod q$$

上述分析表明，任何人若能以大于 2^{-t} 的概率成功地假冒 Alice，他一定知道（或者很容易计算出）Alice 的私钥 a（我们证明了一个"成功"的假冒者能计算 a。反之，任何知道 a 的人很显然可以假冒 Alice，概率是 1）。因此，我们得出一个粗略的结论：能假冒 Alice 等价于知道 Alice 的私钥。这个特性有时被称为合理性。

一个满足合理性和完备性的身份识别方案被称为知识证明。我们的分析已经表明 Schnorr 身份识别方案是一个知识证明。现举例说明上述的讨论。

例 9.2　假定参数设置与例 9.1 相同：$p = 88\,667, q = 1031, t = 10, \alpha = 70\,322, v = 13\,136$。进一步假定对 $\gamma = 84\,109$，Olga 能确定两个正确的响应：$y_1 = 851$ 是挑战 $r_1 = 1000$ 的响应；$y_2 = 454$ 是挑战 $r_2 = 19$ 的响应。也就是

$$84\,109 \equiv \alpha^{851} v^{1000} \equiv \alpha^{454} v^{19} \pmod{p}$$

那么 Olga 可以计算

$$a = (851 - 454)(1000 - 19)^{-1} \bmod 1031 = 755$$

从而得到了 Alice 的私钥。

我们已经证实了 Schnorr 方案是一个知识证明。但这并不能充分地保证方案是"安全"的。我们还要考虑秘密信息（也就是 Alice 的私钥）泄露给方案执行过程中的验证者，或者信道中的观察者的可能性（这可以看成是攻击的信息收集阶段）。我们希望当 Alice 证实她的身份时，Olga 得不到关于 a 的任何信息。如果这种情形成立，Olga 最终将不能假冒 Alice（假定计算离散对数问题是困难的）。

一般地，我们可想象这样一种场景：Alice 在几种不同的情形下向 Olga 证实自己的身份。经过几次会话后，Olga 试图确定 a 的值，从而假冒 Alice。如果 Olga 作为验证者参加了"合理"次数的会话，进行了"合理"次数的计算后，仍然不能获得 a 的信息，那么方案被称为零知识身份识别方案。这就证实了方案在离散对数问题困难假设下是安全的（当然，"合理"的定义要很精确，这样才能保证安全定义的精确性）。

下面我们就证明 Schnorr 身份识别方案对诚实的验证者来说是零知识的，这里诚实的验证者是指按照方案的执行流程，随机地选取挑战 r 的验证者。

我们定义会话的文本为 $T = (\gamma, r, y)$，其中 $\gamma \equiv \alpha^y v^r \pmod{p}$。验证者（或观察者）能获得每个会话 S 的文本 $T(S)$。可能的文本集合为：

$$\mathcal{T} = \{(\gamma, r, y) : 1 \leqslant r \leqslant 2^t, 0 \leqslant y \leqslant q-1, \gamma \equiv \alpha^y v^r \pmod{p}\}$$

容易看出，$|T| = q2^t$。进一步，不难证明，如果挑战 r 随机产生，那么在任何给定的会话中，任何特定的文本出现的概率是 $1/(q2^t)$。推理如下：针对一个特定的文本，对任何固定值 r，$\gamma \in \langle \alpha \rangle$ 和 $y \in \{0, \cdots, q-1\}$ 之间存在一个一一对应关系。我们假定 Alice 随机选择 γ（通过随机选择 k，计算 $\gamma = \alpha^k \bmod p$），也假定 Bob 随机选择 r（因为 Bob 是诚实的验证者），这两个值决定了 y。由于 γ 有 q 个可能的选择，r 有 2^t 个可能的选择，那么我们得出结论：在诚实验证者参与的会话中每个可能文本出现的概率都是 $1/(q2^t)$。

零知识方案的主要性质是可模拟性。我们要证明 Olga(或任何其他人)能产生与真实文本有同样概率分布的模拟文本，虽然她并没有参与方案的运行。这可通过以下三步来完成：

1. 选择 $r \in_R \{1, \cdots, 2^t\}$
2. 选择 $y \in_R \{0, \cdots, q-1\}$
3. 计算 $\gamma \equiv \alpha^y v^r \bmod p$

容易看出，通过上述过程产生的 $T \in \mathcal{T}$ 的概率是 $1/(q2^t)$。因此，对所有的 $T \in \mathcal{T}$

$$\text{Pr}_{\text{real}}[T] = \text{Pr}_{\text{sim}}[T] = \frac{1}{q2^t}$$

这里 $\text{Pr}_{\text{real}}[T]$ 表示在真实会话中产生文本 T 的概率，$\text{Pr}_{\text{sim}}[T]$ 表示在模拟会话中产生文本 T 的概率。

文本可模拟的重要性是什么呢？其本质在于，一个诚实的验证者参加几次会话后可计算的任何信息，没有参加任何会话的人也都可以计算出来。特别地，对于 Olga 来说，要想假冒 Alice，必须要计算出 Alice 的私钥 a；但并不能因为 Olga 在一次或多次会话中作为验证者，随机选择她的挑战，而使得 Olga 计算私钥 a 更容易。

下面我们进一步说明。假定存在一个 Extract 算法，输入文本 $T_1, \cdots, T_\ell$，计算私钥 a，概率是 ϵ。假定这些文本是实际的会话文本，也就是参与方遵循方案的流程来执行的文本。假定 $T_1', \cdots, T_\ell'$ 是模拟文本。我们知道模拟文本与真实文本的概率分布是一致的。因此，$\text{Extract}(T_1', \cdots, T_\ell')$ 计算 a 的概率也是 ϵ。这表明方案的执行并没有使计算 a 更容易，因此，这个方案是零知识的。

现在让我们考虑 Olga(不诚实的验证者)通过非随机的方式选择挑战 r，从而获得一些有用信息的可能性。为具体起见，假定 Olga 根据 Alice 发送的 γ 经过复杂函数的变换产生挑战 r。在这种情形下，似乎没有任何办法来完备地模拟最终文本的概率分布，因此，我们不能像诚实验证者情形一样，来证实方案在这种情形下是零知识的。

需要强调的是，对基于非随机挑战的身份识别方案来说，并没有已知的攻击；我们只是说以前使用的证明技术似乎并不能应用到这种方案中。对这种验证者可以不诚实的方案，已有的安全证明都需要额外的假设。

概括来说，如果不知道 Alice 私钥的用户不可能(除了相当小的概率之外)假冒 Alice，那么这个交互方案是一知识证明。这意味着"攻破"方案的仅有方式实际上是计算 a。如果方案没有揭示关于 Alice 私钥的任何信息，那么这个方案是零知识的。换句话说，参加方案中特定次数的会话(作为验证者 Bob)并不能使计算 Alice 的私钥更容易。如果一个方案是零知识的知识证明，那么它就是"安全"的。

9.5　Okamoto 身份识别方案

本节我们给出 Okamoto 对 Schnorr 身份识别方案的改进。假设在 $\mathbb{Z}_p^*$ 中求解离散对数问题是困难的，那么我们可以证明这个改进的方案是安全的。

初始化时，TA 像 Schnorr 身份识别方案一样选择 p 和 q。TA 也选择 $\alpha_1, \alpha_2 \in \mathbb{Z}_p^*$，阶都为 q。由于 $\mathbb{Z}_p^*$ 是循环群，它有唯一的阶为 q 的循环子群 H，$\mathbb{Z}_p^*$ 中阶为 q 的任何元素都是 H 的生成元。因此 $\alpha_1 \in \langle \alpha_2 \rangle, \alpha_2 \in \langle \alpha_1 \rangle$。定义 $c = \log_{\alpha_1} \alpha_2$，$c$ 对所有的参与方(包括 Alice)都是保密的。我们假定任何人(甚至是 Alice 与 Olga 合谋)都无法计算出 c。

另外，Alice 的公钥 v 为

$$v = \alpha_1^{-a_1} \alpha_2^{-a_2} \pmod{p}$$

这里 a_1 和 a_2 是 Alice 的私钥。现在我们来详细描述 Okamoto 身份识别方案，参见协议 9.9。

下面是 Okamoto 身份识别方案的一个例子。

例 9.3　与前一个例子一样，令 $p = 88\,667, q = 1031, t = 10$。同时令 $\alpha_1 = 58\,902$，$\alpha_2 = 73\,611$ (在 $\mathbb{Z}_p^*$ 中 α_1 和 α_2 的阶都是 q)。现在假定 $a_1 = 846, a_2 = 515$，则 $v = 13\,078$。

假定 Alice 选择 $k_1 = 899, k_2 = 16$，则 $\gamma = 14\,574$。如果 Bob 发送挑战 $r = 489$，那么 Alice 响应 $y_1 = 131, y_2 = 287$。Bob 验证

$$58\,902^{131}\,73\,611^{287}\,13\,078^{489} \equiv 14\,574 \pmod{88\,667}$$

因此，Bob 接受 Alice 的身份证明。

协议 9.9　Okamoto 身份识别方案

1. Alice 选择随机数 $k_1, k_2, 0 \leqslant k_1, k_2 \leqslant q-1$，计算

$$\gamma = \alpha_1^{k_1} \alpha_2^{k_2} \bmod p$$

2. Alice 传送证书 $\mathrm{Cert(Alice)} = (\mathrm{ID(Alice)}, v, s)$ 和 γ 给 Bob。
3. Bob 验证 $\mathrm{ver}_{\mathrm{TA}}(\mathrm{ID(Alice)} \| v, s) = \mathrm{true}$。
4. Bob 选择随机数 $r, 1 \leqslant r \leqslant 2^t$，并传送 r 给 Alice。
5. Alice 计算 $y_1 = k_1 + a_1 r \bmod q$ 和 $y_2 = k_2 + a_2 r \bmod q$，并传送 y_1 和 y_2 给 Bob。
6. Bob 验证 $\gamma \equiv \alpha_1^{y_1} \alpha_2^{y_2} v^r \pmod{p}$。

方案的完备性(也就是，Bob 接受 Alice 的身份证明)的证明是显然的。与 Schnorr 方案的主要不同是，我们在计算离散对数 $\log_{\alpha_1} \alpha_2$ 是困难的假设下来证明 Okamoto 方案的安全性。

安全性证明是很微妙的。总体思路是：假定 Alice 通过多项式次数执行方案向 Olga 识别自己的身份。然后，假定(希望得到矛盾结果)Olga 能够获取关于 Alice 的秘密指数 a_1 和 a_2 的一些信息。如果此条件成立，我们可以证明 Alice 与 Olga 联合能在多项式时间内(以相当大的概率)计算出离散对数 c。这就与上面提到的假设相矛盾，从而证明了 Olga 不能通过参与方案而获取关于 Alice 指数的任何信息。

证明过程的第一步类似于 Schnorr 身份识别方案的证明。假定 Olga 知道 γ，同时能计算两个不同挑战 r 和 s 的有效响应。也就是，假定 Olga 能计算 y_1, y_2, z_1, z_2, r 和 s，满足 $r \neq s$，而且

$$\gamma \equiv \alpha_1^{y_1} \alpha_2^{y_2} v^r \equiv \alpha_1^{z_1} \alpha_2^{z_2} v^s \pmod{p}$$

Olga 能计算

$$b_1 = (y_1 - z_1)(r - s)^{-1} \bmod q \quad 和 \quad b_2 = (y_2 - z_2)(r - s)^{-1} \bmod q$$

满足等式：$v \equiv \alpha_1^{-b_1} \alpha_2^{-b_2} \pmod{p}$。

现在我们证明 Alice 与 Olga 合谋能够计算 c（以相当大的概率）。假定 Olga 按照上述办法能够确定 b_1 和 b_2 满足

$$v \equiv \alpha_1^{-b_1} \alpha_2^{-b_2} \pmod{p}$$

那么假定 Alice 向 Olga 泄露了秘密值 a_1 和 a_2。当然

$$v \equiv \alpha_1^{-a_1} \alpha_2^{-a_2} \pmod{p}$$

因此

$$\alpha_1^{a_1 - b_1} \equiv \alpha_2^{b_2 - a_2} \pmod{p}$$

假定 $(a_1, a_2) \neq (b_1, b_2)$，那么 $(b_2 - a_2)^{-1} \bmod q$ 存在，而且多项式时间内能计算离散对数

$$c = \log_{\alpha_1} \alpha_2 = (a_1 - b_1)(b_2 - a_2)^{-1} \bmod q$$

下面考虑 $(a_1, a_2) = (b_1, b_2)$ 的可能性。如果这种情形发生，c 就不能按照上述方式被计算出来。然而，我们认为 $(a_1, a_2) = (b_1, b_2)$ 成立的概率只有 $1/q$，因此几乎能保证 Alice 与 Olga 合谋计算出 c。

定义

$$\mathcal{A} = \{(a_1', a_2') \in \mathbb{Z}_q \times \mathbb{Z}_q : \alpha_1^{-a_1'} \alpha_2^{-a_2'} \equiv \alpha_1^{-a_1} \alpha_2^{-a_2} \pmod{p}\}$$

也就是，$\mathcal{A}$ 包含了所有可能是 Alice 的秘密指数的有序对。注意到 $\mathcal{A}$ 可以表示为

$$\mathcal{A} = \{(a_1 - c\theta, a_2 + \theta) : \theta \in \mathbb{Z}_q\}$$

这里 $c = \log_{\alpha_1} \alpha_2$。因此 $\mathcal{A}$ 包含了 q 个有序对。

Olga 计算的有序对 (b_1, b_2) 一定在集合 $\mathcal{A}$ 中。我们认为有序对 (b_1, b_2) 中的值与 Alice 秘密指数 (a_1, a_2) 的值是独立的。由于 (a_1, a_2) 是由 Alice 随机选择的，因此，$(a_1, a_2) = (b_1, b_2)$ 成立的概率是 $1/q$。

我们需要解释一下 (b_1, b_2) "独立" 于 (a_1, a_2) 的含义。Alice 的秘密指数对 (a_1, a_2) 是集合 $\mathcal{A}$ 中 q 个可能的有序对之一，究竟哪一个才是 "正确的" 有序对，Alice 没有泄露任何信息（不严格地说，Olga 知道 Alice 的秘密指数对来自于 $\mathcal{A}$，但没有办法分辨是哪一个）。

现在让我们来看看身份识别方案执行过程中交换的信息。基本上，每次方案执行时，Alice 选择 γ；Olga 选择 r；然后 Alice 计算 y_1 和 y_2 满足

$$\gamma \equiv \alpha_1^{y_1} \alpha_2^{y_2} v^r \pmod{p}$$

Alice 具体计算

$$y_1 = k_1 + a_1 r \bmod q \quad \text{和} \quad y_2 = k_2 + a_2 r \bmod q$$

这里 $\gamma = \alpha_1^{k_1} \alpha_2^{k_2} \bmod p$。但要注意 k_1 和 k_2 没有公开（a_1 和 a_2 也没有公开）。

由于 y_1 和 y_2 的计算依赖于 a_1 和 a_2，方案执行过程中产生的四元组 (γ, r, y_1, y_2) 似乎依赖于 Alice 的有序对 (a_1, a_2)。然而我们可以证明每个这样的四元组都能由任何其他的有序对 (a_1', a_2') 生成。为了说明这个结果，假定 $(a_1', a_2') \in \mathcal{A}$，即 $a_1' = a_1 - c\theta$，$a_2' = a_2 + \theta$，这里 $0 \leqslant \theta \leqslant q-1$。$y_1$ 和 y_2 有如下表示：

$$\begin{aligned} y_1 &= k_1 + a_1 r \\ &= k_1 + (a_1' + c\theta)r \\ &= (k_1 + rc\theta) + a_1' r \end{aligned}$$

和

$$\begin{aligned} y_2 &= k_2 + a_2 r \\ &= k_2 + (a_2' - \theta)r \\ &= (k_2 - r\theta) + a_2' r \end{aligned}$$

这里所有的计算都是在 $\mathbb{Z}_q$ 中。也就是说，四元组 (γ, r, y_1, y_2) 也可以由有序对 (a_1', a_2') 来产生，这时用随机选择的 $k_1' = k_1 + rc\theta$ 和 $k_2' = k_2 - r\theta$ 来产生（相同的）γ。我们已经注意到 Alice 没有公开 k_1 和 k_2，因此，四元组 (γ, r, y_1, y_2) 没有泄露 Alice 实际使用 $\mathcal{A}$ 中哪个有序对作为她的秘密指数。

这个安全性证明是相当漂亮和微妙的，它对于我们回顾方案中与安全性证明相关的一些特征也许是有帮助的。其基本思想是让 Alice 选择两个秘密指数而不是一个。在集合 $\mathcal{A}$ 中一共有 q 个有序对与 Alice 的秘密指数对 (a_1, a_2) "等价"。导致最终矛盾结果的是知道 $\mathcal{A}$ 中两个不同的对，就可以有效地计算出离散对数 c。当然，Alice 知道 $\mathcal{A}$ 中一个有序对 (a_1, a_2)；我们证明了如果 Olga 能够假冒 Alice，那么 Olga 可以计算出（以大概率）$\mathcal{A}$ 中不同于 (a_1, a_2) 的另外一个有序对。这样 Alice 与 Olga 一起能找到 $\mathcal{A}$ 中两个对，从而计算出 c，导致了矛盾。

下面的例子说明了 Alice 与 Olga 如何一起来计算 $\log_{\alpha_1} \alpha_2$。

例 9.4　与例 9.3 相同，我们令 $p = 88\,667$，$q = 1031$，$t = 10$，同时假定 $v = 13\,078$（a_1，a_2，α_1 和 α_2 的取值也与例 9.3 相同）。

假定 Olga 已经得到

$$\alpha_1^{131} \alpha_2^{287} v^{489} \equiv \alpha_1^{890} \alpha_2^{303} v^{199} \pmod{p}$$

那么她能够计算

$$b_1 = (131 - 890)(489 - 199)^{-1} \bmod 1031 = 456$$

和

$$b_2 = (287 - 303)(489 - 199)^{-1} \bmod 1031 = 519$$

现在，利用 Alice 提供的 a_1 和 a_2，可以计算

$$c = (846 - 456)(519 - 515)^{-1} \bmod 1031 = 613$$

c 实际上就是 $\log_{\alpha_1} \alpha_2$，能够通过

$$58\,902^{613} \bmod 88\,667 = 73\,611$$

来验证。

9.6   Guillou-Quisquater 身份识别方案

本节我们给出一个由 Guillou 和 Quisquater 提出的基于 RSA 密码体制的身份识别方案。

方案初始化过程如下：TA 选择两个素数 p 和 q，$n = pq$。p 和 q 是保密的，n 是公开的。与通常设定一样，p 和 q 应该足够大，使得分解 n 是不可行的。TA 也选择一个大素数 b，既是安全参数也是公共的 RSA 加密指数；为具体起见，假定 b 是满足 $\gcd(b, \phi(n)) = 1$ 的 40 比特素数。

Alice 选择一整数 u 满足 $0 \leqslant u \leqslant n-1$，计算

$$v = (u^{-1})^b \bmod n$$

并传送 v 给 TA，然后 TA 计算签名

$$s = \mathrm{sig}_{\mathrm{TA}}(\mathrm{ID}(\mathrm{Alice}) \| v)$$

把 $\mathrm{ID}(\mathrm{Alice}), v$ 和 s 放入 Alice 的证书中。整数 n 和 b 是公开参数，v 是 Alice 的公钥，u 是 Alice 的私钥。

当 Alice 向 Bob 证实自己的身份时，执行协议 9.10。我们用下面的实例来说明此方案。

协议 9.10   Guillou-Quisquater 身份识别方案

1. Alice 选择随机数 $k, 0 \leqslant k \leqslant n-1$，计算 $\gamma = k^b \bmod n$。
2. Alice 传送 $\mathrm{Cert}(\mathrm{Alice}) = (\mathrm{ID}(\mathrm{Alice}), v, s)$ 和 γ 给 Bob。
3. Bob 验证 $\mathrm{ver}_{\mathrm{TA}}(\mathrm{ID}(\mathrm{Alice}) \| v, s) = \mathrm{true}$。
4. Bob 选择随机数 $r, 0 \leqslant r \leqslant b-1$，并传送 r 给 Alice。
5. Alice 计算 $y = ku^r \bmod n$，并传送响应 y 给 Bob。
6. Bob 验证 $\gamma \equiv v^r y^b \pmod{n}$。

例 9.5   假定 TA 选择 $p = 467, q = 479$，那么 $n = 223\,693$。也假定 $b = 503$，Alice 的私钥 $u = 101\,576$。Alice 计算

$$\begin{aligned}
v &= (u^{-1})^b \bmod n \\
&= (101\,576^{-1})^{503} \bmod 223\,693 \\
&= 89\,888
\end{aligned}$$

现在假定 Alice 向 Bob 证实她的身份，她选择 $k = 187\,485$，然后给 Bob 传送

$$\begin{aligned}
\gamma &= k^b \bmod n \\
&= 187\,485^{503} \bmod 223\,693 \\
&= 24\,412
\end{aligned}$$

假定 Bob 响应挑战 $r = 375$。那么 Alice 计算

$$\begin{aligned}
y &= ku^r \bmod n \\
&= 187\,485 \times 101\,576^{375} \bmod 223\,693 \\
&= 93\,725
\end{aligned}$$

并传送 y 给 Bob。Bob 验证

$$24\ 412 \equiv 89\ 888^{375}\ 93\ 725^{503} (\text{mod}\ 223\ 693)$$

因此，Bob 接受了 Alice 的身份证明。

我们证明 Guillou-Quisquater 身份识别方案是合理的和完备的。与通常一样，证明完备性是很简单的：

$$
\begin{aligned}
v^r y^b &\equiv (u^{-b})^r (k u^r)^b (\text{mod}\ n)\\
&\equiv u^{-br} k^b u^{br} (\text{mod}\ n)\\
&\equiv k^b (\text{mod}\ n)\\
&\equiv \gamma (\text{mod}\ n)
\end{aligned}
$$

现在让我们考虑合理性。将证明如果假设从 v 求出 u 是计算上不可行的，那么方案就是合理的。由于 v 是由 u 经过 RSA 加密得到的，因此这是一个可信的假设。

假定 Olga 知道 γ，她假冒 Alice 的成功概率是 $\epsilon \geqslant 2/b$。那么对于 γ，假定 Olga 能计算 y_1, y_2, r_1, r_2，满足 $r_1 \neq r_2$，且

$$\gamma \equiv v^{r_1} y_1^b \equiv v^{r_2} y_2^b (\text{mod}\ n)$$

不失一般性，假定 $r_1 > r_2$。那么我们有

$$v^{r_1 - r_2} \equiv (y_2 / y_1)^b (\text{mod}\ n)$$

由于 $0 < r_1 - r_2 < b$ 且 b 是素数，$t = (r_1 - r_2)^{-1} \bmod b$ 存在，Olga 能在多项式时间内通过 Euclidean 算法计算出 t。因此，我们有

$$v^{(r_1 - r_2)t} \equiv (y_2 / y_1)^{bt} (\text{mod}\ n)$$

由于存在整数 ℓ，使得

$$(r_1 - r_2)t = \ell b + 1$$

因此

$$v^{\ell b + 1} \equiv (y_2 / y_1)^{bt} (\text{mod}\ n)$$

或等价地

$$v \equiv (y_2 / y_1)^{bt} (v^{-1})^{\ell b} (\text{mod}\ n)$$

如果等式两边同时进行幂 $b^{-1} \bmod \phi(n)$ 运算，则有：

$$u^{-1} \equiv (y_2 / y_1)^t (v^{-1})^{\ell} (\text{mod}\ n)$$

最后，等式两边同时进行模逆运算，计算出 u：

$$u = (y_1 / y_2)^t v^{\ell} \bmod n$$

Olga 可以用此公式在多项式时间内计算 u。

例 9.6 与前一个例子一样，假定 $n = 223\ 693$，$b = 503$，$u = 101\ 576$ 和 $v = 89\ 888$。同

时假定 Olga 已经知道

$$v^{401}103\ 386^b \equiv v^{375}93\ 725^b \pmod{n}$$

她首先计算

$$\begin{aligned}
t &= (r_1 - r_2)^{-1} \bmod b \\
&= (401 - 375)^{-1} \bmod 503 \\
&= 445
\end{aligned}$$

然后计算

$$\begin{aligned}
\ell &= \frac{(r_1 - r_2)t - 1}{b} \\
&= \frac{(401 - 375)445 - 1}{503} \\
&= 23
\end{aligned}$$

最后,她按照下列方式得到秘密值 u:

$$\begin{aligned}
u &= (y_1 / y_2)^t v^{\ell} \bmod n \\
&= (103\ 386 / 93\ 725)^{445} 89\ 888^{23} \bmod 223\ 693 \\
&= 101\ 576
\end{aligned}$$

这样 Alice 的秘密指数就被泄露了。

9.6.1　基于身份的身份识别方案

Guillou-Quisquater 身份识别方案可以转换成一种称为基于身份的身份识别方案。这就意味着不需要使用证书。然而,仍然需要 TA 来计算 Alice 身份标识(ID)串对应的私钥 u[④]。

u 的计算在协议 9.11 中完成。在这个方案中,h 是一个公开的值域为 $\mathbb{Z}_n$ 的 Hash 函数(h 可以通过修改 SHA-1 来构造)。u 是由 TA 用秘密加密指数 a 计算的 RSA 密文。通常,$a = b^{-1} \bmod \phi(n)$。协议 9.12 描述了这个基于身份的身份识别方案。

协议 9.11　向 Alice 颁布 u

1. TA 确定 Alice 的身份并颁发身份标识串 ID(Alice)。

2. TA 计算 $u = (h(\text{ID}(\text{Alice}))^{-1})^a \bmod n$,并传送 u 给 Alice。

---

v 是由公开的 Hash 函数 h 对 Alice 的 ID 串作用而计算出的。为了执行身份识别方案,Alice 需要知道 u 值,u 只能由 TA 计算(假定 RSA 密码体制是安全的)。由于 Olga 不知道 u 值,因而她无法假冒 Alice 向 Bob 证实身份。

协议 9.12　Guillou-Quisquater 基于身份的身份识别方案

1. Alice 选择随机数 $k, 0 \leqslant k \leqslant n-1$,计算 $\gamma = k^b \bmod n$。

2. Alice 传送 ID(Alice) 和 γ 给 Bob。

---

④ TA 也负责解决任何出现的争执,如关于命名惯例、身份标识(ID)串的分配等。

3. Bob 计算 $v = h(\text{ID}(\text{Alice}))$ 。

4. Bob 选择随机数 $r, 0 \leqslant r \leqslant b-1$ ，并传送 r 给 Alice。

5. Alice 计算 $y = ku^r \bmod n$ ，并传送响应 y 给 Bob。

6. Bob 验证 $\gamma \equiv v^r y^b \pmod{n}$ 。

9.7　注释与参考文献

我们使用的身份识别方案的安全模型可参考 Diffie, van Oorschot, Wiener[118]，Bellare, Rogaway[23]和Blake-Wilson, Menezes[44]中的模型。Diffie[115]指出密码学中用于身份识别的挑战-响应协议要追溯到20世纪50年代。把身份识别方案用于计算机网络中的研究最早是由 Needham 和 Schroeder[251]在 20 世纪 70 年代提出的。

协议 9.6 出自参考文献[44]。协议 9.14 类似于 FIPS 公告 196[145]中提出的交互认证方案的一个版本。协议 9.7 的攻击出自参考文献[115]。

Schnorr 身份识别方案出自参考文献[294]，Guillou-Quisquater 身份识别方案出自参考文献[167]。这些方案在合理计算假设下的安全性证明是由 Bellare 和 Palacio [20]给出的。

Okamoto身份识别方案由参考文献[260]提出，另一个在合理计算假设下被证明为安全的方案是由 Brickell 和 McCurley 在参考文献[76]中提出。

Feige-Fiat-Shamir身份识别方案(参见参考文献[128, 135])也是一个广泛使用的方案。利用零知识技术可以证明这个方案是安全的。由身份识别方案构造签名方案的方法是由 Fiat 和Shamir[135]提出的。他们也提出了一个基于身份的身份识别方案。

关于身份识别方案的综述有 Burmester, Desmedt, Beth [80]和 de Waleffe, Quisquater[114]。

习题

9.1　证明不可能设计出一个安全的基于随机挑战的仅含有两个消息流的身份识别方案(两个消息流的方案包括 Alice 向 Bob 发送一个消息流，然后 Bob 向 Alice 发送另一个消息流。在交互身份识别方案中，双方都要"接受"时会话才算成功完成)。

9.2　证明协议 9.13 提出的交互身份识别方案是不安全的(假定 Olga 观察到 Alice 和 Bob 之间的以前会话，证明 Olga 能够通过一种并行会话攻击来假冒 Bob)。

9.3　完整地证明协议 9.14 的安全性(这个方案与 FIPS 公告 196 中一个标准化的方案基本是一致的)。

协议 9.13　不安全的公钥环境下的交互认证

1. Bob 随机选择挑战 r_1 并计算 $y_1 = \text{sig}_{\text{Bob}}(r_1)$ 。他传送 Cert(Bob) ， r_1 和 y_1 给 Alice。

2. Alice 利用证书 Cert(Bob) 验证 Bob 的公钥 ver_{Bob} 。然后验证 $\text{ver}_{\text{Bob}}(r_1, y_1) = \text{true}$ 是否成立。如果不成立，Alice"拒绝"并退出。否则，Alice 随机选择挑战 r_2 ，计算 $y_2 = \text{sig}_{\text{Alice}}(r_1)$ 和 $y_3 = \text{sig}_{\text{Alice}}(r_2)$ ，并传送 Cert(Alice) ， r_2 ， y_2 和 y_3 给 Bob。

3. Bob 利用证书 Cert(Alice) 验证 Alice 的公钥 $\text{ver}_{\text{Alice}}$ 。然后验证 $\text{ver}_{\text{Alice}}(r_1, y_2) = \text{true}$ 和

$\text{ver}_{\text{Alice}}(r_2, y_3) = \text{true}$ 是否成立。如果成立，Bob "接受"；否则，Bob "拒绝"。Bob 也计算 $y_4 = \text{sig}_{\text{Bob}}(r_2)$ 并传送 y_4 给 Alice。

4. Alice 验证 $\text{ver}_{\text{Bob}}(r_2, y_4) = \text{true}$ 是否成立。如果成立，Alice "接受"；否则，Alice "拒绝"。

协议 9.14　公钥交互认证(版本 2)

1. Bob 选择一个随机挑战 r_1。他传送 Cert(Bob) 和 r_1 给 Alice。

2. Alice 选择一个随机挑战 r_2，计算 $y_1 = \text{sig}_{\text{Alice}}(\text{ID(Bob)} \| r_1 \| r_2)$ 并传送 Cert(Alice)，r_2 和 y_1 给 Bob。

3. Bob 利用证书 Cert(Alice) 验证 Alice 的公钥 $\text{ver}_{\text{Alice}}$。然后验证

$$\text{ver}_{\text{Alice}}(\text{ID(Bob)} \| r_1 \| r_2, y_1) = \text{true}$$

是否成立。如果成立，Bob "接受"；否则，Bob "拒绝"。Bob 也计算

$$y_2 = \text{sig}_{\text{Bob}}(\text{ID(Alice)} \| r_2 \| r_1)$$

并传送 y_2 给 Alice。

4. Alice 利用证书 Cert(Bob) 验证 Bob 的公钥 ver_{Bob}。然后验证

$$\text{ver}_{\text{Bob}}(\text{ID(Alice)} \| r_2 \| r_1, y_2) = \text{true}$$

是否成立。如果成立，Alice "接受"；否则，Alice "拒绝"。

9.4　讨论协议 9.15 是否安全(在方案的描述中省略了证书，但通常假定证书包含在方案中)。

协议 9.15　未知协议

1. Bob 选择一个随机挑战 r_1，并传送给 Alice。

2. Alice 选择一个随机挑战 r_2，计算 $y_1 = \text{sig}_{\text{Alice}}(r_1)$，并传送 r_2 和 y_1 给 Bob。

3. Bob 验证 $\text{ver}_{\text{Alice}}(r_1, y_1) = \text{true}$ 是否成立。如果成立，Bob "接受"；否则，Bob "拒绝"。Bob 也计算 $y_2 = \text{sig}_{\text{Bob}}(r_2)$，并传送 y_2 给 Alice。

4. Alice 验证 $\text{ver}_{\text{Bob}}(r_2, y_2) = \text{true}$ 是否成立。如果成立，Alice "接受"；否则，Alice "拒绝"。

9.5　如果 Bob 的签名中省略了 Alice 的身份，或者 Alice 的签名中省略了 Bob 的身份，那么证明协议 9.6 和协议 9.14 都是不安全的。

9.6　这个问题进一步研究 Schnorr 身份识别方案的合理性。假定 Olga 有一个 "黑盒子" $\mathcal{O}$，能够计算不同挑战的正确响应。更确切地，令 $\epsilon \geq 2^{-t+2}$，假定 $\mathcal{O}(\gamma, r)$ 以概率 ϵ 返回有效响应 y，这里 γ 和 r 是均匀随机选择的($\mathcal{O}$ 输出 "无响应" 的概率是 $1-\epsilon$)。Olga 想要利用 $\mathcal{O}$ 针对同一个 γ 和两个不同的挑战，来产生有效的响应(那么，如 9.4.1 所述，Olga 就能够计算出 Alice 的私钥)。

Olga 利用算法 9.1 来尝试和产生她所需要的响应。关于这个算法，证明如下结论。

(a)运行时间是 $O(1/\epsilon)$。

(b)第 4 步成功的概率至少是 0.63。

(c)对每个固定的 γ，定义 $p_\gamma = \Pr[\mathcal{O}(\gamma, r)$ 输出响应]，这里概率计算基于 r 是随机

均匀选取的。进一步，定义 $\Gamma_0 = \{\gamma : p_\gamma \geqslant \epsilon / 2\}$。证明 $\Pr[\gamma \in \Gamma_0] \geqslant 1/2$，这里 γ 是指在第 4 步中找到的值（假定这一步是成功的）。

(d) 假定 $\gamma \in \Gamma_0$，证明第 7 步成功的概率小于一个正的常数。

(e) 证明攻击成功的概率小于一个正的常数。

提示： 可以利用如下无须证明的事实：如果 $c > 0$，那么对所有的 $0 < x < 1$，$(1-x)^{c/x} < e^{-c}$。

算法 9.1 找到有效的 Schnorr 响应

1. $N \leftarrow \dfrac{1}{\epsilon}$（假定 N 是整数）。

2. Olga 产生随机对 (γ_i, r_i)，$1 \leqslant i \leqslant N$。

3. **for** $1 \leqslant i \leqslant N$，Olga 运行 $\mathcal{O}(\gamma_i, r_i)$。

4. 如果对某个 i，$\mathcal{O}(\gamma_i, r_i)$ 输出响应 y_i，则 Olga 设 $(\gamma, r) \leftarrow (\gamma_i, r_i)$ 并进行第 5 步；否则，攻击失败。

5. Olga 产生随机数 $s_1, \cdots, s_N \in \{1, \cdots, 2^t\}$。

6. **for** $1 \leqslant i \leqslant N$，Olga 运行 $\mathcal{O}(\gamma, s_i)$。

7. 如果对某个 i，$s_i \neq r$，$\mathcal{O}(\gamma, s_i)$ 输出响应 z_i，则 Olga 设 $r' \leftarrow s_i$ 并输出对 (γ, r) 和 (γ, r')，然后退出（攻击成功）；否则，攻击失败。

9.7 考虑如下的身份识别方案。Alice 拥有私钥 p 和 q，满足 $n = pq$，这里 p 和 q 是素数，且 $p \equiv q \equiv 3 \pmod 4$。$n$ 被存放在 Alice 的证书里。当 Alice 想要向 Bob 证实自己的身份时，Bob 传送给 Alice 值 x，一个随机选择的模 n 的二次剩余。然后 Alice 计算 x 的二次方根 y，并传送给 Bob。Bob 验证是否 $y^2 \equiv x \pmod n$ 成立。说明这个方案不安全的原因。

9.8 假定 Alice 正在使用 Schnorr 身份识别方案，其中 $q = 1201$，$p = 122\ 503$，$t = 10$，$\alpha = 11\ 538$。

(a) 验证 α 在 $\mathbb{Z}_p^*$ 中的阶是 q。

(b) 假定 Alice 的秘密指数是 $a = 357$，计算 v。

(c) 假定 $k = 868$，计算 γ。

(d) 假定 Bob 发送挑战 $r = 501$，计算 Alice 的响应 y。

(e) 用 Bob 的方式来验证 y 的正确性。

9.9 假定 Alice 使用 Schnorr 身份识别方案，p, q, t 和 α 的设置与习题 9.8 一样。现在假定 $v = 51\ 131$，Olga 已经知道

$$\alpha^3 v^{148} \equiv \alpha^{151} v^{1077} \pmod p$$

说明 Olga 如何计算 Alice 的秘密指数 a。

9.10 假定 Alice 使用 Okamoto 身份识别方案，其中 $q = 1201$，$p = 122\ 503$，$t = 10$，$\alpha_1 = 60\ 497$，$\alpha_2 = 17\ 163$。

(a) 假定 Alice 的秘密指数是 $a_1 = 432$，$a_2 = 423$，计算 v。

(b) 假定 $k_1 = 389, k_2 = 191$，计算 γ。

(c) 假定 Bob 发送挑战 $r = 21$，计算 Alice 的响应 y_1 和 y_2。

(d) 用 Bob 的方式来验证 y_1 和 y_2 的正确性。

9.11 假定 Alice 使用 Okamoto 身份识别方案，p, q, t, α_1 和 α_2 的设置与习题 9.10 一样。现在假定 $v = 119\,504$。

    (a) 验证 $\alpha_1^{70} \alpha_2^{1033} v^{877} \equiv \alpha_1^{248} \alpha_2^{883} v^{992} \pmod{p}$。

    (b) 用这些信息计算 b_1 和 b_2，使其满足 $\alpha_1^{-b_1} \alpha_2^{-b_2} \equiv v \pmod{p}$。

    (c) 假定 Alice 泄露 $a_1 = 484, a_2 = 935$，说明 Alice 与 Olga 如何一起计算 $\log_{\alpha_1} \alpha_2$。

9.12 假定 Alice 正在使用 Guillou-Quisquater 身份识别方案，其中 $p = 503$，$q = 379$，$b = 509$。

    (a) 假定 Alice 的私钥 $u = 155\,863$，计算 v。

    (b) 假定 $k = 123\,845$，计算 γ。

    (c) 假定 Bob 发送挑战 $r = 487$，计算 Alice 的响应 y。

    (d) 用 Bob 的方式来验证 y 的正确性。

9.13 完整地证明 Guillou-Quisquater 身份识别方案是诚实验证者的零知识(证明真实文本集合与模拟文本集合是一致的，他们的概率分布是一致的)。如果愿意，可以在证明中假定 $\gcd(u, n) = 1$。对于方案的任何安全应用来说，这种假设成立的概率相当大。

9.14 假定 Alice 正在使用 Guillou-Quisquater 身份识别方案，其中 $n = 199\,543$，$b = 523$，$v = 146\,152$。假定 Olga 已经知道

$$v^{456} 101\,360^b \equiv v^{257} 36\,056^b \pmod{n}$$

说明 Olga 如何计算 u。

第10章 密钥分配

10.1 引言

我们已经注意到，相对于对称密码体制来说，公钥密码体制的优势在于无须交换密钥就可以建立安全信道。但遗憾的是大多数公钥密码体制(如RSA)都比对称密码体制(如AES)速度慢。因此，在实际应用中对称密码体制通常用于加密"长"消息。但是，这样我们就又回到了密钥的建立问题，这就是本章和下一章的主题。

我们将讨论解决秘密密钥建立问题的几种方法。这里，我们有一个包括 n 个用户的不安全网络。在其中一些方案中，我们将使用一个可信权威机构(记为TA)，它负责验证用户身份、颁发用户证书、为用户选择并传送密钥等事情。有很多可能的场境，如下所述。

密钥预分配

在密钥预分配方案(KPS)中，TA以一种安全的方式为网络中的每个用户"提前"分发密钥信息。注意到在密钥分发的时候需要一个安全信道。此后，所有的网络用户可以使用这些秘密密钥来加密其在网络中传输的消息。该方案的本质是网络中的每一对用户都能够根据他们掌握的密钥信息来确定一个密钥，该密钥只有他们二人知道。

会话密钥分配

在会话密钥分配中，当网络用户请求会话密钥时，一个在线的TA选择会话密钥并通过一个交互协议分发给他们。这样的协议称为会话密钥分配方案并记为SKDS。会话密钥用于在指定的、相当短的时间内加密信息。会话密钥由TA利用事先分发的秘密密钥进行加密(假定每个网络用户拥有一个秘密密钥，其值为TA所知)。

密钥协商

密钥协商是指网络用户通过一个交互协议来建立会话密钥的情形。这样的协议称为密钥协商方案，并且记为KAS。密钥协商可以是基于对称密码体制的，也可以是基于公钥密码体制的，通常不需要一个在线的TA。KAS将在第11章中讨论。

与以往一样，我们考虑主动敌手和/或被动敌手；考虑各种敌手目标、攻击模型和安全级别等。

现在更详尽地比较和对照上述提到的密钥建立方法。首先，我们可以按照下面的方式来区分密钥分配和密钥协商。在密钥分配机制中，一方(通常是TA)选择一个或者多个密钥并以加密的形式传送给另外的一方或者多方。在密钥协商协议中，两方(或者多方)通过在公共网络上通信共同建立一个密钥。在密钥协商方案中，密钥值是由双方共同提供的输入和两个用户掌握的秘密信息的函数来确定的。与会话密钥分配方案不同的是,该密钥不从一方"传送"给另一方。

把长期密钥和会话密钥区分开来是很重要的。用户(或者用户对)拥有其长期密钥(LL 密钥),它们是预先计算并安全存储的。或者说,LL 密钥可以根据需要由安全存储的秘密信息非交互地计算出来。LL 密钥可以是秘密密钥,为一对用户共同拥有,或者为一个用户与 TA 共同拥有。另一方面,LL 密钥也可以是一个私钥,它与存储在用户证书中的公钥相对应。

在特定的会话中,一对用户经常使用秘密的短期会话密钥,当会话结束时就把该会话密钥丢弃。会话密钥通常是秘密密钥(也称对称密钥),用于对称密码体制或者 MAC。LL 密钥通常用于协议中来传输加密的会话密钥(比如在SKDS 中可以用做"密钥加密密钥")。LL 密钥也可以用于认证在会话中发送的数据——通过消息认证码或者签名方案。

密钥预分配方案为事先分发秘密的LL 密钥提供了一种方法。在密钥分发的时候,在TA 与每个网络用户之间需要安全的信道。此后,每对网络用户根据需要使用 KAS 来生成会话密钥。在 KPS 的研究中,需要考虑的主要事项之一是每个网络用户必须存储的秘密信息的数量。

会话密钥分配方案是一个三方协议,涉及两个用户(比如说)U 和 V,以及 TA。SKDS 通常基于每个用户和TA 所掌握的长期秘密密钥。也就是说,U 掌握一个秘密密钥,TA 知道该密钥;V 掌握另一个(不同的)秘密密钥,其值也为 TA 所知。

密钥协商方案可以是基于对称密钥的或者是基于公/私钥的。一个 KAS 通常涉及两个用户,比如说U 和 V,但是不需要在线的TA。然而,离线的 TA 可能已经在此之前为其分配了秘密的LL 密钥,比如在基于对称密钥的方案中。如果KAS 是基于公钥的,那么隐含地需要TA 为用户颁发证书并且(可能)要维护一个合适的公钥基础设施。但是,TA 在KAS 的会话中并不担任主动的角色。

有以下几点原因表明会话密钥是有用的。首先,会话密钥限制了攻击者可以得到的(使用特定密钥加密的)密文的数量,因为会话密钥是定期变化的。会话密钥的另一个好处在于,只要方案设计良好,它们可以限制密钥泄露事件带来的暴露问题(比如,我们希望会话密钥的泄露不应该透漏 LL 密钥的信息,或者关于其他会话密钥的信息)。因此,会话密钥可以用于泄露的可能性较高的"危险"环境中。最后,使用会话密钥常常能减少每个用户需要安全存储的长期信息的数量,因为只有在需要的时候一对用户才会生成会话密钥。

长期密钥应该满足几个要求。用于建立会话密钥的方案的"类型"指定了所需要的 LL 密钥的类型。同样,用户的存储要求也取决于所使用的密钥类型。假定有一个包括 n 个用户的网络,现在我们考虑这些要求。这些用户通常记为 $U, V, W,$ 等等。

首先,正如上面所提到的,如果SDKS用于会话密钥分配,那么每个网络用户必须与 TA 共同拥有一个秘密的LL 密钥。这样做使得网络用户的存储要求比较低,而TA 的存储要求则比较高。

基于对称密钥的 KAS 要求每对网络用户拥有一个只有它们自己才知道的秘密 LL 密钥。在一个"幼稚的"部署中,每个用户存 $n-1$ 个长期密钥,当 n 较大时这就需要较高的存储需求。然而,适当的密钥分配方案可以大大降低这一存储需求。

最后,在基于公钥的 KAS 中,要求所有的网络用户拥有他们自己的公/私 LL 密钥对。这对于存储的要求较低,因为用户只需要存储他们自己的私钥和包含其公钥的证书。

由于网络是不安全的，需要抵抗潜在敌手的攻击。敌手 Oscar 可能是网络中的一个用户。在信息收集阶段，他可能是主动的，也可能是被动的。此后，当实施攻击的时候，他可以是一个被动的敌手，即他的行为仅局限于偷听在信道上传输的消息。另一方面，Oscar 可能是主动敌手，我们也要预防这种可能性。注意到主动敌手可以做各种类型的有威胁的事情，比如：

1. 修改他所观察到的在网络上传输的消息。
2. 保存消息用于在以后重新使用。
3. 试图冒充网络上各种各样的用户。

敌手的目标可能是：

1. 欺骗 U 和 V 接受一个"无效的"密钥(无效的密钥可以是已经过期的旧密钥，或者由敌手选择的密钥，这里只提到两种可能性)。
2. 使 U 和 V 相信他们已经互相交换了一个密钥，而实际上他们并没有交换。
3. 确定出 U 和 V 所交换的密钥的某些(部分)信息。

前两个敌手目标涉及主动攻击，而第三个目标可能是在被动攻击的情况下完成的。

总而言之，会话密钥分配方案或者密钥协商方案的目的，是在会话结束的时候参与会话的双方都拥有了一个相同的密钥 K，并且 K 的值不能被任何第三方知道(可能除了 TA 之外)。

我们有时需要认证的密钥协商方案，即包括 U 和 V 的(双向的)身份识别。因此，这些方案应该是安全的身份识别方案(在第 9 章中定义)，此外，在会话结束之后 U 和 V 拥有一个新的密钥，其值不能被敌手知道。

我们也可以考虑扩展的攻击模型。假设敌手知道了一个特定的会话密钥值(这称为已知会话密钥攻击)。在这个攻击模型中，我们希望其他的会话密钥(以及 LL 密钥)仍然是安全的。作为另一种可能性，假定敌手获知了参与方的 LL 密钥(这称为已知 LL 密钥攻击)。这是一种灾难性的攻击，其结果导致必须建立新的方案。但是，是否可以限制这一类型的攻击所带来的危害呢？如果敌手不能获知以前的会话密钥，那么该方案称为具有完美的前向安全性。显然，对于会话密钥分配方案和密钥协商方案来说，这是一个理想的属性。

在这一章中，我们主要考虑密钥预分配和会话密钥分配。对于密钥预分配这一问题，我们研究经典的 Diffie-Hellman 方案，以及一些使用代数或者组合技术的无条件安全的方案。关于会话密钥分配，我们分析一些不安全的方案，然后给出由 Bellare 和 Rogaway 提出的一个安全的方案。

协议 10.1 Diffie-Hellman KPS

1. 公开的域参数包括：群 $(G, \cdot)$，一个阶为 n 的元素 $\alpha \in G$。
2. V 利用 U 的证书中的公钥 b_U 和他自己的私钥 a_V 计算

$$K_{U,V} = \alpha^{a_U a_V} = b_U{}^{a_V}$$

3. U 利用 V 的证书中的公钥 b_V 和他自己的私钥 a_U 计算

$$K_{U,V} = \alpha^{a_U a_V} = b_V{}^{a_U}$$

10.2 Diffie-Hellman 密钥预分配

本节描述一个密钥预分配方案，它是将在下一章讨论的著名的Diffie-Hellman密钥协商方案的变形。现在描述的方案是 Diffie-Hellman 密钥预分配方案。只要判定性 Diffie-Hellman 问题(参见问题 6.4)是难解的，这一方案就是计算安全的。假设 $(G, \cdot)$ 是一个群，$\alpha \in G$ 是一个阶为 n 的元素，使得在 α 生成的 G 的子群中判定性 Diffie-Hellman 问题是难解的。

网络中的每个用户 U 拥有一个 LL 私钥 a_U（其中 $0 \le a_U \le n-1$）和对应的公钥

$$b_U = \alpha^{a_U}$$

用户的公钥通常由 TA 签名并存储在证书中。任何两个用户，比如 U 和 V 的公共的 LL 密钥定义为

$$K_{U,V} = \alpha^{a_U a_V}$$

Diffie-Hellman KPS 概述为协议 10.1。

我们通过一个不安全的简单例子来说明协议 10.1。

例10.1 设 $p = 12\ 987\ 461$，$q = 1291$，以及 $\alpha = 3\ 606\ 738$ 是公开的域参数。其中，p 和 q 是素数，$p-1 \equiv 0(\bmod q)$，而且 α 的阶为 q。我们在由 α 生成的 $(\mathbb{Z}_p^*, \cdot)$ 的子群中实现协议10.1。该子群的阶为 q。

假设 U 选择 $a_U = 357$，然后计算

$$\begin{aligned} b_U &= \alpha^{a_U} \bmod p \\ &= 3\ 606\ 738^{357} \bmod 12\ 987\ 461 \\ &= 7\ 317\ 197 \end{aligned}$$

并把它放在其证书中。假设 V 选择 $a_V = 199$，然后计算

$$\begin{aligned} b_V &= \alpha^{a_V} \bmod p \\ &= 3\ 606\ 738^{199} \bmod 12\ 987\ 461 \\ &= 138\ 432 \end{aligned}$$

并把它放在其证书中。

现在利用 U 计算密钥

$$\begin{aligned} K_{U,V} &= b_V{}^{a_U} \bmod p \\ &= 138\ 432^{357} \bmod 12\ 987\ 461 \\ &= 11\ 829\ 605 \end{aligned}$$

而 V 可以计算出相同的密钥

$$\begin{aligned} K_{U,V} &= b_U{}^{a_V} \bmod p \\ &= 7\ 317\ 197^{199} \bmod 12\ 987\ 461 \\ &= 11\ 829\ 605 \end{aligned}$$

考虑敌手存在的情况下 Diffie-Hellman KPS 的安全性。由于方案中没有任何交互[①]，并且假定用户的私钥是安全的，所以不需要考虑主动敌手的可能性。因此，只需要考虑恶意的用户(记为 W)是否可以计算出 $K_{U,V}$，其中 $W \neq U, V$。换言之，给定公钥 α^{a_U} 和 α^{a_V} (但是 a_U 和 a_V 未知)，计算 $K_{U,V} = \alpha^{a_U a_V}$ 是否可行？这正好就是在问题 6.3 中定义的计算 Diffie-Hellman 问题。因此，Diffie-Hellman KPS 方案可以安全抵抗敌手的攻击当且仅当子群 $\langle \alpha \rangle$ 中的计算 Diffie-Hellman 问题是难解的。

即使敌手不能计算 Diffie-Hellman 密钥，也许他有可能(在多项式时间内)确定该密钥的一些部分信息。所以，我们要求该密钥具有语义安全性，即敌手不能(在多项式时间内)计算出密钥的任何部分信息。换句话说，把 Diffie-Hellman 密钥和子群 $\langle \alpha \rangle$ 中的随机元素区分开来是困难的。容易看出，Diffie-Hellman 密钥的语义安全性等价于判定性 Diffie-Hellman 问题(在问题 6.4 中给出)的困难性。

10.3　无条件安全的密钥预分配

本节考虑无条件安全的密钥预分配方案。首先描述一个"平凡的"解决方案。对于任何一对用户 $\{U, V\}$，TA 选择一个随机密钥 $K_{U,V} = K_{V,U}$ 并把它通过"离线"的安全信道传送给 U 和 V (即密钥的传输不在网络上进行，因为网络是不安全的)。遗憾的是，每个用户必须存储 $n-1$ 个密钥，而且 TA 需要安全地传送总共 $\binom{n}{2}$ 个密钥(这就是有时所说的 n^2 问题)。即使较小的网络，这个代价都高得惊人，所以，它实在不是一个实用的解决方案。

因此，尽可能减少需要传输和存储的信息数量，并且仍然使得每对用户 U 和 V 能够(独立地)计算一个秘密密钥 $K_{U,V}$ 是很有意义的。下一节将要讨论的方案，称为 Blom 密钥预分配方案，就是一个可以满足这些要求的特别优美的方案。

10.3.1　Blom 密钥预分配方案

首先简单地讨论一下在无条件安全的 KPS 研究中使用的安全模型。假定 TA 向 n 个网络用户安全地分发秘密信息。敌手可以收买至多包括 k 个用户的用户子集合，并且得到其所有的秘密信息，其中 k 是预先指定的安全参数。敌手的目标是确定一对未被收买的用户的秘密 LL 密钥。Blom 密钥预分配方案是一个抵抗这类敌手的无条件安全的 KPS。

每对用户 U 和 V 希望能够计算出一个密钥 $K_{U,V} = K_{V,U}$。所以，这里的安全要求是：任何与 $\{U, V\}$ 不相交的至多包括 k 个用户的集合都不能确定有关 $K_{U,V}$ 的任何信息(这里所说的是指无条件安全性)。

在 Blom 密钥预分配方案中，密钥取自于有限域 $\mathbb{Z}_p$，其中 $p \geq n$ 是素数。TA 通过一个安全信道向每个用户发送 $k+1$ 个 $\mathbb{Z}_p$ 中的元素(与平凡的密钥预分配方案中的 $n-1$ 个元素相对应)。注意到 TA 所传送的信息数量是与 n 无关的。

[①] 交互过程可能在两个用户交换其 ID 和/或其证书的时候发生，但是这些信息被认为是固定的、公开的。因此，我们并不把这个方案看做是一个交互式的方案。

我们首先描述Blom密钥预分配方案当 $k=1$ 时的特殊情况。这时，TA通过一个安全信道向每个用户发送两个 $\mathbb{Z}_p$ 中的元素。要达到的安全目标是任何单个的用户，比如说 W，不能确定有关 $K_{U,V}$ 的任何信息，只要 $W \neq U, V$。协议10.2描述了当 $k=1$ 时的 Blom KPS。

协议 10.2 Blom KPS $(k=1)$

1. 素数 p 是公开参数，用户 U 公布一个元素 $r_U \in \mathbb{Z}_p$。元素 r_U 必须是不同的。

2. TA选择三个随机元素 $a, b, c \in \mathbb{Z}_p$（不必要求不同）并构造多项式

$$f(x, y) = a + b(x+y) + cxy \bmod p$$

3. TA为用户 U 计算多项式

$$g_U(x) = f(x, r_U) \bmod p$$

并通过安全信道把 $g_U(x)$ 传送给 U。注意 $g_U(x)$ 是 x 的线性多项式，所以可以写成

$$g_U(x) = a_U + b_U x$$

其中

$$a_U = a + br_U \bmod p, \quad b_U = b + cr_U \bmod p$$

4. 如果 U 和 V 想要进行通信，他们就使用公共的密钥

$$K_{U,V} = K_{V,U} = f(r_U, r_V) = a + b(r_U + r_V) + cr_U r_V \bmod p$$

其中 U 计算

$$K_{U,V} = g_U(r_V)$$

而 V 计算

$$K_{V,U} = g_V(r_U)$$

协议10.2的一个重要性质是多项式 f 是对称的：对于所有的 x, y，$f(x, y) = f(y, x)$。这一性质保证了 $g_U(r_V) = g_V(r_U)$，所以 U 和 V 可以在方案的第4步计算出相同的密钥。

下面举例说明当 $k=1$ 时的 Blom KPS 方案。

例 10.2 假定有三个用户 U, V 和 W，$p=17$，用户的公开信息是 $r_U = 12$，$r_V = 7$ 以及 $r_W = 1$。假定 TA选择 $a=8$，$b=7$ 和 $c=2$，于是多项式 f 为

$$f(x, y) = 8 + 7(x+y) + 2xy$$

多项式 g 表示为：

$$g_U(x) = 7 + 14x$$
$$g_V(x) = 6 + 4x$$
$$g_W(x) = 15 + 9x$$

由此产生的三个密钥为：

$$K_{U,V} = 3$$
$$K_{U,W} = 4$$
$$K_{V,W} = 10$$

用户 U 计算

$$K_{U,V} = g_U(r_V) = 7 + 14 \times 7 \bmod 17 = 3$$

而用户 V 计算

$$K_{V,U} = g_V(r_U) = 6 + 4 \times 12 \bmod 17 = 3$$

其他密钥的计算作为练习留给读者自己完成。

下面证明单个用户不能确定其他两个用户的密钥[②]。

定理 10.1 当 $k=1$ 时，Blom 密钥预分配方案对抵抗任何单个用户的攻击是无条件安全的。

证明 假定用户 W 想要计算密钥

$$K_{U,V} = a + b(r_U + r_V) + c r_U r_V \bmod p$$

其中 $W \neq U, V$。r_U 和 r_V 的值是公开的，但是 a, b 和 c 是未知的。W 知道

$$a_W = a + b r_W \bmod p$$

以及

$$b_W = b + c r_W \bmod p$$

因为这些值是 TA 发送给 W 的多项式 $g_W(x)$ 的系数。

现在说明 W 所知道的信息与密钥 $K_{U,V}$ 的任何可能的取值 $K^* \in \mathbb{Z}_p$ 都是一致的（从而 W 不能排除任何的 $K_{U,V}$ 取值）。考虑下面的矩阵方程（在 $\mathbb{Z}_p$ 中）：

$$\begin{pmatrix} 1 & r_U + r_V & r_U r_V \\ 1 & r_W & 0 \\ 0 & 1 & r_W \end{pmatrix} \begin{pmatrix} a \\ b \\ c \end{pmatrix} = \begin{pmatrix} K^* \\ a_W \\ b_W \end{pmatrix}$$

第一个方程表示 $K_{U,V} = K^*$ 的前提假设；第二个方程和第三个方程包括了 W 从 $g_W(x)$ 中获知的有关 a, b 和 c 的信息。系数矩阵的行列式为

$$r_W{}^2 + r_U r_V - (r_U + r_V) r_W = (r_W - r_U)(r_W - r_V)$$

其中所有的计算都在 $\mathbb{Z}_p$ 中进行。因为 $r_W \neq r_U$，$r_W \neq r_V$，并且 p 是素数，由此断定系数矩阵具有非零行列式（模 p），所以矩阵方程对于 a, b 和 c 来说具有唯一解（模 p）。因此，这表明 $K_{U,V}$ 的任何可能的取值 K^* 都与 W 所知道的信息是一致的。从而 W 不能计算出密钥 $K_{U,V}$。

另一方面，如果两个用户进行联合，比如 $\{W, X\}$，则能够确定出任何密钥 $K_{U,V}$，其中 $\{W, X\} \bigcap \{U, V\} = \varnothing$。$W$ 和 X 总共知道的有

$$a_W = a + b r_W$$

---

② 这里只是证明了没有用户 W 可以排除密钥 $K_{U,V}$ 的任何可能的取值。实际上，类似于"完善保密"条件可以证明更强的结果。这个结果形如：对于所有的 $K^* \in \mathbb{Z}_p$，$\Pr[K_{U,V} = K^* \mid g_W(x)] = \Pr[K_{U,V} = K^*]$。

$$b_W = b + cr_W$$
$$a_X = a + br_X$$
$$b_X = b + cr_X$$

即他们知道四个方程，其中有三个未知变量，所以容易计算出 a, b 和 c 的唯一解。一旦掌握了 a, b 和 c，就能够构建多项式 $f(x, y)$ 并计算出任何想要的密钥。所以，我们已经证明了下面的定理：

定理 10.2 任何两个用户进行联合就可以攻破 $k = 1$ 时的 Blom 密钥预分配方案。

直接对 Blom 密钥预分配方案进行推广就可以安全抵抗规模为 k 的联合攻击。唯一需要改变的是多项式 $f(x, y)$ 的次数要等于 k。为此，TA 使用具有如下形式的多项式 $f(x, y)$：

$$f(x, y) = \sum_{i=0}^{k} \sum_{j=0}^{k} a_{i,j} x^i y^j \bmod p$$

其中 $a_{i,j} \in \mathbb{Z}_p$（$0 \leqslant i \leqslant k, 0 \leqslant j \leqslant k$），并且对于所有的 i, j 有 $a_{i,j} = a_{j,i}$。注意到多项式 $f(x, y)$ 是对称的，这与以前一样。方案的其他部分是不变的，参见协议 10.3。

协议 10.3 Blom KPS（任意 k）

1. 素数 p 是公开参数，用户 U 公布一个元素 $r_U \in \mathbb{Z}_p$。这些元素 r_U 必须是不同的。

2. 对于 $0 \leqslant i, j \leqslant k$，TA 选择随机元素 $a_{i,j} \in \mathbb{Z}_p$ 使得对所有的 i, j，$a_{i,j} = a_{j,i}$。TA 构造多项式

$$f(x, y) = \sum_{i=0}^{k} \sum_{j=0}^{k} a_{i,j} x^i y^j \bmod p$$

3. TA 为用户 U 计算多项式

$$g_U(x) = f(x, r_U) \bmod p = \sum_{i=0}^{k} a_{U,i} x^i$$

并通过安全信道把系数向量 $(a_{U,0}, \cdots, a_{U,k})$ 传送给 U。

4. 对于任何两个用户 U 和 V，其密钥为 $K_{U,V} = f(r_U, r_V)$，其中 U 计算

$$K_{U,V} = g_U(r_V)$$

而 V 计算

$$K_{V,U} = g_V(r_U)$$

我们将证明，Blom KPS 满足以下安全属性：

1. 不存在 k 个用户的集合，如 $W_1, \cdots, W_k$，可以确定出其他两个用户的密钥的任何信息，如 $K_{U,V}$。

2. 任何 $k + 1$ 个用户的集合，如 $W_1, \cdots, W_{k+1}$，可以攻破该方案。

首先，考虑 $k+1$ 个用户如何攻破这个方案。用户集合 $W_1, \cdots, W_{k+1}$（联合起来）拥有多项式

$$g_{W_i}(x) = f(x, r_{W_i}) \bmod p$$

其中 $1 \leq i \leq k+1$。我们不打算修改当 $k=1$ 时给出的攻击，而是提出更一般的、更优美的方法。这个攻击使用一些多项式插值公式，这些公式在下面的两个定理中给出，但不提供证明。

定理 10.3 （拉格朗日插值公式）假定 p 是素数，$x_1, x_2, \cdots, x_{m+1}$ 是 $\mathbb{Z}_p$ 中不同的元素，假定 $a_1, a_2, \cdots, a_{m+1}$ 是 $\mathbb{Z}_p$ 中的元素（无须不同）。存在次数至多为 m 的唯一的多项式 $A(x) \in \mathbb{Z}_p[x]$，使得 $A(x_i) = a_i$，$1 \leq i \leq m+1$。并且多项式 $A(x)$ 为

$$A(x) = \sum_{j=1}^{m+1} a_j \prod_{1 \leq h \leq m+1, h \neq j} \frac{x - x_h}{x_j - x_h}$$

拉格朗日插值公式还有一个二元形式，其描述如下所述。

定理 10.4 （二元拉格朗日插值公式）假定 p 是素数，$x_1, x_2, \cdots, x_{m+1}$ 是 $\mathbb{Z}_p$ 中不同的元素，假定 $a_1(x), a_2(x), \cdots, a_{m+1}(x) \in \mathbb{Z}_p[x]$ 是次数至多为 m 的多项式。存在次数至多为 m 的唯一的多项式 $A(x, y) \in \mathbb{Z}_p[x, y]$（以 x 和 y 为变元），使得 $A(x, y_i) = a_i(x)$，$1 \leq i \leq m+1$。并且多项式 $A(x, y)$ 为

$$A(x, y) = \sum_{j=1}^{m+1} a_j(x) \prod_{1 \leq h \leq m+1, h \neq j} \frac{y - y_h}{y_j - y_h}$$

下面给出二元拉格朗日插值的一个例子。

例 10.3 假定 $p = 13$，$m = 2$，$y_1 = 1$，$y_2 = 2$，$y_3 = 3$

$$a_1(x) = 1 + x + x^2$$
$$a_2(x) = 7 + 4x^2$$
$$a_3(x) = 2 + 9x$$

那么有

$$\frac{(y-2)(y-3)}{(1-2)(1-3)} = 7y^2 + 4y + 3$$

$$\frac{(y-1)(y-3)}{(2-1)(2-3)} = 12y^2 + 4y + 10$$

$$\frac{(y-1)(y-2)}{(3-1)(3-2)} = 7y^2 + 5y + 1$$

因此

$$\begin{aligned}
A(x, y) &= (1 + x + x^2)(7y^2 + 4y + 3) + (7 + 4x^2)(12y^2 + 4y + 10) \\
&\quad + (2 + 9x)(7y^2 + 5y + 1) \bmod 13 \\
&= y^2 + 3y + 10 + 5xy^2 + 10xy + 12x + 3x^2y^2 + 7x^2y + 4x^2
\end{aligned}$$

容易验证，$A(x,i) = a_i(x)$，$i = 1,2,3$。例如，对于 $i=1$，我们有

$$A(x,1) = 1+3+10+5x+10x+12x+3x^2+7x^2+4x^2 \bmod 13$$
$$= 14+27x+14x^2 \bmod 13$$
$$= 1+x+x^2$$

容易看出，如果存在 $k+1$ 个恶意的用户，那么 Blom 密钥预分配方案是不安全的。$k+1$ 个恶意用户的集合，如 $W_1,\cdots,W_{k+1}$，联合起来知道 $k+1$ 个次数为 k 的多项式，即

$$g_{W_i}(x) = f(x, r_{W_i}) \bmod p$$

其中 $1 \leq i \leq k+1$。利用二元插值公式，他们就可以计算出 $f(x,y)$。这就像例10.3那样。在计算出 $f(x,y)$ 之后，他们就能够计算出想要的任何密钥 $K_{U,V}$。

通过修改前面的讨论，我们也能证明 Blom 密钥预分配方案可以安全抵抗 k 个恶意用户的联合攻击。一个具有 k 个恶意用户的集合，如 $W_1,\cdots,W_k$，联合起来掌握 k 个次数为 k 的多项式，即

$$g_{W_i}(x) = f(x, r_{W_i}) \bmod p$$

其中 $1 \leq i \leq k$。我们来说明这些信息与密钥的任何可能取值都是一致的。设 K 是实际的密钥（其值不为合谋者所知），而 K^* 是任意的值。下面证明存在对称多项式 $f^*(x,y)$，它与合谋者所知道的信息是一致的，并且使得与 $f^*(x,y)$ 相关的密钥是 K^*。从而，联合攻击并不能排除任何可能的密钥值。

我们按照如下方式定义多项式 $f^*(x,y)$：

$$f^*(x,y) = f(x,y) + (K^* - K) \prod_{1 \leq i \leq k} \frac{(x - r_{W_i})(y - r_{W_i})}{(r_U - r_{W_i})(r_V - r_{W_i})} \tag{10.1}$$

下面列出 $f^*(x,y)$ 的一些性质：

1. 首先，容易看出 f^* 是一个对称多项式 [即 $f^*(x,y) = f^*(y,x)$]，因为 $f(x,y)$ 是对称的，而且式(10.1)中的乘积关于 x 和 y 也是对称的。

2. 其次，对于 $1 \leq i \leq k$，有

$$f^*(x, r_{W_i}) = f(x, r_{W_i}) = g_{W_i}(x)$$

这是由于当 $y = r_{W_i}$ 时，式(10.1)的乘积中包括一个等于 0 的项，从而乘积为 0。

3. 最后

$$f^*(r_U, r_V) = f(r_U, r_V) + K^* - K = K^*$$

因为此时式(10.1)中的乘积等于 1。

这三个性质保证了，对于密钥的任何可能取值 K^*，都存在一个对称多项式 $f^*(x,y)$ 使得 $f^*(U,V) = K^*$，而 k 个恶意用户所掌握的秘密信息保持不变。

概括起来，我们证明了下面的定理：

定理10.5 Blom 密钥预分配方案对抵抗 k 个用户的攻击是无条件安全的。但是任何 $k+1$ 个用户都能够攻破方案。

Blom 密钥预分配方案的一个缺点是存在一个必须事先指定的苛刻的安全门限 (即 k 值)。一旦多于 k 个用户决定联合,整个方案将被攻破。另一方面,Blom 密钥预分配方案在存储需求方面来说是最优的:已经证明,在任何可以抵抗 k 个用户联合的无条件安全的密钥预分配方案中,每个用户的存储至少是密钥长度的 $k+1$ 倍。

10.4 密钥分配模式

在这一节,我们讨论密钥预分配的组合论方法。有一个TA和一个包括 n 个用户的网络,记为 $\mathcal{U} = \{U_1, \cdots, U_n\}$。TA选择 v 个随机密钥,比如 $k_1, \cdots, k_v \in \mathcal{K}$,其中 $(\mathcal{K}, +)$ 是加法阿贝尔群。TA 给每个用户分发一个不同的密钥子集[例如,密钥可以选取为适当长度的比特串,如 128 比特。在这种情况下,$\mathcal{K} = (\mathbb{Z}_2)^{128}$,而加法运算就是模 2 的矢量加法]。

定义 10.1 密钥分配模式 (或者KDP) 是一个公开的 v 乘 n 关联矩阵,记为 M,其每一元素都在 $\{0,1\}$ 中。矩阵 M 规定了哪一个用户接受哪一个密钥。也就是说,用户 U_j 给定了密钥 k_i 当且仅当 $M[i, j] = 1$。

对于一个密钥分配模式 M 和用户子集 $P \subseteq \mathcal{U}$,定义

$$\text{keys}(P) = \{i : M[i, j] = 1, \text{ 对所有的 } U_j \in P\}$$

$\text{keys}(P)$ 记录了 P 中所有用户所掌握的密钥指标。注意到

$$\text{keys}(P) = \bigcap_{U_j \in P} \text{keys}(U_j)$$

如果 $\text{keys}(P) \neq \varnothing$,那么子集 P 的群密钥定义为

$$k_P = \sum_{i \in \text{keys}(P)} k_i \tag{10.2}$$

其中和式使用 $(\mathcal{K}, +)$ 中定义的 " $+$ " 运算进行计算。k_P 称为群密钥,因为 P 中的任何一个成员无须交互都可以计算 k_P。在大多数情况下,一个群包括两个用户,但是我们描述的框架允许更大的用户群来构建群密钥,所以在扩展环境下定义这些概念是无害的。

我们通过一个小例子来说明上述概念。

例 10.4 设 $n = 4, v = 6$,矩阵 M 为

$$M = \begin{pmatrix} 1 & 1 & 0 & 0 \\ 1 & 0 & 1 & 0 \\ 1 & 0 & 0 & 1 \\ 0 & 1 & 1 & 0 \\ 0 & 1 & 0 & 1 \\ 0 & 0 & 1 & 1 \end{pmatrix}$$

那么有

$$\text{keys}(U_1) = \{1, 2, 3\}$$

$$\text{keys}(U_2) = \{1, 4, 5\}$$

$$\text{keys}(U_1, U_2) = \{1\}$$

因此，$k_{\{U_1, U_2\}} = k_1$。

如果 M 满足某些组合性质，那么该方案可以安全抵抗某些联合攻击。现在来研究这个问题。假定 P 是一个参与方的子集，它拥有一个由式(10.2)定义的群密钥 k_P，并假定 F 是一个联合体，想要收集其掌握的所有信息来计算 k_P。如果存在用户 $U_i \in F \cap P$，那么 U_i 已经能够计算 k_P。因此，我们假定 $F \cap P = \varnothing$。

如果下面的条件成立，则联合体 F 能够计算 k_P：

$$\text{keys}(P) \subseteq \bigcup_{U_j \in F} \text{keys}(U_j) \tag{10.3}$$

这是容易看出来的，因为根据式(10.2)，只要式(10.3)满足，则 F 联合起来拥有所有计算 k_P 所需的密钥。

如果式(10.3)不成立，则存在元素

$$i \in \text{keys}(P) \setminus \left(\bigcup_{U_j \in F} \text{keys}(U_j) \right)$$

值 k_P 是一个和式，其中的一项是 k_i。因为联合体 F 不知道 k_i 的值，从而联合体不能得到有关群密钥 k_P 的任何信息(在完善保密的意义下，在第 2 章中讨论过)。因此，式(10.3)是群密钥 k_P 安全抵抗联合体 F 的攻击的充分必要条件，其中 $P \cap F = \varnothing$。所提供的安全性是无条件的。

例 10.4 中使用的方法很容易进行推广。我们总是可以构造如下平凡的 $\binom{n}{2}$ 乘 n 矩阵 M，使得在其导出的 KDP 中任何两个用户恰好拥有一个共同的密钥，并且每个密钥恰好分给两个用户。任何两个用户的群密钥就是他们共同拥有的唯一的密钥。在这个 KDP 中，存在 $\binom{n}{2}$ 个群密钥，每个用户必须存储 $n-1$ 个密钥。每个群密钥 $k_{\{U_j, U_{j'}\}}$ 可以安全抵抗其他所有用户的联合体 $\mathcal{U} \setminus \{U_j, U_{j'}\}$(该联合体的规模为 $n-2$)。

一般地，我们希望构造一些KDP使得每个用户存储的密钥数量尽可能少。前面的例子提供了最高的安全性，但是其存储需求是很高的。有时，如果放松安全条件那么降低存储需求是可行的。类似于Blom密钥预分配方案，我们考虑只需要安全抵抗指定规模的联合攻击的情形。考虑下面的具体例子来进行说明。

例 10.5　假定 $n = 7, v = 7$，矩阵 M 为：

$$M = \begin{pmatrix} 1 & 1 & 1 & 0 & 1 & 0 & 0 \\ 0 & 1 & 1 & 1 & 0 & 1 & 0 \\ 0 & 0 & 1 & 1 & 1 & 0 & 1 \\ 1 & 0 & 0 & 1 & 1 & 1 & 0 \\ 0 & 1 & 0 & 0 & 1 & 1 & 1 \\ 1 & 0 & 1 & 0 & 0 & 1 & 1 \\ 1 & 1 & 0 & 1 & 0 & 0 & 1 \end{pmatrix}$$

那么有

$$\text{keys}(U_1) = \{1, 4, 6, 7\}$$
$$\text{keys}(U_2) = \{1, 2, 5, 7\}$$
$$\text{keys}(U_1, U_2) = \{1, 7\}$$

因此，$k_{\{U_1, U_2\}} = k_1 + k_7$。

没有其他的用户同时拥有 k_1 和 k_7，所以 $k_{\{U_1, U_2\}}$ 对于其他任何单个用户来说是安全的[但是，用户 U_3 和 U_4（比如说）收集他们的秘密信息可以计算出 $k_{\{U_1, U_2\}}$]。在这个例子中，可以验证任意一对用户能够计算一个密钥，该密钥可以安全抵抗任何其他单个用户的攻击。

这个方案使得用户对能够构建 $\binom{7}{2} = 21$ 个群密钥。所分发的密钥总数是 7，这比 21 少了许多。每个用户存储的密钥数量是 4，这也比平凡方案中每个用户必须存储 $n - 1 = 6$ 个密钥要少。

10.4.1　Fiat-Naor 密钥分配模式

本节给出由 Fiat 和 Naor 提出的一类密钥分配模式的构造。这些方案允许网络中任意的用户子集计算群密钥。选择一个整数 w，满足 $1 \leq w \leq n$（w 是安全参数）。然后定义

$$v = \sum_{i=0}^{w} \binom{n}{i}$$

Fiat-Naor w-KDP 是一个 v 乘 n 矩阵 M，其各行是基数至少为 $n - w$ 的所有 $\mathcal{U}$ 的子集的关联向量。

容易看出，给定一个 Fiat-Naor w-KDP，对任何子集 $P \subseteq \mathcal{U}$，存在一个群密钥可以安全抵抗任何与之不交的、规模至多为 w 的联合体 F 的攻击。这一点容易证明：$|F| \leq w$，所以 $|\mathcal{U} \setminus F| \geq n - w$。因此，存在密钥 k_i 分发给了 $\mathcal{U} \setminus F$ 中的用户，但没有分发给其他人。集合 $P \subseteq (\mathcal{U} \setminus F)$，于是所有 P 中的用户拥有密钥 k_i，但是 F 中没有用户知道 k_i，即式（10.3）不满足。

下面通过一个小例子进行说明。

例 10.6　假定 $n = 6$，$w = 1$。在由此产生的 Fiat-Naor 1-KDP 中，$v = 7$，密钥分配模式 M 为：

$$M = \begin{pmatrix} 1 & 1 & 1 & 1 & 1 & 1 \\ 1 & 1 & 1 & 1 & 1 & 0 \\ 1 & 1 & 1 & 1 & 0 & 1 \\ 1 & 1 & 1 & 0 & 1 & 1 \\ 1 & 1 & 0 & 1 & 1 & 1 \\ 1 & 0 & 1 & 1 & 1 & 1 \\ 0 & 1 & 1 & 1 & 1 & 1 \end{pmatrix}$$

考虑用户子集 $P = \{U_1, U_3, U_4\}$。我们有

$$\text{keys}(U_1) = \{1, 2, 3, 4, 5, 6\}$$

$$\text{keys}(U_3) = \{1, 2, 3, 4, 6, 7\}$$

$$\text{keys}(U_4) = \{1, 2, 3, 5, 6, 7\},$$

$$\text{keys}(U_1, U_3, U_4) = \{1, 2, 3, 6\}$$

因此， $k_{\{U_1, U_3, U_4\}} = k_1 + k_2 + k_3 + k_6$ ，并且没有其他的单个用户可以计算出这个密钥。

10.4.2 Mitchell-Piper 密钥分配模式

Fiat-Naor 密钥分配模式为每个用户子集产生一个群密钥，并且安全抵抗规模为 w 的联合体攻击。在 Mitchell-Piper 密钥分配模式中，每一个恰好有 t 个参与方的子集拥有一个群密钥。同样，要求群密钥可以安全抵抗规模为 w 的联合体攻击。对于 $t = 2$ 的情况，人们尤其感兴趣，因为这一情形下的密钥与一对用户相关。这一节研究密钥分配模式 M 所要满足的性质，并利用一个随机化方法，称为概率方法，来证明其存在性。这一强有力的技术是由著名的数学家 Paul Erdös 提出来的。

首先，我们需要一些定义。

定义 10.2 一个集合系统是一对 $(X, \mathcal{A})$ ，其中 X 是一个有限集合，其元素称为点， $\mathcal{A}$ 是由 X 的子集构成的集合，这些子集称为分块。记为 $X = \{x_1, \cdots, x_v\}$ ， $\mathcal{A} = \{A_1, \cdots, A_n\}$ 。称 $(X, \mathcal{A})$ 是 (t, w) 无覆盖族，只要对任意两个不相交的分块子集 $P, F \subseteq \mathcal{A}$ ， $|P| = t$ ， $|F| = w$ ，成立

$$\bigcap_{A_i \in P} A_i \nsubseteq \bigcup_{A_j \in F} A_j$$

如果 $|X| = v$ ， $|\mathcal{A}| = n$ ，则记 (t, w) 无覆盖族为 $(t, w)\text{-CFF}(v, n)$ 。

非正式地讲，在一个 (t, w) 无覆盖族中， t 个分块的交集永远不会由 w 个其他分块的并集来覆盖。

集合系统 $(X, \mathcal{A})$ 的关联矩阵是一个 $v \times n$ 矩阵 $M = (m_{i,j})$ ，其中

$$m_{i,j} = \begin{cases} 1 & \text{如果 } x_i \in A_j \\ 0 & \text{其他} \end{cases}$$

Mitchell-Piper (t,w)-KDP（或者更简单地记为 (t,w)-KDP）是一个 KDP，其中任意 t 个用户的群拥有一个密钥，并且每一个这样的密钥可安全抵抗任何不相交的至多 w 个用户的联合体攻击。下面的定理把无覆盖族和 Mitchell-Piper KDP 联系起来。其证明可根据定义直接推出，留作练习由读者自己完成。

定理 10.6 假定 M 是一个 $v \times n$ 的密钥分配模式。则 M 是一个 (t,w)-KDP 当且仅当 M 是一个 (t,w)-CFF(v,n) 的关联矩阵。

注意到无覆盖族的分块对应于 M 的列［即 (t,w)-CFF(v,n) 中的 n 个分块为 keys(U_1),···, keys(U_n)］。例如，例 10.5 中的关联矩阵的列形成一个 $(2,1)$-CFF$(7,7)$ 的 $(X, \mathcal{A})$，其中

$$X = \{1, \cdots, 7\}$$
$$\mathcal{A} = \{\{1,4,6,7\}, \{1,2,5,7\}, \{1,2,3,6\}, \{2,3,4,7\}$$
$$\{1,3,4,5\}, \{2,4,5,6\}, \{3,5,6,7\}\}$$

无覆盖族有很多已知的构造。一般地，给定 t, w 和 n，我们希望构造一个 (t,w)-CFF(v,n) 使得 v 尽可能地小。下面给出一个非构造性的存在性结果。

假定 v 值选定。设 M 是一个 $v \times n$ 矩阵，其各列标记为 $1, \cdots, n$。我们按照如下方式随机选择 M 的各个元素：设 $0 < \rho < 1$，并设 M 的每个元素（独立地）以概率 ρ 定义为 "1"，以概率 $1 - \rho$ 定义为 "0"（不管怎样，我们可以自由地选择 ρ 的值。在下面更全面地分析构造之后，选定一个最优的 ρ 值）。

只要参数满足某些数值条件，按照这种方式构造的随机矩阵 M 是 (t,w)-CFF(v,n) 的概率可以证明是正的。这就（非构造性地）证明了对于某些 t, w, v 和 n 值，(t,w)-CFF(v,n) 是存在的。但是，注意到这种方法不能立刻给出有效算法来构造矩阵 M 或者相关的无覆盖族。

假定 M 是按上述方式形成的。设 $P, F \subseteq \{1, \cdots, n\}$，其中 $|P| = t$，$|F| = w$，$P \cap F = \varnothing$。我们称 M 的给定的行 i 满足性质 $\gamma(P, F, i)$，如果 P 的列中各元素都等于 "1"，并且 F 的列中各元素都等于 "0"。如图 10.1 所示。

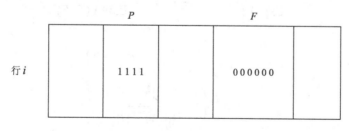

图 10.1 性质 $\gamma(P, F, i)$

定义随机变量

$$X(P, F) = \begin{cases} 0 & \text{如果存在行 } i \text{ 使得 } \gamma(P, F, i) \text{ 满足} \\ 1 & \text{其他} \end{cases}$$

首先注意到，如果 $X(P, F) = 1$，则 M 不是一个 (t,w)-CFF(v,n) 的关联矩阵。这是因为，对某些选取的 P 和 F，$\gamma(P, F, i)$ 对任何 i 都不成立。特别地，对于在所有分块 B_j $(j \in P)$ 中

的每个点 x_i，至少存在一个分块 $B_{j'}$ $(j' \in F)$ 包含 x_i。因此，B_j $(j \in P)$ 的 t 个分块的交集包括在 $B_{j'}$ $(j' \in F)$ 的 w 个分块的并集中。

另一方面，不难看出，如果 $X(P,F)=0$，那么对于所有 P 和 F 的选择来说，M 都是一个 (t,w)-CFF(v,n) 的关联矩阵。于是得出下面的引理。

引理 10.7 元素为 0 和 1 的 $v \times n$ 矩阵 M 是一个 (t,w)-CFF(v,n) 的关联矩阵当且仅当 $X(P,F)=0$ 对于所有满足如下条件的 P 和 F 都成立：$P,F \subseteq \{1,\cdots,n\}$，$|P|=t$，$|F|=w$ 并且 $P \cap F = \varnothing$。

假设我们固定了 P 和 F，使得 $|P|=t$，$|F|=w$。容易看出，$\gamma(P,F,i)$ 成立的概率等于 $\rho^t(1-\rho)^w$。因此，对于 i 的 v 个选择 $\gamma(P,F,i)$ 都不成立的概率是

$$(1-\rho^t(1-\rho)^w)^v$$

从而，随机变量 $X(P,F)$ 的期望(或者平均)值可以计算为：

$$\begin{aligned}
\mathrm{Exp}[X(P,F)] &= \mathrm{Pr}[X(P,F)=0] \times 0 + \mathrm{Pr}[X(P,F)=1] \times 1 \\
&= \mathrm{Pr}[X(P,F)=1] \\
&= (1-\rho^t(1-\rho)^w)^v
\end{aligned}$$

在我们的分析中，希望 $\mathrm{Exp}[X(P,F)]$ 的值取最小。为了达到这一目的，应该使 $\rho^t(1-\rho)^w$ 取最大值。初等计算表明，应该定义 $\rho = t/(t+w)$；从现在开始我们使用这一 ρ 值。

接下来，通过对所有的随机变量 $X(P,F)$ 求和来定义另一个随机变量 X：

$$X = \sum_{\{(P,F):|P|=t,|F|=w,P \cap F=\varnothing\}} X(P,F)$$

注意到，引理 10.7 断言，$X=0$ 当且仅当 M 是一个 (t,w)-CFF(v,n) 的关联矩阵。

随机变量 $X(P,F)$ 不是独立的。但是，随机变量之和的期望值总是等于随机变量的期望值之和，这与它们是否独立无关。因此，随机变量 X 的期望值可以计算为：

$$\begin{aligned}
\mathrm{Exp}[X] &= \sum_{\{(P,F):|P|=t,|F|=w,P \cap F=\varnothing\}} \mathrm{Exp}[X(P,F)] \\
&= \binom{n}{t}\binom{n-t}{w}\left(1-\rho^t(1-\rho)^w\right)^v \\
&< n^{t+w}\left(1-\frac{t^t w^w}{(t+w)^{t+w}}\right)^v
\end{aligned}$$

在最后一行，我们代入了 $\rho = t/(t+w)$，并且使用了很容易验证的事实：

$$\binom{n}{t} < n^t$$

和

$$\binom{n-t}{w} < n^w$$

随机变量 X 是非负整值之和。所以，如果 $X < 1$，则必然有 $X = 0$。假设 $\text{Exp}[X] < 1$；那么 $\Pr[X = 0] > 0$。在这种情况下，根据引理 10.7 可知 (t, w)-CFF(v, n) 存在。按照这种方法就可以得到存在性结果，只要选取参数值使得不等式 $\text{Exp}[X] < 1$ 成立。现在继续说明如何做到这一点。

定义

$$p_{t,w} = 1 - \frac{t^t w^w}{(t+w)^{t+w}}$$

那么，$\text{Exp}[X] < 1$ 仅当

$$n^{t+w}(p_{t,w})^v < 1$$
$$\Leftrightarrow (t+w)\text{lb}n + v\text{lb}(p_{t,w}) < 0$$
$$\Leftrightarrow v > \frac{(t+w)\text{lb}n}{-\text{lb}(p_{t,w})}$$

我们把主要结果记为一个定理，它根据上面的讨论立刻就可以推出。

定理 10.8 假定 t, w 和 n 为正整数。定义

$$p_{t,w} = 1 - \frac{t^t w^w}{(t+w)^{t+w}}$$

如果

$$v > \frac{(t+w)\text{lb}n}{-\text{lb}(p_{t,w})}$$

那么 (t, w)-CFF(v, n) 存在。

考虑一个具体例子。假定取 $t = 2, w = 1$。这就是我们感兴趣的 KDP，它为每对用户产生密钥，并且这些密钥可以安全抵抗其他任何单个用户的攻击。计算常数 $p_{2,1}$ 为

$$1 - \frac{2^2 1^1}{(2+1)^{2+1}} = \frac{23}{27}$$

于是 $-1/\text{lb}(p_{2,1}) \approx 4.323$。定理 10.8 断言，如果 $v > 12.97\text{lb }n$，则 $(2,1)$-CFF(v, n) 存在。

一般地，定理 10.8 表明 (t, w)-CFF(v, n) 是存在的，其中 v 为 $O(\log n)$（对于任何固定的 t 和 w）。从渐进的角度来看，这是一个很好的结果。遗憾的是，它没有给出一个明确的公式或者一个有效的确定性算法来构造想要的无覆盖族。但是，有一些方法可以得出实用的算法来构造 (t, w)-CFF(v, n)，这些将在习题中给出。

10.5 会话密钥分配方案

在本章的引言中讲过，在会话密钥分配方案中，假定TA与每个网络用户共享一个秘密密钥。我们以 K_{Alice} 表示 Alice 的密钥，以 K_{Bob} 表示 Bob 的密钥，等等。在会话密钥分配方案中，TA选择会话密钥，并根据网络用户的请求以加密的形式进行在线分发。

我们最终需要定义会话密钥分配的攻击模型和敌手目标。然而，明确地表达这些确切的定义并不是容易的，因为有时 SKDS 在一次会话中并没有包括用户交互的身份识别。因此，在对这一问题进行更加形式化的描述之前，我们首先对一些重要的 SKDS 做一个历史回顾，并描述针对他们的一些攻击。

协议 10.4 Needham-Schroeder SKDS

1. Alice 选择随机数 r_A，并发送 ID(Alice)，ID(Bob) 和 r_A 给 TA。

2. TA 选择一个随机的会话密钥 K。然后计算

$$t_{\text{Bob}} = e_{K_{\text{Bob}}}(K \| \text{ID(Alice)})$$

（称之为给 Bob 的票据）以及

$$y_1 = e_{K_{\text{Alice}}}(r_A \| \text{ID(Bob)} \| K \| t_{\text{Bob}})$$

并发送 y_1 给 Alice。

3. Alice 使用她的密钥 K_{Alice} 解密 y_1，得到 K 和 t_{Bob}。然后 Alice 把 t_{Bob} 发送给 Bob。

4. Bob 使用他的密钥 K_{Bob} 解密 t_{Bob}，得到 K。然后 Bob 选择一个随机数 r_B 并计算 $y_2 = e_K(r_B)$。Bob 发送 y_2 给 Alice。

5. Alice 使用会话密钥 K 解密 y_2 得到 r_B。然后 Alice 计算 $y_3 = e_K(r_B - 1)$ 并把 y_3 发送给 Bob。

10.5.1 Needham-Schroeder 方案

Needham-Schroeder SKDS 是最早的会话密钥分配方案之一，是在 1978 年提出来的；该方案如协议 10.4 所示。图 10.2 描述了 Needham-Schroeder SKDS 的 5 个流程。

在 Needham-Schroeder SKDS 中还需要一些有效性检验，这里的有效性检验是指验证解密的数据具有正确的格式并且包含了预期的信息(注意到 Needham-Schroeder SDKS 没有使用消息认证码)。这些有效性检验如下所述：

1. 当 Alice 解密 y_1 的时候，她检验明文 $d_{K_{\text{Alice}}}(y_1)$ 是否具有如下格式

$$d_{K_{\text{Alice}}}(y_1) = r_A \| \text{ID(Bob)} \| K \| t_{\text{Bob}}$$

如果这一条件成立，则 Alice "接受"；否则 Alice "拒绝" 并取消会话。

2. 当 Bob 解密 y_3 的时候，他检查明文

$$d_K(y_3) = r_B - 1$$

如果这一条件成立，则 Bob "接受"；否则 Bob "拒绝"。

下面概括一下该方案的主要步骤。在流程 1 中，Alice 向 TA 请求会话密钥以便和 Bob 进行通信。此时，Bob 甚至可能不知道 Alice 的请求。TA 在流程 2 中传送加密的会话密钥给 Alice，而在流程 3 中 Alice 发送加密的会话密钥给 Bob。因此，Needham-Schroeder 协议的流程 1~3 构成了会话密钥分配：会话密钥使用 Alice 和 Bob 各自的秘密密钥进行加密并分发给他们。流程 4 和流程 5 的目的是为了使 Bob 相信 Alice 确实拥有了会话密钥 K。这一目的是由 Alice 利用新的会话密钥加密挑战 $r_B - 1$ 来实现的；这个过程称为(Alice 向 Bob 进行的)密钥确认。

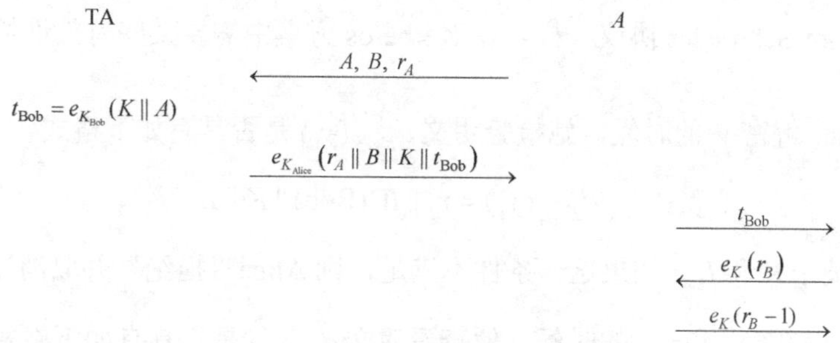

TA A B

$$\xleftarrow{\quad A,\ B,\ r_A \quad}$$

$$t_{\text{Bob}} = e_{K_{\text{Bob}}}(K \parallel A)$$

$$\xrightarrow{\quad e_{K_{\text{Alice}}}(r_A \parallel B \parallel K \parallel t_{\text{Bob}}) \quad}$$

$$\xrightarrow{\quad t_{\text{Bob}} \quad}$$

$$\xleftarrow{\quad e_K(r_B) \quad}$$

$$\xrightarrow{\quad e_K(r_B - 1) \quad}$$

注:"A"表示"ID(Alice)","B"表示"ID(Bob)"。

图 10.2   Needham-Schroeder SKDS 中的消息流程

10.5.2 针对 NS 方案的 Denning-Sacco 攻击

1981 年,Denning 和 Sacco 发现了针对 Needham-Schroeder SDKS 的一种攻击。现在我们来描述这种攻击。假定 Oscar 记录了在 Alice 和 Bob 之间进行的一次 Needham-Schroeder SKDS 会话,称为 $\mathcal{S}$,并以某种方式得到了会话 $\mathcal{S}$ 的会话密钥 K。这种攻击模型称为已知会话密钥攻击。然后 Oscar 发起一次新的与 Bob 之间进行的 Needham-Schroeder 会话,称为 $\mathcal{S}'$,并从会话 $\mathcal{S}'$ 的第三个流程开始,发送之前使用过的票据 t_{Bob} 给 Bob:

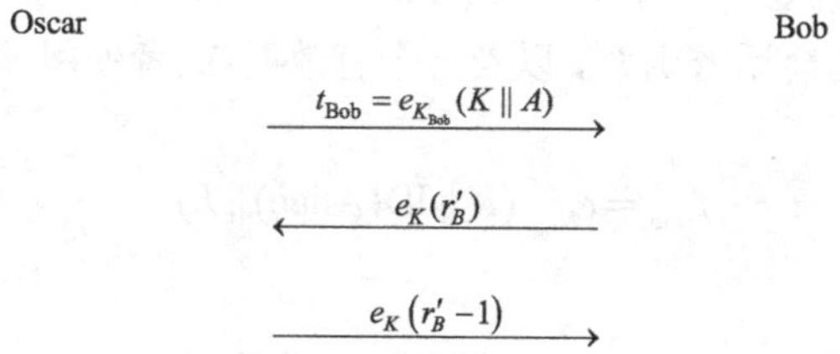

Oscar   Bob

$$\xrightarrow{\quad t_{\text{Bob}} = e_{K_{\text{Bob}}}(K \parallel A) \quad}$$

$$\xleftarrow{\quad e_K(r'_B) \quad}$$

$$\xrightarrow{\quad e_K(r'_B - 1) \quad}$$

注意到,当 Bob 回复 $e_K(r'_B)$ 之后,Oscar 能够使用已知的密钥 K 进行解密,然后减去 1,并对结果进行加密。在会话 $\mathcal{S}'$ 的最后一个流程中,$e_K(r'_B - 1)$ 被发送给 Bob。Bob 解密这条消息并"接受"该会话。

让我们考虑这个攻击的后果。在 Oscar 与 Bob 进行会话 $\mathcal{S}'$ 之后,Bob 认为他产生了一个"新"的会话密钥 K,并且 K 是与 Alice 共享的[这是因为在票据 t_{Bob} 中出现的是 ID(Alice)]。Oscar 知道这个密钥,但是 Alice 未必知道,因为在与 Bob 进行的前一个会话 $\mathcal{S}$ 结束之后 Alice 可能已经扔掉了密钥 K。所以,在这个攻击中 Bob 从两个方面被欺骗了:

1. Bob 所预期的对等方并不知道在会话 $\mathcal{S}'$ 中分配的密钥 K。
2. 会话 $\mathcal{S}'$ 的密钥 K 除了 Bob 所预期的对等方之外的其他人知道(即为 Oscar 所知)。

10.5.3 Kerberos

Kerberos 是 MIT 于 20 世纪 80 年代后期和 20 世纪 90 年代早期开发出来的众所周知的一系列会话密钥分配方案。我们给出该方案的第 5 版本的简化形式,如协议 10.5 所示。图 10.3 描述了该方案的一次会话中的 4 个流程。

与 Needham-Schroeder 协议一样,在 Kerberos 方案中需要某些有效性检验。这些检验描述如下:

1. 当 Alice 解密 y_1 的时候,她检验明文 $d_{K_{Alice}}(y_1)$ 是否具有如下格式

$$d_{K_{Alice}}(y_1) = r_A \| \text{ID(Bob)} \| K \| L$$

对于某个 K 和 L。如果这一条件不满足,则 Alice "拒绝" 并取消当前的会话。

2. 当 Bob 解密 y_2 和 t_{Bob} 的时候,他查看明文 $d_K(y_2)$ 是否具有如下格式

$$d_K(y_2) = \text{ID(Alice)} \| \text{time}$$

以及明文 $d_{K_{Bob}}(t_{Bob})$ 是否为如下格式

$$d_{K_{Bob}}(t_{Bob}) = K \| \text{ID(Alice)} \| L$$

其中 ID(Alice) 在两个明文中是一样的,并且 $\text{time} \leqslant L$。如果这些条件成立,那么 Bob "接受";否则 Bob "拒绝"。

3. 当 Alice 解密 y_3 的时候,她检查 $d_K(y_3) = \text{time} + 1$。如果这一条件成立,则 Alice "接受";否则 Alice "拒绝"。

协议 10.5　简化的 Kerberos V5

1. Alice 选择一个随机数 r_A,并发送 ID(Alice), ID(Bob) 和 r_A 给 TA。

2. TA 选择一个随机的会话密钥 K,以及一个有效期(或者使用期限) L。然后计算给 Bob 的票据

$$t_{Bob} = e_{K_{Bob}}(K \| \text{ID(Alice)} \| L)$$

和

$$y_1 = e_{K_{Alice}}(r_A \| \text{ID(Bob)} \| K \| L)$$

TA 发送 t_{Bob} 和 y_1 给 Alice。

3. Alice 使用她的密钥 K_{Alice} 解密 y_1,得到 K。然后 Alice 确定当前时间 time 并计算

$$y_2 = e_K(\text{ID(Alice)} \| \text{time})$$

最后,Alice 把 t_{Bob} 和 y_2 发送给 Bob。

4. Bob 使用他的密钥 K_{Bob} 解密 t_{Bob},得到 K。他还要使用密钥 K 解密 y_2 得到 time。然后 Bob 计算

$$y_3 = e_K(\text{time} + 1)$$

最后,Bob 发送 y_3 给 Alice。

下面概括一下 Kerberos 具有的一些性质的基本原理。当 Alice 向 TA 发送会话密钥的请求之后,TA 产生一个新的随机的会话密钥 K。同时,TA 指定一个使用期限 L,在这个期限内 K 是有效的。也就是说,直到时间 L 会话密钥 K 被看做是一个有效的密钥。所有这些信息在发送给 Alice 之前都被加密。

Alice 使用她自己的密钥解密 y_1,从而得到 K 和 L。她需要检查当前时间在该密钥的使用

期限之内，并且 y_1 包含了 Alice 的随机挑战 r_A。她也要检验 y_1 包含了 ID(Bob)，其中 Bob 是她预期的对等通信方。这些检验防止 Oscar 重放 TA 在以前的会话中可能传送的"旧"的 y_1。

接下来，Alice 传递 t_{Bob} 给 Bob。同时，Alice 使用新的会话密钥 K 加密当前时间 time 和 ID(Alice)，然后把所生成的密文 y_2 发送给 Bob。

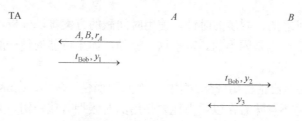

图 10.3　Kerberos V5 的流程

其中

$$A = \text{ID(Alice)}$$
$$B = \text{ID(Bob)}$$
$$t_{Bob} = e_{K_{Bob}}(K \parallel A \parallel L)$$
$$y_1 = e_{K_{Alice}}(r_A \parallel B \parallel K \parallel L)$$
$$y_2 = e_K(A \parallel \text{time})$$
$$y_3 = e_K(\text{time} + 1)$$

当 Bob 接收到 Alice 发来的 t_{Bob} 和 y_2 之后，他解密 t_{Bob} 得到 K，L 和 ID(Alice)。然后他使用新的会话密钥 K 解密 y_2，并验证从 t_{Bob} 和 y_2 中解密的 ID(Alice) 是一样的。这使得 Bob 确信在 t_{Bob} 中所加密的会话密钥与用于 y_2 加密的密钥是相同的。他也通过检验 time $\leq L$ 来验证密钥 K 没有过期。

最后，Bob 使用新的会话密钥 K 加密 time $+1$ 并把加密结果返回给 Alice。当 Alice 接收到消息 y_3 之后，她使用密钥 K 解密并验证其结果为 time $+1$。这使得 Alice 确信会话密钥 K 已经成功地传送给了 Bob，因为在产生消息 y_3 的时候需要 K。

有效期 L 的目的在于防止主动敌手存储"旧"消息并在以后某个时间重新发送，就像针对 Needham-Schroeder SKDS 的 Denning-Sacco 攻击那样。Kerberos 的缺陷之一在于网络中所有的用户需要一个同步时钟，因为它使用了当前时间来确定一个会话密钥 K 的有效性。在实践中，要提供完美的同步是很困难的，所以必须允许某些可变时间。

通过比较 Needham-Schroeder 和 Kerberos，我们给出一些评论：

1. 在 Kerberos 中，流程 3 和流程 4 完成了交互密钥确认。通过使用新的会话密钥 K 来加密 ID(Alice)，Alice 试图使 Bob 相信她知道 K 的值。同样，当 Bob 使用 K 加密 time $+1$ 时，他在向 Alice 证明自己知道 K 的值。

2. 在 Needham-Schroeder 中，给 Bob 的信息被双重加密：已经加了密的票据 t_{Bob} 使用 Alice 的密钥被重新加密。这样做看起来没有任何益处，并且它对方案增加了不必要的复杂性。在 Kerberos 中去掉了这种双重加密。

3. 在 Kerberos 中采取了抵抗 Denning-Sacco 攻击的局部保护措施，这是通过检查当前时间(即 time 值，通常称为时间戳)位于有效期 L 之内来实现的。这一做法基本上限定了实施 Denning-Sacco 攻击的时间周期。

Needham-Schroeder 和 Kerberos 具有一些特性，在目前的 SKDS 中一般不认为这些特性是有用的。在继续描述安全的 SKDS 的发展情况之前，我们简单地讨论一下这些性质。

1. 时间戳需要可靠的、同步的时钟。使用时间戳的方案难以分析，而对其给出一个可信的安全性证明也是困难的。基于这一原因，如果可能的话一般更偏好使用随机挑战，而不是时间戳。

2. 密钥确认未必是会话密钥分配方案的一个重要属性。例如，在 SKDS 的一次会话中拥有一个密钥并不意味着在以后当他要使用的时候拥有该密钥。为此，现在人们通常建议在 SKDS 中略去密钥确认。

3. 在 Needham-Schroeder 和 Kerberos 中，加密同时用于提供机密性和认证性。然而，人们更喜欢把加密用于机密性，使用消息认证码来提供认证性。例如，在 Needham-Schroeder 的第二个流程中，可以去掉双重加密并使用 MAC 进行认证，具体做法如下：TA 选择一个随机的会话密钥 K，然后计算

$$y_1 = (e_{K_{Bob}}(K), \mathrm{MAC}_{Bob}(\mathrm{ID}(\mathrm{Alice}) \| e_{K_{Bob}}(K)))$$

和

$$y_1' = (e_{K_{Alice}}(K), \mathrm{MAC}_{Alice}(\mathrm{ID}(\mathrm{Bob}) \| r_A \| e_{K_{Alice}}(K)))$$

TA 发送 y_1 和 y_1' 给 Alice，而 Alice 则把 y_1 转发给 Bob。

但是，修改后的第二条流程并没有改正 Denning 和 Sacco 发现的缺陷。

4. 为了防止 Denning-Sacco 攻击，方案的流程结构必须修改。任何"安全的"方案都应使 Bob 在接收会话密钥之前作为主动的参与方参与会话，以避免 Denning-Sacco 类型的重放攻击。这一解决方法需要 Alice 在向 TA 发送会话密钥请求之前与 Bob 联系(反之亦然)。

10.5.4　Bellare-Rogaway 方案

Bellare 和 Rogaway 于 1995 年提出了一个 SKDS，并在某些假设下对其方案给出了安全性证明。我们首先在协议 10.6 中描述 Bellare-Rogaway SKDS。然后对该方案进行更加形式化的分析，这需要发展严格的攻击模型和敌手目标的定义。

协议 10.6 的流程结构不同于到目前为止所考虑的方案。Alice 和 Bob 都选择随机挑战并发送给 TA。于是，在 TA 分发会话密钥之前 Bob 参与了方案。TA 发送给 Alice 的信息包括：

1. 一个会话密钥(使用 Alice 的秘密密钥加密)。
2. 一个关于加密的会话密钥、Alice 和 Bob 的身份以及 Alice 的挑战的 MAC。

发送给 Bob 的信息也是类似的。

协议 10.6 Bellare-Rogaway SKDS

1. Alice 选择一个随机数 r_A，并发送 ID(Alice)，ID(Bob) 和 r_A 给 Bob。
2. Bob 选择一个随机数 r_B，发送 ID(Alice)，ID(Bob)，r_A 和 r_B 给 TA。
3. TA 选择一个随机的会话密钥 K。然后计算

$$y_B = (e_{K_{Bob}}(K), \mathrm{MAC}_{Bob}(\mathrm{ID(Alice)} \| \mathrm{ID(Bob)} \| r_B \| e_{K_{Bob}}(K)))$$

和

$$y_A = (e_{K_{Alice}}(K), \mathrm{MAC}_{Alice}(\mathrm{ID(Bob)} \| \mathrm{ID(Alice)} \| r_A \| e_{K_{Alice}}(K)))$$

TA 发送 y_B 给 Bob，发送 y_A 给 Alice。

如果各自的 MAC 是有效的，那么 Alice 和 Bob "接受"（注意到这些 MAC 是用 TA 所知道的秘密的 MAC 密钥计算出来的）。例如，当 Bob 接收到加密的会话密钥 $y_{B,1}$ 以及 MAC 的 $y_{B,2}$ 时，他验证

$$y_{B,2} = \mathrm{MAC}_{Bob}(\mathrm{ID(Alice)} \| \mathrm{ID(Bob)} \| r_B \| y_{B,1})$$

注意到，这个方案中没有提供密钥确认。比如，当 Alice 接受时，她并不知道 Bob 是否已经接受，或者甚至不知道 Bob 是否收到 TA 发送的消息。当 Alice 接收的时候，只是意味着她收到了预期的信息，并且该信息是有效的（或者，更确切地说，MAC 是有效的）。在 Alice 看来，当她接收时，她相信自己收到了来自 TA 的一个新的会话密钥。此外，由于这个会话密钥使用 Alice 的密钥进行了加密，Alice 确信其他任何人都不能从她所接收到的信息中计算出会话密钥 K。当然，Bob 也应该收到了同一个会话密钥的一份加密。实际上，Alice 并不知道这件事是否已经发生，但是我们将证明 Alice 可以确信除了 Bob 之外任何人都不能计算出新的会话密钥。换句话说，我们已经从 SKDS 中去掉了密钥确认（单向的或者双向的）这一目标。取而代之的是一个有些弱化的（但仍然有用的）目标，在这个目标中，从方案中已经 "接受" 的参与方的角度来看，除了他们预期的对等方，其他任何人都不能计算出新的会话密钥。

敌手的目标，是导致一个诚实的参与方在某种情形下 "接受" 会话，但是该参与方的对等方之外的某个人知道该会话密钥的值。例如，假设诚实的 Alice "接受" 会话，并且她的对等方是 Bob。称敌手 Oscar 达到了其目的，如果他（Oscar）可以计算出会话密钥，或者其他某个网络用户（如 Charlie）能够计算出会话密钥。另一方面，如果 Alice 是唯一能够计算出会话密钥的网络用户，则不考虑 Oscar 的这种攻击。在这种情况下，Bob 不能计算出会话密钥，但是其他任何人也不能计算（除了 Alice）。

概括一下上述讨论，我们定义安全的会话密钥分配方案为满足下面性质的 SKDS：如果一个参与方在一次会话中 "接受"，那么该参与方的对等方之外的其他人知道会话密钥的概率很小。

现在考虑如何着手证明 Bellare-Rogaway SKDS 是安全的。像往常一样，我们给出几个合理的假设，包括假设 Alice，Bob 和 TA 是诚实的，方案中所使用的加密方案和 MAC 是安全的，秘密密钥只有预期的所有者才知道，并且随机挑战是使用完美的随机数生成器产生的（这些假设与第 9 章中研究身份识别方案时所做的假设是类似的）。最后，假设 TA 使用完美的随机数生成器来产生会话密钥。

考虑 Oscar 可以实施的不同的攻击方式。对于每一种可能的方式，我们证明：除了很小的概率之外，Oscar 都不会成功。这些可能性并不是互相排斥的。

1. Oscar 是被动的敌手。
2. Oscar 是主动敌手，并且 Alice 在方案中是一个合法的参与方。Oscar 可以冒充 Bob 或者TA，并且 Oscar 可以拦截和篡改在方案中发送的消息。
3. Oscar 是主动敌手，Bob 在方案中是一个合法的参与方。Oscar 可以冒充 Alice 或者 TA，并且 Oscar 可以拦截或者修改在方案中发送的消息。

下面继续分析上面列举的可能攻击。在每一种情形中，我们讨论方案将产生的结果，只要满足我们所做出的"合理的"假设。

1. 如果敌手是被动的，那么在Alice 和Bob 作为两个参与方的任何会话中，他们都会输出"接受"。更进一步，他们都能够解密出同一个会话密钥 K。其他任何人(包括 Oscar)都不能计算 K，因为加密方案是安全的。
2. 假设 Alice 在方案中是一个合法的参与方。她希望得到一个只有 Bob 与她才知道的新的会话密钥。但是，Alice不知道她是否的确在与Bob进行通信，因为Oscar可能冒充 Bob。

   当 Alice 收到消息 y_A 时，她检验 MAC 是否有效。这个 MAC 包括了 Alice 的随机挑战 r_A，Alice 和 Bob 的身份标识，以及加密的会话密钥 $e_{K_{Alice}}(K)$。这使得 Alice 确信该 MAC 是由 TA 新近计算出来的，因为TA是除了 Alice 之外唯一知道 MAC_{Alice} 密钥的人。此外，随机挑战 r_A 防止了重放以前会话中的 MAC。最后，在 MAC 中包括 $e_{K_{Alice}}(K)$ 防止了敌手把 TA 选择的会话密钥替换为其他的东西。因此，Alice 可以确信 Bob(她预期的对等方)是唯一的可以解密出会话密钥 K 的其他用户，即使 Oscar 在当前的会话中冒充 Bob。

3. 假设 Bob 在方案中是一个合法的参与方。他相信可以得到一个只有Alice和他自己才知道的新的会话密钥。但是，Bob 不知道他是否的确在与Alice进行通信，因为 Oscar 可能冒充 Alice。

   当 Bob 接收到消息 y_B 时，他查看 MAC 是否有效。这个 MAC 包括了 Bob 的随机挑战 r_B，Alice 和 Bob 的身份标识，以及加密的会话密钥 $e_{K_{Bob}}(K)$。这使得 Bob 确信该 MAC 是由TA新近计算出来的，因为TA是除了 Bob 之外唯一知道 MAC_{Bob} 密钥的人。此外，随机挑战 r_B 防止了重放以前会话中的MAC。最后，在MAC中包括 $e_{K_{Bob}}(K)$ 防止了敌手把 TA选择的会话密钥替换为其他的东西。因此，Bob 可以确信 Alice(他预期的对等方)是唯一的可以解密出会话密钥 K 的其他用户，即使 Oscar 在当前的会话中冒充 Alice。

10.6 注释与参考文献

Blundo 和 D'Arco [53]最近写了一篇关于密钥建立问题的综述。关于最新的重点讨论类似主题的书籍，可参阅 Boyd 和 Mathuria 的[67]。

Blom 密钥预分配方案是参考文献[49]中提出来的。关于这一方案的推广，参见 Blundo 等人的文章[55]。

Mitchell-Piper 密钥分配模式是在参考文献[242]中引进的；关于本章中提出的随机化构造方法的描述，参见 Dyer 等人的文章[124]。Stinson [323] 以及 Stinson 和 Tran [325]对密钥分配模式给出了一些确定性的构造方法。

Needham-Schroeder SKDS 取自参考文献[251]，而 Denning-Sacco 攻击来自于参考文献[108]。关于 Kerberos 的信息，参见 Kohl 和 Neuman 的文章[201]。

Bellare-Rogaway SKDS 在参考文献[25]中描述。使用公钥密码学的安全会话密钥分配方案在 Blake-Wilson 和 Menezes 的参考文献[44]中有讨论。

习题

10.1 假设在Diffie-Hellman 密钥预分配方案中 $p = 150\ 001$，$\alpha = 7$（容易验证 α 是 $\mathbb{Z}_p^*$ 的生成元）。设用户 U, V 和 W 的私钥为 $a_U = 101\ 459$，$a_V = 123\ 967$ 和 $a_W = 99\ 544$。

(a) 计算 U, V 和 W 的公钥。

(b) 说明 U 为了得到 $K_{U,V}$ 和 $K_{U,W}$ 要执行的计算。

(c) 验证 V 可以计算出与 U 相同的密钥 $K_{U,V}$。

(d) 解释为何 $\mathbb{Z}_{150\ 001}^*$ 对于 Diffie-Hellman 密钥预分配方案是一个非常弱的选择（尽管事实上 p 对于该方案来说太小而使其不安全）。

提示：考虑 $p - 1$ 的分解。

10.2 假设 $k = 2$ 的 Blom KPS 在 5 个用户的集合中部署，U, V, W, X 和 Y。设 $p = 97$，$r_U = 14$，$r_V = 38$，$r_W = 92$，$r_X = 69$，以及 $r_Y = 70$。秘密的 g 多项式为：

$$g_U(x) = 15 + 15x + 2x^2$$
$$g_V(x) = 95 + 77x + 83x^2$$
$$g_W(x) = 88 + 32x + 18x^2$$
$$g_X(x) = 62 + 91x + 59x^2.$$
$$g_Y(x) = 10 + 82x + 52x^2$$

(a) 计算所有 $\binom{5}{2} = 10$ 对用户的密钥。

(b) 验证 $K_{U,V} = K_{V,U}$。

10.3 假设在 Blom KPS 的实现中安全参数为 k。设有 k 个恶意用户的联合，如 $W_1, \cdots, W_k$，集中他们的秘密信息。此外，假设密钥 $K_{U,V}$ 泄露了，其中 U 和 V 是其他的两个用户。

(a) 描述联合攻击如何利用已知 $g_U(x)$ 在 $k+1$ 点的值可以通过多项式插值确定出多项式 $g_U(x)$。

(b) 已经计算出 $g_U(x)$，描述联合攻击如何能够通过多项式插值计算出二元多项式 $f(x, y)$。

(c) 通过下面的 Blom KPS实现实例，说明前面的两个步骤，确定多项式 $f(x, y)$，其中：$k = 2$，$p = 34\ 877$，$r_i = i$（$1 \leqslant i \leqslant 4$），并假设

$$g_1(x) = 13\ 952 + 21\ 199x + 19\ 701x^2$$

$$g_2(x) = 25\ 505 + 24\ 549x + 15\ 346x^2$$

$$K_{3,4} = 9211$$

10.4 对于 $v = 5$ 个用户的集合构造 Fiat-Naor 2 KDP 的关联矩阵。

10.5 (a)设 $(X, \mathcal{A})$ 是 (t, w)-CFF(v, n)。对于任意的 $A \in \mathcal{A}$，定义 $A^c = X \setminus A$。证明

$$(X, \{A^c : A \in \mathcal{A}\}) \text{ 是 } (w, t)\text{-CFF}(v, n)$$

(b)通过尝试法构造一个 $(1, 2)$-CFF$(12, 9)$。

提示： 这个 CFF 中的每个分块恰好包括四个点，并且每个点恰好出现在三个分块中。

(c)构造一个 $(2, 1)$-CFF$(12, 9)$。

10.6 在10.4.2节中，我们描述了一个概率方法来证明 (w, t)-CFF(v, n) 的存在性。事实上，修改该方法以给出一个实用的算法以很高的概率来构造某些 (w, t)-CFF(v, n) 是可行的。在这个习题中我们研究这个方法。

在这个习题中，设 X 是 10.4.2 节中定义的随机变量。同时，设 M 是一个随机构造的 $v \times n$ 矩阵，其元取值于 $\{0, 1\}$，并且每个元素以概率 ρ 定义为 1。最后，按照 10.4.2 节中的方式定义 $p_{t,w}$。

(a)证明 M 不是一个 (w, t)-CFF(v, n) 的关联矩阵的概率至多为 $\text{Exp}[X]$。

(b)证明 $\text{Exp}[X] < 2^{-s}$，如果

$$v > \frac{(t + w)\text{lb } n + s}{-\text{lb } p_{t,w}}$$

(c)设 $t = 2, w = 1$，$n = 100$。为了使一个随机构造的 M 至少以 99%的概率是一个 $(2, 1)$-CFF$(v, 100)$，s 和 v 应该取多大？

10.7 我们在协议 10.7 中描述了一个基于对称密钥的三方会话密钥分配方案。在这个方案中，K_{Alice} 是Alice和TA共享的一个对称密钥，K_{Bob} 是Bob和TA共享的一个对称密钥。

协议 10.7 会话密钥分配方案

1. Alice 选择一个随机数 r_A。Alice 发送 $\text{ID}(\text{Alice}), \text{ID}(\text{Bob})$ 以及

$$y_A = e_{K_{\text{Alice}}}(\text{ID}(\text{Alice}) \| \text{ID}(\text{Bob}) \| r_A)$$

给 Bob。

2. Bob 选择一个随机数 r_B。Bob 发送 $\text{ID}(\text{Alice}), \text{ID}(\text{Bob})$，$y_A$ 以及

$$y_B = e_{K_{\text{Bob}}}(\text{ID}(\text{Alice}) \| \text{ID}(\text{Bob}) \| r_B)$$

给TA。

3. TA 使用密钥 K_{Alice} 解密 y_A，使用密钥 K_{Bob} 解密 y_B，从而得到 r_A 和 r_B。它选择一个随机的会话密钥 K 并计算

$$z_A = e_{K_{\text{Alice}}}(r_A \| K)$$

$$z_B = e_{K_{\text{Bob}}}(r_B \| K)$$

TA 把 z_A 发送给 Alice，把 z_B 发送给 Bob。

4. Alice 使用密钥 K_{Alice} 解密 z_A 得到 K；Bob 使用密钥 K_{Bob} 解密 z_B 得到 K

(a)陈述 Alice，Bob 和 TA 在协议的会话中应该执行的所有的一致性检验。

(b)如果TA不执行你在(a)中所描述的必要的一致性检验，协议容易受到攻击。假设 Oscar 替换 ID(Bob) 为 ID(Oscar)，并且他同时在第 2 步中替换 y_B 为

$$y_O = e_{K_{Oscar}}(\text{ID(Alice)} \| \text{ID(Bob)} \| r_B')$$

其中 r_B' 是随机的。假如 TA 不正确地执行一致性检验，描述这种攻击的可能后果。

(c)在这个协议中，加密同时用于保证机密性和认证性。指出哪一块数据需要加密来达到机密性目的，哪一块只需要达到认证目的。在适当的地方使用 MAC 进行认证来重写这个协议。

10.8 协议 10.8 中描述了一个公钥协议，其中 Alice 选择一个随机的会话密钥并以加密的形式发送给 Bob(这种类型的协议称为密钥传输协议)。在这个方案中，K_{Bob} 是 Bob 的公钥。Alice 和 Bob 同样也有用于签名方案的签名私钥和验证公钥。

协议 10.8　基于公钥的密钥传输方案

1. Bob 选择一个随机挑战 r_1。他发送 r_1 和 Cert(Bob) 给 Alice。

2. Alice 验证证书 Cert(Bob) 中 Bob 的公钥 K_{Bob}。然后 Alice 选择一个随机的会话密钥 K 并计算

$$z = e_{K_{Bob}}(K)$$

她也要计算

$$y_1 = \text{sig}_{Alice}(r_1 \| z \| \text{ID(Bob)})$$

并发送 Cert(Alice)，z 和 y_1 给 Bob。

3. Bob 验证证书 Cert(Alice) 中 Alice 的验证公钥 ver_{Alice}。然后验证

$$\text{ver}_{Alice}(r_1 \| z \| \text{ID(Bob)}, y_1) = \text{true}$$

如果验证不通过，则 Bob "拒绝"。否则，Bob 解密 z 得到会话密钥 K，并且 "接受"。最后，Bob 计算

$$y_2 = \text{sig}_{Bob}(z \| \text{ID(Alice)})$$

并把 y_2 发送给 Alice。

4. Alice 验证证书 Cert(Bob) 中 Bob 的验证公钥 ver_{Bob}。然后验证

$$\text{ver}_{Bob}(z \| \text{ID(Alice)}, y_2) = \text{true}$$

如果验证通过，则 Alice "接受"；否则，Alice "拒绝"。

(a)判断上述协议是否为一个安全的交互身份识别方案。如果是，在签名方案的适当的安全假设下，分析主动敌手成功欺骗 Alice 或者 Bob 的概率。如果不是，请给出针对该方案的攻击。

(b)这一协议提供了什么类型的密钥认证或者确认(Alice 向 Bob，Bob 向 Alice)？简要证明你的回答。

第 11 章　密钥协商方案

11.1　引言

前一章我们讨论了密钥预分配方案和会话密钥分配方案。这两种密钥分配方案都需要一个可信权威机构 TA 来选取密钥并将它们分配给网络用户。在本章中，我们集中讨论密钥协商方案(KAS)，在该方案中两个用户并不需要一个 TA 的参与，而是通过一个交互协议来共同确定一个新的会话密钥。需要指出的是我们主要是在公钥环境下来讨论密钥协商方案。

在本章中，我们将使用与第 10 章相同的术语和符号。在阅读后面章节内容之前，读者应该回顾一下 10.1 节关于密钥协商的概述。

11.2　Diffie-Hellman 密钥协商

第一个也是最著名的密钥协商方案是 Diffie-Hellman 密钥协商方案。该方案实际上是 1976 年出现的公钥密码学的第一个发布的实现机制。协议 11.1 描述了 Diffie-Hellman 密钥协商方案。

协议 11.1 与前一章描述的 Diffie-Hellman 密钥预分配协议是非常类似的，差别在于每一次方案运行的时候，用户 U 和 V 都会分别选取一个新的指数 a_U 和 a_V，并且，在该方案中没有长期密钥。

协议 11.1　Diffie-Hellman 密钥协商方案

公开域参数包括群 $(G, \cdot)$ 和阶为 n 的元素 $\alpha \in G$。

1. U 选取一个随机数 a_U，$0 \leqslant a_U \leqslant n-1$，然后计算

$$b_U = \alpha^{a_U}$$

　　并将 b_U 发送给 V。

2. V 选取一个随机数 a_V，$0 \leqslant a_V \leqslant n-1$，然后计算

$$b_V = \alpha^{a_V}$$

　　并将 b_V 发送给 U。

3. U 计算

$$K = (b_V)^{a_U}$$

　　V 计算

$$K = (b_U)^{a_V}$$

在 Diffie-Hellman 密钥协商方案的一个会话结束的时候，用户 U 和 V 计算出了同一个密钥，

$$K = \alpha^{a_U a_V} = \mathrm{CDH}(\alpha, b_U, b_V)$$

这里，CDH 通常指的是计算 Diffie-Hellman 问题。因为假定判定性 Diffie-Hellman 问题是困难的，所以一个被动的敌手无法计算出关于 K 的任何信息。

我们知道，当面临一个主动敌手时，Diffie-Hellman 密钥协商方案有个严重的缺陷。它的工作原理如下：

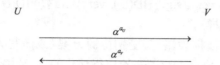

遗憾的是，这种方案很容易遭受主动敌手发起的中间入侵攻击。如图11.1所示，对于一个基于 Diffie-Hellman 密钥协商方案的中间入侵攻击，W 将截取 U 和 V 之间的信息并替换成自己的信息。

在会话结束的时候，U 与 W 建立了秘密密钥 $\alpha^{a_U a_V'}$，V 与 W 建立了秘密密钥 $\alpha^{a_U' a_V}$。当 U 要加密一条消息后发送给 V 时，W 可以对它进行解密而 V 却不可以（对于 V 发传消息给 U 的情况也是类似的）。

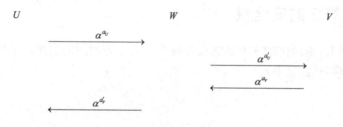

图 11.1　中间入侵攻击

显然，U 和 V 有必要保证是在向对方而不是向 W 来交换信息（和密钥）。在交换密钥之前，U 和 V 要执行一个单独的协议来确定彼此的身份，例如可以使用一个安全的交互认证方案。但如果 W 直到 U 和 V 在证明彼此身份之后才开始活动的话，该方案仍然无法抵御中间入侵攻击。有一个更有效的方法可以用来设计密钥协商方案，即在密钥建立的同时就要认证参与者的身份。这种类型的密钥协商方案被称为认证密钥协商方案。

一个认证密钥协商方案可以非正式地定义为满足如下性质的密钥协商方案。

交互识别

如9.3.2节所定义的，方案是一个安全的交互识别方案，即在主动敌手实施任何攻击流程后，没有一个诚实的参与者会"接受"。

密钥协商

如果不存在主动敌手，则双方参与者计算出相同的新会话密钥 K。除此之外，一个被动敌手将计算不出关于 K 的任何信息。

11.2.1　端-端密钥协商方案

在本节，我们将描述一个认证密钥协商方案，它是 Diffie-Hellman 密钥协商方案的一个改进。该方案使用了通常由 TA 签名过的证书。每个用户 U 有一个签名方案，将其签名算法记为 sig_U，验证算法记为 ver_U。TA 也有一个签名方案，其公开验证算法为 ver_{TA}。每个用户有一个证书 $\text{Cert}(U) = (\text{ID}(U), \text{ver}_U, \text{sig}_{\text{TA}}(\text{ID}(U), \text{ver}_U))$，这里 $\text{ID}(U)$ 是 U 的识别信息(这些证书和 9.3.1 节中描述的证书一样)。

认证密钥协商方案，也被称为端-端密钥协商方案(或简写为 STS)，是由 Diffie, van Oorschot 和 Wiener 提出的。协议 11.2 是一个略微简化的端-端协议，它遵从 ISO 9798-3 方案要求。

协议 11.2 的基本思想是将 Diffie-Hellman 密钥协商方案和一个安全的交互识别方案结合在一起，这里的指数值 b_U 和 b_V 充当识别方案中的随机挑战。按照这种思想，使用协议 9.14 作为内在的识别方案，则得到协议 11.2。大致来说，对随机挑战进行签名提供了交互认证。更进一步，根据 Diffie-Hellman 密钥协商方案计算出的随机挑战使得用户 U 和 V 可以计算出相同的密钥，$K = \text{CDH}(\alpha, b_U, b_V)$。

11.2.2　STS 的安全性

在本节，我们讨论简化 STS 方案的安全特性。为了方便后面引用，下图给出了在方案会话中交换的信息(不包括证书)：

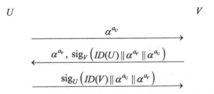

首先，看一下如何利用签名来阻止前面所说的中间入侵攻击。和前面一样，假设 W 截取了 α^{a_U} 并将它替换为 $\alpha^{a'_U}$。然后 W 收到从 V 发来的 α^{a_V} 和 $\text{sig}_V(\text{ID}(U)\|\alpha^{a_V}\|\alpha^{a'_U})$。和前面一样，他想将 α^{a_V} 替换为 $\alpha^{a'_V}$。然而，这意味着他也必须将签名替换为 $\text{sig}_V(\text{ID}(U)\|\alpha^{a'_V}\|\alpha^{a_U})$。很遗憾的是，因为 W 并不知道 V 的签名算法 sig_V，所以他无法计算出关于字符串 $\text{ID}(U)\|\alpha^{a'_V}\|\alpha^{a_U}$ 的 V 的签名。类似地，因为 W 并不知道 U 的签名算法，所以无法用 $\text{sig}_U(\text{ID}(V)\|\alpha^{a'_U}\|\alpha^{a_V})$ 来替换 $\text{sig}_U(\text{ID}(V)\|\alpha^{a_U}\|\alpha^{a'_V})$。

图 11.2 描述了这种情况，该图中用问号标出的表示敌手无法计算出的签名。签名的巧妙利用使得 U 和 V 之间可以相互识别。这恰好可以阻止中间入侵攻击。

当然，我们还是希望这种方案可以抵抗所有可能的攻击，而不仅仅是某一种特殊的攻击。然而，从方案的设计角度来看，可以利用前面已经证明的结果来为 STS 的安全性提供一般性证明。为此，需要更精确地说明关于会话密钥都提供了哪些保证。

首先，我们称端-端方案是一个安全的交互识别方案，这可用第 9 章描述的方法来证明。因此，如果敌手是主动的，他会被会话中诚实的参与者检测出来。

协议 11.2　简化的端-端密钥协商方案

公开域参数包括群 $(G, \cdot)$ 和一个阶为 n 的元素 $\alpha \in G$。

1. U 选取一个随机数 a_U，$0 \le a_U \le n-1$，然后计算

$$b_U = \alpha^{a_U}$$

   并将 $\text{Cert}(U)$ 和 b_U 发送给 V。

2. V 选取一个随机数 a_V，$0 \le a_V \le n-1$，然后计算

$$b_V = \alpha^{a_V}$$

$$K = (b_U)^{a_V}$$

$$y_V = \text{sig}_V(\text{ID}(U) \| b_V \| b_U)$$

   然后 V 将 $\text{Cert}(V)$，b_V 和 y_V 发送给 U。

3. U 使用 ver_V 来验证 y_V。如果签名 y_V 无效，则她会"拒绝"并退出。否则，她会"接受"，计算

$$K = (b_V)^{a_U}$$

$$y_U = \text{sig}_U(\text{ID}(V) \| b_U \| b_V)$$

   并将 y_U 发送给 V。

4. V 使用 ver_U 验证 y_U。如果签名 y_U 无效，则他会"拒绝"；否则，他会"接受"。

另一方面，如果敌手是被动的，会话将在双方"接受"的情况下结束(假定他们是诚实的)。也就是，U 和 V 成功地互相识别了对方，并像在 Diffie-Hellman 密钥协商方案中那样都计算出了密钥 K。在判定性 Diffie-Hellman 问题求解困难的假设前提下，敌手不可能计算出关于密钥 K 的任何信息。简言之，一个主动的敌手会被检测出来，而一个非主动的敌手面对判定性 Diffie-Hellman 问题的求解困难性时也是无能为力的(就像在 Diffie-Hellman 密钥协商方案中那样)。

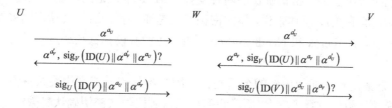

图 11.2　针对端-端方案的受阻中间入侵攻击

现在利用上面讨论的性质，我们看一下如果在 U 或 V 接受的情况下，可以对端-端方案推断出什么呢？首先，假定 U "接受"。因为端-端方案是一个安全的交互识别方案，U 可以确信她真的就是和 V 在通信(她所认定的对等方)，并且在最后一步流程前，敌手是非主动的。假定 V 是诚实的，并按照方案的说明执行动作，则 U 可以确信 V 可以计算出密钥 K，并且除 V 之外的任何人都不能计算出 K。

我们再进一步讨论一下为何 U 应该相信 V 可以计算出 K。因为 U 收到了关于值 α^{a_U} 和 α^{a_V}

的 V 的签名，所以 U 可以推断出 V 知道这两个值。现在假定 V 按照方案的说明执行动作，U 可以推断出 V 知道 a_V 的值。如果 V 知道 α^{a_U} 和 a_V 的值，则可以计算出 K 的值。当然，对 U 来说不能确保 V 在"接受"的时候就已经计算出 K。

对 V 这边的分析也是非常类似的。如果 V "接受"，则他可以确信自己真的就是和 U 在通信(他自己认定的对等方)，并且 U 可以计算出密钥 K，除 U 之外的任何人都不能计算出 K。然而，U 和 V 所能获取的信息是不对称的。当 V "接受"，他可以确信 U 也已经"接受"(如果 U 是诚实的)。但是，当 U "接受"时，她无法知道是否 V 也会相继"接受"，因为她不知道 V 是否已经接收到了在会话最后一个流程中送给他的信息(例如，一个敌手可能拦截或破坏最后一个流程，从而导致 V 的"拒绝")。在交互识别方案中也会出现相类似的情况，这些已在 9.2.2 节中讨论过了。

针对用户知道的利用计算会话密钥 K 的知识定义几种特性是有用处的。假定在密钥协商方案中 V 是 U 认定的对等方。在这里对于提供给 U(或 V)的密钥协商方案有三个层次的保证机制。

隐式密钥认证

如果 U 可以被确保除了 V 之外，没有人能计算出 K(特别地，敌手不能计算 K)，则我们说该方案提供了隐式密钥认证。

隐式密钥确认

如果 U 可以被确保 V 可以计算出 K(假设 V 是按照规定执行了该方案)，并且除了 V 之外，没有人能计算出 K，则我们说该方案提供了隐式密钥确认。

显式密钥确认

如果 U 可以被确保 V 已经计算出了 K，并且除了 V 之外，没有人能计算出 K，则我们说该方案提供了显式密钥确认。

我们已经提出了关于密钥确认的两种变体。第 10 章讨论的密钥确认是"显式"的(与会话密钥分配方案有关)。总体来说，显式密钥确认是通过新构造的会话密钥来加密一个已知值(或随机挑战)。Kerberos 和 Needham-Schroeder 两种协议都试图通过这种方法来提供显式密钥确认。

端-端方案没有立即使用新的会话密钥，因此不具有显式密钥确认特性。但是，因为双方都对交换的指数值进行了签名，所以我们可以得到比隐式密钥确认略微弱一些的特性(更进一步地，就像在第10章介绍的那样，若在设计时增加密钥协商或密钥分配方案总是能够获取显式密钥确认的特性)。

最后要说明的是 Bellare-Rogaway 会话密钥分配方案提供了隐式密钥认证。在该方案中，双方都不能确认对方是否已经收到(或者能够计算出)会话密钥。

总结本节的讨论，我们可以得到如下定理。

定理 11.1　端-端密钥协商方案是一个认证密钥协商方案，在判定性Diffie-Hellman问题难解的假设条件下，该方案为双方都提供了隐式密钥确认特性。

11.2.3 已知会话密钥攻击

上节证明的安全结果只是考虑了端-端方案的一个孤立的会话过程。然而，在实际的具有多个用户的网络环境下，可能会有多个端-端方案的会话发生，涉及多个不同的用户。为了确保端-端方案是安全的，我们需要考虑不同的会话之间可能造成的影响。

因此，我们研究一下在已知会话密钥攻击下的安全性(10.1 节定义了这种攻击模型)。在这种场景下，敌手(称为 Oscar)观察到了一个密钥协商方案的几个会话，称为 S_1, S_2, $\cdots$, S_t。这些会话可能包括了其他的网络用户，或者他们将 Oscar 作为其中一个参与者。

作为攻击模型的一部分，Oscar 将被允许要求会话 S_1, S_2, $\cdots$, S_t 的会话密钥展现给他。Oscar 的目标是得出其他目标会话的密钥(称为 S)，并且 Oscar 不是目标会话的参与者。进一步地，我们不需要会话 S 在所有会话 S_1, S_2, $\cdots$, S_t 计算完后才发生。特别地，我们允许发生多个并行的会话攻击(类似于在识别方案中的那些攻击)。

本节我们研究一下在已知会话密钥攻击下端-端密钥协商方案的安全性。首先，假定 Oscar 在用户 U 和 V 之间观察到了一个会话 S。在该会话中传送的信息(除去签名和证书)包括 $b_{S,U}$ 和 $b_{S,V}$ (为了使这些值与某一特定会话进行关联，我们将会话的名称 S 包含在下标中)。Oscar 最终还是希望能够得出关于 K_S 的某些信息，其中 K_S 是由 U 和 V 在会话 S 中共同计算出来的。我们可以看到计算密钥 K_S 等同于求解关于 $(b_{S,U}, b_{S,V})$ 的 Diffie-Hellman 问题，用 $K_S = \mathrm{CDH}(b_{S,U}, b_{S,V})$ 来表示这种关系。

一旦 Oscar 拥有 $(b_{S,U}, b_{S,V})$，则他会任意出现在其他会话中以试图发现关于 K_S 的某些信息。然而，我们仅允许 Oscar 向在一个会话 S' 中"接受"的用户请求密钥。因为端-端方案是一个安全的识别方案，所以 Oscar 不可能在会话中活动，然后向一个"不接受"的用户请求密钥。

然而，Oscar 作为一个参与者可能并不遵从端-端方案来参加会话 S'。特别地，Oscar 可能在不知道 $a_{S',\mathrm{Oscar}}$ 的值的情况下将 $b_{S',\mathrm{Oscar}}$ 传给会话 S' 中他的同伴，其中 $b_{S',\mathrm{Oscar}} = \alpha^{a_{S',\mathrm{Oscar}}}$。按照已知会话密钥攻击模型，Oscar 可以请求密钥值 $K_{S'}$ 显示给他(如果 Oscar 遵从端-端方案，则他能够自己计算出 $K_{S'}$。然而我们考虑的情况是 Oscar 不能计算出 $K_{S'}$，但允许他可以被告知该值)。

假定 Oscar 参加了这样的会话 S'，其同伴为 W。然后，Oscar 任意选取了一个值 $b_{S',\mathrm{Oscar}}$。W 在由 α 产生的子群中选取了 $b_{S',W}$，由于先随机均匀地选取值 $a_{S',W}$，然后计算 $b_{S',W} = \alpha^{a_{S',W}}$。在会话结束时，Oscar 发出请求并得到 $K_{S'} = \mathrm{CDH}(b_{S',\mathrm{Oscar}}, b_{S',W}) = (b_{S',\mathrm{Oscar}})^{a_{S',W}}$。Oscar 可以以三元组

$$(b_{S',\mathrm{Oscar}}, b_{S',W}, \mathrm{CDH}(b_{S',\mathrm{Oscar}}, b_{S',W}))$$

的形式记录会话 S' 的结果和会话密钥值 $K_{S'}$。

经过几次这样的会话，Oscar 累积了一个三元组的列表 $\mathcal{J}$ (称为一个记录)，其中每一个 $T \in \mathcal{J}$ 都具有上面定义的三元组形式。假定 Oscar 拥有某一多项式算法 A，$A(\mathcal{J}, (b_{S,U}, b_{S,V}))$ 计算关于密钥 K_S 的某些部分信息，其中 $\mathcal{J}$ 是按如上描述的方法进行构造的。

我们认为在 DDH 问题不可解的假设情况下，以上算法 A 不可能存在。在确定算法 A 的不存在的情况下，可以用一个由 Oscar 创建的模拟三元组列表 $\mathcal{J}_{\mathrm{sim}}$ 来代替 $\mathcal{J}$，在这里 Oscar 不需要参加任意会话，也不需要请求任何的会话密钥向他显示。

现在我们来说明 Oscar 是如何有效构造一个模拟 $\mathcal{J}_{sim}$ 的。让我们看一个在 $\mathcal{J}$ 上的典型三元组，其具有形式

$$T = (b_1, b_2, b_3 = \text{CDH}(b_1, b_2))$$

如上所述，b_1 是由 Oscar 使用任意他想要的方法选取的，b_2 是由 Oscar 的同伴随机选取的。然后 $\text{CDH}(b_1, b_2)$ 显示给 Oscar。用如下方法来创建一个模拟的三元组 T_{sim}：

1. 像前面所说的，Oscar 选取 b_1
2. Oscar 选取一个随机值 a_2，并计算 $b_2 = \alpha^{a_2}$
3. Oscar 计算 $b_3 = (b_1)^{a_2}$ [观察到 $b_3 = \text{CDH}(b_1, b_2)$]
4. Oscar 定义 $T_{sim} = (b_1, b_2, b_3)$。

基本上，这种模拟是由 Oscar 对 b_2 的随机选取来取代了由 Oscar 的同伴对 b_2 的随机选取。然而，当 Oscar 像如上述方式选取 b_2 时，他本身就可以计算出 b_3。

我们认为三元组 T 与模拟三元组 T_{sim} 是不可区分的。它可以更精确表示为，对于所有的三元组 $(b_1, b_2, b_3 = \text{CDH}(b_1, b_2))$，下式成立：

$$\Pr[T = (b_1, b_2, b_3)] = \Pr[T_{sim} = (b_1, b_2, b_3)]$$

事实上，这几乎很容易就可以确认，因为 b_1 在 T 和 T_{sim} 中都是按照同样的方式选取的，b_2 在 T 和 T_{sim} 中都是均匀随机地选取的，并且在 T 和 T_{sim} 中，$b_3 = \text{CDH}(b_1, b_2)$。

对三元组的模拟可以扩展到模拟记录。像 $\mathcal{J}$ 一样，模拟的 $\mathcal{J}_{sim}$ 由若干个三元组组成，所不同的是每一个三元组 $T \in \mathcal{J}$ 由模拟的三元组 T_{sim} 来代替。得到的模拟记录与真正的记录是不可区分的。

由于这种不可区分的性质，可以很快推出在给定 $\mathcal{J}$ 和 $\mathcal{J}_{sim}$ 时，A 的运行都是一样的。即两个输出具有相同的概率分布。这意味着，无论 Oscar 使用已知会话密钥攻击做什么，他也可以使用一个完全的被动攻击做同样的事情，在攻击的过程中，没有会话发生(除了 $\mathcal{S}$)。但是在假定 DDH 问题困难的情况下，这种攻击是不可能的。这种矛盾使得我们的证明得以完成并得出如下定理。

定理 11.2 端-端密钥协商方案是一个认证密钥协商方案，在假定判定性 Diffie-Hellman 问题求解困难的前提下，对已知会话密钥攻击来说是安全的，并且它为方案的双方提供了隐式密钥确认。

11.3 MTI 密钥协商方案

通过修改 Diffie-Hellman 密钥协商方案，Matsumoto，Takashima 和 Imai 构造了一些有趣的密钥协商方案。这些方案(称为 MTI 方案)不需要用户 U 和 V 之间计算任何签名。因为在该方案的每一个会话中仅执行两个信息传送(一个是从 U 到 V，另一个是从 V 到 U)，因此它们被称为双流(two-flow)密钥协商方案。相比之下，端-端密钥协商方案是一个三段式(three-pass)方案。

我们提供一种名为 MTI/AO 的 MTI 密钥协商方案，如协议 11.3 所示。

协议 11.3 MTI/A0 密钥协商方案

公开域参数包括群 $(G, \cdot)$ 和一个阶为 n 的元素 $\alpha \in G$。

每一个用户 T 有一个秘密指数 a_T，其中 $0 \leq a_T \leq n-1$，对应的公开值为

$$b_T = \alpha^{a_T}$$

b_T 被包含在 T 的证书里并被 TA 签名。

1. U 随机选取 r_U，$0 \leq r_U \leq n-1$，计算

$$s_U = \alpha^{r_U}$$

   然后 U 将 Cert(U) 和 s_U 发送给 V

2. V 随机选取 r_V，$0 \leq r_V \leq n-1$，计算

$$s_V = \alpha^{r_V}$$

   然后 V 将 Cert(V) 和 s_V 发送给 U。

   最后，V 计算出会话密钥

$$K = s_U^{a_V} b_U^{r_V}$$

   其中他从 Cert(U) 中获得了 b_U 值。

3. U 计算会话密钥

$$K = s_V^{a_U} b_V^{r_U}$$

   其中他从 Cert(V) 中获得 b_V 值。

在会话结束时，U 和 V 都计算出相同的会话密钥

$$K = \alpha^{r_U a_V + r_V a_U}$$

下面我们通过一个简单的例子来说明该方案的工作机制。

例 11.1 假定 $p = 27\,803$，$n = p-1$ 以及 $\alpha = 5$。方案的公开域参数包括群 $\left(\mathbb{Z}_p^*, \cdot\right)$ 和 α。这里 p 是素数，α 是 $\left(\mathbb{Z}_p^*, \cdot\right)$ 的生成元，因此 α 的阶等于 n。

假定 U 选取秘密指数 $a_U = 21\,131$，然后计算

$$b_U = 5^{21\,131} \bmod 27\,803 = 21\,420$$

并把它放在自己的证书里。同样，也假定 V 选取秘密指数 $a_V = 17\,555$，计算

$$b_V = 5^{17\,555} \bmod 27\,803 = 17\,100$$

并把它的放在自己的证书里。

现在假定 U 选取 $r_U = 169$，然后将值

$$s_U = 5^{169} \bmod 27\,803 = 6268$$

传给 V。假定 V 选取 $r_V = 23\,456$，然后将值

$$s_V = 5^{23\,456} \bmod 27\,803 = 26\,759$$

发送给 U。

现在 U 可以计算出密钥

$$K_{U,V} = s_V{}^{a_U} b_V{}^{r_U} \bmod p$$
$$= 26\ 759^{21\ 131} 17\ 100^{169} \bmod 27\ 803$$
$$= 21\ 600$$

并且 V 也计算出相同的密钥

$$K_{U,V} = s_U{}^{a_V} b_U{}^{r_V} \bmod p$$
$$= 6268^{17\ 555} 21\ 420^{23\ 456} \bmod 27\ 803$$
$$= 21\ 600$$

为了便于以后的说明，在方案的一个会话中被传送的信息可以图示为：

U V

$\xrightarrow{\text{Cert}(U),\ \alpha^{r_U}}$

$\xleftarrow{\text{Cert}(V),\ \alpha^{r_V}}$

我们看一下该方案的安全性。我们可以很容易的推出，对于一个被动的敌手来说，MTI/A0 密钥协商方案和 Diffie-Hellman 密钥协商方案的安全性是一样的(参见习题)。和许多方案一样，在主动敌手的情况下提供可证明安全性是难解问题。为此我们不想去证明什么，而是仅得出几个非正式的结论。

这里我们想到一种威胁：在方案中如果不使用签名，则可能会遭受中间入侵攻击。事实上，W 确实可能改变 U 和 V 之间传送的值。在图 11.3 中，我们描述了一种可能会发生的典型场景，它类似于最初提出的应用于 Diffie-Hellman 密钥协商方案的中间入侵攻击。

在这种情况下，U 和 V 计算出不同的密钥：U 计算

$$K = \alpha^{r_U a_V + r'_V a_U}$$

而 V 计算

$$K = \alpha^{r'_U a_V + r_V a_U}$$

然而，W 无法计算由 U 或 V 计算出的密钥(当然这些密钥对他们来说是无用的)，因为他们需要分别知道秘密指数 a_U 和 a_V。

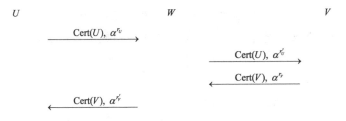

图 11.3 MTI/A0 的不成功的中间入侵攻击

因此，尽管 U 和 V 已经计算出不同的密钥，W 却无法计算出其中任何一个密钥，并且他也无法获取关于这些密钥的任何信息(假定 DDH 问题困难的前提下)。

如果这是关于该方案唯一可能的攻击方法，则我们说该方案提供了隐式密钥认证。这是

因为，尽管存在这种攻击，但 U 和 V 都能保证对方是网络中可以计算出密钥的唯一用户。然而，在下节我们将说明在已知会话密钥攻击模型中会存在由敌手发起的其他攻击。

11.3.1　关于 MTI/A0 的已知会话密钥攻击

我们先提供一个关于 MTI/A0 的并行会话已知会话密钥攻击。之所以取这个拗口的名字是因为该攻击方法是利用了一个并行会话的已知会话密钥攻击。敌手 W 是一个在两个会话中的主动参与者：在会话 $\mathcal{S}$ 中，W 假装是和 U 进行对话的 V；在并行发生的会话 $\mathcal{S}'$ 中，W 假装是和 V 进行对话的 U。图 11.4 说明了 W 进行的活动。

这两个会话中的流程按照发生的次序进行标号。(1) 和 (2) 分别表示了会话 $\mathcal{S}'$ 和 $\mathcal{S}$ 的初始信息流。然后 W 将流 (1) 的信息复制到流 (3) 中，流 (2) 的信息复制到流 (4) 中去。因为这两个会话是并行执行的，所以我们有了一个并行会话攻击。

当这两个会话结束后，W 请求会话 $\mathcal{S}'$ 中的密钥 K，在一个已知会话密钥攻击下，他是被允许这样做的。当然，K 也是会话 $\mathcal{S}$ 的密钥，因此作为一个会话的主动敌手并且没有请求会话密钥的情况下，W 达到了计算密钥的目标。在已知会话密钥攻击模型下，这是一个成功的攻击。

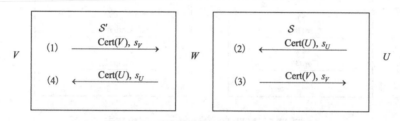

图 11.4　MTI/A0 的已知会话密钥攻击

之所以可以进行并行会话攻击是因为密钥是关于由会话双方提供的输入的一个对称函数值：

$$K((r_U, a_U), (r_V, a_V)) = K((r_V, a_V), (r_U, a_U))$$

为了消除这种攻击，我们应该打破这种对称性。例如，可以使用一个 Hash 函数 h 作为密钥推导函数。假定实际的会话密钥 K 被定义为：

$$K = h(\alpha^{r_U a_V} \| \alpha^{r_V a_U})$$

U（会话的发起者）将计算

$$K = h\left(b_V^{\,r_U} \| s_V^{\,a_U}\right)$$

而 V（会话的响应者）将计算

$$K = h\left(s_U^{\,a_V} \| b_U^{\,r_V}\right)$$

使用这种修改过的构造会话密钥的方法，前面的攻击将不再有效。这是因为会话 $\mathcal{S}$ 和 $\mathcal{S}'$ 现在有两个不同的密钥：$\mathcal{S}$ 的密钥是

$$K_{\mathcal{S}} = h\left(\alpha^{r_U a_V} \| \alpha^{r_V a_U}\right)$$

而会话 S' 的密钥是

$$K_{S'} = h\left(\alpha^{r_V a_U} \| \alpha^{r_U a_V}\right)$$

如果 h 是一个"好"的 Hash 函数(例如,h 是一个随机谕示器),则 W 在给定 $K_{S'}$ 的情况下无法计算出 K_S,或在给定 K_S 的情况下无法计算出 $K_{S'}$。

针对 MTI/A0 还有一种已知会话密钥攻击,被称为 Burmester 三角攻击。图 11.5 描述了这种攻击。

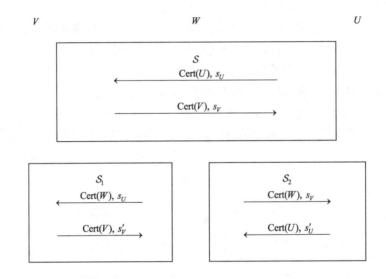

图 11.5 MTI/A0 的 Burmester 三角攻击

现在我们详细地描述一下三角攻击。首先,W 观察到在 U 和 V 之间存在一个会话 S。然后 W 分别参与了 V 和 U 之间的另外两个会话 S_1 和 S_2。在这两个会话中,W 传送由 S 中复制过来的 s_U 和 s_V(当然,W 并不知道分别对应于 s_U 和 s_V 的指数 r_U 和 r_V)。然后,当会话 S_1 和 S_2 结束时,W 请求这两个会话的密钥,这在已知会话密钥攻击下是被允许的。

会话 S,S_1 和 S_2 的密钥 K,K_1 和 K_2 分别如下:

$$K = \alpha^{r_U a_V + r_V a_U}$$
$$K_1 = \alpha^{r_U a_V + r'_V a_W}$$
$$K_2 = \alpha^{r'_U a_W + r_V a_U}$$

给定 K_1 和 K_2,W 可以按照如下方式计算出 K:

$$K = \frac{K_1 K_2}{(s'_V s'_U)^{a_W}}$$

因此这是一个成功的已知会话密钥攻击。

通过使用上面描述的密钥推导函数也可以避免三角攻击。可以猜想 MTI/A0 的修改版对已知会话密钥攻击是安全的。

11.4　使用自认证密钥的密钥协商

在本节中，我们描述一种由 Girault 提出的密钥协商方法，该方法不需要证书。在该方案中，公钥值和其拥有者的身份是彼此隐式地相互认证的。后面我们将会看到这是如何完成的。

Girault 密钥协商方案结合了 RSA 和基于离散对数两种方案的特点。假定 $n = pq$，其中 $p = 2p_1 + 1$，$q = 2q_1 + 1$，p，q，p_1 和 q_1 都是大素数。乘法群 $\mathbb{Z}_n^*$ 与 $\mathbb{Z}_p^* \times \mathbb{Z}_q^*$ 是同构的。因此 $\mathbb{Z}_n^*$ 中任意元素的最大阶是 $p-1$ 和 $q-1$ 的最小公倍数，或为 $2p_1q_1$。令 α 是阶为 $2p_1q_1$ 的群 $\mathbb{Z}_n^*$ 中的一个元素。在 p 和 q 足够大的情况下，由 α 产生的 $\mathbb{Z}_n^*$ 中的循环子群比较适合用来构造离散对数问题。

在 Girault 密钥协商方案中，仅有 TA 是知道 n 是如何分解的。n 和 α 是公共参数，而 p，q，p_1 和 q_1 都是秘密的。TA 选取了一个公共的 RSA 加密指数，记为 e。相对应的解密指数 d 是秘密的(通常，$d = e^{-1} \bmod \phi(n)$)。

像以前的许多方案一样，每个用户 U 有一个认证字符串 $\text{ID}(U)$。像协议 11.4 所表示的，一个用户 U 从 TA 中获取一个自认证公钥 p_U。观察到 U 需要 TA 的帮助来产生公钥 p_U。通过使用公开的信息可以从 p_U 和 $\text{ID}(U)$ 计算出

$$b_U = p_U{}^e + \text{ID}(U) \bmod n$$

协议 11.4　Girault 公钥生成

注：n 是公开的，d 是仅由 TA 所知道的秘密值。

1. U 选取一个秘密指数 a_U，计算

$$b_U = \alpha^{a_U} \bmod n$$

U 将 a_U 和 b_U 给 TA。

2. TA 计算

$$p_U = (b_U - ID(U))^d \bmod n$$

TA 将 p_U 给 U。

协议 11.5 描述了 Girault 密钥协商方案。在协议 11.5 中的一个会话中所传送的信息可以图示为：

$$U \quad \xrightarrow{\text{ID}(U),\, p_U,\, \alpha^{r_U} \bmod n} \quad V$$

$$\xleftarrow{\text{ID}(V),\, p_V,\, \alpha^{r_V} \bmod n}$$

在会话结束时，U 和 V 分别计算出密钥

$$K = \alpha^{r_U a_V + r_V a_U} \bmod n = b_V{}^{r_U} b_U{}^{r_V} \bmod n$$

下面是使用 Girault 密钥协商方案的一个例子。

例 11.2　假定

$$p = 839, \quad q = 863$$

然后

$$n = 724\ 057, \quad \phi(n) = 722\ 356$$

在群 $\mathbb{Z}_n^*$ 中，元素 $\alpha = 5$ 的阶为 $2p_1q_1 = \phi(n)/2$。假定 TA 选取 $d = 125\ 777$ 作为 RSA 的解密指数，则

$$e = 125\ 777^{-1} \bmod 722\ 356 = 84\ 453$$

假定 U 有

$$\text{ID}(U) = 500\ 021, \quad a_U = 111\ 899$$

则

$$b_U = 488\ 889, \quad p_U = 650\ 704$$

同时假定 V 有

$$\text{ID}(V) = 500\ 022, \quad a_V = 123\ 456$$

则

$$b_V = 111\ 692, \quad p_V = 683\ 556$$

现在，U 和 V 想计算出一个新的会话密钥。假定 U 选取 $r_U = 56\ 381$，这意味着 $s_U = 171\ 007$。进一步地，假定 V 选取 $r_V = 356\ 935$，这意味着 $s_V = 320\ 688$。

然后 U 计算

$$K = 320\ 688^{111\ 899}(683\ 556^{84\ 453} + 500\ 022)^{56\ 381} \bmod 724\ 057 = 42\ 869$$

V 计算

$$K = 171\ 007^{123\ 456}(650\ 704^{84\ 453} + 500\ 021)^{356\ 935} \bmod 724\ 057 = 42\ 869$$

因此，U 和 V 都计算出相同的密钥，$K = 42\ 869$。

协议 11.5　Girault 密钥协商方案

公开域参数包括 n, e 和 α。

1. U 随机选取 r_U，计算

$$s_U = \alpha^{r_U} \bmod n$$

　　U 发送 $\text{ID}(U)$，p_U 和 s_U 给 V。

2. V 随机选取 r_V，计算

$$s_V = \alpha^{r_V} \bmod n$$

　　V 将 $\text{ID}(V)$，p_V 和 s_V 发送给 U。

3. U 计算

$$K = s_V^{a_U}(p_V^e + \text{ID}(V))^{r_U} \bmod n$$

　　V 计算

$$K = s_U^{a_V}(p_U^e + \text{ID}(U))^{r_V} \bmod n$$

让我们考虑一下自认证密钥如何抵挡一种特殊类型的攻击。因为 b_U，p_U 和 ID(U) 没有被 TA 所签名，所以其他人无法直接验证它们的真实性。假如该信息被冒充 V 的 W 来产生(它不是和 TA 共同产生的)。W 先产生 ID(U) 和一个伪造值 p'_U。她可以很容易计算出 $b'_U = (p'_U)^e + \text{ID}(U)$，但在离散对数问题难解的前提下，她却没办法根据 b'_U 计算出指数 a'_U 来。W 可以假装成 U 来执行方案的一个会话，然而，如果不知道 a'_U 的值，则 W 无法计算会话密钥 K。

当 W 想充当一个中间入侵者时，情况也是类似的。W 可以阻止 U 和 V 计算出一个共同的密钥，但是 W 却不能复制 U 或 V 的计算值。因此，就像 MTI/A0 那样，该方案提供了针对这种攻击的隐式密钥认证。

细心的读者或许疑惑为何 U 要向 TA 提供 a_U。实际上，TA 确实可以在不知道 a_U 的情况下直接通过 b_U 计算 p_U。但这里很重要的一点是 TA 应被确信在为 U 计算 p_U 之前，U 知道 a_U 的值。

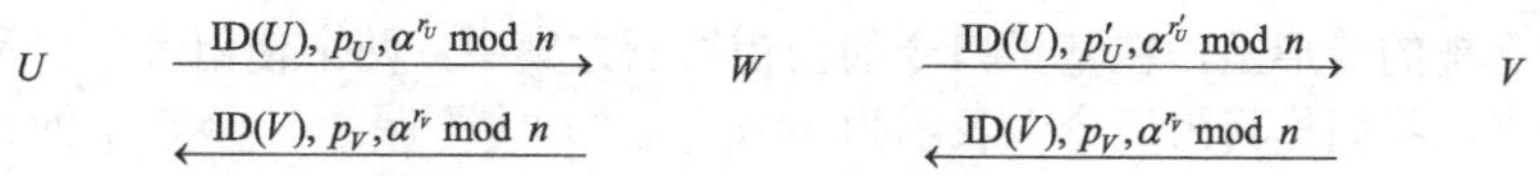

$$U \quad \xrightarrow{\text{ID}(U),\, p_U,\, \alpha^{r_U} \bmod n} \quad W \quad \xrightarrow{\text{ID}(U),\, p'_U,\, \alpha^{r'_U} \bmod n} \quad V$$
$$\xleftarrow{\text{ID}(V),\, p_V,\, \alpha^{r_V} \bmod n} \qquad \xleftarrow{\text{ID}(V),\, p_V,\, \alpha^{r_V} \bmod n}$$

图 11.6 Girault 密钥协商方案的攻击

为了说明这一点，我们将描述当 TA 在不先检查用户是否拥有对应于 b_U 的 a_U 值就随便发布公钥 p_U 时，该方案是如何被攻击的。假定 W 选取一个伪造值 a'_U，并计算出对应值 $b'_U = \alpha^{a'_U} \bmod n$。然后计算出对应的公钥值：

$$p'_U = (b'_U - \text{ID}(U))^d \bmod n$$

W 将计算

$$b'_W = b'_U - \text{ID}(U) + \text{ID}(W)$$

然后将 b'_W 和 ID(W) 给 TA。假定 TA 发布公钥值

$$p'_W = (b'_W - \text{ID}(W))^d \bmod n$$

给 W。根据

$$b'_W - \text{ID}(W) \equiv b'_U - \text{ID}(U) (\bmod n)$$

可以立即推出

$$p'_W = p'_U$$

现在假定，在稍后时候，U 和 V 执行该方案，W 替代如图 11.6 所示的信息。

然后 V 计算密钥

$$K' = \alpha^{r'_U a_V + r_V a'_U} \bmod n$$

同时 U 计算出密钥

$$K = \alpha^{r_U a_V + r_V a_U} \bmod n$$

W 可以计算

$$K' = s_V^{a'_U} \left(p_V^{\ e} + \text{ID}(V) \right)^{r'_U} \bmod n$$

因此 W 和 V 共享一个密钥，而 V 却认为他是在和 U 共享一个密钥。所以 W 可以对由 V 送到 U 的消息进行解密。

11.5 加密密钥交换

　　除了 Girault KAS 外，前文提及的所有方案都对证书和/或者签名方案进行了必要的应用。在假设相关各方事先拥有一个共享密钥的前提下，密钥协商在秘密密钥环境中也有其研究价值(像在第 10 章中提到的，即使通信双方已经拥有了一个共享的长期密钥，他们可能还希望使用 KAS 来协商一个会话密钥)。

　　一个非常有趣的情形是，在基于口令的密钥协商方案中，两个使用者，U 和 V，事先拥有一个共享秘密，我们称其为口令，表示为 $\text{pwd}_{U,V}$。"口令"暗示了 $\text{pwd}_{U,V}$ 的长度非常短，不可以作为密钥使用。例如，一个典型的口令可能在 2^{20} 或 2^{30} 种可能的口令中选取，而一个典型的秘密密钥密码体制中，密钥空间大约为 2^{128}。

　　通常情况下，当客户端 C 需要与服务器端 S 通信的时候，需要使用口令。服务器可能维护着一个包含所有已注册客户口令的服务器。这里，我们用 pwd_C 表示 C 的口令。注意，口令通常较短以便使用者记忆。

　　为了引入这节中要描述的方案，首先考虑一个简陋的使用口令来加密密钥的方法。假设服务器随机选取一个 128 比特的会话密钥 K，使用客户端 C 的口令 pwd_C 作为密钥来加密 K，即建立几个加密的密钥 $y = e_{\text{pwd}_C}(K)$ (在这里，$e(\cdot)$ 和 $d(\cdot)$ 分别用来表示密码体制的加密和解密函数)。接着，S 把 y 发送给 C，C 将解密 y 并获得 K。既然 C 和 S 拥有一个会话密钥 K，他们就可以在接下来的通信中使用 K 来加密信息。

　　遗憾的是，敌手 Oscar 可以实行一次字典攻击。也就是在可能的口令空间中实行一次穷举搜索。假设已知 pwd_C 属于某个集合 $\mathcal{K}_{\text{pwd}}$，并且 Oscar 记录了 y 和一些使用 K 加密过的消息 z，表示为 $x = d_K(z)$ (假设此次攻击中，Oscar 不知道明文 x)。接下来，对于每一个 $\text{pwd} \in \mathcal{K}_{\text{pwd}}$，Oscar 都可以计算 $K' = d_{\text{pwd}}(y)$ 和 $x' = d_{K'}(z)$。如果 $\text{pwd} = \text{pwd}_C$，则 $K' = K$，并且 $x' = x$。Oscar 可以容易的识别出"有意义的"明文 x'，这暗示着 $\text{pwd} = \text{pwd}_C$。

　　这种攻击可以在 Oscar 希望的任何时间进行，所以属于离线攻击。由于 $|\mathcal{K}_{\text{pwd}}|$ 比较小，所以这种攻击也是高效的。

　　一旦攻击成功，Oscar 就知道了 C 的口令，或者破译使用 pwd_C 加密会话密钥的 C 的任何一次通信。这种攻击称为"字典攻击"，因为 Oscar 穷举测试了所有可能的密钥(从概念上讲，我们把搜索过程想象为在"字典"中查找所有的"密钥")。

　　虽然字典攻击这种简单的方式都使得上述加密会话密钥的方法不安全，口令仍然可以在密钥协商方案中特定数据的传输中被有益(并安全)地使用。我们称 Bellovin 和 Merritt 提出的一种 KAS 称为"加密密钥交换"(Encrypted Key Exchange)，简称为 EKE。简单地说，EKE 是 Diffie-Hellman KAS 的一种变形，它使用口令来加密会话中传递的指数。协议 11.6 是 EKE 的一种简化版本——EKE2。

像上面提到的，EKE2 是在 Diffie-Hellman KAS 的基础上，把指数进行了加密。得到的会话密钥是 $\alpha^{a_U a_V}$，这与 Diffie-Hellman KAS 是相同的。在 EKE2 中，没有实体认证，但是对加密的指数阻止了中间入侵攻击的成功实施。更严密地，我们声称 EKE2 在敌手面前进行了隐式的密钥认证。

对上述的安全结论，我们给出了一个非正式的解释(不是严格的证明)，假设在 α 的生成子群上的离散对数问题是困难的。首先，从 U 的角度考虑一次会话。她接收到了身份字符串 ID(V)，可见 V 试图与 U 通信。显然，U 不可能知道是否真正的 V 在和她通信。然而，U 将使用她和 V 共享的秘密口令 $\text{pwd}_{U,V}$ 来解密 y_V。接着，解密结果 b_V 被 U 用来构建会话密钥 K。

U 以外的人是无法计算会话密钥 K 的，除非某人知道 a_V 的值，而

$$\alpha^{a_V} = d_{\text{pwd}_{U,V}}(y_V)$$

假设敌手没有关于共享口令 $\text{pwd}_{U,V}$ 的任何消息。这样，即使 y_V 不是由 V 创建的(例如，它是从其他会话中复制并重放过来的)，也有理由相信敌手无法计算出关于 a_V 的任何消息。所以 U 可以确信只有 V 可以计算出关于会话密钥的信息。从 V 的角度分析也是简单的，他也被提供了隐式的密钥认证。

协议 11.6　EKE2

公开域参数由群 $(G, \cdot)$ 和具有阶 n 的 $\alpha \in G$ 构成。

注：U 和 V 拥有共享口令 $\text{pwd}_{U,V}$。同样 $e(\cdot)$ 和 $d(\cdot)$ 分别用来表示密码体制的加密和解密函数。

1. U 随机选择 a_U，$0 \leqslant a_U \leqslant n-1$。接着她计算：

$$b_U = \alpha^{a_U} \text{ 和 } y_U = e_{\text{pwd}_{U,V}}(b_U)$$

然后她把 ID(U) 和 y_U 发送给 V。

2. V 随机选择 a_V，$0 \leqslant a_V \leqslant n-1$。接着他计算：

$$b_V = \alpha^{a_V} \text{ 和 } y_V = e_{\text{pwd}_{U,V}}(b_V)$$

然后他把 ID(V) 和 y_V 发送给 U。

3. U 计算

$$b_V = d_{\text{pwd}_{U,V}}(y_V) \text{ 和 } K = (b_V)^{a_U}$$

V 计算

$$b_U = d_{\text{pwd}_{U,V}}(y_U) \text{ 和 } K = (b_U)^{a_V}$$

上述讨论假定敌手无法获得关于 $\text{pwd}_{U,V}$ 的任何消息。让我们简单地考虑一下这个假设是否合理。注意口令 $\text{pwd}_{U,V}$ 仅仅是用来加密用于推导会话密钥的信息(如两个指数)。即使

会话密钥被敌手掌握(例如，已知会话密钥攻击)，也不会泄露任何关于未加密的指数和口令的信息。

11.6 会议密钥协商方案

会议密钥协商方案(CKAS)是一种网络中两个或更多用户组成的一个子集可以构建一个共享密钥(如组密钥)的密钥协商方案。在这一节中，我们讨论两种会议密钥协商方案。第一种 CKAS 是 1994 年由 Burmester 和 Desmedt 提出的。第二种 CKAS 是 1996 年由 Steiner, Tsudik 和 Waider 提出的。

这两种方案都是 Diffie-Hellman KAS 的修改版，在这两种方案中，m 个用户，$U_0, \cdots, U_{m-1}$ 计算一个共同的秘密密钥。它们都是建立在一个有限群的子群基础上，在该子群中，判定性 Diffie-Hellman 问题是困难的。

协议 11.7 Burmester-Desmedt 会议密钥协商方案

公共域参数由群 $(G, \cdot)$ 和具有阶 n 的 $\alpha \in G$ 构成。

注：本方案中所有的下标都是模 m 意义上的，m 是协议中参与者的数量。

1. 对于 i，$0 \leqslant i \leqslant m-1$，$U_i$ 选择一个随机数 a_i，$0 \leqslant a_i \leqslant n-1$。接下来他计算：

$$b_i = \alpha^{a_i}$$

并把 b_i 传给 U_{i+1} 和 U_{i-1}。

2. 对于 i，$0 \leqslant i \leqslant m-1$，$U_i$ 计算：

$$X_i = \left(b_{i+1}/b_{i-1}\right)^{a_i}$$

接下来，U_i 把 X_i 转发给其他 $m-1$ 个用户。

3. 对于 i，$0 \leqslant i \leqslant m-1$，$X_i$，$U_i$ 计算：

$$Z = b_{i-1}^{a_i m} X_i^{m-1} X_{i+1}^{m-2} \cdots X_{i-2}^{1}$$

这样，$Z = \alpha^{a_0 a_1 + a_1 a_2 + \cdots + a_{m-1} a_0}$ 就是由 $U_0, \cdots, U_{m-1}$ 共同计算出来的秘密会议密钥。

Burmester-Desmedt CKAS 在协议 11.7 中给出。不难证明，该 CKAS 会话中的每个参与者都会计算出同样的密钥 Z，保证了所有的参与者正常工作，并且没有任何主动敌手可以篡改任何传输的消息。对所有的 i(所有的下标都是模 m 意义上的)，我们定义：

$$Y_i = b_i^{a_{i+1}} = \alpha^{a_i a_{i+1}}$$

那么，对于所有的 i：

$$X_i = \left(\frac{b_{i+1}}{b_{i-1}}\right)^{a_i} = \left(\frac{\alpha^{a_{i+1}}}{\alpha^{a_{i-1}}}\right)^{a_i} = \frac{\alpha^{a_{i+1} a_i}}{\alpha^{a_{i-1} a_i}} = \frac{Y_i}{Y_{i-1}}$$

下面的等式可以保证密钥计算正确进行：

$$b_{i-1}{}^{a_i m} X_i{}^{m-1} X_{i+1}{}^{m-2} \cdots X_{i-2}{}^{1}$$

$$= Y_{i-1}{}^{m} \left(\frac{Y_i}{Y_{i-1}} \right)^{m-1} \left(\frac{Y_{i+1}}{Y_i} \right)^{m-2} \cdots \left(\frac{Y_{i-2}}{Y_{i-3}} \right)^{1}$$

$$= Y_{i-1} Y_i \cdots Y_{i-2}$$

$$= \alpha^{a_{i-1} a_i + a_i a_{i+1} + \cdots + a_{i-2} a_{i-1}}$$

$$= Z$$

协议 11.7 以两"轮"的方式进行。在第一轮中，所有的参与者向他们的两个邻居发送消息（我们把参与者视为以 m 大小的环的方式排列）。第二轮中，每个参与者向其他所有的人广播一个消息。在每一轮中，所有的动作可以并行进行。

总体上，这种方案每执行一次，每个参与者需要发送两种消息，接受 $m+1$ 种消息。这是高效的，但是需要广播网络的支持。

Steiner，Tsudik 和 Waidner 提出了一种更自然的 CKAS，它不需要广播网络。这种方案在协议 11.8 中给出。

协议 11.8　Steiner-Tsudik-Waidner 会议密钥协商方案

公共域参数由群 $(G, \cdot)$ 和具有阶 n 的 $\alpha \in G$ 构成。

阶段 1：

U_0 选择随机数 a_0，计算 α^{a_0}，并传送 $\mathcal{L}_0 = (\alpha^{a_0})$ 给 U_1。

对于 $i = 1, \cdots, m-2$，U_i 从 U_{i-1} 接收 $\mathcal{L}_{i-1}$。接着，U_i 选择一个随机数 a_i 并计算：

$$\alpha^{a_0 a_1 \cdots a_i} = (\alpha^{a_0 a_1 \cdots a_{i-1}})^{a_i}$$

接着他传送 $\mathcal{L}_i = \mathcal{L}_{i-1} \| \alpha^{a_0 a_1 \cdots a_i}$ 到 U_{i+1}。

U_{m-1} 从 U_{m-2} 接收到 $\mathcal{L}_{m-2}$，接下来他选择一个随机数 a_{m-1}，并计算：

$$\alpha^{a_0 a_1 \cdots a_{m-1}} = (\alpha^{a_0 a_1 \cdots a_{m-2}})^{a_{m-1}}$$

接着他构建列表 $\mathcal{L}_{m-1} = \mathcal{L}_{m-2} \| \alpha^{a_0 a_1 \cdots a_{m-1}}$。

阶段 2：

U_{m-1} 从 $\mathcal{L}_{m-1}$ 中解出会议密钥 $Z = \alpha^{a_0 \cdots a_{m-1}}$。对于每一个元素 $y \in \mathcal{L}_{m-1}$，U_{m-1} 计算 $y^{a_{m-1}}$。接着 U_{m-1} 构建 $m-1$ 个元素的列表：

$$\mathcal{M}_{m-1} = (\alpha^{a_{m-1}}, \alpha^{a_0 a_{m-1}}, \cdots, \alpha^{a_0 a_1 a_{m-1}}, \cdots, \alpha^{a_0 a_1 \cdots a_{m-3} a_{m-1}})$$

并传送 $\mathcal{M}_{m-1}$ 给 U_{m-2}。

对于 $i = m-2, \cdots, 1$，U_i 从 U_{i+1} 处接受到列表 $\mathcal{M}_{i+1}$。他从 $\mathcal{M}_{i+1}$ 的最后一个元素中计算会议密钥 $Z = (\alpha^{a_0 \cdots a_{i-1} a_{i+1} \cdots a_{m-1}})^{a_i}$。对于任何其他的 $y \in \mathcal{L}_{i+1}$，U_i 计算 y^{a_i}。接着 U_i 构建一个 i 个值的列表

$$\mathcal{M}_i = (\alpha^{a_i \cdots a_{m-1}}, \alpha^{a_0 a_i \cdots a_{m-1}}, \alpha^{a_0 a_1 a_i \cdots a_{m-1}}, \cdots, \alpha^{a_0 a_1 \cdots a_{i-2} a_i \cdots a_{m-1}})$$

并把 $\mathcal{M}_i$ 传给 U_{i-1}。

U_0 从 U_1 接收 $\mathcal{M}_1$。他通过 $\mathcal{M}_1$ 中的（唯一）元素计算会议密钥 $Z = (\alpha^{a_1 \cdots a_{m-1}})^{a_0}$。

协议11.8的每次会话分两阶段进行。第一阶段中,信息从 U_0 到 U_1,从 U_1 到 U_2,…,最终从 U_{m-2} 到 U_{m-1},相继传递。对于 $i \geqslant 1$,任何一个用户 U_i 从 U_{i-1} 接收一份数值列表,计算出一个新值,并添加在列表上。在第一阶段的最后,U_{m-1} 持有一个 m 个值的列表。

接着开始第二阶段。在第二阶段中,信息以第一阶段中相反的方向传递,每个参与者根据当前列表中的最后一个数值计算会话密钥,然后修改列表中的其他数值。在这一阶段的最后,每个参与者已经计算出相同的会话密钥,$Z = \alpha^{a_0 a_1 \cdots a_{m-1}}$。图 11.7 给出了有四个参与者的情况下,协议 11.8 的消息传递过程。

第一阶段	第二阶段	
U_3	U_3	
$\uparrow$	$\downarrow$	$Z = (\alpha^{a_0 a_1 a_2})^{a_3}$
$(\alpha^{a_0}, \alpha^{a_0 a_1}, \alpha^{a_0 a_1 a_2})$	$(\alpha^{a_3}, \alpha^{a_0 a_3}, \alpha^{a_0 a_1 a_3})$	
$\uparrow$	$\downarrow$	
U_2	U_2	$Z = (\alpha^{a_0 a_1 a_3})^{a_2}$
$\uparrow$	$\downarrow$	
$(\alpha^{a_0}, \alpha^{a_0 a_1})$	$(\alpha^{a_2 a_3}, \alpha^{a_0 a_2 a_3})$	
$\uparrow$	$\downarrow$	$Z = (\alpha^{a_0 a_2 a_3})^{a_1}$
U_1	U_1	
$\uparrow$	$\downarrow$	
(α^{a_0})	$(\alpha^{a_1 a_2 a_3})$	
$\uparrow$	$\downarrow$	$Z = (\alpha^{a_1 a_2 a_3})^{a_0}$
U_0	U_0	

图 11.7 有四个参与者的情况下,Steiner-Tsudik-Waidner CKAS 协议的消息传递过程

不难算出协议11.8中每个参与者传送和接收的消息数目。例如,对于 $0 \leqslant i \leqslant m-2$,容易看出 U_i 传送了 $2i+1$ 个消息,这样,U_{m-1} 传送了 $m-1$ 个消息。各方传送消息的总数为 $m^2 - m$。

协议 11.7 和协议 11.8 都没有提供任何形式的认证。为了防御主动敌手的攻击,还需要传递签名、证书等附加信息。同样,在面对被动敌手的情况下,这两种协议也没有显然的安全性(像通常一样,假定判定性 Diffie-Hellman 问题是困难的)。然而,在假设成立的条件下 Steiner-Tsudik-Waidner 会议密钥协商方案的安全性是已被证明的。

11.7 注释与参考文献

Diffie 和 Hellman 在参考文献[117]中给出了他们的密钥协商方案。密钥交换的观点是由 Merkle[238]独立给出。Station-to-Staion KAS 是由 Diffie,van Oorschot 和 Wiener[118]给出。Black-Wilson 和 Menezes[45]给出了基于 Diffie-Hellman 问题的密钥协商方案的一个综述。

Matsumoto,Takeshima 和 Imai 方案在参考文献[228]中提到。Triangle 攻击是 Burmester[78]提出的。

Girault[157]介绍了自认证密钥分配(Self-certifying key distribution)。这个方案实际上是一个密钥分配方案;参考文献[287]中介绍了如何修改该方案成为一个密钥协商方案。

Bellovin 和 Merritt[27]提出了加密密钥交换密钥协商方案,Bellare,Pointcheval 和 Rogaway[21]给出了形式化的安全性证明。

Burmester-Desmedt Conference KAS 在参考文献[79]中介绍，Steiner-Tsudik-Waidner 会议密钥协商方案在参考文献[316]中给出了描述。

与此同时，van Tilburg[333]，Rueppel 和 van Oorschot[287]，Blundo 和 D'Arco[53]对密钥协商方案进行了综述。Boyd 和 Mathuria[67]最近的一部专著中给出了关于本章主题的大量信息。读者可能愿意参考的最近的两篇关于密钥协商的论文分别由 Ng[252] 和 Wang[337]给出。

习题

11.1　假设 U 和 V 参与了 Diffie-Hellman KAS 协议的一次会话，$p=27\,001$，$\alpha=101$。假设 U 选择 $a_U=21\,768$，V 选择 $a_V=9898$。给出 U 和 V 进行的各种计算，并确定他们计算出的会话密钥。

11.2　考虑下面对 STS KAS 协议的修改：

协议 11.9　修改的端–端密钥协商方案

公共域参数由群 $(G, \cdot)$ 和具有阶 n 的 $\alpha \in G$ 构成。

1. U 选择随机数 a_U，$0 \leq a_U \leq n-1$。接下来，她计算：

$$b_U = \alpha^{a_U}$$

并发送 Cert(U) 和 b_U 给 V。

2. V 选择随机数 a_V，$0 \leq a_V \leq n-1$。接下来，他计算：

$$b_V = \alpha^{a_V}$$

$$K = (b_U)^{a_V} \text{ 和 } y_V = \text{sig}_V(b_V \| b_U)$$

并发送 Cert$(V), y_V$ 和 b_V 给 U。

3. U 使用 ver$_V$ 验证 y_V。如果签名 y_V 无效，则她"拒绝"并退出。否则，她会"接受"，并计算：

$$K = (b_V)^{a_U} \text{ 和 } y_U = \text{sig}_U(b_U \| b_V)$$

并且发送 y_U 给 V。

4. V 使用 ver$_U$ 验证 y_U。如果签名 y_U 无效，则他"拒绝"；否则"接受"。

在这个修改的协议中，签名忽略了意定接收者；通过描述中间入侵攻击给出协议由此产生的不安全性。依据密钥认证特性和逃避认证的方法讨论这个攻击的结果 [这个攻击被称为未知共享密钥攻击(Unknown key-share attack)]。

11.3　假设 U 和 V 执行 MTI/A0 KAS，$p=30\,113$，$\alpha=52$。假设 U 有 $a_U=8642$，他选择随机数 $r_U=28\,654$；V 有 $a_V=24\,673$，她选择 $r_V=12\,385$。给出 U 和 V 进行的各种计算，并确定他们计算出的会话密钥。

11.4　如果一个被动敌手试图计算 U 和 V 在 MTI/A0 KAS 的一次会话中建立的共享密钥 K，则他将面对如下(问题 11.1)一个称为 MTI 的问题：

问题 11.1   MTI

实例： $I = (p,\alpha,\beta,\gamma,\delta,\varepsilon)$，$p$ 是素数，$\alpha \in \mathbb{Z}_p^*$ 是一本原元，并且

$$\beta,\gamma,\delta,\varepsilon \in \mathbb{Z}_p^*$$

问题： 计算 $\beta^{\log_\alpha \gamma} \delta^{\log_\alpha \varepsilon} \bmod p$。

证明任何可解决MTI问题的算法也可用来解决计算Diffie-Hellman的求解问题，反之亦然[即给出两个问题之间的图灵规约(Turing reductions)]。

11.5   考虑 Girault KAS，$p = 167$，$q = 179$，即 $n = 29\,893$。假设 $\alpha = 2$，$e = 11\,101$。

(a) 计算 d。

(b) 给定 ID$(U) = 10\,021$，$a_U = 9843$，计算 b_U 和 p_U。给定 ID$(V) = 10\,022$，$a_V = 7692$，计算 b_V 和 p_V。

(c) 给出 b_U 是怎么使用公共指数 e，通过 ID(U) 和 p_U 算出的。类似地，给出 b_V 是怎么通过 p_V 和 ID(V) 算出的。

(d) 假设 U 选择 $r_U = 15\,556$，V 选择 $r_V = 6420$。计算 s_U 和 s_V，并给出 U 和 V 分别如何计算他们的共享密钥。

11.6   讨论通过如下的密钥协商方案能否达到完美前向机密性(Perfect Forward Secrecy)(定义参见 10.1 节)：

(a) 在 STS KAS 中，假设一个或多个用户的秘密签名密钥被泄露。

(b) 在 MTI/A0 中，假设一个或多个用户的秘密指数 a_T 被泄露。

(c) 在 Girault KAS 中，假设一个或多个用户的秘密指数 a_T 被泄露。

11.7   本问题的目的是完成 Burmester-Desmedt 会议 KAS 所需的计算。假设我们采用 $p = 128\,047$，$\alpha = 8$，$n = 21\,341$ (可以验证 p 是素数，并且在 $\mathbb{Z}_p^*$ 中，α 的阶是 n)。假设有 4 个参与者，他们选择的秘密数值分别是 $a_0 = 4499$，$a_1 = 9854$，$a_2 = 19\,887$，$a_3 = 10\,002$。

(a) 计算 b_0，b_1，b_2 和 b_3。

(b) 计算 X_0，X_1，X_2 和 X_3。

(c) 给出 U_0，U_1，U_2，U_3 为了构造会话密钥 Z 所要完成的计算。

11.8   给出有 4 个参与者的 Steiner-Tsudik-Waidner 会议 KAS 的一次会话中进行的全部计算。使用与前一习题中一样的 p，α，n，a_0，a_1，a_2，a_3。

第 12 章　公开密钥基础设施

12.1　引言：PKI 简介

也许公钥密码学中最大的挑战是保障公钥的真实性。如果Alice想加密信息并发送给Bob，而 Bob 是 Alice 不认识的人，那么 Alice 怎样才能确认 Bob 提供的公钥是 Bob 的（而不是 Charlie 的）真实公钥呢？我们已经引入了证书作为帮助认证公钥的一种工具。一个公开密钥基础设施（即 PKI）是一个用来管理和控制证书的安全系统。

Adams 和 Lloyd 在他们的优秀著作 *Understanding PKI，Second Edition* 中给出了 PKI 的一般性定义：

> "PKI 是通过公钥概念及技术实现和承载服务的普适性安全基础设施。"

关于这个定义有许多方面值得去展开讨论。首先，它指 PKI 是一个基础设施。理想的情况下，它应该在没有用户的活动介入的情况下正常运转。在各种例子中，我们也许把操作描述为由如 Alice 这样的网络用户执行，这应该被理解为它经常是一个在Alice 电脑上运行的软件，这个软件用来完成相关的任务。Alice 也许并没意识到很多 PKI 相关的程序正在执行。

PKI 的另一个固有的特征就是利用了公钥密码技术，其中最重要的是签名技术。假如我们只采用对称密码技术，我们将不得不假定在两个相互通信的实体之间早已预装了共享的秘密密钥。如前面所述，公钥密码学的目的正是消除这一需求。

一般来讲，PKI 由许多部分组成。其中主要部分简述如下。

证书颁发

这指的是在一个给定的PKI中给用户颁发新证书。绝大多数 PKI 有一个或者多个可信机构（通常称为证书认证机构）来控制新证书的颁发。在颁发一个证书前，用户的身份和凭证需要通过非密码手段验证，正如我们在9.3.1节中提到的那样。紧接着就给用户颁发证书。同时，必须启动一个安全程序给证书持有者生成公私钥对。一旦证书生成出来，必须通过一种安全的方式把证书传送到持有者手中（或许通过非密码手段）。

证书撤销

这指的是证书还在有效期内时（有效期在证书中指定）撤销证书。这可能是由于一些不可预见的情形，如私钥丢失、被盗或其他一些利用私钥进行的诈骗活动。

例如，假定一张证书到 2020 年 12 月 31 日到期，但相应的用户私钥在这日期之前已经被盗，那么这张证书就应该被撤销。这样这张证书就不再有效，并需要颁发一张新证书来替代它(这可以类比为信用卡被盗后,必须颁发一张新信用卡来替代它)。新证书中将用新的、安全的密钥来替代被盗的密钥。由于证书上并没有标识它是否被撤销,因此需要辅助机制来帮助识别证书是否被撤销。

密钥备份/恢复/更新

密钥备份指的是用户的私钥由 PKI 的管理员安全存储,以防用户丢失或忘记其私钥。

密钥恢复是允许丢失的或忘记的私钥恢复或激活的协议。典型的做法是在被允许存取存储的私钥之前,用户必须证明他(她)的身份。

当一个密钥由于某种原因或一般性的安全预防的考虑需要被换掉,这时候就会进行密钥更新。例如,当一张证书就要过期时,需要用协议产生一个替代的密钥并且生成新证书替代旧证书。密钥更新协议可能用旧密钥(在过期之前)加密新密钥,这样更新的证书可以通过电子方式传送给持有者。这个过程可能比最初产生新密钥和新证书更简单更有效,因为最初新证书可能通过非密码的安全信道发送到用户的手中。

时间戳

由于各种原因,密钥颁发、撤销或更新的时间可能非常重要。例如,证书通常有固定的有效期。对一些数据(证书里的数据或其他)的签名包含一个指定的时间或者时间段,在这期间密钥是有效的,这种时间或时间段就叫做时间戳。

一旦 PKI 实现并运行,它就允许各种应用程序构建在它之上。这些应用程序可被称为支持 PKI 的服务。一些支持 PKI 的服务如下所述。

安全通信

这里是一些现在安全通信普通应用的例了。安全电子邮件协议里面包括安全多用途因特网邮件扩展(S/MIME)和 PGP。安全的 Web 服务存取通过安全套接层 SSL 和安全传输控制层 TLS 来提供。安全虚拟专用网(VPN)利用网际安全协议(IPsec)(作为例子,我们将在下一节介绍 SSL 的基本结构)。

访问控制

访问控制也就是通常所说的权限管理。它结合了认证、授权和权限委托。

访问控制的一个例子就是数据库的存取。不同的人可能有不同的存取权限,一个特定的人是否有数据库中某个特定信息的存取权限可能由组织中这个人的身份(身份信息可能包含在证书中)和访问控制策略决定(访问控制策略确定一个给定的人是否具有他/她要存取信息的权限)。访问控制可能涉及多种形式的用户认证,如通过口令或密码识别机制。

权限委托可能在这种情况下被使用,如某人可能被高级的个体赋予临时存取数据库的权限。

隐私体系架构

隐私体系架构允许使用匿名或者假名证书。这类证书可以显示某个体与特定类型用户的成员关系,而不指明具体是哪个个体。例如,这将允许增强版本的访问控制。

12.1.1　一个实际协议：安全套接层 SSL

在现实世界中使用的协议可能结合多种密码工具。我们用 SSL 来做一个说明。例如，当用 Web 浏览器浏览一个公司的 Web 网页并购物的时候，SSL 就被使用了。假设客户端（Alice）想从服务器（Bob 公司）购物，建立 SSL 的主要步骤总结为图12.1。

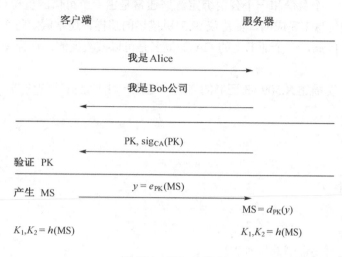

图 12.1　SSL 的建立

详细来讲，下面是所执行的步骤：首先，Alice 和 Bob 公司互相介绍他们自己。这被称为"打招呼"，而且这一步没有利用密码工具。这时，Alice 和 Bob 协商好以后的步骤里将要使用的特定密码算法。

下一步，Bob 公司向 Alice 认证自己的身份；他发送给她包含他公钥（PK）的证书，这由一个可信的证书认证机构（指 CA）颁发。Alice 使用 CA 的公开验证密钥验证证书中对 PK 的签名（CA 的公开密钥应早已与 Alice 电脑上的 Web 浏览器软件绑定了）。

现在 Alice 和 Bob 公司要确定共同的对称密钥，Alice 产生一个随机的主秘密 MS，这需要采用一个合适的伪随机数生成器。她用 Bob 公司的公钥加密 MS 并把加密后的结果发送给 Bob 公司，Bob 公司解密密文，得到 MS，现在 Alice 和 Bob 公司都独立地从 MS 派生两个密钥 K_1 和 K_2（这一步可能用到 Hash 函数，用 h 来表示）。

最终，Alice 和 Bob 公司共同派生了两个一样的密钥，他们用这些密钥来相互认证和互相发送加密消息。密钥 K_1 将被用来认证数据（采用消息认证码），K_2 将被用来加密和解密数据（采用对称密码体制）。因此，SSL 协议可以让 Alice 和 Bob 公司安全通信。

有意思的是，只有服务端（Bob 公司）在 SSL 会话过程中被要求提供证书，客户端（Alice）可能根本没有公钥（或证书），这是目前的电子商务中很普遍的情况：公司因为商业目的建立 Web 网页，但用户在线购物的时候不需要证书。从公司的观点来看，最重要的不是 Alice 是不是她所声称的真的 Alice，更重要的是 Alice 的信用卡号码，这号码是作为资金交易的一个保证，必须是有效的。Alice 提供的信用卡号和个人信息将被使用 SSL 会话中产生的密钥加密（并通过 MAC 码认证）。

12.2 证书

证书是 PKI 的基本构建块，PKI 的安全及扩展性最终建立于证书之上(有意思的历史是，证书的概念是由 Kohnfelder 于 1978 年在他的 MIT 学士论文中提出的)。我们早就提到，最简单的形式是证书把一个身份和一个公钥绑定。这通常是由一个可信的机构(即证书认证机构 CA)签发证书上的信息来完成的，如协议 9.5 所描述的那样。通常假定每个人都能访问 CA 公钥的认证副本。因此，一个证书上的 CA 的签名是可以被验证的，这样使得证书上的信息可以被认证[①]。

为说明起见，现描述 X.509 v3 证书的格式，这是一种非常流行的证书。X.509 证书包含以下字段：

1. 版本号
2. 序列号
3. 签名算法标识
4. 颁发者
5. 有效期
6. 主题名(也就是证书的持有者)
7. 证书持有者的公钥
8. 可选项
9. 对前面所有项的 CA 签名

X.509 证书最初采用 X.500 命名来定义主题名。X.500 命名有一个层次结构，如

$$C = US$$
$$O = Microsoft$$
$$OU = Management$$
$$CN = Bill\ Gates$$

其中"C"代表国家，"O"代表组织，"OU"代表组织下属部门，"CN"代表通用名。主题名实际上用一个对象标识符(OID)编码。例如，证书将包含一个数字的 OID 来代表字符串"Microsoft"。

X.500 命名层次结构使每个人都有一个全球唯一名字。X.500 准备建一个真正的目录——模拟一个全球的"电话目录"——这将使 X.509 证书可以被远程查找和读取。遗憾的是，目前并没有广泛部署的 X.500 目录。

X.500 的另一个问题是与 DNS 和 IP 地址相比，名字有不同的格式。DNS 名字通常用在电子邮件地址中。如在电子邮件

$$dstinson@cacr.math.uwaterloo.ca$$

---

① 严格来说，验证 CA 的签名仅使得某人可以验证证书是由 CA 颁发的。然而只要用户信任 CA 在签发证书之前验证这些信息，那么验证 CA 的签名后，用户就应该相信证书包含的信息是有效的。

中，"域"是

```
cacr.math.uwaterloo.ca
```

IP 地址是 129.97.140.130。

绝大部分人习惯了用上述的名字和电子邮件地址格式，但是却不熟悉 X.500 的命名方式。所以 X.500 名的广泛使用不得不解决把一种命名方式转换为另一种问题。

各种各样的证书格式，尽管目前没有一个被统一接受。一些例子如下所述。

SPKI

简单 PKI 证书用局域名（与全球唯一名相比）。因此，这种证书更注重授权而不是身份识别。SPKI 证书与 X.509 证书不兼容。

PGP

PGP 是一个基于用户及其局域名的电子邮件系统。PGP 证书与 X.509 证书不兼容。

算法 12.1 证书验证

1. 通过验证证书上的 CA 签名来验证证书的完整性并鉴别证书的真伪（假定 CA 的验证密钥是默认信任的，或被额外的信息验证即从一个"官方"网站上查找下载它）。
2. 验证证书的有效期没有过期（即检查当前日期在证书中指定的有效期之内）。
3. 验证证书没有被撤销。
4. 如果是关键证书，验证证书中的密钥用法与在证书中的一些可选项中规定的策略限制是否一致。

SET

安全电子传输（SET）协议规范采用增强型（修改过的）的 X.509 证书。

12.2.1　证书生命周期管理

证书生命周期管理分为以下几个阶段：

1. 证书注册
2. 密钥生成与分发
3. 密钥备份
4. 证书颁发
5. 证书检索
6. 证书验证
7. 密钥更新
8. 密钥恢复
9. 证书撤销

10．证书过期
11．密钥历史记录
12．密钥归档

在这一节中，我们将主要介绍证书验证的方法(大部分其他操作的细节这里不展开讨论)。在大部分情况下，证书验证包括了算法 12.1 中枚举的操作。

注意到算法12.1中只有第一步操作用到了密码操作。但是，我们简明地评论一些用来提供保证证书没有被撤销的流行技术。

回顾一下，当证书还没有正常过期却无效的时候，就需要证书撤销。一个PKI系统需要一种机制来验证证书没有被撤销。最普通的方式是证书撤销列表(CRL)，它是所有被撤销的但还没过有效期的证书序列号列表。CRL 由 CA 整理并签发。CRL 必须被周期性地更新，并且必须在公布的目录中是可用的以备用户使用。

为了防止频繁地更新 CRL，一种更有效的机制是采用增量 CRL(Delta CRL)。增量 CRL 包含CRL的更新部分(即新撤销的那部分证书序列号)，从最近的前一版本CRL或者增量CRL 算起撤销的那部分。例如，一个 CRL 可能一个月颁发一次，而增量 CRL 一天或者一周颁发一次。

CRL 的另一个替代办法是在线证书状态协议(OCSP)，在 OCSP 中，一特定的在线服务器被用做给定证书的状态查询。这个服务器必须实时维护(或能访问)当前的CRL，以便能及时处理接收到的请求。

12.3 信任模型

很多情况下，一个证书并不是由被信任的一个 CA 直接签发的，而是从被信任的 CA 到一个给定的证书有一个证书路径。这个证书路径上的每个证书都由前一个证书签名。通过验证证书路径上的所有证书，用户可以相信证书路径上的最后一个证书是可信的。

信任模型规定了证书路径应该怎样被构造的规则。下面是我们将要讨论的一些信任模型的例子。

1．严格层次模型
2．网络化 PKI 模型
3．Web 浏览器模型
4．用户为中心的模型[也就是信任网模型(Web of Trust)]

12.3.1 严格层次模型

在严格层次模型中，根 CA 有个自签名的、自颁发的证书。根 CA 被称为信任锚。根 CA 可给下级 CA 颁发证书，而任何 CA 可以给终端用户颁发证书。

这种模型参见图 12.2，图中有一个根 CA，4 个下级 CA，7 个终端用户(在真实例子中当然可能会有更多的终端用户)。在这种表示中，图中节点有 CA 和终端用户。有向边 $x \rightarrow y$，

意思是 x 表示的实体给 y 表示的实体签发一个证书。观察到图 12.2 中的每个终端用户都由 5 个 CA 中的一个签发证书。

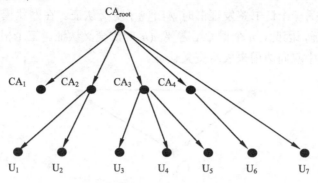

图 12.2　严格层次模型

一个终端用户，比方说 Alice，为了验证另一个用户的证书，比方说 Bob，需要一个从根 CA 到 Bob 的证书路径(例如，设根 CA 签发了 CA_1 的证书，而根 CA 又签发了 Bob 的证书，这会影响到证书路径的安全)。在严格层次模型中，Bob 可能会在自己的计算机上存储信息，这样他可以把信息提供给 Alice 或其他请求人。在这个我们考察的例子中，Bob 可能以这样的路径发送所有的证书给 Alice：

$$CA_{root} \rightarrow CA_1 \rightarrow Bob$$

假设 Alice 知道 CA_{root} 的验证密钥，比如说 $ver_{CA_{root}}$，结合 Bob 提供的证书路径，这样 Alice 就可以执行证书路径验证。给定的证书路径验证过程如下：

1. Alice 用 $ver_{CA_{root}}$ 验证 $Cert(CA_{root})$
2. Alice 用 $ver_{CA_{root}}$ 验证 $Cert(CA_1)$
3. Alice 从 $Cert(CA_1)$ 中提取公钥 ver_{CA1}
4. Alice 用 ver_{CA1} 验证 $Cert(Bob)$
5. Alice 从 $Cert(Bob)$ 中提取 Bob 的公钥

最后，Alice 必须确保路径遵从信任模型，也就是，路径从 CA_{root} 开始，到 Bob 结束，并且中间经过一个中间节点下级 CA(这项验证可选，因为这个例子中存在这种情况)。在这个信任模型中，不允许终端用户给其他终端用户签发证书。如果用户签发了这样一个证书，那么这个证书应该被认为是无效的，因为证书路径不符合信任模型。例如，Charlie 给 Bob 签发了一个证书，那么证书路径

$$CA_{root} \rightarrow Charlie \rightarrow Bob$$

将是一个不被接受的证书路径，并且 Alice 不会用这个路径去验证 Bob 的证书。

12.3.2　网络化 PKI 模型

严格层次模型在单一的组织机构内可能运行良好。但是，有时想把两个不同的 PKI 域的根 CA 连接起来，这个过程有时被称为网络化 PKI 模型。这就产生了一个由不同域的用

户组成的超级 PKI。在超级 PKI 中的各 PKI 域可能是异构的。例如，不是所有的域都是严格层次模型。

当一个 CA 给另一个证书签发证书时就出现了交叉认证。在网状模型配置中，所有的根 CA 彼此互相认证，因此，n 个根 CA 需要 $n(n-1)$ 次交叉认证。三个根 CA 网状交叉认证如图 12.3 所示，其中双向边用来表示交叉认证。

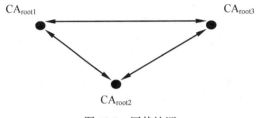

图 12.3　网状认证

一个替代方法是"桥-代理"(参见图 12.4)方式配置，这种模式中 n 个根CA 都独立地与一个新的桥CA 交叉认证，需要的交叉认证次数是 $2n$。注意到 $n>3$ 时，与网状模型相比，这种模式需要的交叉认证更少。

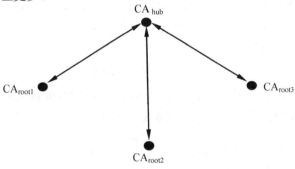

图 12.4　"桥-代理"认证

我们现在思考一下在这两种模式中"路径发现"是怎样的。首先我们看一下网状模型，为了验证 Bob 的证书，Alice 必须能找到从信任锚到Bob的信任路径(这个过程被称为"路径发现")。假设Alice的信任锚是CA_{rooti}，而Bob 的信任锚是$CA_{rootj}(i \neq j)$。假定 Bob 发送给 Alice 的证书信任路径是从CA_{rootj}到Bob，因此，Alice 需要找到被 CA_{rooti}(Alice的信任锚)签发的 CA_{rootj}(Bob的信任锚)的证书。理想的情况下，这个证书可以在CA_{rooti}的维护的目录服务器上查找到。现在Alice拥有从CA_{rooti}到Bob 路径上所有证书，这样Alice就可以验证Bob的证书。

现在来看一下"桥-代理"配置。我们还是假定 Bob 发送给 Alice 的证书信任路径是从CA_{rootj}到 Bob。现在 Alice 需要找到从 CA_{rooti}到 CA_{hub}再到 CA_{rootj}的证书路径。一个"合理的"途径是像下面这样的做法：

1. 首先，Alice 从 CA_{rooti}得到 CA_{hub}证书的一个副本，这个证书是 CA_{rooti}签发的。
2. 然后，Alice 从 CA_{hub}维护的目录服务上查找由 CA_{hub}签发的 CA_{rootj}的证书。

现在 Alice 拥有了从 CA_{rooti}到 Bob 的证书路径上的所有证书，这样 Alice 就可以验证 Bob 的证书。

12.3.3　Web 浏览器模型

Web 浏览器模型与前面所讨论的模型有些不同。大部分 Web 浏览器（如 Netscape 或 IE）都预装了一系列"独立的"根 CA 证书，所有这些都被浏览器用户当做信任锚。如在 Netscape 中，这个列表可以在下拉菜单找到

Communicator/Tools/Security Info/Certificates/Signers

在一个典型的 Web 浏览器的列表中可能有 100 个这样的根 CA，然而这些根 CA 之间并没有交叉认证。从概念上讲，这种信任模型可以被看做单个严格层次模型有一个虚拟根 CA（也就是浏览器自己）。 实际上，用户信任 Web 浏览器的提供商会只给浏览器装有效的根证书。

在这种 Web 浏览器模型中有很多安全问题。首先，用户可能没有任何关于这些预装的根 CA 安全方面的信息。用户可以编辑这个列表，但绝大部分用户没有足够的专业技能来合理地编辑它。此外，没有把根 CA 从 Web 浏览器撤销的机制。在用户和 Web 浏览器中预装的一系列 CA 之间没有合法的关系或者隐含的合同关系。如果证书不是由已知的 CA 签发的，用户可以通过 SSL 会话的弹出窗口选择是否接受这个证书。然而必须记着验证一个根 CA 的证书（用 Web 浏览器软件）并不意味着已经认证了，因为根证书是自签名的。

另一个问题是过期日期，因为没有自动的机制更新根 CA 的证书，例如，对于用户来说，在想建立一个 SSL 连接时被告知证书过期是很普通的事情。然后，用户被赋予选择的机会，选择是否接受甚至过期的证书。最自然的反应是接受这个证书，因为唯一的替代是选择不建立想要的 SSL 连接。这是一个未决的实际安全问题，并且它可被用来质疑其存在使证书存在变得没有意义。同样，我们可能会理所当然地问在证书里包含过期日期，而实际情况中却经常被忽略，有什么真实的意义。

12.3.4　Pretty Good Privacy（PGP）

在流行的 E-mail 程序 PGP 中，每个用户就是他（她）自己的 CA。PGP 包含一个 E-mail 地址（ID），一个公钥（PK），对（ID，PK）的一个或者几个签名，如 Alice 可能创建一个自签名的证书

Cert(Alice) = (data, signatures)

包含以下信息

data = (ID = alice@uwaterloo.ca, PK = 12345)

signatures = sig$_{Alice}$(data)

算法 12.2　计算密钥合法域（KLF）

1. 如果用户 U 的数据被至少一个 OTF 值是"trusted"的密钥签发，或者至少是两个 OTF 值是"partially trusted"的密钥签发，用户 U 的 KLF 被赋值为"valid"。

2. 如果用户的数据被一个 OTF 值是"partially trusted"的密钥签发，那么 KLF 被赋值为"marginally valid"。

3. 否则，KLF 被赋值为"invalid"。

随后，其他的用户可能给 Alice 证书的数据签名。这样，设 Bob 给了 Alice 一个这样的签名，她会把这个加入其证书的签名列表：

$$\text{signatures} = (\text{sig}_{\text{Alice}}(\text{data}), \text{sig}_{\text{Bob}}(\text{data}))$$

我们可以看到证书的签名可以被其他用户用来认证证书。

Alice 保持一个证书的集合，这些证书是从各种渠道得到的，存储在一个叫密钥环(keyring)的数据结构中。每个证书都在密钥环中有一个持有者信任字段(owner trust field) OTF 和密钥合法性字段(key legitimacy field) KLF。最终，KLF 字段将指定是否有个特殊的公钥被 Alice 认为是有效的。KLF 的值是"valid"，"marginally valid"或"invalid"。应该注意到 KLF 值"invalid"不意味着密钥是真正的无效，它的真正意思是没有足够的证据来说明这个密钥是有效的。KLF 字段由 PGP 软件通过特定的方法计算，这个方法我们将做简短介绍。

OTF 域的值由 Alice 根据自己的判断确定，它指的是 Alice 信任密钥的所有者用该密钥签发其他密钥的程度。OTF 域可取的值是"implicitly trusted"，"completely trusted"，"partially trusted"或"untrusted"。Alice 自己的 OTF 字段的值是"implicitly trusted"。如果 Alice 把其 keyring 里 Bob 的 OTF 值置为"completely trusted"，她就会断言：

1. Bob 的公钥是有效的
2. Bob 是认真的人，不会签发任何无效的(ID，PK)密钥对

一旦所有的 OTF 域被赋值，就能计算 KLF 的值。这是由 PGP 软件采用算法 12.2 中规定的规则执行计算的。

这里给出例子说明一些 KLF 域的值是怎样计算的。

例 12.1　设 Alice 的 keyring 如表 12.1 所示，读者可以验证 KLF 按照如下的规则确定。

- Alice 签发 Bob 和 Janet 的证书，并且 Alice 默认的是信任她自己的签名，因此，Alice 认为 Bob 和 Janet 的密钥是有效的。
- Bob 签发 Charlie 和 Fred 的证书，并且 Alice 完全信任 Bob 的签名，因此，Alice 认为 Charlie 和 Fred 的密钥是有效的。

表 12.1　Alice 的密钥环(keyring)

所有者	OTF	签名(signature)
Alice	implicit	Alice,Bob,Doris,Eve
Bob	complete	Alice,Bob,Eve,Ginger
Charlie	partial	Bob,Charlie,Eve
Doris	untrusted	Doris, Eve，Janet
Eve	untrusted	Doris,Eve,Fred
Fred	partial	Bob,Eve,Fred
Ginger	partial	Charlie,Eve,Fred,Ginger
Harry	untrusted	Eve,Harry , Irene
Irene	untrusted	Eve,Fred,Harry,Irene
Janet	complete	Alice,Bob,Eve,Janet

- Janet 签发 Doris 的证书，并且 Alice 完全信任 Janet 的签名，因此，Alice 认为 Doris 的密钥是有效的。
- Charlie 和 Fred 都签发 Ginger 的证书，并且 Alice 部分信任 Charlie 和 Fred 的证书，因此，Alice 认为 Ginger 的密钥是有效的。
- Eve 和 Irene 都有从 Alice 部分信任的某人的一个签名，因此，这些密钥被 Alice 认为是边缘有效的。
- Harry 没有一个哪怕是 Alice 部分信任的人的签名，因此，Harry 的密钥被 Alice 认为是无效的。

在 PGP 型的 PKI 中可能会有一些问题。首先，PGP 不是一个真正的基础设施。用户不得不自己去设置信任级别OTF值，并且撤销只能由证书所有者来撤销。为了执行显示的动作，这些特征要求用技术手段通知用户。此外，没有机制支持撤销伪造的证书。任何人可以创建一个伪造的证书，并且没法保证这些伪造的证书可以被检测到。

另一个PGP的特征问题是它不容易扩展到大型网络或者用户群体，它使用在一个局域的、各个用户彼此认识的群体。最后，它很难强制用同一的策略或者标准，所以PGP型的 PKI 不适合大部分大型或者中型的组织。

12.4 PKI 的未来

在实际部署大规模的 PKI 系统中有许多潜在的困难问题。

第一个问题(并且是最基本的问题)是谁来负责PKI 的部署、维护和日常管理。PKI 应该被政府管理？或把这项任务留给企业更好？

第二个问题是PKI应该采用什么样的标准？与标准化相关的问题有实体命名、证书格式、加密算法、证书撤销、路径发现、证书目录，此外还有很多。目前缺乏一个广泛采用的标准，这使得不同 PKI 的互操作很困难。

第三个问题是在不同的环境中需要不同的PKI。一个服务于集中式公司的PKI与一个用于保障分散很广且属于普通组织的个人用户群体的PKI可能完全不同。一些PKI可能只需要证书来验证其他用户的公钥，而别的PKI可能主要用做访问控制或者权限管理。没有万能的 PKI 解决方案这一点应该很清楚了。

最后，缺乏支持PKI的应用程序也延缓了PKI的部署。这是一个"先有鸡还是先有蛋"的问题：在大规模部署PKI之前，开发者不会把支持PKI的应用程序投放市场；但是没有大量支持 PKI 的应用程序，PKI 就不会大规模部署。

尽管很难预测PKI的未来，看起来很自然地就把注意力放到一个折中的、可以达到的预期方案，也就是，意识到PKI的主要目的是密钥管理，就试图先解决这个问题。

12.4.1 PKI 的替代方案

我们早就提到大规模的部署PKI进展缓慢，那么很自然地会问有什么替代方案存在。如果PKI不被用来验证公钥，那么可以采用什么样的替代方案呢？如果我们彻底抛弃公钥密码体制,那么我们就回到1970年前的世界了,那时我们需要一个在线的密钥服务器,采用对称密钥密码体制来实现。这样一个系统在现在的因特网世界不会运作良好。

基本上,目前存在一个与 PKI 相关的可被叫做"ad hoc"的基础设施。我们看到相当广泛应用的证书由各种各样的 CA 签发。然而今天在用的许多证书已经过期了或者由用户(或用户采用的软件)不知的 CA 签发。也许事态发展已经"足够好"了,但也经常被违背初衷的方式所使用(也就是,即使不再被用户或客户端软件认为有效了,还允许证书里的公钥使用),那么很难评定一个基础设施的真实价值。做一个类比,如果乘客和司机不扣安全带,那么安全带就没有用了。

另一个可替代的方案是基于身份的密码体制,它指公钥可以从用户的身份计算出的公钥密码体制。这是沙米尔(Shamir)提出的概念。基于身份的密码体制使证书变得不必要,因此避开了验证公钥的基础设施。下一节将讨论一个基于身份的密码体制的例子。

12.5　基于身份的密码体制

基于身份的密码体制的基本思想是一个用户 U 的公钥是通过公开的 Hash 函数处理用户的身份字符串 ID(U) 得到的。对应的私钥由一个中央的可信机构产生(Trusted Authority,用 TA 来表示)。在用户 U 向 TA 证明其身份之后,这个私有密钥将被提供给该用户。由 TA 发放私钥的过程替代了证书发放过程。最终产生的公钥和私钥被加密体制、签名体制或其他密码体制采用。这个体制包括了一些固定的公钥系统参数(包括特定的主密钥),这些参数被所有用户所使用。

注意到基于身份的密码体制消除了证书,然而我们依然需要一个方便可靠的方法把代表身份的字符串和一个人联系起来。PKI 中存在的命名问题(已在 12.2 节中讨论过)并没有因为使用基于身份的密码体制而有任何改善。我们讨论过的与 PKI 相关的其他问题,如证书撤销问题,依然需要解决(例如,如果一个 E-mail 地址被用来做基于身份的密码体制的身份字符串,当邮件地址已经更换了会怎么样呢)。

设计一个基于身份的密码体制不是一件容易的事情。遗憾的是,看起来并没有明显的或直接的方法把任意的一个 PKI 系统转换成基于身份的加密系统。设想我们试图用原始的方式把 RSA 加密体制转化成基于身份的密码体制。我们可观察这种情况,TA 选择 RSA 模 $n = pq$,整数 n 就是主密钥的公钥,除了 TA 没有人知道因子 p,q,它们将作为主密钥的私钥。

用户 U 的 RSA 公开密钥是加密指数而私钥是解密指数。然而一旦 U 有公钥和对应的私钥,那么他(她)可以轻易分解 n(在 5.7.2 节中说明了应该怎么做)。一旦 U 知道了主密钥的私钥,他就可以伪装成 TA 并给任何其他人颁发私钥,即可计算任何其他人的密钥。所以这种创建基于身份的密码体制的方法就完全失败了。

如前面例子看到的那样,基于身份的密码体制需要设计一个体制,在这个体制里公钥和私钥不能用来确定 TA 的主密钥。

这里是一个基于身份的密码体制所需步骤和怎样运作的详细描述。

主密钥生成

TA 生成一个公开主密钥 M^{pub} 和一个对应的私有主密钥 M^{priv}。主密钥 $M = (M^{\text{pub}}, M^{\text{priv}})$。Hash 函数 h 也是公开的。主密钥和 Hash 函数构成了系统的参数。

用户密钥生成

当用户 U 向 TA 证明了自己的身份，TA 使用一个 extract 函数计算 U 的私钥 K_U^{priv}，步骤如下：

$$K_U^{\mathrm{priv}} = \mathrm{extract}(M, k_U^{\mathrm{Pub}})$$

U 的公钥是

$$K_U^{\mathrm{pub}} = h(\mathrm{ID}(U))$$

用户 U 的密钥是 $K_U = \left(K_U^{\mathrm{pub}}, K_U^{\mathrm{priv}} \right)$

加密

U 的公钥 K_U^{pub} 定义了公钥加密规则 e_{K_U} 被其他人用来加密消息并发送给 U。

解密

U 的私钥 K_U^{priv} 定义了私钥解密规则 d_{K_U}，U 用它来解密收到的消息。

12.5.1　基于身份的 Cock 加密方案

在这一节中，我们讨论基于身份的 Cock 密码体制，参见密码体制 12.1。

密码体制 12.1 依赖于 Jacobi 符号的特定性质。初始设置如在 8.3 节中 BBS 生成器一样。即方案基于 $\mathbb{Z}_n$ 的算法，$n = pq$，而 p 和 q 是不同的素数，每个都模 4 与 3 同余。如前面所示，$\mathrm{QR}(n)$ 表示模 n 的平方剩余集：

$$\mathrm{QR}(n) = \left\{ x \in \mathbb{Z}_n : \left(\frac{x}{p} \right) = \left(\frac{x}{q} \right) = 1 \right\}$$

同样，$\widetilde{\mathrm{QR}}(n)$ 表示模 n 的非平方剩余集：

$$\widetilde{\mathrm{QR}}(n) = \left\{ x \in \mathbb{Z}_n : \left(\frac{x}{p} \right) = \left(\frac{x}{q} \right) = -1 \right\}$$

该方案的安全性是基于 $\mathbb{Z}_n$ 中合数二次剩余(Composite Quadratic Residue)问题的困难性(参见问题 8.1)，这将在后面讨论。

密码体制 12.1 的许多方面都需要解释。首先，我们声明 Hash 函数 h 产生的结果是 $\mathrm{QR}(n) \bigcup \widetilde{\mathrm{QR}}(n)$ 中的元素。这与另一种说法，对于所有的 $x \in \{0,1\}^*$，有 $0 < h(x) < n$ 和 $\left(\frac{h(x)}{n} \right) = 1$ 是等价的。实际上，有人可能计算 $\left(\frac{h(x)}{n} \right)$。如果结果为-1，我们将 $h(x)$ 乘一个具有 Jacobi 符号为-1 的固定值 $a \in \mathbb{Z}_n$。这个值 a 可能被预先确定并公布。在任何情况下，我们将假定一些方法已经被指定了，所以对于所有的 x 值，都有 $h(x) \in \mathrm{QR}(n) \bigcup \widetilde{\mathrm{QR}}(n)$。

　　用户的私钥生成基本上是从模 n 提取平方根的问题，就像 Rabin 密码体制那样。这个计算过程由 TA 来执行，因为 TA 知道 n 的分解。

　　注意到 TA 只计算特殊的、预定格式的数的平方根，比方说，对于用户 U 有 $h(\mathrm{ID}(U))$ 或者 $-h(\mathrm{ID}(U))$。这点是非常重要的，因为如 5.8.1 节所示，一个平方根谕示器可被用来分解 n。这种攻击在基于身份的 Cock 密码体制环境中不会发生，因为用户 U 不能把 TA 当做一个谕示器来提取任意一个 $\mathbb{Z}_n$ 中元素的平方根。

　　当用户 V 想加密一个明文 $x = \pm 1$ 并发送给 U，V 必须产生两个 $\mathbb{Z}_n$ 中的随机数，这两个数的 Jacobi 符号都等于 x。这可以通过选一个随机数并计算它的 Jacobi 符号，直到找到想要的 Jacobi 符号为止(回想一下，即使不知道 n 的分解，也可有效地计算模 n 的 Jacobi 符号)。如果 V 想加密一个长的明文字符串，每个元素必须采用不同的随机 t 独立地进行加密。

　　当 U 想解密一个密文 y，U 只需要 y_1 和 y_2 中的一个。所以 U 选择一个合适的，并丢掉另一个。必须把 y_1 和 y_2 都发送给 U 的原因是 V 不知道 U 的私钥是 K_U^{pub} 的平方根还是 $-K_U^{\mathrm{pub}}$ 的平方根。

密码体制 12.1　　基于身份的 Cock 密码体制

设 p,q 是两个不同的素数，且 $p \equiv q \equiv 3 \bmod 4$，并定义 $n = pq$。

系统参数：主密钥 $M = (M^{\mathrm{pub}}, M^{\mathrm{priv}})$，这里 $M^{\mathrm{pub}} = n$，$M^{\mathrm{priv}} = (p,q)$。

同样，$h : \{0,1\}^* \to \mathbb{Z}_n$ 是一个公开的 Hash 函数，其性质是对于所有 $x \in \{0,1\}^*$，有 $h(x) \in \mathrm{QR}(n) \cup \widetilde{\mathrm{QR}}(n)$。

用户密钥生成：对用户 U，密钥 $K_U = \left(K_U^{\mathrm{pub}}, K_U^{\mathrm{priv}}\right)$，这里 $K_U^{\mathrm{pub}} = h(\mathrm{ID}(U))$，并且

$$\left(K_U^{\mathrm{priv}}\right)^2 = K_U^{\mathrm{pub}}，\text{如果 } K_U^{\mathrm{pub}} \in \mathrm{QR}(n)；\quad \left(K_U^{\mathrm{priv}}\right)^2 = -K_U^{\mathrm{pub}}，\text{如果 } K_U^{\mathrm{pub}} \in \widetilde{\mathrm{QR}}(n)$$

加密：明文是集合 $\{-1,1\}$ 中的一个元素，为加密一个明文元素 $x \in \{-1,1\}$，需要执行以下步骤：

1. 选择两个随机值 $t_1, t_2 \in \mathbb{Z}_n$，使得 Jacobi 符号 $\left(\dfrac{t_1}{n}\right) = \left(\dfrac{t_2}{n}\right) = x$。

2. 计算 $y_1 = t_1 + K_U^{\mathrm{pub}}(t_1)^{-1} \bmod n$ 和 $y_2 = t_2 - K_U^{\mathrm{pub}}(t_2)^{-1} \bmod n$。

3. 密文是 $y = (y_1, y_2)$。

解密：给定一个密文 $y = (y_1, y_2)$，y 的解密步骤如下：

1. 如果 $\left(K_U^{\mathrm{priv}}\right)^2 = K_U^{\mathrm{pub}}$，那么定义 $s = y_1$；否则，定义 $s = y_2$。

2. 计算 Jacobi 符号 $x = \left(\dfrac{s + 2K_U^{\mathrm{priv}}}{n}\right)$。

3. 解密的明文就是 x。

　　现在，我们来看看解密操作是怎么正确工作的。即对 x 的任何加密，只要给出相关的私钥，都能被成功解密。假设 U 接收到密文 (y_1, y_2)，进一步假设 $\left(K_U^{\mathrm{priv}}\right)^2 = K_U^{\mathrm{pub}}$；那么我们证明 $\left(\dfrac{y_1 + 2K_U^{\mathrm{priv}}}{n}\right) = x$ (如果 $\left(K_U^{\mathrm{priv}}\right)^2 = -K_U^{\mathrm{pub}}$，解密过程就要做相应的改动，但正确性的证明过程类似)。下面的系列公式都遵循 Jacobi 符号的基本性质：

$$\left(\frac{y_1 + 2K_U^{priv}}{n}\right) = \left(\frac{t_1 + K_U^{pub}(t_1)^{-1} + 2K_U^{priv}}{n}\right)$$

$$= \left(\frac{t_1 + 2K_U^{priv} + \left(K_U^{priv}\right)^2 (t_1)^{-1}}{n}\right)$$

$$= \left(\frac{t_1 \left(1 + 2K_U^{priv}(t_1)^{-1} + \left(K_U^{priv}\right)^2 (t_1)^{-2}\right)}{n}\right)$$

$$= \left(\frac{t_1}{n}\right)\left(\frac{\left(1 + 2K_U^{priv}(t_1)^{-1} + \left(K_U^{priv}\right)^2 (t_1)^{-2}\right)}{n}\right)$$

$$= \left(\frac{t_1}{n}\right)\left(\frac{\left(1 + K_U^{priv}(t_1)^{-1}\right)^2}{n}\right)$$

$$= \left(\frac{t_1}{n}\right)\left(\frac{1 + K_U^{priv}(t_1)^{-1}}{n}\right)^2$$

$$= \left(\frac{t_1}{n}\right)$$

在最后一行的导出公式中，我们使用了这样的事实

$$\left(\frac{\left(1 + K_U^{priv}\left(t_1\right)^{-1}\right)}{n}\right) = \pm 1$$

这一点可轻易证得(参见习题)。

接下来我们考虑一下方案的安全性。我们将证明针对密码体制 12.1 的解密谕示器可被用来解决在 $\mathbb{Z}_n$ 中合数二次剩余问题。这样，只要合数二次剩余问题是困难的，那么密码体制就是可证明安全的。

首先我们来介绍一个重要的引理。

引理 12.1 设 $x = \pm 1$，并且 $\left(\frac{t}{n}\right) = x$，其中 x 和 t 未知。如果

$$\left(K_U^{priv}\right)^2 = K_U^{pub}(\text{mod}\, n)$$

那么值 $t - K_U^{pub} t^{-1} \bmod n$ 不会提供任何关于 x 的信息。同样，如果 $\left(K_U^{priv}\right)^2 = -K_U^{pub}(\text{mod}\, n)$，那么值

$$t + K_U^{pub} t^{-1} \bmod n$$

也不会提供任何关于 x 的信息。

证明 假设

$$\left(K_U^{\text{priv}}\right)^2 = K_U^{\text{pub}} \pmod{n}$$

意味着

$$y = t - K_U^{\text{pub}} t^{-1} \bmod n$$

那么

$$t^2 - ty - K_U^{\text{pub}} \equiv 0 \pmod{n}$$

由此可得

$$t^2 - ty - K_U^{\text{pub}} \equiv 0 \pmod{p}$$

和

$$t^2 - ty - K_U^{\text{pub}} \equiv 0 \pmod{q}$$

第一个同余式模 p 有两个解，并且它们的积与 $-K_U^{\text{pub}}$ 模 p 同余。设这两个解为 r_1 和 r_2，那么我们有

$$\left(\frac{r_2}{p}\right) = \left(\frac{-r_1 K_U^{\text{pub}}}{p}\right) = \left(\frac{-r_1 \left(K_U^{\text{priv}}\right)^2}{p}\right) = \left(\frac{-r_1}{p}\right) = -\left(\frac{r_1}{p}\right)$$

对于第二个同余式有同样的性质成立。设其两个解为 s_1 和 s_2，那么

$$\left(\frac{s_2}{q}\right) = -\left(\frac{s_1}{q}\right)$$

现在，同余式关于 t 模 n 有四个解。容易看到，两个解有 Jacobi 符号 $\left(\frac{t}{n}\right) = 1$，另两个解有 Jacobi 符号 $\left(\frac{t}{n}\right) = -1$。因此计算关于 Jacobi 符号 $\left(\frac{t}{n}\right)$ 的任何信息都是不可能的。

现在设 Cocks-Decrypt 为一个基于身份的 Cock 密码体制的解密谕示器。也就是 Cocks-Decrypt(K_U^{pub}, n, y)正确地输出 x 值，只要 y 是 x 的有效密文。我们来看一下怎样利用 Cocks-Decrypt 算法确定 K_U^{pub} 是否是模 n 的平方剩余或伪平方剩余。该算法在算法 12.3 中给出。

算法 12.3 Cocks-Oracle-Residue-Testing(n,a)

comment: $\left(\dfrac{a}{n}\right) = 1$

external Cocks-Decrypt

随机选择 $x \in \{1, -1\}$，选择一个随机数 $t \in \mathbb{Z}_n$，使得 $\left(\dfrac{t}{n}\right) = x$

$y_1 \leftarrow t + at^{-1} \bmod n$

选择一个随机数 $y_2 \in \mathbb{Z}_n^*$

$y \leftarrow (y_1, y_2)$
$x' \leftarrow \text{Cocks-Decrypt}(n, a, y)$
if $x' = x$
   then return ("$a \in \text{QR}(n)$")
   else return ("$a \in \widetilde{\text{QR}}(n)$")

我们将非形式化分析算法 12.3。首先讨论所完成的操作。输入 $a \in \text{QR}(n) \bigcup \widetilde{\text{QR}}(n)$。我们把 a 作为基于身份的 Cock 密码体制的公钥，并加密一个随机明文 x。然而，我们仅根据加密规则计算 y_1；y_2 是 $\mathbb{Z}_n^*$ 中的一个随机元素，然后把 (y_1, y_2) 发送给解密谕示器 Cocks-Decrypt，谕示器输出解密消息 x'，然后算法 12.3 报告 a 是一个模 n 的平方剩余当且仅当 $x = x'$。

设 $a \in \text{QR}(n)$，那么根据引理 12.1，即使通过加密规则已经计算了 y_2，也不会提供任何关于 x 的信息。因此，Cocks-Decrypt 可以单独地从 y_1 正确计算 x。在这种情况下，算法 12.3 正确地声明 a 是一个平方剩余。

另一方面，设 $a \in \widetilde{\text{QR}}(n)$，那么根据引理 12.1，$y_1$ 不会提供任何关于 x 的信息。显然 y_2 不会提供任何关于 x 的信息，因为 y_2 是随机的。因此，Cocks-Decrypt 返回的值 x' 将有一半与 x 相等，因为 x 是随机的，而 y 是独立于 x 的。因此，算法 12.3 输出结果将有 1/2 的概率正确。

这种情况可类比于偏 Monte Carlo 算法。如果 $x \neq x'$，那么我们可以确定 $a \in \widetilde{\text{QR}}(n)$。另一方面，如果 $x = x'$，我们不能确定地说 $a \in \text{QR}(n)$，它可能只是 Cocks-Decrypt 猜对了正确的 x 值。所以我们应该对于同一输入多次运行算法12.3，如果它总是报告 $a \in \text{QR}(n)$，那么我们可以有信心认为结论是正确的。分析该方法正确性的概率如 5.4 节中所做的一样。

上面的讨论假定：如果给定正确格式的密文，Cocks-Decrypt 总是输出正确的回答。更复杂的分析将展示：我们能得到一个用于合数二次剩余的错误概率可以小到很理想的无偏（Unbiased）Monte Carlo 算法，只要 Cocks-Decrypt 的错误概率小于 1/2。这个过程与 8.3 节中用到的分析 BBS 生成器的安全性的过程多少有点相似。

12.6　注释与参考文献

Understanding PKI, Second Edition [1]由 Adams 和 Lloyd 所著，是 PKI 信息的标准参考。另外两个最近的书籍有更深的关于 PKI 的内容，而且相关主题包括：*Cryptograhpy and Public Key Infrastructure on the Internet*[291]由 Schmeh 所著，*Network Security, Private Communication in a Public World, Second Edition*[187]由 Kaufman，Perlman 和 Speciner 所著。评判 PKI 的有趣文章参见 Ellison 和 Schneier[126]。

一个早期的值得一读的 PKI 讨论可以参见 1997 年 Brauchaud 的硕士论文[68]。Kohnfelder 的学士论文[202]，它引入了证书的概念，于 1978 年出版。

基于身份的加密概念由 Shamir[298]在 1984 年引入。关于这个话题的最新调研参见 Gagné[151]。Boneh 和 Franklin 于 2002 年发表了基于身份的密码体制[61]，该文是第一个切实可行的系统，之后这方面的研究就火热地开展起来。基于身份的 Cock 加密体制，我们在

12.5.1 节中介绍过了，并于 2001 年发表(参见参考文献[94])。然而，该方案由于加密过程中数据膨胀太大而不是一个实用的系统。

　　绝大部分最近的基于身份的方案都是基于双线性对的。设 $(G,+)$ 和 $(H,\cdot)$ 都是阿贝尔群。双线性对是非退化性映射 $e:G\times G\to H$；它满足双线性：$e(ag_1,bg_2)=e(g_1,g_2)^{ab}$，对于所有 $g_1,g_2\in G$ 和所有整数 a,b。两个著名的双线性对是 Tate 对和 Weil 对。在这些对中，G 是椭圆曲线而 H 是有限域。最近的论文讨论密码体制中双线性对实现的，请参见Barreto，Kim，Lynn和Scott[8]。Menezes，Okamoto 和 Vanstone[235]使用双线性对有效地解决超奇异曲线上的椭圆曲线离散对数问题。然而，最近的双线性对的应用在基于身份的密码体制中用来构建密码体制。这种方法最初是由 Sakai，Ohgishi 和 Kasahara[288]提出。

习题

12.1　建立一个SSL会话，如图 12.1 所示，结合服务器到客户端的认证，但是没有客户端到服务器的认证。设客户端(Alice)准备使用信用卡从服务器(Bob 公司)购买一些东西。图 12.1 协议被用来派生密钥 K_1 和 K_2，这两个密钥将被用来加密和认证 Alice 的信用卡号以保证 SSL 会话的安全(当卡号被发送给 Bob 公司时)。简明地讨论下面几点关于 SSL 问题：

(a) 为什么需要 Alice 的 Web 浏览器认证 Bob 的公钥？

(b) 在这个版本的协议中，Bob 没有办法在建立阶段认证 Alice，这对 Bob 来说有问题吗？为什么？

(c) 密钥 K_1 和 K_2 从一个由 Alice 提供的随机数MS派生出来。为什么随机数是由 Alice 生成而不是 Bob 公司？这种方法产生密钥K_1和 K_2有潜在的安全威胁吗？

12.2　讨论使用网络 PKI 连接和两个其他不同信任模型域的潜在问题。

12.3　设 Alice 的 PGP keyring 包含下面的数据。

所有者(Owner)	OTF	签名(signature)
Alice	implicit	Alice,Bob
Bob	complete	Alice,Bob,Ginger
Charlie	partial	Bob,Charlie, Janet
Doris	partial	Doris, Eve, Janet
Eve	partial	Doris,Eve,Fred
Fred	partial	Bob,Harry,Fred
Ginger	untrusted	Charlie,Eve,Fred,Ginger
Harry	untrusted	Eve,Harry, Irene
Irene	untrusted	Eve,Fred,Harry,Irene
Janet	untrusted	Alice,Bob,Eve,Janet

计算 Alice 的密钥环(keyring)里所有用户的 KLF。

12.4　在基于身份的 Cock 加密体制中，验证有

$$\left(\frac{1 + K_U^{\mathrm{priv}}(t_1)^{-1}}{n}\right) = \pm 1 \quad 成立$$

12.5 设基于身份的 Cock 加密体制由主公钥 $n = 16\ 402\ 692\ 653$，且设用户 U 有公钥 $K_U^{\mathrm{pub}} = 9\ 305\ 496\ 225$。

(a) 设 $t_1 = 3\ 975\ 333\ 024$ 并且 $t_2 = 4\ 892\ 498\ 575$，验证 $\left(\dfrac{t_1}{n}\right) = \left(\dfrac{t_2}{n}\right) = -1$。

(b) 使用"随机"值 t_1 和 t_2 加密明文 $x = -1$，得到密文 (y_1, y_2)。

(c) 给定 $K_U^{\mathrm{priv}} = 96\ 465$，验证 (y_1, y_2) 的解密是 x。

第 13 章　秘密共享方案

13.1　引言：Shamir 门限方案

在银行里有一个必须每天开启的金库。银行雇用了三个比较资深的出纳员进行管理，但银行不会相信任何单个出纳员的暗码。因此，我们希望设计这样一个体制：三个出纳员中的任何两个联合起来都能开启金库，但任何单个出纳员都不能开启金库。这个问题可利用秘密共享方案来解决，这就是本章的主题。

这里有一个这类情形的有趣实例：据《时代》杂志报道，在 20 世纪 90 年代，俄罗斯的核武器控制方法就是基于一个类似的"三取二"的访问机制。相关的三方分别是总统，国防部长和国防部官员。

我们首先看一种特殊的秘密共享方案，称之为"门限方案"。下面是门限方案的非正式的定义。

定义 13.1　设 t，w 是正整数，$t \leqslant w$，一个 (t, w) 门限方案 (threshold scheme) 是指这样一个使 w 个参与者 (参与者的集合记为 $\mathcal{P}$) 共享一个密钥 K 的方法：任何 t 个参与者都能计算出 K 的值，但任何 $t-1$ 个参与者都不能计算出 K 的值。

我们将研究秘密共享方案的无条件安全性，即对参与者集合的任何子集所做的计算量不做任何限制。

需要说明的是，上面的例子所描述的是一个 $(2, 3)$ 门限方案。

K 的值是由一个被称为"庄家" (dealer) 的特定的参与者选择的。我们把庄家记为 D，并假设 $D \notin \mathcal{P}$。当 D 想要在 $\mathcal{P}$ 中的参与者中共享密钥 K 时，他给每个参与者一些部分信息，这些信息称之为共享 (share)。这些共享是秘密分发的，所以任何一个参与者都不会知道 D 分发给其他参与者的共享。

密码体制 13.1　Shamir(t, w) 门限方案

初始化阶段

1. D 在 $\mathbb{Z}_p$ 中选择 w 个不同的非零元素，记为 x_i，$1 \leqslant i \leqslant w$ (此处我们要求 $p \geqslant w+1$)。对于 $1 \leqslant i \leqslant w$，$D$ 把 x_i 值发送给 P_i。x_i 值是公开的。

共享分配

2. 假定 D 想要共享一个密钥 $K \in \mathbb{Z}_p$。D 在 $\mathbb{Z}_p$ 中秘密地选择 (独立随机的选择) $t-1$ 个元素，分别记为 $a_1, \cdots, a_{t-1}$。

3. 对于 $1 \leqslant i \leqslant w$，$D$ 计算 $y_i = a(x_i)$，其中

$$a(x) = K + \sum_{j=1}^{t-1} a_j x^j \bmod p$$

4. 对于 $1 \leqslant i \leqslant w$，$D$ 把 y_i 的值发送给 P_i 作为共享。

而后，子集合 $B \subseteq \mathcal{P}$ 中的参与者会收集其成员的共享并且试图计算出密钥 K 的值(或者说，B 中的参与者把他们的共享交给一个可信的权威机构，由其计算出 K 值)。如果 $|B| \geqslant t$，则可以把 K 看做他们所拥有的共享函数；如果 $|B| < t$，则他们不能计算出 K 的值。

我们将使用以下的记号。令

$$\mathcal{P} = \{P_i : 1 \leqslant i \leqslant w\}$$

是 w 个参与者的集合。$\mathcal{K}$ 是密钥集合(即所有可能的密钥组成的集合)，并且 $\mathcal{S}$ 是共享集合(所有可能的共享组成的集合)。

在这一节中，我们将给出一种构造 (t, w) 门限方案的方法，称之为 Shamir 门限方案，这个方案是 Shamir 于 1979 年提出来的。令 $\mathcal{K} = \mathbb{Z}_p$，其中 p 是素数且 $p \geqslant w+1$。同时，令 $\mathcal{S} = \mathbb{Z}_p$。因此，密钥以及发送给每个参与者的共享都是 $\mathbb{Z}_p$ 中的元素。Shamir 门限方案如密码体制 13.1 所述。

在这个方案中，庄家构造了一个次数至多是 $t-1$ 的随机多项式 $a(x)$，此多项式的常数项是密钥 K。每个参与者 P_i 得到了这个多项式的一个点 (x_i, y_i)。

下面我们看一下有 t 个参与者的子集 B 是如何重构密钥的。这基本上是利用多项式的插值公式来完成的。我们将给出几种不同的重构密钥的方法。

假设参与者 $P_{i_1}, \cdots P_{i_t}$ 想要确定 K 的值。他们知道

$$y_{i_j} = a(x_{i_j}), \quad 1 \leqslant j \leqslant t$$

其中 $a(x) \in \mathbb{Z}_p[x]$ 是由 D 秘密选择的多项式。由于 $a(x)$ 的次数至多是 $t-1$，我们可以把 $a(x)$ 写成如下形式：

$$a(x) = a_0 + a_1 x + \cdots + a_{t-1} x^{t-1}$$

其中，系数 $a_0, \cdots, a_{t-1}$ 是 $\mathbb{Z}_p$ 中的未知元素，$a_0 = K$ 是密钥。因为 $y_{i_j} = a(x_{i_j})$，$1 \leqslant j \leqslant t$，从子集 B 可以得到 t 个以 $a_0, \cdots, a_{t-1}$ 为未知数的线性方程，其中的运算是在 $\mathbb{Z}_p$ 上进行的。如果这些方程是线性独立的，那么就存在唯一的解，解得的 a_0 的值就是所要揭示的密钥 K 的值。

下面举一个简单的例子来说明。

例 13.1　假定 $p=17$，$t=3$，$w=5$；公开的 x 坐标是 $x_i = i$，$1 \leqslant i \leqslant 5$。假定 $B = \{P_1, P_3, P_5\}$ 的共享分别是 8，10 和 11。将多项式 $a(x)$ 写为：

$$a(x) = a_0 + a_1 x + a_2 x^2$$

并分别计算 $a(1)$，$a(3)$，$a(5)$，得到 $\mathbb{Z}_{17}$ 上的三个线性方程如下：

$$a_0 + a_1 + a_2 = 8$$
$$a_0 + 3a_1 + 9a_2 = 10$$
$$a_0 + 5a_1 + 8a_2 = 11$$

这个方程组在 $\mathbb{Z}_{17}$ 上有唯一的解：$a_0 = 13$，$a_1 = 10$，$a_2 = 2$。所以，密钥 $K = a_0 = 13$。

显然，正像例13.1中那样，得到的 t 个线性方程有唯一的解这一点非常重要。有很多不同的方法可以证明这一事实。可能解决这个问题的最好方法是利用多项式的拉格朗日(Lagrange)插值公式，这个公式已经在定理10.3中给出。这个定理指出，所求的次数至多为 $t-1$ 的多项式 $a(x)$ 是唯一的，并且提供了一个求 $a(x)$ 的公式，公式如下：

$$a(x) = \sum_{j=1}^{t}\left(y_{i_j}\prod_{1\leq k\leq t,k\neq j}\frac{x-x_{i_k}}{x_{i_j}-x_{i_k}}\right)\bmod p$$

由 t 个参与者组成的群体 B 可以利用插值公式计算 $a(x)$，但是上面的方法可以得到简化，这是因为 B 中的参与者不需要计算出整个多项式 $a(x)$，而只需要计算出常数项 $K = a(0)$。因此，可以通过将 $x=0$ 带入拉格朗日插值公式，得到下面的表达式：

$$K = \sum_{j=1}^{t}\left(y_{i_j}\prod_{1\leq k\leq t,k\neq j}\frac{x_{i_k}}{x_{i_k}-x_{i_j}}\right)\bmod p$$

定义

$$b_j = \prod_{1\leq k\leq t,k\neq j}\frac{x_{i_k}}{x_{i_k}-x_{i_j}}\bmod p$$

$1\leq j\leq t$（如果需要的话，b_j 的值可以预计算，并且其值不是保密的）。于是我们有

$$K = \sum_{j=1}^{t}b_j y_{i_j}\bmod p$$

因此，密钥 K 是 t 个共享的线性组合 $(\bmod\ p)$。

为了说明上面的方法，重新计算一下例 13.1 中的密钥值 K。

例 13.1(续)　参与者 $\{P_1,P_3,P_5\}$ 可以利用上面的公式计算 b_1,b_2,b_3 的值。例如，他们可以得到

$$b_1 = \frac{x_3 x_5}{(x_3-x_1)(x_5-x_1)}\bmod 17$$
$$= 3\times 5\times(-2)^{-1}\times(-4)^{-1}\bmod 17$$
$$= 4$$

类似地，得到 $b_2=3$ 和 $b_3=11$。于是，给定共享 8，10 和 11，他们同样可以计算出

$$K = 4\times 8+3\times 10+11\times 11\bmod 17 = 13$$

如果由 $t-1$ 个参与者组成的子集 B 试图计算出 K 的值，会出现什么情况呢？假定他们假设的密钥 K 的值是 $y_0\in\mathbb{Z}_p$。在 Shamir 门限方案中，密钥值 $K = a_0 = a(0)$。回忆一下，B 所拥有的 $t-1$ 个共享的值是对多项式 $a(x)$ 在 $\mathbb{Z}_p$ 的 $t-1$ 个元素上进行赋值得到的。现在，再次应用定理10.3，存在一个唯一的多项式 $a_{y_0}(x)$ 使得

$$y_{i_j} = a_{y_0}(x_{i_j})$$

$1 \leqslant j \leqslant t-1$，并且满足

$$y_0 = a_{y_0}(0)$$

也就是说，存在一个多项式 $a_{y_0}(x)$，B 所收集到的 $t-1$ 个共享正好是此多项式的 $t-1$ 个函数值，并且以 y_0 作为密钥值。由于上面的推理对于任意的 $y_0 \in \mathbb{Z}_p$ 都成立，所以不能排除任何密钥值。因此，由 $t-1$ 个参与者组成的群体不能获取关于密钥 K 的任何信息。

例如，给定例 13.1 中的共享，设 P_1 和 P_3 试图计算 K 值。于是，P_1 的共享是 8，P_3 的共享是 10。对于密钥的任意可能的取值 y_0，存在唯一的多项式 $a_{y_0}(x)$，这个多项式在 $x = 1$ 处取值是 8，在 $x = 3$ 处取值是 10，并且在 $x = 0$ 处取值是 y_0。使用插值公式，这个多项式的形式是

$$a_{y_0}(x) = 6y_0(x-1)(x-3) + 13x(x-3) + 13x(x-1) \bmod 17$$

子集 $\{P_1, P_3\}$ 无法知道这种形式的多项式中哪个是所要求的值，因此他们得不到关于 K 的任何信息。

13.1.1　简化的 (t, t) 门限方案

这节的最后一个主题是在 $w = t$ 这种特殊情况下构造一个简化的门限方案。这种构造方法对于任何的密钥集合 $\mathcal{K} = \mathbb{Z}_m$ 都适用，并且 $\mathcal{S} = \mathbb{Z}_m$（对于这个方案，不必要求 m 是素数，也不必要求 $m \geqslant w+1$）。如果 D 想要共享密钥 $K \in \mathbb{Z}_m$，他执行密码体制 13.2 中的步骤即可。

密码体制 13.2　简化的 (t, t) 门限方案

1. D 秘密地选择（独立随机选取）$\mathbb{Z}_m$ 中的 $t-1$ 个元素，记为 $y_1, \cdots y_{t-1}$
2. D 计算

$$y_t = K - \sum_{i=1}^{t-1} y_i \bmod m$$

3. 对于 $1 \leqslant i \leqslant t$，$D$ 把共享 y_i 的值发送给 P_i。

观察到 t 个参与者可以利用以下公式计算 K 值

$$K = \sum_{i=1}^{t} y_i \bmod m$$

$t-1$ 个参与者能否计算 K 呢？显然，前 $t-1$ 个参与者不能计算 K 值，因为他们收到的 $t-1$ 个共享是独立随机的。考虑集合 $\mathcal{P} \setminus \{P_i\}$ 中的 $t-1$ 个参与者，其中 $1 \leqslant i \leqslant t-1$。这 $t-1$ 个参与者拥有的共享是

$$y_1, \cdots y_{i-1}, y_{i+1}, \cdots, y_{t-1}$$

和

$$K - \sum_{i=1}^{t-1} y_i$$

通过共享求和，他们能够计算出 $K - y_i$。然而，由于不知道随机值 y_i，所以他们不知道关于 K 值的任何信息。因此，我们构建了一个 (t, t) 门限方案。

例 13.2　假设在密码体制 13.2 中，$p=10$，$t=4$，并且设四个参与者的共享是 $y_1=7$，$y_2=2$，$y_3=4$ 和 $y_4=2$。因此，密钥值

$$K=7+2+4+2 \bmod 10=5$$

假定前三个参与者试图确定 K 值。他们知道 $y_1+y_2+y_3 \bmod 10=3$，但是他们不知道 y_4 的值。存在一个从 y_4 的 10 个可能值到 K 的 10 个可能值之间的一一对应：

$$y_4=0 \Leftrightarrow K=3, y_4=1 \Leftrightarrow K=4, \cdots, y_4=9 \Leftrightarrow K=2$$

13.2　访问结构和一般的秘密共享

在前一节中，我们希望由 w 个参与者中的任何 t 个都能够确定密钥 K。更一般的情况是参与者集合的哪些子集能够确定密钥，哪些不可以。设 Γ 是由 $\mathcal{P}$ 的一些子集组成的集合，Γ 中的子集是指由这样的参与者组成的集合：集合中的参与者可以共同计算出密钥的值，我们称 Γ 是一个访问结构秘密共享方案(access structuresecret sharing scheme)或者访问结构(access structure)，并且 Γ 中的每个子集分别称为授权的子集秘密共享方案(authorized subsetsecret sharing scheme)或者授权子集(authorized subset)。

设 $\mathcal{K}$ 是密钥集合，$\mathcal{S}$ 是共享集合。像以前一样，当庄家 D 想要共享一个密钥 $K \in \mathcal{K}$，他会从集合 $\mathcal{S}$ 中分配给每个参与者一个共享。稍后，参与者的子集会试图从他们所拥有的共享中计算出 K。

定义 13.2　在 w 个参与者(记为集合 $\mathcal{P}$)中共享密钥 K 的方法称为是实现访问结构 Γ 的一个完善的秘密共享方案(perfect secret sharing schcmc)，如果满足以下两个条件：
1. 对于一个授权的参与者子集 $B \subseteq \mathcal{P}$，如果把他们的共享集中到一起，那么就可以确定密钥 K 的值。
2. 对于一个未授权的参与者子集 $B \subseteq \mathcal{P}$，如果收集了其中所拥有的共享，他们也不能确定关于 K 值的任何信息。

设 $B \in \Gamma$，$B \subseteq C \subseteq \mathcal{P}$。并且假设子集 C 想要确定 K 值。因为 B 是一个授权子集，能够确定 K 值。因此，忽略 $C \backslash B$ 中的参与者所拥有的那些共享，子集 C 同样可以确定 K 的值。换句话说，一个授权子集的超集也是授权子集。这也说明访问结构应该满足单调性(monotone property)：

$$如果 B \in \Gamma 且 B \subseteq C \subseteq \mathcal{P}，则 C \in \Gamma$$

在本章的其余的部分，我们将假定所有的访问结构都是单调的。

考虑一个用 (t,w) 门限方案实现的访问结构 $\{B \subseteq \mathcal{P}:|B| \geqslant t\}$。这样的访问结构称为门限访问结构(threshold access structure)。前面我们已经证明了 Shamir 门限方案是一个实现了门限访问结构的完善的秘密共享方案。

设 Γ 是一个访问结构，称 $B \in \Gamma$ 是一个最小授权子集(minimal authorized subset)，如果对

于任何满足 $A \subseteq B$ 和 $A \neq B$ 的集合 A 都有 $A \notin \Gamma$。Γ 的最小授权子集组成的集合记为 Γ_0，称为 Γ 的基(basis)。由于 Γ 中的元素是由 $\mathcal{P}$ 的一些子集组成的，这些子集都是 Γ_0 中元素的超集，因此，Γ 是唯一确定的一个关于 Γ_0 的函数。用数学语言描述为：

$$\Gamma = \{C \subseteq \mathcal{P} : B \subseteq C, B \in \Gamma_0\}$$

例 13.3　假定 $\mathcal{P} = \{P_1, P_2, P_3, P_4\}$，并且 $\Gamma_0 = \{\{P_1, P_2, P_4\}, \{P_1, P_3, P_4\}, \{P_2, P_3\}\}$。于是

$$\Gamma = \Gamma_0 \bigcup \{\{P_1, P_2, P_3\}, \{P_2, P_3, P_4\}, \{P_1, P_2, P_3, P_4\}\}$$

相反，给定访问结构 Γ，很容易看出，Γ_0 是由 Γ 中的最小子集组成的。

在 (t, w) 门限访问结构的情况中，基是由所有恰有由 t 个参与者的所有子集组成的。

13.2.1　单调电路构造

在这一节中，根据 Benaloh 和 Leichter 所证明的，任何单调的访问结构都能由一个完善的秘密共享方案实现，我们将给出一个简单优雅的构造方法。其主要思想是首先建立一个"认可"此存取结构的单调电路，然后通过电路的描述建立秘密共享方案。我们把这个过程称为单调电路构造。

假设我们有一个布尔电路(boolean circuit) C，它的 w 个布尔输入是 $x_1, \cdots, x_w$(对应于 w 个参与者 $P_1, \cdots, P_w$)，其一个布尔输出是 y。电路是由"或"门和"与"门组成的；不允许任何"非"门出现。这样的电路称为单调布尔电路(monotone boolean circuit)。这样规定的原因是，对于任何输入 x_i，把它的值从 0 变到 1，并不能使输出 y 的值从 1 变到 0。允许电路有任意多个扇入(fan-in)，但是我们要求扇出(fan-out)等于 1(也就是说，一个门可以有任意多根输入线，但只能有一根输出线)。

对于一个单调电路，如果指定它的 w 个输入的布尔值，我们定义

$$B(x_1, \cdots, x_w) = (P_i : x_i = 1)$$

即 $\mathcal{P}$ 的那些对应于输出为真的输入子集。设 C 是一个单调电路，并且定义

$$\Gamma(C) = \{B(x_1, \cdots, x_w) : C(x_1, \cdots, x_w) = 1\}$$

其中 $C(x_1, \cdots, x_w)$ 是 C 在输入是 $x_1, \cdots, x_w$ 时的输出。由于电路 C 是单调的，所以 $\Gamma(C)$ 是 $\mathcal{P}$ 的子集的一个单调集合。

容易看出，在这类单调电路和含有"与"和"或"但不含有"非"运算的布尔公式之间存在着一一对应。

如果 Γ 是 $\mathcal{P}$ 的子集组成的一个单调集合，那么很容易建立一个单调电路 C 使得 $\Gamma(C) = \Gamma$。达到上述要求的一种做法是：令 Γ_0 是 Γ 的基，于是建立析取范式(disjunctive normal form)的布尔公式：

$$\bigvee_{B \in \Gamma_0} \left(\bigwedge_{P_i \in B} P_i \right)$$

在例 13.3 中

$$\Gamma_0 = \{\{P_1, P_2, P_4\}, \{P_1, P_3, P_4\}, \{P_2, P_3\}\}$$

我们得到布尔公式

$$(P_1 \wedge P_2 \wedge P_4) \vee (P_1 \wedge P_3 \wedge P_4) \vee (P_2 \wedge P_3) \tag{13.1}$$

在这个布尔公式中每个子句对应着相关的单调电路的一个"与"门,最后的析取对应着一个"或"门。电路中的门数是 $|\Gamma_0|+1$。这个特殊的电路有两层(更准确地说,它的深度是 2),但是这不是必需的。

算法 13.1 单调电路构造 (C)

$f(W_{\text{out}}) \leftarrow K$

当存在线 W 使得 $f(W)$ 未定义时,循环以下操作:

找到 C 的一个门 G 使得 $f(W_G)$ 已经被定义,其中 W_G 是 G 的输出线,但是对于 G 的任何输入线来说,$f(W)$ 都没定义过。

(a)如果 G 是一个"或"门,那么对于 G 的每个输入线 W,$f(W) \leftarrow f(W_G)$

(b)否则,令 G 的输入线是 $W_1, \cdots, W_t$,独立随机的选择 $\mathbb{Z}_m$ 中的 $t{-}1$ 个元素,记为 $y_{G,1}, \cdots, y_{G,t-1}$

$$y_{G,t} \leftarrow f(W_G) - \sum_{i=1}^{t-1} y_{G,i} \bmod m$$

$$\textbf{for} \quad i \leftarrow 1 \textbf{ to } t$$
$$\textbf{do} \quad f(W_i) \leftarrow y_{G,i}$$

假设 C 是任意一个认可 Γ 的单调电路(注意,C 未必是像前面描述的那种电路),我们给出一个算法,使得庄家 D 可以建立一个完善的秘密共享方案来实现 Γ。这个方案使用了密码体制 13.2 中的 (t, t) 方案作为一个构造模块。因此,对于任意正整数 m,令密钥集 $\mathcal{K} = \mathbb{Z}_m$。

在这个算法中,电路 C 中的每根线 W 被赋予一个值 $f(W) \in \mathcal{K}$。刚开始,把密钥 K 的值赋给输出线 W_{out}。然后算法循环多次,从电路的底端到顶端,直到每根线都有一个赋值。最后,给每个参与者 P_i 得到 $f(W)$ 值的一个列表,使得 W 是电路的接收到输入 x_i 的一根输入线。算法的描述参见算法 13.1。

注意,每当门 G 是一个有 t 根输入线的"与"门时,使用一个 (t, t) 门限方案,我们就在门 G 的输入线之间共享密钥 $f(W_G)$。

下面我们使用对应于布尔公式(13.1)的电路,对例 13.3 中的访问结构实现这个步骤。

例 13.4 我们看一下图 13.1 中的构造。假设 K 是密钥。K 的值被赋给最后的"或"门的三根输入线。接着,我们考虑对应于句子 $P_1 \wedge P_2 \wedge P_4$ 的"与"门。三根输入线分别赋值为 $a_1, a_2, K-a_1-a_2$,其中所有的运算都是定义在 $\mathbb{Z}_m$ 上的。类似地,对应于 $P_1 \wedge P_3 \wedge P_4$ 的三根输入线分别赋值为 $b_1, b_2, K-b_1-b_2$。最后,对应于 $P_2 \wedge P_3$ 的两根输入线分别赋值 $c_1, K-c_1$。注意,a_1, a_2, b_1, b_2 和 c_1 都是 $\mathbb{Z}_m$ 中独立随机的值。

如果我们考虑 4 个参与者收到的那些共享,则有

1. P_1 收到 $(y_1^1, y_1^2) = (a_1, b_1)$。

2. P_2 收到 $(y_2^1, y_2^2) = (a_2, c_1)$。

3. P_3 收到 $(y_3^1, y_3^2) = (b_2, K - c_1)$。

4. P_4 收到 $(y_4^1, y_4^2) = (K - a_1 - a_2, K - b_1 - b_2)$。

因此，每个参与者收到 $\mathbb{Z}_m$ 中的两个元素作为他的共享。

下面我们证明这个方案是完善的。首先验证每个基子集能够计算 K。授权子集 $\{P_1, P_2, P_4\}$ 能够计算

$$K = y_1^1 + y_2^1 + y_4^1 \bmod m = a_1 + a_2 + (K - a_1 - a_2) \bmod m$$

子集 $\{P_1, P_3, P_4\}$ 能够计算

$$K = y_1^2 + y_3^1 + y_4^2 \bmod m = b_1 + b_2 + (K - b_1 - b_2) \bmod m$$

最后，子集 $\{P_2, P_3\}$ 能够计算

$$K = y_2^2 + y_3^2 \bmod m = c_1 + (K - c_1) \bmod m$$

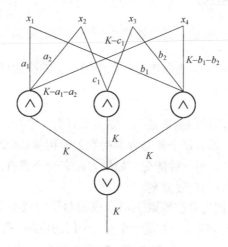

图 13.1　单调电路

这样，任意授权子集都能够计算 K 值，所以我们主要看一下非授权子集的情况。注意，不需要考虑所有的非授权子集，因为如果 B_1，B_2 都是非授权子集，$B_1 \subseteq B_2$，并且 B_2 不能计算 K，则 B_1 也不能计算 K。定义子集 $B \subseteq \mathcal{P}$ 是最大的非授权子集，如果对于所有的 $B_1 \supseteq B, B_1 \neq B$，都有 $B_1 \in \Gamma$。以下只需验证所有的最大非授权子集都不能确定 K 的任何信息就足够了。

在本例中最大非授权子集为：

$$\{P_1, P_2\}, \{P_1, P_3\}, \{P_1, P_4\}, \{P_2, P_4\}, \{P_3, P_4\}$$

对于每种情形，很容易看出，K 不能被计算出来，因为要么一些必要的随机信息片断丢失了，要么这个子集所拥有的所有共享是随机的。例如，子集 $\{P_1, P_2\}$ 仅拥有随机值 a_1, b_1, a_2, c_1。再例如，子集 $\{P_3, P_4\}$ 拥有 $b_2, K - c_1$，$K - a_1 - a_2$，$K - b_1 - b_2$。由于 c_1, a_1, a_2, b_1 都是未知的随机值，所以 K 不能被计算出来。

对于每种情形，都能够验证非授权子集不能得到关于 K 值的任何信息。

　　使用不同的电路，我们能够得到实现同一个访问结构的不同方案。下面通过例13.3的访问结构来进行说明。

例 13.5　假定我们把公式(13.1)变成一个合取范式(conjunctive normal form)的布尔公式：

$$(P_1 \vee P_2) \wedge (P_1 \vee P_3) \wedge (P_2 \vee P_3) \wedge (P_2 \vee P_4) \wedge (P_3 \vee P_4) \tag{13.2}$$

(读者可以验证，这个公式和式13.1是等价的)。如果我们使用对应于式(13.2)的电路实现这个方案，则有：

1.　P_1 收到 $(y_1^1, y_1^2) = (a_1, a_2)$。
2.　P_2 收到 $(y_2^1, y_2^2, y_2^3) = (a_1, a_3, a_4)$。
3.　P_3 收到 $(y_3^1, y_3^2, y_3^3) = (a_2, a_3, K - a_1 - a_2 - a_3 - a_4)$。
4.　P_4 收到 $(y_4^1, y_4^2) = (a_4, K - a_1 - a_2 - a_3 - a_4)$。

我们把详细过程留给读者去验证。

　　现在我们证明单调电路的构建总是能够产生一个完善的秘密共享方案。

定理 13.1　设 C 是任意的单调布尔电路，则单调电路的构造可产生一个能够实现访问结构 $\Gamma(C)$ 的完善秘密共享方案。

　　证明　通过对电路 C 的门数归纳来证明。如果 C 只有一个门，那么结果是平凡的：如果 C 是由一个"或"门构成的，那么每个参与者都得到了密钥值(这个方案实现了由参与者的所有非空子集组成的访问结构)。另一种情况，如果 C 只有一个带有 t 个输入的"与"门，则这个方案是密码体制 13.2 中的 (t, t) 门限方案。

　　现在，作为归纳假设，假定存在整数 $j > 1$，使得对于门数小于 j 的所有电路 C，构建过程都能产生一个实现 $\Gamma(C)$ 的方案。令 C 是一个有 j 个门的电路。考虑电路中的最后一个门 C，C 可能是"或"门或者"与"门。首先考虑 G 是"或"门的情况。把 G 的输入线记为 W_i，$1 \leqslant i \leqslant t$。这 t 根输入线是 C 的 t 个子电路的输出，我们把这些子电路记为 C_i，$1 \leqslant i \leqslant t$。对应于每个 C_i，有一个实现访问结构 Γ_{C_i} 的子方案，由归纳假设，容易看出

$$\Gamma(C) = \bigcup_{i=1}^{t} \Gamma_{C_i}$$

因为每个 W_i 的赋值是 K，所以这个方案实现了 $\Gamma(C)$，这正是我们所要证明的结论。如果 G 是一个"与"门，分析方法类似。在这种情况下，我们有

$$\Gamma(C) = \bigcap_{i=1}^{t} \Gamma_{C_i}$$

由于 t 根线 W_i 之间使用 (t, t) 门限方案共享密钥 K，因此，这个方案实现了 $\Gamma(C)$。这就完成了定理证明。

　　当然，当一个授权子集 B 想要计算 K 值的时候，为了分发共享 B 中的参与者需要知道 D

使用的电路以及哪那些共享对应着电路的哪些线，所有这些信息都是公开的，实际上，只有共享的值是保密的。

重构密钥的算法就是根据电路结构组合共享的，组合的规定如下：规定"与"门对应着输入线的 mod m 的和(只要这些值是已知的)，"或"门则是从任意一根输入线上选择一个值(注意所有这些值都是相同的)。

现在回到例 13.4，重新考虑授权子集 $\{P_1, P_2, P_4\}$。我们已经说明了如何用这个子集计算 K 值。对其中的方法进行观察得到，电路使我们可以使用系统的方法重构 K 值。在这里，我们将给 8 根输入线中的 6 根，比如说来自于图 13.1 中的 x_1, x_2, x_4 的线赋值，可以看出，最左边的"与"门的三根输入线被赋了值，这些输入线上的值的和恰好产生 K。实际上，这里的计算和例 13.4 中的计算是相同的。

13.2.2　正式定义

在这一节，我们将给出(完善)秘密共享方案的正式的数学定义，并且用分发规则集表示秘密共享方案。一个分发规则(distribution rule)是一个函数

$$f : \mathcal{P} \to \mathcal{S}$$

一个分发规则代表了将共享分配给参与者的一种可能的分配，其中 $f(P_i)$ 是分发给 P_i 的共享，$1 \leq i \leq w$。

首先，对于每个 $K \in \mathcal{K}$，令 $\mathcal{F}_K$ 是分发规则的集合。$\mathcal{F}_K$ 是对应于密钥值 K 的分发规则。分发规则集 $\mathcal{F}_K$ 是公开的。

然后，定义

$$\mathcal{F} = \bigcup_{K \in \mathcal{K}} \mathcal{F}_K$$

$\mathcal{F}$ 是一个方案的分发规则的完全集。如果 $K \in \mathcal{K}$ 是 D 想要共享的密钥值，则 D 将会选择一个分发规则 $f \in \mathcal{F}_K$，使用这个分发规则分发共享。

这是一个我们用来研究秘密共享方案的一般模型。任何现存的方案都可以通过确定其使用的分发规则来描述。因为这个模型是用精确的数学语言描述的，因此，在一些定义和证明中使用这个模型更为方便。

研究一个方案的分发规则集在实现一个具体的访问结构时应该满足的条件是很有用的，正像前面第 2 章我们学习完善保密性的概念一样，这主要是考察一些概率分布。首先，假设存在一个定义在密钥集 $\mathcal{K}$ 上的概率分布。庄家 D 选择 $K \in \mathcal{K}$ 的概率记为 $\Pr[\mathbf{K} = K]$[①]，并且当给定 $K \in \mathcal{K}$ 时，D 会根据一个具体的概率分布选择一个分发规则 $f \in \mathcal{F}_K$。$\Pr[\mathbf{F}_K = f]$ 表示 D 选择分发规则 f 的概率(K 是密钥值)。

给定这些概率分布，对于任意一个参与者的子集 B(授权或者未授权)，可以按如下方式直接计算出一系列共享的概率分布。设 $B \subseteq \mathcal{P}$，定义

$$\mathcal{S}(B) = \{ f |_B : f \in \mathcal{F} \}$$

其中 $f |_B$ 表示分发规则 f 在 B 上的限制。也就是说，$f |_B : B \to \mathcal{S}$ 定义为：

---

① 参见本书第 37 页的脚注——编者注。

$$f\big|_B(P_i) = f(P_i)$$

对于所有的 $P_i \in B$。因此，$\mathcal{S}(B)$ 是 B 中的参与者的共享的可能分配的集合。

$\mathcal{S}(B)$ 上的概率分布计算如下：令 $g_B \in \mathcal{S}(B)$，于是

$$\Pr[\mathbf{S(B)} = g_B] = \sum_{K \in \mathcal{K}} \left(\Pr[K] \times \sum_{\{f \in \mathcal{F}_K : f|_B = g_B\}} \Pr[\mathbf{F}_K = f] \right)$$

同时，显而易见，对于所有的 $g_B \in \mathcal{S}(B)$ 及所有的 $K \in \mathcal{K}$，有

$$\Pr[\mathbf{S(B)} = g_B \,|\, \mathbf{K} = K] = \sum_{\{f \in \mathcal{F}_K : f|_B = g_B\}} \Pr[\mathbf{F}_K = f]$$

下面是完善秘密共享方案的正式定义。

定义 13.3　假定 Γ 是一个访问结构并且

$$\mathcal{F} = \bigcup_{K \in \mathcal{K}} \mathcal{F}_K$$

是分发规则的集合。我们称 $\mathcal{F}$ 是一个实现访问结构 Γ 的完善秘密共享方案，如果下面两个性质成立：

1. 对于任何的授权子集 $B \subseteq \mathcal{P}$，不存在两个分发规则 $f \in \mathcal{F}_K$ 和 $f' \in \mathcal{F}_{K'}$，其中 $K \neq K'$，使得 $f|_B = f'|_B$（即对于授权子集 B 中的参与者，共享的任何分发都可以确定密钥 K 的值）。
2. 对于任何非授权子集 $B \subseteq \mathcal{P}$ 和任何共享的分发 $g_B \in \mathcal{S}_B$，有下式成立

$$\Pr[\mathbf{K} = K \,|\, \mathbf{S(B)} = g_B] = \Pr[\mathbf{K} = K]$$

对于任意的 $K \in \mathcal{K}$（即对于非授权子集 B，给定共享的分发 g_B，$\mathcal{K}$ 上的条件概率分布和 $\mathcal{K}$ 上的先验概率分布是相同的。换句话说，B 的共享的分发没有提供关于 K 值的任何信息）。

请注意，定义13.3的第二个性质和定义2.3中完善保密性的概念很相似，这种相似性就是为什么所得到的秘密共享方案称之为"完善"的原因。

概率 $\Pr[\mathbf{K} = K \,|\, \mathbf{S(B)} = g_B]$ 可以利用 Bayes 公式通过前面给出的概率分布计算：

$$\Pr[\mathbf{K} = K \,|\, \mathbf{S(B)} = g_B] = \frac{\Pr[\mathbf{S(B)} = g_B \,|\, \mathbf{K} = K] \times \Pr[\mathbf{K} = K]}{\Pr[\mathbf{S(B)} = g_B]}$$

下面我们通过一个小例子来说明一下这些定义。

例 13.6　假定例13.5中构造的方案是在 $\mathbb{Z}_m$ 中实现的，则对于每个 $K \in \mathbb{Z}_m$，我们有 $\mathcal{S} = (\mathbb{Z}_m)^2 \cup (\mathbb{Z}_m)^3$，$|\mathcal{F}_K| = m^4$。对于任意的 $K \in \mathbb{Z}_m$，$\mathcal{F}_K$ 中的 m^4 个分发规则中，每个被选中的概率都是 $\dfrac{1}{m^4}$。然而，选取 m 个可能的密钥值不必是等概率的。

为具体而言，我们给出了此方案在 $m = 2$ 时的分发规则。在这种情况下，$\mathcal{F}_0$ 和 $\mathcal{F}_1$ 各包含

16 个等概率的分发规则。为了表述简洁，我们把二进制的 k 重用 0 和 2^k-1 之间的整数表示。这样表示完以后，$\mathcal{F}_0$ 和 $\mathcal{F}_1$ 的表示形式如图 13.2 所示，其中每行表示一个分发规则。

$\mathcal{F}_0$

P_1	P_2	P_3	P_4
0	0	0	0
0	1	1	3
0	2	3	1
0	3	2	2
1	0	4	0
1	1	5	3
1	2	7	1
1	3	6	2
2	4	0	0
2	5	1	3
2	6	3	1
2	7	2	2
3	4	4	0
3	5	5	3
3	6	7	1
3	7	6	2

$\mathcal{F}_1$

P_1	P_2	P_3	P_4
0	0	1	1
0	1	0	2
0	2	2	0
0	3	3	3
1	0	5	1
1	1	4	2
1	2	6	0
1	3	7	3
2	4	1	1
2	5	0	0
2	6	2	2
2	7	3	3
3	4	5	1
3	5	4	2
3	6	6	0
3	7	7	3

图 13.2　秘密共享方案的分发规则

这样就产生了对于密钥值的任何概率分布的一个完善秘密共享方案。这里我们不再详细叙述所有的验证过程，而是针对定义 13.3 的两个性质讨论几种典型的情况。

子集 $\{P_2, P_3\}$ 是一个授权子集，所以 P_2 和 P_3 收到的共享放在一起能够确定唯一的密钥值。容易验证，这两个参与者的共享的任何分发至多发生在 $\mathcal{F}_0$ 和 $\mathcal{F}_1$ 其中之一的一个分发规则中。例如，如果 P_2 的共享是 3 并且 P_3 的是 6，则分发规则必定是 $\mathcal{F}_0$ 中的第 8 个规则，因此密钥值为 0。

另一方面，$B = \{P_1, P_2\}$ 是一个非授权子集。不难看出，这两个参与者的共享的任何分发确实出现在 $\mathcal{F}_0$ 的一个且仅一个分发规则中，也出现在 $\mathcal{F}_1$ 的一个且仅一个分发规则中。也就是说，对于任意的 $g_B \in \mathcal{S}(B)$ 和 $K = 0,\ 1$，有

$$\Pr[\mathbf{S}(\mathbf{B}) = g_B \,|\, \mathbf{K} = K] = \frac{1}{16}$$

接下来，对于任意的 $g_B \in \mathcal{S}(B)$，我们计算

$$\Pr[\mathbf{S}(\mathbf{B}) = g_B] = \sum_{K \in \mathcal{K}} \left(\Pr[K] \times \sum_{\{f \in \mathcal{F}_K : f|_B = g_B\}} \Pr[\mathbf{F}_K = f] \right)$$

$$= \sum_{K=0}^{1} \left(\Pr[K] \times \frac{1}{16} \right)$$

$$= \frac{1}{16}$$

最后，我们使用 Bayes 公式计算 $\Pr[\mathbf{K} = K \,|\, \mathbf{S}(\mathbf{B}) = g_B]$，得到

$$\Pr[\mathbf{K}=K\,|\,\mathbf{S}(\mathbf{B})=g_B]=\frac{\Pr\big[\mathbf{S}(\mathbf{B})=g_B\,|\,\mathbf{K}=K\big]\times\Pr[\mathbf{K}=K]}{\Pr[\mathbf{S}(\mathbf{B})=g_B]}$$

$$=\frac{\dfrac{1}{16}\times\Pr[\mathbf{K}=K]}{\dfrac{1}{16}}$$

$$=\Pr[\mathbf{K}=K]$$

所以，对于子集 B，第二个性质是满足的。

对于其他的授权或者非授权子集，我们可以进行类似计算，并且在每种情形下，都满足相应的性质。因此我们得到一个完善秘密共享方案。

13.3　信息率和高效方案的构造

13.2.1 节中的结果证明，任何单调访问结构都可以用完善秘密共享方案来实现。现在，我们考虑一下所得到的方案的效率问题。在 (t,w) 门限方案的情况下，我们能够构造一个对应于析取范式布尔公式的电路，这个电路有 $1+\dbinom{w}{t}$ 个门。每个参与者会接收到 $\mathbb{Z}_m$ 中 $\dbinom{w-1}{t-1}$ 个元素作为其共享。这种方法效率比较低，因为 Shamir (t,w) 门限方案是通过只给每个参与者一个信息的方法共享密钥值 K 的。

一般来说，我们用信息率来衡量秘密共享方案的效率。信息率定义如下。

定义 13.4　假定我们有一个实现访问结构 Γ 的完善秘密共享方案。P_i 的信息率(information rate)定义为比率

$$\rho_i=\frac{\mathrm{lb}\,|\mathcal{K}|}{\mathrm{lb}\,|\mathcal{S}(P_i)|}$$

(注意，$\mathcal{S}(P_i)$ 表示 P_i 所有可能收到的共享集合；当然，$\mathcal{S}(P_i)\subseteq\mathcal{S}$)。方案的信息率记为 ρ 并且定义为

$$\rho=\min\{\rho_i:1\leqslant i\leqslant w\}$$

这个定义的动机如下：因为密钥 K 取自一个有限集 $\mathcal{K}$，我们把 K 看成是长度为 $\mathrm{lb}\,|\mathcal{K}|$ 的比特串，比如通过二进制编码的形式。通过类似的方式，P_i 收到的共享也可以看做是长度为 $\mathrm{lb}\,|\mathcal{S}(P_i)|$ 长的比特串。直观上，P_i 收到了 $\mathrm{lb}\,|\mathcal{S}(P_i)|$ 比特的信息(他自己的共享)，但是密钥的信息内容是 $\mathrm{lb}\,|\mathcal{K}|$ 比特。这样，ρ_i 就是共享中的比特数和密钥的比特数的比值。

例 13.7　下面我们看一下 13.2 节中的两个方案，这两个方案都实现了同一个访问结构，这个访问结构的基是

$$\Gamma_0=\{\{P_1,P_2,P_4\},\{P_1,P_3,P_4\},\{P_2,P_3\}\}$$

在例 13.4 产生的方案中，有

$$\rho_i = \frac{\text{lb } m}{\text{lb } m^2} = \frac{1}{2}$$

$i = 1, \cdots, 4$。因此，$\rho = \dfrac{1}{2}$。

在例 13.5 中，方案的 $\rho_1 = \rho_4 = \dfrac{1}{2}$，$\rho_2 = \rho_3 = \dfrac{1}{3}$。所以 $\rho = \dfrac{1}{3}$。我们更倾向于第一个方案，因为其信息率高些。

一般来说，如果我们使用单调电路构建的方法从电路 C 构造了一个方案，那么可以依照下面的定理计算出信息率。

定理 13.2　设 C 是任意的单调布尔电路，则存在一个实现访问结构 $\Gamma(C)$ 的完善秘密共享方案，其信息率是

$$\rho = \max\{1/r_i : 1 \leqslant i \leqslant w\}$$

其中 r_i 是 C 中带有输入 x_i 的输入线的根数。

关于门限访问结构，可以看出，Shamir 门限方案的信息率是 1，下面我们会证明这是一个最优值。相比之下，使用析取范式的布尔电路实现的 (t, w) 门限方案的信息率是 $1 \Big/ \dbinom{w-1}{t-1}$，当 $1 < t < w$ 时，这是个非常低的值（因此是不佳的）。

显然，我们希望得到比较高的信息率。我们要证明的第一个一般性的结果是，对于任何完善秘密共享方案，都有 $\rho \leqslant 1$。

定理 13.3　对于实现一个访问结构的任何完善秘密共享方案，都有 $\rho \leqslant 1$。

证明　假定我们有一个实现访问结构 Γ 的完善秘密共享方案。令 $B \in \Gamma_0$，并选择任意的参与者 $P_j \in B$。定义 $B' = B \setminus \{P_j\}$。令 $g \in \mathcal{S}(B)$。由于 $B' \notin \Gamma$，所以共享的分发 $g|_{B'}$ 没有提供关于 K 值的任何信息。因此，对于 $K \in \mathcal{K}$，存在一个分发规则 $g^K \in \mathcal{F}_K$，使得 $g^K|_{B'} = g|_{B'}$。因为 $B \in \Gamma$，如果 $K \neq K'$，必定有 $g^K(P_j) \neq g^{K'}(P_j)$。因此，$\big|\mathcal{S}(P_j)\big| \geqslant |\mathcal{K}|$。于是，$\rho_j \leqslant 1$，所以 $\rho \leqslant 1$。

因为 $\rho = 1$ 是最优的情况，我们把这样的一个方案称为理想的秘密共享方案。Shamir 门限方案是一个理想方案。在下一节中，我们会把 Shamir 门限方案推广，给出一个一般的建立理想方案的方法。

13.3.1　向量空间构造

在这一节，我们提供一种构造某些理想方案的方法，称之为向量空间构造（Vector space construction）。这种技术是由 Brickell 提出的。

设 Γ 是一个访问结构，$(\mathbb{Z}_p)^d$ 是 $\mathbb{Z}_p$ 上所有的 d 元组组成的向量空间，其中 p 是素数，$d \geqslant 2$。假定存在函数

$$\phi : \mathcal{P} \to (\mathbb{Z}_p)^d$$

满足性质

$$(1,0,\cdots,0) \in \langle \phi(P_i) : P_i \in B \rangle \Leftrightarrow B \in \Gamma \tag{13.3}$$

换句话说，向量$(1,0,\cdots,0)$可以表示为$\langle \phi(P_i) : P_i \in B \rangle$中向量的线性组合$(\bmod\ p)$当且仅当$B$是一个授权子集。一般来说，虽然下面我们会看到一些合适的函数ϕ的构建，但是找到这样一个函数经常是一个反复试验的过程。

假定ϕ满足性质(13.3)，我们将构造一个理想秘密共享方案，满足$\mathcal{K} = \mathcal{S}(P_i) = \mathbb{Z}_p$，$1 \leqslant i \leqslant w$。方案的分发规则如下：对于每个向量$\boldsymbol{a} = (a_1, a_2, \cdots, a_d) \in (\mathbb{Z}_p)^d$，对于每个$x \in \mathcal{P}$，定义分发规则$f_{\boldsymbol{a}}(x) \in \mathcal{F}_{a_1}$，其中

$$f_{\boldsymbol{a}}(x) = \boldsymbol{a} \cdot \phi(x)$$

"$\cdot$"运算是$\bmod\ p$的内积。注意，密钥的值是由$K = a_1 = \boldsymbol{a} \cdot (1, \cdots, 0)$给出的。

注意，每个$\mathcal{F}_K$包含p^{d-1}个分发规则。我们规定定义在$\mathcal{F}_K$上的分发规则的概率分布是均匀的，即对于每个$f \in \mathcal{F}_K$，$\Pr[f] = 1/p^{d-1}$。

对于一个给定的访问结构，只要我们找到满足性质(13.3)的向量的集合，那么就可以建立相应的秘密共享方案。这个方案被称为Brickell秘密共享方案，上面描述的就是其分发规则。Brickell秘密共享方案的详细描述在密码体制13.3中给出。

密码体制13.3   Brickell秘密共享方案

输入：满足性质(13.3)的向量$\phi(P_1), \cdots, \phi(P_w)$。

初始化阶段

1. 对于$1 \leqslant i \leqslant w$，$D$把向量$\phi(P_i) \in (\mathbb{Z}_p)^d$给$P_i$。这些向量都是公开的。

共享分发

2. 假设D想要共享密钥$K \in \mathbb{Z}_p$。D定义$a_1 = K$，并且他秘密地选择(独立随机地)$\mathbb{Z}_p$中的$d-1$个元素$a_2, \cdots, a_d$。

3. 对于$1 \leqslant i \leqslant w$，$D$计算$y_i = \boldsymbol{a} \cdot \phi(P_i)$，其中$\boldsymbol{a} = (a_1, a_2, \cdots, a_d)$。

4. 对于$1 \leqslant i \leqslant w$，$D$把$y_i$的值作为共享分发给$P_i$。

我们有下面的结果：

定理13.4   假定ϕ满足性质(13.3)，则分发规则$\mathcal{F}_K, K \in \mathcal{K}$的集合组成了一个实现访问结构$\Gamma$的理想秘密共享方案。

证明   首先，我们证明如果B是一个授权子集，那么B中的参与者能够计算K。因为

$$(1,0,\cdots,0) \in \langle \phi(P_i) : P_i \in B \rangle$$

所以我们可以将其写成

$$(1,0,\cdots,0) = \sum_{\{i : P_i \in B\}} c_i \phi(P_i)$$

其中每个 $c_i \in \mathbb{Z}_p$。P_i 的共享是 y_i，其中

$$y_i = \boldsymbol{a} \cdot \boldsymbol{\phi}(P_i)$$

$\boldsymbol{a} = (a_1, a_2, \cdots, a_d)$ 是由 D 选定的未知向量，并且 $K = a_1$。

由内积运算的线性性，可得到

$$\begin{aligned}
K &= \boldsymbol{a} \cdot (1, 0, \cdots, 0) \\
&= \boldsymbol{a} \cdot \sum_{\{i: P_i \in B\}} c_i \boldsymbol{\phi}(P_i) \\
&= \sum_{\{i: P_i \in B\}} c_i (\boldsymbol{a} \cdot \boldsymbol{\phi}(P_i)) \\
&= \sum_{\{i: P_i \in B\}} c_i y_i
\end{aligned}$$

因此，对于 B 中的参与者来说，把密钥看做是他们所拥有共享的线性组合去计算密钥的值是比较容易的：

$$K = \sum_{\{i: P_i \in B\}} c_i y_i$$

如果 B 不是一个授权子集，情况将会是什么样子呢？假定对于某个 $y_0 \in \mathbb{Z}_p$，B 假设 $K = y_0$。我们将证明这样的猜测和他们所拥有的信息(即共享)是一致的。

我们用 e 表示子空间 $\langle \boldsymbol{\phi}(P_i) : P_i \in B \rangle$ 的维数(注意，$e \leqslant |B|$)，考虑方程组：

$$\boldsymbol{\phi}(P_i) \cdot \boldsymbol{a} = s_i, \forall P_i \in B$$
$$(1, 0, \cdots, 0) \cdot \boldsymbol{a} = y_0$$

这是一个含有 d 个未知量 $a_1, a_2, \cdots, a_d$ 的 $\bmod p$ 的线性方程组，系数矩阵的秩是 $e+1$，这是因为

$$(1, 0, \cdots, 0) \notin \langle \boldsymbol{\phi}(P_i) : P_i \in B \rangle$$

如果这个线性方程组是相容的，则解空间的维数将是 $d-e-1$(对于任意的值 $y_0 \in \mathbb{Z}_p$)。这样，在每个 $\mathcal{F}_{y_0}$ 中恰好存在 p^{d-e-1} 个分发规则，这和 B 的共享的一个可能的分发 g_B 相一致。通过进行类似于例 13.6 的计算，我们能够证明对于每个 $y_0 \in \mathbb{Z}_p$，有

$$\Pr[\mathbf{K} = y_0 | g_B] = \Pr[\mathbf{K} = y_0]$$

为什么这个方程组是相容的呢？前 $|B|$ 个方程是相容的，这是因为由 D 选择的向量 $\boldsymbol{a}$ 是它的一个解。进一步，我们已经假定

$$(1, 0, \cdots, 0) \notin \langle \boldsymbol{\phi}(P_i) : P_i \in B \rangle$$

因此，最后一个方程和前 $|B|$ 个方程也是相容的。证毕。

下面是一个说明向量空间构造方法的例子。

例 13.8 考虑一个访问结构，其基是

$$\{\{P_1, P_2, P_3\}, \{P_1, P_4\}\}$$

取 $d=3, p \geqslant 3$，并且定义向量 $\boldsymbol{\phi}(P_i)$ 如下：

$$\boldsymbol{\phi}(P_1) = (0, 1, 0)$$
$$\boldsymbol{\phi}(P_2) = (1, 0, 1)$$
$$\boldsymbol{\phi}(P_3) = (0, 1, -1)$$
$$\boldsymbol{\phi}(P_4) = (1, 1, 0)$$

我们验证性质(13.3)成立。首先，有

$$\boldsymbol{\phi}(P_4) - \boldsymbol{\phi}(P_1) = (1, 1, 0) - (0, 1, 0)$$
$$= (1, 0, 0)$$

也有

$$\boldsymbol{\phi}(P_2) + \boldsymbol{\phi}(P_3) - \boldsymbol{\phi}(P_1) = (1, 0, 1) + (0, 1, -1) - (0, 1, 0)$$
$$= (1, 0, 0)$$

因此

$$(1, 0, 0) \in \langle \boldsymbol{\phi}(P_1), \boldsymbol{\phi}(P_2), \boldsymbol{\phi}(P_3) \rangle$$

并且

$$(1, 0, 0) \in \langle \boldsymbol{\phi}(P_1), \boldsymbol{\phi}(P_4) \rangle$$

如果 B 是最大非授权子集，那么只需要证明

$$(1, 0, 0) \notin \langle \boldsymbol{\phi}(P_i) : P_i \in B \rangle$$

一共有 3 个这样的子集 B 需要考虑：$\{P_1, P_2\}$，$\{P_1, P_3\}$，$\{P_2, P_3, P_4\}$。对每种情况，我们需要建立一个特定的线性方程组，并且此线性方程组对于 $\bmod p$ 运算无解。例如，假设

$$(1, 0, 0) = a_2 \boldsymbol{\phi}(P_2) + a_3 \boldsymbol{\phi}(P_3) + a_4 \boldsymbol{\phi}(P_4)$$

其中 $a_2, a_3, a_4 \in \mathbb{Z}_p$。这等价于方程组

$$a_2 + a_4 = 1$$
$$a_3 + a_4 = 0$$
$$a_2 - a_3 = 0$$

容易看出，此方程组无解。我们把另外两个子集 B 的验证留给读者。

现在看一下使用 $\boldsymbol{\phi}(P_i), 1 \leqslant i \leqslant 4$ 实现的 Brickell 秘密共享方案。设 $p = 127$，$K = 99$，并假设庄家 D 选定 $a_2 = 55$，$a_3 = 38$。于是，四个共享如下：

$$y_1 = 55$$
$$y_2 = 10$$
$$y_3 = 17$$
$$y_4 = 27$$

假定子集 $\{P_1, P_2, P_3\}$ 想要计算 K。上面我们已经证明了

$$(1,0,0) = -\phi(P_1) + \phi(P_2) + \phi(P_3)$$

因此

$$K = -y_1 + y_2 + y_3 \bmod p = -55 + 10 + 17 \bmod 127 = 99$$

有趣的是，Shamir (t,w) 门限方案是向量构造方法的特殊情况。为了说明这一情况，定义 $d = t$，对于 $1 \leqslant i \leqslant w$，令

$$\phi(P_i) = (1, x_i, x_i^2, \cdots, x_i^{t-1})$$

其中 x_i 是对应于分发给 P_i 的值的 x 坐标。这样得到的方案就是 Shamir 门限方案。我们把细节留给读者去验证。

这里是另一个很容易证明的一般性结论。这个结论是关于把成对的参与者组成的集合作为基且正好形成一个完全多划分图的访问结构的基。具有顶点集 V 和边集 E 的图 $G = (V, E)$ 称为是完全多划分图(complete multipartite graph)，如果顶点集能够被划分为子集 $V_1, \cdots, V_\ell$，使得 $\{x, y\} \in E$ 当且仅当 $x \in V_i$，$y \in V_j$，其中 $i \neq j$。集合 V_i 称为划分。如果对于 $1 \leqslant i \leqslant \ell$，$|V_i| = n_i$，则完全多划分图记为 $K_{n_1, \cdots, n_\ell}$。完全多划分图 $K_{1, \cdots, 1}$(含有 ℓ 划分)实际上是一个完全图(complete graph)，记为 K_ℓ。

定理 13.5　假设 $G = (V, E)$ 是一个完全多划分图，则存在一个理想秘密共享方案实现了参与者集合 V 上的基为 E 的访问结构。

证明　令 $V_1, \cdots, V_\ell$ 是 G 的划分，$x_1, \cdots, x_\ell$ 是 $\mathbb{Z}_p$ 中不同的元素，其中 $p \geqslant \ell$。令 $d = 2$。对于每个参与者 $v \in V_i$，定义 $\phi(v) = (x_i, 1)$。可以直接验证性质 (13.3) 成立。因此，根据定理 13.4，我们得到一个理想方案。

为了进一步说明向量空间构造方法的应用，我们将考虑最多四个参与者的任意的访问结构。仅仅考虑连通的访问结构，即那些基不能被分成两个不交的非空参与者子集的访问结构。例如

$$\Gamma_0 = \{\{P_1, P_2\}, \{P_3, P_4\}\}$$

能被划分成

$$\{\{P_1, P_2\}\} \bigcup \{\{P_3, P_4\}\}$$

这个划分形成了两个不同的访问结构，它们的参与者集合是互不相交的，因此，我们不考虑它。

我们把有两个，三个和四个参与者的非同构的连通的访问结构列成表 13.1。在表 13.1 中，ρ^* 的值表示可以达到的最大信息率。这将在 13.3.2 中进一步讨论。

在表 13.1 中列出的 18 个访问结构中，使用前面讲过的一般方法，我们很容易得到其中 10 个的理想方案。这 10 个访问结构或者是门限访问结构(对于这些访问结构，我们有一个 Shamir 门限方案)，或者有一个基是完全多划分图(因此可以应用定理 13.5)。

其中一个这样的访问结构是 #9，它的基是一个完全多划分图 $K_{1,1,2}$。我们用下面的例子来说明。

例 13.9 对于访问结构 #9，取 $d=2$，$p \geqslant 3$，定义 ϕ 如下：

$$\phi(P_1) = (0, 1)$$
$$\phi(P_2) = (1, 1)$$
$$\phi(P_3) = (2, 1)$$
$$\phi(P_4) = (2, 1)$$

应用定理 13.5，可得到一个理想的方案。

还有 8 个访问结构需要考察。访问结构 #11 的理想方案在例 13.8 中已经给出。访问结构 #14 的理想方案会在例13.10中给出。对于访问结构 #15 和 #16，也能用向量空间构造方法构建理想方案；参见习题。

表 13.1　至多四个参与者的访问结构

	w	Γ_0 中的子集	$\rho*$	评　论
1.	2	$P_1 P_2$	1	(2,2)门限
2.	3	$P_1 P_2$, $P_2 P_3$	1	$\Gamma_0 \cong K_{1,2}$
3.	3	$P_1 P_2$, $P_2 P_3$, $P_1 P_3$	1	(2,3)门限
4.	3	$P_1 P_2 P_3$	1	(3,3)门限
5.	4	$P_1 P_2$, $P_2 P_3$, $P_3 P_4$	2/3	例 13.11
6.	4	$P_1 P_2$, $P_1 P_3$, $P_1 P_4$	1	$\Gamma_0 \cong K_{1,3}$
7.	4	$P_1 P_2$, $P_1 P_4$, $P_2 P_3$, $P_3 P_4$	1	$\Gamma_0 \cong K_{2,2}$
8.	4	$P_1 P_2$, $P_2 P_3$, $P_2 P_4$, $P_3 P_4$	2/3	例 13.12
9.	4	$P_1 P_2$, $P_1 P_3$, $P_1 P_4$, $P_2 P_3$, $P_2 P_4$	1	$\Gamma_0 \cong K_{1,1,2}$
10.	4	$P_1 P_2$, $P_1 P_3$, $P_1 P_4$, $P_2 P_3$, $P_2 P_4$, $P_3 P_4$	1	(2,4)门限
11.	4	$P_1 P_2 P_3$, $P_1 P_4$	1	例 13.8
12.	4	$P_1 P_3 P_4$, $P_1 P_2$, $P_2 P_3$	2/3	
13.	4	$P_1 P_3 P_4$, $P_1 P_2$, $P_2 P_4$	2/3	
14.	4	$P_1 P_2 P_3$, $P_1 P_2 P_4$	1	例 13.10
15.	4	$P_1 P_2 P_3$, $P_1 P_2 P_4$, $P_3 P_4$	1	
16.	4	$P_1 P_2 P_3$, $P_1 P_2 P_4$, $P_1 P_3 P_4$	1	
17.	4	$P_1 P_2 P_3$ $P_1 P_2 P_4$ $P_1 P_3 P_4$, $P_2 P_3 P_4$	1	(3,4)门限
18.	4	$P_1 P_2 P_3 P_4$	1	(4,4)门限

例 13.10 对于访问结构 #14，取 $d=3$，$p \geqslant 2$，定义 ϕ 如下：

$$\phi(P_1) = (0, 1, 0)$$
$$\phi(P_2) = (1, 0, 1)$$
$$\phi(P_3) = (0, 1, 1)$$
$$\phi(P_4) = (0, 1, 1)$$

读者可以自己验证性质(13.3)成立，因此可得到一个理想方案。

在下一节，我们将证明余下的四个访问结构不能由理想方案实现。

13.3.2 信息率上界

我们还有四个访问结构需要考察：#5，#8，#12 和 #13。这一节我们将要证明，对于这些访问结构中的每一个，都不存在信息率 $\rho > 2/3$ 的完善秘密共享方案。

把实现一个具体的访问结构 Γ 的任意完善秘密共享方案的最大信息率记为 $\rho^* = \rho^*(\Gamma)$。我们首先给出的是某些访问结构的熵界，从中可以推导出 ρ^* 的上界。我们已经假定密钥集合 $\mathcal{K}$ 上有一个概率分布，我们把这个概率分布的熵记为 $H(\mathbf{K})$。对于任何给定的参与者的子集 $B \subseteq \mathcal{P}$，我们也讨论了共享列表 $\mathcal{S}(B)$ 的概率分布。把这个概率分布的熵记为 $H(\mathbf{B})$。

我们首先使用熵的语言给出完善秘密共享方案的另一个定义，这个定义与定义 13.3 等价。

定义 13.5 设 Γ 是一个访问结构，$\mathcal{F}$ 是分布规则的集合，则称 $\mathcal{F}$ 是实现访问结构 Γ 的一个完善秘密共享方案(perfect secret sharing scheme)，如果以下两个条件成立：
1. 对于任何参与者的授权子集 $B \subseteq \mathcal{P}$，$H(\mathbf{K}|\mathbf{B}) = 0$。
2. 对于任何参与者的非授权子集 $B \subseteq \mathcal{P}$，$H(\mathbf{K}|\mathbf{B}) = H(\mathbf{K})$。

我们需要使用几个熵的等式和不等式，其中一些已经在 2.5 节给出，余下的证明方法类似，因此，我们在下面的引理中直接列出而不加以证明。

引理 13.6 令 $\mathbf{X}$，$\mathbf{Y}$ 和 $\mathbf{Z}$ 是随机变量，则下面的式子成立：

$$H(\mathbf{X},\mathbf{Y}) = H(\mathbf{X}|\mathbf{Y}) + H(\mathbf{Y}) \tag{13.4}$$

$$H(\mathbf{X},\mathbf{Y}|\mathbf{Z}) = H(\mathbf{X}|\mathbf{Y},\mathbf{Z}) + H(\mathbf{Y}|\mathbf{Z}) \tag{13.5}$$

$$H(\mathbf{X},\mathbf{Y}|\mathbf{Z}) = H(\mathbf{Y}|\mathbf{X},\mathbf{Z}) + H(\mathbf{X}|\mathbf{Z}) \tag{13.6}$$

$$H(\mathbf{X}|\mathbf{Y}) \geqslant 0 \tag{13.7}$$

$$H(\mathbf{X}|\mathbf{Z}) \geqslant H(\mathbf{X}|\mathbf{Y},\mathbf{Z}) \tag{13.8}$$

$$H(\mathbf{X},\mathbf{Y}|\mathbf{Z}) \geqslant H(\mathbf{Y}|\mathbf{Z}) \tag{13.9}$$

下面我们证明秘密共享方案的两个关于熵的基本引理。

引理 13.7 假定 Γ 是一个访问结构，$\mathcal{F}$ 是实现 Γ 的分发规则的集合。设 $B \notin \Gamma$，$A \cup B \in \Gamma$，其中 $A, B \subseteq \mathcal{P}$，则

$$H(\mathbf{A}|\mathbf{B}) = H(\mathbf{K}) + H(\mathbf{A}|\mathbf{B},\mathbf{K})$$

证明 由式(13.5)和式(13.6)可得出

$$H(\mathbf{A},\mathbf{K}|\mathbf{B}) = H(\mathbf{A}|\mathbf{B},\mathbf{K}) + H(\mathbf{K}|\mathbf{B})$$

和

$$H(\mathbf{A},\mathbf{K}\,|\,\mathbf{B}) = H(\mathbf{K}\,|\,\mathbf{A},\mathbf{B}) + H(\mathbf{A}\,|\,\mathbf{B})$$

所以

$$H(\mathbf{A}\,|\,\mathbf{B},\mathbf{K}) + H(\mathbf{K}\,|\,\mathbf{B}) = H(\mathbf{K}\,|\,\mathbf{A},\mathbf{B}) + H(\mathbf{A}\,|\,\mathbf{B})$$

因为根据定义 13.5 的性质 2，我们有

$$H(\mathbf{K}\,|\,\mathbf{B}) = H(\mathbf{K})$$

且根据定义 13.5 的性质 1，我们有

$$H(\mathbf{K}\,|\,\mathbf{A},\mathbf{B}) = 0$$

因此，结论得证。

引理 13.8　假定 Γ 是一个访问结构，$\mathcal{F}$ 是实现 Γ 的分发规则的集合。设 $A \bigcup B \notin \Gamma$，其中 $A,B \subseteq \mathcal{P}$，则 $H(\mathbf{A}\,|\,\mathbf{B}) = H(\mathbf{A}\,|\,\mathbf{B},\mathbf{K})$。

证明　像在引理 13.7 中那样，我们有

$$H(\mathbf{A}\,|\,\mathbf{B},\mathbf{K}) + H(\mathbf{K}\,|\,\mathbf{B}) = H(\mathbf{K}\,|\,\mathbf{A},\mathbf{B}) + H(\mathbf{A}\,|\,\mathbf{B})$$

因为

$$H(\mathbf{K}\,|\,\mathbf{B}) = H(\mathbf{K})$$

并且

$$H(\mathbf{K}\,|\,\mathbf{A},\mathbf{B}) = H(\mathbf{K})$$

所以结论成立。

现在我们来证明下面一个重要的定理，这个定理是由 Capocelli，De Santis，Gargano 和 Vaccaro 给出的。

定理 13.9　假定 Γ 是一个访问结构使得

$$\{W,X\},\{X,Y\},\{W,Y,Z\} \in \Gamma$$

和

$$\{W,Y\},\{X\},\{W,Z\} \notin \Gamma$$

令 $\mathcal{F}$ 是任意一个实现 Γ 的完善秘密共享方案，则

$$H(\mathbf{XY}) \geqslant 3H(\mathbf{K})$$

证明　我们建立一系列不等式：

$$H(\mathbf{K}) = H(\mathbf{Y}|\mathbf{W},\mathbf{Z}) - H(\mathbf{Y}|\mathbf{W},\mathbf{Z},\mathbf{K}) \qquad \text{(利用引理13.7)}$$
$$\leqslant H(\mathbf{Y}|\mathbf{W},\mathbf{Z}) \qquad \text{(利用式(13.7))}$$
$$\leqslant H(\mathbf{Y}|\mathbf{W}) \qquad \text{(利用式(13.8))}$$
$$= H(\mathbf{Y}|\mathbf{W},\mathbf{K}) \qquad \text{(利用引理13.8)}$$
$$\leqslant H(\mathbf{X},\mathbf{Y}|\mathbf{W},\mathbf{K}) \qquad \text{(利用式(13.9))}$$
$$= H(\mathbf{X}|\mathbf{W},\mathbf{K}) + H(\mathbf{Y}|\mathbf{W},\mathbf{X},\mathbf{K}) \qquad \text{(利用式(13.5))}$$
$$\leqslant H(\mathbf{X}|\mathbf{W},\mathbf{K}) + H(\mathbf{Y}|\mathbf{X},\mathbf{K}) \qquad \text{(利用式(13.8))}$$
$$= H(\mathbf{X}|\mathbf{W}) - H(\mathbf{K}) + H(\mathbf{Y}|\mathbf{X}) - H(\mathbf{K}) \qquad \text{(利用引理13.7)}$$
$$\leqslant H(\mathbf{X}) - H(\mathbf{K}) + H(\mathbf{Y}|\mathbf{X}) - H(\mathbf{K}) \qquad \text{(利用式(13.7))}$$
$$= H(\mathbf{X},\mathbf{Y}) - 2H(\mathbf{K}) \qquad \text{(利用式(13.4))}$$

因此，定理得证。

推论 13.10 假定 Γ 是满足定理 13.9 中假设的访问结构，并设密钥值是等概率选取的，则 $\rho \leqslant 2/3$。

证明 因为密钥值是等概率分布的，我们有
$$H(\mathbf{K}) = \text{lb}|\mathcal{K}|$$
并且也有
$$H(\mathbf{X},\mathbf{Y}) \leqslant H(\mathbf{X}) + H(\mathbf{Y})$$
$$\leqslant \text{lb}|\mathcal{S}(X)| + \text{lb}|\mathcal{S}(Y)|$$
由定理 13.9，我们有
$$H(\mathbf{X},\mathbf{Y}) \geqslant 3H(\mathbf{K})$$
因此
$$\text{lb}|\mathcal{S}(X)| + \text{lb}|\mathcal{S}(Y)| \geqslant 3\text{lb}|\mathcal{K}|$$
根据信息率的定义，我们有
$$\rho \leqslant \frac{\text{lb}|\mathcal{K}|}{\text{lb}|\mathcal{S}(X)|}$$
和
$$\rho \leqslant \frac{\text{lb}|\mathcal{K}|}{\text{lb}|\mathcal{S}(Y)|}$$
因此得到
$$3\text{lb}|\mathcal{K}| \leqslant \text{lb}|\mathcal{S}(X)| + \text{lb}|\mathcal{S}(Y)|$$
$$\leqslant \frac{\text{lb}|\mathcal{K}|}{\rho} + \frac{\text{lb}|\mathcal{K}|}{\rho}$$
$$= 2\frac{\text{lb}|\mathcal{K}|}{\rho}$$
所以，$\rho \leqslant 2/3$。

对于访问结构 #5，#8，#12 和 #13，定理 13.9 的条件成立，因此，对于这四个存取结构，$\rho^* \leqslant 2/3$。

对于访问结构是以一个图 Γ_0 为基的情况，关于 ρ^* 我们也有下面的结论。关于此结论，我们需要证明任何非多划分的连通图包含一个四个顶点的导出子图同构于 #5 或者 #8 中的访问结构的基。如果图 $G = (V, E)$ 的顶点集是 V，边集是 E，并且 $V_1 \subseteq V$，则导出子图(induced subgraph) $G[V_1]$ 定义为图 (V_1, E_1)，其中 $E_1 = \{uv \in E, u, v \in V_1\}$。

定理 13.11　假定 G 是一个非完全多划分的连通图，令 $\Gamma(G)$ 是具有基 E 的访问结构，其中 E 是 G 的边集，那么 $\rho^*(\Gamma(G)) \leqslant 2/3$。

证明　我们首先证明，对于非完全多划分的连通图，一定含有四个顶点 w, x, y, z，使得其导出子图 $G[w, x, y, z]$ 同构于 #5 或者 #8 中的访问结构的基。

令 G^C 是 G 的补图。因为 G 不是完全多划分的，必定存在三个顶点 x, y, z 使得 $xy, yz \in E(G^C)$ 并且 $xz \in E(G)$。定义

$$d = \min\{d_G(y, x), d_G(y, z)\}$$

其中 d_G 表示图 G 中两个顶点间的最短路径的长度，则 $d \geqslant 2$。不失一般性，根据对称性，我们可以假设 $d = d_G(y, x)$。令

$$y_0, y_1, \cdots, y_{d-1}, x$$

是图 G 中的一个路径，其中 $y_0 = y$。我们有

$$y_{d-2}z, y_{d-2}x \in E(G^C)$$

和

$$y_{d-2}y_{d-1}, y_{d-1}x, xz \in E(G)$$

于是，正如我们所愿，$G[y_{d-2}, y_{d-1}, x, z] G[w, x, y, z]$ 同构于 #5 或者 #8 中的访问结构的基。

因此，我们可以假定我们已经找到了四个顶点 w, x, y, z 使得导出子图同构于 #5 或者 #8 中的访问结构的基。现在，令 $\mathcal{F}$ 是实现存取结构 $\Gamma(G)$ 的任意一个方案。如果我们将分发规则的定义域限制在 $\{w, x, y, z\}$ 上，则我们可以得到实现访问结构 #5 或者 #8 的方案 $\mathcal{F}'$。显然，$\rho(\mathcal{F}') \geqslant \rho(\mathcal{F})$。因为 $\rho(\mathcal{F}') \leqslant 2/3$，所以 $\rho(\mathcal{F}) \leqslant 2/3$。定理得证。

由于对完全多划分图，$\rho^* = 1$，定理 13.11 告诉我们，对于一个访问结构，如果它的基是一个连通图的边集，那么永远不会出现 $2/3 < \rho^* < 1$ 的情况。

13.3.3　分解构造

在表 13.1 中我们还有四个访问结构需要考虑，当然，对于这些访问结构，可以用单调电路的构造方法产生方案。然而，用这种方法，最好情况是得到每种情形下的信息率为 $\rho = 1/2$ (在 #5 和 #12 的情形，通过使用析取范式的布尔电路，可以得到 $\rho = 1/2$。对于 #8 和 #13，析取范式的布尔电路产生的信息率 $\rho = 1/3$，但是也存在其他的能够获得 $\rho = 1/2$ 的单调电路)。

然而，对于这四个访问结构中的每一个来说，通过使用把理想方案作为构造模块去构造更大一些的方案的方法，都可能产生 $\rho = 2/3$ 的方案。

我们先给出一个这种类型的简单构造方法，称之为分解构造(decomposition construction)。首先，我们需要定义一个重要的概念。

定义 13.6 假定 Γ 是具有基 Γ_0 的访问结构，令 $\mathcal{K}$ 是一个指定的密钥集合。

(对于密钥集 $\mathcal{K}$ 的) Γ_0 的一个**理想分解**(ideal decomposition)是由子集组成的集合 $\{\Gamma_1, \cdots \Gamma_n\}$，并满足下面的性质：

1. 对于 $1 \leqslant k \leqslant n$，$\Gamma_k \subseteq \Gamma_0$

2. $\displaystyle\bigcup_{k=1}^{n} \Gamma_k = \Gamma_0$

3. 对于 $1 \leqslant k \leqslant n$，对于具有基 Γ_k 的访问结构来说，存在参与者集合是

$$\mathcal{P}_k = \bigcup_{B \in \Gamma_k} B$$

上的具有密钥集 $\mathcal{K}$ 的理想方案。

给定访问结构 Γ 的一个理想分解，很容易用下面的定理建立一个完善秘密共享方案。

定理 13.12 (分解构造)假定 Γ 是具有基 Γ_0 的访问结构，令 $\mathcal{K}$ 是一个指定的密钥集合，$\{\Gamma_1, \cdots \Gamma_n\}$ 是 Γ 的对应于密钥集 $\mathcal{K}$ 的理想分解。对于每个参与者 P_i，定义 $R_i = \left| \{j : P_i \in \mathcal{P}_j\} \right|$，则存在一个实现 Γ 的具有信息率是 $\rho = 1/R$ 的完善秘密共享方案，其中 $R = \max\{R_i : 1 \leqslant i \leqslant w\}$。

证明 对于 $1 \leqslant j \leqslant n$，存在一个实现基是 Γ_j 的访问结构的理想方案，其密钥集是 $\mathcal{K}$，分发规则集是 $\mathcal{F}^j$。我们将建立一个密钥集是 $\mathcal{K}$ 的实现 Γ 的方案。分发规则集 $\mathcal{F}$ 依照下面的方法建立。设 D 想要分享密钥值 K，于是，对于每个 j，$1 \leqslant j \leqslant n$，他选择一个随机的分发规则 $f^j \in \mathcal{F}_K^j$，并把所得到的共享值分发给参与者 $\mathcal{P}_j$。

我们略去关于方案的完善性的证明。然而，很容易计算出所得到的方案的信息率。因为每个组成方案都是理想的，我们可以得到，对于 $1 \leqslant i \leqslant w$

$$\left| \mathcal{S}(P_i) \right| = |\mathcal{K}|^{R_i}$$

因此

$$\rho_i = \frac{1}{R_i}$$

并且

$$\rho = \frac{1}{\max\{R_i : 1 \leqslant i \leqslant w\}}$$

这就是我们所要证明的结论。

虽然定理 13.12 很有用处，但是我们更倾向于使用一个推广的形式，即用 ℓ 个 Γ_0 的理想分解代替只有一个的情况。ℓ 个理想分解中的每一个都用来分享从密钥集 $\mathcal{K}$ 中选择的一个密

钥值。于是，我们可以建立一个具有密钥集 $\mathcal{K}^\ell$ 的方案(即密钥都是 ℓ 元组)。方案的建立和信息率的情况将在下面的定理中阐述。

定理 13.13　(ℓ 分解构造)假定 Γ 是具有基 Γ_0 的访问结构，$\ell \geq 1$ 是一个整数。令 $\mathcal{K}$ 是一个指定的密钥集，对于 $1 \leq h \leq \ell$，设 $\mathcal{D}_h = \{\Gamma_{h,1}, \cdots \Gamma_{h,n_h}\}$ 是 Γ_0 对于密钥集 $\mathcal{K}$ 的理想分解。令 $\mathcal{P}_{h,j}$ 是访问结构 $\Gamma_{h,j}$ 的参与者集合。对于每个参与者 P_i，定义

$$R_i = \sum_{h=1}^{\ell} \left| \{ j : P_i \in \mathcal{P}_{h,j} \} \right|$$

则存在一个实现 Γ 的完善秘密共享方案，其信息率是 $\rho = \ell / R$，其中

$$R = \max \{ R_i : 1 \leq i \leq w \}$$

证明　对于 $1 \leq h \leq \ell$ 和 $1 \leq j \leq n_h$，存在一个实现基为 $\Gamma_{h,j}$ 的访问结构的理想方案，其密钥集是 $\mathcal{K}$，分发规则集是 $\mathcal{F}^{h,j}$。

我们构造一个实现 Γ 的方案，其密钥集是 $\mathcal{K}^\ell$。分发规则集 $\mathcal{F}$ 用以下的方法建立。假定 D 想要共享密钥值 $K = (K_1, \cdots, K_\ell)$。则对于所有的满足 $1 \leq h \leq \ell$ 和 $1 \leq j \leq n_h$ 的 h 和 j，他选择一个随机的分发规则 $f^{h,j} \in \mathcal{F}_{K_h}^{h,j}$ 并且给 $\mathcal{P}_{h,j}$ 中的参与者分发共享值。

信息率的计算方法同定理 13.12 中的计算方法类似。

让我们看两个示例。

例 13.11　访问结构 #5 的基是一个图，但不是一个完全多划分图。因此，从定理 13.11 我们可以知道 $\rho^* \leq 2/3$。

令 p 是任意一个素数，考虑下面两个理想分解(每个分解的密钥集都是 $\mathbb{Z}_p$)：

$$\mathcal{D}_1 = \{\Gamma_{1,1}, \Gamma_{1,2}\}$$

其中

$$\Gamma_{1,1} = \{\{P_1, P_2\}\}$$
$$\Gamma_{1,2} = \{\{P_2, P_3\}, \{P_3, P_4\}\}$$

并且

$$\mathcal{D}_2 = \{\Gamma_{2,1}, \Gamma_{2,2}\}$$

其中

$$\Gamma_{2,1} = \{\{P_1, P_2\}, \{P_2, P_3\}\}$$
$$\Gamma_{2,2} = \{\{P_3, P_4\}\}$$

两个分解中的每一个都是由一个图 K_2 和一个图 $K_{1,2}$ 组成的，所以它们都是理想分解。每个自身都可以产生一个信息率 $\rho = 1/2$ 的方案。然而，如果我们用定理 13.13 中 $\ell = 2$ 的情况组合它们，则可以得到一个信息率是 $\rho = 2/3$ 的方案，这是一个最优方案。

一个使用定理 13.5 的实现方法如下：D 从 $\mathbb{Z}_p$ 中选择 4 个随机值(相互独立地)，记为 b_{11}，b_{12}，b_{21} 和 b_{22}。给定一个密钥 $(K_1, K_2) \in (\mathbb{Z}_p)^2$，$D$ 按照如下的方式分发共享：

1. P_1 收到 b_{11}，b_{21}。
2. P_2 收到 $b_{11} + K_1$，b_{12}，$b_{21} + K_2$。

3. P_3 收到 $b_{12} + K_1$，b_{21}，b_{22}。

4. P_4 收到 b_{12}，$b_{22} + K_2$。

（所有运算都是在 $\mathbb{Z}_p$ 中进行的）。

例 13.12 考虑访问结构 #8。同样，根据定理 13.11，$\rho^* \leqslant 2/3$，并且两个合适的理想分解能够产生一个具有信息率 $\rho = 2/3$ 的（最优）方案。

对于任何素数 $p \geqslant 3$，取 $\mathcal{K} = \mathbb{Z}_p$，定义两个理想分解如下：

$$\mathcal{D}_1 = \{\Gamma_{1,1}, \Gamma_{1,2}\}$$

其中

$$\Gamma_{1,1} = \{\{P_1, P_2\}\}$$
$$\Gamma_{1,2} = \{\{P_2, P_3\}, \{P_2, P_4\}, \{P_3, P_4\}\}$$

并且

$$\mathcal{D}_2 = \{\Gamma_{2,1}, \Gamma_{2,2}\}$$

其中

$$\Gamma_{2,1} = \{\{P_1, P_2\}, \{P_2, P_3\}, \{P_2, P_4\}\}$$
$$\Gamma_{2,2} = \{\{P_3, P_4\}\}$$

$\mathcal{D}_1$ 由 K_2 和 K_3 组成，$\mathcal{D}_2$ 由 K_2 和 $K_{1,3}$ 组成，所以这两个都是密钥集 $\mathcal{K}$ 的理想分解。在 $\ell = 2$ 时，应用定理 13.13，我们得到一个方案，其信息率是 $\rho = 2/3$。

一个使用定理 13.5 的实现方法如下。D 从 $\mathbb{Z}_p$ 中选择 4 个随机值（相互独立地），记为 b_{11}，b_{12}，b_{21} 和 b_{22}。给定一个密钥 $(K_1, K_2) \in (\mathbb{Z}_p)^2$，$D$ 按照如下的方式分发共享：

1. P_1 收到 $b_{11} + K_1$，$b_{21} + K_2$。

2. P_2 收到 b_{11}，b_{12}，b_{21}。

3. P_3 收到 $b_{12} + K_1$，$b_{21} + K_2$，b_{22}。

4. P_4 收到 $b_{12} + 2K_1$，$b_{21} + K_2$，$b_{22} + K_2$。

（所有运算都是在 $\mathbb{Z}_p$ 中进行的）。

到目前为止，除了访问结构 #12 和 #13 对应的 ρ^* 的值以外，我们已经对表 13.1 中的所有情况都做了说明。没有做说明的值来自于更加一般化的分解构造方法，这种方法不在这里给出，读者可以参见注释与参考文献。

13.4 注释与参考文献

门限方案是由 Blakley[46] 和 Shamir[297] 分别独立提出来的。最初对一般访问结构的秘密共享的研究出现在 Ito, Satito 和 Nishizeki[180] 中。13.2 节基于的是 Benaloh 和 Leichter 的方法 [28]。向量空间的构造方法来自于 Brickell [73]。13.3.2 节的熵界是 Capocelli 等在参考文献[83] 中证明的，这节的其他材料来自于 Blundo 等人[54]。

对于分解技术的其他讨论可以在 Stinson [318]和[320]中找到。对于分解构造的一般性方法，可以参见 van Dijk，Jackson 和 Martin [33]。

这一章，着重讨论了秘密共享的线性代数和组合方法。与矩阵理论的一些有趣的联系可参见 Brickell 和 Davenport [75]。使用几何技术也能构造秘密共享方案，在这个方向，Simmons 做了大量的研究。关于秘密共享的几何技术方面的综述，可以参见参考文献[305]。

习题

13.1　写一个计算机程序来计算实现在 $\mathbb{Z}_p$ 中的 Shamir(t, w)门限方案的密钥值。也就是说，给定 t 个公开的 x 坐标 $x_1, x_2, \cdots, x_t$ 和 t 个 y 坐标 $y_1, \cdots, y_t$，使用 Lagrange 公式计算密钥值。

(a) 取 $p = 31847$，$t = 5$，$w = 10$，并用下面的共享测试你的程序：

$$x_1 = 413 \qquad y_1 = 25\ 439$$
$$x_2 = 432 \qquad y_2 = 14\ 847$$
$$x_3 = 451 \qquad y_3 = 24\ 780$$
$$x_4 = 470 \qquad y_4 = 5910$$
$$x_5 = 489 \qquad y_5 = 12\ 734$$
$$x_6 = 508 \qquad y_1 = 12\ 492$$
$$x_7 = 527 \qquad y_2 = 12\ 555$$
$$x_8 = 546 \qquad y_3 = 28\ 578$$
$$x_9 = 565 \qquad y_4 = 20\ 806$$
$$x_{10} = 584 \qquad y_5 = 21\ 462$$

验证使用 5 个共享的不同子集能够计算出相同的密钥值。

(b) 确定了密钥值以后，计算分发给一个横坐标为 10 000 的参与者的共享(注意，这个可以不必计算出整个秘密多项式 $a(x)$)。

13.2　(a) 假定下面是一个在 $\mathbb{Z}_{94\ 875\ 355\ 691}$ 中实现的(5,9)-Shamir 门限方案中的 9 个共享：

i	x_i	y_i
1	11	537 048 626
2	22	89 894 377 870
3	33	65 321 160 237
4	44	18 374 404 957
5	55	24 564 576 435
6	66	87 371 334 299
7	77	60 461 341 922
8	88	10 096 524 973
9	99	81 367 619 987

其中只有一个共享是不正确的，你的任务是找出哪个是不正确的，并且给出正确的值和密钥值。

你的算法中的基本运算是多项式插值和多项式赋值。请尽量减少多项式插值的次数。

提示：至多使用 3 次插值公式问题就可以得到解决。

(b) 假定一个 (t, w)-Shamir 门限方案只有一个错误的共享，并且假定 $w - t \geq 2$。试描述一下如何使用至多 $\left\lceil \dfrac{w}{w-t} \right\rceil$ 次插值公式就可以检查出错误的共享。为什么当 $w - t = 1$ 时解不出这个问题？

(c) 假定一个 (t, w)-Shamir 门限方案正好有 τ 个错误的共享，并且 $w \geq (\tau+1)t$。描述一下如何使用至多 $\tau + 1$ 次插值公式就可以检查出错误的共享。

13.3 对具有如下基的访问结构，使用单调电路构造方法构造一个信息率 $\rho = 1/3$ 的秘密共享方案。

(a) $\Gamma_0 = \{\{P_1, P_2\}, \{P_2, P_3\}, \{P_2, P_4\}, \{P_3, P_4\}\}$。

(b) $\Gamma_0 = \{\{P_1, P_3, P_4\}, \{P_1, P_2\}, \{P_2, P_3\}, \{P_2, P_4\}\}$。

(c) $\Gamma_0 = \{\{P_1, P_2\}, \{P_1, P_3\}, \{P_2, P_3, P_4\}, \{P_2, P_4, P_5\} \{P_3, P_4, P_5\}\}$。

13.4 对具有如下基的访问结构，使用向量空间构造方法构造理想的Brickell秘密共享方案：

(a) $\Gamma_0 = \{\{P_1, P_2, P_3\}, \{P_1, P_2, P_4\}, \{P_3, P_4\}\}$。

(b) $\Gamma_0 = \{\{P_1, P_2, P_3\}, \{P_1, P_2, P_4\}, \{P_1, P_3, P_4\}\}$。

(c) $\Gamma_0 = \{\{P_1, P_2\}, \{P_1, P_3\}, \{P_2, P_3\}, \{P_1, P_4, P_5\}, \{P_2, P_4, P_5\}\}$。

13.5 对具有如下基的访问结构，使用分解构造方法构造出指定信息率的秘密共享方案：

(a) $\Gamma_0 = \{\{P_1, P_3, P_4\}, \{P_1, P_2\}, \{P_2, P_3\}\}$，$\rho = 3/5$。

(b) $\Gamma_0 = \{\{P_1, P_3, P_4\}, \{P_1, P_2\}, \{P_2, P_3\} \{P_2, P_4\}\}$，$\rho = 4/7$。

第14章 组播安全和版权保护

14.1 组播安全简介

组播(Multicast)是指一条消息有多个指定的接收者，即与一对一通信相对的一对多通信，这种情形出现在有可能同时发送一条消息到多个用户的网络环境中。我们在本章中并不关心它的实现机制，仅假设它是相关网络的固有性质，并将专注于研究组播网络环境中的安全问题。

组播通常考虑两种"标准应用场合"，其描述如下所示。

单源广播

在这种模型中，存在一个单一实体将信息广播到网络用户，后者有时也被称为一个组播组。付费电视是这种情形的一个例子。典型情况下，组播组可以是长期存在的(Long-lived)，也可以是动态的(Dynamic)，即随着时间推移用户可以加入或者离开一个组，因此实际需要有增加或删除组内成员的算法。密钥撤销(Key Revocation)算法用来删除离开组播组的用户密钥或使其无效，它是通过广播的方式对其他用户的密钥进行更新来实现的。

在这种类型的广播中，我们需要确保所广播信息的机密性，也许还需要确保其真实性。

虚拟会议

假设一个较大组中的部分用户想要召开一个小规模的虚拟会议(例如，电话会议，或者由某些特定组员构成的委员会会议)，这就形成了一个短期的组播组，它可能是静态的。由于会议中的任何成员必须能够发送信息给组中的其他任何成员，通常需要确保多个发送者能进行组播。

我们需要提供广播信息的机密性，也许还需要提供其真实性，这通常是通过建立只有组员知道的临时会话密钥来保证，而是否需要确保消息源的真实性取决于会议的要求。事实上，在某些情况下需要匿名性，如秘密选举，但是，需要确保发送者始终是指定组中的一员。

在下一节中，将描述用于以上场合的密码方案。

14.2 广播加密

在一个广播加密方案(Broadcast Encryption Scheme，BES)中，一个可信权威机构(Trusted Authority，TA)想要发送一条加密消息给网络 $\mathcal{U}$ 中 n 个用户的一个子集 P。子集 P 由广播的意定接收者组成，通常被称为特权子集(Privileged Subset)。

例如，在密钥 K 下可以用分组密码加密一个付费电视的电影节目 $\mathcal{M}$，即 $y = e_K(M)$，而一个广播加密方案用于加密 K 使得只有 P 的成员才能确定 K。值得注意的是，一个 BES 用来加密一个较短的密钥，而不是加密数据量较大的电影。这是因为在 BES 中需要进行消息扩展(后面我们将详述)。不在特权子集中的用户 U_i 可能可以接收到广播，但不能计算出密钥 K。

通常在方案初始化前特权子集 P 是未知的。事实上，一旦一个方案开始运行，它就能用于在一段时间内广播消息给不同的特权子集。

我们首先介绍所谓的平凡广播加密方案(Trivial BES)，参见密码体制 14.1。

在平凡广播加密方案建立阶段，TA 分发给网络中每个用户 U_i 一个不同的密钥。设 P 是一个用户特权子集，则对每个用户 $U_i \in P$，TA 使用用户密钥 k_i 加密 K，即 $y_i = e_{k_i}(K)$。显然用户 $U_i \in P$ 能够解密 y_i 得到 K，然后用 K 解密 y 得到 M。而不在 P 中的用户不能解密任何 y_i，从而也不能解密 y。

密码体制 14.1　平凡广播加密方案

密钥预分配(初始化阶段)：TA 给用户 U_i 分发一个秘密密钥 k_i，$U_i \in \mathcal{U}$。

密钥加密：设 P 是一个特权子集，对所有的 $U_i \in P$，TA 使用密钥 k_i 加密 K。

消息加密：使用秘密密钥 K 加密消息 M，即 $y = e_K(M)$。广播由 P，y 和以下加密密钥列表组成：

$$b_P = (e_{k_i}(K):U_i \in P)$$

这个过程的一般结构参见图 14.1，图中的特权子集是 $P = \{U_{i_1}, \cdots, U_{i_{|P|}}\}$。

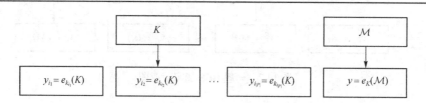

图 14.1　平凡广播加密方案加密示意图

被广播的 b_P 是加密密钥的 $|P|$ 元组，所以该广播消息的扩展量被说成是等于 $|P|$。平凡广播加密方案具有低存储空间需求和高安全性，每个用户只有一个密钥，并且非特权用户不能通过合谋(Coalition)计算出 K。然而，平凡广播加密方案有很大的消息扩展量。

一般来讲，我们希望在广播加密方案的参数中找到好的折中。例如，我们希望用降低安全等级和提升存储空间需求的办法来换取低于平凡广播加密方案的消息扩展量。

我们现在介绍一个有关设计技术的高层观点，并将基于它构造高效的广播加密方案。假设 $P \subseteq \mathcal{U}$ 是一个特权子集，w 表示合谋用户数的最大值(w 是广播加密方案的安全参数)，整数 r 和 v 是广播加密方案的其他参数，它们的值将在以后指定。所谓一般广播加密方案(General BES，以下也称一般 BES)包含一个密钥预分配的初始化阶段，以及紧接着的三个各广播一条消息的步骤，该方案由密码体制 14.2 概述。

密码体制 14.2　一般 BES

密钥预分配(初始化阶段)：TA 为 v 个密钥预分配方案向网络 $\mathcal{U}$ 中的用户分发密钥资料。

秘密共享(Secret Sharing)：TA 选择一个秘密密钥 K，使用 (r, v) 门限方案把它分成 v 份共享(Share)，分别标记为 $s_1, \cdots, s_v$。

共享加密/解密：设 P 是一个特权子集，对 $1 \leq i \leq v$，TA 用从第 i 个 KDP 处获得的密钥 k_i 加密 s_i；这样，下列条件将得到满足：

1. 每个用户 $U_j \in P$ 能计算密钥 $k_1, \cdots, k_v$ 中的至少 r 个密钥(因此 U_j 能解密 K 的 r 份共享数据，然后重构 K)。
2. 对任何进行合谋的用户集合 F，满足 $F \cap P = \phi$ 和 $|F| \leq w$，至多能计算出密钥 $k_1, \cdots, k_v$ 中的 $r-1$ 个密钥(因此 F 能解密至多 K 的 $r-1$ 份共享数据，所以不能得到 K 的任何信息)。

消息加密：使用密钥 K 加密消息 $\mathcal{M}$，即 $y = e_K(\mathcal{M})$。广播由 P (特权子集)，y(加密消息)和加密的各份密钥共享数据组成：

$$b_P = (e_{k_i}(s_i) : 1 \leq i \leq v)$$

加密过程参见图 14.2。

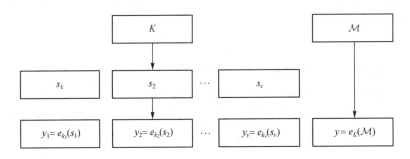

图 14.2　一般 BES 加密示意图

一般 BES 使用了平凡广播加密方案所没有的密钥共享操作。基本上，密钥 K 被分割成多份共享然后分别加密并广播。

可以通过使用曾在 10.4.1 节中描述的 Fiat-Naor 密钥分配模式(KDP)高效地实现一般 BES。我们将组建一个由 v 个不同 Fiat-Naor 1-KDP 组成的集合，每个 1-KDP 定义在某个由参与者组成的子集上(回想一下，一个 1-KDP 定义针对单个敌手安全的密钥)。

用一个尺寸为 $v \times n$、元素值为 0 或 1 的关联矩阵 $\boldsymbol{M}$ 表示用户所关联的 KDP。v 个 KDP 用 $\mathcal{F}_1, \cdots, \mathcal{F}_v$ 表示，当且仅当 $\boldsymbol{M}[i, j] = 1$ 时用户 U_j 从 KDP $\mathcal{F}_i$ 中获得密钥。下面的表示将会很有用，对于 $1 \leq i \leq v$，令

$$\text{users}(i) = \{U_j : \boldsymbol{M}[i, j] = 1\}$$

并且对于 $1 \leq j \leq n$，令

$$\text{schemes}(j) = \{i : \boldsymbol{M}[i, j] = 1\}$$

即 users(i) 记录用户与第 i 个 KDP 关联，schemes(j) 表示用户 U_j 属于的 KDP。以下我们将看到如果获得的一般 BES 是安全的，则矩阵 $\boldsymbol{M}$ 将满足某些性质。

我们现在讨论一般 BES 加密共享数据的细节。首先，对每个 j，$1 \leq j \leq n$，我们要求 $|\text{schemes}(j)| = r$（即每个用户正好与 v 个方案中的 r 个关联）。TA 如同在一般 BES 的框架描述中一样加密 K（加密密钥），这在算法 14.1 中有更详细的描述。

算法 14.1   一般 BES 消息加密

输入：密钥 K，特权集 P 与消息 $\mathcal{M}$。

1. TA 使用 (r,v) 门限方案的共享生成算法构造密钥 K 的 v 份共享，它们可以表示为 $s_1, \cdots, s_v$。

2. 对 $1 \leq i \leq v$，TA 为方案 $\mathcal{F}_i$ 的用户子集 $P \bigcap \text{users}(i)$ 计算密钥 k_i，得到该用户集的组密钥。

3. 对 $1 \leq i \leq v$，TA 计算 $b_i = e_{k_i}(s_i)$。

4. TA 计算 $y = e_K(\mathcal{M})$。

输出：加密消息 y 和广播 b_P。

算法 14.2   一般 BES 消息解密

输入：特权集 P，加密消息 y 与广播 b_P。

1. 对所有 $i \in \text{schemes}(j)$，U_j 为方案 $\mathcal{F}_i$ 的用户子集 $P \bigcap \text{users}(i)$ 构造组密钥 k_i。

2. 对所有 $i \in \text{schemes}(j)$，U_j 计算 $s_i = d_{k_i}(b_i)$。

3. U_j 使用 (r,v) 门限方案的共享重构算法并基于子集 $\{s_i : i \in \text{schemes}(j)\}$ 中的 r 份共享计算密钥 K。

4. U_j 计算 $\mathcal{M} = d_K(y)$。

输出：解密消息 $\mathcal{M}$。

特权子集 P 中的用户解密广播消息很简单，对于输入 P，y 以及 $b_P = (b_1, \cdots, b_v)$，用户 $U_j \in P$ 执行算法 14.2 中描述的操作即可。

我们仍需考虑一般 BES 的安全性，但首先，用一个小例子来说明加密和解密的步骤。

例 14.1   假设在网络中有 7 个用户，我们要构造一个使用 7 个 KDP 的一般 BES，即 $n = 7$ 且 $v = 7$。关联矩阵 M 定义如下：

$$M = \begin{pmatrix} 1 & 1 & 0 & 1 & 0 & 0 & 0 \\ 0 & 1 & 1 & 0 & 1 & 0 & 0 \\ 0 & 0 & 1 & 1 & 0 & 1 & 0 \\ 0 & 0 & 0 & 1 & 1 & 0 & 1 \\ 1 & 0 & 0 & 0 & 1 & 1 & 0 \\ 0 & 1 & 0 & 0 & 0 & 1 & 1 \\ 1 & 0 & 1 & 0 & 0 & 0 & 1 \end{pmatrix}$$

容易验证每个用户都和 $r = 3$ 个方案关联，而且每个 KDP 都定义在由 7 个用户中的 3 个组成的子集上。

在初始化阶段, 一共有 7 个 1-KDP 被创建。每个 $\mathcal{F}_i$ ($1 \leqslant i \leqslant 7$) 有 4 个密钥, 每个在 users($i$) 中的用户收到在这 4 个密钥外的 3 个。密钥按照如下规则分发: 假设 users(i) = $\{\alpha, \beta, \gamma\}$。对 7 个方案中的任一个, 密钥 ℓ_i 发给 α, β 和 γ; 密钥 $\ell_{i,\alpha}$ 发给 β 和 γ; 密钥 $\ell_{i,\beta}$ 发给 α 和 γ; 密钥 $\ell_{i,\gamma}$ 发给 α 和 β。

接着每个用户将收到总共 9 个密钥, 如下表所示:

U_1	U_2	U_3	U_4	U_5	U_6	U_7
ℓ_1	ℓ_1	ℓ_2	ℓ_1	ℓ_2	ℓ_3	ℓ_4
$\ell_{1,2}$	$\ell_{1,1}$	$\ell_{2,2}$	$\ell_{1,1}$	$\ell_{2,2}$	$\ell_{3,3}$	$\ell_{4,4}$
$\ell_{1,4}$	$\ell_{1,4}$	$\ell_{2,5}$	$\ell_{1,2}$	$\ell_{2,3}$	$\ell_{3,4}$	$\ell_{4,5}$
ℓ_5	ℓ_2	ℓ_3	ℓ_3	ℓ_4	ℓ_5	ℓ_6
$\ell_{5,5}$	$\ell_{2,3}$	$\ell_{3,4}$	$\ell_{3,3}$	$\ell_{4,4}$	$\ell_{5,1}$	$\ell_{6,2}$
$\ell_{5,6}$	$\ell_{2,5}$	$\ell_{3,6}$	$\ell_{3,6}$	$\ell_{4,7}$	$\ell_{5,5}$	$\ell_{6,6}$
ℓ_7	ℓ_6	ℓ_7	ℓ_4	ℓ_5	ℓ_6	ℓ_7
$\ell_{7,3}$	$\ell_{6,6}$	$\ell_{7,1}$	$\ell_{4,5}$	$\ell_{5,1}$	$\ell_{6,2}$	$\ell_{7,1}$
$\ell_{7,7}$	$\ell_{6,7}$	$\ell_{7,7}$	$\ell_{4,7}$	$\ell_{5,6}$	$\ell_{6,7}$	$\ell_{7,3}$

现在假设TA要广播一条消息给用户集 $P = \{U_1, U_2, U_3\}$。下面是在7个 Fiat-Naor KDP 中使用的密钥:

i	users(i) $\bigcap P$	k_i
1	$\{U_1, U_2\}$	$\ell_1 + \ell_{1,4}$
2	$\{U_2, U_3\}$	$\ell_2 + \ell_{2,5}$
3	$\{U_3\}$	$\ell_3 + \ell_{3,4} + \ell_{3,6}$
4	ϕ	$\ell_4 + \ell_{4,4} + \ell_{4,5} + \ell_{4,7}$
5	$\{U_1\}$	$\ell_5 + \ell_{5,5} + \ell_{5,6}$
6	$\{U_2\}$	$\ell_6 + \ell_{6,6} + \ell_{6,7}$
7	$\{U_1, U_3\}$	$\ell_7 + \ell_{7,7}$

在这个例子中, $r = 3$, $v = 7$, 所以 TA 可以使用在 $\mathbb{Z}_p$ 上执行的 Shamir $(3, 7)$ 门限方案, 这里 p 是任意素数(参见 13.1 节对 Shamir 门限方案的描述)。设 s_1, $\cdots$, s_7 是 K 的 7 个共享, $K \in \mathbb{Z}_p$, 它们由相关门限方案的共享生成算法生成。被广播的 $b_P = (b_1, \cdots, b_7)$ 由以下值组成:

$$b_1 = e_{\ell_1 + \ell_{1,4}}(s_1)$$

$$b_2 = e_{\ell_2 + \ell_{2,5}}(s_2)$$

$$b_3 = e_{\ell_3 + \ell_{3,4}}(s_3)$$

$$b_4 = e_{\ell_4 + \ell_{4,4} + \ell_{4,5} + \ell_{4,7}}(s_4)$$

$$b_5 = e_{\ell_5 + \ell_{5,5} + \ell_{5,6}}(s_5)$$

$$b_6 = e_{\ell_6 + \ell_{6,6} + \ell_{6,7}}(s_6)$$

$$b_7 = e_{\ell_7 + \ell_{7,7}}(s_7)$$

显然 U_1，U_2 和 U_3 分别能计算出 7 个 k_i 中的 3 个：U_1 能计算 k_1，k_5 和 k_7；U_2 能计算 k_1，k_2 和 k_6；U_3 能计算 k_2，k_3 和 k_7。

假设 F 是一个从特权集 P 分离出来的合谋用户组成的集合。为了使一般 BES 抵抗联合体 F 是安全的，必须使 F 不能计算出密钥 $k_1, \cdots, k_v$ 中多于 $r-1$ 个的密钥(这意味着 F 最多能解密 $r-1$ 个共享。因为门限方案的门限值为 r，这使 F 不能计算出关于 K 的任何信息)。

F 能够在 $k_1, \cdots, k_v$ 中计算出的密钥由关联矩阵 M 决定。当 M 满足特定的组合属性时，方案的安全性将有保障。基本上，一切都取决于组密钥的构造过程。回想一下，对 $1 \le i \le v$，方案 $\mathcal{F}_i$ 是一个定义在子集 $\mathrm{users}(i)$ 上的 Fiat-Naor 1-KDP。通常，为建立方案 $\mathcal{F}_i$，TA 按照以下规则分发密钥：

1. 密钥 ℓ_i 被分发给 $\mathrm{users}(i)$ 中的每个用户；
2. 对每个 $U_j \in \mathrm{users}(i)$，密钥 $\ell_{i,j}$ 被分发给每个在 $\mathrm{users}(i) \setminus \{U_j\}$ 中的用户。

于是，在 KDP $\mathcal{F}_i$ 中，用户子集 $P \bigcap \mathrm{users}(i)$ 的组密钥是

$$k_i = \ell_i + \sum_{\{j:\, U_j \in \mathrm{users}(i) \setminus P\}} \ell_{i,j}$$

Fiat-Naor 1-KDP 的安全性保证了不在子集 $P \bigcap \mathrm{users}(i)$ 中的个人用户不能计算出 k_i，但是，在 $\mathrm{users}(i) \setminus P$ 中的两个或更多用户形成的子集能够计算出 k_i。因此，合谋用户集 F 能够计算出一个密钥 k_i 当且仅当 $|F \bigcap \mathrm{users}(i)| \ge 2$。

我们以下继续讨论前面的例子。

例 14.1(续)　回想关联矩阵 M 和子集 $\mathrm{users}(i)$，$i = 1, \cdots, 7$:

$$M = \begin{pmatrix} 1 & 1 & 0 & 1 & 0 & 0 & 0 \\ 0 & 1 & 1 & 0 & 1 & 0 & 0 \\ 0 & 0 & 1 & 1 & 0 & 1 & 0 \\ 0 & 0 & 0 & 1 & 1 & 0 & 1 \\ 1 & 0 & 0 & 0 & 1 & 1 & 0 \\ 0 & 1 & 0 & 0 & 0 & 1 & 1 \\ 1 & 0 & 1 & 0 & 0 & 0 & 1 \end{pmatrix} \qquad \begin{array}{l} \mathrm{users}(1) = \{U_1, U_2, U_4\} \\ \mathrm{users}(2) = \{U_2, U_3, U_5\} \\ \mathrm{users}(3) = \{U_3, U_4, U_6\} \\ \mathrm{users}(4) = \{U_4, U_5, U_7\} \\ \mathrm{users}(5) = \{U_1, U_5, U_6\} \\ \mathrm{users}(6) = \{U_2, U_6, U_7\} \\ \mathrm{users}(7) = \{U_1, U_3, U_7\} \end{array}$$

我们能够证明这个一般 BES 对于大小为 $w = 2$ 的合谋攻击是安全的。容易验证，它的安全性依赖于关联矩阵 M 的如下属性：对任意两个用户形成的子集，例如 $\{U_j, U_{j'}\}$，恰好存在一个 KDP $\mathcal{F}_i$ 使 $\{U_j, U_{j'}\} \subseteq \mathrm{users}(i)$，现在设 $F = \{U_j, U_{j'}\}$ 是任意一个从特权子集 P 中分离出来的大小为 2 的合谋用户集，基于上面提到的性质，F 只能计算 7 个组密钥 $k_1, \cdots, k_7$ 中的一个，因此 F 只能解密 7 个加密共享中的一个，而秘密共享方案的门限值为 $r = 3$，所以以上合谋无法获得足够多的共享来恢复关于秘密的任何信息。

对于任何特权子集 P 和任何大小为 2 的合谋用户集，以上结论都是有效的。所以，以上一般 BES 对于大小为 2 的合谋攻击是安全的。

通常，要求关联矩阵 M 是一个 $v \times n$ 的矩阵，并且在每列都恰好有 r 个 "1"。设 $(\mathcal{U}, \mathcal{A})$ 是块由 M 的行 (即子集 users(i)) 组成的集合系统 [在 10.4.2 节中我们考虑了特定的集合系统——无覆盖集族 (Cover-Free Families)，它们与 KDP 的列相关联]。在集合系统 $(\mathcal{U}, \mathcal{A})$ 中有 n 个点和 r 个块，每个点 (即用户) 恰好在 r 个块 (即方案) 中。假设集合系统有这样的属性：每一对点出现在最多 λ 个块中，其中 λ 为正整数 (在以上例子中 $\lambda = 1$)。于是，由于有 $\binom{w}{2}$ 个可能的 F 的 2 元素子集情况，其中每个能计算最多 λ 个组密钥，大小为 w 的合谋用户集 F 最多能计算 $\lambda \binom{w}{2}$ 个组密钥。所以，如果 $r > \lambda \binom{w}{2}$，一般 BES 对于大小为 w 的合谋攻击是安全的。

通常，我们需要构造关联矩阵使得与其关联的集合系统 $(\mathcal{U}, \mathcal{A})$ 能满足以下性质：

1. $|\mathcal{U}| = n$ (有 n 个点)。
2. $|\mathcal{A}| = v$ (有 v 个块)。
3. 每个点恰好出现在 r 个块中。
4. 每对点出现在最多 λ 个块中。
5. $r > \lambda \binom{w}{2}$。

我们将满足性质1~4的集合系统称为 (n, v, r, λ) 广播密钥分发模式，或 (n, v, r, λ)-BKDP。

例如，考虑例 14.1 (续) 中的用户集 users(i) $(i = 1, \cdots, 7)$，这 7 个集合组成了一个 $(7, 7, 3, 1)$-BKDP 的块。

以下定理表明，一个 (n, v, r, λ)-BKDP 能产生一个拥有特定属性的一般 BES。

定理 14.1　假设有一个 (n, v, r, λ)-BKDP，w 是一个正整数，并且 $\binom{w}{2} < r/\lambda$。则存在一个面向 n 个用户网络的广播加密方案，它满足以下性质：

1. 加密消息对于大小为 w 的用户合谋攻击是安全的。
2. 消息扩展量等于 v。
3. 每个用户需要存储最多 $r + \lambda(n-1)$ 个密钥。

证明　设 $(\mathcal{U}, \mathcal{A})$ 是一个 (n, v, r, λ)-BKDP。这个定理在前面的讨论中唯一没有提到的部分是关于存储空间需求的说明。考虑一个用户 U_j，对于所有的 $i \in$ schemes(j)，用户 U_j 从 $\mathcal{F}_i$ 收到密钥。事实上，只要 $i \in$ schemes(j)，U_j 就能从 $\mathcal{F}_i$ 收到正好 $|$users(i)$|$ 个密钥。

U_j 收到的密钥总数可以用描述集合系统 $(\mathcal{U}, \mathcal{A})$ 的用语表示为

$$\sum_{\{i:\, i \in \text{schemes}(j)\}} |\text{users}(i)|$$

集合系统的性质 3 意味着

$$\sum_{(i:\ i\in\mathrm{schemes}(j))} 1 = r$$

不难从性质 1~4 发现

$$\sum_{\{i:\ i\in\mathrm{schemes}(j)\}} (|\mathrm{users}(i)| - 1) \leqslant \lambda(n-1)$$

组合前面两个关系，有

$$\sum_{\{i:\ i\in\mathrm{schemes}(j)\}} |\mathrm{users}(i)| \leqslant r + \lambda(n-1)$$

显然，出于效率的原因，给定 n 和 w，我们希望 r、λ 和 v 尽可能小。特别地，希望最小化 v 值（且 r/λ 不得不超过 $\binom{w}{2}$）。我们现在介绍一个基于多项式的 BKDP 构造方法，它的参数将帮助生成可用和高效的方案。

定理 14.2　假设 q 是一素数，d 是一整数，并且 $2 \leqslant d \leqslant q$。则存在一个 $(q^d, q^2, q, d-1)$ - BKDP。

证明　我们构造 $(q^d, q^2, q, d-1)$ - BKDP 的关联矩阵 $\boldsymbol{M}$。$\boldsymbol{M}$ 的列用 d 元组 $(a_0, \cdots, a_{d-1}) \in (\mathbb{Z}_q)^d$ 标记（注意一个 d 元组对应在 $\mathbb{Z}_q[x]$ 中最高阶数为 $d-1$ 的一个多项式），$\boldsymbol{M}$ 的行用有序对 $(x, y) \in (\mathbb{Z}_q)^2$ 表示，$\boldsymbol{M}$ 的元素定义如下：

$$\boldsymbol{M}((x, y), (a_0, \cdots, a_{d-1})) = 1 \Leftrightarrow \sum_{i=0}^{d-1} a_i x^i \equiv y \pmod{q}$$

由于给定任意的 x 值，每个多项式都具有唯一的 y 值，显而易见有 $r = q$。

参数 λ 还尚待计算。设有 $\boldsymbol{M}$ 的两个列，$a = (a_0, \cdots, a_{d-1})$ 和 $a' = (a_0', \cdots, a_{d-1}')$，它们分别定义了两个多项式 $a(x)$ 和 $a'(x)$。我们想为以下参量确定一个上界：

$$\lambda_{a,a'} = \left|\{(x, y): a(x) = a'(x) = y\}\right| = \left|\{x: a(x) = a'(x)\}\right|$$

因为在 d 个点的值决定了阶数最多为 $d-1$ 的一个唯一多项式，显然，$\lambda_{a,a'} \leqslant d-1$。所以，我们可以认为 $\lambda = d-1$。

综上所述，我们得到基于多项式构造方法的如下参数，设 q 是一个素数并且 $d < q$，则存在 BKDP 的一个关联矩阵 $\boldsymbol{M}$，其中，$n = q^d$，$v = q^d$，$r = q$ 并且 $\lambda = d-1$。设 $q > (d-1)\binom{w}{2}$，即

$$d < 1 + q \bigg/ \binom{w}{2}$$

则产生的相关 BES 在最多 w 个用户组成的合谋攻击下仍然是安全的。

例 14.2　我们介绍 $(9,9,3,1)$ - BKDP。在定理 14.2 中取 $q = 3$，$d = 2$，则 $n = v = 9$，并且关联矩阵 $\boldsymbol{M}$ 如下所示：

(x, y)	0	1	2	x	$1+x$	$2+x$	$2x$	$1+2x$	$2+2x$
$(0,0)$	1	0	0	1	0	0	1	0	0
$(0,1)$	0	1	0	0	1	0	0	1	0
$(0,2)$	0	0	1	0	0	1	0	0	1
$(1,0)$	1	0	0	0	0	1	0	0	0
$(1,1)$	0	1	0	1	0	0	0	0	1
$(1,2)$	0	0	1	0	1	0	1	0	0
$(2,0)$	1	0	0	0	1	0	0	0	1
$(2,1)$	0	1	0	0	0	1	1	0	0
$(2,2)$	0	0	1	1	0	0	0	1	0

我们现在通过一个具体的例子来介绍如何选择适当的参数。

例 14.3 假设我们想让系统对于用户数为 3 的合谋攻击是安全的，因此选取 $w=3$。对于任意素数 q，可以取 $d=\left\lfloor 1+\dfrac{q}{3}\right\rfloor$。这样，基于 $v=q^2$ 下的 Fiat-Naor 1-KDP，可得到适合 $n=q^d$ 个网络用户的一般 BES，它对于用户数为 3 的合谋攻击是安全的。

这里是一些样本参数：

q	d	v	n
7	3	49	343
13	5	169	371 293
19	7	361	893 871 739

从中可以看出，随着 q 的增加，n(加密方案支持的网络用户数)增加的速度非常快。另一方面，决定广播消息大小的参数 v 增长相对要缓慢得多。

14.2.1　利用Ramp方案的一种改进

在一般 BES 中，P 中的每一个用户都可以解密出 r 份共享，但是合谋攻击的用户集 F 最多只能解密出 $\lambda\dbinom{w}{2}$ 份共享，其中 $\lambda\dbinom{w}{2}<r$，(r,v) 门限方案保证用户只得到 $r-1$ 份共享，那么是无法还原整个密钥 K 的。但如果 $\lambda\dbinom{w}{2}<r-1$，门限方案提供的安全性比实际需要的要强，在这种情况下，可以用一个将在下面定义的ramp方案来替代门限方案，我们可以在保证相同等级安全性的同时减小消息的扩展。

定义 14.1 设 t'，t'' 和 v 是非负整数，$t'<t''\le v$，有一个庄家，记为 D，有 v 个用户 $P_1,\cdots,P_v$。庄家持有一个秘密值 $K\in\mathcal{K}$，他用共享生成算法将 K 分成 v 个共享 $y_1,\cdots,y_v$，$y_i\in\mathcal{S}$，其中，$\mathcal{S}$ 是一个特定的有限集。(t',t'',v)-ramp 方案满足下列两个性质：

1. 任意给定 v 中的 t'' 个共享，可以用一个重构算法来得到秘密值 K。
2. 任何个数不大于 t' 的共享集合不会泄露 K 的任何信息。

值得注意，$(t-1,t,v)$-ramp 方案与 (t,v) 门限方案是一样的。我们可以很自然地通过对 Shamir 门限方案进行推广从而得到 ramp 方案，这种方案被称为 Shamir Ramp 方案，密码体制 14.3 对它进行了介绍。

密码体制 14.3　Shamir (t',t'',v)-ramp 方案

初始化阶段

1. 设素数 $p \geqslant v+1$，定义 $t_0 = t'' - t'$，设 $\mathcal{K} = (\mathbb{Z}_p)^{t_0}$ 而且设 $\mathcal{S} = \mathbb{Z}_p$。定义值 $x_1, x_2, \cdots, x_v$ 为 $\mathbb{Z}_p$ 中的 v 个不同的非零元，对于所有的 i，$1 \leqslant i \leqslant v$，$D$ 将 x_i 给 P_i，其中 x_i 是公开的信息。

共享分发

2. 设 D 想要共享密钥 $K = (a_0, \cdots, a_{t_0-1}) \in (\mathbb{Z}_p)^{t_0}$。首先，$D$ 从 $\mathbb{Z}_p$ 中独立而随机地选择 $a_{t_0}, \cdots, a_{t'-1}$。从而 D 定义

$$a(x) = \sum_{j=0}^{t''-1} a_j x^j$$

注意到 $a(x) \in \mathbb{Z}_p[x]$ 是一个随机多项式，其次数最大为 $t''-1$。这样，前 t_0 个系数包含了秘密 K。

3. 对 $1 \leqslant i \leqslant v$，$D$ 构造共享 $y_i = a(x_i)$。
4. 对 $1 \leqslant i \leqslant v$，$D$ 将共享 y_i 给 P_i。

Shamir 门限方案与 Shamir Ramp 方案的主要区别在于：只要 $t'+1 < t''$，ramp 方案允许更大的密钥。更确切地说，因为 ramp 方案的密钥空间包含了 $\mathbb{Z}_p$ 上的所有 t_0 元组，其中 $t_0 = t'' - t'$，ramp 方案中的密钥长度比门限方案中的长了 t_0 倍。

Shamir Ramp 方案中的共享的重构与 Shamir 门限方案中的过程几乎是一样的。它的执行方式如下：假定用户 $P_{i_1}, \cdots, P_{i_{t''}}$ 试图确定 K，他们知道 $y_{i_j} = a(x_{i_j})$，$1 \leqslant j \leqslant t''$。既然 $a(x)$ 是一个最高是 $t''-1$ 次的多项式，可以利用拉格朗日插值公式计算（已在 13.1 节有详细描述）

$$a(x) = \sum_{j=0}^{t''-1} a_j x^j$$

从而表明密钥是 $K = (a_0, \cdots, a_{t_0-1})$。

现在我们考虑安全条件。假设 t' 个用户 $P_{i_1}, \cdots, P_{i_{t'}}$ 拼凑它们的共享以期获得 K 的一些信息。设 $(a_0', \cdots, a_{t_0-1}')$ 是对秘密的一个猜测。可以发现存在唯一多项式 $a'(x)$，其次数最大为 $t''-1$，并且

1. $a'(x)$ 的前 t_0 个系数是 $a_0', \cdots, a_{t_0-1}'$。
2. $y_{i_j} = a'(x_{i_j})$，$1 \leqslant j \leqslant t'$。

(基本上,这是因为 $a'(x)$ 有 t' 个保留系数,而且 $a'(x)$ 的值在这 t' 个点是已知的)。所以,一个不超过 t' 个用户组成的集合无法计算出 K 的任何信息。

以下用一个小例子来说明这个问题。

例 14.4 假定 $p=17$, $t'=1$, $t''=3$, $v=5$,则 $t_0=2$ 。因此,秘密将是一个有序对,即 $K=(a_0,a_1)\in\mathbb{Z}_{17}\times\mathbb{Z}_{17}$ 。

设公开的 x 坐标为 $x_i=i$, $1\leqslant i\leqslant 5$,假定 D 想要共享秘密 $K=(6,9)$ 。由于 $t''=3=t_0+1$, D 选择一个随机数 $a_2\in\mathbb{Z}_{17}$,比方 $a_2=12$ 。那么多项式 $a(x)$ 被定义为:

$$a(x)=6+9x+12x^2\bmod 17$$

设 $i=1,\cdots,5$,则共享 $y_i=a(x_i)$ 如下:

$$y_1=10, y_2=4, y_3=5, y_4=13, y_5=11$$

任何由三个参与者组成的子集可以用拉格朗日插值得到 $a(x)$ 。所以,他们可以计算出秘密 $K=(6,9)$ 。

另一方面,任何一个参与者 P_i 没有任何有关有序对 $K=(a_0,a_1)$ 的信息。读者可以验证,对于 K 的任何有效猜测与 P_i 持有的共享是一致的。

ramp 方案的定义没有详细说明如果两个参与者试图计算 K 时的情况。在这个示例中,可以看出,正好有 17 个有序对 (a_0,a_1) 与任何两个特定参与者 P_i 和 P_j 持有的共享是一致的。换句话说,给定两个共享,秘密的可能性可以从 17^2 种减小到 17 种。

现在我们说明 ramp 方案是如何在一般 BES 中代替门限方案的。观察表明,如果用 $\left(\lambda\binom{w}{2}, r, v\right)$-ramp 方案代替 (r,v) 门限方案来构造秘密的共享,一般 BES 仍然是安全的,并且除了 K 的尺寸增加了,其他的一切都保持原状。通过这个改进,我们有 $K\in(\mathbb{Z}_p)^{t_0}$,其中

$$t_0=r-\lambda\binom{w}{2}$$

共享依然是 $\mathbb{Z}_p$ 中的元素,然而,消息扩展已经从 v 减小到 v/t_0 。定理14.3总结了所修改方案的性质,它是定理 14.1 的一个改进。

定理 14.3 假定有一个 (n,v,r,λ)-BKDP, w 是正整数且满足 $\binom{w}{2}<r/\lambda$,则存在一个面向 n 个用户的网络广播加密方案,它满足以下性质:

1. 加密的消息对于一个用户规模为 w 的合谋攻击是安全的。

2. 消息扩展量等于

$$\frac{v}{r-\lambda\binom{w}{2}}$$

3. 要求每个用户存储最多 $r+\lambda(n-1)$ 个密钥。

例 14.5 我们再一次用例 14.1 中的关联矩阵来阐述这个过程。我们已经发现这个关联矩阵确定了一个 $(7,7,3,1)$-BKDP。应用定理 14.3 可以看到,与定理 14.1 描述的原版本一般 BES 相比,消息扩展量的递减因子为 $r - \lambda \binom{w}{2} = 3 - 1 = 2$。

这里将更详细地描述消息尺寸是如何减小的。回想一下,广播的内容是密钥 K 的加密版本,K 被用来加密更大数量的数据,但是 K 可能只是一个 128 比特的密钥。在原先构造的一般 BES 方案中,选择 p 为一个 129 比特的素数,使用 $(3,7)$ 门限方案共享 128 比特的密钥 K,则广播的 b_p 包含了一个从 $\mathbb{Z}_p$ 中选择元素的 7 元组。

在改进的方案中,密钥 K 是一个有序对。为了与 128 比特的密钥 K 相适应,在实现 $(1,3,7)$-ramp 方案时,选择一个 65 比特的素数 p 就足够了。广播的 b_p 包含了一个从 $\mathbb{Z}_p$ 中选择元素的 7 元组,但是现在 p 的长度是 65 比特而非 129 比特,所以 b_p 大约是以前长度的一半。类似地,由于每个密钥现在都是 65 比特长,用户的所有密钥都是原来长度的一半(但加密内容 $e_K(M)$ 的长度没有改变)。

14.3 组播密钥重建

在接下来的小节中,我们考虑在单一广播源下长期存在的动态组 $\mathcal{U}$,在线订购服务系统就是一个很好的例子。这里,一个 TA 希望对组里的每一个用户进行广播,但是组内成员可以随时加入和退出。

在这个应用场合中,我们可以利用"组播密钥重建方案"。面向组的通信用单一的组密钥加密,每一个组用户保留一份组密钥。组用户还可以持有长期存在 (Long-lived) 的密钥(或 LL-keys),随着时间的推移,它们可以被用于对系统进行更新。系统在密钥预分发阶段进行初始化,在这个阶段,TA 将 LL-keys 和初始的组密钥分发给组里的每个用户。

如果一个新用户加入组,它将得到一份当前的组密钥和适当的 LL-keys,称该过程为"用户加入操作"。如果一个用户 U 想退出这个通信组,有必要执行"用户注销操作"来把这个用户从组中删除,该操作为剩下的用户 $\mathcal{U} \setminus \{U\}$ 生成一个新的组密钥,这被称为"密钥重建"(Re-keying);另外,作为用户注销的一部分,系统可能要求更新 LL-keys。

对组播密钥重建方案的评价标准包括以下内容:

通信和存储复杂性

包括密钥更新需要的广播消息大小,以及必须存储在每一个用户处的秘密 LL-keys 的大小。

安全性

这里,我们考虑的安全性主要针对已经注销的用户和由注销用户发起的合谋攻击。应注意到,一个从组中退出的用户比一个从来没有加入的用户拥有的信息要多,由此,一旦系统对于从组中退出的用户是安全的,那么它对"局外人"来说自然满足安全性要求。

用户注销的灵活性

需要重点考虑用户注销操作的灵活性和效率。举个例子，一般情况下，每次只可能有一个用户被注销，在其他一些方案中，有可能执行同时注销多个用户的操作。由于这样可以降低用户密钥更新的频率，因此更加方便。

用户加入的灵活性

这里存在很多不同的情况。在一些系统中，任何数目的用户可以方便地加入，而在另一些系统中，为了增加新用户，整个系统需要重新初始化(这可以被看做一次性系统)。显然，在新用户希望加入组的情况下，灵活有效的用户加入操作十分必要。

更新 LL-keys 的效率

这里也存在很多可能的情况。也许根本不需要更新(例如 LL-keys 是静态的)，在另一种情况下，LL-keys 需要用一个高效的操作来对其进行更新(例如通过广播)，在最坏的情况下，每注销一个用户，整个系统必须重新初始化(这表明该系统基本上不能很好地进行用户注销)。

一种实现组播密钥重建的可能途径是用过使用前文讨论过的广播加密方案，然而，这些方案将被设计为能够满足另一种情况下的需求，也就是说，对组中任意一个用户子集进行广播。这里，我们讨论的情况是仅仅从组中注销很少数量的用户，所以"特权集合"一般包括组中几乎所有的用户，组播密钥重建的特殊要求意味着为此量身定做的专门方案比诸如广播加密的一般手段要有效。

为解决这个问题，我们将讨论以下三种途径：

1. "黑名单"方案是一种使用 $(1, w)$ 无覆盖集族(CFF)的方案，由Kumar，Pajagopalan 和 Sahai 提出。
2. Naor-Pinkas 方案是基于门限方案的密钥重建方案。
3. "逻辑密钥层次体系"是基于树的密钥重建方案。是由 Wallner，Harder 和 Agee 以及 Wong 和 Lam 独立地提出。

我们将在下一节中依次讨论这三种解决方案。

14.3.1 "黑名单"方案

我们可以用 $(1, w)$ -CFF 来对 w 个用户的集合进行注销。回顾 10.4.2 节中，$(1, w)$ -CFF 有这样的特性：没有任何分块是其他 w 个分块并集的子集。这里，每一个分块是分发给网络用户各密钥的集合(如 10.4.2 节所述)。更准确地说，LL-keys 是根据一个从 $(1, w)$ -CFF (v, n) 中得到的关联矩阵进行分发的，所以有 n 个用户与总共 v 个 LL-keys，每一个用户接收 LL-Keys 的一个子集。

假定 F 是将被注销的用户子集，假设 $|F| = w$。TA通过选择一个随机数 K' 为没有注销的用户集 $\mathcal{U} \setminus F$ 生成新的组密钥。对于每一个

$$i \notin \bigcup_{U_j \in F} \text{keys}(U_j)$$

TA 计算 $y_i = e_{k_i}(K')$，然后广播 y_i。这被称为"黑名单"方案。

可以证明，即使 F 中的所有用户把他们拥有的信息集中起来，任何一个用户 $U_j \in F$ 都无法计算出 K'。这是因为，K' 不是用合谋用户集 F 中任何成员拥有的密钥来进行加密的。所以，这种方案的安全性是显而易见的。

进一步地，由于 $|F| \leqslant w$，任一用户 $U_h \notin F$ 能够计算 K'。为了说明这一点，可以看出

$$\text{keys}(U_h) \nsubseteq \bigcup_{U_j \in F} \text{keys}(U_j)$$

这是由 $(1, w)$ 无覆盖集的特性保证的，因此，任何用户 $U_h \notin F$ 持有一个可以用来加密 K' 的密钥，U_h 也可以从合适的密文中解密出 K'。

下面用一个小的例子来说明。

例 14.6　在例 10.5 中，我们介绍了一个 $(2,1)$-$\text{CFF}(7,7)$ 的关联矩阵。设采用这个关联矩阵的补矩阵(也就是我们把所有的"1"和"0"进行交换)。从第 10 章的习题中，可以得到 $(2,1)$-$\text{CFF}(7,7)$ 的关联矩阵 $(X, \mathcal{B})$，其中

$$X = \{1, \cdots, 7\}$$
$$\mathcal{B} = \{\{2,3,5\}, \{3,4,6\}, \{4,5,7\}, \{1,5,6\}, \{2,6,7\}, \{1,3,7\}, \{1,2,4\}\}$$

这意味着 U_1 得到密钥 k_2, k_3, k_5；U_2 得到密钥 k_3, k_4, k_6；以此类推。

这是一个 $w = 2$ 的"黑名单"方案。例如，假设 U_2, U_5 将被注销，那么对新的组密钥 K' 将会用不属于 $\{k_3, k_4, k_6\} \bigcup \{k_2, k_6, k_7\}$ 的密钥进行加密。也就是说，广播中包含了两个值：$e_{k_1}(K')$ 和 $e_{k_5}(K')$。

因为 U_1, U_3 和 U_4 都持有 k_5，而 U_6, U_7 持有 k_1，可以注意到所有留下来的用户可以解密这两个值之一。另一方面，U_2 和 U_5 都没有 k_1 或 k_5，因此，这两个用户不能计算得到新的组密钥 K'。

算法 14.3　$\text{Revoke}(F_1, \cdots, F_T; K_1, \cdots, K_T)$

$F \leftarrow \varnothing$

for $i \leftarrow 1$ **to** T

do $\begin{cases} F \leftarrow F \bigcup \{F_i\} \\ \text{在第 } i \text{ 阶段，向 } \mathcal{U} \setminus F \text{ 广播组密钥 } K_i \end{cases}$

"黑名单"方案采用的LL-Keys是静态的。用 10.4.2 节中表述的方法可以推出，存在一个 $(1, w)$-$\text{CFF}(v, n)$，其中 v 的大小为 $O(\log n)$(即系统中 LL-keys 的总数是 $O(\log n)$)。由此，得到的广播数量也为 $O(\log n)$。

如果需要，用户可以在一段时间的不同阶段被注销(最多处理 w 个需要被注销的用户)。如果希望在阶段 i 注销 F_i 中的用户，其中，$1 \leqslant i \leqslant T$，假设 $|F_1| + \cdots + |F_T| \leqslant w$ 而且 $F_1, \cdots, F_T$ 是相互分离的，用 K_i 表示阶段 i 时的组密钥，其中，$1 \leqslant i \leqslant T$。用算法 14.3 中所示的方法将 T 个组密钥的加密结果广播出去。

利用"黑名单"方案,目前没有很方便的方法来更新 LL-Keys,所以这种方案要求系统必须在 w 个用户都被注销之后重新初始化。

14.3.2 Naor-Pinkas 密钥重建方案

Naor-Pinkas 密钥重建方案是基于 Shamir 门限方案的(参见 13.1 节),密码体制 14.4 介绍了它的基本形式。

密码体制 14.4 Naor-Pinkas 密钥重建方案

初始化阶段

1. $n = |\mathcal{U}|$,TA 用 Shamir$(w+1, n)$门限方案来生成新的组密钥 K' 的 n 个共享,分别用 $y_1, \cdots, y_n$ 表示,并在初始化阶段给每一个用户 U_i 分发共享 y_i。

注销

2. 设 F 是要注销的用户集,$|F| = w$ 是将要注销的用户数量,TA 对于所有用户 $U_i \in F$ 广播 w 个共享 y_i。

在这种方案中,系统在初始化阶段分发新组密钥 K' 的共享。其中,K' 是预设的,利用广播来达到激活它的目的。容易看出,此方案是这样工作的:在广播之后,不在 F 中的每一个用户都有 $w+1$ 个共享,这保证了新的组密钥 K' 可以通过计算得到;另一方面,F 中的用户不能计算得到 K',因为它们总共持有 K' 的 w 个共享。

在这个方案中,每一个用户存储 $O(1)$ 数量的信息(即新密钥的一个共享),广播的消息尺寸是 $O(w)$。这样,通过广播 w' 个被注销用户的秘密共享以及为同一秘密新生成 $w-w'$ 个共享,可以注销 w' 个用户,其中,$w' < w$,并且新生成的共享不与现存的任何用户有对应关系。

基本的 Naor-Pinkas 密钥重建方案不允许分阶段注销用户,但它有一个"重用"版本可以实现多次的用户注销,直到总共 w 个用户被注销。我们现在介绍这种改进方案。

假设门限方案中的密钥和共享在 $\mathbb{Z}_p^*$ 的一个子群 G 中定义,群的阶为素数 q,在其中处理 Diffie-Hellman 决策问题是困难的。设 α 是 G 的生成元。TA 通过在 $\mathbb{Z}_q$ 中实现的 Shamir $(w+1, n)$ 门限方案构造值 $K \in \mathbb{Z}_q$ 的共享。在 13.1 节中,K 可以用下面的表达式来重构:

$$K = \sum_{j=1}^{w+1} b_j y_{i_j} \bmod q$$

其中,b_j 是下面定义的插值系数:

$$b_j = \prod_{1 \le k \le w+1, k \ne j} \frac{x_{i_k}}{x_{i_k} - x_{i_j}}$$

接着有

$$\alpha^K = \prod_{j=1}^{w+1} \alpha^{b_j y_{i_j}} \bmod p$$

由此,对于任何 r,我们有

$$\alpha^{rK} = \prod_{j=1}^{w+1} \alpha^{rb_j y_{i_j}} \bmod p$$

设想 TA 广播 α^r 和 w 份 "指数化" 共享, 也就是 $\gamma_j = \alpha^{ry_{i_j}} (1 \leqslant j \leqslant w)$。一个不需注销的用户 $U_{i_{w+1}}$, 可以如下地计算他自己的指数化共享:

$$\gamma_{w+1} = \alpha^{ry_{i_{w+1}}} = (\alpha^r)^{y_{i_{w+1}}}$$

用户 $U_{i_{w+1}}$ 可以用下面的表达式计算 α^{rK}:

$$\alpha^{rK} = \prod_{j=1}^{w+1} (\alpha^{ry_{i_j}})^{b_j} \bmod p$$

最后, α^{rK} 就是新的组密钥。

例 14.7　设 $q = 503, p = 6q+1 = 3019$。令 $\alpha = 64$, 可以验证 $\alpha^{503} \equiv 1 (\bmod 3019)$, 于是 α 的阶为 q。

假设 $w = 2$, TA 选择秘密多项式

$$a(x) = 109 + 215x + 307x^2 \bmod 503$$

由此 $K = 109$。

设网络中有 5 个用户, TA 指定公开的 x 坐标为 $x_1 = 15, x_2 = 30, x_3 = 45, x_4 = 60, x_5 = 75$。则 5 个共享分别为 $y_1 = 480, y_2 = 173, y_3 = 194, y_4 = 40, y_5 = 214$。

现在 TA 选择一个随机数, 令 $r = 423$, 那么新的组密钥为 $\alpha^{rK} \bmod p = 2452$。假设 U_2 和 U_4 是需要注销的用户, TA 广播以下信息:

$$\alpha^r \bmod p = 1341$$
$$\alpha^{ry_2} \bmod p = 2457$$
$$\alpha^{ry_4} \bmod p = 24$$

让我们检验 U_1 可以计算得到新的组密钥。首先, U_1 计算他的指数化共享:

$$1341^{480} \bmod 3019 = 701$$

接下来他计算插值系数:

$$\frac{30}{30-15} \times \frac{60}{60-15} \bmod 503 = 338$$

$$\frac{15}{15-30} \times \frac{60}{60-30} \bmod 503 = 501$$

$$\frac{15}{15-60} \times \frac{30}{30-60} \bmod 503 = 168$$

最后, U_1 计算得到新的组密钥:

$$701^{338} \times 2457^{501} \times 24^{168} \bmod 3019 = 2452$$

通过选择每次组播的随机 r 值,可以建立一系列新的组密钥。正如此前方案中指出的,由多于 w 个的注销用户发起的合谋攻击能够计算出组密钥,因此注销用户的总数量不能超过 w。

14.3.3　逻辑密钥层次体系方案

本节将描述逻辑密钥层次体系密钥重建方案,它是基于树结构构造的。

假设用户总数量 n 满足 $2^{d-1} < n \le 2^d$,构造一个深度为 d 且恰好有 n 个叶子节点的二叉树 $\mathcal{T}$。除了最低层之外,树的每一层都完全填满,$\mathcal{T}$ 的 n 个叶子节点与 n 个用户相对应。对于每一个用户 U,字母 U 也同时代表了与该用户相对应的(叶子)节点。

$\mathcal{T}$ 中的每个节点都持有一个密钥(即每个叶子节点和中间节点都持有一个不同的密钥)。对于任意一个节点 X,令 $k(X)$ 表示它持有的密钥。则 $k(R)$ 为组密钥,其中 R 为 $\mathcal{T}$ 的根节点。每个用户 U 将得到 $d+1$ 个密钥,这些密钥对应于 $\mathcal{T}$ 中从节点 U 到根节点 R 的唯一路径上的所有节点,因此每个用户需要持有 $O(\log n)$ 个密钥。

例 14.8　对于一个 $d=4$, $n=16$ 的二叉树,把它的每个节点按照 $1, 2, \cdots, 2^{d+1}-1 = 31$ 依次编号,如图 14.3 所示。16 个用户依次命名为 16, $\cdots$, 31。组密钥为 $k(1)$,用户 25 获得的密钥分别为 $k(1)$, $k(3)$, $k(6)$, $k(12)$ 和 $k(25)$。

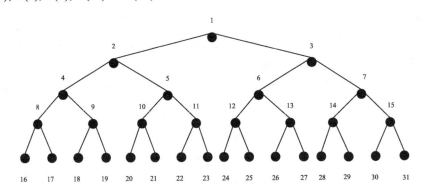

图 14.3　含有 16 个叶子节点的二叉树

我们采用的这种编号方式使 $\mathcal{T}$ 中的节点满足如下一些性质:

1. 对于 $0 \le \ell \le d-1$,深度为 ℓ 的 2^ℓ 个节点依次编号为 $2^\ell, 2^\ell+1, \cdots, 2^{\ell+1}-1$。
2. $\mathcal{T}$ 的 n 个叶子节点的编号从集合 $\{2^d, 2^d+1, \cdots, 2^{d+1}-1\}$ 中任意选取且各不相同。
3. 节点 j 的父节点为节点 $\left\lfloor \dfrac{j}{2} \right\rfloor$,其中,$j \ne 1$。
4. 节点 j 的左子节点为节点 $2j$,右子节点为节点 $2j+1$(设子节点之一或全部存在)。
5. 当 j 为偶数时,节点 $j(j \ne 1)$ 的兄弟节点为节点 $j+1$;当 j 为奇数时,其兄弟节点为节点 $j-1$(设这些兄弟节点存在)。

对图 14.3 中的二叉树,容易验证其节点的编号符合上述性质。

现在，假设 $\mathcal{T}$ 按照这些规则进行了编号，那么可以通过一个简单的基于数组的数据结构方便地表示二叉树以存储对应的密钥，这些与二叉树节点对应的密钥可以以数组的形式存储，数组元素为 $K[1], \cdots, K[2^{d+1}-1]$。在这样的数据结构中查找父节点、子节点和兄弟节点是一件简单的事情。

现在可以给出在逻辑密钥层次体系中注销用户操作的描述了。设希望注销用户 U，令 $\mathcal{P}(U)$ 表示从叶子节点 U 到根节点 R 唯一路径上所有节点的集合(回想一下，R 具有编号 1)，则需要改变与 $\mathcal{P}(U) \setminus \{U\}$ 中 d 个节点相对应的密钥。对于每个节点 $X \in \mathcal{P}(U) \setminus \{U\}$，设 $k'(X)$ 表示对应节点 X 的新密钥，设 sib(·) 表示给定节点的兄弟节点、par(·) 表示给定节点的父节点，则 TA 将广播如下 $2d-1$ 项内容：

1. $e_{k(\mathrm{sib}(U))}(k'(\mathrm{par}(U)))$
2. $e_{k(\mathrm{sib}(X))}(k'(\mathrm{par}(X)))$ 和 $e_{k'(X)}(k'(\mathrm{par}(X)))$，仅对所有节点 $X \in \mathcal{P}(U), X \neq U, R$。

这次广播允许交集 $\mathcal{P}(U) \bigcap \mathcal{P}(V)$ 中的任意未被注销用户 V 更新其所持有的全部密钥。也许要证明这一点最有说服力的方法就是举一个例子。

例 14.9　设 TA 要注销用户 $U = 22$，路径 $\mathcal{P}(U) = \{22, 11, 5, 2, 1\}$。TA 创建新的密钥 k'_{11}，k'_5，k'_2 和 k'_1。路径 $\mathcal{P}(U)$ 上节点的兄弟节点有 $\{23, 10, 4, 3\}$，广播的内容包括：

$$e_{k(23)}(k'(11)) \qquad e_{k(10)}(k'(5)) \qquad e_{k(4)}(k'(2)) \qquad e_{k(3)}(k'(1))$$
$$e_{k'(11)}(k'(5)) \qquad e_{k'(5)}(k'(2)) \qquad e_{k'(2)}(k'(1))$$

此例可参见图 14.4，其中带方框的编号表示获得了新密钥的节点，箭头则指示出新密钥的加密过程。

现在考虑用户 23 如何更新她的密钥。首先她能够使用原有的密钥 $k(23)$ 解密 $e_{k(23)}(k'(11))$，从而得到 $k'(11)$，然后使用 $k'(11)$ 得到 $k'(5)$，再使用 $k'(5)$ 得到 $k'(2)$，最终使用 $k'(2)$ 得到 $k'(1)$。

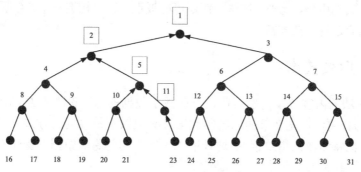

图 14.4　二叉树的组播更新

逻辑密钥层次体系方案中使用的树结构深度为 d。因为 d 是 $\Theta(\log n)$ 的，所以每个用户需要存储的密钥数量是 $O(\log n)$ 的，组播消息的尺寸也是 $O(\log n)$ 的，这个数量大于之前所介绍方案的相应值。但是，由于每当发生用户注销时密钥都会被更新，因此注销用户的数量就可以不受限制，即注销任意数量的用户都不会对系统的安全产生影响。

　　同时注销多个用户是可以实现的，但会复杂一些(参见习题)。只要当前用户的数量少于 2^d，任何时刻都可以在树结构空闲位置的最左端添加叶子节点，作为逻辑密钥层次体系方案中的新用户。如果当前用户的数量达到了 2^d，就需要在树型结构中新建一层叶子节点。这样深度加一，可容纳的用户数量加倍。

14.4　版权保护

　　为防止版权侵权进行相关保护是互联网时代一项重要而极其困难的挑战。数字内容可以被轻易地复制并通过计算机网络发送出去，这些内容在发送之前可以进行加密——例如，广播加密可以保护加密的内容(即未经认证的用户无法解密)。但是，所有的内容在被最终的使用者理解、使用时还是要被解密，而一旦完成解密，这些内容就有可能被非法复制。

　　基于硬件技术的解决方案，例如可防止改动的硬件，可以提供有限的保护。此外包括支持追踪(Tracing)的算法(以及编码方法)在内的一些其他方法正在研究当中，这使得可以追查到内容的合法拥有者，从而约束人们对数字内容进行未经认证复制的企图。本节中，我们将会描述这样一些具有追踪能力的"编码"方法。

　　在深入展开之前，有必要先明确一下盗版行为的不同种类。潜在的威胁种类很多，这里仅举出两种典型示例。

非法的内容分发

　　如上所述，加密内容在到达通过认证的目的地之后最终要被解密。解密后的内容就有可能被复制和转发给其他用户，例如一次非法的"盗版广播"。

非法的密钥分发

　　既然内容经过了加密，那么终端用户就需要一套机制进行解密。解密所用的密钥有可能被复制并分发给其他用户。此外，这些密钥还可能被汇合起来构造一个"盗版解码器"，继而被用于对加密内容进行非法解密。

14.4.1　指纹技术

　　首先考虑非法的内容分发问题。假设一些数字数据的每一份副本 D 都包含一个独特的"指纹"F，例如，有 1 兆字节的二进制数据，其中以不易察觉的方式"隐藏"了一个由 100 个"特殊"比特组成的指纹信息(这种嵌入可被识别的隐藏数据的操作有时也被称为水印技术)。

　　在这种情形下，内容的供应商就可以建立一个数据库来对应所有的指纹信息和数据 D 相应副本的合法拥有者，这样从数据的每一份完整副本都能追查到它的拥有者。但遗憾的是，这种方法存在一些漏洞，例如，既然指纹信息可以被轻易识别出来，那么它也就可能被篡改或破坏，导致无法进行追踪；另一个漏洞在于，虽然单个用户无法制作出一个指纹信息被破坏了的版本，但合谋攻击者有可能识别出部分或全部指纹信息从而做到这一点。

　　下面给出一个更精确的数学模型以方便研究这个问题。具体地，设每一份数据副本包含

L 比特的内容信息，记它为 C，以及 ℓ 比特的指纹信息 F，因此数据的组成为 $D=(C,F)$。所有的数据都用固定的符号表表达，例如，二进制数据使用符号表 $\{0,1\}$。我们将假设数据的所有副本含有相同的内容信息和不同的指纹，如 $D_1=(C,F_1)$，$D_2=(C,F_2)$，等等。进一步地，假定指纹比特[①]总是出现在每份数据副本的相同（秘密）位置，例如，比特位 $b_{i_1},\cdots,b_{i_\ell}$ 为指纹比特。

有关指纹技术问题的研究通常都在某个嵌入假设（Marking Assumption）的基础上展开。这个假设描述如下：

给定一定数量的数据副本 $D_1, D_2, \cdots, D_w$，只有那些对于某一对 i, j 满足 $D_i[b] \neq D_j[b]$ 的比特 b 有可能被合谋攻击者识别为指纹比特。

换言之，除非合谋攻击者拥有两份在该比特位上取值不同的数据副本，否则我们假定指纹信息隐藏得足够好，任何单个比特都不可能被合谋攻击者识别为指纹比特。

图14.5举例说明了嵌入假设。图中给出了两幅由黑白像素组成的网格。可以证实，这两幅网格图只有三个像素点不同，根据嵌入假设，只有这三个像素可能被识别为指纹信息比特。

图 14.5　嵌入假设示意

在嵌入假设成立的前提下，让我们来考虑合谋攻击可能采用的手段。稍加思索即可发现，嵌入假设意味着数据的实际内容对本节讨论的问题没有多大影响，问题归约为对指纹集合组合性质的研究。如上所述，给定 w 份数据副本，其中的某些比特位可能被识别为指纹比特，将这些识别出的指纹比特位以任意方法替换为其他数据副本之一的相应位置取值，即可构造出一个新的"盗版"数据副本，最终得到的数据为 $D'=(C,F')$，其中，F' 是一个新构造出的混合指纹。那么现在最基本的问题就是，能否找到一种合适的指纹构造方式，使得我们可以追查到混合指纹的构造者。

我们首先给出混合指纹概念的精确定义。

定义 14.2　一组 (ℓ,n,q) 码是 Q^ℓ 空间的子集 $\mathcal{C}$，满足 $|Q|=q$ 和 $|\mathcal{C}|=n$。即有 n 个码字，每个码字是一个元素来自字符集 Q 的 ℓ 元组，每个码字相当于一个指纹。取 $\mathcal{C}_0 \subseteq \mathcal{C}$（即 $\mathcal{C}_0$ 为全部码字集合的一个子集），定义 $\mathrm{desc}(\mathcal{C}_0)$ 由全体 ℓ 元组 $\boldsymbol{f}=(f_1,\cdots,f_\ell)$ 组成，对于任意的 $1\leqslant i\leqslant \ell$，总存在一个码字 $\boldsymbol{c}=(c_1,\cdots,c_\ell)\in\mathcal{C}_0$ 使得 $f_i=c_i$，$\mathrm{desc}(\mathcal{C}_0)$ 包含了所有通过 $\mathcal{C}_0$ 中的指纹可以构造出的混合指纹，故称为 $\mathcal{C}_0$ 的后继码（Descendant Code）。

---

① "指纹比特"是指指纹出现的位置。"比特"通常意味着数据是二进制格式的，但即使数据定义在非二进制字符集上，本文中也将使用"比特"这样的术语。

最后，对于任意的 $c \in \mathcal{C}_0$ 和任意的 $f \in \mathrm{desc}(\mathcal{C}_0)$，称 c 为 f 在码字集合 $\mathrm{desc}(\mathcal{C}_0)$ 中的一个父码。

举例说明，假设

$$\mathcal{C}_0 = \{(1,1,2),(2,3,2)\}$$

在其后继码中，第一个元素可以是 1 或 2，第二个可以是 1 或 3，最后一个只能是 2。因此容易得出

$$\mathrm{desc}(\{(1,1,2),(2,3,2)\}) = \{(1,1,2),(2,3,2),(1,3,2),(2,1,2)\}$$

在这个例子中，后继码包括原有的两个码字和两个新的混合码字。

给定整数 $w \geq 2$，定义 $\mathcal{C}$ 的 w 后继码 $\mathrm{desc}_w(\mathcal{C})$ 是如下的 ℓ 元组集合：

$$\mathrm{desc}_w(\mathcal{C}) = \bigcup_{\mathcal{C}_0 \subseteq \mathcal{C},\, |\mathcal{C}_0| \leq w} \mathrm{desc}(\mathcal{C}_0)$$

w 后继码包含了不超过 w 个合谋攻击者所能构造出的全部混合指纹。

14.4.2　可识别父码的性质

现在把注意力转到"相反"的过程，即寻找构造了混合指纹的合谋攻击者。假设 $f \in \mathrm{desc}_w(\mathcal{C})$，定义 f 的合谋嫌疑人集合如下：

$$\mathrm{susp}_w(f) = \{\mathcal{C}_0 \subseteq \mathcal{C} : |\mathcal{C}_0| \leq w, f \in \mathrm{desc}(\mathcal{C}_0)\}$$

$\mathrm{susp}_w(f)$ 包含了按照以上步骤构造了混合指纹 f 的全部可能的合谋者集合，其中一个集合不超过 w 个合谋攻击者。在最理想的情况下，$\mathrm{susp}_w(f)$ 应该有且只有一个集合，这样，就有证据说明这个合谋嫌疑人集合确实构造了混合指纹（当然，我们永远无法排除掉的一个可能是，那些超过 w 个参加者的合谋攻击才是真正的祸根）。

即使 $\mathrm{susp}_w(f)$ 包含不止一个集合，仍然可以通过观察 $\mathrm{susp}_w(f)$ 中的集合获得一些有用信息。例如，假设存在一个码字 $c \in \mathcal{C}$，对于所有的 $\mathcal{C}_0 \in \mathrm{susp}_w(f)$ 都有 $c \in \mathcal{C}_0$，在假定合谋攻击者数量不超过 w 的前提下，任何这样的码字都足以被认定为"有问题的"，只是仍然无法识别出完整的攻击者子集。

上述特性可以表达为如下形式：

$$\bigcap_{\mathcal{C}_0 \in \mathrm{susp}_w(f)} \mathcal{C}_0 \neq \varnothing \tag{14.1}$$

如果对于所有的 $f \in \mathrm{desc}_w(\mathcal{C})$，式(14.1)都成立，则称 $\mathcal{C}$ 为 w 父码可识别码（w-IPP 码）。进一步地，在 w-IPP 码中，如果

$$c \in \bigcap_{\mathcal{C}_0 \in \mathrm{susp}_w(f)} \mathcal{C}_0$$

则称 c 为 f 的一个可识别父码。

例 14.10　以下给出一组 $(3,6,3)$ 编码，考虑不超过两个合谋攻击者的情况：

$$c_1 = (0, 1, 1), \quad c_2 = (1, 0, 1), \quad c_3 = (1, 1, 0)$$
$$c_4 = (2, 0, 2), \quad c_5 = (1, 0, 2), \quad c_6 = (2, 1, 0)$$

考虑混合指纹 $f_1 = (1, 1, 1)$，不难看出

$$\mathrm{susp}_2(f_1) = \{\{1, 2\}, \{1, 3\}, \{2, 3\}, \{1, 5\}, \{2, 6\}\}$$

这个混合指纹 f_1 不满足式(14.1)，因此这组编码不是 2 - IPP 码。

另一方面，考虑 $f_2 = (0, 1, 2)$，可以看出

$$\mathrm{susp}_2(f_2) = \{\{1, 4\}, \{1, 5\}\}$$

显然混合指纹 f_2 满足式(14.1)，c_1 是 f_2 的可识别父码(假设构造 f_2 的合谋攻击者不超过两人)，因为

$$\{1, 4\} \bigcap \{1, 5\} = \{1\}$$

例 14.11　以下给出一组 $(3, 7, 5)$ 2 - IPP 编码:

$$c_1 = (0, 0, 0), \quad c_2 = (0, 1, 1), \quad c_3 = (0, 2, 2), \quad c_4 = (1, 0, 3)$$
$$c_5 = (2, 0, 4), \quad c_6 = (3, 3, 0), \quad c_7 = (4, 4, 0)$$

下面展示所有可能的混合指纹 f 都满足性质(14.1)。假设混合指纹 $f = (f_1, f_2, f_3)$ 是由两个合谋攻击者构造的，如果 f 的任意一个分量非零，则至少可以确定 f 的一个父码，参见下面对所有可能情况的穷举表:

$$f_1 = 1 \Rightarrow c_4; \quad f_1 = 2 \Rightarrow c_5; \quad f_1 = 3 \Rightarrow c_6; \quad f_1 = 4 \Rightarrow c_7$$
$$f_2 = 1 \Rightarrow c_2; \quad f_2 = 2 \Rightarrow c_3; \quad f_2 = 3 \Rightarrow c_6; \quad f_2 = 4 \Rightarrow c_7$$
$$f_3 = 1 \Rightarrow c_2; \quad f_3 = 2 \Rightarrow c_3; \quad f_3 = 3 \Rightarrow c_4; \quad f_3 = 4 \Rightarrow c_5$$

最后，如果 $f = (0, 0, 0)$，则 c_1 是可识别父码。

14.4.3　2-IPP 码

通常，以下任何一项都是不容易实现的:

1. 构造一组 w-IPP 码。
2. 判断给定的编码方案是否是 w-IPP 码。
3. 给定 w-IPP 码的 w 后继码中的 ℓ 元组，寻求一种有效的算法找到它的父码。

与第三项相关，设计 w-IPP 码从而构造出能够确定其父码的有效算法是非常吸引人的。

本节中首先讨论最简单的情况，其中 $w = 2$。我们还将引入特定的几类 Hash 函数族(Hash Family)，并给出 2-IPP 码的一种良好的性质，但这些将在稍后详细讨论。

定义 14.3　一个 (n, m, w) 完备 Hash 函数族是满足如下性质的一组函数 $\mathcal{F}$，令 $|X| = n$，$|Y| = m$，对于每个 $f \in \mathcal{F}$ 有 $f: X \to Y$，且对于任意满足 $|X_1| = w$ 的 $X_1 \subseteq X$，至少存在一个

$f \in \mathcal{F}$ 使得 $f|_{X_1}$ 是一一映射[②]。当 $|\mathcal{F}| = N$ 时，(n, m, w) 完备 Hash 函数族可表示为 PHF$(N; n, m, w)$。

PHF$(N; n, m, w)$ 可以用一个 $n \times N$ 的矩阵表示，矩阵元素取值为 Y 中的元素，该矩阵具有如下性质：任取 w 行都至少存在一列，该列的 w 个元素取值各不相同；矩阵的列下标用函数族 $\mathcal{F}$ 中的元素标记，行下标用 X 中的元素标记，第 x 行、f 列的元素是 $f(x)$。

完备 Hash 函数族在信息获取算法中被广泛研究。但是，正如以下将会看到的，完备 Hash 函数族和 w-IPP 码也有紧密的联系。

以下是一个相关的概念。

定义 14.4　一套 $(n, m, \{w_1, w_2\})$ 分离(Separating) Hash 函数族是满足如下性质的一组函数 $\mathcal{F}$，令 $|X| = n$，$|Y| = m$，对于每个 $f \in \mathcal{F}$ 有 $f : X \to Y$，且对于任意满足 $|X_1| = w_1$，$|X_2| = w_2$，$X_1 \cap X_2 = \varnothing$ 的 $X_1, X_2 \subseteq X$，至少存在一个 $f \in \mathcal{F}$ 使得

$$\{f(x) : x \in X_1\} \cap \{f(x) : x \in X_2\} = \varnothing$$

符号 SHF$(N; n, m, \{w_1, w_2\})$ 表示 $|\mathcal{F}| = N$ 的一个 $(n, m, \{w_1, w_2\})$ 分离 Hash 函数族。

SHF$(N; n, m, \{w_1, w_2\})$ 可以用一个 $n \times N$ 的矩阵表示，矩阵元素取值为 Y 中的元素。该矩阵具有如下性质：任取没有公共部分的 w_1 行和 w_2 行都至少存在一列，该列在该 w_1 行与在 w_2 行上的元素没有相同的取值。

下面的例子说明了上述两个概念。

例 14.12　考虑下面给出的 7×3 二维数组：

0	0	0
0	1	1
0	2	2
1	0	3
2	0	4
3	3	0
4	4	0

可以验证这个矩阵(代表的函数)既属于 PHF$(3; 7, 5, 3)$，也属于 SHF$(3; 7, 5, \{2, 2\})$。

但是注意这个矩阵不是 PHF$(3; 7, 5, 4)$。考虑第 1, 2, 4 和 6 行，没有任何一列在这四行上的取值不存在重复。

现在我们可以给出一种判断给定的 (ℓ, n, q) 码 $\mathcal{C}$ 是否为 2-IPP 码的有效算法。将全部码字写成一个 $n \times \ell$ 的矩阵 $A(\mathcal{C})$，并假设 $A(\mathcal{C})$ 不属于 PHF$(\ell; n, q, 3)$，即矩阵 A 中存在三行 r_1, r_2, r_3 不满足完备 Hash 函数的特性。对于每一列 c，令 f_c 表示重复的数组元素(即该元素至

---

② $f|_{X_1}$ 表示将函数 f 的定义域限制在子集 X_1 的范围内。要求 $f|_{X_1}$ 是一一映射的，这样，对于所有满足 $x \neq x'$ 的 $x, x' \in X_1$，都有 $f(x) \neq f(x')$。

少在给定的三行 r_1, r_2, r_3 中的两行上出现在第 c 列的位置)。现在,定义 $f = (f_1, \cdots, f_\ell)$。显然有

$$\{r_1, r_2\}, \{r_1, r_3\}, \{r_2, r_3\} \in \text{susp}_2(f)$$

这三个由两行组成二元集合的交集为空,故 $\mathcal{C}$ 不是 2-IPP 码。

下一步,假设 $A(\mathcal{C})$ 不属于 $\text{SHF}(\ell; n, q, \{2, 2\})$,则矩阵 $A(\mathcal{C})$ 分别存在两个两行的集合,比如 $\{r_1, r_2\}$ 和 $\{r_3, r_4\}$,不满足分离 Hash 函数族的性质。对于每一列 c,令 f_c 表示该列的一个元素,它既出现在第 r_1 或 r_2 行又出现在第 r_3 或 r_4 行。定义 $f = (f_1, \cdots, f_\ell)$,显然有

$$\{r_1, r_2\}, \{r_3, r_4\} \in \text{susp}_2(f)$$

这两个二元集合的交集是空集,故 $\mathcal{C}$ 不是 2-IPP 码。

通过上面的讨论可以看出,$\mathcal{C}$ 是 2-IPP 码的一个必要条件是 $A(\mathcal{C})$ 同时属于 $\text{PHF}(\ell; n, q, 3)$ 和 $\text{SHF}(\ell; n, q, \{2, 2\})$。反方向的命题也是成立的(参见习题),因此我们可以得出如下定理。

定理 14.4 一组 (ℓ, n, q) 码 $\mathcal{C}$ 为 2-IPP 码的当且仅当矩阵 $A(\mathcal{C})$ 同时属于 $\text{PHF}(\ell; n, q, 3)$ 和 $\text{SHF}(\ell; n, q, \{2, 2\})$。

容易推出,任何的 $(\ell, n, 2)$ 码都不可能是 2-IPP 码。对于 $n \geq 3$ 的情况,根据定理 14.4,判断一组 (ℓ, n, q) 码是否为 2-IPP 码的时间复杂度是 n 的多项式时间函数。

现在考虑如何在 2-IPP 码中寻找父码。假设 $\mathcal{C}$ 是 2-IPP 码,且 $f \in \text{desc}_2(\mathcal{C}) \setminus \mathcal{C}$。因此 f 不是一个码字,并存在至少一个包含两个码字的子集,其中 f 在后继子码中。$\mathcal{C}$ 是 2-IPP 码的事实极大地限制了 $\text{susp}_2(f)$ 的可能结构。确切地说,它必然采取以下两种结构之一:

1. $\text{susp}_2(f)$ 是包含两个码字的单一集合。
2. $\text{susp}_2(f)$ 包含两个或多个码字集合,所有集合都包含了一个固定的码字。例如:

$$\text{susp}_2(f) = \{\{c_1, c_2\}, \{c_1, c_3\}, \{c_1, c_4\}\}$$

就属于这种情况。

如果是第一种情况,可以识别出 f 的全部两个父码。如果是第二种情况,则可以识别出一个父码(在上面的例子中就是 c_1)。

在 2-IPP 码中,只需要考虑两个合谋攻击者的情况。给定 f,可以检查所有 $\binom{n}{2}$ 个两个码字的组合情况,对每一个二元子集 $\{c, d\}$,检查是否有 $f \in \text{desc}(\{c, d\})$。这样就得到了一个复杂度为 $\Theta(n^2)$ 的算法,可以确定任何 2-IPP 码的父码。

构造 2-IPP 码的方法很多。我们给出由 Hollmann,van Lint,Linnartz 和 Tolhuizen 提出的一种简单有效方法,它用于构造 $\ell = 3$ 的 2-IPP 码。设整数 $r \geq 2$,令 $q = r^2 + 2r$,定义

$$S = \{1, \cdots, r\} \quad (|S| = r)$$
$$M = \{r+1, \cdots, 2r\} \quad (|M| = r)$$
$$L = \{2r+1, \cdots, q\} \quad (|L| = r^2)$$
$$\mathcal{C}_1 = \{(s_1, s_2, rs_1 + s_2 + r) : s_1, s_2 \in S\} \subseteq S \times S \times L$$

$$C_2 = \{(m, sr+m, s) : m \in M, s \in S\} \subseteq M \times L \times S$$

$$C_3 = \{(rm_1 + m_2 - r^2, m_1, m_2) : m_1, m_2 \in M\} \subseteq L \times M \times M$$

例 14.13　按照上面的方法构造一组 $(3, 27, 15)$ 的 2-IPP 码。取 $r = 3$ ，$S = \{1, 2, 3\}$ ，$M = \{4, 5, 6\}$ 以及 $L = \{7, \cdots, 15\}$ 。C_1, C_2 和 C_3 分别由 9 个码字组成，如下所示：

$$
\begin{array}{lll}
c_1 = (1,1,7), & c_2 = (1,2,8), & c_3 = (1,3,9), \\
c_4 = (2,1,10), & c_5 = (2,2,11), & c_6 = (2,3,12), \\
c_7 = (3,1,13), & c_8 = (3,2,14), & c_9 = (3,3,15), \\
\hline
c_{10} = (4,7,1), & c_{11} = (5,8,1), & c_{12} = (6,9,1), \\
c_{13} = (4,10,2), & c_{14} = (5,11,2), & c_{15} = (6,12,2), \\
c_{16} = (4,13,3), & c_{17} = (5,14,3), & c_{18} = (6,15,3), \\
\hline
c_{19} = (7,4,4), & c_{20} = (8,4,5), & c_{21} = (9,4,6), \\
c_{22} = (10,5,4), & c_{23} = (11,5,5), & c_{24} = (12,5,6), \\
c_{25} = (13,6,4), & c_{26} = (14,6,5), & c_{27} = (15,6,6).
\end{array}
$$

则 $C_1 \cup C_2 \cup C_3$ 是一组 $n = 3r^2$ 的 2-IPP 码，且寻找可识别父码算法的时间复杂度为 $O(1)$ 。以下将具体阐述如何寻找可识别父码(同时也隐含地证明了这组编码是 2-IPP 码)，算法的主要步骤如下：

1. 如果码字 $f = (f_1, f_2, f_3)$ 中存在 L 中的元素，则很容易找出父码。例如，假设 $f_2 = 13$ ，则有 $3s + m = 13$ ，其中，$s \in \{1, 2, 3\}$ ，$m \in \{4, 5, 6\}$ 。因此 $s = 3$ 且 $m = 4$ ，并且码字 $(4, 13, 3)$ 是一个可识别父码。

2. 如果码字 f 中不存在 L 中的元素，则可以计算出 f 的两个父码所属的子集 C_i 和 C_j ，其中，$i \neq j$ ，然后可以识别出提供了 f 中两个元素的父码。

   例如，假设 $f = (1, 3, 2)$ ，则 f 的父码必然出自 C_1 和 C_2 。出自 C_1 的父码提供了 f_1 和 f_2 ，由此可知 $(1, 3, 9)$ 是一个可识别父码。

以上例子中识别父码的推理方法适用于这类编码方法中的任何编码，其识别父码算法的复杂度与 n 无关(即它的复杂度为 $O(1)$)。

总结本节得到的结果，可以推出如下定理。

定理 14.5　对于任意 $r \geq 2$ 的整数，存在一组 $(3, 3r^2, r^2 + 2r)$ 码是 2-IPP 码。并且，这组编码有一个复杂度为 $O(1)$ 的父码识别算法。

14.5　追踪非法分发的密钥

假设网络中的每个用户都有一个"解码箱"，可以对加密的广播内容进行解密，也就是说在这样一个广播加密方案中每个用户都能够解密广播内容。通常，每个解码箱包含不同的密钥。在这样的情况下，w 个合谋攻击者的合作可以把各自解码箱中的密钥拼凑在一起，构造出一个"盗版解码器"，使得这样的解码器也能够解密广播内容。

每个解码箱中的一组密钥都可以看成一组编码中的码字，而盗版解码器中的密钥则可以看成是 w 后继码中的码字。如果编码具备可追踪性(例如，满足 w-IPP 特性)，则通过盗版解码器至少可以追踪到构造它的合谋攻击者之一。因此，获取一个盗版解码器就能够至少查出违法嫌疑人之一。

以下将对即将使用的广播加密方案做简要的讨论。由于任何足够大(且构建合理)的密钥子集都可以解密广播信息，这里介绍的 BES 比之前介绍过的方案都简单。

首先，TA 选择 ℓ 组密钥，记为 $\mathcal{K}_1, \cdots, \mathcal{K}_\ell$，每个 $\mathcal{K}_i$ 从 $\mathbb{Z}_m$ 中选取 q 个密钥组成，其中 m 值固定。对 $1 \leqslant i \leqslant \ell$，令 $\mathcal{K}_i = \{k_{i,j} : 1 \leqslant j \leqslant q\}$，于是，从每个 $\mathcal{K}_i$ 中选出一个密钥，得到 ℓ 个密钥组成一个解码箱。

使用一种 (ℓ, ℓ) 的门限方案(这里选取在 13.1.1 节讨论过的门限密码方案)将密钥 $K \in \mathbb{Z}_m$(它用于加密广播信息 $\mathcal{M}$)分割成 ℓ 个共享，分别记为 $s_1, \cdots, s_\ell$，它们满足

$$s_1 + \cdots + s_\ell \equiv K \pmod{m}$$

然后用 K 加密 $\mathcal{M}$，且对 $1 \leqslant i \leqslant \ell$，用每个 $k_{i,j}$ 加密 s_i。广播的全部内容包括如下信息：

$$y = e_k(\mathcal{M}) \text{ 和 } (e_{k_{i,j}}(s_i) : 1 \leqslant i \leqslant \ell, 1 \leqslant j \leqslant q)$$

可以看出该广播加密方案符合图 14.2 描绘的一般模型。

每个拥有"解码箱"的用户可以完成下面的操作：

1. 解密密钥 K 的 ℓ 个共享。
2. 通过这 ℓ 个共享重建密钥 K。
3. 使用密钥 K 解密 y，这样就获得了 $\mathcal{M}$。

每个"解码箱"对应于一个码字 $c \in Q^\ell$，其中，$Q = \{1, \cdots, q\}$，很明显有：

解码箱中的密钥	码字
$\{k_{1,j_1}, k_{2,j_2}, \cdots, k_{\ell,j_\ell}\}$	$(j_1, j_2, \cdots, j_\ell)$

在这个方案中，$\mathcal{C}$ 表示和所有的"解码箱"对应的码字集合。盗版解码者所拥有的密钥形成了 w 后继码 $\text{desc}_w(\mathcal{C})$ 中的一个码字。

有一类特殊的 w-IPP 码，对它有一种有效的追踪算法，这些算法基于已经应用在纠错码中的"最近邻居解码"思想。首先，我们需要定义一些概念。

令 $\text{dist}(c, d)$ 表示两个向量 $c, d \in Q^\ell$ 之间的 Hamming 距离，即

$$\text{dist}(c, d) = |\{i : c_i \neq d_i\}|$$

对于 $f \in \text{desc}_w(\mathcal{C})$，$f$ 最近的邻居是使得 $\text{dist}(f, c)$ 最小的任意码字 $c \in \mathcal{C}$，我们将用 $\text{nn}(f)$ 表示 f 的最近邻居(可能存在不止一个最近邻居)。计算 $\text{nn}(f)$ 被称为最近邻居解码，我们可以发现，通过对所有码字做穷举搜索，最近邻居解码可以在 $O(n)$ 时间内完成[③]。

---

③ 根据编码结构的不同，可能存在效率更高的最近邻居解码算法。

如果下面的性质对于所有的 $f \in \mathrm{desc}_w(\mathcal{C})$ 成立，$\mathcal{C}$ 就被称为 w-TA 码：

$$\mathrm{nn}(f) \in \bigcap_{\mathcal{C}_0 \in \mathrm{susp}_w(f)} \mathcal{C}_0 \tag{14.2}$$

换句话说，一组 w-TA 码也是 w-IPP 码，后者的最近邻居解码总是能够解出一个可识别的父码。

这里有个小例子可以用来做解释。

例 14.14 我们列出一组 $(5, 16, 4)$ 编码：

$$
\begin{array}{ll}
c_1 = (1,1,1,1,1) & c_2 = (1,2,2,2,2) \\
c_3 = (1,3,3,3,3) & c_4 = (1,4,4,4,4) \\
c_5 = (2,1,2,3,4) & c_6 = (2,2,1,4,3) \\
c_7 = (2,3,4,1,2) & c_8 = (2,4,3,2,1) \\
c_9 = (3,1,4,2,3) & c_{10} = (3,2,3,1,4) \\
c_{11} = (3,3,2,4,1) & c_{12} = (3,4,1,3,2) \\
c_{13} = (4,1,3,4,2) & c_{14} = (4,2,4,3,1) \\
c_{15} = (4,3,1,2,4) & c_{16} = (4,4,2,1,3)
\end{array}
$$

可以证明上面的编码是一组 2-TA 码，所以可以用最近邻居解码来确定父码。

考虑 2 后继码中的向量 $f = (2, 3, 2, 4, 4)$，如果计算从 f 到所有码字的距离，就可以发现

$$\mathrm{dist}(f, c_5) = \mathrm{dist}(f, c_{11}) = 2$$

并且对于所有的 $i \neq 5$，11，满足

$$\mathrm{dist}(f, c_i) \geqslant 3$$

所以 c_5 和 c_{11} 都是 f 的可识别父码。

编码是 w-TA 码的一个充分条件是，在不同的码字之间存在一个大的最小距离。所以，定义

$$\mathrm{dist}(\mathcal{C}) = \min\{\mathrm{dist}(c, d) : c, d \in \mathcal{C}, c \neq d\}$$

以下定理提供了一个有用并易测试的 TA 码条件。

定理 14.6 设 $\mathcal{C}$ 是一组 (ℓ, n, q) 码，其中 $\mathrm{dist}(\mathcal{C}) > \ell\left(1 - \dfrac{1}{w^2}\right)$，那么 $\mathcal{C}$ 是一组 w-TA 码。

证明：将使用下面的表述方法。记 $d = \mathrm{dist}(\mathcal{C})$，对任意的向量 c, d，定义

$$\mathrm{match}(c, d) = \ell - \mathrm{dist}(c, d)$$

现在，设 $c = \mathrm{nn}(f)$，$\mathcal{C}_0 \in \mathrm{susp}_w(f)$。我们需要证明 $c \in \mathcal{C}_0$。

第一步，因为 $f \in \mathrm{desc}(\mathcal{C}_0)$，所以有

$$\sum_{c' \in \mathcal{C}_0} \text{match}(f, c') \geqslant \ell$$

随后，因为 $|\mathcal{C}_0| \leqslant w$，则存在一个码字 $c' \in \mathcal{C}_0$，满足

$$\text{match}(f, c') \geqslant \frac{\ell}{w}$$

因为 c 是 f 的最近邻居，所以

$$\text{match}(f, c) \geqslant \frac{\ell}{w}$$

第二步，取 $b \in \mathcal{C} \setminus \mathcal{C}_0$。因为 $f \in \text{desc}(\mathcal{C}_0)$，可以得到

$$\text{match}(f, b) \leqslant \sum_{c' \in \mathcal{C}_0} \text{match}(c', b) \leqslant w(\ell - d)$$

现在，注意到 $d > \ell(1 - 1/w^2)$ 等价与

$$w(\ell - d) < \frac{\ell}{w}$$

所以，对于所有的码字 $b \notin \mathcal{C}_0$，得到 $\text{match}(f, b) < \text{match}(f, c)$。因此，$c \in \mathcal{C}_0$，并且我们证明了这组编码是 w-TA 码。

作为这部分的结尾，我们描述一种构造 w-TA 码的简单方法[④]。设 q 是一个素数，并且 $t < q$，定义集合 $\mathcal{P}(q, t)$ 由所有最高次数为 $t - 1$ 的多项式 $a(x) \in \mathbb{Z}_q[x]$ 组成。对于一个正整数 $\ell < q$，定义

$$\mathcal{C}(q, \ell, t) = \{(a(0), a(1), \cdots, a(\ell-1)) : a(x) \in \mathcal{P}(q, t)\}$$

我们认为 $\mathcal{C} = \mathcal{C}(q, \ell, t)$ 是一种 (ℓ, q^t, q) 码，所以 $\text{dist}(\mathcal{C}) = \ell - t + 1$。这很容易理解，因为任何两个次数不超过 $t - 1$ 的多项式可以在 $t - 1$ 个点上相等。

如果我们定义

$$t = \left\lceil \frac{\ell}{w^2} \right\rceil$$

则

$$t < \frac{\ell}{w^2} + 1$$

所以

$$\text{dist}(\mathcal{C}) > \ell\left(1 - \frac{1}{w^2}\right)$$

因此，根据定理 14.6，我们有了一个 $n = q^{\left\lceil \frac{\ell}{w^2} \right\rceil}$ 的 w-TA 编码。

总结一下，我们得到下面的定理。

---

④ 我们描述的这种码被称为 Reed-Solomon 码。

定理 14.7 设 q 为素数且 $\ell \leq q$，w 为整数且 $w \geq 2$。则存在一组 $\left(\ell, q^{\left\lceil \frac{\ell}{w^2} \right\rceil}, q\right)$ 码，它是 w-TA 码。

14.6 注释与参考文献

对类似于这章讨论的关于组播安全的概述，可以参考 Canetti，Garay，Itkis，Micciancio，Naor 和 Pinkas[82]。

广播加密的思想在 1991 年由 Berkovitz[29]提出。从那以后，关于这方面又有很多发表的作品。在 14.2 节，我们描述了 Fiat 和 Naor[134]，Stinson[323]，Stinson 和 Tran[325]，Stinson 和 Wei[327]提出的方法，一般广播加密方案出自参考文献[323]，它是对参考文献[134]中描述方案的一般化。要想获得关于 ramp 方案的更多信息，请参考 Jackson 和 Martin[182]的论述。

Kumar，Rajagopalan和Sahai[206]建议"黑名单"方案使用无覆盖集族。广播反阻塞系统可以用类似的技术构造，这可以参考 Desmedt 等人[113]的文章。Naor-Pinkas 方案出自参考文献[248]。逻辑密钥层次体系方案独立地由Wallner，Harder 和Agee[336]以及Wong 和 Lam[348]分别提出。

我们提到了一些关于指纹和相关话题的论文。Boneh 和 Shaw[62]基于密码方法引入了指纹技术的模型；Hollmann，van Lint，Linnartz 和 Tolhuizen[177]定义了 IPP 码。14.4.3 节中的大部分内容是基于参考文献[177]的，Chor，Fiat，Naor 和 Pinkas[92]为广播加密方案提出了追踪"背叛者"的方法。关于这些类型编码的更多信息，可以参考以下文献：Stinson 和 Wei 撰写的文章[326]，Staddon，Stinson 和 Wei 撰写的文章[314]，Barg，Blakley 和 Kabatian sky 撰写的文章[6]，还有 Blackburn[41]撰写的内容深入、文笔优秀的综述。定理 14.6 出自参考文献[92]，定理 14.7 在参考文献[314]中被证明。MacWilliams 和Sloane 的文章[224]是编码理论的标准参考；近期的教材可以参见 Huffman 和 Pless 的文章[178]。

习题

14.1 构造一个关于 (25, 25, 5, 1)-BKDP 的关联矩阵。如果这个 BKDP 用于实现一个定理 14.1 中描述的广播加密方案，w 可以多大？

14.2 假设我们要用定理 14.1 和定理 14.2 构造一个广播加密方案，并且参数 n 和 w 的值已知。我们选择 q 和 d 的值为 $q \approx w^2 \mathrm{lb}\, n$，$d \approx \mathrm{lb}\, n$。证明这些参数选择可以构成一个广播加密方案，它对有 w 个参加者的共谋攻击来说是安全的。同时，用 n 和 w 表达对 v 值的估计。

14.3 假设我们在 $\mathbb{Z}_p$ 上实现了 Shamir(2,4,6)-ramp 方案，其中，$p = 128\,047$。令 $x_1 = 100, x_2 = 200, x_3 = 300, x_4 = 400, x_5 = 500, x_6 = 600, y_1 = 102\,016, y_2 = 119\,297, y_3 = 58\,975, y_4 = 87\,929, y_5 = 116\,944$ 和 $y_6 = 56\,805$。

(a)描述如何根据子集 $\{P_1, P_4, P_5, P_6\}$ 计算秘密 K。

(b) 找出所有可能的与 P_2, P_3, P_4 拥有的共享保持一致的秘密。以 $\{(a_0, a_1): a_1 = c + da_0 \bmod p\}$ 表达求出的合适常数 c 和 d。

14.4 我们在 14.4.3 节中定义了完备的 Hash 函数族 (PHF)。PHF 可以用于广播加密，加密体制 14.5 概括了其方法。

密码体制 14.5 基于 PHF 的广播加密方案

1. 给定一个 PHF$(N; n, m, w)$，构造一个 $Nm \times n$ 的关联矩阵 $\boldsymbol{M}$。

2. 类似介绍一般 BES 时描述的那样，用 $\boldsymbol{M}$ 设定 Nm 个 Fiat-Naor 1-KDP。把这些方案记为 $\mathcal{F}_{i,j}$，$1 \leqslant i \leqslant N$，$1 \leqslant j \leqslant m$。

3. 用 13.1.1 节中描述的 (N, N) 门限方案把密钥 $K \in \mathbb{Z}_p$ 分成 N 份共享，其中，秘密是这些共享的 $\bmod p$ 和。将这些共享记为 $s_1, \cdots, s_N$。

4. 设 P 是 K 将要被广播的对象子集。对于所有的 i, j，让 $k_{i,j}$ 作为 $P \cap \text{users}(\mathcal{F}_{i,j})$ 的组密钥。对于所有的 i, j，用 $k_{i,j}$ 加密 $s_{i,j}$。

5. 广播共享的 Nm 个加密数据。

(a) 描述如何用 PHF 构造 $Nm \times n$ 的关联矩阵。

(b) 描述 P 中的每个用户如何解密广播信息，获得 K。

(c) 解释方案为什么对于 w 个参加者的共谋攻击是安全的。

(d) 下面的二维数组是一个 PHF$(4; 9, 3, 3)$：

0	0	0	0
0	1	1	1
0	2	2	2
1	0	1	2
1	1	2	0
1	2	0	1
2	0	2	1
2	1	0	2
2	2	1	0

详细描述方案如何初始化 (列举每个用户持有的密钥)，对集合 $P = (1, 2, 3, 4)$，组密钥如何构造，广播如何形成。

14.5 假设用可以重用的 Naor-Pinkas 方案广播一个新的组密钥到集合 $\mathcal{U} \setminus F$，其中 F 是一个含有 w 个被注销用户的子集，$\mathcal{U} = \{U_i, \cdots, U_n\}$ 是所有 n 个用户的集合。回想一下，这个方案被实现在 $\mathbb{Z}_p^*$ 的一个子群上，其阶为 q (即 $\langle \alpha \rangle$)，整数 p, q 都是素数。在方案中，秘密值 $K \in \mathbb{Z}_p$ 被用来广播一系列的组密钥 $\alpha^{K r_1}, \alpha^{K r_2}, \cdots$，在不知道 K 值的情况下，这些组密钥可以被那些没有被注销的参与者计算出来。

(a) 假设用下列参数实现方案：

$$p = 469\,197\,492\,537\,813\,978\,579\,427$$

$$q = 260\ 665\ 255\ 385\ 551$$
$$\alpha = 216\ 009\ 506\ 684\ 688\ 951\ 924\ 147$$

假设用户 U_i 获得 $(x_i, y_i) = (122, 202\ 688\ 224\ 274\ 771)$ 作为她的共享，同时 TA 广播下面的有序对 (x_i, γ_j)，其中每个 $\gamma_j = \alpha^{ry_j}$：

$$(22, 44\ 911\ 778\ 774\ 799\ 764\ 175\ 082)$$
$$(33, 436\ 697\ 642\ 377\ 597\ 599\ 529\ 623)$$
$$(55, 423\ 139\ 372\ 565\ 945\ 781\ 217\ 729)$$
$$(66, 130\ 453\ 044\ 766\ 194\ 153\ 200\ 365)$$
$$(88, 9\ 228\ 050\ 882\ 659\ 713\ 297\ 588)$$

TA 同时广播 $\gamma = \alpha^r = 239\ 688\ 503\ 750\ 480\ 728\ 519\ 031$。描述用户 U 如何有效地计算新的组密钥 $K^* = \alpha^{Kr} \bmod p$，确定 K^* 的值。

(b) 如果在一段时间后，有多于 w 个用户内被注销(可能是分阶段的)，这些用户可以联合起来确定任何新的组密钥值。具体说明 $w+1$ 个被注销的用户集是如何做到这点的。

14.6 假设我们想在逻辑密钥层次体系方案中同时注销 r 个用户 $U_{i_1}, \cdots, U_{i_r}$，树的深度是 d，树的节点按照 14.3.3 节中的方法标注，我们可以假设 $2^d \leqslant U_{i_1} < \cdots < U_{i_r} \leqslant 2^{d+1} - 1$。

(a) 非正式描述一个算法，它可以确定树中的哪些密钥需要更新。

(b) 描述用于更新密钥的广播。用什么密钥来加密新的、被更新的密钥？

(c) 通过说明在深度 $d = 4$ 的树中(参见图 14.3)注销用户 18, 23, 29 所要更新的密钥和广播来例示你的算法。这种情况下的广播和在基本的逻辑密钥层次体系方案下一次注销一个用户的三次广播相比，广播量小了多少？

14.7 证明定理 14.4 中的"当且"部分；也即，对 (ℓ, n, p) 码 $\mathcal{C}$，如果 $A(\mathcal{C})$ 同时是 PHF$(\ell; n, q, 3)$ 码和 SHF$(\ell; n, q, \{2, 2\})$ 码，则 $\mathcal{C}$ 是一个 2-IPP 码。

14.8 (a) 考虑 14.4.3 中描述的 $(3, 3r^2, r^2 + 2r)$ 2-IPP 码 $\mathcal{C}$。给一个完整的 $O(1)$ 时间复杂度的算法 Trace，它以三元组 $\boldsymbol{f} = (f_1, f_2, f_3)$ 为输入，目的是确定 $\boldsymbol{f}$ 的一个可识别父码。如果 $\boldsymbol{f} \in \mathcal{C}$，则 $\mathrm{Trace}(\boldsymbol{f}) = \boldsymbol{f}$；如果 $\boldsymbol{f} \in \mathrm{desc}_2(\mathcal{C}) \setminus \mathcal{C}$，则 $\mathrm{Trace}(\boldsymbol{f})$ 必须找到 $\boldsymbol{f}$ 的一个可识别父码；如果 $\boldsymbol{f} \notin \mathrm{desc}_2(\mathcal{C})$，$\mathrm{Trace}(\boldsymbol{f})$ 应该返回"失败"。

(b) 对于三元组 $(13, 11, 17), (44, 9, 14), (18, 108, 9)$，在 $r = 10$ $(q = 120)$ 的情况下例示你的算法执行情况。

14.9 我们根据 Hollman, van Lint, Linnartz 和 Tolhuizen 的方法描述一组 $(4, r^3, r^2)$ 2-IPP 码。字母表是 $Q = \mathbb{Z}_r \times \mathbb{Z}_r$，编码 $\mathcal{C} \subseteq Q^4$ 由下面 r^3 个 4 元组构成：

$$\{((a, b), (a, c), (b, c), (a + b \bmod r, c)) : a, b, c \in \mathbb{Z}_r\}$$

(a) 给一个完整的 $O(1)$ 时间复杂度的算法 Trace，它以四元组 $\boldsymbol{f} = ((\alpha_1, \alpha_2), (\beta_1, \beta_2), (\gamma_1, \gamma_2), (\sigma_1, \sigma_2))$ 作为输入，试图确定 $\boldsymbol{f}$ 的一个可识别父码。算法 Trace 的输出应该如下：

● 如果 $\boldsymbol{f} \in \mathcal{C}$，则 $\mathrm{Trace}(\boldsymbol{f}) = \boldsymbol{f}$。

● 如果 $\boldsymbol{f} \in \mathrm{desc}_2(\mathcal{C}) \setminus \mathcal{C}$，则 $\mathrm{Trace}(\boldsymbol{f})$ 必须找到 $\boldsymbol{f}$ 的一个可识别父码。

- 如果 $f \notin desc_2(\mathcal{C})$，Trace($f$) 应该返回 "失败"。

为了使算法的时间复杂度是 $O(1)$，算法中应该没有线性搜索之类的处理。然而你可以假设一个算术操作可以在 $O(1)$ 时间内完成。

提示：在设计算法时，你可能需要考虑一些情况。很多情况（及其子情况）是十分类似的，你可以开始把问题分成下面的四种情况：

- $\alpha_1 \neq \beta_1$
- $\alpha_2 \neq \gamma_1$
- $\beta_2 \neq \gamma_2$
- $\alpha_1 = \beta_1, \alpha_2 = \gamma_1, \beta_2 = \gamma_2$

(b) 在 $r = 100$ 的情况下，对于以下每个四元组 f 例示你的算法：

$$((37,71),(37,96),(71,96),(12,96))$$

$$((25,16),(83,54),(16,54),(41,54))$$

$$((19,11),(19,12),(11,15),(30,12))$$

$$((32,40),(32,50),(50,40),(82,30))$$

14.10 考虑应用定理 14.7 构造出的 3-TA 码，其中，$\ell = 19$，$q = 101$。这是一组 $(19, 101^3, 101)$ 码。

(a) 写一个程序构造这种编码的 101^3 个码字。

(b) 给定 3 后继码中的向量

$$f = (14, 66, 46, 56, 13, 31, 50, 30, 77, 32, 0, 93, 48, 37, 16, 66, 24, 42, 9)$$

用最近邻居解码计算 f 的一个父码。

进一步阅读

有关密码学各领域的书籍和专著现在有很多，这里列举了一些教材和专著，它们较全面地涵盖了密码学的范畴。

- *Invitation to Cryptology*, by T. H. Barr [7];
- *Decrypted Secrets, Methods and Maxims of Cryptology, Second Edition*, by F. L. Bauer [9];
- *Cipher Systems, The Protection of Communications*, by H. Beker and F. Piper [13];
- *Cryptology*, by A. Beutelspacher [32];
- *Introduction to Cryptography with Java^{TM} Applets*, by D. Bishop [38];
- *Introduction to Cryptography*, by J. A. Buchmann [77];
- *Codes and Ciphers: Julius Caesar, the Enigma, and the Internet*, by R. Churchhouse [93];
- *Introduction to Cryptography: Principles and Applications*, by H. Delfs and H. Knebl [107];
- *Cryptography and Data Security*, by D. E. R. Denning [109];
- *User's Guide to Cryptography and Standards*, by A. W. Dent and C. J. Mitchell [110];
- *Practical Cryptography*, by N. Ferguson and B. Schneier [132];
- *Making, Breaking Codes: An Introduction to Cryptology*, by P. Garrett [153];
- *Foundations of Cryptography: Basic Tools*, by O. Goldreich [160];
- *Foundations of Cryptography: Volume II, Basic Aplications*, by O. Goldreich [161];
- *The Codebreakers*, by D. Kahn [185];
- *Network Security. Private Communication in a Public World, Second Edition*, by C. Kaufman, R. Perlman and M. Speciner [187];
- *Code Breaking, A History and Exploration*, by R. Kippenhahn [192];
- *A Course in Number Theory and Cryptography, Second Edition*, by N. Koblitz [197];
- *Cryptography, A Primer*, by A. G. Konheim [203];
- *Basic Methods of Cryptography*, by J. C. A. van der Lubbe [222];
- *Modern Cryptography: Theory and Practice*, by W. Mao [225];
- *Cryptography Decrypted*, by H. X. Mel and D. Baker [232];
- *Handbook of Applied Cryptography*, by A. J. Menezes, P. C. Van Oorschot and S. A. Vanstone [237];
- *An Introduction to Cryptography*, by R. A. Mollin [244];

- *Fundamentals of Computer Security*, by J. Pieprzyk, T. Hardjono and J. Seberry [268];

- *Cryptography: A Very Short Introduction*, by F. Piper and S. Murphy [269];

- *Internet Security: Cryptographic Principles, Algorithms and Protocols*, by M. Y. Rhee [280];

- *White-hat Security Arsenal: Tackling the Threats*, by A. D. Rubin [285];

- *Data Privacy and Security*, by D. Salomon [290];

- *Cryptography and Public Key Infrastructure on the Internet*, by K. Schmeh [291];

- *Applied Cryptography, Protocols, Algorithms and Source Code in C, Second Edition*, by B. Schneier [292];

- *Contemporary Cryptology, The Science of Information Integrity*, G. J. Simmons, ed. [306];

- *The Code Book: The Evolution Of Secrecy From Mary, To Queen Of Scots To Quantum Cryptography*, by S. Singh [307];

- *Cryptography: An Introduction*, by N. Smart [309];

- *Cryptography and Network Security: Principles and Practice, Third Edition* by W. Stallings [315];

- *Introduction to Cryptography with Coding Theory*, by W. Trappe and L. C. Washington [330].

本书各章末尾的注释与参考文献中介绍了涉及的相关领域中的专著。

虽然密码学是个很大的学科，但它也只是"安全"研究的一小部分，涵盖了计算机安全，网络安全和软件安全等领域。这里推荐 4 本参考书，它们可对威胁和安全问题提供一个概览：

- *Security Engineering: A Guide to Building Dependable Distributed Systems*, by R. Anderson [3];

- *Introduction to Computer Security*, by M. Bishop [39];

- *Secrets and Lies: Digital Security in a Networked World*, by B. Schneier [293];

- *Malicious Cryptography: Exposing Cryptovirology*, by A. L. Young and M. Yung [351].

国际密码学会(IACR)赞助了 3 个密码学年会：美密会(CRYPTO)，欧密会(EUROCRYPT)和亚密会(ASIACRYPT)。

美密会 1981 年开始在美国的圣巴巴拉市举行，从 1982 年起每届都出版会议论文集：

CRYPTO '82 [90]	CRYPTO '83 [88]	CRYPTO '84 [47]
CRYPTO '85 [347]	CRYPTO '86 [257]	CRYPTO '87 [273]
CRYPTO '88 [162]	CRYPTO '89 [69]	CRYPTO '90 [236]
CRYPTO '91 [129]	CRYPTO '92 [74]	CRYPTO '93 [319]
CRYPTO '94 [112]	CRYPTO '95 [96]	CRYPTO '96 [198]
CRYPTO '97 [186]	CRYPTO '98 [205]	CRYPTO '99 [345]
CRYPTO '00 [15]	CRYPTO '01 [190]	CRYPTO '02 [352]
CRYPTO '03 [59]	CRYPTO '04 [148]	

欧密会从 1982 年起每年召开一次，除 1983 年和 1986 年以外其余各届会议论文集均已出版：

EUROCRYPT '82 [30]	EUROCRYPT '84 [31]	EUROCRYPT '85 [266]
EUROCRYPT '87 [89]	EUROCRYPT '88 [170]	EUROCRYPT '89 [277]
EUROCRYPT '90 [103]	EUROCRYPT '91 [105]	EUROCRYPT '92 [286]
EUROCRYPT '93 [174]	EUROCRYPT '94 [111]	EUROCRYPT '95 [168]
EUROCRYPT '96 [229]	EUROCRYPT '97 [150]	EUROCRYPT '98 [256]
EUROCRYPT '99 [317]	EUROCRYPT '00 [275]	EUROCRYPT '01 [264]
EUROCRYPT '02 [194]	EUROCRYPT '03 [33]	EUROCRYPT '04 [81]

亚密会(最初是澳密会)从 1991 年开始举办，其会议论文集也已出版：

AUSCRYPT '90 [295]	ASIACRYPT '91 [179]	AUSCRYPT '92 [296]
ASIACRYPT '94 [267]	ASIACRYPT '96 [191]	ASIACRYPT '98 [259]
ASIACRYPT '99 [211]	ASIACRYPT '00 [261]	ASIACRYPT '01 [66]
ASIACRYPT '02 [353]	ASIACRYPT '03 [210]	ASIACRYPT '04 [215]

参 考 文 献

[1] C. ADAMS AND S. LLOYD. *Understanding PKI: Concepts, Standards, and Deployment Considerations, Second Edition*. Addison Wesley, 2003.

[2] W. ALEXI, B. CHOR, O. GOLDREICH AND C. P. SCHNORR. RSA and Rabin functions: certain parts are as hard as the whole. *SIAM Journal on Computing*, **17** (1988), 194–209.

[3] R. ANDERSON. *Security Engineering: A Guide to Building Dependable Distributed Systems*. John Wiley and Sons, 2000.

[4] H. ANTON. *Elementary Linear Algebra, Eighth Edition*. John Wiley and Sons, 2000.

[5] E. BACH AND J. SHALLIT. *Algorithmic Number Theory, Volume 1: Efficient Algorithms*. The MIT Press, 1996.

[6] A. BARG, G. R. BLAKLEY AND G. A. KABATIANSKY. Digital fingerprinting codes: problem statements, constructions, identification of traitors. *IEEE Transactions on Information Theory*, **49** (2003), 852–865.

[7] T. H. BARR. *Invitation to Cryptology*. Prentice Hall, 2002.

[8] P. S. L. M. BARRETO, H. Y. KIM, B. LYNN AND M. SCOTT. Efficient algorithms for pairing-based cryptosystems. *Lecture Notes in Computer Science*, **2442** (2002), 354–368. (CRYPTO 2002.)

[9] F. L. BAUER. *Decrypted Secrets, Methods and Maxims of Cryptology, Second Edition*. Springer, 2000.

[10] P. BEAUCHEMIN AND G. BRASSARD. A generalization of Hellman's extension to Shannon's approach to cryptography. *Journal of Cryptology*, **1** (1988), 129–131.

[11] P. BEAUCHEMIN, G. BRASSARD, C. CRÉPEAU, C. GOUTIER AND C. POMERANCE. The generation of random numbers that are probably prime. *Journal of Cryptology*, **1** (1988), 53–64.

[12] A. BEIMEL AND B. CHOR. Interaction in key distribution schemes. *Lecture Notes in Computer Science*, **773** (1994), 444–455. (CRYPTO '93.)

[13] H. BEKER AND F. PIPER. *Cipher Systems, The Protection of Communications*. John Wiley and Sons, 1982.

[14] M. BELLARE. Practice-oriented provable-security. In *Lectures on Data Security*, pages 1–15. Springer, 1999.

[15] M. BELLARE (ED.) *Advances in Cryptology – CRYPTO 2000 Proceedings. Lecture Notes in Computer Science*, vol. 1880, Springer, 2000.

[16] M. BELLARE, R. CANETTI AND H. KRAWCZYK. Keying hash functions for message authentication. *Lecture Notes in Computer Science*, **1109** (1996), 1–15. (CRYPTO '96.)

[17] M. BELLARE, S. GOLDWASSER AND D. MICCIANCIO. "Pseudo-random" number generation within cryptographic algorithms: the DSS case. *Lecture Notes in Computer Science*, **1294** (1997), 277–292. (CRYPTO '97.)

[18] M. BELLARE, R. GUERIN AND P. ROGAWAY. XOR MACs: new methods for message authentication using finite pseudorandom functions. *Lecture Notes in Computer Science*, **963** (1995), 15–28. (CRYPTO '95.)

[19] M. BELLARE, J. KILIAN AND P. ROGAWAY. The security of the cipher block chaining message authentication code. *Journal of Computer and System Sciences*, **61** (2000), 362–399.

[20] M. BELLARE AND A. PALACIO. GQ and Schnorr identification schemes: proofs of security against impersonation under active and concurrent attacks. *Lecture Notes in Computer Science*, **2442** (2002), 162–177. (CRYPTO 2002.)

[21] M. BELLARE, D. POINTCHEVAL AND P. ROGAWAY. Authenticated key exchange secure against dictionary attacks. *Lecture Notes in Computer Science*, **1807** (2000), 139–155. (EUROCRYPT 2000.)

[22] M. BELLARE AND P. ROGAWAY. Random oracles are practical: a paradigm for designing efficient protocols. In *First ACM Conference on Computer and Communications Security*, pages 62–73. ACM Press, 1993.

[23] M. BELLARE AND P. ROGAWAY. Entity authentication and key distribution. *Lecture Notes in Computer Science*, **773** (1994), 232–249. (CRYPTO '93.)

[24] M. BELLARE AND P. ROGAWAY. Optimal asymmetric encryption. *Lecture Notes in Computer Science*, **950** (1995), 92–111. (EUROCRYPT '94.)

[25] M. BELLARE AND P. ROGAWAY. Provably secure session key distribution: the three party case. In *27th Annual ACM Symposium on Theory of Computing*, pages 57–66. ACM Press, 1995.

[26] M. BELLARE AND P. ROGAWAY. The exact security of digital signatures: how to sign with RSA and Rabin. *Lecture Notes in Computer Science*, **1070** (1996), 399–416. (EUROCRYPT '96.)

[27] S. BELLOVIN AND M. MERRITT. Encrypted key exchange: password-based protocols secure against dictionary attacks. In *Proceedings of the IEEE Symposium on Research in Security and Privacy*, pages 72–84. IEEE Press, 1992.

[28] J. BENALOH AND J. LEICHTER. Generalized secret sharing and monotone functions. *Lecture Notes in Computer Science*, **403** (1990), 27–35. (CRYPTO '88.)

[29] S. BERKOVITZ. How to broadcast a secret. *Lecture Notes in Computer Science*, **547** (1991), 535–541. (EUROCRYPT '91.)

[30] T. BETH (ED.) *Cryptography Proceedings, 1982. Lecture Notes in Computer Science*, vol. 149, Springer, 1983.

[31] T. BETH, N. COT AND I. INGEMARSSON (EDS.) *Advances in Cryptology: Proceedings of EUROCRYPT '84. Lecture Notes in Computer Science*, vol. 209, Springer, 1985.

[32] A. BEUTELSPACHER. *Cryptology.* Mathematical Association of America, 1994.

[33] E. BIHAM (ED.) *Advances in Cryptology – EUROCRYPT 2003 Proceedings. Lecture Notes in Computer Science*, vol. 2656, Springer, 2003.

[34] E. BIHAM AND A. SHAMIR. Differential cryptanalysis of DES-like cryptosystems. *Journal of Cryptology*, **4** (1991), 3–72.

[35] E. BIHAM AND A. SHAMIR. *Differential Cryptanalysis of the Data Encryption Standard.* Springer, 1993.

[36] E. BIHAM AND A. SHAMIR. Differential cryptanalysis of the full 16-round DES. *Lecture Notes in Computer Science*, **740** (1993), 494–502. (CRYPTO '92.)

[37] E. BIHAM AND R. CHEN. Near-Collisions of SHA-0. *Lecture Notes in Computer Science*, **3152** (2004), 290–305. (CRYPTO 2004.)

[38] D. BISHOP. *Introduction to Cryptography with Java^{TM} Applets.* Jones and Bartlett, 2003.

[39] M. BISHOP. *Introduction to Computer Security.* Addison-Wesley, 2004.

[40] J. BLACK, S. HALEVI, H. KRAWCZYK, T. KROVETZ AND P. ROGAWAY. UMAC: fast message authentication via optimized universal hash functions. *Lecture Notes in Computer Science*, **1666** (1999), 234–251. (CRYPTO '99.)

[41] S. R. BLACKBURN. Combinatorial schemes for protecting digital content. In *Surveys in Combinatorics 2003*, Cambridge University Press, 2003, pp. 43–78.

[42] I. BLAKE, G. SEROUSSI AND N. SMART. *Elliptic Curves in Cryptography.* Cambridge University Press, 1999.

[43] I. BLAKE, G. SEROUSSI AND N. SMART, EDS. *Advances in Elliptic Curve Cryptography.* Cambridge University Press, 2005.

[44] S. BLAKE-WILSON AND A. J. MENEZES., Entity authentication and authenticated key transport protocols employing asymmetric techniques. *Lecture Notes in Computer Science*, **1361** (1998), 137–158. (Fifth International Workshop on Security Protocols.)

[45] S. BLAKE-WILSON AND A. J. MENEZES., Authenticated Diffie-Hellman key agreement protocols. *Lecture Notes in Computer Science*, **1556** (1999), 339–361. (Selected Areas in Cryptography '98.)

[46] G. R. BLAKLEY. Safeguarding cryptographic keys. *Federal Information Processing Standard Conference Proceedings*, **48** (1979), 313–317.

[47] G. R. BLAKLEY AND D. CHAUM (EDS.) *Advances in Cryptology: Proceedings of CRYPTO '84. Lecture Notes in Computer Science*, vol. 196, Springer, 1985.

[48] D. BLEICHENBACHER AND U. M. MAURER. Directed acyclic graphs, one-way functions and digital signatures. *Lecture Notes in Computer Science*, **839** (1994), 75–82. (CRYPTO '94.)

[49] R. BLOM. An optimal class of symmetric key generation schemes. *Lecture Notes in Computer Science*, **209** (1985), 335–338. (EUROCRYPT '84.)

[50] L. BLUM, M. BLUM AND M. SHUB. A simple unpredictable random number generator. *SIAM Journal on Computing*, **15** (1986), 364–383.

[51] M. BLUM AND S. GOLDWASSER. An efficient probabilistic public-key cryptosystem that hides all partial information. *Lecture Notes in Computer Science*, **196** (1985), 289–302. (CRYPTO '84.)

[52] M. BLUM AND S. MICALI. How to generate cryptographically strong sequences of pseudo-random bits. *SIAM Journal on Computing*, **13** (1984), 850–864.

[53] C. BLUNDO AND P. D'ARCO. The key establishment problem. *Lecture Notes in Computer Science*, **2946** (2004), 44–90. (Foundations of Security Analysis and Design II.)

[54] C. BLUNDO, A. DE SANTIS, D. R. STINSON AND U. VACCARO. Graph decompositions and secret sharing schemes. *Lecture Notes in Computer Science*, **658** (1993), 1–24. (EUROCRYPT '92.)

[55] C. BLUNDO, A. DE SANTIS, A. HERZBERG, S. KUTTEN, U. VACCARO AND M. YUNG. Perfectly-secure key distribution for dynamic conferences. *Lecture Notes in Computer Science*, **740** (1993), 471–486. (CRYPTO '92.)

[56] D. BONEH. The decision Diffie-Hellman problem. *Lecture Notes in Computer Science*, **1423** (1998), 48–63. (Proceedings of the Third Algorithmic Number Theory Symposium.)

[57] D. BONEH. Twenty years of attacks on the RSA cryptosystem. *Notices of the American Mathematical Society*, **46** (1999), 203–213.

[58] D. BONEH. Simplified OAEP for the RSA and Rabin functions. *Lecture Notes in Computer Science*, **2139** (2001), 275–291. (CRYPTO 2001.)

[59] D. BONEH (ED.) *Advances in Cryptology – CRYPTO 2003 Proceedings. Lecture Notes in Computer Science*, vol. 2729, Springer, 2003.

[60] D. BONEH AND G. DURFEE. Cryptanalysis of RSA with private key d less than $N^{0.292}$. *IEEE Transactions on Information Theory*, **46** (2000), 1339–1349.

[61] D. BONEH AND M. FRANKLIN. Identity-based encryption from the Weil pairing. *Lecture Notes in Computer Science*, **2139** (2001), 213–229. (CRYPTO 2001.)

[62] D. BONEH AND J. SHAW. Collusion-secure fingerprinting for digital data, *IEEE Transactions on Information Theory*, **44** (1998), 1897–1905.

[63] F. BORNEMANN. PRIMES is in P: a breakthrough for "everyman". *Notices of the American Mathematical Society*, **50** (2003), 545–552.

[64] J. N. E. BOS AND D. CHAUM. Provably unforgeable signatures. *Lecture Notes in Computer Science*, **740** (1993), 1–14. (CRYPTO '92.)

[65] J. BOYAR. Inferring sequences produced by pseudo-random number generators. *Journal of the Association for Computing Machinery*, **36** (1989), 129–141.

[66] C. BOYD, (ED.) *Advances in Cryptology – ASIACRYPT 2001 Proceedings. Lecture Notes in Computer Science*, vol. 2248, Springer, 2001.

[67] C. BOYD AND A. MATHURIA *Protocols for Authentication and Key Establishment.* Springer, 2003.

[68] M. BRANCHAUD. *A Survey of Public-Key Infrastructures.* Masters Thesis, McGill University, 1997.

[69] G. BRASSARD (ED.) *Advances in Cryptology – CRYPTO '89 Proceedings. Lecture Notes in Computer Science*, vol. 435, Springer, 1990.

[70] G. BRASSARD AND P. BRATLEY. *Fundamentals of Algorithmics.* Prentice Hall, 1995.

[71] R. P. BRENT. An improved Monte Carlo factorization method. *BIT*, **20** (1980), 176–184.

[72] D. M. BRESSOUD AND S. WAGON. *A Course in Computational Number Theory.* Springer, 2000.

[73] E. F. BRICKELL. Some ideal secret sharing schemes. *Journal of Combinatorial Mathematics and Combinatorial Computing*, **9** (1989), 105–113.

[74] E. F. BRICKELL (ED.) *Advances in Cryptology – CRYPTO '92 Proceedings. Lecture Notes in Computer Science*, vol. 740, Springer, 1993.

[75] E. F. BRICKELL AND D. M. DAVENPORT. On the classification of ideal secret sharing schemes. *Journal of Cryptology*, **4** (1991), 123–134.

[76] E. F. BRICKELL AND K. S. MCCURLEY. An interactive identification scheme based on discrete logarithms and factoring. *Journal of Cryptology*, **5** (1992), 29–39.

[77] J. A. BUCHMANN. *Introduction to Cryptography.* Springer, 2001.

[78] M. BURMESTER. On the risk of opening distributed keys. *Lecture Notes in Computer Science*, **839** (1994), 308–317 (CRYPTO '94.)

[79] M. BURMESTER AND Y. DESMEDT. A secure and efficient conference key distribution system. *Lecture Notes in Computer Science*, **950** (1994), 275–286 (EUROCRYPT '94.)

[80] M. BURMESTER, Y. DESMEDT AND T. BETH. Efficient zero-knowledge identification schemes for smart cards. *The Computer Journal*, **35** (1992), 21–29.

[81] C. CACHIN AND J. CAMENISCH (EDS.) *Advances in Cryptology – EUROCRYPT 2004 Proceedings. Lecture Notes in Computer Science*, vol. 3027, Springer, 2004.

[82] R. CANETTI, J. GARAY, G. ITKIS, D. MICCIANCIO, M. NAOR AND B. PINKAS. Multicast security: A taxonomy and some efficient cnstructions. In *Proceedings of INFOCOM '99*, pages 708–716. IEEE Press, 1999.

[83] R. M. CAPOCELLI, A. DE SANTIS, L. GARGANO AND U. VACCARO. On the size of shares for secret sharing schemes. *Journal of Cryptology*, **6** (1993), 157–167.

[84] J. L. CARTER AND M. N. WEGMAN. Universal classes of hash functions. *Journal of Computer and System Sciences*, **18** (1979), 143–154.

[85] F. CHABAUD AND A. JOUX. Differential collisions in SHA-0. *Lecture Notes in Computer Science*, **1462** (1998), 56–71. (CRYPTO '98.)

[86] F. CHABAUD AND S. VAUDENAY. Links between differential and linear cryptanalysis. *Lecture Notes in Computer Science*, **950** (1995), 356–365. (EUROCRYPT '94.)

[87] M. CHATEAUNEUF, A. C. H. LING AND D. R. STINSON. Slope packings and coverings, and generic algorithms for the discrete logarithm problem. *Journal of Combinatorial Designs*, **11** (2003), 36–50.

[88] D. CHAUM (ED.) *Advances in Cryptology: Proceedings of CRYPTO '83.* Plenum Press, 1984.

[89] D. CHAUM AND W. L. PRICE (EDS.) *Advances in Cryptology – EURO-CRYPT '87 Proceedings. Lecture Notes in Computer Science*, vol. 304, Springer, 1988.

[90] D. CHAUM, R. L. RIVEST AND A. T. SHERMAN (EDS.) *Advances in Cryptology: Proceedings of CRYPTO '82.* Plenum Press, 1983.

[91] D. CHAUM AND H. VAN ANTWERPEN. Undeniable signatures. *Lecture Notes in Computer Science*, **435** (1990), 212–216. (CRYPTO '89.)

[92] B. CHOR, A. FIAT, M. NAOR AND B. PINKAS. Tracing traitors. *IEEE Transactions on Information Theory*, **46** (2000), 893–910.

[93] R. CHURCHHOUSE. *Codes and Ciphers: Julius Caesar, the Enigma, and the Internet.* Cambridge, 2002.

[94] C. COCKS. An identity based encryption scheme based on quadratic residues. *Lecture Notes in Computer Science*, **2260** (2001), 360–363. (Eighth IMA International Conference on Cryptography and Coding.)

[95] D. COPPERSMITH. The data encryption standard (DES) and its strength against attacks. *IBM Journal of Research and Development*, **38** (1994), 243–250.

[96] D. COPPERSMITH (ED.) *Advances in Cryptology – CRYPTO '95 Proceedings. Lecture Notes in Computer Science*, vol. 963, Springer, 1995.

[97] D. COPPERSMITH, H. KRAWCZYK AND Y. MANSOUR. The shrinking generator. *Lecture Notes in Computer Science*, **773** (1994), 22–39. (CRYPTO '93.)

[98] N. T. COURTOIS AND J. PIEPRZYK. Cryptanalysis of block ciphers with overdefined systems of equations. *Lecture Notes in Computer Science*, **2501** (2002), 267–287. (ASIACRYPT 2002.)

[99] J. DAEMEN, L. KNUDSEN AND V. RIJMEN. The block cipher Square. *Lecture Notes in Computer Science*, **1267** (1997), 149–165. (Fast Software Encryption '97.)

[100] J. DAEMEN AND V. RIJMEN. The block cipher Rijndael. *Lecture Notes in Computer Science*, **1820** (2000), 288-296. (Smart Card Research and Applications.)

[101] J. DAEMEN AND V. RIJMEN. *The Design of Rijndael. AES - The Advanced Encryption Standard.* Springer, 2002.

[102] I. B. DAMGÅRD. A design principle for hash functions. *Lecture Notes in Computer Science*, **435** (1990), 416–427. (CRYPTO '89.)

[103] I. B. Damgård (Ed.) *Advances in Cryptology – EUROCRYPT '90 Proceedings. Lecture Notes in Computer Science*, vol. 473, Springer, 1991.

[104] I. Damgård, P. Landrock and C. Pomerance. Average case error estimates for the strong probable prime test. *Mathematics of Computation*, **61** (1993), 177–194.

[105] D. W. Davies (Ed.) *Advances in Cryptology – EUROCRYPT '91 Proceedings. Lecture Notes in Computer Science*, vol. 547, Springer, 1991.

[106] J. M. DeLaurentis. A further weakness in the common modulus protocol for the RSA cryptosystem. *Cryptologia*, **8** (1984), 253–259.

[107] H. Delfs and H. Knebl. *Introduction to Cryptography: Principles and Applications*. Springer, 2002.

[108] D. E. Denning and G. M. Sacco. Timestamps in key distribution protocols. *Communications of the ACM*, **24** (1981), 533–536.

[109] D. E. R. Denning. *Cryptography and Data Security*. Addison-Wesley, 1982.

[110] A. W. Dent and C. J. Mitchell. *User's Guide to Cryptography and Standards*. Artech House, 2005.

[111] A. De Santis (Ed.) *Advances in Cryptology – EUROCRYPT '94 Proceedings. Lecture Notes in Computer Science*, vol. 950, Springer, 1995.

[112] Y. G. Desmedt (Ed.) *Advances in Cryptology – CRYPTO '94 Proceedings. Lecture Notes in Computer Science*, vol. 839, Springer, 1994.

[113] Y. Desmedt, R. Safavi-Naini, H. Wang, L. Batten, C. Charnes and J. Pieprzyk. Broadcast anti-jamming systems. *Computer Networks* **35** (2001), 223–236.

[114] D. de Waleffe and J.-J. Quisquater. Better login protocols for computer networks. *Lecture Notes in Computer Science*, **741** (1993), 50–70. (Computer Security and Industrial Cryptography, State of the Art and Evolution, 1991.)

[115] W. Diffie. The first ten years of public-key cryptography. In *Contemporary Cryptology, The Science of Information Integrity*, pages 135–175. IEEE Press, 1992.

[116] W. Diffie and M. E. Hellman. Multiuser cryptographic techniques. *Federal Information Processing Standard Conference Proceedings*, **45** (1976), 109–112.

[117] W. Diffie and M. E. Hellman. New directions in cryptography. *IEEE Transactions on Information Theory*, **22** (1976), 644–654.

[118] W. Diffie, P. C. Van Oorschot and M. J. Wiener. Authentication and authenticated key exchanges. *Designs, Codes and Cryptography*, **2** (1992), 107–125.

[119] H. Dobbertin. The status of MD5 after a recent attack. *CryptoBytes*, **2** No. 2 (1996), 1–6.

[120] H. Dobbertin. Cryptanalysis of MD4. *Journal of Cryptology*, **11** (1998), 253–271.

[121] M. DWORKIN. *Recommendation for Block Cipher Modes of Operation.* National Institute of Standards and Technology (NIST) Special Publication 800-38A, 2001.

[122] M. DWORKIN. *Recommendation for Block Cipher Modes of Operation: The CMAC Mode for Authentication.* National Institute of Standards and Technology (NIST) Special Publication 800-38B, 2005 (draft).

[123] M. DWORKIN. *Recommendation for Block Cipher Modes of Operation: The CCM Mode for Authentication and Confidentiality.* National Institute of Standards and Technology (NIST) Special Publication 800-38C, 2004.

[124] M. DYER, T. FENNER, A. FRIEZE AND A. THOMASON. On key storage in secure networks. *Journal of Cryptology,* **8** (1995), 189–200.

[125] T. ELGAMAL. A public key cryptosystem and a signature scheme based on discrete logarithms. *IEEE Transactions on Information Theory,* **31** (1985), 469–472.

[126] C. ELLISON AND B. SCHNEIER. Ten risks of PKI: what you're not being told about public key infrastructure. *Computer Security Journal* **16**(1) (2000), 1–7.

[127] A. ENGE. *Elliptic Curves and their Applications to Cryptography: an Introduction.* Kluwer Academic Publishers, 1999.

[128] U. FEIGE, A. FIAT AND A. SHAMIR. Zero-knowledge proofs of identity. *Journal of Cryptology,* **1** (1988), 77–94.

[129] J. FEIGENBAUM (ED.) *Advances in Cryptology – CRYPTO '91 Proceedings. Lecture Notes in Computer Science,* vol. 576, Springer, 1992.

[130] H. FEISTEL. Cryptography and computer privacy. *Scientific American,* **228**(5) (1973), 15–23.

[131] N. FERGUSON, J. KELSEY, S. LUCKS, B. SCHNEIER, M. STAY, D. WAGNER AND D. WHITING. Improved cryptanalysis of Rijndael. *Lecture Notes in Computer Science,* **1978** (2001), 1213–230. (Fast Software Encryption 2000.)

[132] N. FERGUSON AND B. SCHNEIER. *Practical Cryptography.* John Wiley and Sons, 2003.

[133] N. FERGUSON, R. SCHROEPPEL AND D. WHITING. A simple algebraic representation of Rijndael. *Lecture Notes in Computer Science,* **2259** (2001), 103–111. (Selected Areas in Cryptography 2001.)

[134] A. FIAT AND M. NAOR. Broadcast encryption. *Lecture Notes in Computer Science,* **773** (1994), 480–491. (CRYPTO '93.)

[135] A. FIAT AND A. SHAMIR. How to prove yourself: practical solutions to identification and signature problems. *Lecture Notes in Computer Science,* **263** (1987), 186–194. (CRYPTO '86.)

[136] *Data Encryption Standard (DES).* Federal Information Processing Standard (FIPS) Publication 46, 1977.

[137] *DES Modes of Operation.* Federal Information Processing Standard (FIPS) Publication 81, 1980.

[138] *Guidelines for Implementing and Using the NBS Data Encryption Standard.* Federal Information Processing Standard (FIPS) Publication 74, 1981.

[139] *Computer Data Authentication.* Federal Information Processing Standard (FIPS) Publication 113, 1985.

[140] *Secure Hash Standard.* Federal Information Processing Standard (FIPS) Publication 180, 1993.

[141] *Secure Hash Standard.* Federal Information Processing Standard (FIPS) Publication 180-1, 1995.

[142] *Secure Hash Standard.* Federal Information Processing Standard (FIPS) Publication 180-2, 2002.

[143] *Digital Signature Standard.* Federal Information Processing Standard (FIPS) Publication 186, 1994.

[144] *Digital Signature Standard.* Federal Information Processing Standard (FIPS) Publication 186-2, 2000.

[145] *Entity Authentication Using Public Key Cryptography.* Federal Information Processing Standard (FIPS) Publication 196, 1997.

[146] *Advanced Encryption Standard.* Federal Information Processing Standard (FIPS) Publication 197, 2001.

[147] *The Keyed-Hash Message Authentication Code.* Federal Information Processing Standard (FIPS) Publication 198, 2002.

[148] M. FRANKLIN (ED.) *Advances in Cryptology – CRYPTO 2004 Proceedings. Lecture Notes in Computer Science*, vol. 3152, Springer, 2004.

[149] E. FUJISAKI, T. OKAMOTO, D. POINTCHEVAL AND J. STERN. RSA-OAEP is secure under the RSA assumption. *Lecture Notes in Computer Science*, **2139** (2001), 260–274. (CRYPTO 2001.)

[150] W. FUMY (ED.) *Advances in Cryptology – EUROCRYPT '97 Proceedings. Lecture Notes in Computer Science*, vol. 1233, Springer, 1997.

[151] M. GAGNÉ. Identity-based encryption: a survey. *CryptoBytes* **6**(1), (2003), 10–19.

[152] S. GALBRAITH AND A. MENEZES. Algebraic curves and cryptography. *Finite Fields and their Applications*, to appear.

[153] P. GARRETT. *Making, Breaking Codes: An Introduction to Cryptology.* Prentice-Hall, 2001.

[154] J. VON ZUR GATHEN AND J. GERHARD. *Modern Computer Algebra.* Cambridge University Press, 1999.

[155] R. GENNARO. An improved pseudo-random generator based on discrete log. *Lecture Notes in Computer Science*, **1880** (2000), 469–481. (CRYPTO 2000.)

[156] E. N. GILBERT, F. J. MACWILLIAMS AND N. J. A. SLOANE. Codes which detect deception. *Bell Systems Technical Journal*, **53** (1974), 405–424.

[157] M. GIRAULT. Self-certified public keys. *Lecture Notes in Computer Science*, **547** (1991), 490–497. (EUROCRYPT '91.)

[158] C. M. GOLDIE AND R. G. E. PINCH. *Communication Theory*. Cambridge University Press, 1991.

[159] O. GOLDREICH. *Modern Cryptography, Probabilistic Proofs and Pseudorandomness*. Springer, 1999.

[160] O. GOLDREICH. *Foundations of Cryptography: Basic Tools*. Cambridge University Press, 2001.

[161] O. GOLDREICH. *Foundations of Cryptography: Volume II, Basic Aplications*. Cambridge University Press, 2004.

[162] S. GOLDWASSER (ED.) *Advances in Cryptology – CRYPTO '88 Proceedings. Lecture Notes in Computer Science*, vol. 403, Springer, 1990.

[163] S. GOLDWASSER AND S. MICALI. Probabilistic encryption. *Journal of Computer and Systems Science*, **28** (1984), 270–299.

[164] S. GOLDWASSER, S. MICALI AND P. TONG. Why and how to establish a common code on a public network. In *23rd Annual Symposium on the Foundations of Computer Science*, pages 134–144. IEEE Press, 1982.

[165] J. D. GOLIĆ. Correlation analysis of the shrinking generator. *Lecture Notes in Computer Science*, **2139** (2001), 440–457. (CRYPTO 2001.)

[166] D. M. GORDON AND K. S. MCCURLEY. Massively parallel computation of discrete logarithms. *Lecture Notes in Computer Science*, **740** (1993), 312–323. (CRYPTO '92.)

[167] L. C. GUILLOU AND J.-J. QUISQUATER. A practical zero-knowledge protocol fitted to security microprocessor minimizing both transmission and memory. *Lecture Notes in Computer Science*, **330** (1988), 123–128. (EUROCRYPT '88.)

[168] L. C. GUILLOU AND J.-J. QUISQUATER (EDS.) *Advances in Cryptology – EUROCRYPT '95 Proceedings. Lecture Notes in Computer Science*, vol. 921, Springer, 1995.

[169] C. G. GUNTHER Alternating step generators controlled by de Bruijn sequences. *Lecture Notes in Computer Science*, **304** (1988), 88–92. (EUROCRYPT '87.)

[170] C. G. GUNTHER (ED.) *Advances in Cryptology – EUROCRYPT '88 Proceedings. Lecture Notes in Computer Science*, vol. 330, Springer, 1988.

[171] D. R. HANKERSON, A. J. MENEZES AND S. A. VANSTONE. *Guide to Elliptic Curve Cryptography*. Springer, 2004.

[172] J. HÅSTAD, A. W. SCHRIFT AND A. SHAMIR. The discrete logarithm modulo a composite hides $O(n)$ bits. *Journal of Computer and Systems Science*, **47** (1993), 376–404.

[173] M. E. HELLMAN. A cryptanalytic time-memory trade-off. *IEEE Transactions on Information Theory*, **26** (1980), 401–406.

[174] T. HELLESETH (ED.) *Advances in Cryptology – EUROCRYPT '93 Proceedings. Lecture Notes in Computer Science*, vol. 765, Springer, 1994.

[175] H. M. HEYS. A tutorial on linear and differential cryptanalysis. *Cryptologia*, **26** (2002), 189–221.

[176] H. M. HEYS AND S. E. TAVARES. Substitution-permutation networks resistant to differential and linear cryptanalysis. *Journal of Cryptology*, **9** (1996), 1–19.

[177] H. D. L. HOLLMANN, J. H. VAN LINT, J-P. LINNARTZ AND L. M. G. M. TOLHUIZEN. On codes with the identifiable parent property, *Journal of Combinatorial Theory A*, **82** (1998), 121–133.

[178] W. C. HUFFMAN AND V. PLESS. *Fundamentals of Error-Correcting Codes*. Cambridge University Press, 2003.

[179] H. IMAI, R. L. RIVEST AND T. MATSUMOTO (EDS.) *Advances in Cryptology – ASIACRYPT '91 Proceedings. Lecture Notes in Computer Science*, vol. 739, Springer, 1993.

[180] M. ITO, A. SAITO AND T. NISHIZEKI. Secret sharing scheme realizing general access structure. *Proceedings IEEE Globecom '87*, pages 99–102, 1987.

[181] T. IWATA AND K. KUROSAWA. OMAC: one-key CBC MAC. *Lecture Notes in Computer Science*, **2887** (2003), 129–153. (Fast Software Encryption 2003.)

[182] W.-A. JACKSON AND K. M. MARTIN. A combinatorial interpretation of ramp schemes. *Australasian Journal of Combinatorics*, **14** (1996), 51–60.

[183] D. JOHNSON, A. MENEZES AND S. VANSTONE. The elliptic curve digital signature algorithm (ECDSA). *International Journal on Information Security*, **1** (2001), 36–63.

[184] P. JUNOD. On the complexity of Matsui's attack. *Lecture Notes in Computer Science*, **2259** (2001), 199–211. (Selected Areas in Cryptography 2001.)

[185] D. KAHN. *The Codebreakers*. Scribner, 1996.

[186] B. KALISKI, JR. (ED.) *Advances in Cryptology – CRYPTO '97 Proceedings. Lecture Notes in Computer Science*, vol. 1294, Springer, 1997.

[187] C. KAUFMAN, R. PERLMAN AND M. SPECINER. *Network Security. Private Communication in a Public World, Second Edition*. Prentice Hall, 2002.

[188] L. KELIHER, H. MEIJER AND S. TAVARES. New method for upper bounding the maximum average linear hull probability for SPNs. *Lecture Notes in Computer Science*, **2045** (2001), 420–436. (EUROCRYPT 2001.)

[189] L. KELIHER, H. MEIJER AND S. TAVARES. Improving the upper bound on the maximum average linear hull probability for Rijndael. *Lecture Notes in Computer Science*, **2259** (2001), 112–128. (Selected Areas in Cryptography 2001.)

[190] J. KILIAN (ED.) *Advances in Cryptology – CRYPTO 2001 Proceedings. Lecture Notes in Computer Science*, vol. 2139, Springer, 2001.

[191] K. KIM AND T. MATSUMOTO (EDS.) *Advances in Cryptology – ASIACRYPT '96 Proceedings. Lecture Notes in Computer Science*, vol. 1163, Springer, 1996.

[192] R. KIPPENHAHN. *Code Breaking, A History and Exploration*. Overlook Press, 1999.

[193] L. R. KNUDSEN. Contemporary block ciphers. *Lecture Notes in Computer Science*, **1561** (1999), 105–126. (Lectures on Data Security.)

[194] L. KNUDSEN (ED.) *Advances in Cryptology – EUROCRYPT 2002 Proceedings. Lecture Notes in Computer Science*, vol. 2332, Springer, 2002.

[195] D. E. KNUTH. *The Art of Computer Programming, Volume 2, Seminumerical Algorithms, Second Edition*. Addison-Wesley, 1998.

[196] N. KOBLITZ. Elliptic curve cryptosystems. *Mathematics of Computation*, **48** (1987), 203–209.

[197] N. KOBLITZ. *A Course in Number Theory and Cryptography, Second Edition*. Springer, 1994.

[198] N. KOBLITZ (ED.) *Advances in Cryptology – CRYPTO '96 Proceedings. Lecture Notes in Computer Science*, vol. 1109, Springer, 1996.

[199] N. KOBLITZ. *Algebraic Aspects of Cryptography*. Springer, 1998.

[200] N. KOBLITZ, A. MENEZES AND S. VANSTONE. The state of elliptic curve cryptography. *Designs, Codes and Cryptography*, **19** (2000), 173–193.

[201] J. KOHL AND C. NEUMAN. *The Kerberos Network Authentication Service (V5)*. Network Working Group Request for Comments 1510, 1993.

[202] L. M. KOHNFELDER. *Towards a practical public-key cryptosystem*. Bachelor's Thesis, MIT, 1978.

[203] A. G. KONHEIM. *Cryptography, A Primer*. John Wiley and Sons, 1981.

[204] E. KRANAKIS. *Primality and Cryptography*. John Wiley and Sons, 1986.

[205] H. KRAWCZYK (ED.) *Advances in Cryptology – CRYPTO '98 Proceedings. Lecture Notes in Computer Science*, vol. 1462, Springer, 1998.

[206] R. KUMAR, S. RAJAGOPALAN AND A. SAHAI. Coding constructions for blacklisting problems without computational assumptions. *Lecture Notes in Computer Science*, **1666** (1999), 609–623. (CRYPTO '99.)

[207] K. KUROSAWA, T. ITO AND M. TAKEUCHI. Public key cryptosystem using a reciprocal number with the same intractability as factoring a large number. *Cryptologia*, **12** (1988), 225–233.

[208] J. C. LAGARIAS. Pseudo-random number generators in cryptography and number theory. In *Cryptology and Computational Number Theory*, pages 115–143. American Mathematical Society, 1990.

[209] X. LAI, J. L. MASSEY AND S. MURPHY. Markov ciphers and differential cryptanalysis. *Lecture Notes in Computer Science*, **547** (1992), 17–38. (EUROCRYPT '91.)

[210] C. S. LAIH (ED.) *Advances in Cryptology – ASIACRYPT 2003 Proceedings. Lecture Notes in Computer Science*, vol. 2894, Springer, 2003.

[211] K. Y. LAM, E. OKAMOTO AND C. XING (EDS.) *Advances in Cryptology – ASIACRYPT '99 Proceedings. Lecture Notes in Computer Science*, vol. 1716, Springer, 1999.

[212] S. LANDAU. Standing the test of time: the data encryption standard. *Notices of the American Mathematical Society*, **47** (2000), 341–349.

[213] S. LANDAU. Communications security for the twenty-first century: the advanced encryption standard. *Notices of the American Mathematical Society*, **47** (2000), 450–459.

[214] S. LANDAU. Polynomials in the nation's service: using algebra to design the Advanced Encryption Standard. *American Mathematical Monthly*, **111** (2004), 89–117.

[215] P. J. LEE (ED.) *Advances in Cryptology – ASIACRYPT 2004 Proceedings. Lecture Notes in Computer Science*, vol. 3329, Springer, 2004.

[216] A. K. LENSTRA. Integer factoring. *Designs, Codes and Cryptography*, **19** (2000), 101–128.

[217] A. K. LENSTRA AND H. W. LENSTRA, JR. (EDS.) *The Development of the Number Field Sieve. Lecture Notes in Mathematics*, vol. 1554. Springer, 1993.

[218] A. K. LENSTRA AND H. W. LENSTRA, JR. Algorithms in number theory. In *Handbook of Theoretical Computer Science, Volume A: Algorithms and Complexity*, pages 673–715. Elsevier Science Publishers, 1990.

[219] A. K. LENSTRA AND E. R. VERHEUL. Selecting cryptographic key sizes. *Journal of Cryptology*, **14** (2001), 255–293.

[220] R. LIDL AND H. NIEDERREITER. *Finite Fields, Second Edition*. Cambridge University Press, 1997.

[221] D. L. LONG AND A. WIGDERSON. The discrete log hides $O(\log n)$ bits. *SIAM Jounal on Computing*, **17** (1988), 363–372.

[222] J. C. A. VAN DER LUBBE. *Basic Methods of Cryptography*. Cambridge, 1998.

[223] M. LUBY. *Pseudorandomness and Cryptographic Applications*. Princeton University Press, 1996.

[224] F. J. MACWILLIAMS AND N. J. A. SLOANE. *The Theory of Error-correcting Codes*, North-Holland, 1977.

[225] W. MAO. *Modern Cryptography: Theory and Practice*. Prentice-Hall, 2004.

[226] M. MATSUI. Linear cryptanalysis method for DES cipher. *Lecture Notes in Computer Science*, **765** (1994), 386–397. (EUROCRYPT '93.)

[227] M. MATSUI. The first experimental cryptanalysis of the data encryption standard. *Lecture Notes in Computer Science*, **839** (1994), 1–11. (CRYPTO '94.)

[228] T. MATSUMOTO, Y. TAKASHIMA AND H. IMAI. On seeking smart public-key distribution systems. *Transactions of the IECE (Japan)*, **69** (1986), 99–106.

[229] U. MAURER (ED.) *Advances in Cryptology – EUROCRYPT '96 Proceedings. Lecture Notes in Computer Science*, vol. 1070, Springer, 1996.

[230] U. MAURER AND S. WOLF. The Diffie-Hellman protocol. *Designs, Codes and Cryptography*, **19** (2000), 147–171.

[231] R. McEliece. *Finite Fields for Computer Scientists and Engineers.* Kluwer Academic Publishers, 1987.

[232] H. X. Mel and D. Baker. *Cryptography Decrypted.* Addison Wesley, 2001.

[233] A. J. Menezes. *Elliptic Curve Public Key Cryptosystems.* Kluwer Academic Publishers, 1993.

[234] A. J. Menezes and N. Koblitz. A survey of public-key cryptosystems. *SIAM Review,* **46** (2004), 599–634.

[235] A. J. Menezes, T. Okamoto and S. A. Vanstone. Reducing elliptic curve logarithms to logarithms in a finite field. *IEEE Transactions on Information Theory,* **39** (1993), 1639–1646.

[236] A. J. Menezes and S. A. Vanstone (Eds.) *Advances in Cryptology – CRYPTO '90 Proceedings. Lecture Notes in Computer Science,* vol. 537, Springer, 1991.

[237] A. J. Menezes, P. C. Van Oorschot and S. A. Vanstone. *Handbook of Applied Cryptography.* CRC Press, 1996.

[238] R. C. Merkle. Secure communications over insecure channels. *Communications of the ACM,* **21** (1978), 294–299.

[239] R. C. Merkle. One way hash functions and DES. *Lecture Notes in Computer Science,* **435** (1990), 428–446. (CRYPTO '89.)

[240] G. L. Miller. Riemann's hypothesis and tests for primality. *Journal of Computer and Systems Science,* **13** (1976), 300–317.

[241] V. Miller. Uses of elliptic curves in cryptography. *Lecture Notes in Computer Science,* **218** (1986), 417–426. (CRYPTO '85.)

[242] C. J. Mitchell and F. C. Piper. Key storage in secure networks. *Discrete Applied Mathematics,* **21** (1988), 215–228.

[243] C. J. Mitchell, F. Piper and P. Wild. Digital signatures. In *Contemporary Cryptology, The Science of Information Integrity,* pages 325–378. IEEE Press, 1992.

[244] R. A. Mollin. *An Introduction to Cryptography.* Chapman & Hall/CRC, 2001.

[245] R. A. Mollin. *RSA and Public-key Cryptography.* Chapman & Hall/CRC, 2003.

[246] J. H. Moore. Protocol failures in cryptosystems. In *Contemporary Cryptology, The Science of Information Integrity,* pages 541–558. IEEE Press, 1992.

[247] S. Murphy and M. J. B. Robshaw. Essential algebraic structure within the AES. *Lecture Notes in Computer Science,* **2442** (2002), 1–16. (CRYPTO 2002.)

[248] M. Naor and B. Pinkas. Efficient trace and revoke schemes. *Lecture Notes in Computer Science* **1962** (2000), 1–20. (Financial Cryptography 2000.)

[249] V. I. Nechaev. On the complexity of a deterministic algorithm for a discrete logarithm. *Math. Zametki,* **55** (1994), 91–101.

[250] J. NECHVATAL, E. BARKER, L. BASSHAM, W. BURR, M. DWORKIN, J. FOTI AND E. ROBACK. *Report on the Development of the Advanced Encryption Standard (AES)*. October 2, 2000. Available from http://csrc.nist.gov/encryption/aes/.

[251] R. M. NEEDHAM AND M. D. SCHROEDER. Using encryption for authentication in large networks of computers. *Communications of the ACM*, **21** (1978), 993–999.

[252] E. M. NG. *Security Models and Proofs for Key Establishment Protocols*. Masters Thesis, University of Waterloo, 2005.

[253] P. Q. NGUYEN AND I. E. SHPARLINSKI. The insecurity of the digital signature algorithm with partially known nonces. *Journal of Cryptology*, **15** (2002), 151–176.

[254] K. NYBERG. Differentially uniform mappings for cryptography. *Lecture Notes in Computer Science*, **765** (1994), 55–64. (EUROCRYPT '93.)

[255] K. NYBERG. Linear approximation of block ciphers. *Lecture Notes in Computer Science*, **950** (1995), 439–444. (EUROCRYPT '94.)

[256] K. NYBERG (ED.) *Advances in Cryptology – EUROCRYPT '98 Proceedings. Lecture Notes in Computer Science*, vol. 1403, Springer, 1998.

[257] A. M. ODLYZKO (ED.) *Advances in Cryptology – CRYPTO '86 Proceedings. Lecture Notes in Computer Science*, vol. 263, Springer, 1987.

[258] A. M. ODLYZKO. Discrete logarithms: the past and the future. *Designs, Codes, and Cryptography*, **19** (2000), 129–145.

[259] K. OHTA AND D. PEI (EDS.) *Advances in Cryptology – ASIACRYPT '98 Proceedings. Lecture Notes in Computer Science*, vol. 1514, Springer, 1998.

[260] T. OKAMOTO. Provably secure and practical identification schemes and corresponding signature schemes. *Lecture Notes in Computer Science*, **740** (1993), 31–53. (CRYPTO '92.)

[261] T. OKAMOTO (ED.) *Advances in Cryptology – ASIACRYPT 2000 Proceedings. Lecture Notes in Computer Science*, vol. 1976, Springer, 2000.

[262] T. P. PEDERSEN. Signing contracts and paying electronically. *Lecture Notes in Computer Science*, **1561** (1999), 134–157. (Lectures on Data Security.)

[263] R. PERALTA. Simultaneous security of bits in the discrete log. *Lecture Notes in Computer Science*, **219** (1986), 62–72. (EUROCRYPT '85.)

[264] B. PFITZMANN (ED.) *Advances in Cryptology – EUROCRYPT 2001 Proceedings. Lecture Notes in Computer Science*, vol. 2045, Springer, 2001.

[265] B. PFITZMANN. *Digital Signature Schemes – General Framework and Fail-Stop Signatures. Lecture Notes in Computer Science*, vol. 1100, Springer, 1996.

[266] F. PICHLER (ED.) *Advances in Cryptology – EUROCRYPT '85 Proceedings. Lecture Notes in Computer Science*, vol. 219, Springer, 1986.

[267] J. PIEPRYZK AND R. SAFAVI-NAINI (EDS.) *Advances in Cryptology –*

ASIACRYPT '94 Proceedings. Lecture Notes in Computer Science, vol. 917, Springer, 1995.

[268] J. PIEPRYZK, T. HARDJONO AND J. SEBERRY *Fundamentals of Computer Security.* Springer, 2003.

[269] F. PIPER AND S. MURPHY *Cryptography: A Very Short Introduction.* Oxford, 2002.

[270] S. C. POHLIG AND M. E. HELLMAN. An improved algorithm for computing logarithms over $GF(p)$ and its cryptographic significance. *IEEE Transactions on Information Theory*, **24** (1978), 106–110.

[271] D. POINTCHEVAL AND J. STERN. Security arguments for signature schemes and blind signatures. *Journal of Cryptology*, **13** (2000), 361–396.

[272] J. M. POLLARD. Monte Carlo methods for index computation (mod p). *Mathematics of Computation*, **32** (1978), 918–924.

[273] C. POMERANCE (ED.) *Advances in Cryptology – CRYPTO '87 Proceedings. Lecture Notes in Computer Science*, vol. 293, Springer, 1988.

[274] B. PRENEEL. The state of cryptographic hash functions. *Lecture Notes in Computer Science*, **1561** (1999), 158–182. (Lectures on Data Security.)

[275] B. PRENEEL (ED.) *Advances in Cryptology – EUROCRYPT 2000 Proceedings. Lecture Notes in Computer Science*, vol. 1807, Springer, 2000.

[276] B. PRENEEL AND P. C. VAN OORSCHOT. On the security of iterated message authentication codes. *IEEE Transactions on Information Theory*, **45** (1999), 188–199.

[277] J.-J. QUISQUATER AND J. VANDEWALLE (EDS.) *Advances in Cryptology – EUROCRYPT '89 Proceedings. Lecture Notes in Computer Science*, vol. 434, Springer, 1990.

[278] M. O. RABIN. Digitized signatures and public-key functions as intractable as factorization. *MIT Laboratory for Computer Science Technical Report*, LCS/TR-212, 1979.

[279] M. O. RABIN. Probabilistic algorithms for testing primality. *Journal of Number Theory*, **12** (1980), 128–138.

[280] M. Y. RHEE. *Internet Security: Cryptographic Principles, Algorithms and Protocols.* John Wiley & Sons, 2003.

[281] R. L. RIVEST. The MD4 message digest algorithm. *Lecture Notes in Computer Science*, **537** (1991), 303–311. (CRYPTO '90.)

[282] R. L. RIVEST. The MD5 message digest algorithm. Internet Network Working Group RFC 1321, April 1992.

[283] R. L. RIVEST, A. SHAMIR, AND L. ADLEMAN. A method for obtaining digital signatures and public key cryptosystems. *Communications of the ACM*, **21** (1978), 120–126.

[284] K. H. ROSEN. *Elementary Number Theory and its Applications, Fourth Edition.* Addison-Wesley, 1999.

[285] A. D. RUBIN. *White-hat Security Arsenal: Tackling the Threats.* Addison Wesley, 2001.

[286] R. A. RUEPPEL (ED.) *Advances in Cryptology – EUROCRYPT '92 Proceedings. Lecture Notes in Computer Science*, vol. 658, Springer, 1993.

[287] R. A. RUEPPEL AND P. C. VAN OORSCHOT. Modern key agreement techniques. *Computer Communications*, 1994.

[288] R. SAKAI, K. OHGISHI AND M. KASAHARA. Cryptosystems based on pairing. Presented at the *Symposium on Cryptography and Information Security*, Okinawa, Japan, 2000.

[289] A. SALOMAA. *Public-Key Cryptography*. Springer, 1990.

[290] D. SALOMON. *Data Privacy and Security*. Springer, 2003.

[291] K. SCHMEH. *Cryptography and Public Key Infrastructure on the Internet*. John Wiley and Sons, 2001.

[292] B. SCHNEIER. *Applied Cryptography, Protocols, Algorithms and Source Code in C, Second Edition*. John Wiley and Sons, 1995.

[293] B. SCHNEIER. *Secrets and Lies: Digital Security in a Networked World*. John Wiley and Sons, 2000.

[294] C. P. SCHNORR. Efficient signature generation by smart cards. *Journal of Cryptology*, **4** (1991), 161–174.

[295] J. SEBERRY AND J. PIEPRZYK (EDS.) *Advances in Cryptology – AUSCRYPT '90 Proceedings. Lecture Notes in Computer Science*, vol. 453, Springer, 1990.

[296] J. SEBERRY AND Y. ZHENG (EDS.) *Advances in Cryptology – AUSCRYPT '92 Proceedings. Lecture Notes in Computer Science*, vol. 718, Springer, 1993.

[297] A. SHAMIR. How to share a secret. *Communications of the ACM*, **22** (1979), 612–613.

[298] A. SHAMIR. Identity-based cryptosystems and signature schemes. *Lecture Notes in Computer Science*, **196** (1985), 47–53. (Advances in Cryptology – CRYPTO '84.)

[299] C. E. SHANNON. A mathematical theory of communication. *Bell Systems Technical Journal*, **27** (1948), 379–423, 623–656.

[300] C. E. SHANNON. Communication theory of secrecy systems. *Bell Systems Technical Journal*, **28** (1949), 656–715.

[301] V. SHOUP. Lower bounds for discrete logarithms and related problems. *Lecture Notes in Computer Science*, **1233** (1997), 256–266. (EUROCRYPT '97.)

[302] V. SHOUP. OAEP reconsidered. *Lecture Notes in Computer Science*, **2139** (2001), 239–259. (CRYPTO 2001.)

[303] J. H. SILVERMAN AND J. TATE. *Rational Points on Elliptic Curves*. Springer, 1992.

[304] G. J. SIMMONS. A survey of information authentication. In *Contemporary Cryptology, The Science of Information Integrity*, pages 379–419. IEEE Press, 1992.

[305] G. J. SIMMONS. An introduction to shared secret and/or shared control

schemes and their application. In *Contemporary Cryptology, The Science of Information Integrity*, pages 441–497. IEEE Press, 1992.

[306] G. J. SIMMONS (ED.) *Contemporary Cryptology, The Science of Information Integrity*. IEEE Press, 1992.

[307] S. SINGH. *The Code Book: The Evolution Of Secrecy From Mary, To Queen Of Scots To Quantum Cryptography*. Doubleday, 1999.

[308] N. P. SMART. The discrete logarithm problem on elliptic curves of trace one. *Journal of Cryptology*, **12** (1999), 193–196.

[309] N. SMART. *Cryptography: An Introduction*. McGraw-Hill, 2002.

[310] M. E. SMID AND D. K. BRANSTAD. The data encryption standard: past and future. In *Contemporary Cryptology, The Science of Information Integrity*, pages 43–64. IEEE Press, 1992.

[311] M. E. SMID AND D. K. BRANSTAD. Response to comments on the NIST proposed digital signature standard. *Lecture Notes in Computer Science*, **740** (1993), 76–88. (CRYPTO '92.)

[312] J. SOLINAS. Efficient arithmetic on Koblitz curves. *Designs, Codes and Cryptography*, **19** (2000), 195–249.

[313] R. SOLOVAY AND V. STRASSEN. A fast Monte Carlo test for primality. *SIAM Journal on Computing*, **6** (1977), 84–85.

[314] J. N. STADDON, D. R. STINSON AND R. WEI. Combinatorial properties of frameproof and traceability codes. *IEEE Transactions on Information Theory*, **47** (2001), 1042–1049.

[315] W. STALLINGS. *Cryptography and Network Security: Principles and Practice, Third Edition* Prentice Hall, 2002.

[316] M. STEINER, G. TSUDIK AND M. WAIDNER. Diffie-Hellman key distribution extended to group communication. In *Proceedings of the 3rd ACM Conference on Computer and Communications Security*, pages 31–37. ACM Press, 1996.

[317] J. STERN (ED.) *Advances in Cryptology – EUROCRYPT '99 Proceedings. Lecture Notes in Computer Science*, vol. 1592, Springer, 1999.

[318] D. R. STINSON. An explication of secret sharing schemes. *Designs, Codes and Cryptography*, **2** (1992), 357–390.

[319] D. R. STINSON (ED.) *Advances in Cryptology – CRYPTO '93 Proceedings. Lecture Notes in Computer Science*, vol. 773, Springer, 1994.

[320] D. R. STINSON. Decomposition constructions for secret sharing schemes. *IEEE Transactions on Information Theory*, **40** (1994), 118–125.

[321] D. R. STINSON. Universal hashing and authentication codes. *Designs, Codes and Cryptography*, **4** (1994), 369–380.

[322] D. R. STINSON. On the connections between universal hashing, combinatorial designs and error-correcting codes. *Congressus Numerantium*, **114** (1996), 7–27.

[323] D. R. STINSON. On some methods for unconditionally secure key distribution and broadcast encryption. *Designs, Codes and Cryptography*, **12** (1997), 215–243.

[324] D. R. STINSON. Some observations on the theory of cryptographic hash functions. *Designs, Codes and Cryptography*, to appear.

[325] D. R. STINSON AND TRAN VAN TRUNG. Some new results on key distribution patterns and broadcast encryption. *Designs, Codes and Cryptography*, **14** (1998), 261–279.

[326] D. R. STINSON AND R. WEI. Combinatorial properties and constructions of traceability schemes and frameproof codes. *SIAM Journal on Discrete Mathematics* **11** (1998), 41–53.

[327] D. R. STINSON AND R. WEI. An application of ramp schemes to broadcast encryption. *Information Processing Letters*, **69** (1999), 131–135.

[328] E. TESKE. On random walks for Pollard's rho method. *Mathematics of Computation*, **70** (2001), 809–825.

[329] E. THOMÉ. Computation of discrete logarithms in $\mathbb{F}_{2^{607}}$. *Lecture Notes in Computer Science*, **2248** (2001), 107–124. (ASIACRYPT 2001.)

[330] W. TRAPPE AND L. C. WASHINGTON. *Introduction to Cryptography with Coding Theory.* Prentice Hall, 2002.

[331] M. VAN DIJK, W.-A. JACKSON AND K. M. MARTIN. A general decomposition construction for incomplete secret sharing schemes. *Designs, Codes and Cryptography*, **15** (1998), 301–321.

[332] E. VAN HEYST AND T. P. PEDERSEN. How to make efficient fail-stop signatures. *Lecture Notes in Computer Science*, **658** (1993), 366–377. (EUROCRYPT '92.)

[333] J. VAN TILBURG. Secret-key exchange with authentication. *Lecture Notes in Computer Science*, **741** (1993), 71–86. (Computer Security and Industrial Cryptography, State of the Art and Evolution, ESAT Course, May 1991.)

[334] U. VAZIRANI AND V. VAZIRANI. Efficient and secure pseudorandom number generation. In *Proceedings of the 25th Annual Symposium on the Foundations of Computer Science*, pages 458–463. IEEE Press, 1984.

[335] S. S. WAGSTAFF, JR. *Cryptanalysis of Number Theoretic Ciphers.* Chapman & Hall/CRC, 2003.

[336] D. M. WALLNER, E. J. HARDER AND R. C. AGEE. Key management for multicast: issues and architectures. *Internet Request for Comments* 2627, June, 1999.

[337] H. B. WANG. *Desired Features and Design Methodologies of Secure Authenticated Key Exchange Protocols in the Public-key Infrastructure Setting.* Masters Thesis, University of Waterloo, 2004.

[338] X. WANG, D. FENG, X. LAI AND H. YU. Collisions for hash functions MD4, MD5, HAVAL-128 and RIPEMD. *Cryptology ePrint Archive*, Report 2004/199, http://eprint.iacr.org/.

[339] X. WANG, Y. L. YIN AND H. YU. Collision search attacks on SHA-1. Preprint, February 13, 2005.

[340] L. C. WASHINGTON. *Elliptic Curves: Number Theory and Cryptography.* Chapman & Hall/CRC, 2003.

[341] M. N. WEGMAN AND J. L. CARTER. New hash functions and their use in authentication and set equality. *Journal of Computer and System Sciences*, **22** (1981), 265–279.

[342] D. WELSH. *Codes and Cryptography*. Oxford Science Publications, 1988.

[343] M. J. WIENER. Cryptanalysis of short RSA secret exponents. *IEEE Transactions on Information Theory*, **36** (1990), 553–558.

[344] M. J. WIENER. Efficient DES key search. Technical report TR-244, School of Computer Science, Carleton University, Ottawa, Canada, May 1994 (also presented at CRYPTO '93 Rump Session).

[345] M. J. WIENER, (ED.) *Advances in Cryptology – CRYPTO '99 Proceedings. Lecture Notes in Computer Science*, vol. 1666, Springer, 1999.

[346] H. C. WILLIAMS. A modification of the RSA public-key encryption procedure. *IEEE Transactions on Information Theory*, **26** (1980), 726–729.

[347] H. C. WILLIAMS (ED.) *Advances in Cryptology – CRYPTO '85 Proceedings. Lecture Notes in Computer Science*, vol. 218, Springer, 1986.

[348] C. K. WONG AND S. S. LAM. Digital signatures for flows and multicasts. *IEEE/ACM Transactions on Networking*, **7** (1999), 502–513.

[349] S. Y. YAN. *Number Theory for Computing*. Springer, 2000.

[350] A. YAO. Theory and applications of trapdoor functions. In *Proceedings of the 23rd Annual Symposium on the Foundations of Computer Science*, pages 80–91. IEEE Press, 1982.

[351] A. L. YOUNG AND M. YUNG. *Malicious Cryptography: Exposing Cryptovirology*. Joohn Wiley & Sons, 2004.

[352] M. YUNG (ED.) *Advances in Cryptology – CRYPTO 2002 Proceedings. Lecture Notes in Computer Science*, vol. 2442, Springer, 2002.

[353] Y. ZHENG (ED.) *Advances in Cryptology – ASIACRYPT 2002 Proceedings. Lecture Notes in Computer Science*, vol. 2501, Springer, 2002.